NINGXIA HUMA
YUZHONG JI ZAIPEI
GUANLI JISHU YANJIU

宁夏胡麻育种及栽培管理技术研究

曹秀霞 张 炜 钱爱萍 等 著

黄河出版传媒集团
阳 光 出 版 社

图书在版编目（CIP）数据

宁夏胡麻育种及栽培管理技术研究 / 曹秀霞，张炜，钱爱萍著. -- 银川：阳光出版社，2021.4
ISBN 978-7-5525-5851-7

Ⅰ. ①宁… Ⅱ. ①曹… ②张… ③钱… Ⅲ. ①胡麻－育种②胡麻－栽培技术 Ⅳ. ①S565.9

中国版本图书馆CIP数据核字(2021)第075890号

宁夏胡麻育种及栽培管理技术研究　曹秀霞 张 炜 钱爱萍 等 著

责任编辑 申 佳
责任印制 岳建宁

黄河出版传媒集团 阳光出版社 出版发行

出 版 人 薛文斌
地　　址 宁夏银川市北京东路139号出版大厦（750001）
网　　址 http://www.ygchbs.com
网上书店 http://shop129132959.taobao.com
电子信箱 yangguangchubanshe@163.com
邮购电话 0951-5014139
经　　销 全国新华书店
印刷装订 宁夏凤鸣彩印广告有限公司
印刷委托书号 （宁）0020598

开　　本 880mm×1230mm 1/16
印　　张 31.25
字　　数 600千字
版　　次 2021年5月第1版
印　　次 2021年5月第1次印刷
书　　号 ISBN 978-7-5525-5851-7
定　　价 218.00元

《宁夏胡麻育种及栽培管理技术研究》著者名单

主著

曹秀霞

副主著

张　炜　钱爱萍　安　钰　栾　勇　张玉峰

参著人员

安维太　陆俊武　剡宽将　杨崇庆　杨治伟
董凤林　万海霞　王吉宁　杨建勋　田振荣
刘珍琴　崔建忠　王俊珍

曹秀霞

研究员，1967年10月生，1987年毕业于宁夏农学院。国家特色油料产业技术体系胡麻固原综合试验站站长，宁夏回族自治区油料产业首席专家，宁夏农林科学院“学科带头人”，宁夏作物学会常务理事。被评为宁夏回族自治区“313”人才、“三八红旗手”，固原市优秀农业科技先进个人。长期从事胡麻育种与栽培技术研究工作，主持、参与完成国家和宁夏回族自治区科研项目10多项，选育胡麻新品种6个，获发明专利6项，制定地方技术标准11项。出版著作7部，发表论文30多篇。

前言

Preface

胡麻在宁夏有着悠久的种植和生产历史。宁夏南部山区在历史上素有“油盆”之美称。胡麻曾在发展当地农业生产、改善人民生活条件等方面发挥重要作用。

近年,国家现代农业产业技术体系建设启动实施,建立了国家胡麻产业技术体系(2017年胡麻、芝麻、向日葵体系合并成立国家特色油料产业技术体系),宁夏回族自治区相继启动了以胡麻为主的油料产业专家团队，为促进胡麻科学研究领域新技术研发创新以及胡麻产业的提质增效提供了强劲的政策、经费和智力支持,使胡麻育种和综合栽培管理新技术的研究、新产品的开发和综合利用出现了前所未有的新局面。对胡麻资源的深度开发和综合利用，使其从传统的食用油和简单的工业用品开发利用，转变为利用高新技术开发的高级营养保健食品和高档工业用品的新型产业。因此，胡麻资源和产品在国内外市场前景广阔,需求旺盛。

胡麻具有耐旱、耐寒、耐瘠薄、适应性强等特点,是宁夏中部干旱带和南部山区的特色优势产业之一,也是发展旱作节水农业,抗旱避灾的重要作物,在农业结构调整、农业产业开发、农村经济发展、农民增收等方面占有重要地位。多年来，虽然从事胡麻科研和技术推广的科技人员做了大量的科研、示范和技术推广工作,农民在长期的生产实践中积累了种植经验,但是在国内的胡麻科研、教学、技术培训、生产过程中缺乏系统的专业理论知识和针对性较强的实用技术参考书籍。鉴于此,作者在多年从事胡麻育种、栽培以及病虫草害防控的科研、示范推广工作基础上，尤其近几年在承担国家、宁夏回族自治区科研和新技术研发示范项目的过程中，通过自主研发创新，积累了大量科研资料、实践经验以及技术方法，同时借鉴了其他科技工作者的部分研究成果，撰写出版《宁夏胡麻育种及栽培管理技术研究应用》一书。对曾经参与与本书内容相关试验研究工作的科技工作者以及借鉴了科研成果的有关专家，在此一并表示感谢！

由于作者专业水平有限，且时间仓促，本书有不足和错误在所难免，真诚希望读者和专家批评、指正。

目录 Contents

第一部分 宁夏胡麻育种及栽培管理技术研究

第三部分　胡麻育种栽培技术研究论文

参考文献

附录　油料产业发展规划

第一部分

宁夏胡麻育种及栽培管理技术研究

第一章　胡麻育种技术研究

第一节　概述

一、胡麻的起源

胡麻是亚麻的俗称，是属于亚麻科（*Linaceae*）亚麻属（*Linum*）一年生或多年生草本植物。通常按它的植株性状分成纤维用亚麻，油用亚麻和油纤兼用亚麻。人们一般习惯上把纤维用亚麻叫作亚麻，把油用亚麻和油纤兼用亚麻叫作胡麻。目前世界上大田生产栽培的约有 15 个种和亚种，而生产上栽培最为广泛的为普通亚麻栽培种（*Linum Usitatissimum*）。普通亚麻栽培种有 5 个变种类型具有较广泛的栽培价值，即油用型、油纤兼用型、纤维用型、大粒种型及半冬性多茎匍匐型。

亚麻是世界上最古老的植物之一。据学者考证，远在石器时代，瑞士的湖楼人和热带的埃及人就已经栽培亚麻，取其纤维织成衣料。

关于亚麻的原产地，学者们议论纷纭、莫衷一是。有人认为它原产于黑海或里海一带，有人认为它原产于高加索或波斯湾沿岸，有人主张亚麻原产于地中海沿岸，也有人认为原产于中亚细亚、近东等地，又有人认为它原产于中国。据考证，在我国西北、华北地区，至今还有不同类型的多年生、一年生匍匐、半匍匐茎型的野生种亚麻。因此，不少学者认为我国也是亚麻起源国之一，所以多数学者主张亚麻的起源为多源学说。

在罗马帝国兴盛时期，欧洲各地开始对亚麻的栽培利用。18 世纪末到 19 世纪初，由于亚麻栽培和纺织技术进步，亚麻栽培盛极一时，其生产量占纺织原料的首位。直至 19 世纪中叶，因世界各地试种棉花成功，接着又有棉纺机的发明，从而亚麻逐渐被棉花所代替。从此，亚麻纤维也只限于棉花和其他纤维所不能代替的特殊用途。由于亚麻的纤维和种子具有宝贵的工艺品质，所以纤维用亚麻在北纬 45°～65° 范围的各个工业发达国家都有栽培，其中主要的栽培地区为苏联、德国、法国、日本、波兰、荷兰、比利时、美国等国家。亚麻普遍栽培在亚热带和热带地方，以美国、苏联、阿根廷、印度等为主要产地，据资料记载，1940年栽培总面积约为 $575.9\times10^{4}hm^{2}$，苏联居首位。

据历史记载，亚麻早在5000多年前，就为人们栽培利用。亚麻是经过长期自然选择和人工驯化，从野生窄叶亚麻演变进化而来的。今天在地中海沿岸一些国家和我国的华北、西北各地还可以找到它的野生种。据考古学家考证，亚麻在非洲埃及种植历史最悠久。在距今5000多年前的埃及古墓中，发掘出的木乃伊所穿戴的衣物，就有亚麻纤维的纺织品。在米凯尔第四、第五朝古墓中，也发现了保存完好的亚麻蒴果和种子。一般来讲，由多年生窄叶野生亚麻驯化为栽培利用种，还要经历一个相当长的阶段。由此可以推断，至少在公元前3000多年前或者更早一些时候，埃及人已经把野生亚麻培育成栽培亚麻，为人类所利用。同时还在距今2000~2400年的埃及古墓中发现古代农民从事亚麻田间农艺操作、收获绑捆的壁画以及亚麻纤维织成的各种布匹和墙画。

随着人类的活动与传播，在新石器时代，埃及又把亚麻传入了埃塞俄比亚、摩洛哥、突尼斯、法国、意大利、西班牙、希腊、塞浦路斯等地中海沿岸国家，而后又传到中亚细亚和整个欧洲。世界上的考古学家在瑞士“湖滨居地”遗址的木屋里发现有炭化的亚麻种子。在3000多年前德国的古代遗址中，还发现有磨制很粗的小麦、谷物和亚麻种子混合制成的面饼。1924年，法国科学家维斯巴尔，在研究法国地下褐煤的时候，在煤层里发现有亚麻纤维的印痕。因此，法国种植纤维用亚麻有2000多年的历史，以后又相继传入英国、荷兰、比利时等国。据考证，公元前4世纪已在俄国外高加索和塔吉克开始利用亚麻种子榨油，吃亚麻油制做的食品，穿亚麻纤维制作的衣服。公元15~16世纪，世界各大洲已开始较广泛地种植亚麻，成为重要的油料作物之一，同时也开始了亚麻在印刷、油漆、造纸、医药、国防等方面的应用。

据史书记载，我国的胡麻生产是在公元前119年，汉武帝派张骞以特使身份，第二次出使西域到中亚细亚和东北非等50多个国家。当时汉朝已打败匈奴，打通了西域的通道。这次张骞出使的目的，是同西域各国交换物产、建立联系。所以，当时张骞就从西域各国引进了大批农作物种子，胡麻种子就是当时所引的物种之一。最初在青海、陕西一带种植，而后在山西一带种植，以后逐渐发展到宁夏、甘肃及华北等地。当初由于我国胡麻栽培面积不大，油品及纤维的应用价值尚未引起人们的重视，只做药物之用。据记载，胡麻最早作为药用的是公元11世纪苏颂著的《图经本草》称胡麻种子“出兖州威胜军、味甘、微温、无毒…治大风疾”，说明胡麻仁有养血祛风、补益、肝肾的功能，用来疗治病后虚弱、眩晕、便秘等症。《滇南本草》介绍胡麻之根有大补元气、乌须黑发的作用，茎可治头中风疼痛，叶治病邪入窍，口不能言，胡麻仁还可用来疗治慢性肝炎、睾丸炎、跌打扭伤等。直到16世纪，《土方记》

中才有记载:“胡麻仁可榨油,油色青绿,燃灯甚明,入蔬香美,皮可织布,秆可作薪,饼可肥田。”到了清朝中叶,已有作坊榨油,到了清末已大面积栽培,胡麻已成为我国主要的油料作物之一。

二、胡麻在我国的分布与生产概况

亚麻在全世界分布较广。据联合国粮农组织统计,亚洲、北美洲、拉丁美洲、欧洲、大洋洲、非洲 6 个洲的 46 国家都有亚麻栽培。其中面积较大的有印度、苏联、阿根廷、加拿大、中国、美国、波兰、罗马尼亚等国。

近年,随着我国经济的不断快速发展,人民生活水平不断提高,相应带动了对生活必需消费品质量要求的全面提升,国内食用油市场向安全、卫生、健康、营养的方向过渡和发展,对食用油功能也有了更高的需求,进口食用植物油也呈逐年快速增长态势。据海关统计,2000 年我国进口食用植物油 179×10^4t,至 2005 年已增至 621.1×10^4t,年均增长率达到 28.2%。

我国种植胡麻的历史悠久。新中国成立后胡麻播种面积经过了一个起伏的过程,20 世纪 50 年代末期,播种面积接近 $66.7 \times 10^4hm^2$,以后下降到 40.0×10^4~$46.7 \times 10^4hm^2$,80 年代种植面积达到了 70.0×10^4~$85.0 \times 10^4hm^2$。

我国胡麻主要分布在华北、西北等地高寒、干旱地区,其中以内蒙古、山西、甘肃、河北、新疆、宁夏等省(区)的种植面积较大,陕西、天津、青海、四川、云南、辽宁等省(市)也有少量种植。20 世纪 80 年代,全国胡麻播种面积最大的是内蒙古自治区,年种植面积达 $15.9 \times 10^4hm^2$,占全国播种总面积的 26.9%;产量最高的是青海省,单产 $682.5kg/hm^2$,比全国平均单产提高 $270.0kg/hm^2$。

胡麻在宁夏的不同生态区域的水旱地都有种植,20 世纪 80 年代种植面积最大,全区种植总面积达 $10.0 \times 10^4hm^2$ 左右。近年来,随着农业结构的调整,主要集中在宁夏南部山区 8 县(区),即固原市的原州区、西吉县、彭阳县、隆德县、泾源县,中卫市的海原县,吴忠市的同心县、盐池县、红寺堡区。这些地区也是宁夏生态、气候、土壤条件都比较差的地区,并且胡麻主要分布在山区旱地。产量不够稳定,特别是中部干旱带,胡麻产量受气候影响的情况十分明显。当发生严重春旱夏粮作物无法播种时,胡麻又是主要的救灾作物之一。

三、胡麻的功能及用途

胡麻是我国 5 种主要油料作物之一。胡麻用途广,经济价值高,种子含油量一般为 38%~48%。胡麻油气味芳香,油品质良好,是华北、西北一带主要食用油。胡麻油含有丰富的不饱和脂肪酸、碘价达 170~200,容易吸收空气中的氧气而迅速干燥,是工业上良好的干性油,可以用来制造高级印刷油墨、油漆、人造橡胶、肥皂、医药等。胡麻种皮含有 6%~10% 的亚麻胶,是良好的黏合剂。油饼是尼龙、塑料、活性炭、味精、酱油的原料,也是饲养大牲畜、小牲畜、家禽的好饲料。油纤兼用型胡麻,出麻率可达 12%~17%,具有细柔、坚韧、抗腐等特点,可纺织各种纺织品、防水炮衣、帆布、传送带、麻袋等。总之,胡麻是一种经济价值极高的油料作物。

有关胡麻籽功能特性的研究,早在100年前就有史料记载。近十几年,胡麻籽的研究成果日益增多,胡麻籽对促进人体健康所作的贡献已逐步被人们所认识,其开发应用价值也日益显现。

(一)胡麻籽特性

胡麻籽呈扁平卵形,表面亮泽,长0.4~0.5cm,宽0.2~0.27cm,厚0.1cm,有黄、白、棕、褐等颜色。

世界上种植胡麻的国家主要有印度、中国、日本、俄罗斯、加拿大、阿根廷、比利时、瑞士、匈牙利等。胡麻籽含胶、油脂、蛋白、纤维等,还含有 α-亚麻酸、木酚素、生氰糖苷等成分极具经济价值,药用价值,营养保健价值。

(二)胡麻籽的开发应用领域

1.胡麻籽胶

胡麻籽表皮含有10%的胶质,其成分主要是80%的多糖类物质及9%的蛋白质,具有良好的保水、乳化、稳定、增稠功能,同时胡麻籽胶可有效地吸收紫外线,对农药和重金属盐类有解毒作用,是目前世界上少数几种天然植物胶之一,作为添加剂可用于肉制品加工、面粉、方便面等加工、饮料的制作、化妆品、医药品制造和油田开发作业等领域。

在肉制品加工中,胡麻籽胶与其他胶相比突出表现了良好的保水保油性、乳化性和耐冻性,可有效防止淀粉返生,特别是与卡拉胶、瓜尔豆胶等复配使用,可达到优势互补降低成本,提高产品性能的作用。

目前,胡麻籽胶在我国生产方法主要有干法和湿法两种,干法胶主要成分约为60%多糖和约26%的蛋白质,已在肉制品加工业,面食加工业中得到广泛应用。由于干法胶的纯度、色泽在一定程度上制约了其应用领域和深度应用,因此迫切要求产品进一步改善物理性能,产品市场会随之扩大。

湿法胶含有80%的多糖和9%的蛋白质,纯度、色泽均优于干法胶,产品品质优越,已成功地应用于肉制品加工业、饮料制造业、食用胶囊的制作中,受到市场青睐应用领域远大于干法胶,市场应用前景十分广阔。

实验证明,胡麻籽胶对人的皮肤、头发等具有明显的保护作用,对皮肤病治疗也有一定功效,有待于进一步在精细化工、医药领域的研究开发应用。由于湿法提胶的制造成本高,形成规模化生产还需进行技术攻关,制约了胡麻籽胶大规模的市场开发应用。

2.胡麻籽油

工业用胡麻籽油:胡麻籽含油率36%~45%,精炼后的油质外观呈淡黄色,透明,液状,具胡麻籽固有的气味。相对密度 0.926~0.9365，折光率 1.4785~1.4840，碘值 175 以上，皂化物 188 ~ 195，不皂化物 1.5%以下，凝固点 –25℃，黏度 7.14~7.66，是典型的干性油，易发生氧化和聚合反应。由于胡麻籽油特有的优越性能，可制造高档油漆、油墨、涂料等化工产品，胡麻籽工业用油的市场需求量大，应用价值极高。

由于我国胡麻籽种植机械化水平低，胡麻籽种植业成本与国外相比平均每吨要高出 500 元以上，加之我国工业用亚麻油制造成本高，因此工业用油的价格走势主要取决于国外市场，因此我国工业用油的加工还需进一步降低成本，方可在国内占据更广阔的应用市场。

食用胡麻籽保健油及胶囊：胡麻籽油中脂肪酸平均相对分子质量为 270~307，其饱和脂肪酸占 9%~11%，不饱和脂肪酸达 80%以上，油酸 13%~29%，亚油酸 15%~30%，亚麻酸 40%~60%，其中 α – 亚麻酸在 51%以上，包括 EPA 和 DHA，具有很高的营养保健价值，可有效地补充人体必需脂肪酸，对人体具有降低血脂和胆固醇，防止心肌梗塞和脑血栓，缓解脑动脉硬化，软化血管等作用，被誉为血管清道夫。大量的研究成果证实，胡麻籽油是人体保健食用油。国外把胡麻籽作为保健品的历史久远，胡麻籽保健食用油在一些国家的餐桌上成为极品。我国胡麻籽保健食用油的开发及生产起步于 20 世纪 90 年代，由内蒙古金宇集团研制生产，品牌有日日康，晶康等，经过开发与探讨，日益受到消费者的欢迎。由中华预防医学会和《保健时报》主持，在北京特邀我国食品保健专家专题研讨晶康胡麻籽保健油。与会专家对晶康胡麻籽油的科技含量和保健功能给予一致认可，认为胡麻籽保健油将对人们的日常生活产生重大影响，对提高全民健康水平起到重要作用，必将掀起一场食用油的革命。

晶康牌胡麻籽油还获得卫生部保健食品和国家绿色食品发展中心绿色食品称号，由我国油品研究机构农业部武汉油品研究所监制。

随着人们生活水平的提高，保健意识的增强，胡麻籽保健油市场极具上升空间潜力非常大。

3.绿色胡麻油洗涤剂

用胡麻油制作洗涤剂，是一种天然洗涤剂，属绿色日用品，我国洗涤剂市场庞大。大多数是化学合成品，存在对人体损害和环境的污染因素，因此天然洗涤剂的开发具有良好的发展前景，我国目前还未开发，欧洲市场十分走俏。

4.木酚素的作用

胡麻油中含有的木酚素前体存在于细胞基质中，进入人体胃肠后在细菌和酶的作用下就转化成木酚素，属植物类激素，能够阻碍激素依赖性癌细胞的形成和生长。胡麻籽含有的木酚素前体含量是其他蔬菜和植物的 75~800 倍。研究结果表明，木酚素尤其对人体前列腺癌、乳腺癌有治疗作用。因此经过有效提纯，木酚素对治疗癌症会发挥重大作用。

5.胡麻籽蛋白粉

胡麻籽含有约 25%的蛋白质，属麻仁球蛋白，蛋白中含有 18 种氨基酸，维生素 A，维生素E,维生素B以及微量元素,具有很高的营养价值。胡麻籽蛋白吸水性强,与水的结合比为1∶6;乳化性好,对产品游离的不饱和脂肪酸有较强的吸附力;组织性能好,能充分提高产品的切片性和弹性;增香性好有胡麻籽清淡的香味,能有效防止淀粉返生,是食品加工的优质原料或添加剂。

胡麻籽蛋白粉蛋白含量在40%以上,已在肉制品加工中应用。随着生产工艺和蛋白品质的改进完善,胡麻籽蛋白粉的应用前景十分广阔。未经提纯加工的粗蛋白粉,被大量用作奶牛饲料,对促进奶牛产奶,鱼类的繁衍生长都具有非常好的效果。

6.胡麻籽膳食纤维粉

胡麻籽膳食纤维含量约为9%,胡麻籽经过提取胶、蛋白后,其附属品中含有约60%以上的纤维,同时含有木酚素,多种维生素等有效成分。膳食纤维对人体减肥,促进肠胃蠕动和食物消化,防止便秘,防止糖尿病、心脏病和高血压等作用已被研究证实。胡麻籽膳食纤维粉可添加在面食、米饭,粥类食品中食用,也可添加在干性面食品或者食用冲剂中食用。当人们对胡麻籽膳食纤维作用的认识上升到一定的高度后,它的市场需求量也会逐步增大。

第二节　胡麻的特征特性

胡麻属于长日照作物，生育期一般80~120d，从播种至成熟所需≥10℃有效积温1400~2200℃。一般出苗至枞形阶段（15~30d）生长比较缓慢，昼夜植株高度仅增长0.1~0.5cm;枞形期以后进入快速生长期,尤以现蕾至开花时期茎的生长最快,一昼夜平均株高增长3.0cm以上。当主茎上的第一朵花开放时,一般分枝以下工艺长度部分不再增长。这时株高仅由于上部继续形成花序而有所增长，但速度已日渐减慢。株高生长曲线呈直“S”形。枞形期株高仅为成熟期株高的1.0%左右，现蕾期则为40.15%~61.18%，开花期达到80.52%~89.48%。

一、胡麻的种类

胡麻按其栽培目的、植株高度、分枝习性及蒴果多少可分为纤维用、油纤兼用、油用3种类型。

（一）纤维用型

也称为纤维亚麻。亚麻属于亚麻科(Sinaceae)亚麻属(Sinum)。亚麻属包括100多个种,大部分是多年生的野生种,分布于热带和亚热带地方,其中在大田栽培的种有15个。现在栽培最广的是普通亚麻(*Sinum usitatissimum L.*)。

在欧洲普通亚麻种，根据种子成熟时蒴果开裂与否可分2个类型：闭果亚麻(*Sinum*

usitatissimum vulgar Bonninghausen)，这种亚麻的蒴果隔膜无毛，种子在成熟时不从果实中散落出来；开果亚麻(*Sinum usitatissimum hunvil. Peke*)，这种亚麻的蒴果隔膜有毛，种子在成熟时，从果实中散落出来。后者的植株比前者的显著的低，分枝多、花、蒴果和种子都较大，但纤维多粗硬。

(二)普通亚麻

根据其种子大小可分为以下3个亚种。

大粒种亚麻(地中海亚麻)的植株矮小(在50cm以内)，叶、花、蒴果非常大。种子长5~6.3mm，千粒重5.5~15.0g或更高些。栽培大粒种亚麻主要是为了获得含油量高的种子。

中粒亚麻(俄罗斯大粒种亚麻)的植株高度中等(44~65cm)。叶、花、蒴果和种子的大小都属于中等，种子千粒重为6.6~9.0g。它作为油料作物栽培在高加索克里木和查赫斯坦。

小粒种亚麻的植株较高，分枝较少。蒴果和种子长3.5~5.0mm，千粒重5.0~5.5g。这种亚麻的纤维品质极好，在栽培上这种亚麻分布最广。小粒亚麻的外部形态是多种多样的，它可根据形态分为纤维用亚麻、油用亚麻、两用亚麻(兼用型)及匍匐亚麻。纤维用亚麻：它有长而光滑的地茎秆，植株高度80~120cm(有时高达150cm)。在植株顶端有少数分枝，花序很短，蒴果较少。在密播条件下分枝很少，每株仅有3~5个蒴果。这种亚麻具有发育纤弱的根系，主根入土较深，绝大多数侧根分布在耕作层。纤维用亚麻的茎重占植株总重量的70%~75%，种子占10%~15%，果壳和其他残物占10.0%~12.0%，出麻率可达16%~20%，所以栽培纤维用亚麻主要是为了获取纤维。纤维亚麻茎秆较长，纤维产量高，品质好，但种子产量低。主要分布在我国的黑龙江、辽宁、吉林、河北、内蒙古、宁夏、甘肃、新疆等省(区)，黑龙江省栽培面积较大。油用亚麻：植株高30~50cm。茎基部生有多数分枝，蒴果较大并且数量较多(有时多达100个以上)。生育期一般80~95d，籽粒大，含油率高，种子产量高。由于麻茎低矮，纤维产量低且长度较短，纤维品质较差。栽培主要目的是为了获取种子。主要分布在我国的内蒙古、山西、甘肃、河北、宁夏、新疆、陕西、青海、天津等胡麻主产区。兼用型亚麻：株高中等，一般50~70cm，单茎或有1~2个分茎，蒴果比纤维用型多。栽培目的主要是收获籽粒作为油用，也能兼收一些纤维。由于它既收籽粒又收麻纤维，具有较高的经济价值，在我国内蒙古、山西、甘肃、河北、宁夏、新疆、陕西、天津等胡麻主产区推广的面积较大。匍匐型亚麻：它具有匍匐生长的特点，在冬季温暖的地区可以作为冬季作物秋播，其植株在冬季和春天匍匐于地面生长，到了开花前则挺起来，植株高度可达到100~125cm。其栽培目的主要是为了获得纤维，在我国很少栽培。

二、胡麻的植物学特征

胡麻属于亚麻科亚麻属一年生草本植物。全株是由根、茎、叶、花、蒴果、种子儿部分构成。

（一）根

胡麻的根是属于直根系，由主根和侧根组成。主根细长，入土深度可达100~150cm，侧根多而纤细，每条侧根可以生出4~5条支根，大部分根系分布在土壤20~30cm的耕作层中。根系的入土深度和分布情况与土壤条件有密切关系。在深耕且肥沃的土壤条件下，由于活土层深，养分分布比较均匀，扩大了根系的吸收范围。因此，根系的分布范围较大，生长也比较健壮。气候条件和种植密度等对根系的发育也有一定影响。胡麻的根系比纤维用亚麻根系发达，主根入土也比较深，能够充分利用土壤深层的水分和养分，所以胡麻的耐旱、耐瘠薄能力比纤维用亚麻强。

表1-1-1　胡麻根系分布

土层深度	0~10(cm)	10~20(cm)	20~30(cm)	30~50(cm)	50~100(cm)
根干重(g)*	3.72	2.68	0.63	1.33	0.33

*地下部根系取样面积30cm×30cm
注：资料出自《中国油料》

胡麻的根系发育较弱，与地上部比较，根系所占比例较小，只占植株地上部重量的9%~15%。因此，种植胡麻时，土壤实行深耕，增施肥料，耱地保墒，对提高胡麻产量有重要作用。

（二）茎

胡麻茎为圆柱形，浅绿色，成熟时呈黄色，表面光滑并带有蜡质，能起抗旱作用。茎高一般35~70cm，茎粗1~4mm。胡麻主茎上的分枝有上部分枝和下部分枝2种。下部分枝又叫分茎。纤维用亚麻一般下部不分茎，仅上部有3~5个分枝，这对提高纤维产量及品质有利。胡麻一般有分枝又有分茎，这对调节密度和增加籽粒产量有重要作用。胡麻茎的长度可分为总长度与工艺长度，茎的总长度就是指株高，即茎基部的子叶痕至植株顶端的长度。茎的工艺长度是指主茎的子叶痕到花序第一分枝之间的高度（也称为枝下长度），是生产纤维的主要部分。工艺长度是反应胡麻纤维产量多少的重要指标。选育兼用型胡麻品种，除要求胡麻籽粒的产量高外，还要求麻茎有一定的工艺长度。工艺长度愈长粗细又适宜的麻茎出麻率较高，麻纤维质量亦较好。

茎的粗细和种植密度关系很大。茎的粗细对抗倒伏和提高胡麻纤维的产量以及质量有一定的影响，为了提高种子产量并获得较高的出麻率，除应选择油纤兼用的优良品种外，栽培时还要实行合理密植，才能使籽粒和纤维的产量得到兼顾。若种植的密度过稀，不仅种子产量受到影响，而且麻茎粗大，分枝部位低，木质部发达，韧皮部较薄，纤维细胞数目减少，麻纤维产量和质量降低。

（三）叶

胡麻的叶片细小而长。浅绿至绿色、互生，无叶柄和托叶，全缘。叶面具有蜡质，有抗旱作用。种子萌发后出土形成的一对子叶呈椭圆形。茎的不同部位所着生的叶片形状和大小均有不同。下部的叶片较小，互生，呈匙状；中部的叶片较大，呈纺锤形；上部的叶片细长，呈披针形。叶片稠密地分布于茎上，呈螺旋状排列。一株胡麻的茎上着生 90~120 片叶，叶片一般宽 0.2~0.5 cm，长 2~3cm，叶片成熟后，由下而上变黄脱落。

（四）花

胡麻花为伞形总状花序，着生在主茎及分枝的顶端。花的颜色因品种不同有蓝、紫、白、红、黄等颜色，一般栽培的胡麻品种以蓝花或白花为多。每朵花有花萼、花瓣各 5 片，各花瓣下部连成一体，形如漏斗。花器有雄蕊 5 枚，雌蕊柱头 5 裂，子房 5 室，每室有胚珠 2 个，胚珠受精后发育成种子。花序的分枝能力与品种和栽培条件有关，一般花序多分枝紧凑的植株类型，丰产性能比较好。

（五）果实

胡麻的果实叫蒴果。圆形，上部稍尖，形如桃状，所以有些地方也叫“桃”。成熟时蒴果黄褐色，一般直径0.5~1.0cm，每果内有5室。各室又由半隔膜分为2个小室，发育完全的胡麻蒴果每小室内应有1粒种子。一般每蒴果有种子8~10粒。胡麻的蒴果有裂果和不裂果的类型，一般情况下栽培品种不易裂果，但如收获过迟或遇多雨的天气易开裂并且落粒。每株胡麻结蒴果的多少随品种类型及栽培条件不同而发生变化。胡麻结果多，纤维用亚麻结果少，油纤兼用型胡麻介于二者之间。同一品种，在水肥条件好的土地上栽培，结果数较多；在干旱瘠薄的土地上种植，结果数就少得多，相差很大。

（六）种子

胡麻种子扁平卵形，由种皮、胚乳和胚构成，颜色有褐、棕、黄、白等。种皮下面的胚乳层，是胚生长时的养料。种子的中心是胚，由两片子叶、胚芽、胚根组成。种子的千粒重一般在6~10g，同一植株以主茎上的种子较大。胡麻种子表面平滑而有光泽，流散性很好，表皮层内含有果胶质，吸水性强，贮藏时应防止受潮，以免黏结成团，降低品质，影响发芽，这也是胡麻种子不宜用药液消毒的主要原因。胡麻种子没有明显的休眠期，种子收获后，如条件适宜，就可以发芽。

三、胡麻生物学特性

（一）胡麻对生长发育条件的要求

胡麻的生长发育与环境条件有密切的关系，主要有温度、日照、水分、土壤及营养等。

1. 温度

胡麻全生育期约80~110d，要求积温1400~2200℃。生育期间要求温度缓慢上升。

从播种到出苗需要的有效积温为147.4~193.6℃。胡麻种子发芽最低温度为1.0~3.0℃，最适宜温度为20.0~25.0℃，在土壤水分适宜的情况下，出苗快慢决定温度的高低。温度高，发芽出苗快，反之，发芽出苗慢。据试验，在平均气温 7.3℃时出苗需 24d，平均气温 7.9℃时，出苗需 14d，平均气温 12.9℃时，出苗只需 10d。由于种子具有在较低温度条件下发芽的特点，这样有利于趁墒早播和保苗，同时还可以减少种子内部脂肪的消耗。据观察，胡麻在较低的温度条件下，能缓慢的通过光照阶段，营养生长良好，可增加有效分枝 1.5%，增加蒴果 3.1%，增加粒数 7.3%，增加容重 6.2%，因此，要提倡早播。

胡麻出苗以后具有较强的耐寒性。在幼苗一对真叶时，当气温短时间下降到 −2.0~−4.0℃，一般不受冻害；当短时间下降到 −7~−6.0℃时，受冻率达 5.0%~32.6%。但是，在胡麻子叶出土后，当子叶末展开时，如出现 −4.0~−2.0℃的低温，可使幼苗死亡。

从出苗至开花期间，日平均气温 16.0~18.0℃最适宜。开花后，麻茎的生长几乎停止，进入蒴果发育与种子形成期，要求最适宜的温度为 18.0~22.0℃。如气温升到 25.0℃以上时，会造成蒴果发育不良，降低产量。

2. 日照

胡麻是长日照作物，全生育期要求日照时数 1300~1500h。日照时数的长短直接影响种子的产量和品质。据试验证明，胡麻在 8h 的短光照处理下，分枝增多，枝叶繁茂，但始终不能现蕾开花；光照时数大于 8h（10、12、16、24h）的处理，胡麻随光照时数的增加，依次提早进入了现蕾期。上述资料证明，胡麻在生育期间，日照时数越多，胡麻生长日期越短，反之日照时数越少，胡麻生长日期越长。

胡麻从开花到成熟，对光照最为敏感。在同样条件下，光照充足，花、果、粒显著增多；阴雨天多，开花结实不良，蒴果减少，还会产生倒伏，降低产量。

3. 水分

胡麻在生育期间比小麦需水少。纤维用亚麻生长期间，生成干物质亚麻的需水量 400~430g/g，小麦的需水量 513g/g。而油用胡麻又比纤维用亚麻耐旱、省水。因此，在干旱地区种植胡麻一般都能获得一定的产量。

胡麻种子发芽时所需要的吸水量较其他作物少，常为种子本身重量的 105%~150.3%。种子发芽时最适宜的土壤含水量（0~10cm）为 10%以上，最低 8.0%~9.0%，最高不超过 15%。如土壤含水量超过 20%，种子易霉烂变质。

胡床苗期生长缓慢，根系发育快，对水分要求较少。一般出苗至枞形期间，耗水量约占全生育期耗水量的 8.4%。如水分过多，不仅根系发育不良，而且易得立枯病。

现蕾至开花期间，地上部的（营养体）生长很快。同时，生殖生长（开花结实）也比较旺盛，对水分需求最多，占全生育期耗水量的 60%左右，这一时期应保持土壤持水量在 80%左右为好。

开花末期至成熟期间，蒴果和种子的发育迅速，胡麻对水分的要求逐渐减少，耗水量占全生育期的30%左右，以土壤持水量40%~60%最适宜。这一时期须有晴朗而又温暖的干燥天气。若阴雨天数多，则容易使胡麻贪青倒伏，甚至延迟成熟，降低产量和影响种子品质。

4. 土壤

胡麻对土壤要求不太严格，不论黏土、沙土都可以种植，但以有机质含量高，土层深厚的沙壤土最为适宜。胡麻对土壤酸碱度的适应范围，以微酸至微碱性土壤比较合适，土壤含盐量不超过0.2%，不影响胡麻生长。

5. 营养

胡麻是需肥较多的作物，全生育期从出苗到开花、结实，都需从土壤中吸收营养。胡麻吸收的养分以氮、磷、钾为主，对部分微量元素也比较敏感。氮是胡麻生长发育过程中需要量较多的一种营养元素。特别是在快速生长期，所需氮量占整个生育期需氮量的50%左右，出苗至开花末期，氮的吸收量占90%以上。因此施足氮肥，不仅植株茂盛，而且根系发育良好，种子产量也高。磷肥对胡麻幼苗生长、发育、花蕾形成、种子发育及油分、碘价积累都有良好的作用。钾肥能使茎秆发育良好，一般胡麻在生长发育过程中，对钾肥的需要量以现蕾至开花期最多。

（二）胡麻的阶段发育

1.春化阶段

胡麻的春化阶段，一般在0~4℃的低温下通过，在不超过12℃的条件下也能通过春化阶段，但进程较慢，需时较长，早播的胡麻在出苗前已通过春化阶段。通过春化阶段的时间，一般为10~15d，但因品种、产地、地理位置和播种期早晚等不同而差异很大。

2. 光照阶段

胡麻通过春化阶段以后开始进入光照阶段。胡麻是长日照作物，通过光照阶段的速度与光照时间的长短有密切关系。据山西雁北地区农科所试验结果（表1-1-2），胡麻植株在8h短光照处理下，分枝增多，枝叶繁茂，但不现蕾开花。光照在8h以上，光照时间越长，通过光照阶段的速度越快，提前进入现蕾期、成熟期。

表1-1-2 不同光照时间对胡麻现蕾期的影响（盆栽）

处理	播种期(月.日)	出苗期(月.日)	出苗至现蕾天数(d)
自然光照	5.15	5.23	43
8h 光照	5.15	5.23	未现蕾
10h 光照	5.15	5.23	60
12h 光照	5.15	5.23	54
16h 光照	5.15	5.23	39
24h 光照	5.15	5.23	28

胡麻通过光照阶段的速度还与温度有关，最适宜温度17~22℃，温度高则通过速度快。土壤干旱也能加快光照阶段的进行，提前现蕾开花。胡麻在整个生育期间需要充足的日照，

特别是在开花结实阶段,对光照的要求更高,农谚说:“要吃胡麻油,伏里晒日头。”实践证明,在充足的光照下,胡麻的分枝较多,蒴果也多,并有利于种子的发育成熟和产量提高。

(三)胡麻的花芽分化观察研究

胡麻属长日照作物,生育期一般为 80~120d,从播种到成熟所需积温 1400~2200℃(≥10℃,有效积温),有效积温最少不能低于 800℃。光照阶段(从出苗到现蕾)需要 7~25℃的有效积温 200℃才能通过光照阶段。种子才能迅速发育形成和成熟。

1.胡麻的花芽分化过程

胡麻花芽分化过程是以生长锥和繁殖器官的形态变化为依据,将胡麻花芽分化发育整个过程初步划为 5 个时期。

生长锥膨大期:胡麻的生长发育在进入生长锥膨大期以前,生长锥体积较小,呈馒头状,其高度与基部宽度基本相同。这时期生长锥基部陆续分化出真叶原始体,植株处于纯粹的营养生长阶段,即出苗后 15d 左右。当花芽分化进入生长锥膨大期以后,生长锥基部宽度大于高度明显扁平。此期的开始标志着花芽分化过程的开始,是植株由营养生长向生殖生长过渡的转折点。

花序原基分化期:胡麻的生长锥膨大以后,其周围出现花序原始体突起。花序原基分化由上而下依次出现,一般有 8~10 个花蕾,其主茎顶端花蕾最先出现分化,以后每一分枝上除顶端花蕾外,又分化出侧枝花蕾,分化顺序自里向外,从主茎顶端花蕾分化到最后一个花蕾分化结束,一般需要 15~20d。花序原基分化形成后,上部花序原基周围开始形成五个萼片原基突起。接着主茎顶端花萼下部的花梗(茎秆)最先开始伸长。

雌雄蕊形成期:以主茎顶端花蕾的分化发育过程为准,在萼片原始体形成以后,细胞分生十分迅速,到雄蕊原基形成时,便超过中心生长点高度。5 个雄蕊原基呈圆形片状突起,分别位于 5 个萼片的内侧,在生长点平坦之时,雄蕊以内已有相当的空间。当萼片和雄蕊达到一定高度时,平坦的生长点开始分化形成雄蕊原基的 5 个小突起。这时的萼片和雄蕊之间也开始了花冠(花瓣)原基的分化。

花粉母细胞形成期:雄蕊原始体的分化,明显地表现在花药的外形上,最初花药为扁平的圆形透明体。最后可明显地看到花药由两个棒状的花粉束组成。此时花粉母细胞形成,雌蕊子房彭大,自是中形成假隔膜,但花柱尚未伸长。

花粉粒形成期:花粉母细胞形成后,经过减数分裂形成四分体,四分体维持时间很短,四分体各成员分散后,细胞壁加厚,内容物充实,并出现花芽孔,形成圆球形花粉粒。在花粉粒仅具单核时,即视为花粉粒形成期,并标志着花芽分化过程的结束。油麻两用型胡麻的花芽分化过程从开始到结束,约经历 34d 时间。宁南山区两用型胡麻一般在 4 月上、中旬播种,25d 前后出苗,越经 12~15d 时间,出苗后大约 15d 开始花芽分化。

2.胡麻花芽分化与植株外部形态的相关性

据观察,胡麻花芽分化发育过程与植株外部形态的变化有一定的联系,当花芽开始分化(生长锥开始膨大时)株高平均达 3cm 以上,展开叶片数 14 片左右,大部分叶片主要集中在植株上部,胡麻苗呈枞形状,子叶的腋芽里生出两个芽孢(即分茎),田间植株形态进入枞形期。生长锥膨大期大约经历 18d,占整个花芽分化过程所需天数的一半以上。

花芽分化过程进入花序原基分化时期,植株大约生长有 55 片叶,株高达 18cm 左右,田间胡麻苗进入快速生长期,经过漫长的生长锥膨大期以后,花序原基形始分化形成,最多能形成 9~10 花序原基,最少 5~6 个,这个时期单株的一级分枝数多少已基本形成定向。

花芽分化过程进入雌雄蕊形成期,花蕾长度已达 8mm,根据分茎的消失情况看,该期分茎数最多每株可达 4 个分茎。

花芽分化过程进入花粉母细胞形成期,叶片数 87 片之多,株高达 40cm 左右,田间植株进入快速生长期，此时，有部分分茎停止生长或开始死亡。到花粉粒形成期，花蕾长约 85mm,雌蕊花柱伸长,田间植株进入孕蕾后期。

3.花芽分化发育与植株增长速度的关系

花芽分化发育与叶片增长速度:花芽分化发育各期叶片增长变化速度不同,在花芽分化前,叶片增长速度慢,进入分化期以后,叶片增长速度加快,以雌雄蕊形成期叶片增长速度达到高峰,以后又逐渐变慢。

花芽分化发育与植株增长量的关系:花芽分化各期植株增长速度的变化不一样,花芽分化开始,植株增长量变化很慢,每天增长只有 0.2cm,进入花芽分化期以后,植株增长速度不断加快,到花粉母细胞形成期每天可增长 2.8cm 左右。整个花芽分化过程是植株营养生长与生殖生长并进阶段,在花芽分化后期(孕蕾期)植株增长速度很快,营养生长与生殖生长同趋旺盛,是胡麻水分、养分临界期,这一时期形成的花蕾都能很好地发育成果结实,亦是茎秆和籽粒形成的关键时期。

4.花芽分化发育过程在栽培技术上的应用

胡麻单株蒴果数是构成种子产量的基本要素之一,蒴果的多少以分枝数为基础。不同条件下,单株蒴果数的变幅为 20~50 个,生产上常由于栽培管理不当,致使单株蒴果数不够理想是影响胡麻种子产量的主要原因。了解胡麻花芽分化各时期特征特性对提高胡麻产量水平十分必要。

通过观察分析,单株有效结果数的多少,主要决定于 2 个方面:一是花序原基分化的多少;二是每个分枝上的花蕾数。两者对单株有效结果数的多少的影响都很重要,前者是基础,后者是关键。花序原基的多少,主要取决于长短和水肥条件是否适宜。一般持续时间较长,水肥条件比较充分,花序中心生长锥分花序原基的功能起就长,从而分化出较多的分枝，所有花序原基分化期是栽培管理上增加结果数的关键时期。这个时期株高从 17cm 增加到 27cm 左右，叶片数为 54~69，一般干旱区 5 月底到 6 月初考虑到养分的吸收过程，追肥灌水最有利的时机应在生长锥膨大期。每个分枝上蒴果数的多少与花粉粒形成期的长短及营养状有密切的关系，追肥灌水等措施对增加蒴果数最有效的时期应在孕蕾期。

（四）胡麻的生长发育及其对外界环境条件要求

胡麻的生育时期，一般可分为苗期、枞形期、现蕾期、开花期、成熟期 5 个阶段。

1. 苗期

胡麻种子播种后，吸收到与种子相同重量的水分时，才能在温度等其他条件适宜的情况下顺利发芽。发芽的最低温度为 1.0~3.0℃，最适温度为 20.0~25.0℃。低温发芽时能减少种子内脂肪的消耗。据研究，胡麻在 5℃时发芽，种子内还存有 60%的脂肪。在 18℃时发芽只剩下 40%的脂肪。发芽时种子内脂肪含量的降低有助于以后幼苗营养的改善，使幼苗健壮，子叶期的抗寒性最强。

胡麻种子发芽后，随着胚芽的伸长，将子叶带出地面，子叶平展地面为出苗期。胡麻在子叶期对低温的抵抗能力较差，如遇春寒，易受冻害。真叶出现后，抗寒力增强。据长期观察，胡麻在一对真叶期，气温短时降到 -4.0~-2.0℃，一般不受冻害，短时降至 -7.0~-6.0℃也只受轻冻，受冻率 5%~35%。

胡麻出苗的快慢与温度、水分有密切关系。在土壤湿度适宜的情况下，温度越高，出苗越快，反之，出苗缓慢。据试验，在宁夏南部山区 4 月 5 日播种，旬平均气温为 6.5℃，需 22d 出苗；4 月 12 日播种，旬平均气温为 8.3℃，需 19d 出苗；4 月 20 日播种，旬平均气温为 10.3℃，需 15d 出苗。

2. 枞形期

胡麻出苗后，长出 3 对以上真叶，株高 5~10cm 时，植株上部真叶聚生，形似小枞树状，这就是所谓的枞形期。胡麻的枞形期历时较长，约 25d。胡麻自出苗至枞形期末这段时期，株高增长慢，根系长度增长快。当地上部分的高度在 4cm 左右时，根系已长达 10cm 以上。胡麻的这种特性对其抵抗早期干旱有利，也为以后地上部分的迅速生长发育打下了良好的基础。

3. 现蕾期

胡麻进入现蕾期，植株顶端膨大形成花蕾，标志着光照阶段已经通过。这时植株生长加速，株高增长很快，尤其是现蕾至开花期间，茎的生长最快，一昼夜平均株高增长可达 3cm 左右。甘肃省农科院经济作物研究所，对胡麻不同品种各生育阶段主茎日增长量进行研究，结果如（表 1-1-3）。

表 1-1-3　胡麻各生育阶段主茎日增长量

品种	枞形—现蕾		现蕾—开花		开花—成熟		为成熟时高度(%)			
	天数(d)	增长量(cm/d)	天数(d)	增长量(cm/d)	天数(d)	增长量(cm/d)	枞形	现蕾	开花	成熟
雁农 1 号	35	0.78	4	3.86	55	0.10	1.1	61.2	89.5	100
匈牙利 B	34	0.82	7	2.21	55	0.11	1.1	60.9	89.0	100
奥拉依艾	30	0.54	5	3.11	57	0.14	1.1	40.2	81.9	100
津定西红	35	0.64	6	2.84	54	0.20	0.8	55.4	80.5	100

注:资料引自《中国油料》

从表 1-1-3 可以看出,胡麻到了现蕾期生长速度加快,现蕾至开花是其一生中茎生长的高峰期,此时植株对水分、养分要求迫切,是水肥临界期。因此,在现蕾以前,及时浇水、追施速效化肥和中耕,可促进花序发育,形成较多的分枝和蒴果,有利于胡麻籽粒产量的提高。

4. 开花期

胡麻一般现蕾后 5~10d 就开始开花,花期为 10~25d,以顶端花开放 10~20d 内开花最多,占开花总数的 60%~85%。

胡麻是自花授粉作物,天然杂交率一般为 1%左右。胡麻开花时要求天气晴朗,阴雨天对开花结实不利,花粉容易受潮破裂,使授粉不良,雨水影响子房发育,造成缺粒。花期多雨也容易使胡麻发生病害,影响种子产量。胡麻开花后主茎基本上停止生长,工艺长度这时已达最大高度,以后主要是花序分枝的延长。

5. 成熟期

胡麻开花授粉后,子房逐渐发育成蒴果。自开花至种子成熟,一般需 40~50d。成熟期是种子发育和油分积累的重要时期,种子千粒重和含油率都逐渐增加,前期增加较慢,中期最快,种子发育至 30d 后逐渐减少。甘肃省农科院经济作物研究所以雁农 1 号为材料,对种子油分和干物质积累研究的结果如(表 1-1-4)。

表 1-1-4　种子发育日龄与油分和干物质积累的关系

种子日龄(d)	含油率		千粒重		
	种子含油率(%)	占成熟期(%)	千粒重(g)	增重量(g/5d)	占成熟期(%)
5	—	—	—	—	—
10	3.52	8.38	1.14	—	19.26
15	11.22	26.71	2.44	1.30	41.22
20	21.06	50.14	3.70	1.26	62.50
25	31.83	75.78	5.22	1.52	88.18
30	40.62	96.71	5.46	0.24	92.23
35	41.27	98.26	5.86	0.40	98.99
40	42.00	100.00	5.92	0.06	100.00

胡麻的油分积累在种子发育 20d 后增长最快,至 30d 已达 96.71%;种子千粒重以 15d 后增长速度最快,25d 后迅速下降。在种子发育的前 10d 和后 10d,油分的积累和干物质的形成都比较慢。

第三节　胡麻育种技术及方法

一、胡麻系统选育法

这种选育方法被称为“单株选择法”或“一株传”，这是优中选优的一种育种方法。单株选择法可一次单株选择和多次单株选择。一次单株选择的一般做法是，第一年在大田生产中选择成熟早、丰产性状好、抗逆性强的单株进行单独脱粒，分别保存，第二年分株行种植，并种植当地大面积推广的品种作为标准（品种）作对照以供比较。收获前进行评定，淘汰不良株系，保留符合要求的优良株系。第三年进行株系比较，优中选优，并初步进行产量鉴定，第四年继续进行产量鉴定。第五年把综合性状好的产量显著优于对照品种的株系进行多点区域试验和较大面积的生产示范，将产量高、适应强、综合性状表现好的品系，经过审定或登记，就可以大面积推广应用。多次单株选择法常用于有性杂交和人工诱变后代选择。具体做法见“杂交后代的变异和选择”部分。

二、集团选择法

集团选择法即混合选择法，是一种简单易行、迅速有效的方法，常用在品种提纯复壮和改进农家品种上。一个优良品种种植多年后，一般会产生种性退化，植株高矮不齐，成熟期不一致，影响产量和品质。通过集团选择法，从混杂群体中选择健壮、具有本品种特点的优良单株，经室内鉴定，去掉不符合标准的植株，然后混合脱粒，第二年种植。一般经过 2~3 年的连续集团选择后，就可以使原品种的纯度和所固有的特性得到恢复提高。但集团选择法不易把遗传性状不良的单株淘汰掉，所以，企图单纯依靠集团选择来不断地、迅速地提高品种质量，选育新品种是有一定局限性的。

三、胡麻杂交育种技术及方法

胡麻杂交育种试验研究，包括 2 大部分：第一部分是从亲本选配、杂交组合设计配置及杂交授粉的专业操作技术；第二部分是从选种圃→品系观察→品系鉴定→品系比较→区域试验→生产示范的专题试验。根据新品种选育试验研究工作的需要，制定切实可行的育种目标，保证育种试验研究工作始终不偏离正确的方向。

选育目标：胡麻品种选育目标，应根据不同的自然条件、耕作制度、栽培技术而确定。宁夏选育胡麻新品种的目标应是，早熟或中早熟、耐旱、耐寒、高产、耐水肥、抗倒伏、抗病（枯萎病、白粉病）、耐盐碱、含油率高、根据产品加工需求也可以提高 α－亚麻酸、木酚素的含量。有性杂交法是目前胡麻育种工作中应用最广泛的一种方法。

（一）选配杂交亲本

根据育种目标，有目的地选择亲本。因为亲本选择是否合适，是杂交育种成败的关键，所以在选择亲本时必须掌握以下原则：选择丰产性状好的当地推广或新育成的优良品种（系）做母本，选择一个能改进母本缺点，本身不良性状少的品种做父本。选择生态类型不同，地理距离较远的品种作为亲本，容易出现性状差异较大的杂交后代材料。为了避免育种的盲目性，要了解亲本主要性状遗传规律，根据性状遗传情况选择亲本。

（二）配制杂交组合方式

1.成对杂交

即用2个品种进行杂交。它可以综合双亲的优点，方法简便，收效较快，应用广泛。在配制杂交组合时一般母本排在前父本排在后，两亲本（母本：♀、父本：♂）成对一次杂交也叫单交，在成对杂交中还有正反交之别，如甲（♀）×乙（♂）为正交，则乙×甲为反交。正交和反交，一般后代性状表现差异不大。仅由于双亲的配合力不同，所以有的组合后代性状差异较明显，都是有利于选择的。为了区别真假杂交，可以采用具有显性指示性状的品种（材料）做父本，避免盲目性，提高杂交育种效果。

2.复合杂交

（1）双交组合

第一年分别选用品种甲和丙作母本、选用品种乙和丁作父本，配制两个杂交组合（甲×乙）和（丙×丁）进行有性杂交，第二年将（甲×乙）和（丙×丁）的杂交组合第一代（简称 F_1），再配制的杂交组合，称其为双交组合：（甲×乙）×（丙×丁）。

（2）三交组合

第一年选用品种甲作母本，选用品种乙作父本配制杂交组合（甲×乙）进行有性杂交，第二年将（甲×乙）的杂交组合第一代（简称 F_1）作为母本，再选用品种丙为父本配制的杂交组合，称其为三交组合：（甲×乙）×丙。

（3）四交组合

第一年选用品种甲作母本，选用品种乙作父本配制杂交组合（甲×乙）进行有性杂交，第二年将（甲×乙）组合的杂交第一代（简称 F_1）作为母本，再选用品种丙为父本配制杂交组合进行杂交，第三年将（甲×乙×丙）组合的杂交第一代（简称 F_1）作为母本，再选用品种丁为父本配制的杂交组合，称其为四交组合：（甲×乙×丙）×丁。

复交组合可以综合多亲本的优点，后代遗传变异范围更大，出现的性状类型较多。但因遗传性复杂，杂种后代性状稳定较慢，育成一个品种所需要的时间较长。

3.回交

第一年选用品种甲作母本，选用品种乙作父本配制杂交组合（甲×乙）进行有性杂交，第二年将(甲 × 乙)组合的杂交第一代(简称 F_1)作为母本，再选用两亲本之一作父本配制杂交组合，称其为回交组合。也可以连续进行若干次回交，而回交的目的是改造某亲本品种的缺点，使其富有较强的抗逆性、适应性与丰产性。例如品种甲在生产上表现适应性强、丰产性能好，但不抗病，影响高产稳产，通常以品种甲作母本，选用一个抗病品种乙做父本，其杂交后代再与品种甲杂交，然后选出抗病的植株做母本，选用品种甲继续回交，直至改造成功为止。一般回交 3~4 代后，让其自交即可选择。

4. 多父本授粉

把几个父本的花粉混合后，给一个母本授粉、叫做多父本授粉，也称为多父本杂交。采用多父本授粉可以让母本选择最适合的花粉受精，提高后代的生活力，一般杂交后代分离类型也比较多。同时，多父本授粉，还可能产生多父本受精现象，使杂种后代同时具备几个亲本的性状，有利于选择优良的后代。

(三)杂交技术

杂交前，必须了解胡麻的开花习性，然后按其步骤进行操作。

1. 整枝疏果

选择生长健壮、无病的胡麻植株，只留主茎上发育良好的花蕾 2~3 朵，其余分枝和花蕾全部去掉。以后随时注意去掉生出的新花蕾，以免营养分散和收获时与杂交果相混。

2.去雄和套袋

开花前一天 16:00—19:00，将选择好的母本胡麻植株进行整枝，选择发育比较好的花蕾并在花冠露出 1/3 的花蕾上进行去雄。去雄时先用眼科医用镊子将花瓣夹掉，剥开萼片，露出花药，随即将 5 枚雄蕊取出，去雄动作要轻，不要损伤柱头，然后用提前制作好的硫酸玻璃纸隔离袋，进行套袋隔离并梳去多余的花蕾，以防止花粉相互传粉，在去雄前要准备好吊牌标签，并在标签上写明杂交组合名称，在去雄后拴好吊牌标签并注明去雄日期。

3.授粉

授粉时间以 8:00—9:00 为宜，授粉时按杂交组合先把父本的花朵采集到一个玻璃器皿

或纸盒内，将去掉雄蕊母本的隔离袋取下，核对杂交组合名称后，再用本杂交组合父本花朵的花粉轻轻地涂抹在母本柱头上，花粉量要足，授粉后再用隔离袋套好以防串粉，然后在已栓好的吊牌标签上注明授粉日期。进行一个组合的操作后，所用镊子、器皿等最好用酒精消毒、以备下次再用。如遇雨天不能授粉时，在去雄后3d以内授完花粉，仍然有效。

（四）杂交后代选择及新品系培育

胡麻杂交后代遗传特性比较复杂，对环境作用的反映比较敏感。因此，它的发展方向受培育条件的影响较大，所以对杂交后代要根据选种目标给以相应的栽培条件进行培育。如选择抗旱性较强的品种，杂交后代种在旱地上，使其抗旱的特性表现出来。同样选择适于高水肥条件的品种，给以高水肥条件，使它适应高水肥的各种性状充分表现出来。通过选择，淘汰不良的株系。

通过有性杂交而产生变异植株，经过人工选择，选出丰产、含油率高、抗逆性强的新品种。因此，杂交后代选择工作是一项复杂细致而又十分重要的工作。一般要经过从选种圃→品系观察→品系鉴定→品系比较→区域试验→生产示范的专题试验研究阶段，才能完成整个育种试验研究的全部过程。

1.选种圃试验

一般完成有性杂交以后，早期世代杂交后代(F_1~F_4)的选择培育都是在选种圃里完成。每个世代的选择试验要做好参试材料的整理和设计，田间种植要有种植布局图。

（1）杂种一代(F_1)

要按照每个杂交组合各种一行并且单独收获脱粒，根据配制杂交组合的年代和田间种植行顺序，对每个杂交组合(F_1)进行单独编号。编号的规则：例如2019年配制的杂交组合编号，按照田间种植行排在第一行的组合编号为2019-1，田间种植行排在第二行的组合编号为2019-2，依此类推。

杂种一代(F_1)，一般每一组合通常表现比较一致，没有分离现象，凡是显性性状都会表现出来。杂种一代要特别注意生育期和抗病性的选择，因为胡麻在杂种一代早熟性状表现比较明显，这时选择早熟性状容易获得，杂种一代以后再分离出更早熟的材料机率不大。对抗病性的选择在杂种一代一定要严格把关，因为第一代不抗病，其后代分离出抗病材料的机会也不多。

（2）杂种二代（F_2）

每个杂交组合（F_1）在田间种植 2m^2 的试验小区，供选择杂交后代分离单株。将同一杂交组合所入选的若干单株收集在一起作为株系群体，并根据 F_1 的杂交组合号对所选择的株系群体进行编号，例如 2019–1、2019–2，依此类推。对各杂交组合入选的优良单株下一步将进入株行（系）观察，F_2 在选择优良单株以后剩余部分一般不保留。

杂种二代（F_2）有明显的分离现象，是杂交后代选择的关键世代。在第一代呈隐性的各种性状都会表现出来，2 个亲本结合的中间性状甚至两个亲本没有的新性状也会有所表现。由于杂种二代分离复杂，所以选择类型也多，这时要注意对株高、粒色、株形、抗病性等性状的严格选择，而对分枝性、蒴果的多少等性状的选择，则要适当放宽些。

（3）杂种三代（F_3）

将杂交组合（F_2）选择的单株群，每个单株种一行，同一个单株群的单株相邻种植，也称其为株行（系）圃。杂种三代（F_3）与杂种二代相比，由于经过单株选择，各株系的变异较趋向一致，但仍有分离，也会出现前两代没有出现的性状；但分离比例有所降低。第三代（F_3）主要是在株行（系）圃中选择表现好的株行和优良单株，淘汰不良杂交组合和株行（系）。入选表现好的株行（系）下一步进入稳定株系的观察试验，对于入选表现特别好的高代株行（系）可越级进入新品系观察试验。

（4）杂种四代（F_4）

除了亲本生态类型差异大的株系仍有分离外，大部分株系趋向稳定。杂种四代已经过株行（系）的比较鉴定阶段，入选的株行（系）和单株在杂种四代田间种植有两种形式：一是将入选杂交组合的（F_3）单株群，每个单株种一行，同一个单株群的单株相邻种植，可以在单株群内继续选择优良单株和优良株行。二是将入选杂交组合的（F3）优良株行，每个株行种植 2m^2 的株行区，并且每隔 8~10 个株行区之间设对照区（为育种试验的统一对照品种）。

杂种四代（F_4）与杂种三代相比，由于经过单株和株行（系）的选择，各株行（系）的主要性状变异趋向稳定，也会出现以前世代没有出现的性状，但分离比例已经很低。在杂种四代（F_4）的株行区继续选择优良单株的同时，对各个株行区与对照区进行比较择优入选，将择优入选株行区的株行(系)称为稳定株系,下一步将进入品系观察试验阶段,对于没有被入选的株行区在田间就地淘汰。

杂种后代的选择方法,除上述逐代单株选择方法外,还可采用混合选择法。即从杂交二代(F_2)起按杂交组合选大量优良单株,混合脱粒播种,直到杂交第四代(F_4)时严格选择一次,再分株系。将表现优良的株系作为优良新品系,尽快地进行产量比较鉴定,对于达到育种目标要求的新品系进行多点示范,便于迅速繁殖示范推广。

胡麻品系观察试验

2.品系观察试验

品系观察试验不设重复,小区面积 $2m^2$,参试材料是经过(F_2~F_4)3 个世代的选择,杂种五代(F_5)各杂交组合入选株(行)系的遗传变异已经基本稳定,出现主要性状的分离仅是个别的现象。将在选种圃里入选的优良稳定株系,作为新品系进入品系观察试验阶段,进行产量初步鉴定,并对主要经济性状继续进行田间观察。每个新品系根据其选择世代和田间表现,一般在品系观察试验阶段观察试验 1~2 年。由于参加品系观察试验的新品系比较多,一般根据育种目标在田间经过严格的观察鉴定并优中选优。对于参加一年试验综合性状表现特别好的新品系和参加两年试验表现突出的新品系,下一步将进入品系鉴定试验阶段。对于参加两年试验不符合入选标准的新品系,参加一年试验且综合性状表现比较差的新品系,应在田间就地淘汰。

3.胡麻品种(系)鉴定试验

品系鉴定试验不设重复,小区面积 $15m^2$ 左右,参试材料是经过品系观察试验入选的杂种六代(F_6)的新品系。参加该试验新品系在综合性状和抗逆性能方面的遗传变异已经稳定,需要对种子产量、主要农艺性状及抗逆性能(耐旱、耐寒、抗病、抗倒伏),按照育种目标要求进行严格的鉴定评选。

胡麻品种(系)鉴定试验

在品系鉴定试验中入选的优良新品系,将进入品系比较试验阶段,进行更加严格的试验比较鉴定。每个优良新品系,一般在品系鉴定试验阶段鉴定试验 2~3 年。由于能够进入品系比较试验的新品种(系)数量有限,一般都限制在 10 个以内。因此必须按照育种目标要求,在田间以及室内进行严格的鉴定评价做到优中选优。对于参加两年品系鉴定试验的新品种(系),其种子产量、主要农艺性状及抗逆性能(耐旱、耐寒、抗病、抗倒伏)表现特别好的新品种(系),下一步将进入品系比较试验阶段。对于参加 2 年试验不符合入选标准的新品种(系)或参加一年试验且综合性状表现比较差的新品种(系),应在田间就地淘汰以减少不必要的工作量。

4.品种(系)比较试验

胡麻品种(系)比较试验

品系比较试验设置 3 次重复,小区面积 15m^2 左右,参试材料是经过品系鉴定试验入选的杂种六代（F_6）以后的高代新品系。参加该试验新品系在综合性状和抗逆性能方面的遗传变异已经稳定,需要对种子产量、主要农艺性状及抗逆性能(耐旱、耐寒、抗病、抗倒伏),按照育种目标要求进行更严格的比较鉴定评选。

在品系比较试验中每个优良新品系,一般需要在品系比较试验阶段进行 2~3 年比较鉴定。由于能够进入品系比较试验的新品种(系)数量有限,一般都限制在 10 个以内。因此必须按照育种目标要求，在田间以及室内进行严格的鉴定评价做到优中选优。对于参加 2~3 年品系比较试验的新品种(系),其种子产量、主要农艺性状及抗逆性能(耐旱、耐寒、抗病、抗倒伏)表现特别好的新品种(系),下一步将进入品种(系)的区域试验阶段,进行不同区域的适应性试验评价。对于每年参加品系比较试验的新品种(系),必须按小区单独收获脱粒计产并进行室内考种,要根据新品种(系)的种子产量、室内考种和田间抗逆性评价结果,进行统计分析和综合评价并完成试验总结报告,对参加试验的新品种(系)提出入选提升和淘汰的评价意见。入选的新品种(系)下一步将进入品种(系)区域试验阶段,进行不同区域的适应性试验评价。

胡麻品种(系)区域试验

5.省(区)级胡麻品种(系)区域试验

胡麻品种(系)区域试验,是胡麻育种试验中最高一级试验设置 3 次重复,小区面积 15m^2 左右。参加试验的品种(系)是根据育种目标,经过多世代和多层级的试验观察、比较鉴定逐级择优选择,在品种(系)比较试验中表现最优秀的品种(系)。参加区域试验的胡麻品种(系),还须由育种单位向省(区)级区种子管理部门提出申请,经过审查批准方才能加试验。

胡麻品种（系）区域试验，是由省或自治区级种子管理部门组织管理，根据当地胡麻主产区的生态区域和气候条件，选择有代表性的试验点（5~10个）并制定统一试验方案，确定试验主持单位和承担单位。主要对参试品种（系）丰产性、抗逆性以及综合性状的适应性进行鉴定，一般参试年限2~3年。胡麻品种（系）区域试验中丰产性、抗逆性以及综合性状表现最突出的品种（系），下一步将可以参加省或自治区级胡麻品种（系）生产试验。

胡麻品种（系）区域试验的承担单位，要根据试验结果完成试验总结报告；主持单位要根据各承担单位提供的总结报告，完成各试验点的总结汇总报告，上报省或自治区级种子管理部门备案，作为省或自治区级生产试验品种（系）的遴选和新品种审定的依据。

6.省（区）级胡麻品种（系）生产试验

胡麻品种（系）生产试验

胡麻品种（系）生产试验，是胡麻育种试验过程中最后的试验阶段，试验不设置重复，试验区面积要求500~700m²。参加试验的品种（系），是在参加区域试验的胡麻品种（系）中择优选择，还须由育种单位向省（区）级区种子管理部门提出申请，经过审查批准方才能加试验。

胡麻品种（系）生产试验，是由省或自治区级种子管理部门组织管理，根据当地胡麻主产区的生态区域和气候条件，选择有代表性的试验点（5~10个）并制定统一试验方案，确定试验主持单位和承担单位。主要对参试品种（系）丰产性、抗逆性以及综合性状的适应性进行较大面积的鉴定，一般参试年限2~3年。在胡麻品种（系）生产试验中丰产性、抗逆性以及综合性状表现最突出的品种（系），如果通过了省或自治区级农作物品种审定委员会审定就可以大面积推广应用。

胡麻品种（系）生产试验的承担单位，要根据试验结果完成试验总结报告；主持单位要根据各承担单位提供的总结报告，完成各试验点的总结汇总报告，上报省或自治区级种子管理部门备案，作为胡麻新品种审定的依据。

第四节　引进育成新品种及应用

一、引进新品种及应用

引种鉴定法，就是将不同地区引入的品种，通过试验鉴定，选择在本地条件下表现优良的品种，直接在生产上推广应用。这种方法简便、省事、见效快。例如，在20世纪60年代，宁夏还没有自己杂交育种基础和条件的时候，通过引种鉴定的途径筛选出了适宜宁夏种植的匈牙利5号、雁农1号、雁杂10号等品种,取代了当地的地方品种。采用这种方法,对于迅速普及良种,发展生产有很大的作用。引种鉴定,除供直接应用外,对一些具有优异性状的品种通过各种育种途径进行利用。

二、育成新品种及应用

通过系统选育、杂交与辐射育种,选育了一批优良品种。20世纪50年代,山西首先从波兰品种(郭托威斯基)中,选出了雁农1号,结束了我国长期使用地方品种局面。60年代,以引种为主选出匈牙利3号、塞盖地、维尔1650等品种。这些品种多为油用型,其特点是矮秆分枝多,丰产性好,但在无霜期较长、水肥较好的条件下,易贪青倒伏。70年代,育种家们开展了杂交育种,配置了雁农1号×尚义大桃、永宁二混子×尚义大桃、尚义大挑×张掖胡麻、(雁农1号×尚义大桃)×雁农1号、内蒙古大头×雁农1号、匈牙利3号×雁农1号等杂交组合,分别选育出雁杂10号、宁亚5号、甘亚4号、定亚1号、天亚2号,晋亚3号等品种,并从杂交后代雁杂10号群体中,系选出晋亚1、2号,蒙亚1号,内亚2号,坝亚3号。雁杂10号经辐射处理,选出宁亚10号。这批品种具有高产、高油特性,但抗病性弱,尤其不抗枯萎病。80年代,开展了高产、高油、抗病育种。配置了(定亚10号×伊卡44-45)×(匈牙利15号×美国高油)、(天亚1号×德国1号)×天亚3号、天亚2号×(天亚4号×坝59-208E)、Redwood65 ×陇亚5号、维尔1650 ×红木或77(774)-10等杂交组合,分别选育出定亚17号,天亚5号、6号,陇亚5号,伊犁79073、79124等抗枯萎病、丰产性好,适应性广的优良品种(系)。

20世纪80年代以前,育成品种含油率多数在40%以下,而80年代以后,重视了高油品种选育。在杂交育种中注意选用高油资源作亲本,结果在35个育成品种中,含油率42%以上的有新亚1号、蒙亚1号、定亚l7号等3个品种,占育成品种总数的8.6%。含油率40%~42%的品种有内亚2号, 定亚10号、宁亚10号等18个, 占育成品种的51.4%。含油率40%以下的品种有天亚2号、5号、6号等14个,占育成品种的40%。

20世纪90年代以来,宁夏胡麻育种科技工作者先后选育出了宁亚14号、15号、16号、17号、19号、20号、21号、22号胡麻优良新品种,解决了宁夏胡麻生产中枯萎病发生流行危害的问题,抗旱、抗倒伏品种选育的关键技术取得了重要突破,推动了宁夏胡麻生产良种的两次更新换代,基本实现了自育胡麻良种在生产中的全覆盖。

三、育成新品种推广效益

20世纪80年代中期, 恢复胡麻品种区域试验后, 对育成品种进行比较鉴定和综合评价。1984—1993年向生产推荐抗逆性强、丰产性好、适应性广的优良品种共12个,其中80年代中期推荐的有雁杂10号、宁亚10号、天亚2号、蒙亚1号、49-99、新亚1号、喀什134等,推广面积达$85.0\times10^4/hm^2$。80年代末期,推荐生产的有高抗枯萎病、丰产性好的陇亚7

号、天亚5号、定亚17号、宁亚14号等品种。这些品种在甘肃、宁夏、山西、河北、内蒙古等省区示范,表现抗病、丰产,到1992年累计推广面积达50×10^4/hm^{2}以上,比当地推广种增产15%以上,甚至成倍增产。

20世纪90年代初,通过全国区试,进一步筛选出高抗枯萎病、丰产性强的新品种天亚6号、宁亚14号、宁亚15号、79124、8628等,在甘肃、宁夏、山西、河北、内蒙古、新疆等省区示范推广,增产显著,累计推广面积30.0×10^4hm^2,比当地推广种增产10%以上,已成为我国胡麻品种更新换代与具有开发利用价值的当家品种。

2000—2016年,宁夏胡麻育种科技工作者选育出了宁亚16号、17号、19号、20号、21号、22号胡麻优良新品种。

第五节　育种研究技术资料

一、胡麻新品种选育60年回顾

宁夏南部山区是宁夏回族自治区的油料生产基地,胡麻是宁南山区的主要经济作物和油料作物。自宁夏回族自治区成立以来,自治区党委和人民政府十分重视宁南山区的油料生产,从20世纪60年代开始,胡麻新品种选育被列为自治区重要科研课题,特别是在党的十一届三中全会以后,宁夏胡麻生产出现了前所未有的发展速度,对新品种的要求更为迫切,更加引起了宁夏回族自治区和地方政府的领导的高度重视。胡麻育种被列为自治区重点科研课题,从经费上给予大力支持,使胡麻新品种选育的科研工作取得了重要的科研成果和显著的经济和社会效益,为促进宁夏的胡麻生产发展起到了积极的推动作用。

(一)胡麻新品种选育科研工作回顾

在20世纪50—60年代宁夏胡麻育种科研工作,由宁夏农林科学院作物研究所承担北部黄河灌区的科研任务(90年代后期不再承担胡麻的科研任务),宁夏农林科学院固原分院

（原固原地区农业科学研究所）承担宁夏南部山区的科研任务。宁夏农林科学院作物研究所通过引种、系统选育和杂交育种，先后选育了宁亚 1~7 号（自命名）和宁亚 11 号（通过自治区品种审定委员会审定，获自治区科技进步三等奖）。宁夏农林科学院固原分院通过引种、系统选育、杂交育种等手段，先后育成了宁亚 8 号、9 号、10 号、12 号、14 号、15 号、16 号、17 号、19 号、20 号、21 号、22 号（全部通过了自治区品种审定委员会审定）。

宁夏南部山区是历史上自然形成的胡麻传统产区，种植历史悠久，但品种单一，20 世纪 50 年代大面积种植的品种只有固原红胡麻。由于长期种植，种性退化，丰产性差，产量只有 300~450kg/hm^2。自治区成立以后，宁南山区的胡麻育种工作被提到了重要议事日程，自治区科委把胡麻育种的科研任务下达到固原地区农科所。半个世纪来，通过引种、系选和杂交选育等手段，先后为生产提供胡麻优良新品种 25 个。1959 年通过引种鉴定为生产上提供推广种植的第一批良种有雁农 1 号、匈牙利 5 号、匈牙利 7 号、大头胡麻，平均单产达到 750kg/hm^2 以上，推广种植面积达 24.7×10^4/hm^2。1968 年通过参加全国胡麻区域试验和引种鉴定，为宁南山区胡麻生产提供的第二批胡麻良种有雁杂 10 号、大同 3 号、大同 4 号平均单产达到了 1125 kg/hm^2 以上，推广种植面积 13.3×10^4/hm^2。1978 年以后，采取了以系选、有性杂交、辐射等多种育种手段进行了攻关研究，选育出了胡麻优良新品种宁亚 8 号、宁亚 9 号、宁亚 10 号、宁亚 12 号，为宁夏南部山区胡麻生产提供了第三批胡麻良种，平均单产达到了 1500 kg/hm^2 以上。截至 1988 年，累计推广种植 20×10^4/hm^2，其中宁亚 10 号推广面积达 16.7×10^4/hm^2。据固原地区种子部门统计，1988 年仅宁亚 10 号的种植面积就达到 3.5×10^4/hm^2，占全地区胡麻中面积的 72.8%，实现了山区胡麻中华人民共和国成立以来第一次全面品种更新。宁亚 10 号周边毗邻省区也大量引进种植表现良好，甘肃省平凉地区的平凉、庄浪、静宁等县大量引进推广种植，而且在甘肃省静宁县的曹吴村创造了旱地单产 3450 kg/hm^2 的高产纪录，庆阳地区环县自 1978 年引进种植，当地农业技术推广部门确定宁亚 10 号为当地丰产、抗旱、抗寒性最强的胡麻品种。雁杂 10 号 1978 年经自治区农作物品种审定委员会认定为宁南山区推广品种，宁亚 8 号和宁亚 9 号通过了自治区农作物品种审定委员会审定，1981 年获自治区重要科研成果奖、宁亚十号 1986 年获自治区科技进步二等奖。

1996—2010 年，为了解决胡麻生产中的枯萎病流行危害问题，进行抗病枯萎病鉴定和早熟耐旱品种的选育。先后育成宁亚 14 号、15 号、16 号、17 号胡麻新品种，通过了自治区农作物品种审定委员会审定。宁亚 14 号、15 号丰产性好，抗病性强，增产显著深受农户欢迎，标志着宁夏胡麻育种研究水平和技术创新能力显著提高，填补了宁夏胡麻抗病（枯萎病）育种研究的空白，2001 年获得自治区科技进步二等奖。胡麻优良新品种宁亚 16 号、17 号选育及推广应用，实现了胡麻品种的丰产性与耐旱性、丰产性与抗病性的结合，使胡麻产量水平和种植效益有了显著提高，2008 年获得宁夏回族自治区科技进步二等奖。

2010—2016年,根据胡麻生产的技术需求,进行抗病枯萎病鉴定和早熟耐旱品种的选育,先后育成宁亚19号、20号、21号、22号胡麻优良新品种。宁亚19号具有适应性强、早熟、稳产性好、含油率高的特点。2010年7月通过自治区农作物品种审定委员会审定,2013年获得自治区科技进步三等奖。

宁亚20号具有适应性强、抗旱性强、稳产性好、含油率高的特点,宁亚21号具有适应性强、抗倒伏性能强、稳产性好的特点。2015年7月通过自治区农作物品种审定委员会审定,2018年1月通过国家非主要农作物品种登记,2018年获得自治区科技进步三等奖。

(二)新品种选育科研工作的发展过程

宁夏胡麻新品种选育起步较晚,但进展较快,育种工作大体上经历了由地方品种到引进品种,由引进品种到育成品种两个阶段。20世纪70年代前主要采取引种鉴定的途径,首先征集到国内外育种资源材料300多份,从1958年建立了品种资源圃,收集了一部分品种资源,为进一步育成品种打下了基础。其次通过评选鉴定,选出适合宁夏不同生态区域直接利用的胡麻良种7个,如雁农1号、匈牙利5号、匈牙利7号、大头胡麻等第一批良种和雁杂10号、大同3号、大同4号等第二批良种,这些良种都是通过引种途径,经过鉴定而获得的。这些良种的推广应用,对当地胡麻生产起到了明显的推动作用,而且很快解决了宁夏胡麻品种单一的问题。20世纪70年代以后,随着胡麻生产的发展,引进品种逐步不能适应生产发展的需要,为了培育出抗旱、抗病高产优质的新品种,胡麻育种科技工作者及时将育种手段从引种鉴定转向杂交育种,在杂交、辐射育种方面取得了新的进展。例如宁亚8号、宁亚12号系杂交育成,宁亚10号是利用雁杂十号用$^{60}C_0$-γ 射线处理种子后选育而成。育成的这些品种不仅抗逆性强、适应性广、而且丰产性好、产量高、品质好,受到胡麻产区广大农民的欢迎,特别是宁亚10号推广速度之快,种植范围之广是前所未有的。

实践证明,地方品种具有某些突出的抗性,是育种工作中的宝贵资源材料,用作杂交亲本可以培育出抗性强、适应性广的胡麻新品种,宁亚8号就是用固原红胡麻作母本,外引品种匈牙利1号作父本选育而成。宁亚8号不仅具有父本的丰产性状,而且有地方品种固原红胡麻的抗旱性和耐瘠性。因此,自1978年推广种植,在固原、彭阳的山旱地、瘠薄地有着较大的种植面积,据固原地区种子部门统计,1988年种植面积为$0.5\times10^4/hm^2$,在生产中居第二位。从国外引种也是胡麻育种工作的重要途径,不少引进品种可以直接应用,也是育种工作的宝贵资源材料。如雁农1号胡麻原系波兰品种,中国人民共和国成立前引入我国东北后经山西雁北农科所定名雁农1号,20世纪60年代在全国推广,在宁夏表现早熟、丰产、适应性广,成为宁夏南部山区推广种植面积最大的第一个引进胡麻良种。匈牙利5号、匈牙利7号曾在宁夏南部山的阴湿山区种植,表现抗病、丰产。

从国内生态条件相似区域引进品种,也是胡麻品种选育的重要途径,根据全国胡麻栽培区域的地理分布和品种的生态条件，山西雁北地区与宁夏南部山区同属黄土高原生态类型。因此，从山西雁北地区引进的品种在本区都比较适应，丰产性好、适应性强、在生产中能直接利用，如雁杂10号、大同3号、大同4号都曾是适宜我区当时推广的优良品种。

应用新技术使胡麻育种取得突破性进展，宁夏胡麻育种不仅采取了引种鉴定、系统选育、杂交育种等多种途径的常规育种手段，而且在常规育种的基础上，结合应用现代育种手段，积极开展辐射育种，使育种工作获得了突破性进展。宁亚10号选育是利用雁杂十号经过辐射处理后，通过选择与原品种雁杂10号相比在早熟、矮秆、粒多、千粒重等综合性状上具有重大突破，使宁夏南部山区胡麻产量水平大面积突破了2250kg/hm² 的难关。截至1988年创薪增产值一亿多元，并第一次实现了宁夏南部山区胡麻品种全面更新换代。

在胡麻枯萎病抗病育种方面取得了突破性进展，胡麻优良新品种宁亚14、15号的选育成功，是宁夏胡麻育种试验研究工作继宁亚10号之后的又一次技术创新和重大突破，其种子产量1932.0~2260.5 kg/hm²，最高产量可达2539.5kg/hm²，比宁亚10号增产10.86%~36.4%，不仅种子产量有显著提高，而且在胡麻枯萎病抗病品种选育方面有重大突破，填补了宁夏胡麻抗病育种研究的空白，更重要的是为胡麻枯萎病的防治找到了一条既环保又经济有效的防治途径，有效遏制了胡麻枯萎病的蔓延危害，产生了十分显著的经济和社会效益，推动宁夏胡麻生产的品种第二次更新换代。

2000—2010年，在胡麻枯萎病抗病及丰产优质育种方面取得了突破性进展，选育出了高抗胡麻枯萎病和丰产优质的宁亚17号。其适合旱、水地种植，表现株型紧凑，耐旱强、丰产性好、抗逆性强、适应性广。抗病鉴定试验结果为，宁亚10号发病85.97%，宁亚14号发病18.43%，宁亚17号发病7.1%，其在大田几乎不发病。种子产量一般1593.0~2506.5 kg/hm²，比对照宁亚14号平均增产16.07%，在水肥条件较好的情况下产量可达2796kg/hm²。2005年通过了自治区农作物品种审定委员会审定、同年又通过了国家鉴定委员会鉴定，被农业部推荐为“科技入户工程”重要科技成果，推动宁夏胡麻生产的品种第三次更新换代。

2010—2018年，在胡麻枯萎病抗病、耐旱、抗倒伏及丰产优质育种方面取得了突破性进展。宁亚20号具有适应性强、抗旱性强、稳产性好、含油率高的特点，比对照宁亚17号增产11.67%。2015年7月通过自治区农作物品种审定委员会审定，2018年1月通过国家非主要农作物品种登记。根据甘肃省农科院，在敦煌布置的全国胡麻新品种及种质资源材料抗旱性鉴定评价结果，宁亚20号的加权抗旱系数达到了2.09，其余参试材料的加权抗旱系数均＜1.30(评价指标：加权抗旱系数≥1.30属于一级抗旱性)。2014年经农业部油料及制品质量监督检验测试中心检测，宁亚20号种子含油率为40.86%。

宁亚21号具有适应性强、抗倒伏性能强、稳产性好的特点，比对照宁亚17号增产23.35%。2015年7月通过自治区农作物品种审定委员会审定，2018年1月通过国家非主要农作物品种登记。经2012—2013年抗倒伏性能评价试验，根抗折力3.42~4.13N，比对照平均增加15.34%。经田间抗倒性鉴定平均倒伏面积5%，而对照宁亚14号平均倒伏面积达40%。

二、胡麻育种研究技术资料

(一)胡麻育种田间试验观测记载标准

1．物候期观察

(1)播种期记录

播种的日期，以日月表示。

(2)出苗期

苗始期：全区有10%的幼苗出土。

苗盛期：全区有50%的幼苗出土。

出苗日数：自播种的次日至出苗盛期的天数。

(4)纵形期

幼苗生长至5cm的高度时期，以日/月表示。

(5)现蕾期

全区有50%植株出现花蕾。

(5)开花期

始花期：全区有10%植株主茎顶端第一朵花开放。

终花期：全区90%植株停止开花。

开花日数：开花始期至开花终期天数。

(6)成熟期

绿熟期：全区植株下部变黄，1/3蒴果成熟，1/2叶片脱落。

成熟期：全区有75%植株上部蒴果开始变褐，叶片凋萎，种子呈固有色泽，并与蒴果隔膜分离，摇动植株沙沙作响声音。

(6)收获期

记载实际收获日期。

(7)全生育期

出苗至种子成熟期的天数。

2．植物学特征

(1)幼苗颜色

分深绿、绿、浅绿3种颜色。

(2)叶片宽度

主茎第一分枝以下10cm内叶片(开花期调查)，求其平均宽度。

(3) 叶片长度

主茎第一分枝以下 10cm 内叶片（开花期调查）,求其平均长度。

(4) 叶片密度

主茎第一分枝下 10cm 长度内着生叶片数(调查时间同上)

(5) 花瓣直径

测量 10~15 朵花的花瓣求平均数,以 cm 为单位。

(6) 花的形态

分互花、开展、稍开 3 种。

(7) 花的颜色

有白、粉、红、紫、浅蓝、蓝等色。

(8) 株高

自子叶痕量至最高蒴果顶端。

(9) 茎粗

主茎第一分技以下 10cm 处的直径。

(10) 分茎数

成熟期取样检查,以其平均数表示。

3. 生物学特征

(1)出苗率

$$出苗率(\%)=\frac{已出苗数}{播种粒数}\times 100$$

(2) 生长速度

根据实验需要,在固定样段选 10 株以上,定期测量株高。

(3) 抗寒性

在苗期受冻后,调查受害率。

(4) 抗旱性

在干旱时期进行目测,以强、中、弱表示。

(5) 腊粉

以有或无表示。

(6) 抗倒伏性

倒伏面积以%表示。

(7) 倒伏程度

详见下图:

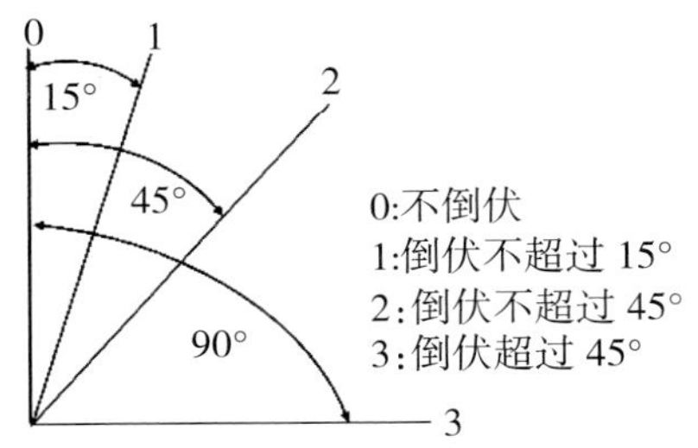

胡麻倒伏程度示意图

(8) 病虫危害率

病害按病的不同种类调查发病率和严重率，描述记载病症；虫害按虫害的不同种类调查受害率。

(9) 成活率

$$成活率(\%)=\frac{收获时株数(每米或平方米)}{出苗后植株数}\times 100$$

4. 田间检查及取样

田间取样，一般采用 5 点或 3 点取样的方法，进行调查。

(1)密度调查有条播和撒播两种

条播：确定样段。小区试验，每小区试验选具有代表性的样段 2~3 个样点、大区试验选 3~5 个样点(2 行 /m)，数其植株数，计算单位面积出苗数。

计算公式：单位面积出苗数(hm^2)＝样段的平均苗数 / 样段面积(m^2) × 10000

撒播：根据调查田块面积大小确定取样方法和样点数量。一般面积 $0.07\sim0.33\times10^4/hm^2$，采用对角线 5 点取样法；面积在 $0.33\sim0.67\times10^4/hm^2$，采用“S”形取样法，选取 5~10 个样点；面积在 $0.67\times10^4/hm^2$ 以上，应采用“棋盘式”取样法，选取 10 个以上样点；调查每个样点(m^2)苗数，计算出苗数和出苗率。计算公式如下：

单位面积出苗数(hm^2)＝(样点平均苗数 × 666.7) × 15

(2) 缺苗条播和撒播

条播：选代表性地段作为样段，调查断垄在 15cm 以上者，计算其总长度，即为缺苗段，以取样段总长为 100，计算缺苗率(%)。

撒播：用目测法估算，全区缺苗率或用平方米取样法测量空白地面积，占总面积的%。

(3) 预测产量

于成熟期每区取 3~5 点，实测每点产量。

$$产量(hm^2)=(\frac{各样点产量之和}{样点数}\times 666.67)\times 15$$

5. 室内考种

(1)植株

对植株的鲜重、干重、工艺长度和分枝数都要测量。

植株鲜重,取有代表性的10株称重,以g为单位。

植株干重,把称鲜重的10株烘干称重,以g为单位。

工艺长度:从子叶痕至主茎第一分枝点的长度。

单株分枝数:样品主茎的总分枝数被样品总株数除,为单株分枝数。

(2)蒴果

对蒴果的各种性状进行观察。

蒴果数:数其全株结果总数。

果粒数:选植株花序上、中、下3部位,取其蒴果30~50个,数每个蒴果的粒数,求其平均数。

蒴果大小:选植株花序上、中、下3部位,取其蒴果10~20个,量蒴果横断面直径,求其平均数,以mm为单位。

蒴果隔膜有无纤毛:种子成熟时,剥开蒴果看隔膜有否纤毛,用有或无表示。

(3)种子

对种子的一些性状进行观察。

产量:小区实际产量以g(或kg)表示,折合公顷产量(kg)。

单株生产力:取20~50株脱粒,计算平均产量,以g为单位。

千粒重,用正常湿度的纯净种子测定,每一处理或品种至少重复3次,计算平均数,以g为单位。

粒色:褐色、深褐色、黄白色。

含油率:以干燥、纯净种子测其含油量,以%表示。

秕粒率:以30个蒴果中的秕粒数计算。计算公式如下:

$$\text{秕粒率}(\%)=\frac{\text{秕粒率}}{\text{30 蒴果的总粒数}}\times 100$$

植株与种子产量比,于收获后以风干种子、风干茎秆之重量,除以小区之植株总数,比较。

(4)原茎产量

小区收获后之风干原茎重量、折合产量(kg/hm^2)。

第六节 胡麻育种试验设计及操作实例

一、胡麻选种圃试验设计方案(2005年)

(一)试验目的

对引进品种资源、亲本材料、杂交组合、F_1~F_4代材料入选杂种后代稳定材料及优良单株的特征特性、抗逆性能进行观察鉴定,从中评选出表现突出的亲本资源材料、优良单株、优良株(行)系以及产量性状表现好、高抗胡麻枯萎病、抗旱耐寒、抗倒伏性较强的胡麻优良稳定株系,参加高一级试验,进一步比较鉴定。

(二)试验内容

参试材料(对引进品系或入选的单株和稳定株系统称为参试材料)共1647份,稳定材料116份,株行材料1471份,引进种质资源材料20份,杂交亲本10份,配制杂交组合30个。

(三)试验设计

1.稳定株系

采用间比法,按顺序排列,种植1次,每隔9个小区设一对照区,小区面积1.8m²(2m×0.9m),行距15cm,区距25cm,排距50cm,对照品种为宁亚14号,试验地周围设保护行,田间布置见种植图。

2.株行材料

按亲本组合分组,同一组合的单按顺序种植,行长1m,行距15cm,排距50cm,每组合材料之间留20cm间距便于区别。

3.引进种质资源材料

每个材料种植一行,行长1m,行距15cm。

4.杂交亲本材料

按顺序排列,每个亲本种一小区,不设重复,小区面积1.8m²(2m×0.9m),行距15cm,区距25cm,排距50cm,不设对照。

5.配制杂交组合

按照育种工作的需要,配制杂交组合,进行有性杂交产生F_0代。

(四)栽培管理

选地:本试验设在宁夏固原市农业科学研究所头营科研基地,前茬为苜蓿,土壤肥力一般。去年秋耕,冬灌1次,播前要及时耙耱保墒,精细整低地,保证试验工作顺利进行。

施肥:今年试验地秋耕时基施了有机肥,在灌头水时追施磷酸二铵150kg/hm²、尿素

37.5kg/hm²。

播种：要求在4月5日前抢墒播种，采用人工开沟播种，播深3~4cm；稳定株系播种量按50万粒/hm²（有效粒数）计算，播后覆土耱平。

田间管理：破板结，播种后出苗前如遇雨雪天气土壤板结时，应及时破除，确保全苗。中耕除草在胡麻进入枞形期进行除草松土，现蕾阶段进行第二次除草，以后视田间杂草情况，随时拔除。防虫幼苗阶段注意防治金龟甲，现蕾阶段注意防治蚜虫，青果期至成熟阶段注意防治黏虫。灌水胡麻出苗30~40d时灌头水，现蕾前后视田间土壤水分状况可确定是否灌第二次水。

（五）田间记载及田间评选

1.田间记载项目

稳定株系：播种、出苗、成熟期，抗病性（枯萎、立枯、炭疽），抗旱性，耐寒性，抗倒伏性。

引进种质资源材料：生育期播种出苗现蕾开花成熟生育天数。抗逆性、抗病性（枯萎、立枯、炭疽），调查计算发病率，抗旱性，耐寒性，抗倒伏性。

杂交亲本材料：播种、出苗、成熟期，抗病性（枯萎、立枯、炭疽），抗旱性，耐寒性，抗倒伏性。

2.田间评选

稳定株系：苗期评选根据参试材料的田间表现优劣分为1、2、3级；现蕾阶段评选根据参试材料在田间生长旺盛的度分为1、2、3级；成熟前评选主要在开花后至青果期间根据在田间长势分为1、2、3级，在此期间对枯萎病的发病程度及抗、耐病性也要进行调查记载；收获前评选在收获前主要根据参试材料在田间的综合表现，以产量性状、抗病性为主进行综合评选，对于参试材料能否入选提升应逐项记载清楚，落选材料在田间就地淘汰。

注：本实例试验设计方案，系宁夏固原市农业科学研究所《2005年胡麻品种（系）选种圃试验设计》。

表1-1-5 参试材料田间种植排列表

区号	入选株系	区号	入选株系	区号	入选株系
1	CK1	15	9301-2-2-12-350	29	CK4
2	8807w-106-20	16	9301-2-2-12-324	30	9301d-11-3-2-8-4-17
3	90n(y)118-4	17	9301-2-2-12-322	31	9301d-11-3-2-8-4-6
4	90n(y)118-15	18	9301-2-2-12-315	32	9301d-11-3-7-9-7-30
5	90n(y)118-2	19	CK3	33	9301d-11-3-7-9-7-1
6	90n118-2-115-13	20	9301d-11-2-2-12-3-5	34	9301d-11-3-7-9-7-28
7	9025-10-7-8-12	21	9301d-11-2-2-12-3-2	35	9301d-11-3-7-9-7-19
8	91113-13-6-8-21	22	9301d-11-2-2-12-31	36	9301d-11-3-2-8-4-29
9	91129-7-4-6-17	23	9302d-11-2-2-12-36	37	CK5
10	9215-1-4-6-5-16	24	9301d-11-2-2-12-38	38	9301d-11-3-4-5-6-2
11	CK2	25	9301d-11-2-2-12-328	39	9301d-11-3-4-5-6-19
12	9215-1-4-6-5-19	26	9301d-11-3-2-8-4-31	40	9301d-11-3-4-5-6-16
13	9215-1-4-6-5-21	27	9301d-11-3-2-8-4-47	41	9301d-11-3-4-5-6-17
14	9301-2-2-12-311	28	9301d-11-3-2-8-4-21	42	其余参试材料略

参试材料田间种植图

1 CK1	2	3	4	5	6	7	8	9	10	11C K2	12	13	14	15	16	17	18
36	35	34	33	32	31	30	29 CK4	28	27	26	25	24	23	22	21	20	19 CK3
37CK 5	38	39	40	41	其	余	参	试	材	料	略						

表 1-1-6 参试材料田间记载评价表

记载项目 / 株系编号	区号	播种期	出苗期	开花期	花色	田间评价	成熟期	田间评价	抗旱性	抗寒	种子产量	评选意见
参试品种												

二、胡麻品系观察试验设计方案(2005年)

(一)试验目的

对引进品种(系)和入选杂种后代稳定株系的特征特性、产量表现、抗逆性能进行观察鉴定,从中评选出产量性状表现好、高抗胡麻枯萎病、抗旱耐寒、抗倒伏性较强的胡麻优良新品系,参加品系鉴定试验进一步比较鉴定。

(二)参试品种(系)

参试材料(引进品种和入选新品系统称为参试材料)共91份,其中上年保留52份,新入选提升的39份,参试材料名称详见《参试材料名称及播种量表》。

(三)试验设计

本试验采用间比法,按顺序排列,种植一次重复,每隔8~9个小区设一对照区,小区面积1.8m^2(2m×0.9m),行距15cm,区距25cm,排距50cm,对照品种宁亚14号,试验地周围设保护行,田间布置见种植图。

(四)栽培管理

选地:本试验设在宁夏固原市农业科学研究所头营科研基地,前茬为苜蓿,土壤肥力一般。去年秋耕,冬灌1次,播前要及时耙耱保墒,精细整低地,保证试验工作顺利进行。

施肥:今年试验地秋耕时基施了有机肥,在灌头水时追施磷酸二铵150 kg/hm^2、尿素37.5 kg/hm^2。

播种:要求在4月5日前抢墒播种,采用人工开沟条播,播深3~4cm,播种量以有效粒数计算,水地按825万粒/hm^2(旱地按675万粒/hm^2),播后覆土耱平。

田间管理:破板结,播种后出苗前如遇雨雪天气土壤板结时,应及时破除,确保全苗。中耕除草,在胡麻进入枞形期进行除草松土,现蕾阶段进行第二次除草,以后视田间杂草情况,随时拔除。防虫,幼苗阶段注意防治金龟甲,现蕾阶段注意防治蚜虫,青果期至成熟阶段注意防治黏虫。灌水,胡麻出苗 30~40d 时灌头水,现蕾前后视田间土壤水分状况可确定是否灌第二次水。

(五)田间记载及田间评选

1.田间记载

生育期:播种出苗现蕾开花成熟生育天数。

抗逆性:抗病性(枯萎、立枯、炭疽),调查计算发病率,抗旱性,耐寒性,抗倒伏性。

2.田间评选

苗期评选:根据参试材料的田间表现分为 1、2、3 级。

现蕾期评选:根据参试材料在田间生长旺盛的程度分为 1、2、3 级。

开花期评选:主要在开花阶段根据田间的长势表现分为 1、2、3 级,在此期间对枯萎病的发病程度及抗、耐病性也要进行调查记载。

收获前评选:在收获前主要根据参试材料在田间的综合表现,以产量性状、抗病性为主进行综合评选,对于参试材料的入选提升、保留观察和特殊利用价值,应逐项记载清楚,对于落选材料在田间就地淘汰。

3.结果分析

产量结果统计分析按照试验小区单独收获脱粒统计小区种子产量。

注:本实例试验设计方案,系宁夏固原市农业科学研究所《2005 年胡麻品种(系)观察试验设计》。

表 1-1-7 参试材料田间种植排列登记表

区号	参试材料	区号	参试材料	区号	参试材料
1	CK1	15	8654W-10-4-9-77-5	29	CK4
2	80A-309-3115-4-9	16	8807W-88-72-3-7	30	8807W-106-635-9-2-3
3	8036-109-2710-9	17	8807W-88-72-3-5	31	88W-106-633-5-12
4	8036-109-2710-11	18	8807W-88-72-3-11	32	8907W-17-213-6-9-7
5	8036-109-2710-7	19	CK3	33	8815W-52-13-9-6-11
6	8431-31-11-99-8	20	8807W-88-72-3-10	34	9067W-5-2-4-3
7	8431-31-554-68-1	21	8807W-106-633-5-14	35	90N(Y)118-2-115-9-4-6
8	8431-31-554-3	22	8807W-106-6-102-4-5	36	90N(Y)118-2-115-13-6
9	8431-31-554-6-3	23	8807W-106-632-5-1-3	37	90N(Y)118-2-115-14-6-1
10	84936-1-8-12-3	24	8807W-106-633-5-15	38	90N(Y)118-2-115-14-6-9
11	CK2	25	8807W-106-633-9-9-8	39	CK5
12	84936-1-8-12-9-2	26	8807W-106-635-9-1	40	90N(Y)118-2-115-9-4-8
13	84936-1-8-12-9-3	27	8807W-106-635-9-2-4	41	90N(Y)118-2-115-14-6-9
14	84936-1-8-12-7	28	8807W-106-635-9-2-8	42	其余参试材料略

参试材料田间种植图

1	2	3	4	5	6	7	8	9	10	11	12	13	14	15	16	17	18
CK1										CK2							
36	35	34	33	32	31	30	29	28	27	26	25	24	23	22	21	20	19
							CK4										CK3
37	38	39	40	41	其	余	参	试	材	料	略						
CK5																	

表 1-1-8 参试材料田间记载评价表

记载项目 / 株系编号	区号	播种期	出苗期	开花期	花色	田间评价	成熟期	田间评价	抗旱性	抗寒	种子产量	评选意见
参试品种												

三、胡麻品种(系)鉴定试验设计方案(2005年)

(一)试验目的

对在品系鉴定试验中入选新品种(系)的丰产性、抗逆性和重要的特征特性进行比较鉴定,为选育丰产好、适应性强、抗病性强(枯萎病、白粉病)、优质(高含油率、α-亚麻酸、木酚素)、抗旱耐寒、抗倒伏的胡麻新品种提供优良新品系。

(二)参试品种(系)

表 1-1-9 品种(系)名称及参试年限表

品种名称	参试年限	品种名称	参试年限
9425w-25-16-8	2	9208w-21	2
90118-2-115-7	2	9604w-1	2
90118-2-115-9	2	9614w-4	2
9604w-4-3	2	9520w-20-24	2
9524w-24-13	2	9607w-4	2
9404w-19-12	2	9425w-25-16-8-2	2
9407w-7-14-3	2	9425w-25-16-8-4-9	2
9413w-14-4-5-3	2	9604w-9-2-3	2
80A-309-3115-4-5	1	9301D-11-12-5-2	1
9515W-15-9-4-7	1	9517W-17-30-10-8-9	1
宁亚14号(CK)			

(三)试验设计

本试验采用随机区组排列法,不设重复,小区面积12.6m²(7m×1.8m),行距15cm,区距25cm,排距50cm,宁亚14号为对照品种,试验地周围设保护行,田间布置见种植图。

（四）栽培管理

选地和施肥：同品系观察试验。

播种：要求在4月5日前抢墒播种，为了保证出苗齐全采用机播（四行小型播种机），播深3~4cm，播种量以有效粒数计算，水地按825万粒 hm²（旱地按675万粒 /hm²），参试品种（系）播种量见播种量表，播后覆土耱平。

田间管理：同品系观察试验。

（五）田间记载及室内考种项目

田间记载项目：生育期、播种、出苗、现蕾、开花、成熟、生育天数。出苗情况、样段苗数、出苗率。抗逆性抗旱性、耐寒性、抗倒伏性、抗病性（枯萎、立枯、炭疽、白粉病），调查计算发病率。

室内考种项目：株高、工艺长度、分茎数、主茎分枝数、单株有效果数、每果粒数、千粒重、单株粒重。

产量结果统计分析：小区种子产量、折合每公顷产量并进行统计分析，编写试验总结报告。

注：本实例试验设计方案和试验总结报告，系宁夏固原市农业科学研究所《2005年胡麻品种（系）鉴定试验设计》和《2005年胡麻品系鉴定试验总结报告》。

表 1-1-10　参试品种（系）播种量表

品种名称	发芽率(%)			千粒重(g)	播量(kg/hm²)	区播量(g)
	Ⅰ	Ⅱ	平均数			
9115-6-410-9	93	92	92.5	7.0	62.40	79.04
9425w-25-16-8	90	93	91.5	7.3	65.85	83.41
9604w-1	89	84	86.5	7.1	67.65	85.69
90118-2-115-9	83	84	83.5	7.6	75.15	95.19
9614w-4	87	87	87	8.2	77.70	90.42
9604w-4-3	86	84	85	7.4	71.85	91.01
9524w-24-13	84	79	81.5	7.6	76.95	97.47
9607w-4	94	95	94.5	8.4	73.35	92.91
9404w-19-12	84	90	87	8.4	79.65	100.89
9208w-21	90	84	87	7.3	69.15	87.59
9425-25-16-8-2	81	80	80.5	7.5	76.80	97.28
9407w-7-14-3	87	87	87	7.2	68.25	86.45
9425-25-16-8-4-9	91	86	88.5	7.2	67.05	84.93
9413w-14-4-5-3	90	84	87	6.8	64.50	81.7
9604w-9-2-3	86	89	87.5	7.8	73.50	93.1
80A-309-3115-4-5	88	85	86.5	8.7	82.95	105.07
9301D-11-12-5-2	93	95	94	6.6	57.90	73.34
9515W-15-9-4-7	82	90	86	6.6	63.30	80.18
9517W-17-30-10-8-9	87	86	86.5	7.6	72.45	91.77
91128-4-6-6-8	86	88	87	6.5	61.50	77.9
宁亚14号(CK)	83	88	85.5	7.2	69.45	87.97

参试品种(系)田间种植图

(10) 9604w -4-3	(9) 9614w -4	(8) 90118-2- 115-9	(7) 宁亚 14 号(CK2)	(6) 9604w -1	(5) 9425-25-1 6-8-4-9	(4) 9425-25-1 6-8-2	(3) 9425w-25 -16-8	(2) 9115-6- 410-9	(1) 宁亚 14 号(CK1)
(11) 宁亚 14 号(CK3)	(12) 9524w-24 -13	(13) 9607w -4	(14) 9404w-19 -12	(15) 9407w-7- 14-3	(16) 9413w-14 -4-5-3	(17) 宁亚 14 号(CK4)	(18) 9208w-21	(19) 9604w-9 -2-3	(20) 9301D-11 -12-5-2
				(26) 宁亚 14 号(CK6)	(25) 91128-4- 6-6-8	(24) 9517W-1 7-30-10- 8-9	(23) 80A-309- 3115-4-5	(22) 9515W- 15-9-4-7	(21) 宁亚 14 号(CK5)

表 1-1-11 参试材料田间记载评价表

记载项目 材料名称	区号	播种期	出苗期	开花期	花色	田间评价	成熟期	田间评价	抗旱性	抗寒	种子产量	评选意见
参试品种												

表 1-1-12 田间调查记载表

调查项目 材料名称	区号	苗数(万株/hm²)	出苗率(%)	区产量(kg/区)	产量(kg/hm²)	产量位次	抗旱性(级)	抗寒性(级)
参试品种								

四、胡麻品系鉴定试验总结(2005 年)

(一)试验目的

对入选品系的丰产性、抗逆性和特征特性进行观察鉴定,为选育丰产、高抗胡麻枯萎病、优质、抗旱耐寒、抗倒伏的油纤两用型胡麻新品种提供优良品系。

(二)参试品种(系)

表 1-1-13 参试品种(系)

品种名称	参试年限	品种名称	参试年限
参试品种			

(三)试验设计

本试验采用间比法排列，不设重复，小区面积 12.6m²（7m × 1.8m），行距 15cm，区距 25cm,排距 50cm,宁亚 14 号为对照品种,试验地周围设保护行。

(四)栽培管理

选地:本试验设在固原市农科所头营科研基地,前茬苜蓿,去年秋耕 1 次,旋耕 1 次,冬灌 1 次,播前及时耙耱保墒,精细整地,保证了试验工作的顺利进行。

施肥：试验地施高效有机肥 750kg/hm²。在灌头水时每追施尿素 45kg/hm²，磷酸二铵 150kg/hm²。

播种:4 月 3 日抢墒播种,机播(四行小型播种机),播深 3~4cm,播种量按 825 万粒 /hm²

(有效粒数)计算,播后覆土耱平。

田间管理:4 月 20 日破板结一次,5 月 9 日第一次锄草,5 月 28 日灌水追肥,6 月 2 日、18 日第二、第三次锄草,6 月 30 日第二次灌水,7 月 22 日后陆续成熟收获。

(五)试验结果分析

1.种子产量

产量结果见表 1-1-14,参试品系种子折合为 1388.85~2666.70kg/hm²,相邻对照种子产量 1944.45kg~2754.00kg/hm²,相邻对照种子平均产量 2492.10kg/hm²,比相邻对照增产的只有 9425w-25-16-8-2 品系,种子产量为 2380.95kg/hm²,增产率为 3.09%。其他品系均比相邻对照减产,减产率为 1.75%~36.13%。

表 1-1-14 种子产量结果表

品种名称 / 项目	小区产量(kg)	种子产量(kg/hm²)	比相邻对照增减产		位次
			增减产(kg/hm²)	±(%)	
宁亚 14 号(CK1)	3.37	2675.85	—	—	—
9115-6-410-9	2.57	2039.70	-270.00	-11.68	9
9425w-25-16-8	2.80	2222.25	-80.70	-3.78	4
9425w-25-16-8-2	3.00	2380.95	71.25	3.09	1
9425w-25-16-8-4-9	2.82	2238.15	-71.55	-3.10	3
9604w-1	2.23	1769.85	-539.85	-23.37	12
宁亚 14 号(CK2)	2.45	1944.45	—	—	—
90N(y)118-2-115-9	1.75	1388.85	-785.85	-36.13	19
9604w-4-3	2.00	1587.30	-587.40	-27.01	16
宁亚 14 号(CK3)	3.02	2396.85	—	—	—
9524w-24-13	2.32	1841.25	-698.55	-27.50	17
9607w-4	2.38	1888.95	-650.85	-25.63	14
9404w-19-12	2.40	1904.70	-635.10	-25.00	13
9407w-7-14-3	2.76	2190.45	-349.35	-13.75	10
9413w-14-4-5-3	2.87	2277.75	-262.05	-10.31	7
宁亚 14 号(CK4)	3.37	2674.65	—	—	—
9208w-21	3.17	2515.80	-198.60	-7.31	6
9604w-9-2-3	3.36	2666.70	-47.70	-1.75	2
9301D-11-12-5-2	3.28	2603.10	-111.30	-4.09	5
宁亚 14 号(CK5)	3.47	2754.00	—	—	—
9515W-15-9-4-7	2.95	2341.20	-290.40	-10.88	8
80A-309-3115-4-5	2.26	1793.70	-833.40	-31.72	18
9517W-17-30-10-8-9	2.43	1928.55	-698.55	-26.59	15
91128-4-6-6-8	2.67	2119.05	-508.05	-19.34	11
宁亚 14 号(CK6)	3.14	2492.10	—	—	—

2.主要农艺性状

表 1-1-15 主要农艺性状表

项目 品种名称	株高(cm)	工艺长度(cm)	分枝数(个)	株果数(个)	果粒数(粒)	千粒重(g)	单株产量(g)
宁亚 14 号(CK1)	65.11	45.06	15.9	19.80	6.9	7.8	1.13
9115-6-410-9	55.13	38.42	14.4	21.44	8.3	7.4	1.22
9425w-25-16-8	59.08	40.31	13.9	20.30	7.4	7.6	0.99
9425w-25-16-8-2	58.30	37.60	15.3	22.47	5.9	7.2	1.05
9425w-25-16-8-4-9	56.62	39.27	16.5	22.43	6.3	8.4	1.32
9604w-1	51.12	33.63	15.3	23.87	7.5	7.0	1.20
宁亚 14 号(CK2)	64.92	45.42	11.4	16.63	6.6	7.4	0.75
90N(y)118-2-115-9	55.48	36.39	15.7	21.39	8.0	7.6	1.17
9604w-4-3	57.85	38.97	12.8	17.40	5.8	7.5	0.72
宁亚 14 号(CK3)	65.22	46.62	12.7	16.30	8.5	7.6	0.88
9524w-24-13	60.67	41.65	13.4	18.73	7.8	7.4	0.91
9607w-4	59.38	38.27	16.9	23.10	6.8	8.4	1.15
9404w-19-12	60.15	39.03	15.0	21.03	7.8	8.4	1.13
9407w-7-14-3	55.90	38.27	10.1	14.80	8.5	7.5	0.76
9413w-14-4-5-3	67.22	49.22	14.7	22.97	8.2	7.1	1.45
宁亚 14 号(CK4)	67.47	47.22	16.8	20.17	7.2	7.4	1.07
9208w-21	63.60	43.70	13.3	20.80	8.7	8.0	1.05
9604w-9-2-3	53.30	39.35	11.4	15.13	6.1	7.4	0.93
9301D-11-12-5-2	58.30	43.13	13.0	16.60	6.7	8.2	1.03
宁亚 14 号(CK5)	61.83	43.06	13.9	22.03	9.4	7.5	1.20
9515W-15-9-4-7	53.32	35.93	15.1	20.13	7.8	8.2	1.26
80A-309-3115-4-5	47.46	25.24	14.8	23.48	7.2	9.0	1.52
9517W-17-30-10-8-9	51.95	36.41	18.5	28.07	7.4	8.0	1.63
91128-4-6-6-8	58.81	33.85	13.7	21.23	7.7	8.3	1.32
宁亚 14 号(CK6)	63.82	45.26	14.9	23.25	9.6	7.6	1.24

主要农艺性状列于表 1-1-15,参试品系株高为 47.46~67.47cm,平均数 57.65cm,变异系数 8.34%。相邻对照平均数为 64.91cm,高于参试品系的平均数。株高高于相邻对照平均数的只有 9413w-14-4-5-3 品系,品系间差异较小。

工艺长度 25.24~49.22cm, 平均数 38.35cm, 变异系数 12.52%。相邻对照平均数为 45.48cm, 高于参试品系的平均数。工艺长度高于相邻对照平均数的只有 9413w-14-4-5-3 品系,各品系间有一定差异。

有效结果数 14.8~28.07 个,平均果数 23.13 个。相邻对照平均数为 18.99 果,低于参试品系的平均数。有效结果数高于对照平均数的有 9425w-25-16-8-2 等 12 个品系,品系间差异较大。

每果粒数 5.8~8.5 粒,平均数 7.34 粒,变异系数 12.26%。相邻对照平均数为 7.72 粒,低于参试品系的平均数。每果粒数高于相邻对照平均数的有 9407w-7-14-3 等 9 个品系,品系间有一定差异。

千粒重7.0~9.0g，平均数7.82g，变异系数7.03%。相邻对照平均数7.54g，低于参试品系平均数。高于对照平均数的有80A-309-3115-4-5等12个品系，品系间差异小。

单株产量0.72~1.63g，平均数1.13g，变异系数20.35%。相邻对照平均数1.01g，低于参试品系的平均数。单株产量高于相邻对照平均数的有9517W-17-30-10-8-9等14个品系，品系间差异较大。

3.生育表现

生育表现见表1-1-16，各参试品系生育天数为86~99d，平均生育天数92.9d，相邻对照平均为95.8d，品系间差异不大。

表1-1-16 生育期记载表

项目 品种名称	播种期（月.日）	出苗期（月.日）	现蕾期（月.日）	开花期（月.日）	成熟期（月.日）	生育天数(d)
宁亚14号(CK1)	4.3	4.24	6.4	6.14	7.26	93
9115-6-410-9	4.3	4.26	6.9	6.16	7.30	95
9425w-25-16-8	4.3	4.25	6.3	6.12	7.28	94
9425w-25-16-8-2	4.3	4.26	5.31	6.12	7.28	93
9425w-25-16-8-4-9	4.3	4.24	6.4	6.12	7.27	94
9604w-1	4.3	4.25	6.1	6.11	7.22	88
宁亚14号(CK2)	4.3	4.25	6.5	6.15	7.31	97
90N(y)118-2-115-9	4.3	4.27	6.5	6.15	7.30	94
9604w-4-3	4.3	4.27	6.3	6.13	7.30	94
宁亚14号(CK3)	4.3	4.25	6.4	6.15	8.1	98
9524w-24-13	4.3	4.25	6.1	6.12	8.2	99
9607w-4	4.3	4.25	6.1	6.12	7.26	92
9404w-19-12	4.3	4.26	6.5	6.14	7.29	94
9407w-7-14-3	4.3	4.25	5.28	6.10	7.25	91
9413w-14-4-5-3	4.3	4.27	6.3	6.14	7.27	91
宁亚14号(CK4)	4.3	4.25	6.4	6.15	7.30	96
9208w-21	4.3	4.25	6.7	6.13	7.29	95
9604w-9-2-3	4.3	4.24	6.2	6.10	7.25	95
9301D-11-12-5-2	4.3	4.23	6.4	6.11	7.27	95
宁亚14号(CK5)	4.3	4.25	6.5	6.14	7.29	95
9515W-15-9-4-7	4.3	4.27	6.6	6.12	7.30	94
80A-309-3115-4-5	4.3	4.27	5.25	6.6	7.22	86
9517W-17-30-10-8-9	4.3	4.26	6.5	6.12	7.24	89
91128-4-6-6-8	4.3	4.26	6.5	6.11	7.27	92

4.出苗情况及抗逆性

出苗情况：胡麻播种后，4月8日遇雨雪天气，土壤严重板结，虽然及时进行了破板结工作，但对胡麻出苗仍造成一定影响，出苗率较低。各品系的苗数为233.4万~573.3万株/hm^2，出苗率为28.29%~69.49%，平均数39.22%。相邻对照平均苗数为362.7万株/hm^2，平均出苗率为 43.96%。

抗逆性:胡麻生育期间,各参试品系田间目测耐旱能力均较强。9115-6-410-9 等 14 个品系表现为抗倒伏能力强。胡麻枯萎病观察试验结果表明,9524w-24-13 和 9404w-19-12 表现为高抗枯萎病。

表 1-1-17　出苗情况及抗逆性能表

品种名称＼项目	出苗情况		抗逆性		
	苗数(万株/hm²)	出苗率(%)	抗旱	枯萎病(%)	倒伏率(%)
宁亚 14 号(CK1)	306.75	37.18	强		2
9115-6-410-9	259.95	31.51	强	80	0
9425w-25-16-8	300.00	36.36	强	98	35
9425w-25-16-8-2	293.40	35.56	强	100	20
9425w-25-16-8-4-9	406.65	49.29	强	100	75
9604w-1	346.65	42.02	强	10	2
宁亚 14 号(CK2)	343.35	41.62	强		0
90N(y)118-2-115-9	246.60	29.89	强	10	0
9604w-4-3	233.40	28.29	强	100	1
宁亚 14 号(CK3)	433.35	52.53	强		2
9524w-24-13	386.70	46.87	强	0	45
9607w-4	236.85	28.71	强	30	3
9404w-19-12	333.30	40.40	强	5	5
9407w-7-14-3	406.65	49.29	强	30	0
9413w-14-4-5-3	330.00	40.00	强	100	6
宁亚 14 号(CK4)	280.05	33.95	强		15
9208w-21	306.75	37.18	强	80	25
9604w-9-2-3	433.35	52.53	强	30	0
9301D-11-12-5-2	573.30	69.49	强	100	0
宁亚 14 号(CK5)	450.00	54.55	强		0
9515W-15-9-4-7	263.40	31.93	强	98	0
80A-309-3115-4-5	283.35	34.35	强	30	0
9517W-17-30-10-8-9	246.60	29.89	强	30	0
91128-4-6-6-8	259.95	31.51	强	98	0

(六)小结

综合田间表现及产量结果表明,9425W-25-16-8-2 参试 2 年,种子产量为 158.73kg,比相邻对照增产 3.09%,居第一位;9604W-9-2-3、9425W-25-16-8、9208W-21、9407W-7-14-3 参试 2 年, 9515W-15-9-4-7、9115-6-410-9 参试一年,虽然今年均比相邻对照减产,但是综合性状较好,明年继续参试进一步鉴定。

9301D-11-12-5-2、9413W-14-4-5-3、91128-4-6-6-8、9425W-25-16-8-4-9 四个品系抗枯萎能力差或不抗倒伏,90N(y)118-2-115-9、9614W-4、9404w-19-12 共 3 个品系生长后

期田间表现较差,均予以淘汰。

其他品系个别性状较好,明年继续参试进一步鉴定。

五、胡麻品系比较试验设计方案(2005 年)

(一)试验目的

对入选品系的丰产性、抗逆性和增产效益进行比较鉴定,以便评选出丰产、抗枯萎病、优质、抗旱耐寒、抗倒伏的油纤两用型胡麻新品系,参加多点区域试验,测定其适应性。

(二)参试品种(系)

表 1-1-18 品种(系)名称及参试年限表

品种名称	参试年限	品种种名称	参试年限
9604w-1	2	9614w-4	2
9425w-25-17	3	9407w-7-14-3	2
9425w-25-11	3	9208w-21	2
9501w-1-3	3	9520w-20-24	1
90N(y)118-2-115-7	1	宁亚 14 号(CK)	

(三)试验设计

本试验采用随机区组排列法,重复 3 次,小区面积 12.6m²(7m × 1.8m),行距 15cm,区距 25cm,排距 50cm,对照品种为宁亚 14 号,试验地周围设保护行,田间布置见种植图。

(四)栽培管理

选地和施肥:同品系观察试验。

播种:要求在 4 月 5 日前抢墒播种,为了保证出苗齐全采用机播(四行小型播种机),播深 3~4cm,播种量以有效粒数计算,水地按 825 万粒 /hm²(旱地按 675 万粒 /hm²),参试品种(系)播种量见播种量表,播后覆土耱平。

田间管理:同品系观察试验。

(五)田间记载及室内考种项目

1.田间记载项目

生育期:播种、出苗、现蕾、开花、成熟、生育天数。

出苗情况:样段苗数、每公顷苗数、出苗率。

抗逆性:抗病性(枯萎、立枯、炭疽),调查计算发病率,抗旱性,耐寒性,抗倒伏性。

2.室内考种项目

株高、工艺长度、分茎数、主茎分枝数、单株有效果数、每果粒数、千粒重、单株粒重。

3.结果分析

产量结果统计分析小区种子产量、折合每公顷产量并进行统计分析,编写试验总结报告。

注:本实例试验设计方案,系宁夏固原市农业科学研究所《2005 年胡麻品种(系)比较试

验设计》。

表 1-1-19　参试品种(系)播种量表

品种名称	发芽率(%)			千粒重(g)	播量(kg/hm²)	区播量(g)
	Ⅰ	Ⅱ	平均数			
9604w-1	89	84	86.5	7.1	67.65	85.69
9614w-4	87	87	87	8.2	77.70	98.42
9425w-25-17	89	91	90	8.0	73.35	92.91
9407w-7-14-3	87	87	87	7.2	68.25	86.45
9425w-25-11	100	97	98.5	7.1	59.40	75.24
9208w-21	90	84	87	7.3	69.15	87.59
9501w-1-3	90	87	88.5	7.6	70.80	89.68
9520w-20-24	86	82	84	8.4	82.50	104.5
90N(y)118-2-115-7	88	83	85.5	8.1	78.15	98.99
宁亚 14 号(CK)	83	88	85.5	7.2	69.45	87.97

参试品种(系)田间种植图

(1)	(2)	(3)	(4)	(5)	(6)	(7)	(8)	(9)	(10)
9604w-1	9614w-4	宁亚 14 号(CK)	9425w-25-17	9407w-7-14-3	9425w-25-11	9208w-21	9501w-1-3	90n(y)118-2-115-7	9520w-20-24
(20)	(19)	(18)	(17)	(16)	(15)	(14)	(13)	(12)	(11)
9425w-25-17	9501w-1-3	9208w-21	90n(y)118-2-115-7	9520w-20-24	9614w-4	9407w-7-14-3	9604w-1	宁亚 14 号(CK)	9425w-25-11
(21)	(22)	(23)	(24)	(25)	(26)	(27)	(28)	(29)	(30)
90n(y)18-2-115-7	9425w-25-11	9604w-1	9501w-1-3	9208w-21	宁亚 14 号(CK)	9520w-20-24	9614w-4	9425w-25-17	9407w-7-14-3

表 1-1-20　参试品种(系)田间记载评价表

记载项目 品种名称	区号	播种期	出苗期	开花期	花色	田间评价	成熟期	田间评价	抗旱性	抗寒	种子产量	评选意见
参试品种												

表 1-1-21　参试品种(系)田间记载评价表

记载项目 品种名称	区号	样段苗数		苗数(万株/hm²)	出苗率(%)	抗旱性(级)	抗寒性(级)	抗倒伏(%)	枯萎病(%)	白粉病(%)	炭疽病(%)
		Ⅰ	Ⅱ								
参试品种											

表 1-1-22　田间观察记载资料汇总

目汇总项 品种名称	苗数(万株/hm²)	出苗率(%)	区产量(kg/区)	产量(kg/hm²)	产量位次	抗旱性(级)	抗寒性(级)
参试品种							

六、胡麻品种(系)比较试验总结(2005年)

(一)试验目的

对入选品系的丰产性、抗逆性和增产效益进行比较鉴定,以便评选出丰产、抗枯萎病、优质、抗旱耐寒、抗倒伏的油纤两用型胡麻新品系,参加多点区域试验,测定其适应性。

(二)参试品种(系)及参试年限

表1-1-23 参试品种(系)及参试年限

品种名称	参试年限	品种名称	参试年限
9604w-1	2	9614w-4	2
9425w-25-17	3	9407w-7-14-3	2
9425w-25-11	3	9208w-21	2
9501w-1-3	3	9520w-20-24	1
90N(y)118-2-115-7	1	宁亚14号(CK)	

(三)试验设计

本试验采用随机区组排列法,重复3次,小区面积12.6m²(7m×1.8m),行距15cm,区距25cm,排距50cm,对照品种为宁亚14号,试验地周围设保护行。

(四)栽培管理

选地:本试验设在固原市农科所头营科研基地,前茬苜蓿,去年秋耕1次,旋耕1次,冬灌1次,播前及时耙耱保墒,精细整地,保证了试验工作的顺利进行。

施肥:今年试验地施高效有机肥750kg/hm²。在灌头水时每追施尿素45kg/hm²,磷酸二铵112.5kg/hm²。

播种:4月2日抢墒播种,机播(四行小型播种机),播深3~4cm,播种量按825万粒/hm²(有效粒数)计算,播后覆土耱平。

田间管理:4月20日破板结一次,5月9日第一次锄草,5月28日灌水追肥,6月2日、18日第二、第三次锄草,6月30日第二次灌水,7月22日后陆续成熟收获。

(五)试验结果分析

1.种子产量

参试品系种子产量结果(见表1-1-24)。各品系折合产量为1674.6~2254.05kg/hm²,平均数1947.15kg/hm²,标准差180.15kg,变异系数9.25%,品系间差异较小。对照品种种子产量为2396.85kg/hm²,参试品系均比对照减产,减产率为5.96%~30.13%。经方差分析(见表1-1-25),区组间、品种(系)间差异均不显著。

表 1-1-24　种子产量结果表

项目 名称	小区产量(kg)					折合产量(kg/hm²)	比对照增减产		位次
	Ⅰ	Ⅱ	Ⅲ	合计	平均		±(%)		
9604w-1	1.72	2.60	2.00	6.32	2.11	1674.60	-722.25	-30.13	10
9614w-4	1.95	3.10	2.68	7.73	2.58	2047.65	-349.2	-14.57	4
9425w-25-17	2.10	2.05	2.91	7.06	2.35	1865.10	-531.75	-22.09	7
9407w-7-14-3	2.20	2.68	3.02	7.90	2.63	2087.25	-309.6	-12.92	3
9425w-25-11	2.90	3.19	2.42	8.51	2.84	2254.05	-142.8	-5.96	2
9208w-21	2.58	2.58	2.41	7.57	2.52	1999.95	-396.9	-16.56	6
9501w-1-3	2.38	2.01	2.31	6.70	2.23	1769.85	-627	-26.16	9
90N(y)118-2-115-7	2.26	2.21	2.39	6.86	2.29	1817.40	-579.45	-24.18	8
9520w-20-24	2.60	2.27	2.73	7.60	2.53	2007.90	-388.95	-16.22	5
宁亚 14 号(CK)	2.41	3.18	3.47	9.06	3.02	2396.85	/	/	1

表 1-1-25　方差分析表

变异来源	DF	SS	MS	F	F0.05
区组间	2	0.6131	0.3066	2.30	3.55
品种间	9	2.1025	0.2336	1.75	2.46
误差	18	2.4029	0.1335		
总变异	29				

2.主要农艺性状

参试品系主要农艺性状列于表 1-1-26，株高为 54.73~61.55cm，平均数 57.88cm，变异系数 5.56%。对照品种株高为 63.02cm，高于参试品系的平均数。株高高于对照的只有 90N(y)118-2-115-7 品系，品系间差异不大。

工艺长度 32.07~49.54cm，平均数 38.37cm，变异系数 12.90%。对照品种 44.00cm，高于参试品系的平均数。工艺长度高于对照的只有 90N(y)118-2-115-7 品系，品系间有一定差异。

表 1-1-26　主要农艺性状表

项目 名称	株高(cm)	工艺长度(cm)	分茎数(个)	分枝数(个)	株果数(个)	果粒数(粒)	千粒重(g)	单株产量(g)
9604w-1	56.90	38.77	0.43	12.4	16.74	7.53	6.27	0.74
9614w-4	55.48	36.31	0.61	14.6	21.16	7.37	8.28	1.10
9425w-25-17	59.65	40.19	0.66	11.3	16.09	6.53	7.59	0.86
9407w-7-14-3	55.83	34.46	0.74	14.4	19.17	7.47	7.13	0.97
9425w-25-11	54.73	32.07	0.73	13.8	20.38	7.47	6.82	0.88
9208w-21	61.55	40.20	0.37	14.1	19.63	7.90	7.36	0.96
9501w-1-3	57.40	36.13	0.75	12.2	17.76	6.30	7.30	0.81
90(y)118-2-115-7	64.11	49.54	0.50	11.5	21.54	8.13	7.67	0.93
9520w-20-24	55.30	37.63	0.37	14.1	18.18	7.13	8.10	0.97
宁亚 14 号(CK)	63.02	44.00	0.56	14.2	19.77	7.40	7.67	1.03

分茎数 0.37~0.75 个，平均数 0.57 个，变异系数 28.07%。对照品种为 0.56 个，低于参试品系的平均数。分茎数高于对照的有 9501w-1-3 等 5 个品系，品系间差异较大。

主茎分枝数11.3~14.6个，平均数13.16个，变异系数9.88%。对照品种14.2个，高于参试品系的平均数。分枝数高于对照的有9614w-4和9407w-7-14-3品系，品系间差异不大。

有效结果数16.09~21.54果，平均数18.96果，变异系数10.07%。对照品种为19.77果，高于参试品系的平均数。有效结果数高于对照的有90N(y)118-2-115-7等3个品系，品系间有一定差异。

每果粒数6.30~8.13粒，平均数7.31粒，变异系数8.07%。对照品种为7.40粒，低于参试品系的平均数。每果着粒数高于对照的有90N(y)118-2-115-7等5个品系，品系间差异不大。

千粒重6.27~8.28g，平均数7.39g，变异系数8.39%。对照品种7.67g，高于参试品系的平均数。高于对照的有9614w-4和9520 w-20-24品系，品系间差异不大。

单株产量0.74~1.10g，平均数0.91g，变异系数12.09%。对照品种1.03g，高于参试品系的平均数。单株产量高于对照的只有9614w-4品系，品系间有一定差异

3.生育表现

见表1-1-27，各参试品系生育天数为84~101d，平均生育天数91.4d，变异系数4.98%，对照品种为98d。9501w-1-3品系比对照晚熟3d，其他品系分别比对照早熟4~9d，品系间差异小。

表1-1-27 生育期记载表

项目 品种名称	播种期(月.日)	出苗期(月.日)	现蕾期(月.日)	开花期(月.日)	成熟期(月.日)	生育天数(d)
9604w-1	4.2	4.24	6.2	6.14	7.22	89
9614w-4	4.2	4.25	6.5	6.13	7.26	92
9425w-25-17	4.2	4.25	6.4	6.10	7.26	92
9407w-7-14-3	4.2	4.26	5.31	6.13	7.24	89
9425w-25-11	4.2	4.24	5.27	6.6	7.24	91
9208w-21	4.2	4.26	6.7	6.12	7.29	94
9501w-1-3	4.2	4.24	6.3	6.10	8.3	101
90(y)118-2-115-7	4.2	4.26	6.9	6.16	7.26	91
9520w-20-24	4.2	4.24	6.6	6.13	7.22	89
宁亚14号(CK)	4.2	4.25	6.5	6.16	8.1	98

4.出苗情况及抗逆性

出苗情况：胡麻播种后，4月8日遇雨雪天气，土壤严重板结，虽然及时进行了破板结工作，但对胡麻出苗仍造成一定影响，出苗率较低。各品系的苗数为242.25万~497.7万株/hm^2，平均数348.45万株/hm^2，出苗率为29.36%~60.33%，平均数42.24%。对照苗数为342.3万株/hm^2，出苗率为41.49%。

表 1-1-28 出苗情况及抗逆性能表

品种名称 \ 项目	出苗情况		抗逆性		
	苗数(万株/hm²)	出苗率(%)	抗旱	枯萎病(%)	倒伏率(%)
9604w-1	397.80	48.22	强	5	24.0
9614w-4	428.85	51.99	强	50	6.7
9425w-25-17	242.25	29.36	强	10	0.7
9407w-7-14-3	351.15	42.56	强	5	0
9425w-25-11	497.70	60.33	强	95	0
9208w-21	324.45	39.33	强	85	21.7
9501w-1-3	255.60	30.98	强	2	38.0
90N(y)118-2-115-7	321.15	38.93	强	55	9.3
9520w-20-24	317.70	38.51	强	98	0
宁亚 14 号(CK)	342.30	41.49	强		2.3

抗逆性：胡麻生育期间，各参试品系田间目测耐旱能力均较强。9425w-25-11、9425w-25-17、9407w-7-14-3 和 9520w-20-24 品系表现为抗倒伏能力强。胡麻枯萎病观察试验结果表明，9604w-1、9407w-7-14-3 和 9501w-1-3 品系表现抗枯萎病能力强。

（六）小结

今年参试品系种子产量为 1674.6~2254.05kg/hm²，产量差异不显著。9425w-25-11 参试 3 年，表现为 2 年增产、1 年减产，平均产量 2040.75kg/hm²，比对照宁亚 14 号（3 年平均产量 1942.5kg/hm²）平均增产 5.06%，产量较高，稳定性较好，抗逆性较强，建议参加宁夏胡麻品种区域试验。

9425w-25-17 参试 3 年，表现为 1 年增产、2 年减产，平均产量 1829.4kg/hm²，比对照宁亚 14 号平均减产 5.87%；9501w-1-3 参试 3 年，表现为 1 年增产 2 年减产，平均产量 1525.2kg/hm²，比对照宁亚 14 号平均减产 21.48%。这 2 个品系个别性状较好，可作为资源材料保留。

9614w-4 和 9604w-1 参试 2 年，表现为 1 年增产、1 年减产；9407w-7-14-3 和 9208w-21 参试 2 年，表现为 2 年均减产；90N(y)118-2-115-7 和 9520w-20-24 参试 1 年，均表现减产。这 6 个品系明年继续参加品系比较试验。

七、宁夏胡麻品种（系）区域试验设计方案（2005 年）

（一）试验目的

测定提供参加区试胡麻品种（系）的适应性、丰产性及抗逆性，评选出高产、优质、抗病（枯萎病）、耐旱、抗寒、抗倒伏的油纤兼用型胡麻新品种，确定其在宁夏南部山区适宜种植区域，为生产示范和大面积推广应用提供科学依据。

（二）参试品种（系）及供种单位

表 1-1-29 参试品种（系）名称及参试年限

品种名称	供种单位	参试年限
9410	泾源县种子公司	1
9873	泾源县种子公司	1
95008	泾源县种子公司	1
8208w-21	固原市农科所	1
宁亚 14 号（CK）	固原市农科所	

承试单位：固原市农科所、彭阳县种子管理站、西吉县农技中心、隆德县种子管理站、泾源县种子管理站、海原县种子管理站。

（三）试验设计

本试验采用随机区组排列法，重复 3 次，各试验点根据试验地的实际情况试验小区面积不小于 12.0m²，行距 15cm，区距 30cm，排距 50cm，宁亚 14 号为统一对照品种，试验地周围应设保护行，田间布置必须有田间种植图。

（四）栽培管理

选地：试验地应该选择能够代表当地气候条件、土壤类型、土壤肥力水平的地块，前茬应为夏季作物。耕作整地要求去年秋耕，水地冬灌，播前及时耙耱保墒精细整地，保证试验工作能够顺利进行。

施肥：对试验地秋耕时基施有机肥，在灌头水时每追施化肥品种和数量要记录清楚。

播种：要求在 4 月 5—15 日前抢墒播种，采用机播（四行小型播种机），播深 3~4cm，播种量按 825 万粒 /hm²（旱地 750 万粒 /hm² 均按有效粒数计算），参试品种（系）播种量见播种量表，播后覆土耱平。

田间管理：破板结，播种后出苗前如遇雨雪天气土壤板结时，应及时破除，确保全苗。中耕除草，在胡麻进入枞形期进行除草松土，现蕾阶段进行第二次除草，以后视田间杂草情况，随时拔除。防虫，幼苗阶段注意防治金龟甲，现蕾阶段注意防治蓟马、蚜虫、苜蓿盲蝽，青果期至成熟阶段注意防治苜蓿盲蝽和黏虫。灌水，胡麻出苗 30~40d 时灌头水，现蕾前后是田间土壤水分状况可确定是否灌第二次水。

（五）田间记载项目及室内考种项目

1.田间记载项目

生育期：播种、出苗、现蕾、开花、成熟、生育天数。

出苗情况：样段苗数、每公顷苗数、出苗率。

抗逆性：抗病性（枯萎、立枯、炭疽），调查计算发病率，抗旱性，耐寒性，抗倒伏性。

2.室内考种项目

株高、工艺长度、分茎数、主茎分枝数、单株果数、果粒数、千粒重、单株粒重。

3.结果分析

产量结果统计分析区种子产量、折合每公顷产量并进行统计分析。

（六）试验方案执行要求

各承担单位要认真组织实施，请各位执行人务必将试验观察记载项目、产量统计结果、试验基本情况认真填写在相应的记载表格中，不得有遗漏和缺项。

施肥及田间管理记载：地茬、施肥、灌水情况。

自然灾害情况记载：将各种自然灾害的名称和受害程度分别填写清楚。

将试验结果总结在10月底之前分别送区种子管理站和固原市农科所各一份，以便及时汇总。

注：本实例试验设计方案，系《2005年宁夏胡麻品种区域试验设计方案》。

表1-1-30 参试品种（系）播种量表

品种名称	发芽率（%）			千粒重（g）	区播量（g）	播量（kg/hm²）
	Ⅰ	Ⅱ	平均数			
参试品种						

表1-1-31 参试品种（系）田间记载评价表

记载项目 品种名称	区号	播种期	出苗期	现蕾期	田间评价	开花期	花色	田间评价	成熟期	田间评价	种子产量	评选意见
参试品种												

表1-1-32 参试品种（系）田间记载评价表

记载项目 品种名称	区号	样段苗数		苗数（万株/hm²）	出苗率（%）	抗旱性（级）	抗寒性（级）	抗倒伏（%）	枯萎病（%）	白粉病（%）	炭疽病（%）
		Ⅰ	Ⅱ								
参试品种											

表1-1-33 田间观察记载资料汇总

汇总项目 品种名称	苗数（万株/hm²）	出苗率（%）	区产量（kg/区）	产量（kg/hm²）	产量位次	抗旱性（级）	抗寒性（级）
参试品种							

八、宁夏胡麻品种区域试验汇总报告（2006年）

（一）试验目的

测定提供参加区试的胡麻品种（系）的适应性、丰产性及抗逆性，评选出高产、优质、抗病（枯萎病）、耐寒、耐旱、抗倒伏的油纤兼用型胡麻新品种，确定其在南部山区适宜种植区域，为生产示范和大面积推广应用提供科学依据。

（二）参试品种（系）及供种单位

承试单位：固原市农科所、彭阳县种子管理站、西吉县农技中心、隆德县种子管理站、泾源县种子管理站、海原县种子管理站。

表 1–1–34 品种(系)名称

品种名称	供种单位
9410	泾源县种子公司
9873	泾源县种子公司
95008	泾源县种子公司
9208w–21	固原市农科所
宁亚 14 号(CK)	固原市农科所

(三)试验设计

表 1–1–35 各试验点基本情况及田间管理

试验地点	水旱地	小区面积(m^2)	前茬	施肥(kg/hm^2)			防虫
				农家肥	磷酸二铵	尿素	
固原	水	12.6	春小麦	3000(高效肥)	150	45	1
西吉	水	13.0	冬小麦	45000	240	—	—
隆德	水	13.3	小麦	45000	112.5	75.0	1
彭阳	水	13.6	蔬菜	15000	67.5	75.0	—
海原	旱	14.0	小麦	225500	52.5	—	—
泾源	旱	12.6	冬小麦	525500	225.0	75.0	—

各试点均按统一试验设计要求安排种植，田间采用随机区组排列,3 次重复，小区面积 12.6~14m^2,行距 15cm,区距 30cm,排距 50cm,宁亚 14 号为统一对照品种,试验地周围设保护行。

(四)栽培管理

选地:固原市农科所试验设在头营科研基地川水地,前茬为春小麦;彭阳县种子管理站试验地选在川水地,前茬蔬菜;西吉县种子公司试验地选在川水地,前茬春小麦;隆德县种子公司试验地选在川水地,前茬小麦;海原县种子管理站试验地选在川旱地;泾源种子管理站试验地选在川旱地,前茬冬小麦。

施肥:固原市农科所试验地基施高效有机肥 3000kg/hm^2,追施尿素 45.0kg/hm^2、磷酸二铵 150.0 kg/hm^2;彭阳县种子管理站试验地基施农家肥 15000kg/hm^2、尿素 75.0kg/hm^2、种肥(磷酸二铵)67.5kg/hm^2;西吉县种子公司试验地基施农家肥 3000kg、磷酸二铵 16.0kg;隆德县种子公司试验地基施农家肥 45000kg/hm^2、磷酸二铵 112.5kg/hm^2、尿素 75.0kg/hm^2;海原县种子管理站试验地基施农家肥 15000kg/hm^2、种肥(磷酸二铵)52.5kg/hm^2;泾源县种子管理站基施有机肥 52500kg/hm^2、种肥磷酸二铵 225.0kg/hm^2,尿素 75.0kg/hm^2。播前及时耙耱、镇压保墒,精细整地,保证了试验工作的顺利进行。

播种:固原市农科所试验于 4 月 5 日抢墒播种,机播(四行小型播种机),播深 3~4cm,播种量按 750 万粒 /hm^2(有效粒数)计算,播后覆土耱平。西吉、隆德、泾源、彭阳、海原点在 4 月 13—24 日播种。

田间管理：固原市农科所点，分别于5月18日、6月2日、6月18日、7月5日，进行田间除草。5月20日灌水追肥，6月15日第二次灌水，6月14日用氧化乐果喷雾防治蚜虫1次。7月25日后陆续成熟收获；其他试验点按试验设计田间管理要求进行管理。

（五）结果分析

1.种子产量精度分析

见表1-1-36、1-1-38，参试品系在各点的种子产量表现为，9410在各点的种子产量1833.3~2915.4kg/hm²，平均产量2355.9kg/hm²，在各点全部比对照增产，增产幅度为7.75%~26.33%；9873在各点的种子产量1666.65~2761.95kg/hm²，平均产量2253.6kg/hm²，在各点全部比对照增产，增产幅度为1.18%~15.0%；95008在各点的种子产量1636.5~2535kg/hm²，平均产量2130.45kg/hm²，只有西吉和泾源点比对照增产（7.67%和20.0%）其他点都比对照减产，减产0.10%~7.95%；9208w-21在各点的种子产量1619.1~2695.8kg/hm²，平均产量2228.55kg/hm²，除彭阳点减产3.68%外，其他点都比对照增产，增产幅度为4.62%~16.67%，对照品种宁亚14号的种子平均产量138.88kg/hm²，经过对各试验点种子产量结果的精度分析，泾原点的种子产量结果精度差，其他点依次为固原市农科所点、西吉点、彭阳点、隆德点。

表1-1-36　种子产量结果精确度分析

试验地点	误差变异系数(CV%)	相对最小显著差数(RLSD0.05%)	遗传变异系数(GCV%)
宁夏固原市泾源县种子管理站	13.094	24.697	2.420
宁夏固原市隆德县种子管理站	0.902	1.701	6.351
宁夏固原市农业科学研究所	7.761	14.638	0.000
宁夏固原市彭阳县种子管理站	3.810	7.187	6.247
宁夏固原市西吉县农技中心	5.540	10.450	8.179

2.种子产量方差分析

见表1-1-38、1-1-39，参试品系种子产量结果经一年多点（随机区组）方差分析结果表明，试验点内区组间差异达显著水平、品种间差异达极显著水平，试点间、品种×试点差异不显著，试点间的差异达到极显著水平。试验总均值=2.79，误差变异系数CV（%）=6.93。各试验点的方差分析（表1-1-41），区组间差异只有固原点达显著水平，品种间差异西吉、隆德、彭阳点达到极显著水平，泾原和固原点不显著。各品系在各试验点种子产量多重比较（LSD法）结果分析（表1-1-42），9410的种子产量与对照相比，在西吉、隆德和彭阳点达到极显著水平，与品种间相比，在西吉点与95008达到极显著水平，在隆德点与9873达显著水平，在彭阳点与9208W-21和95008达到极显著水平；9208W-21的种子产量与对照相比，在西吉和隆德点达到显著水平，与品种间相比，在隆德点与9873和95008达显著和极显著水平。

表 1-1-37 方差分析表(试点效应随机)

变异来源	自由度	平方和	均方	F 值	F0.05	F0.01
试点内区组	10	0.82081	0.0821	2.20 *	2.08	2.8
品种	4	1.0924	0.2731	3.88 * *	2.61	3.83
试点	4	20.0439	5.0110	134.37 * *	2.61	3.83
品种 × 试点	16	1.1266	0.0704	1.89	1.92	2.32
误差	40	1.4917	0.0373			
总变异	74	24.5753				

注:本试验采用农业部农技推广中心《国家区域试验管理系统》软件进行数据处理

经过多重比较结果分析（表 1-1-39）表明，参试品系中 9410 表现最突出，除了与 9208W-21 和 9873 的种子产量差异不显著外，与对照和 95008 相比达到了极显著水平;其他品系的种子产量与对照相比,除了 95008 外,增产幅度都达了显著水平。

表 1-1-38 各试验点种子产量结果表

品种名称	试验点	小区产量(kg)			折合产量 (kg/hm²)	比对照 ±(%)	位次
		Ⅰ	Ⅱ	Ⅲ			
9410	固原	3.10	3.73	3.16	2642.85	4.06	2
	西吉	3.74	3.59	3.69	2915.40	26.33	1
	彭阳	2.36	2.46	2.31	1886.55	11.03	4
	隆德	3.15	3.17	3.13	2501.25	7.75	3
	泾源	1.71	2.52	2.70	1833.30	18.46	5
	海原	0.16	0.19	0.15	130.35	-44.73	
9837	固原	3.33	3.39	3.72	2761.95	8.75	1
	西吉	3.25	3.59	3.20	2653.80	15.00	2
	彭阳	2.36	2.31	2.27	1836.60	8.09	4
	隆德	2.95	2.96	2.98	2348.85	1.18	3
	泾源	1.98	2.25	2.07	1666.65	7.69	5
	海原	0.33	0.32	0.29	251.25	6.50	
95008	固原	2.66	3.77	3.16	2537.10	-0.10	1
	西吉	3.00	3.09	3.30	2484.60	7.67	2
	彭阳	2.13	2.17	1.89	1636.65	-3.68	5
	隆德	2.70	2.70	2.67	2136.45	-7.97	3
	泾源	2.52	32.34	2.16	1857.15	20.00	4
	海原	0.26	0.27	0.25	205.35	-13.00	
9208w-21	固原	3.11	3.71	3.37	2696.25	6.15	1
	西吉	3.59	3.30	3.30	2692.35	16.67	2
	彭阳	2.13	1.98	2.08	1636.65	-3.68	4
	隆德	3.15	3.12	3.17	2498.70	7.64	3
	泾源	2.07	1.89	2.16	1619.10	4.62	5
	海原	0.33	0.31	0.28	242.85	2.91	
宁亚 14 号 (CK)	固原	3.06	3.18	3.36	2539.65		
	西吉	2.71	3.10	2.91	2307.75		
	彭阳	2.22	2.08	2.13	1699.20		
	隆德	2.97	2.89	2.92	2321.40		
	泾源	1.80	2.16	1.89	1547.70		
	海原	0.32	0.30	0.27	235.95		

表 1-1-39　多重比较结果(LSD 法)表

品种	品种均值	比对照(%)	0.05 显著性	0.01 显著性
9410	2.96800	13.05228	a	A
95008	2.68400	2.23462	bc	B
9873	2.84067	8.20211	ab	AB
宁亚 14 号(CK)	2.62533	0.00000	c	B
9208W-21	2.80867	6.98320	abc	AB

3.品种稳定性分析

各品系的种子产量均值变异系数为 18.3%~24.87%，对照种子产量均值的变异系数为 20.76%，与对照相比，各品系的稳定性都比较好。

表 1-1-40　品系稳定性分析(品种均值 - 变异系数)表

品种	品种均值	CV(%)
9208W-21	2.80867	24.873
9410	2.96800	20.246
95008	2.68400	18.303
9873	2.84067	21.604
宁亚 14 号	2.62533	20.764

表 1-1-41　各试验点种子产量方差分析表

地点	变异来源	自由度	平方和	均方	F 值	F 0.05	F 0.01
固原市农科所	区组	2	0.64338	0.32169	4.84327*	4.46	8.65
	品种	4	0.18355	0.04589	0.69089	3.84	7.01
	误差	8	0.53136	0.06642			
西吉点	区组	2	0.01533	0.00766	0.23060	4.46	8.65
	品种	4	1.00226	0.25056	7.538**	3.84	7.01
	误差	8	0.26592	0.03324			
隆德点	区组	2	0.00063	0.00032	0.44013	4.46	8.65
	品种	4	0.43135	0.10784	149.78**	3.84	7.01
	误差	8	0.00576	0.00072			
泾源点	区组	2	0.13394	0.06697	0.84655	4.46	8.65
	品种	4	0.34885	0.08721	1.10246	3.84	7.01
	误差	8	0.63287	0.07911			
彭阳点	区组	2	0.02753	0.01376	1.97293	4.46	8.65
	品种	4	0.25292	0.06323	9.064**	3.84	7.01
	误差	8	0.05581	0.00698			

表 1-1-42 各试验点种子产量差异比较分析表

品种名称	固原市农科所			西吉点			隆德点			泾源点			彭阳点		
	品种均值	5%显著性	1%显著性	品种均值	5%显著性	1%显著性	品种均值	5%显著性	1%显著性	品种均值	5%显著性	1%显著性	品种均值	5%显著性	1%显著性
9410	3.3	a	A	3.7	a	A	3.2	a	A	2.3	a	A	2.3	a	A
9873	3.5	a	A	3.4	ab	AB	3.0	b	B	2.1	a	A	2.3	a	AB
9208W-21	3.4	a	A	3.4	ab	AB	3.2	a	A	2.0	a	A	2.1	b	C
95008	3.2	a	A	3.1	bc	B	2.7	c	C	2.3	a	A	2.1	b	C
宁亚 14 号(CK)	3.2	a	A	2.9	c	B	2.9	b	B	2.0	a	A	2.1	b	BC

4.主要农艺性状

(1)各品系株高结果分析

9208W-21 在各试点的株高为 57.69~65.5cm，平均数为 61.44cm；9410 在各试点的株高为 56.73~63.60cm，平均数为 59.79cm；95008 在各试点的株高为 58.50~66.20cm，平均数为 60.81cm；9873 在各试点的株高为 50.08~60.90cm，平均数为 57.56cm；对照品种平均株高 64.80cm。

(2)各品系有效结果数的结果分析

9208W-21 有效结果数为 9.60~4.30 个，平均果数 19.24 个；9410 有效结果数为 11.70~24.00 个，平均果数 17.13 个；95008 有效结果数为 6.30~25.30 个，平均数 14.37 个；9873 有效结果数为 9.10~42.70 个，平均数 18.04 个；对照品种平均有效结果数为 16.00 个。

(3)各品系果粒数结果分析

9208W-21 在各试点间果粒数为 7.20~11.30 粒，平均数 8.47 粒；9410 在各试点间果粒数为 7.30~12.70 粒，平均数 8.85 粒；95008 在各试点间果粒数为 7.00~9.00 粒，平均数 8.01 粒；9873 在各试点间果粒数为 6.10~9.00 粒，平均数 7.39 粒；对照品种平均每果粒数为 7.67 粒。

(4)各品系千粒重结果分析

9208W-21 在各点的千粒重为 6.30~7.20g，平均数 6.75g；9410 在各点的千粒重为 6.10~7.20g，平均数 6.58g；95008 在各点的千粒重为 6.04~8.90g，平均数 7.30g；9873 在各点的千粒重为 5.80~6.98g，平均数 6.47g；对照品种平均千粒重为 6.81g。

(5)各品系单株粒重结果分析

9208W-21 单株粒重 0.94g；9410 单株粒重 0.90g；95008 单株粒重 0.94g；9873 单株粒重 0.88g；对照品种单株粒重为 0.87g。

表 1-1-43 主要农艺性状表

品种名称	试点	株高(cm)	工艺长度(cm)	分枝数(个)	结果数(个)	果粒数(粒)	单株粒重(g)	千粒重(g)
9410	固原	56.73	37.86	5.90	16.07	8.23	0.90	6.53
	西吉	58.4	33.4	5.6	12.6	8.5		6.2
	彭阳	60.5	49.5	5.6	11.7	7.5		6.3
	隆德	57.1	47.3	1.4	24.0	7.3		6.59
	泾源	66.2	50.2	11.6	21.3	12.7		7.9
	海原	30.9	19.4	3.9	7.3	7.1		6.5
9873	固原	50.08	42.95	5.14	13.79	8.47	0.88	6.58
	西吉	60.5	38.5	4.6	9.1	9.0		6.3
	彭阳	59.3	48.6	4.9	12.6	7.2		5.8
	隆德	60.9	42.1	1.2	42.7	6.2		6.98
	泾源	57	45	4.7	12	6.1		6.7
	海原	33.7	23.3	5.1	10.4	7.8		5.9
95008	固原	58.83	43.40	5.45	13.74	8.23	0.94	7.38
	西吉	63.6	36.8	5.2	8.5	9.0		6.6
	彭阳	60.7	50.9	3.9	6.3	7.0		7.6
	隆德	58.5	46.4	1.1	25.3	7.3		6.04
	泾源	62.4	44.8	6	18	8.5		8.9
	海原	31.9	20.7	4.8	10.1	7.1		7.1
9208w-21	固原	57.69	41.71	6.75	16.12	7.73	0.89	6.60
	西吉	60.8	37.4	4.8	9.6	8.3		6.6
	彭阳	58.6	48.7	4.7	10.2	7.2		6.3
	隆德	64.6	47.8	1.4	34.3	7.8		7.04
	泾源	65.5	47.2	7.5	26	11.3		7.2
	海原	35.4	25.7	5.1	10.4	7.4		6.25
宁亚 14 号(CK)	固原	63.69	47.06	5.43	14.72	8.87	0.87	6.73
	西吉	66.0	47.0	6.0	7.9	9.2		6.5
	彭阳	64.3	53.7	4.4	9.1	7.0		6.6
	隆德	68.5	48.7	1.3	37.8	6.5		7.10
	泾源	61.5	46.3	4.5	10.5	6.8		7.12
	海原	31.8	23.4	5.1	8.5	7.3		6.4

(六)生育表现

参试品系 9410 在各点的生育天数为 99~108d，平均数 104.4d;9873 在各点的生育天数 102~114d,平均数 108.2d;95008 在各点的生育天数 103~112d,平均数 107.2d;9208w-21 在各点的生育天数 103~112d,平均数 107.8d;对照品种的生育天数 106~114d,平均数 110d,品种间差异不大。

表 1-1-44 生育期记载表

品种	试点	播种(月.日)	出苗(月.日)	现蕾(月.日)	开花(月.日)	成熟(月.日)	生育日数(d)
9410	固原	4.5	4.20	6.1	6.15	7.22	108
	西吉	4.13	4.23	6.13	6.18	7.22	100
	彭阳	4.24	5.1	6.7	6.15	8.1	99
	隆德	4.13	4. 25	6. 12	6. 17	7. 30	108
	泾源	4.20	5.8	6.18	7.2	8.5	107
	海原	4.16	5.12	6.11	6.25	7.29	104
9873	固原	4.5	4.20	6.2	6.15	7.23	109
	西吉	4.13	4.24	6.16	6.20	7.24	102
	彭阳	4.24	5.1	6.10	6.21	8.6	104
	隆德	4. 13	4. 25	6. 12	6. 18	8. 5	114
	泾源	4.20	5.8	6.16	7.4	8.10	112
	海原	4.16	5.12	6.11	6.25	7.29	104
95008	固原	4.5	4.19	6.3	6.16	7.26	112
	西吉	4.13	4.24	6.18	6.22	7.29	107
	彭阳	4.24	5.1	6.10	6.21	8.5	103
	隆德	4. 13	4. 25	6. 13	6. 21	8. 4	103
	泾源	4.20	5.7	6.20	7.4	8.9	111
	海原	4.16	5.12	6.14	6.28	8.2	108
9208w-21	固原	4.5	4.20	6.3	6.14	7.24	110
	西吉	4.13	4.23	6.17	6.21	7.25	103
	彭阳	4.24	5.1	6.10	6.21	8.5	103
	隆德	4. 13	4. 25	6. 12	6. 18	8. 2	111
	泾源	4.20	5.8	6.17	7.6	8.10	112
	海原	4.16	5.12	6.11	6.25	7.29	104
宁亚 14 号（CK）	固原	4.5	4.19	6.4	6.17	7.25	111
	西吉	4.13	4.23	6.119	6.222	8.2	111
	彭阳	4.24	5.1	6.12	6.26	8.8	106
	隆德	4. 13	4. 25	6. 14	6. 20	8. 5	114
	泾源	4.20	5.8	6.18	7.2	8.6	108
	海原	4.16	5.12	6.14	6.28	8.2	108

（七）小结

参试品系种子产量结果经一年多点(随机区组)方差分析结果表明,试验点内区组间差异达显著水平,品种间差异达极显著水平,试点间、品种×试点差异不显著,试点间的差异达到极显著水平,误差变异系数 CV(%)=6.93;经过对各试验点种子产量结果的精度分析,泾原点的种子产量结果精度差,其他点依次为固原市农科所点、西吉点、彭阳点、隆德点。根据各点种子产量及主要性状结果对参试品系进行评定分析。参试品系中表现突出的品种有:9410 的株高为 56.73~63.60cm、有效结果数为 11.70~24.00 个、果粒数为 7.30~12.70 粒、千粒重为 6.10~7.20g、单株粒重 0.90g,在各点的种子产量 1833.3~2915.4kg/hm^2,平均产量为 2355.9kg/hm^2;在各点全部比对照增产,增产幅度为 7.75%~26.33%,在彭阳、西吉点种子产量居第一位;经过多重比较结果分析,9410 除了与 9208W-21 和 9873 的种子产量差异不显著外,与对照和 95008 相比也达到了极显著水平。9208w-21 的株高 57.69~65.5cm、有效结果数为 9.60~4.30 个、果粒数为 7.20~11.30 粒、千粒重为 6.30~7.20g、单株粒重 0.94g;在各点的种子产量 107.94~179.72kg,平均产量 2228.55kg/hm^2,除彭阳点减产 3.68%外,其他点都比对照增产, 产幅度为 4.62%~16.67%。9873 的株高为 50.08~60.90cm、有效结果数为 9.10~42.70 个、果粒数为 6.10~9.00 粒、千粒重为 5.80~6.98 g、单株粒重 0.88g;在各点的种子产量 1666.65~2761.96kg/hm^2, 平均产量 2253.6kg/hm^2, 在各点全部比对照增产, 增产幅度为 1.18%~15.0%。上述品系的种子产量和主要农艺性状表现比较突出,综合 2 年试验结果,对参试品系做出最终评价:9410 在 2 年试验中都表现突出,种子产量均居第一位,增产幅度表达,而且产量比较稳定,主要性状表现突出;9208W-21 种子产量居第二位,产量稳定,主要性状表现突出,2 种品系的 2 年试验结果比较一致,建议明年都进入生产试验阶段,进一步鉴定评价其生产性能和适应性,其他品系予以淘汰。

九、宁夏胡麻品种(系)生产试验设计方案(2004 年)

根据宁夏全区农作物区试工作总结会议关于农作物新品种(系)的区试安排,将胡麻区试中表现好的品种,进一步鉴定其生产潜力及适应性,为胡麻品种审定和示范推广提供翔实可靠的科学依据。

(一)计划安排

参试品种系固原市农科所选育的 9025W-14,对照品种为宁亚 14 号。

参试单位:固原市农科所头营点、彭阳县种子管理站姚河点、西吉县种子公司原河点、隆德县种子公司沙塘点、海原县种子管理站武原点。

试验设计:本试验采用大区种植不设重复,每个品种种植 200~333m^2,

表 1-1-45 播种量计算表

品种名称	发芽率(%)			千粒重(g)	旱地播量(kg/hm^2)	水地播量(kg/hm^2)
	Ⅰ	Ⅱ	平均数			
9025W-14						
宁亚 14 号(CK)						

(二)栽培管理

选地:试验地应选在地势平坦,肥力均匀的小麦、豆类茬地,最好选在有灌溉条件的水地。

整地:要精细整地,耙磨保墒,减少土壤水分蒸发。

施肥:结合整地基施农家肥 62500kg/hm^2 左右。

播种:4月上中旬及时抢墒播种,采用小型四行播种机播种,播深3~4cm。

播种量:按照有效粒数计算,旱地750万粒/hm^2、水浇地825万粒/hm^2。

灌水:出苗30~40d灌第一次水,以后根据土壤墒情决定是否灌第二次水。

(三)观察记载及产量测定

生育期记载:播种期、出苗期、现蕾期、开花期、成熟期、收获期。

产量统计:按小区收获脱粒计产,将产量结果填入产量统计表。

(四)室内考种项目

株高、有效分枝数、有效结果数、每果粒数、千粒重、单株产量。

(五)要求

各承担单位要认真组织实施,请各位执行人务必将试验观察记载项目、产量统计结果、试验基本情况认真填写在相应的记载表格中,不得有遗漏和缺项。

施肥及田间管理记载:地茬、施肥、灌水情况。

自然灾害情况记载:将各种自然灾害的名称和受害程度分别填写清楚。

试验结果不必写书面总结,只要完整地填写各记载表格就可以。将试验结果在10月底之前分别送区种子管理站和固原市农科所各一份,以便及时汇总。

表1-1-46 生育期观察记载表

项目 品种	播种 (月.日)	出苗 (月.日)	现蕾 (月.日)	开花 (月.日)	成熟 (月.日)	收获 (月.日)
9025W-14						
宁亚14号(CK)						

表1-1-47 种子产量测定统计表

项目 品种	小区产量(kg)	折合产(kg/hm^2)	比对照增减产(%)
9025W-14			
宁亚14号(CK)			

表1-1-48 主要性状考种结果表

项目 品种	株高(cm)	工艺长度 (cm)	有效分枝 (个)	有效结果数 (个)	每果粒数 (粒)	千粒重 (g)	单株产量 (g)
9025W-14							
宁亚14号(CK)							

十、宁夏胡麻品种生产示范总结汇总报告(2004年)

(一)试验目的

测定提供参加区试的胡麻品种(系)的适应性、丰产性及抗逆性,评选出高产、优质、抗病(枯萎病)、耐寒、耐旱、抗倒伏的油纤兼用型胡麻新品种,确定其在南部山区适宜种植区域,为生产示范和大面积推广应用提供科学依据。

(二)参试品种(系)及单位

参试品种为固原市农科所选育的9025W-14,对照品种为宁亚14号。

参试单位:固原市农科所头营点、彭阳县种子管理站姚河点、西吉县种子公司原河点、隆德县种子公司沙塘点、海原县种子管理站武原点。

(三)试验设计

田间设计见表1-1-48,各试验点均按统一要求安排种植,小区面积333~400m^2,播种量西吉点为60.0kg/hm^2,固原点为82.5kg/hm^2。各试点周围均设有保护行或区。

表1-1-49 各试验点基本情况及田间管理

试验地点	水旱地	小区面积(m^2)	前茬	施肥(kg/hm^2)		
				农家肥	磷酸二铵	尿素
固原	水	333	甜菜	45000	112.5	45.0
西吉	旱	333	小麦	45000	112.5	37.5
隆德	水	400	冬麦	30000	112.5	112.5
彭阳	旱	333	小麦	52500	45.0	—
海原	旱	333	扁豆	22500	45.0	—

(四)栽培管理

选地:固原市农科所试验设在头营试验场川水地,前茬为甜菜;彭阳县种子管理站试验地选在川旱,西吉县种子公司试验地选在旱台地,前茬春小麦;隆德县种子公司试验地选在川水地,前茬冬小麦;海原县种子管理站试验地选在川旱地,前茬为扁豆。

施肥:固原市农科所试验地基施农家肥45000kg/hm^2,追施尿素45.0kg/hm^2、磷酸二铵112.5kg/hm^2;彭阳县种子管理站试验地基施农家肥52500kg/hm^2、尿素75.0kg/hm2、种肥(磷酸二铵)45.0kg/hm^2、普钙375.0kg/hm^2;西吉县种子公司试验地基施农家肥45000kg/hm^2、磷酸二铵112.5kg/hm^2、尿素37.5kg/hm^2;隆德县种子公司试验地基施农家肥30000kg/hm^2、磷酸二铵和尿素各112.5kg/hm^2;海原县种子管理站试验地基施农家肥22500kg/hm^2、种肥(磷酸二铵)45.0kg/hm^2。播前及时耙耱、镇压保墒,精细整地,保证了试验工作的顺利进行。

播种:固原市农科所试验于4月1日抢墒播种,机播(四行小型播种机),播深3~4cm,播种量按825万粒/hm^2(有效粒数)计算,播后覆土耱平。西吉点和隆德点分别在4月6日和4月8日播种,海原点在4月11日播种,彭阳点在4月21日播种。

田间管理：固原市农科所试验于4月12日破板结1次，5月16日第一次锄草，5月19日灌水追肥，6月14日第二次锄草；隆德点于5月24日灌水1次，生育期人工除草2次；其他点的田间管理记载不详。

（五）试验结果及分析

1.种子产量

见表1-1-50，参试品系9025W-14在各点的种子产量为417~2241kg/hm²，平均产量为1411.5kg/hm²，除彭阳点减产20.0%外，其他点增产幅度为8.6%~38.1%，

表1-1-50 各试验点种子产量结果表

品种＼产量		固原	西吉	隆德	彭阳	海原	平均
9025W-14	产量(kg/hm²)	1539	2241	1720.5	1140	1539	1411.5
	增减产(%)	38.1	14.9	9.8	-20	8.6	10.28
宁亚14号(CK)	产量(kg/hm²)	1114.5	1950	1567.5	1425	1114.5	1288.5
	增减产(%)	—	—	—	—	—	—

平均增产率为10.28%；对照品种宁亚14号的种子平均产量为1288.5kg/hm²。各试验点的产量差别较大。

2.主要农艺性状

见表1-1-51，9025W-14在各点的株高为36.7~61.5cm，平均数52.6cm；对照品种平均株高为50.1cm。工艺长度为25.6~40.2cm，平均数35.2cm；对照品种平均工艺长度为35.9cm。有效分枝数为0.8~5.03个，平均数2.6个；对照品种平均有效分枝为2.6个。有效结果数为5.0~16.2个，平均数9.6个；对照品种平均有效结果数为15.0个。每果粒数为6.3~7.9粒，平均数6.9粒；对照品种平均每果粒数为6.6粒。千粒重为7.0~9.8g，平均数8.3g；对照品种平均千粒重为8.2g。单株粒重为0.29~2.90g，平均数0.91g；对照品种平均单株粒重为0.9g。

表1-1-51 主要农艺性状比较表

项目＼品种	试点	株高(cm)	工艺长度(cm)	有效分枝(个)	有效结果数(个)	每果粒数(粒)	千粒重(g)	单株粒重(g)
9025W-14	固原	54.7	39.3	5.03	6.02	7.9	7.0	0.44
	西吉	58.1	31.6	0.9	5.7	6.7	8.5	2.90
	隆德	52.0	40.0	0.8	16.2	6.3	8.5	0.9
	彭阳	61.5	40.2	1.6	5.0	7.3	7.8	0.29
	海原	36.7	25.6	4.6	15.2	6.4	9.8	—
	平均	52.6	35.3	2.6	9.6	6.9	8.3	0.91
宁亚14号(CK)	固原	42.4	25.83	5.38	10.58	7.5	8.1	0.6
	西吉	54.9	38.8	1.6	29.6	7.3	8.3	1.8
	隆德	54.0	43.0	0.3	10.7	4.63	7.7	0.74
	彭阳	62.7	46.5	1.5	9.0	7.2	7.5	0.49
	海原	36.4	25.3	4.4	14.9	6.2	9.6	—
	平均	50.1	35.9	2.6	15.0	6.6	8.2	0.9

3.生育表现

见表 1-1-52,参试品系 9025W-14 在各点的生育天数为 73~115d,平均生育天数 98.6d;对照品种的生育天数为 71~118d,平均生育天数 99.2d。

4.抗逆性能

出苗情况:参试品系 9025W-14 苗数 58.5 万 ~849 万株 /hm²,对照苗数 63 万 ~802.5 万株 /hm²,各点之间差异比较大。

抗逆性:参试品系 9025W-14 在各点的抗逆性表现较强,没有病害和倒伏情况记载。对照品种在固原点抗枯萎病较差,对产量影响较大。

表 1-1-52 生育期记载表

项目品种	试点	播种（月.日）	出苗（月.日）	现蕾（月.日）	开花（月.日）	成熟（月.日）	生育期(d)
9025W-14	固原	4.1	4.16	6.1	6.10	7.24	100
	西吉	4.6	4.24	6.17	6.26	8.10	108
	隆德	4.8	4.19	6.12	6.16	8.12	115
	彭阳	4.21	4.29	6.28	7.6	8.3	97
	海原	4.11	5.20	6.7	6.14	8.1	73
	平均	—	—	—	—	—	98.6
宁亚14号(CK)	固原	4.1	4.16	5.31	6.9	7.26	102
	西吉	4.6	4.24	6.19	6.28	8.8	106
	隆德	4.8	4.19	6.12	6.18	8.15	118
	彭阳	4.21	4.29	6.30	7.6	8.5	99
	海原	4.11	5.20	6.4	6.10	7.29	71
	平均	—	—	—	—	—	99.2

(六)小结

综合各点种子产量及对参试品系的评定结果,胡麻新品系 9025W-14 参试 3 年,经过 5 点 13 次试验,其中 10 个点增产,3 个点减产,增产点次占总点次的 76.9%。2002 年各点种子产量为 1318.5~2796.0kg/hm², 平均产量 2056.5kg/hm², 平均增产率为 14.72%(西吉点减产 6.89%);2003 年各点种子产量为 1170.0~2286kg/hm², 平均产量 2403kg/hm², 平均增产率为 13.10%(彭阳点减产 16.13%);2004 年各点种子产量为 417.0~2241.0kg/hm², 平均产量为 1411.5kg/hm², 除彭阳点减产 20.0%外, 其他点增产幅度为 8.6%~38.1%, 平均增产率为 10.28%。

该品系经过 3 年试验,与对照品种相比,表现适应性比较广,增产潜力大,抗枯病能力强,主要性状表现较好。建议审定后大面积推广。

第二章　胡麻栽培管理技术研究

第一节　胡麻化控技术研究

植物的化学调控是植物生理学继化学施肥之后，对农业的又一重大贡献。利用小量的生物化学制剂施用在植株上或土壤中，调节控制作物生根、发芽、分枝、开花、授粉、结实等生长发育阶段的进程（发挥促进或抑制作用）通过使用缩节胺和烯效唑控制胡麻植株高度，提高胡麻抗倒伏能力。胡麻是密植作物，其茎秆细而冠层较大易发生倒伏，尤其是在施肥量较大的情况下，在胡麻开花到成熟期间遇到暴风雨时常引起倒伏。胡麻倒伏后正常生长发育及干物质合成与运转受阻，使干物质积累和种子产量受到严重影响，导致严重减产和品质下降。目前，胡麻倒伏问题已经成为制约胡麻高产、高效、优质栽培的关键因素，而且给机械收获带来困难。研究将缩节胺（DPC）和烯效唑用于胡麻生长发育调控，增强抗倒伏能力，为胡麻高产优质栽培提供技术依据。开展了缩节胺使用技术、烯效唑使用技术试验研究。

一、缩节胺控制胡麻株高的试验研究

（一）试验设计和方法

缩节胺由郑州信联生化科技有限公司生产，种植品种宁亚 19 号。该项研究分两部分进行。第一部分盆栽试验，2010 年盆栽试验处理缩节胺浓度为 0ppm、1×10^4ppm、2×10^4ppm、3×10^4ppm、4×10^4ppm、5×10^4ppm、6×10^4ppm，在胡麻现蕾期喷施，成熟后考种。2011 年试验处理缩节胺浓度为 0ppm、1×10^4ppm、5×10^4ppm、10×10^4ppm、15×10^4ppm，分别在苗期和现蕾期喷施，成熟后考种。

第二部分田间试验，试验共设 6 个处理，分别是 0ppm（CK）、1×10^4ppm、3×10^4ppm、6×10^4ppm、9×10^4ppm、12×10^4ppm，随机区组排列法，重复 3 次，小区面积 12.6m^2（7m × 1.8m），在胡麻现蕾期喷施，喷施 10d 后测量株高和植株地上部分生长量，成熟后考种。

（二）试验结果分析

2010年盆栽试验，缩节胺各处理浓度1×10^4ppm、2×10^4ppm、3×10^4ppm、4×10^4ppm、5×10^4ppm、6×10^4ppm，在现蕾初期喷施对胡麻株高影响（见表1-2-1）。各处理株高38.10~39.98cm，对照株高48.66cm，试验处理比对照株高的降低幅度8.68~10.56cm，株高由高到低的排序：1×10^4ppm（39.98）>6×10^4ppm（39.05）>3×10^4ppm（38.71）>2×10^4ppm（38.68）>4×10^4ppm（38.38）>5×10^4ppm（38.10）；各处理一级分枝长度5.75~7.01cm，对照一级分枝长度9.47cm，试验处理比对照一级分枝长度的降低幅度2.46~3.72cm，一级分枝长度由高到低的排序：4×10^4ppm（7.01）>2×10^4ppm（6.32）>3×10^4ppm（6.16）>1×10^4ppm（6.05）>5×10^4ppm（5.95）>6×10^4ppm（5.75）；各处理千粒重6.15~6.39g，对照千粒重6.51g，试验处理比对照千粒重的降低幅度0.12~0.36g；各处理单株粒重0.18~0.28g，对照单株粒重0.27g，试验处理比对照单株粒重的降低幅度0.01~0.09g。根据试验结果分析，缩节胺对测定的株高、一级分枝数、千粒重和单株粒重的影响成度：株高比对照降低了8.68~10.56cm，达到17.84%~21.70%；一级分枝长度降低了2.46~3.72cm，达到25.98%~39.28%；千粒重降低了0.12~0.36g，达到1.84%~5.53%；单株粒重降低了0.03~0.09g，达到11.11%~33.33%，4×10^4ppm与对照相同，1×10^4ppm比对照提高了3.7%。

表1-2-1 主要农艺性状表

试验处理	株高（cm）		第一分枝长度（cm）		千粒重（g）		单株产量（g）	
	平均	比对照	平均	比对照	平均	比对照	平均	比对照
0ppm（CK）	48.66	—	9.47	—	6.51	—	0.27	—
1×10^4ppm	39.98	-8.68	6.05	-3.42	6.39	-0.12	0.28	0.01
2×10^4ppm	38.68	-9.98	6.32	-3.15	6.23	-0.29	0.24	-0.04
3×10^4ppm	38.71	-9.95	6.16	-3.31	6.17	-0.34	0.18	-0.09
4×10^4ppm	38.38	-10.28	7.01	-2.46	6.2	-0.32	0.27	-0.01
5×10^4ppm	38.1	-10.57	5.95	-3.53	6.16	-0.36	0.22	-0.06
6×10^4ppm	39.05	-9.61	5.75	-3.73	6.15	-1.36	0.18	-0.09

2011年盆栽试验，将缩节胺浓度1×10^4ppm、5×10^4ppm、10×10^4ppm、15×10^4ppm，分别在苗期和现蕾初期喷施。对胡麻株高影响结果（见表1-2-2），苗期喷施的各处理株高52.48~53.14cm，对照54.55cm，试验处理比对照株高的降低幅度1.41~3.96cm，株高由高到低的排序：5×10^4ppm（53.14）>1×10^4ppm（52.48）>15×10^4ppm（50.65）>10×10^4ppm（50.59）；现蕾初期喷施的各处理株高42.58~50.27cm，对照株高56.38cm，试验处理比对照株高的降低幅度10.84%~24.48%，株高由高到低的排序：1×10^4ppm（50.27）>5×10^4ppm（45.36）>15×10^4ppm（43.71）>10×10^4ppm（42.58）；在苗期和现蕾初期各处理都喷施的情况下，各处理株高46.38~49.25cm，对照株高57.05cm，试验处理比对照株高的降低幅度13.67~18.70cm，

株高由高到低的排序：1 × 10^4ppm(49.25)>15 × 10^4ppm(48.27)>5 × 10^4ppm(47.16)>10 × 10^4ppm(46.38)。由此发现缩节胺 1 × 10^4ppm~15 × 10^4ppm 的喷施浓度对控制株高都有效果，但是 5 × 10^4ppm~15 × 10^4ppm 浓度的更加明显。

表 1-2-2 株高调查表

试验处理	苗期喷施		现蕾期喷施		苗期 + 现蕾期喷施	
	株高(cm)	比对照 ±(cm)	株高(cm)	比对照 ±(cm)	株高(cm)	比对照 ±(cm)
0ppm(CK)	54.55	—	56.38a	—	57.05a	—
1 × 10^4ppm	52.48	-2.07	50.27b	-6.11	49.25b	-7.8
5 × 10^4ppm	53.14	-1.41	45.36c	-11.02	47.16b	-9.89
10 × 10^5ppm	50.59	-3.96	42.58d	-13.8	46.38b	-10.67
15 × 10^5ppm	50.65	-3.9	43.71d	-12.67	48.27 b	-8.78

2012 年田间试验，对植株生长量的影响（见表 1-2-3）：缩节胺各处理浓度 1 × 10^4ppm、3 × 10^4ppm、6 × 10^4ppm、9 × 10^4ppm、12 × 10^4ppm。在现蕾初期喷施后 10d 测定的各处理株高 22.70~33.85cm，对照株高 36.44，试验处理比对照株高的降低幅度 2.59~13.74cm，株高由高到低的排序：1 × 10^4ppm （33.85）>3 × 10^4ppm （29.40）>6 × 10^4ppm （28.50）>9 × 10^4ppm （27.10）>12 × 104ppm（22.70）；各处理单株鲜重 2.24~2.90g，对照单株鲜重 2.68g，试验处理 1 × 10^4ppm 和 6 × 10^4ppm 比对照单株鲜重提高了 0.05g 和 0.22g，试验处理 3 × 10^4ppm、9 × 10^4ppm、12 × 10^4ppm 比对照降低了 0.1~0.44g；各处理单株干重 0.46~0.63g，对照单株干重 0.65g，试验处理比对照单株干重的降低幅度 0.02~0.19g。

表 1-2-3 生长量调查表

试验处理	株高(cm)		鲜重(g)		干重(g)	
	平均	比对照	平均	比对照	平均	比对照
0ppm(CK)	36.44	—	2.68	—	0.65	—
1 × 10^4ppm	33.85	-2.59	2.73	0.05	0.61	-0.04
3 × 10^4ppm	29.4	-7.04	2.45	-0.23	0.56	-0.09
6 × 10^4ppm	28.5	-7.94	2.9	0.22	0.63	-0.02
9 × 10^4ppm	27.1	-9.34	2.58	-0.1	0.56	-0.09
12 × 10^4ppm	22.7	-13.74	2.24	-0.44	0.46	-0.19

对农艺性状的影响：经过室内考种测定（见表 1-2-4），各处理成熟期株高 34.61~39.44cm，对照株高 41.69cm，试验处理比对照株高的降低幅度 2.25~7.08cm，株高由高到低的排序：1 × 10^4ppm （39.44）>3 × 10^4ppm （38.46）>6 × 10^4ppm （36.09）>9 × 10^4ppm （35.57）>12 × 10^4ppm （34.61）；各处理一级分枝长度 5.13~8.33cm，对照一级分枝长度 9.58cm，试验处理比对照一级分枝长度的降低幅度 1.25~ 4.45cm；各处理单株粒重 0.52~0.67g，对照单株粒重 0.52g，试验处理比对照单株粒重的提高幅度 0.06~0.15g。

表 1-2-4 主要农艺性状表

试验处理	株高(cm)		第一分枝长度(cm)		单株产量(g)	
	平均	比对照	平均	比对照	平均	比对照
0ppm(CK)	41.69	—	9.58	—	0.52	—
1×10^4ppm	39.44	-2.25	8.33	-1.25	0.52	0
3×10^4ppm	38.4	-3.23	6.67	-2.91	0.58	0.06
6×10^4ppm	36.09	-5.6	6.02	-3.56	0.6	0.08
9×10^4ppm	35.57	-6.12	5.43	-4.15	0.58	0.06
12×10^4ppm	34.61	-7.08	5.13	-4.45	0.67	0.15

对种子产量的影响：各处理种子产量 952.35~1166.70kg/hm^2，对照种子产量 1095.30kg/hm^2，试验处理比对照种子产量的降低幅度 39.75~142.80kg/hm^2，种子产量由高到低的排序：1×10^4ppm(77.78)＞3×10^4ppm(70.37)＞6×10^4ppm(69.84)＞9×10^4ppm(69.84)＞12×10^4ppm(63.49)。试验处理 1×10^4ppm 比对照增产 6.52%，处理 3×10^4ppm~9×10^4ppm 比对照减产 3.40%~4.55%，处理 12×10^4ppm 比对照减产 13.60%。

综合上述试验结果分析，利用在胡麻生育期喷施缩节胺可有效降低胡麻植株高度，同时可缩短胡麻的一级分枝长度，使植株高度降低、单株株冠面积缩小有利于提高胡麻抗倒伏能力。经过盆栽和田间试验，选用缩节胺浓度为 1×10^4~15×10^4ppm 范围内进行试验。盆栽试验浓度为 1×10^4~15×10^4ppm，经过试验观测 15×10^4ppm 浓度的试验处理发生药害严重；田间试验浓度为 1×10^4~12×10^4ppm，经过试验观测 12×10^4ppm 浓度的试验处理有明显的药害。

3 年试验观测和试验结果表明，在胡麻现蕾初期选用缩节胺 6×10^4~9×10^4ppm 的浓度喷施，与对照相比可以有效降低胡麻植株高度，缩小单株株冠面积，并且对正常生长发育和其他农艺性状以及种子产量影响不大，提高胡麻抗倒伏能力效果显著。

二、利用烯效唑控制胡麻株高的试验研究

(一)试验设计和方法

1.盆栽试验设计

每三盆为一个处理，烯效唑浓度为 75mg·kg^{-1}，分别在苗期、枞形期、现蕾期、初花期、苗期＋枞形期、苗期＋初花期在叶面喷施，成熟后考种测定株高、一级分枝长度。

2. 田间试验设计

采用随机区组，3 次重复，小区面积 12.6m^2(7m × 1.8m)，行距 15cm，区距 30cm，排距 50cm，试验地周围设保护行。喷施烯效唑时选择在无风、晴朗、露水较少的早晨喷施。烯效唑各处理浓度为 0、50、75、100、125、150mg·kg^{-1}，喷施前每小区挂牌标记生长均匀的 20 株胡麻，测量其株高，成熟后考种并测产。

3.主要测试指标和测试方法

(1)抗倒伏指标测定方法

根部抗折力测定采用四川汇巨仪器设备有限公司生产的 YYD-1A 抗折力测定仪,该机量程 0~50N,测量精度 0.01N。2015 年 7 月 18 日(胡麻终花期)每个处理选取生长一致性较好的 30 株胡麻,在子叶痕向下 4cm 处测定,重复 3 次。称取第一分枝处以上部位鲜重为冠重,子叶痕处至第一分枝处鲜重为茎重,两者之比即为冠茎比。用数显卡尺子叶痕向下 5cm 处测量根粗,子叶痕向上 5cm 处测量茎粗,重复 3 次。倒伏指数 = 株高(cm) × 地上部鲜重(g) ÷ 抗折力(g) × 100。

(2)生物学特性和产量性状记载测定方法

在胡麻生理成熟期从试验小区中分别随机选取 30 株胡麻测定植株的株高、茎粗、单株果数、主茎分枝数、每果粒数、千粒重和单株粒重。胡麻收获后,将 3 次重复的胡麻分别脱粒,经过干燥和清选获得饱满、清洁的种子称重,计算小区的平均产量,然后换算成每公顷产量,形态特征与生物学特征参考《亚麻种质资源描述规范和数据标准》。

(二)结果与分析

1.烯效唑喷施时期和喷施次数对胡麻株高以及一级分枝的影响

采用盆栽试验,在胡麻不同生育期叶面喷施浓度为 $75mg \cdot kg^{-1}$ 的烯效唑,结果表明,在现蕾期喷施一次烯效唑株高降幅显著,比对照降低 14.79cm,其次是苗期和现蕾期各喷施一次的处理,株高降低 9.83cm,在苗期喷施一次的处理株高降幅最小为 1.62cm,与对照差异不显著。叶面喷施烯效唑对一级分枝影响结果与对株高影响结果基本一致,在现蕾期喷施能将一级分枝缩短 10.75cm,一级分枝降幅由大到小的顺序为,现蕾期(10.75cm)>苗期 + 现蕾期(8.24cm)>苗期 + 初花期(4.64cm)>枞形期(3.83cm)>初花期(3.24cm)>苗期(2.03cm),因此,胡麻对烯效唑较为敏感的生育期是现蕾期,在现蕾期喷施一次对胡麻株高和一级分枝的降幅最为显著。

2. 不同浓度烯效唑对胡麻抗倒伏能力及其相关性状的影响

在胡麻现蕾初期,叶面喷施不同浓度烯效唑(50、75、100、125、$150mg \cdot kg^{-1}$),清水喷施作对照,在终花期测定株高、茎粗、根粗、冠茎比和根抗折力,并计算了倒伏指数,结果如表 1-2-5 所示,随着烯效唑浓度增大,株高逐渐降低,其中 $150mg \cdot kg^{-1}$ 处理降幅最大为 16.46cm,平均降幅 11.94cm。冠茎比随烯效唑喷施浓度增大而减小,主要原因是烯效唑对株冠的控制作用较大,而对茎秆的影响较小造成的,冠茎比的减小,使胡麻植株重心高度降低,抗倒伏能力也随之增强。不同浓度烯效唑对茎粗、根粗、根抗折力和倒伏指数差异显著,并不呈正相关关系,而是先增大后减小,因为随着烯效唑浓度的增大,一级分枝缩短,二级分枝生长受限,功能叶减少,植株长势纤弱,产生了轻微药害。

表 1-2-5 不同浓度烯效唑对胡麻抗倒伏能力及其相关性状的影响

喷施浓度(mg/kg⁻¹)	株高(cm)	茎粗(mm)	根粗(mm)	冠茎比	根抗折力(N)	倒伏指数
0	55.54 ± 1.57a	0.13 ± 0.03b	0.24 ± 0.02bc	3.73 ± 0.06a	3.01 ± 0.45bc	523.83 ± 87.31a
50	48.31 ± 4.48b	0.21 ± 0.03ab	0.25 ± 0.02bc	2.69 ± 0.81b	3.48 ± 0.31b	309.70 ± 99.82b
75	46.76 ± 0.46bc	0.22 ± 0.06ab	0.31 ± 0.05a	2.44 ± 0.08bc	4.28 ± 0.15a	205.56 ± 23.97bc
100	42.48 ± 1.86cd	0.27 ± 0.09a	0.28 ± 0.02ab	2.17 ± 0.47bc	3.44 ± 0.30b	231.01 ± 5.19bc
125	41.35 ± 165d	0.25 ± 0.04a	0.23 ± 0.02bc	1.98 ± 0.49bc	3.25 ± 0.20bc	183.47 ± 35.99c
150	39.08 ± 0.96d	0.21 ± 0.04ab	0.21 ± 0.03c	1.74 ± 0.16c	2.78 ± 0.15c	240.58 ± 21.88bc

3. 不同浓度烯效唑对胡麻产量及其相关性状的影响

不同浓度烯效唑对胡麻产量的影响由表 1-2-6 可知，与对照(0mg·kg⁻¹)比较，其他处理均增产。随烯效唑浓度增大呈现先增大后减小的现象，增产幅度分别为 5.50%(50mg·kg⁻¹)、18.23%(75mg·kg⁻¹)、27.83%(100mg·kg⁻¹)、12.57%(125mg·kg⁻¹)和 1.57%(0mg·kg⁻¹)，其中 100mg·kg⁻¹ 处理的增产幅度最大，较对照增产 27.83%，居第一位，各处理差异显著。

表 1-2-6 不同浓度烯效唑对胡麻产量及其相关性状的影响

喷施浓度(mg/kg⁻¹)	有效分枝数(个)	单株果数(个)	每果粒数(个)	千粒重(g)	单株产量(g)	小区产量(kg)
0	6.44 ± 0.84a	14.15 ± 3.97c	8.00 ± 0.06a	7.14 ± 0.31b	0.65 ± 0.11bc	2.11 ± 0.02c
50	6.75 ± 0.68a	16.61 ± 1.03a	8.13 ± 0.31a	7.37 ± 0.32ab	0.73 ± 0.13bc	2.23 ± 0.05bc
75	6.76 ± 0.43a	20.35 ± 3.45ab	8.06 ± 0.64a	7.64 ± 0.52ab	0.77 ± 0.22bc	2.50 ± 0.13ab
100	7.72 ± 0.73a	24.37 ± 1.66a	8.63 ± 0.25a	8.13 ± 0.26a	1.16 ± 0.76a	2.71 ± 0.20a
125	6.84 ± 0.48a	16.27 ± 2.37bc	8.40 ± 0.87a	7.67 ± 0.37ab	0.93 ± 0.30ab	2.39 ± 0.22bc
150	6.71 ± 0.53a	14.16 ± 3.73c	8.20 ± 0.36a	7.12 ± 0.65b	0.50 ± 0.02c	2.15 ± 0.08c

4. 不同浓度烯效唑对胡麻产量相关性状的影响

喷施烯效唑后，有效分枝数和每果粒数较对照均有所增加，有效分枝数较对照增幅为 4.20% ~ 19.91%，平均增幅 8.07%，每果粒数较对照增幅为 0.83% ~ 7.91%，平均增幅 3.58%。方差分析结果表明，各处理间差异不显著。单株结果数随烯效唑浓度增大，先增大后减小，处理 100mg·kg⁻¹ 单株结果数为 24.37，比对照高 10.22，显著高于对照。各处理千粒重分别为 7.37、7.64、8.13、7.67g 和 7.12g，除处理 150mg·kg⁻¹ 较对照降低外，其他处理均比对照增加，增幅分别为 3.17%、7.05%、13.86%和 7.51%。单株产量各处理差异显著，100mg·kg⁻¹ 处理最高为 1.16g，比对照高 0.51g，150mg·kg⁻¹ 单株产量最低为 0.50g，比对照低 0.15g。在对产量构成因子综合分析比较得出，在现蕾期喷施 100mg·kg⁻¹ 烯效唑处理在抑制胡麻株高生长的同时显著增加了胡麻植株的单株产量、单株结果数及千粒重，产量增加显著。

在胡麻现蕾期选用 100mg·kg⁻¹ 烯效唑，采用叶面喷施的方法，可使胡麻株高明显降低，一级分枝显著缩短，单株产量、单株结果数及千粒重，产量增加显著。同时喷施烯效唑后，胡麻叶片颜色浓绿，叶面积、茎粗明显增大。

第二节 营养施肥技术研究

根据营养元素的平衡法则，土壤—植物营养体系是一个平衡系统，大量元素和微量元素都是植物正常生长发育所必需的营养元素。研究氮、磷、钾、微量元素科学合理搭配的最佳结构比例，使胡麻生产实现种植密度科学合理，养分供应平衡，土壤养分、水分资源高效利用。开展了旱地胡麻的不同播量和施肥量、种肥混配，水地胡麻追肥混配对产量影响的试验研究。设置了种肥施肥技术、追肥施肥技术、缓释肥施肥技术、叶面肥施肥技术的专题试验研究。

一、种肥施肥技术研究应用

（一）旱地胡麻最佳密肥技术模式试验研究

1.试验设计与方法

（1）试验设计

2010 年，采取裂区设计（二裂式），设种植密度为主区因素，设种肥施肥量为裂区因素（见表 1-2-7），试验主区和裂区均采取随机排列，3 次重复，试验小区面积 21.0m²，试验周围设保护行。

（2）试验方法

根据试验设计，将试验主区因素种植密度处理划分 3 个水平，即播量 52.5kg/hm²、75.0kg/hm²、97.5kg/hm²；试验裂区因素种肥用量划分 3 个水平，即施肥量 60.0kg/hm²、90.0kg/hm²、120.0kg/hm²。种肥品种为磷酸二铵，胡麻品种为宁亚 17 号。

表 1-2-7 密肥高产试验处理

试验处理	播量（52.5kg）A1	播量（52.5kg）A2	播量（97.5kg）A3
种肥（60.0kg）B1	A1 × B1	A2 × B1	A3 × B1
种肥（90.0kg）B2	A1 × B2	A2 × B2	A3 × B2
种肥（120.0kg）B3	A1 × B3	A2 × B3	A3 × B3

2.结果与分析

（1）不同处理对种子产量的影响

试验处理种子产量结果（见表 1-2-8），各处理种子产量为 947.25~1307.40kg/hm²，平均数 1148.40kg/hm²。A2 × B2 的种子产量最高 1307.40kg/hm²，A1 × B1 的种子产量最低 947.25kg/hm²。各处理种子产量从高到低排序：A2 × B2＞A3 × B2＞A3 × B1＞A2 × B1＞A2 × B3＞A3 × B3＞A1 × B2＞A1 × B3＞A1 × B1。

表 1-2-8　密肥高产试验种子产量表

试验处理		小区产量(g)					种子产量 (g/hm²)	位次
主处理	副处理	Ⅰ	Ⅱ	Ⅲ	合计	平均		
A1	B1	1958	2008	2002	5968	1989	947.25	9
	B2	2288	2338	2404	7029	2343	1115.70	7
	B3	2464	2107	2376	6947	2316	1102.65	8
A2	B1	2371	2508	2530	7409	2470	1176.00	4
	B2	2790	2837	2609	8237	2746	1307.40	1
	B3	2118	2596	2673	7387	2462	1172.40	5
A3	B1	2712	2519	2222	7453	2484	1182.90	3
	B2	2409	2514	2728	7651	2550	1214.40	2
	B3	2442	2343	2255	7040	2347	1117.50	6

（2）不同处理对主要农艺性状的影响

试验各处理的农艺性状表现（见表 1-2-9），播量（A）处理，随着播量的增加，株高、有效分枝数、有效结果数、每果粒数、单株粒重呈逐渐减少的趋势，但千粒重以 A2 最高。施肥量（B）处理，施肥量不同植株的农艺性状也有所不同，处理 B1 株高、果粒数最高；处理 B3 分枝数、有效结果、单株粒重最高；处理 B2 果粒数、单株粒重等指标均居于中间位置，千粒重最高，产量亦最高。

表 1-2-9　主要农艺性状室内测定表

试验处理		株高(cm)	工艺长度(cm)	分枝数(个)	有效结果数(个)	果粒数(个)	单株粒重(g)	千粒重(g)
主处理	副处理							
A1	B1	54.93	32.23	5.73	16.65	7.87	0.71	8.05
	B2	51.26	33.8	4.48	13.80	7.80	0.62	8.53
	B3	52.21	31.33	4.86	17.92	8.0	0.77	7.84
	平均	52.80	32.45	5.02	16.12	7.89	0.70	8.14
A2	B1	51.40	33.11	4.27	11.13	7.73	0.5	8.49
	B2	51.23	34.13	4.28	11.38	7.40	0.5	8.32
	B3	53.07	34.25	5.26	14.44	7.50	0.59	8.16
	平均	51.90	33.83	4.60	12.32	7.54	0.53	8.32
A3	B1	51.63	34.64	4.29	11.00	7.23	0.47	8.27
	B2	51.34	33.07	4.19	12.54	6.90	0.51	8.25
	B3	51.03	34.27	4.38	10.39	6.40	0.39	8.10
	平均	51.33	33.99	4.29	11.31	6.84	0.46	8.21
B1	A1	54.93	32.23	5.73	16.65	7.87	0.71	8.05
	A2	51.40	33.11	4.27	11.13	7.73	0.50	8.49
	A3	51.63	34.64	4.29	11.00	7.23	0.47	8.27
	平均	52.65	33.33	4.76	12.93	7.61	0.56	8.27
B2	A1	51.26	33.80	4.48	13.80	7.80	0.62	8.53
	A2	51.23	34.13	4.28	11.38	7.40	0.50	8.32
	A3	51.34	33.07	4.19	12.54	6.90	0.51	8.25
	平均	51.28	33.67	4.32	12.57	7.37	0.54	8.37
B3	A1	52.21	31.33	4.86	17.92	8.00	0.77	7.84
	A2	53.07	34.25	5.26	14.44	7.50	0.59	8.16
	A3	51.03	34.27	4.38	10.39	6.40	0.39	8.10
	平均	52.10	33.28	4.83	14.25	7.30	0.58	8.03

(3)出苗情况及生育期

试验处理出苗情况,各处理苗数为148.95~302.25万株/hm²,出苗率为20.68%~28.25%。试验处理中,以A1×B2的出苗率最高,为28.25%;A2×B3的出苗率最低,为20.68%;其余处理出苗率从高到低的排序:A2×B2>A3×B1>A1×B3>A3×B3>A2×B1>A3×B2。

根据试验产量和主要农艺性状得出,旱地胡麻在播量75.0kg/hm²,施磷酸二铵90.0kg/hm²时可获得较高的产量。播量过低,栽植密度过低,单位面积植株数较少,影响产量;播量过大,栽植密度过高,光合作用不足,致籽粒干物质积累不够,是其产量不高的主要原因。施肥量不同,植株的农艺性状也不同,磷酸二铵90.0kg/hm²处理,虽然株高、果粒数、单株粒重等指标均居于中间位置,但是其千粒重最高,产量亦最高,因此磷酸二铵90.0kg/hm²处理是最适宜的施肥量。

(二)旱地胡麻种肥混配试验研究(2010年)

1.试验设计与方法

(1)试验设计

采用随机区组排列,3次重复,小区面积21m²(7m×3m)。试验品种宁亚19号,试验周围设保护行。

(2)试验方法

试验共设6个处理,采用磷酸二铵与尿素混配、磷酸二铵与微量元素混配(见表1-2-10)。混配比例为每公顷施磷酸二铵75.0kg+尿素15.0kg、磷酸二铵75.0kg+尿素30.0kg、磷酸二铵75.0kg+磷酸二氢钾15.0kg、磷酸二铵75.0kg+硼砂15.0kg、磷酸二铵75.0kg+氧化锌15.0kg,磷酸二铵75.0kg为对照。将上述各处理肥料作为种肥,播种时与胡麻种子混匀一次施入土壤。

表1-2-10 种肥混配施肥量表

序号	试验处理	施肥量(kg/hm²)	小区施肥量(g)
A	磷酸二铵+尿素	75.0+15.0	158+32
B	磷酸二铵+尿素	75.0+30.0	158+64
C	磷酸二铵(CK)	75.0	158
D	磷酸二铵+磷酸二氢钾	75.0+15.0	158+32
E	磷酸二铵+硼砂	75.0+15.0	158+32
F	磷酸二铵+氧化锌	75.0+15.0	158+32

2.结果与分析

(1)对种子产量的影响

种子产量结果(见表1-2-11),试验各处理对种子产量影响比较明显,氧化锌增产效果最好,磷酸二氢钾次之。凡是尿素用量大的试验处理组合,其种子产量相对较低。各处理种子折合产量为801.30~1171.95kg/hm²,平均产量1002.90kg/hm²。磷酸二铵75.0kg+氧化锌

15.0kg 的种子产量最高，折合产量 1171.95kg/hm²，比对照增产 12.37%；磷酸二铵 75.0kg+ 尿素 30.0kg 的种子产量最低，折合产量 801.30kg/hm²，比对照减产 23.13%。其余处理种子产量从高到低的排序：磷酸二铵 75.0kg+ 磷酸二氢钾 15.0kg＞磷酸二铵 75.0kg（CK）＞磷酸二铵 75.0kg+ 硼砂 15.0kg＞磷酸二铵 75.0kg+ 尿素 15.0kg。

（2）磷酸二铵与尿素混配对种子产量的影响

氮磷混配 2 个处理的种子产量 801.30~976.95kg/hm²，平均产量 889.20kg/hm²。磷酸二铵 75.0kg+ 尿素 15.0kg 种子产量比对照减产 6.32%，磷酸二铵 75.0kg+ 尿素 30.0kg 比对照减产 23.17%。

（3）磷酸二铵与微肥混配对种子产量的影响

磷与微肥混配 3 个处理种子产量为 1000.80~1171.95kg/hm²，平均产量 1078.65kg/hm²。种子产量由高到低的排序：磷酸二铵 75.0kg+ 氧化锌 15.0kg＞磷酸二铵 75.0kg+ 磷酸二氢钾 15.0kg＞磷酸二铵 75.0kg+ 硼砂 15.0kg。磷酸二铵 75.0kg+ 氧化锌 15.0kg 比对照增产 12.37%，磷酸二铵 75.0kg+ 磷酸二氢钾 15.0kg 比对照增产 1.96%，磷酸二铵 75.0kg+ 硼砂 15.0kg 比对照减产 4.03%。

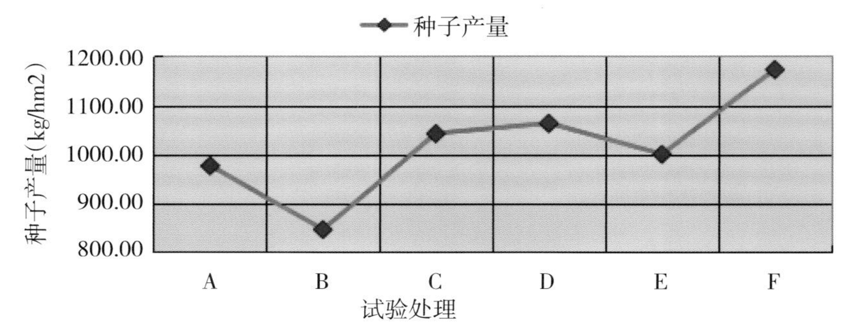

种肥混配试验处理种子产量图

根据种肥混配试验不同处理种子产量曲线图分析，各处理呈现出了磷酸二铵与微量元素混配比磷酸二铵与尿素混配的产量高；磷酸二铵与尿素混配处理的曲线呈随着尿素用量增加，产量随之明显降低的变化趋势；磷酸二铵与微量元素混配的处理以磷酸二铵 75.0kg+ 氧化锌 15.0kg 处理的产量高，磷酸二铵 75.0kg+ 磷酸二氢钾 15.0kg 次之，磷酸二铵 75.0kg+ 硼砂 15.0kg 最低。

表 1-2-11　种子产量结果表

试验处理	小区产量(g)				种子产量（kg/hm²）	比对照增减±（%）	位次
	Ⅰ	Ⅱ	Ⅲ	平均			
磷酸二铵 75.0kg+ 尿素 15.0kg	2105	2010	2040	2051	976.95	-6.32	5
磷酸二铵 75.0kg+ 尿素 30.0kg	1803	1715	1530	1682	801.30	-23.17	6
磷酸二铵 75.0kg（CK）	2045	2165	2360	2190	1042.80	0.00	3
磷酸二铵 75.0kg+ 磷酸二氢钾 15.0kg	2005	2449	2245	2233	1063.35	1.96	2
磷酸二铵 75.0kg+ 硼砂 15.0kg	2203	1985	2117	2101	1000.80	-4.03	4
磷酸二铵 75.0kg+ 氧化锌 15.0kg	2365	2503	2515	2461	1171.95	12.37	1

试验各处理种子产量结果经方差分析,区组间差异不显著,处理间差异达5%显著水平。

(4)对植株生长量的影响

开花期测定的植株鲜重,各处理鲜重为6.39~7.94g,平均7.35g,均比对照高。各处理鲜重由高到低的排序:磷酸二铵75.0kg+硼砂15.0kg>磷酸二铵75.0kg+尿素30.0kg>磷酸二铵75.0kg+氧化锌15.0kg>磷酸二铵75.0kg+磷酸二氢钾15.0kg>磷酸二铵75.0kg+尿素15.0kg,分别比对照高24.26%、23.74%、20.85%、17.06%、4.78%。青果期测定的植株鲜重,各处理鲜重的变化与开花期鲜重变化基本相同,只有磷酸二铵75.0kg+尿素15.0kg处理比对照低0.92%。

(5)不同处理对主要农艺性状的影响

试验各处理的农艺性状表现,从各性状的变化趋势看,只有有效结果数和单株粒重有比较明显的变化,其他性状的变化没有明显差异。

表1-2-12 生长量调查表

处理名称	纵形期(6.11)			现蕾期(6.24)			开花期(7.5)			青果期(8.6)			
	株高(cm)	鲜重(g)	干重(g)	株高(cm)	鲜重(g)	干重(g)	株高(cm)	鲜重(g)	干重(g)	株高(cm)	鲜重(g)	干重(g)	株冠(cm)
磷酸二铵75.0kg+尿素15.0kg	22.78	1.56	0.26	49.34	4.63	1.14	52.47	6.69	1.52	55.39	6.45	2.53	12.4
磷酸二铵75.0kg+尿素15.0kg	17.94	1.16	0.18	44.5	3.54	0.78	53.22	7.91	1.76	56.55	8.01	2.88	13.3
磷酸二铵75.0kg(CK)	26.28	1.98	0.33	41.32	3.97	0.99	52.57	6.39	1.45	55.94	6.51	2.61	11.7
磷酸二铵75.0kg+磷酸二氢钾15.0kg	20.81	1.16	0.2	47.98	3.81	0.99	53.68	7.48	1.66	57.97	8.02	2.97	12.2
磷酸二铵75.0kg+硼砂15.0kg	23.15	1.52	0.25	46.67	3.81	0.97	53.96	7.94	1.77	56.15	8.19	3.21	12.6
磷酸二铵75.0kg+氧化锌15.0kg	20.03	1.20	0.21	47.18	3.86	0.91	49.61	7.72	1.67	54.00	6.93	2.5	11.1

(6)出苗及生育期情况

试验处理出苗情况(见表1-2-13),各处理呈现出了磷酸二铵与微量元素混配比磷酸二铵与尿素混配的出苗率高;磷酸二铵与尿素混配处理的曲线呈随着尿素用量增加,出苗率随之降低的趋势;磷酸二铵与微量元素混配的处理以磷酸二铵75.0kg+氧化锌15.0kg处理的出苗率高,磷酸二铵75.0kg+磷酸二氢钾15.0kg次之,磷酸二铵75.0kg+硼砂15.0kg最低的变化趋势。各处理对生育期的影响不大,自出苗到成熟需104d。

表1-2-13 生育期观察记载表

试验处理	播种期(月.日)	出苗期(月.日)	现蕾期(月.日)	开花期(月.日)	成熟期(月.日)	生育期(d)	出苗数(万株/hm²)	出苗率(%)
磷酸二铵75.0kg+尿素15.0kg	4.11	5.8	6.22	7.5	8.20	104	161.10	21.48
磷酸二铵75.0kg+尿素30.0kg	4.11	5.8	6.22	7.5	8.20	104	109.50	14.59
磷酸二铵75.0kg(CK)	4.11	5.8	6.22	7.5	8.20	104	171.45	22.89
磷酸二铵75.0kg+磷酸二氢钾15.0kg	4.11	5.8	6.22	7.5	8.20	104	165.60	22.07
磷酸二铵75.0kg+硼砂15.0kg	4.11	5.8	6.22	7.5	8.20	104	164.40	21.93
磷酸二铵75.0kg+氧化锌15.0kg	4.11	5.8	6.22	7.5	8.20	104	231.15	30.81

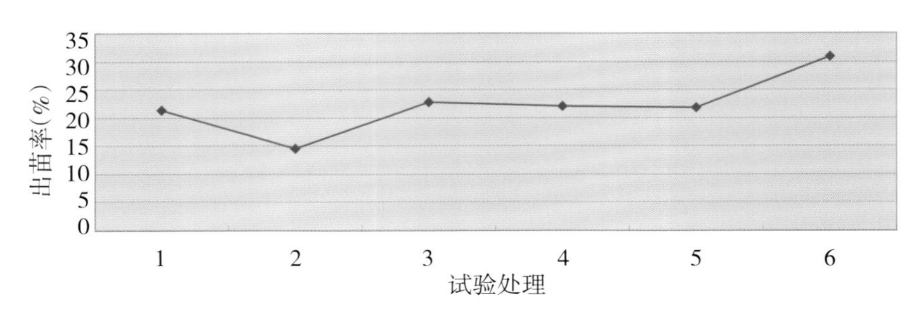

种肥混配试验不同处理出苗情况图

（三）旱地胡麻种肥混配试验（2011 年）

1.试验设计与方法

（1）试验设计

采用随机区组排列，3 次重复，小区面积 21m²（3m × 7m）。试验品种宁亚 19 号。试验周围设保护行。

（2）试验方法

试验共 6 个处理，采用磷酸二铵与尿素混配、磷酸二铵与微量元素混配（见表 1–2–14）。混配比例为每公顷施磷酸二铵 75.0kg+ 尿素 15.0kg、磷酸二铵 75.0kg+ 尿素 30.0kg、磷酸二铵 75.0kg+ 磷酸二氢钾 15.0kg、磷酸二铵 75.0kg+ 硼砂 15.0kg、磷酸二铵 75.0kg+ 氧化锌 15.0kg，磷酸二铵 75.0kg 为对照。将上述各处理肥料作为种肥，播种时与胡麻种子混匀一次施入土壤。

表 1–2–14　种肥混配施肥量表

序号	试验处理	施肥量（kg/hm²）	小区施肥量（g）
A	磷酸二铵 + 尿素	75.0+15.0	158+32
B	磷酸二铵 + 尿素	75.0+30.0	158+64
C	磷酸二铵（CK）	75.0	158
D	磷酸二铵 + 磷酸二氢钾	75.0+15.0	158+32
E	磷酸二铵 + 硼砂	75.0+15.0	158+32
F	磷酸二铵 + 硫酸锌	75.0+15.0	158+32

2.结果与分析

（1）对种子产量的影响

试验处理种子产量结果（见表 1–2–15），试验各处理种子产量为 802.05~1089.00kg/hm²，平均产量 965.70kg/hm²，对照产量 918.75kg/hm²。磷酸二铵 75.0kg+ 硫酸锌 15.0kg 的种子产量最高 1089.00kg/hm²，比对照增产 18.54%；磷酸二铵 75.0kg+ 尿素 30.0kg 的种子产量最低 802.05kg/hm²，比对照减产 12.70%；其余处理种子产量从高到低的排序：磷酸二铵 75.0kg+ 硼砂 15.0kg>磷酸二铵 75.0kg+ 磷酸二氢钾 15.0kg>磷酸二铵 75.0kg(CK)>磷酸二铵 75.0kg + 尿素 15.0kg。

磷酸二铵与尿素混配的 2 个处理种子产量 802.05kg/hm²、911.7kg/hm²，平均 855.00kg/hm²，磷酸二铵 75.0kg+ 尿素 15.0kg 种子产量比对照减产 0.76%，磷酸二铵 75.0kg+ 尿素 30.0kg 比对照减产 12.70%。

磷酸二铵与微肥混配 3 个处理种子产量 983.40~1089.00kg/hm²，平均 1038.15kg/hm²。种子产量由高到低的排序：磷酸二铵 75.0kg+ 硫酸锌 15.0kg>磷酸二铵 75.0kg+ 硼砂 15.0kg>磷酸二铵 75.0kg+ 磷酸二氢钾 15.0kg。磷酸二铵 75.0kg+ 硫酸锌 15.0kg 比对照增产 18.54%，磷酸二铵 75.0kg+ 硼砂 15.0kg 比对照增产 13.44%，磷酸二铵 75.0kg+ 磷酸二氢钾 15.0kg 比对照增产 7.03%。

试验各处理种子产量结果经方差分析区组间差异不显著，处理间差异达 1%显著水平。

表 1-2-15 种子产量结果表

试验处理	小区产量(g)				种子产量	增产	位次
	Ⅰ	Ⅱ	Ⅲ	平均	(kg/hm²)	率±(%)	
磷酸二铵 75kg + 尿素 15kg	1810	1946	1988	1915	911.70	-0.76	4
磷酸二铵 75kg + 尿素 30kg	1813	1529	1711	1684	802.05	-12.70	5
磷酸二铵 75kg(CK)	1974	1791	2023	1929	918.75	0.00	/
磷酸二铵 75kg + 磷酸二氢钾 15kg	2044	1911	2240	2065	983.40	7.03	3
磷酸二铵 75kg + 硼砂 15kg	2191	2240	2135	2189	1042.20	13.44	2
磷酸二铵 75kg + 硫酸锌 15kg	2149	2491	2221	2287	1089.00	18.54	1

(2)对植株生长量的影响

枞型期测定的植株鲜重：各处理鲜重为 0.62~0.95g，平均 0.81g，比对照高的处理有磷酸二铵 75.0kg+ 硫酸锌 15.0kg、磷酸二铵 75.0kg+ 尿素 30.0kg、磷酸二铵 75.0kg+ 硼砂 15.0kg。

现蕾期测定的植株鲜重：各处理鲜重 1.71~2.03g，平均 1.83g，比对照高的处理有磷酸二铵 75.0kg+ 硫酸锌 15.0kg、磷酸二铵 75.0kg+ 硼砂 15.0kg、磷酸二铵 75.0kg+ 磷酸二氢钾 15.0kg、磷酸二铵 75.0kg+ 尿素 30.0kg。

开花期测定的植株鲜重：各处理鲜重 2.43~3.27g，平均 2.99g，比对照高的处理有磷酸二铵 75.0kg+ 尿素 30.0kg、磷酸二铵 75.0kg+ 硼砂 15.0kg、磷酸二铵 75.0kg+ 磷酸二氢钾 15.0kg、磷酸二铵 75.0kg+ 硫酸锌 15.0kg。

青果期测定的植株鲜重：各处理鲜重 3.42~4.34g，平均 3.81g，比对照高的处理有磷酸二铵 75.0kg+ 硼砂 15.0kg、磷酸二铵 75.0kg+ 尿素 30.0kg、磷酸二铵 75.0kg+ 磷酸二氢钾 15.0kg、磷酸二铵 75.0kg+ 硫酸锌 15.0kg。

表 1-2-16 生长量调查表

处理名称	枞形期(6.11)			现蕾期(6.24)			开花期(7.5)			青果期(8.6)		
	株高(cm)	鲜重(g)	干重(g)	株高(cm)	鲜重(g)	干重(cm)	株高(cm)	鲜重(g)	干重(cm)	株高(cm)	鲜重(g)	干重(cm)
磷酸二铵 75kg+ 尿素 15kg	15.80	0.62	0.06	33.80	1.71	0.37	35.95	2.43	0.59	35.07	3.42	1.15
磷酸二铵 75kg+ 尿素 30kg	21.00	0.92	0.17	34.75	1.8	0.46	37.7	3.27	0.82	38.65	3.92	1.22
磷酸二铵 75kg(CK)	16.70	0.71	0.16	35.55	1.74	0.43	35.85	3.06	0.74	38.67	3.55	1.15
磷酸二铵 75kg+ 磷酸二氢钾 15kg	17.20	0.65	0.14	36.35	1.81	0.47	37.25	3.09	0.78	38.99	3. 58	1.16
磷酸二铵 75kg+ 硼砂 15kg	19.10	0.91	0.13	36.40	1.81	0.41	36.3	3.08	0.79	40.85	4.34	1.28
磷酸二铵 75kg+ 硫酸锌 15kg	19.90	0.95	0.19	35.65	2.03	0.59	33.95	3.06	0.75	33.29	3.56	1.15

（3）对主要农艺性状的影响

试验各处理的农艺性状表现（见表 1-2-17），从各性状的变化趋势看，磷酸二铵 75.0kg+ 硼砂 15.0kg 处理的各农艺性状明显高于其他处理，居第一位，磷酸二铵 75.0kg+ 尿素 30.0kg 处理的居第二位。

表 1-2-17 主要农艺性状室内测定表

试验处理	株高(cm)	工艺长度(cm)	分枝数(个)	有效结果(个)	果粒数(个)	单株粒重(g)	千粒重(g)
磷酸二铵 75kg+ 尿素 15kg	36.69	26.41	4.34	8.85	8.43	0.47	8.42
磷酸二铵 75kg+ 尿素 30kg	37.96	26.67	4.73	10.76	8.33	0.54	8.28
磷酸二铵 75kg(CK)	36.16	26.75	4.13	8.03	7.90	0.41	8.38
磷酸二铵 75kg+ 磷酸二氢钾 15kg	35.51	26.43	3.93	8.01	7.20	0.42	8.27
磷酸二铵 75kg+ 硼砂 15kg	40.76	27.88	5.39	13.48	7.83	0.73	8.29
磷酸二铵 75kg+ 硫酸锌 15kg	36.42	27.19	4.57	8.46	6.21	0.43	8.54

（4）出苗及生育期情况

试验各处理的出苗情况（见表 1-2-18），各处理出苗率为 27.85%~58.00%，试验处理中以磷酸二铵 75.0kg+ 硫酸锌 15.0kg 的出苗率最高，为 58.00%。磷酸二铵 75.0kg+ 硼砂 15.0kg 的出苗率最低，为 27.85%。其余处理出苗率由高到低的排序为磷酸二铵 75.0kg>磷酸二铵 75.0kg+ 磷酸二氢钾 15.0kg>磷酸二铵 75.0kg+ 尿素 15.0kg>磷酸二铵 75.0kg+ 尿素 30.0kg。磷酸二铵与尿素混配处理呈随着尿素用量增加出苗率随之降低的趋势；磷酸二铵与微量元素混配的处理以磷酸二铵 75.0kg+ 硫酸锌 15.0kg 处理的出苗率高，磷酸二铵 75.0kg+ 磷酸二氢钾 15.0kg 次之，磷酸二铵 75.0kg+ 硼砂 15.0kg 最低的变化趋势，2 年试验结果一致。

表 1-2-18 生育期观察记载表

试验处理	播种期(月.日)	出苗期(月.日)	现蕾期(月.日)	开花期(月.日)	成熟期(月.日)	生育期(d)	出苗数(万株/hm²)	出苗率(%)
磷酸二铵 75kg+ 尿素 15kg	4.24	5.8	6.19	6.29	8.20	119	326.70	43.56
磷酸二铵 75kg+ 尿素 30kg	4.24	5.8	6.19	6.29	8.20	119	253.95	33.85
磷酸二铵 75kg(CK)	4.24	5.8	6.19	6.29	8.20	119	424.50	56.59
磷酸二铵 75kg+ 磷酸二氢钾 15kg	4.24	5.8	6.19	6.29	8.20	119	390.00	52.00
磷酸二铵 75kg+ 硼砂 15kg	4.24	5.8	6.19	6.29	8.20	119	208.95	27.85
磷酸二铵 75kg+ 硫酸锌 15kg	4.24	5.8	6.19	6.29	8.20	119	435.00	58.00

（四）旱地胡麻种肥混配－锌肥用量试验研究

1.试验设计与方法

（1）试验设计

采用随机区组排列，3 次重复，小区面积 21m²（3m × 7m）。试验周围设保护行。

（2）试验方法

试验处理是采用磷酸二铵与硫酸锌混配，即磷酸二铵 75.0kg+ 硫酸锌 15.0kg、磷酸二铵 75.0kg+ 硫酸锌 22.5kg、磷酸二铵 75.0kg+ 硫酸锌 30.0kg，以磷酸二铵 75.0kg+ 硫酸锌 15.0kg 为对照，将上述各处理肥料作为种肥，播种时与胡麻种子混匀一次施入土壤。试验品种宁亚 19 号。

2.试验结果统计分析

（1）对种子产量的影响

种子产量结果（见表 1–2–19），试验处理对种子产量有一定的影响。2 个处理种子产量分别为 1038.75kg/hm²、1111.65kg/hm²，平均产量 1075.2kg/hm²，对照产量为 995.55kg/hm²。磷酸二铵 75.0kg+ 硫酸锌 30.0kg 处理的种子产量最高，为 1111.65kg/hm²，比对照增产 11.69%。磷酸二铵 75.0kg+ 硫酸锌 22.5kg 处理的种子产量为 1038.75kg/hm²，比对照增产 4.37%。

各处理种子产量结果经方差分析，区组间差异不显著，处理间差异达到显著水平。

表 1–2–19 旱地锌肥用量试验种子产量结果

处理名称	小区产量(kg)				种子产量（kg/hm²）	比 CK ±（%）	位次
	Ⅰ	Ⅱ	Ⅲ	平均			
磷酸二铵 75.0kg+ 硫酸锌 15.0kg（CK）	2.025	2.116	2.101	2.091	995.55	/	3
磷酸二铵 75.0kg+ 硫酸锌 22.5kg	2.227	2.129	2.188	2.181	1038.75	4.37	2
磷酸二铵 75.0kg+ 硫酸锌 30.0kg	2.361	2.203	2.441	2.335	1111.65	11.69	1

（2）对植株生长量的影响

在开花期测定了株高、单株鲜重、单株干重，测定数据（见表 1–2–20）。通过比较分析，试验各处理的株高、单株鲜重和单株干重高于对照，表现为随锌肥施用量的增加单株鲜重和单株干重呈上升的趋势。

表 1–2–20 株生长量测定表

试验处理	开花期（6.20）		
	株高（cm）	鲜重（g）	干重（g）
磷酸二铵 75.0kg+ 硫酸锌 15.0kg（CK）	36.66	2.27	0.59
磷酸二铵 75.0kg+ 硫酸锌 22.5kg	37.99	2.58	0.65
磷酸二铵 75.0kg+ 硫酸锌 30.0kg	38.03	2.66	0.67

（3）对主要农艺性状的影响

经室内考种测定，试验各处理的农艺性状表现（见表 1–2–21），从各性状的变化趋势看，试验处理的各农艺性状均高于对照，磷酸二铵 75.0kg+ 硫酸锌 30.0kg 处理的各农艺性状高于其他处理。

表 1-2-21 主要农艺性状室内测定表

处理名称	株高(cm)	分枝数(个)	有效结果(个)	果粒数(个)	单株粒重(g)	千粒重(g)
磷酸二铵 75.0kg+ 硫酸锌 15.0kg(CK)	36.88	4.33	9.02	6.67	0.40	7.50
磷酸二铵 75.0kg+ 硫酸锌 22.5kg	38.19	4.61	9.17	6.30	0.41	7.54
磷酸二铵 75.0kg+ 硫酸锌 30.0kg	38.36	4.73	10.06	7.50	0.47	7.34

(4) 出苗及生育期情况

试验各处理的出苗及生育期情况(见表 1-2-22),各处理出苗率为 46.67%~47.56%,试验处理对胡麻出苗和生育期没有造成影响。

表 1-2-22 生育期观察记载表

试验处理	播种期(月.日)	出苗期(月.日)	现蕾期(月.日)	开花期(月.日)	成熟期(月.日)	生育期(d)	出苗数(万株/hm²)	出苗率(%)
磷酸二铵 75.0kg+ 硫酸锌 15.0kg(CK)	4.13	5.5	6.11	6.20	8.7	96	349.95	46.67
磷酸二铵 75.0kg+ 硫酸锌 22.5kg	4.13	5.5	6.11	6.20	8.7	96	356.70	47.56
磷酸二铵 75.0kg+ 硫酸锌 30.0kg	4.13	5.5	6.11	6.20	8.7	96	355.05	47.33

(五)旱地胡麻种肥混配－硼肥用量试验研究

1.试验设计与方法

(1)试验设计

采用随机区组排列,3 次重复,小区面积 21m²(3m × 7m)。试验处理磷酸二铵与硼肥混配,试验品种宁亚 19 号。试验周围设保护行。

(2) 试验方法

试验共 3 个处理,即磷酸二铵 75.0kg+ 硼砂 15.0kg、磷酸二铵 75.0kg+ 硼砂 22.5kg、磷酸二铵 75.0kg+ 硼砂 30.0kg,以磷酸二铵 75.0kg+ 硼砂 15.0kg 为对照。将上述各处理肥料作为种肥,播种时与胡麻种子混匀一次施入土壤。

2.试验结果统计分析

(1)对种子产量的影响

种子产量结果(见表 1-2-23),2 个处理种子产量分别 885.45kg/hm²、850.50kg/hm²,平均产量 868.05kg/hm²,对照产量为 984.45kg/hm²。磷酸二铵 75.0kg+ 硼砂 22.5kg 的种子产量为 885.45kg/hm²,比对照减产 10.06%;磷酸二铵 75.0kg+ 硼砂 30.0kg 的种子产量为850.5kg/hm²,比对照减产 13.61%。

各处理种子产量结果经方差分析,区组间差异不显著,处理间差异达 5%的显著水平。

表 1-2-23 旱地硼肥用量试验种子产量结果

处理名称	小区产量(kg)				种子产量(kg/hm²)	比 CK ±(%)	位次
	Ⅰ	Ⅱ	Ⅲ	平均			
磷酸二铵 75.0kg+ 硼砂 15.0kg(CK)	1.99	2.10	2.12	2.07	984.45	—	1
磷酸二铵 75.0kg+ 硼砂 22.5kg	1.92	1.80	1.86	1.86	885.45	-10.06	2
磷酸二铵 75.0kg+ 硼砂 30.0kg	1.69	1.84	1.83	1.79	850.50	-13.61	3

(2)对植株生长量的影响

在开花期测定了株高、单株鲜重、单株干重,测定数据(见表 1-2-24)。通过比较分析,试验各处理单株鲜重和单株干重略高于对照,但差异不明显,表现为随硼肥施用量的增加单株鲜重和单株干重呈上升的趋势。

表 1-2-24 株生长量测定表

试验处理	开花期(6.20)		
	株高(cm)	鲜重(g)	干重(g)
磷酸二铵 75.0kg+ 硼砂 15.0kg(CK)	39.23	2.97	0.76
磷酸二铵 75.0kg+ 硼砂 22.5kg	38.39	3.08	0.78
磷酸二铵 75.0kg+ 硼砂 30.0kg	38.47	3.10	0.86

(3) 对主要农艺性状的影响

经室内考种测定,试验各处理的农艺性状表现(见表 1-2-25),从各性状的变化趋势看,试验处理的各个农艺性状均略高于对照,磷酸二铵 75.0kg+ 硼砂 30.0kg 处理的各农艺性状略高于其他处理。

表 1-2-25 主要农艺性状室内测定表

处理名称	株高(cm)	分枝数(个)	有效结果(个)	果粒数(个)	单株粒重(g)	千粒重(g)
磷酸二铵 75.0kg+ 硼砂 15.0kg(CK)	40.51	5.24	15.94	7.37	0.69	7.45
磷酸二铵 75.0kg+ 硼砂 22.5kg	44.03	5.78	16.50	7.40	0.74	7.50
磷酸二铵 75.0kg+ 硼砂 30.0kg	42.56	5.85	16.39	7.87	0.79	7.65

(4) 出苗及生育期情况

试验各处理的出苗及生育期情况(见表 1-2-26)。两个处理的出苗率分别为 15.85%、19.85%,对照磷酸二铵 75.0kg+ 硼砂 15.0kg 的出苗率最高,为 26.07%;磷酸二铵 75.0kg+ 硼砂 30.0kg 的出苗率最低,为 15.85%,比对照降低 10.22%。磷酸二铵 75.0kg+ 硼砂 22.5kg 的出苗率为 19.85%,比对照降低 6.22%。各处理对生育期的影响不大,自出苗到成熟需 96d。

表 1-2-26 生育期观察记载表

试验处理	播种期(月.日)	出苗期(月.日)	现蕾期(月.日)	开花期(月.日)	成熟期(月.日)	生育期(d)	出苗数(万株 /hm²)	出苗率(%)
磷酸二铵 75.0kg+ 硼砂 15.0kg(CK)	4.13	5.5	6.11	6.20	8.7	96	195.60	26.07
磷酸二铵 75.0kg+ 硼砂 22.5kg	4.13	5.5	6.11	6.20	8.7	96	148.95	19.85
磷酸二铵 75.0kg+ 硼砂 30.0kg	4.13	5.5	6.11	6.20	8.7	96	118.95	15.85

研究结果评价：综合3年试验结果分析，在磷酸二铵与尿素和磷酸二铵与微量元素混配的试验处理组中，磷酸二铵与尿素混配的组合都表现减产；磷酸二铵与微量元素混配的组合，以磷酸二铵75.0kg+硫酸锌15.0kg的组合种子产量最高1089.00~1171.95kg/hm²，比对照增产12.37%~18.54%。出苗率，磷酸二铵75.0kg+硫酸锌15.0kg组合47.33%~58.00%，磷酸二铵75.0kg+硼砂15.0kg组合出苗率15.85%~27.85%，对照出苗率26.07%~46.67%，硼砂组合烧苗比较严重而影响产量提高。

推荐混配组合模式：旱地胡麻采用磷酸二铵75.0kg/hm²与硫酸锌15.0~22.5kg/hm²混配作种肥效果比较好。

二、追肥施肥技术研究应用

（一）水地胡麻追肥混配试验（2010年）

1.试验设计和方法

（1）试验设计

试验采取随机区组试验设计方法，3次重复，小区面积34.8m²（2.4m×14.5m）。试验处理为磷酸二铵与尿素混配和磷酸二铵与微量元素混配，供试品种为宁亚17号，试验周围设保护行。

（2）试验方法

试验共6个处理，即磷酸二铵与尿素混配，磷酸二铵与微量元素混配（见表1-2-27）。将上述各处理肥料作为追肥，在胡麻出苗40d前后结合灌水追施，各小区单独追肥、利用走道设隔离埂防止串灌。

表1-2-27　追肥混配试验施肥量表

序号	混配肥料	追肥量（kg/hm²）	小区追肥量（g）
A	磷酸二铵+尿素	112.5+112.5	391.5+391.5
B	磷酸二铵+尿素（CK）	150.0+75.0	522+261
C	磷酸二铵+尿素	187.5+37.5	652.5+130.5
D	磷酸二铵+磷酸二氢钾	112.5+15.0	391.5+52.2
E	磷酸二铵+硼砂	112.5+15.0	391.5+52.2
F	磷酸二铵+氧化锌	112.5+15.0	391.5+52.2

2.试验结果统计分析

（1）对种子产量的影响

水地胡麻追肥混配试验产量结果（见表1-2-28）。各处理种子产量为1053.45~1306.05kg/hm²，平均1192.20kg/hm²。各处理种子产量从高到低的排序：磷酸二铵112.5kg+硼砂15.0kg＞磷酸二铵112.5kg+二氢钾15.0kg＞磷酸二铵112.5kg+氧化锌15.0kg＞磷酸二铵150.0kg+尿素75.0kg（CK）＞磷酸二铵187.5kg+尿素37.5kg＞磷酸二铵112.5kg+尿素112.5kg。

（2）磷酸二铵与尿素混配对种子产量影响

氮磷混配 3 个处理种子产量 1053.45~1122.15kg/hm²，平均 1091.40kg/hm²，以磷酸二铵 150kg+ 尿素 75kg 的种子产量略高于其他 2 个处理，但没有显著差异。

（3）磷酸二铵与微肥混配对种子产量影响

磷与微肥混配 3 个处理种子产量 1179.00~1253.85kg/hm²，平均 1224.30kg/hm²，比磷酸二铵 150.0kg+ 尿素 75.0kg（对照）增产 5.06%~11.73%。

根据追肥混配试验不同处理种子产量分析，各处理呈现出了磷酸二铵与微量元素混配比磷酸二铵与尿素混配的产量高；磷酸二铵与尿素混配的处理以对照（磷酸二铵 150.0kg+ 尿素 75.0kg）产量高，磷酸二铵与微量元素混配的处理以磷酸二铵 112.5kg+ 硼砂 15.0kg 的产量高，磷酸二铵 112.5kg+ 二氢钾 15.0kg 次之，分别比对照增产 11.73%和 10.52%。

表 1-2-28 水地追肥混配试验种子产量结果

处理名称	小区产量（kg）				种子产量（kg/hm²）	比 CK ±（%）	位次
	Ⅰ	Ⅱ	Ⅲ	平均			
磷酸二铵 112.5kg+ 尿素 112.5kg	3.19	3.96	3.85	3.67	1053.45	-6.12	6
磷酸二铵 150.0kg+ 尿素 75.0kg（CK）	3.71	4.16	3.85	3.91	1122.15	—	5
磷酸二铵 187.5kg+ 尿素 37.5kg	3.81	4.06	3.60	3.82	1098.60	-2.09	4
磷酸二铵 112.5kg+ 二氢钾 15.0kg	4.05	4.65	4252	4.32	1240.20	10.52	2
磷酸二铵 112.5kg+ 硼砂 15.0kg	4.71	4.12	4.26	4.36	1253.85	11.73	1
磷酸二铵 112.5kg+ 氧化锌 15.0kg	4.38	3.91	4.02	4.10	1179.00	5.06	3
平 均	3.97	4.14	3.97	4.03	1157.85	—	—

（4）对植株生长量的影响

植株生长量调查（见表 1-2-29），根据开花期测定的植株高度、鲜重和干重资料分析，开花阶段磷酸二铵与氮混配的处理株高、鲜重、干重几乎没有变化，而磷酸二铵与微量元素混配的处理与磷酸二铵与氮混配的处理相比，株高、鲜重和干重都有所提高，而且磷与钾和硼混配的干重变化趋势最明显。

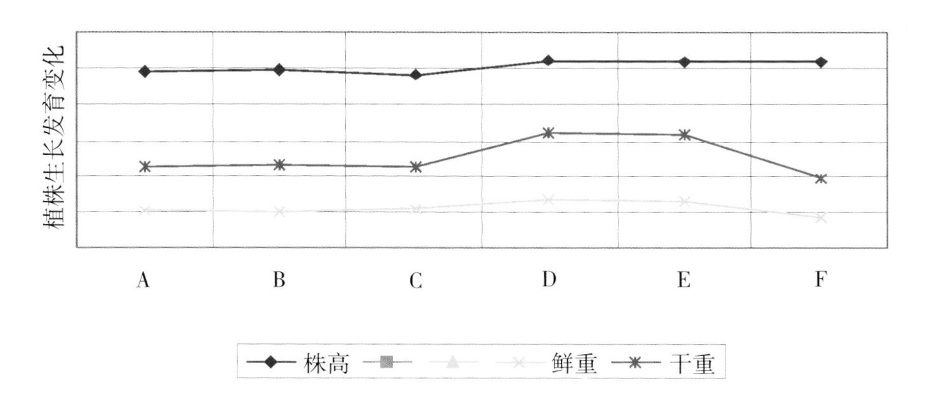

追肥混配试验不同处理开花期生长量变化图

表 1-2-29 生长量调查表

处理名称	开花期(6.21)			
	株高(cm)	鲜重(g)	干重(g)	干鲜重比(%)
磷酸二铵 112.5kg+ 尿素 112.5kg	49.33	5.08	1.14	22.38
磷酸二铵 150.0kg+ 尿素 75.0kg(CK)	49.50	5.03	1.15	22.77
磷酸二铵 187.5kg+ 尿素 37.5kg	48.21	5.41	1.12	20.66
磷酸二铵 112.5kg+ 二氢钾 15.0kg	52.24	6.87	1.61	23.44
磷酸二铵 112.5kg+ 硼砂 15.0kg	51.83	6.57	1.59	24.13
磷酸二铵 112.5kg+ 氧化锌 15.0kg	51.74	3.99	0.90	22.56

(5) 对主要农艺性状的影响

试验各处理的农艺性状表现（见表 1-2-30），从各性状的变化趋势看，磷酸二铵 112.5kg+ 硼砂 15.0kg 的分枝数、有效结果数、果粒数、单株粒重优于其他处理。

表 1-2-30 主要农艺性状室内测定表

处理名称	株高(cm)	工艺长度(cm)	分枝数(个)	有效结果(个)	果粒数(个)	单株粒重(g)	千粒重(g)
磷酸二铵 112.5kg+ 尿素 112.5kg	60.8	33.2	5.9	17.5	6.6	0.65	7.44
磷酸二铵 150.0kg+ 尿素 75.0kg(CK)	60.5	37.3	5.4	12.2	7.3	0.48	7.72
磷酸二铵 187.5kg+ 尿素 37.5kg	58.9	31.9	6.4	18.2	5.8	0.70	7.72
磷酸二铵 112.5kg+ 二氢钾 15.0kg	57.5	34.6	5.8	18.0	7.1	0.65	7.40
磷酸二铵 112.5kg+ 硼砂 15.0kg	56.6	30.6	7.5	21.6	7.50	0.85	7.81
磷酸二铵 112.5kg+ 氧化锌 15.0kg	60.4	36.3	5.5	13.7	6.0	0.60	7.99
平 均	59.1	34.0	6.1	16.9	6.7	0.65	7.68

(6) 倒伏情况

生育期(4—8 月)降雨量为 301.7mm，较历年同期 220.4mm 增加了 81.3mm。仅在胡麻结果灌浆时期的 7 月份降雨量就达到了 116.37mm，较历年同期 61.2mm 增加了 55.17mm，根据胡麻生育期降水量变化可以看出，今年胡麻生育期降水变化曲线与历年同期相比不仅降水量偏多且变化起伏较大。尤其胡麻生长后期降雨偏多造成倒伏比较严重。在今年的特殊气候条件下，根据对各处理倒伏情况调查发现，磷酸二铵 112.5kg+ 磷酸二氢钾 15.0kg 与磷酸二铵 112.5kg+ 硼砂 15.0kg 的抗倒伏能力均明显优于其他处理，平均倒伏率为 33%。而随着尿素施用量的增加，倒伏率随之增加。

(二)水地胡麻追肥混配试验研究(2011 年)

1.试验设计和方法

(1)试验设计

试验采取随机区组设计，3 次重复，小区面积 34.8m²(2.4m × 14.5m)，区距 1m，排距 1m。

试验处理为磷酸二铵与尿素混配和磷酸二铵与微量元素混配，供试品种为宁亚 19 号，试验周围设保护行。

（2）试验方法

试验共设 6 个处理，即磷酸二铵与尿素混配，磷酸二铵与微量元素混配（见表 1-2-31）。以磷酸二铵 150.0kg+ 尿素 75.0kg 为试验对照。将上述各处理肥料作为追肥，在胡麻出苗 40d 前后结合灌水追施，各小区单独追肥、利用走道设隔离埂防止串灌。

表 1-2-31 追肥混配试验施肥量表

序号	混配肥料	追肥量（kg/hm²）	小区追肥量（g）
A	磷酸二铵 + 尿素	112.5+112.5	391.5+391.5
B	磷酸二铵 + 尿素（CK）	150.0+75.0	522+261
C	磷酸二铵 + 尿素	187.5+37.5	652.5+130.5
D	磷酸二铵 + 磷酸二氢钾	112.5+15.0	391.5+52.2
E	磷酸二铵 + 硼砂	112.5+15.0	391.5+52.2
F	磷酸二铵 + 氧化锌	112.5+15.0	391.5+52.2

2.试验结果分析

（1）对种子产量的影响

水地追肥混配试验种子产量结果（见表 1-2-32），试验各处理对种子产量有一定的影响。各处理种子产量为 1356.00~1483.65kg/hm²，平均产量 1434.00kg/hm²，对照产量 1353.30kg/hm²。磷酸二铵 112.5kg+ 硼砂 15.0kg 的种子产量最高，为 1483.65kg/hm²，比对照增产 9.63%，磷酸二铵 187.5kg+ 尿素 37.5kg 的种子产量最低，为 1356.00kg/hm²，比对照增产 0.19%，其余处理种子产量从高到低的排序：磷酸二铵 112.5kg+ 氧化锌 15.0kg＞磷酸二铵 112.5kg+ 二氢钾 15.0kg＞磷酸二铵 112.5kg+ 尿素 112.5kg＞磷酸二铵 150.0kg+ 尿素 75.0kg（CK）

（2）磷酸二铵与尿素混配对种子产量影响

氮磷混配 2 个处理的种子产量 1356.00kg/hm² 与 1423.35kg/hm²，平均产量 1389.75kg/hm²，磷酸二铵 112.5kg+ 尿素 112.5kg 的种子产量比对照增产 5.17%，磷酸二铵 187.5kg+ 尿素 37.5kg 比对照增产 0.19%。

（3）磷酸二铵与微肥混配对种子产量影响

磷与微肥混配 3 个处理种子产量 1429.20~1483.65kg/hm²，平均数 1463.40kg/hm²，种子产量由高到低的排序：磷酸二铵 112.5kg+ 硼砂 15.0kg＞磷酸二铵 112.5kg+ 氧化锌 15.0kg＞磷酸二铵 112.5kg+ 磷酸二氢钾 15.0kg，磷酸二铵 112.5kg+ 硼砂 15.0kg 比对照增产 9.63%，磷酸二铵 112.5kg+ 氧化锌 15.0kg 比对照增产 9.17%，磷酸二铵 112.5kg+ 磷酸二氢钾 15.0kg 比对照增产 5.60%。

表 1-2-32 水地追肥混配试验种子产量结果

处理名称	小区产量(g)				种子产量(kg/hm²)	比 CK ±(%)	位次
	Ⅰ	Ⅱ	Ⅲ	平均			
磷酸二铵 112.5kg+ 尿素 112.5kg	5028	5019	4812	4953	1423.35	5.17	4
磷酸二铵 187.5kg+ 尿素 37.5kg	4765	4786	4605	4719	1356.00	0.19	5
磷酸二铵 112.5kg+ 二氢钾 15.0kg	4910	5006	5004	4973	1429.20	5.60	3
磷酸二铵 112.5kg+ 硼砂 15.0kg	5152	4993	5344	5163	1483.65	9.63	1
磷酸二铵 112.5kg+ 氧化锌 15.0kg	5126	5345	4953	5141	1477.35	9.17	2
磷酸二铵 150.0kg+ 尿素 75.0kg(CK)	4700	4726	4703	4710	1353.30	—	6

各处理种子产量结果经方差分析,区组间差异不显著,处理间差异达到极显著水平。

(4)对植株生长量的影响

在现蕾期、开花期和青果期测定了植株生长量(见表 1-2-33),现蕾期测定单株鲜、干重。各处理干重 0.51~0.62g,平均 0.55g,对照为 0.50g,所有处理干重均比对照高。磷酸二铵 112.5kg+ 硼砂 15.0kg 干重最高,比对照增加 24.00%。

开花期测定单株鲜、干重。各处理干重 0.90~1.10g,平均 1.01g,比对照高的处理有磷酸二铵 112.5kg+ 氧化锌 15.0k、磷酸二铵 112.5kg+ 硼砂 15.0kg。

青果期测定单株鲜、干重。各处理干重 1.27~1.77g,平均 1.55g,比对照高的处理有磷酸二铵 112.5kg+ 氧化锌 15.0kg、磷酸二铵 112.5kg+ 硼砂 15.0kg、磷酸二铵 112.5kg+ 二氢钾 15.0kg、磷酸二铵 112.5kg+ 尿素 112.5kg;磷酸二铵 112.5kg+ 氧化锌 15.0kg 干重最高,比对照高 24.66%。磷酸二铵 112.5kg+ 硼砂 15.0kg 次之,比对照高 17.6%。

表 1-2-33 生长量调查表

处理名称	现蕾期(6.11)			开花期(6.23)			青果期(7.9)		
	株高(cm)	鲜重(g)	干重(g)	株高(cm)	鲜重(g)	干重(g)	株高(cm)	鲜重(g)	干重(g)
磷酸二铵 112.5kg+ 尿素 112.5kg	37.89	3.04	0.51	45.82	4.30	0.99	47.47	4.82	1.44
磷酸二铵 187.5kg+ 尿素 37.5kg	33.93	2.46	0.52	37.79	4.01	0.90	35.72	4.26	1.27
磷酸二铵 112.5kg+ 二氢钾 15.0kg	36.56	3.19	0.54	44.53	4.52	1.02	47.16	5.65	1.62
磷酸二铵 112.5kg+ 硼砂 15.0kg	35.09	2.83	0.62	45.15	4.66	1.06	44.16	5.37	1.67
磷酸二铵 112.5kg+ 氧化锌 15.0kg	34.51	2.20	0.58	37.39	4.61	1.10	43.70	4.83	1.77
磷酸二铵 150.0kg+ 尿素 75.0kg(CK)	38.56	2.54	0.50	43.64	4.00	1.05	43.05	4.77	1.42

(5)不同处理对主要农艺性状的影响

不同处理的主要农艺性状(见表 1-2-34),试验各处理的表现为磷酸二铵 112.5kg+ 硼砂 15.0kg 的各农艺性状明显高于其他处理,居第一位。

表 1-2-34 主要农艺性状室内测定表

处理名称	株高(cm)	工艺长度(cm)	分枝数(个)	有效结果(个)	果粒数(个)	单株粒重(g)	千粒重(g)
磷酸二铵 112.5kg+ 尿素 112.5kg	43.46	32.99	4.78	9.30	6.40	0.50	7.93
磷酸二铵 187.5kg+ 尿素 37.5kg	42.04	32.63	4.14	8.31	6.93	0.46	8.10
磷酸二铵 112.5kg+ 二氢钾 15.0kg	44.10	33.19	4.53	9.57	5.90	0.44	7.63
磷酸二铵 112.5kg+ 硼砂 15.0kg	45.11	32.51	5.46	10.93	7.20	0.57	8.24
磷酸二铵 112.5kg+ 氧化锌 15.0kg	43.56	33.54	4.57	9.56	6.93	0.54	7.97
磷酸二铵 150.0kg+ 尿素 75.0kg(CK)	44.93	34.21	5.06	9.89	6.68	0.57	7.90

(三)水地胡麻追肥混配－锌肥用量试验研究(2012 年)

1.试验设计和方法

(1)试验设计

采用随机区组排列,3 次重复,小区面积 34.8m²(2.4m×14.5m)。试验处理为磷酸二铵与锌肥混配,试验品种宁亚 19 号。试验周围设保护行。

(2) 试验方法

试验共 3 个处理,即磷酸二铵 112.5kg+ 硫酸锌 15.0kg、磷酸二铵 112.5kg+ 硫酸锌 22.5kg、磷酸二铵 112.5kg+ 硫酸锌 30.0kg,以磷酸二铵 112.5kg+ 硫酸锌 15.0kg 为对照。将上述各处理肥料作为追肥,在胡麻出苗 40d 前后结合灌水追施。

表 1-2-35 水地胡麻锌肥用量表

序号	混配肥料	小区追肥量(g)
1	磷酸二铵 112.5kg+ 硫酸锌 15.0kg(CK)	391.5g+52.2g
2	磷酸二铵 112.5kg+ 硫酸锌 22.5kg	391.5g+78.3g
3	磷酸二铵 112.5kg+ 硫酸锌 30.0kg	391.5g+104.4g

2.试验结果与分析

(1)对种子产量的影响

种子产量结果(见表 1-2-36),2 个处理种子产量分别 1311.45kg/hm²、1325.40kg/hm²,平均数 1318.35kg/hm²,对照产量 1300.20kg/hm²。磷酸二铵 112.5kg+ 硫酸锌 30.0kg 的种子产量最高,为 1325.40kg/hm²,比对照增产 1.07%。磷酸二铵 112.5kg+ 硫酸锌 22.5kg 的种子产量为 1311.45kg/hm²,比对照增产 0.86%。

各处理种子产量结果经方差分析,区组间差异不显著,处理间差异,不显著。

表 1-2-36 水地锌肥用量试验种子产量结果

处理名称	小区产量(kg)				种子产量(kg/hm²)	比 CK ±(%)	位次
	Ⅰ	Ⅱ	Ⅲ	平均			
二铵 112.5kg+ 硫酸锌 15.0kg(CK)	4.41	4.66	4.51	4.52	1300.20	—	3
二铵 112.5kg+ 硫酸锌 22.5kg	4.45	4.79	4.45	4.56	1311.45	0.86	2
二铵 112.5kg+ 硫酸锌 30.0kg	4.95	4.44	4.44	4.61	1325.40	1.07	1

(2)对植株生长量的影响

在开花期测定了株高、单株鲜重、单株干重,测定数据(见表 1-2-37)。通过比较分析,呈现出试验各处理的株高、单株鲜重和单株干重略高于对照的趋势。

表 1-2-37　植株生长量测定表

试验处理	开花期(6.20)		
	株高(cm)	鲜重(g)	干重(g)
二铵 112.5kg+ 硫酸锌 15.0kg(CK)	40.47	2.88	0.69
二铵 112.5kg+ 硫酸锌 22.5kg	40.91	2.97	0.72
二铵 112.5kg+ 硫酸锌 30.0kg	41.08	3.13	0.87

(3)对主要农艺性状的影响

经室内考种测定,试验各处理的农艺性状表现(见表 1-2-38)。从各性状的变化趋势看,试验处理的各个农艺性状均优于对照,磷酸二铵(112.5kg)+ 硫酸锌(30.0kg)处理的各农艺性状优于其他处理。

表 1-2-38　主要农艺性状室内测定表

处理名称	株高(cm)	分枝数(个)	有效结果(个)	果粒数(个)	单株粒重(g)	千粒重(g)
二铵 112.5kg+ 硫酸锌 15.0kg(CK)	47.86	5.10	12.03	5.93	0.45	6.32
二铵 112.5kg+ 硫酸锌 22.5kg	47.67	5.18	12.23	6.27	0.47	6.17
二铵 112.5kg+ 硫酸锌 30.0kg	48.42	5.27	13.13	6.10	0.55	6.93

(4)对出苗及生育期的影响

试验各处理的出苗及生育期情况(见表 1-2-39),各处理出苗率为 55.19%~59.26%,试验处理对胡麻生育期没有造成影响。

表 1-2-39　生育期观察记载表

试验处理	播种期(月.日)	出苗期(月.日)	现蕾期(月.日)	开花期(月.日)	成熟期(月.日)	生育期(d)	出苗数(万株 /hm^2)	出苗率(%)
二铵 112.5kg+ 硫酸锌 15.0kg(CK)	4.19	5.5	6.10	6.21	8.5	94	496.65	55.19
二铵 112.5kg+ 硫酸锌 22.5kg	4.19	5.5	6.10	6.21	8.5	94	493.35	54.84
二铵 112.5kg+ 硫酸锌 30.0kg	4.19	5.5	6.10	6.21	8.5	94	533.40	59.26

生育期气候条件:胡麻生育期(4—8 月)降雨量为 312.8mm,较历年同期 239.5mm 增加了 73.3mm,尤其 4 月、6 月、8 月比历年同期有明显增加。日照时数比历年同期减少了 45.7h,蒸发量比历年同期减少了 134.3mm。

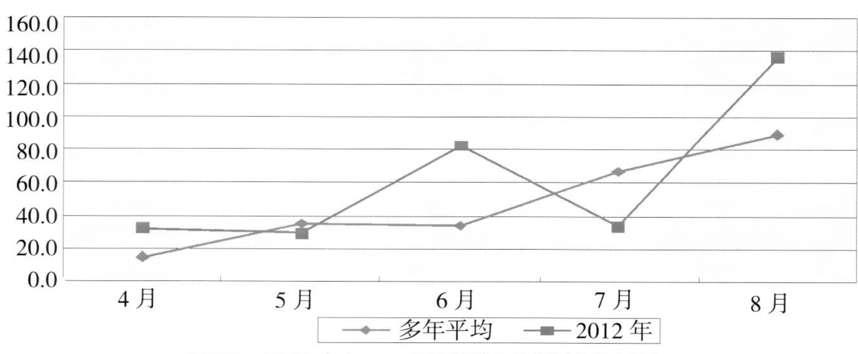

2005—2012 年(4—8 月)总降雨量统计分析图

(四)水地胡麻追肥混配－硼肥用量试验研究(2012年)

1.试验设计和方法

(1)试验设计

采用随机区组排列,3次重复,小区面积34.8m²(2.4m×14.5m)。试验处理为磷酸二铵与硼肥混配,试验品种宁亚19号。试验周围设保护行。

(2)试验方法

试验共3个处理,即磷酸二铵112.5kg+硼砂15.0kg、磷酸二铵112.5kg+硼砂22.5kg、磷酸二铵112.5kg+硼砂30.0kg,以磷酸二铵112.5kg+硼砂15.0kg为对照。将上述各处理肥料作为追肥,在胡麻出苗40d前后结合灌水追施。

表1-2-40 水地胡麻硼肥用量表

序号	混配肥料	小区追肥量(g)
1	磷酸二铵112.5kg+硼砂15.0kg(CK)	391.5g+52.2g
2	磷酸二铵112.5kg+硼砂22.5kg	391.5g+78.3g
3	磷酸二铵112.5kg+硼砂30.0kg	391.5g+104.4g

2.试验结果统计分析

(1)对种子产量的影响

种子产量结果(见表1-2-41)。2个处理种子产量分别为1296.30kg/hm²、1302.00kg/hm²,平均数1299.15kg/hm²,对照产量为1315.80kg/hm²。磷酸二铵112.5kg+硼砂22.5kg的种子产量为1302.00kg/hm²,比对照减产1.05%。磷酸二铵112.5kg+硼砂30.0kg的种子产量为1296.30kg/hm²,比对照减产1.49%。

各处理种子产量结果经方差分析,区组间差异不显著,处理间差异未达到显著水平。

表1-2-41 水地硼肥用量试验种子产量结果

处理名称	小区产量(kg)				种子产量(kg/hm²)	比CK±(%)	位次
	Ⅰ	Ⅱ	Ⅲ	平均			
磷酸二铵112.5kg+硼砂15.0kg(CK)	4.38	5.05	4.30	4.58	1315.80	—	1
磷酸二铵112.5kg+硼砂22.5kg	4.37	4.67	4.55	4.53	1302.00	~1.05	2
磷酸二铵112.5kg+硼砂30.0kg	4.37	4.68	4.48	4.51	1296.30	~1.49	3

(2)对植株生长量的影响

在开花期测定了株高、单株鲜重、单株干重,测定数据(见表1-2-42)。通过比较分析,试验各处理单株鲜重和单株干重略低于对照,但差异不明显。

表1-2-42 株生长量测定表

试验处理	开花期(6.20)		
	株高(cm)	鲜重(g)	干重(g)
磷酸二铵112.5kg+硼砂15.0kg(CK)	47.72	4.00	1.16
磷酸二铵112.5kg+硼砂22.5kg	47.71	3.99	1.15
磷酸二铵112.5kg+硼砂30.0kg	47.66	3.97	1.14

(3)对主要农艺性状的影响

经室内考种测定,试验各处理的农艺性状表现(见表1-2-43)。从各性状的变化趋势看,试验处理的单株分枝数、有效结果、果粒数、单株粒重、千粒重均低于对照。表现为随着硼肥用量增加,试验处理分枝数、有效结果、果粒数、单株粒重、千粒重呈下降的趋势,但差异不明显。

表1-2-43 主要农艺性状室内测定表

处理名称	株高(cm)	分枝数(个)	有效结果(个)	果粒数(个)	单株粒重(g)	千粒重(g)
磷酸二铵112.5kg+硼砂15.0kg(CK)	53.84	6.74	16.67	5.73	0.74	6.85
磷酸二铵112.5kg+硼砂22.5kg	54.52	6.70	16.54	6.83	0.71	6.62
磷酸二铵112.5kg+硼砂30.0kg	50.33	5.85	14.80	6.83	0.66	6.70

研究结果评价:综合3年试验结果分析,在磷酸二铵与尿素和磷酸二铵与微量元素混配的试验处理组中,磷酸二铵与尿素混配的组合与对照相比种子产量增减产效果均不明显;磷酸二铵与微肥混配组合,以磷酸二铵112.5kg+硼砂15.0kg的产量高,为1253.85~1483.65kg/hm^2,比对照增产9.63%~11.73%;磷酸二铵112.5kg+硫酸锌15.0kg种子产量为1179.00~1477.35kg/hm^2,比对照增产5.06%~9.17%。磷酸二铵与微量元素硼砂和硫酸锌混配,作为追肥使用与对照相比具有明显的增产效果。

推荐混配组合模式:水地胡麻追肥混配模式,磷酸二铵112.5kg与硼砂15.0~22.5kg混配或磷酸二铵112.5kg与硫酸锌15.0~22.5kg混配。

三、缓释肥施肥技术研究应用

胡麻属于密植作物,旱作区胡麻无灌溉条件,生产中又无法进行追肥。播种时施用种肥无法满足胡麻全生育期的营养需求,易造成后期脱肥。硫包衣尿素作为一种新型缓释肥料,可以根据作物不同阶段生长发育对养分的需求,而设计调控养分释放速度和释放量,使养分释放曲线与作物对养分的需求相吻合。因此研究利用缓释肥对旱地条件下胡麻的生长发育及产量的影响,为缓释肥在旱作区胡麻生产中的应用和推广提供理论依据。

(一)氮素缓释肥试验研究(2012年)

1.试验设计和方法

(1)试验设计

采用随机区组排列,3次重复,小区面积21m^2(3m×7m)。试验处理氮素缓释肥混配比例30d:60d:90d=2:5:3,试验品种宁亚19号。试验周围设保护行。

（2）试验方法

试验共3个处理，即施混配的氮素缓释肥37.5kg/hm²、75.0kg/hm²、112.5kg/hm²。以不施氮素缓释肥为对照。将上述各处理肥料作为种肥，播种时与胡麻种子混匀一次施入土壤。

2.试验结果与分析

（1）对种子产量影响

种子产量结果（见表1-2-44）。试验各处理对种子产量影响比较明显。各处理种子产量为1104.75~1192.05kg/hm²，平均数1146.6kg/hm²，对照产量为1054.95kg/hm²。施混配的氮素缓释肥112.5kg处理的种子产量最高，为1192.05kg/hm²，比对照增产13.00%，施混配的氮素缓释肥37.5kg/hm²处理的种子产量最低，为1104.75kg/hm²，比对照增产4.73%。

试验各处理种子产量结果经方差分析，区组间差异不显著，处理间差异达5%显著水平。

表1-2-44 种子产量结果表

试验处理	小区产量（kg）				种子产量（kg/hm²）	增产率（%）	位次
	Ⅰ	Ⅱ	Ⅲ	平均			
氮素缓释肥37.5kg	2.40	2.25	2.31	2.32	1104.75	4.73	3
氮素缓释肥75.0kg	2.53	2.47	2.20	2.40	1142.85	8.34	2
氮素缓释肥112.5kg	2.56	2.61	2.34	2.50	1192.05	13.00	1
不施氮素缓释肥（CK）	2.35	2.15	2.15	2.22	1054.95	—	—

（2）对植株生长量的影响

在开花期测定了株高、单株鲜重、单株干重，测定数据（表1-2-45）。通过比较分析，呈现出试验各处理的株高、单株鲜重和单株干重高于对照的趋势，表现为随施肥量增加单株鲜重和单株干重呈上升的趋势。

表1-2-45 植株生长量测定表

试验处理	开花期（6.20）		
	株高（cm）	鲜重（g）	干重（g）
氮素缓释肥37.5kg	38.53	2.50	0.65
氮素缓释肥75.0kg	39.01	2.56	0.68
氮素缓释肥112.5kg	39.04	2.62	0.69
不施氮素缓释肥（CK）	38.11	2.47	0.67

（3）对主要农艺性状的影响

经室内考种测定，试验各处理的农艺性状表现（见表1-2-46），从各性状的变化趋势看，试验处理的各个农艺性状均高于对照，氮素缓释肥112.5kg处理的各农艺性状高于其他处理，居第一位。

表 1-2-46　主要农艺性状室内测定表

试验处理	株高(cm)	分枝数(个)	有效结果(个)	果粒数(个)	单株粒重(g)	千粒重(g)
氮素缓释肥 37.5kg	39.95	5.23	11.84	6.77	0.62	7.90
氮素缓释肥 75.0kg	41.08	5.16	13.11	6.87	0.69	7.89
氮素缓释肥 112.5kg	40.71	5.49	13.21	7.43	0.71	7.89
不施氮素缓释肥(CK)	38.27	4.91	10.80	7.70	0.56	7.77

(4)出苗和生育期情况

试验各处理的出苗及生育期情况(见表 1-2-47),各处理出苗率为 31.11%~33.30%,对照出苗率为 31.56%。试验处理中以氮素缓释肥 75.0kg 出苗率最高,为 33.30%;氮素缓释肥 112.5kg 的出苗率最低,为 31.11%。试验处理对胡麻出苗和生育期没有影响。

表 1-2-47　生育期观察记载表

试验处理	播种期(月.日)	出苗期(月.日)	现蕾期(月.日)	开花期(月.日)	成熟期(月.日)	生育期(d)	出苗数(万株/hm^2)	出苗率(%)
氮素缓释肥 37.5kg	4.13	5.5	6.11	6.20	8.7	96	246.60	32.88
氮素缓释肥 75.0kg	4.13	5.5	6.11	6.20	8.7	96	249.75	33.30
氮素缓释肥 112.5kg	4.13	5.5	6.11	6.20	8.7	96	233.40	31.11
不施氮素缓释肥(CK)	4.13	5.5	6.11	6.20	8.7	96	236.70	31.56

(二)缓释肥不同释放时期混配比例试验研究(2014—2015 年)

1.试验设计与方法

(1)试验设计

试验根据 2 种缓释肥 60d、90d 释放的不同混配比例设 5 个处理，分别为 1∶1、1.5∶1、2∶1、2.5∶1、3∶1,按照 112.5kg/hm^2 进行施用,以不施肥为对照(CK)。随机区组设计,3 次重复,小区面积 12m^2(2m × 6m),播种时将各处理缓释肥作为种肥与胡麻种子混匀一次性施入,播量 67.5kg/hm^2,播深 3~4cm。

(2)试验材料

供试胡麻品种为宁亚 17 号;供试混配缓释肥(硫包衣尿素 SUC)为 2 种,一种是硫包衣尿素 SCUⅡ型（N≥37%,S≥10%),60d 释放；一种是硫包衣尿素 SCUⅢ型（N≥34%,S≥15%),90d 释放,均由汉枫集团黑龙江公司生产。

(3)试验方法

在胡麻初花期每小区随机选取胡麻植株 20 株,测定胡麻株高、地上部鲜重和干重。于胡麻成熟期在每个试验小区随机选取能够代表本小区胡麻生长状况的植株 30 株，进行室内考种,测定胡麻植株株高、主茎分枝数、单株结果数、每果粒数、单株粒重和千粒重,并计算出各性状的平均值。胡麻成熟期试验小区单独收获,单独脱粒,将各试验小区实际收获产量计算折合成公顷产量。

2.结果与分析

（1）对胡麻生长量的影响

各处理初花期株高为44.17~46.43cm，对照株高44.17cm，均高于对照，以3：1配比处理最高为46.43cm，比对照提高5.12%，其他处理比对照提高0.35%（1.5：1）、0.59%（2.5：1）、0.80%（2：1）、1.51%（1：1）。各处理均显著高于对照（$P<0.05$）。

各处理初花期地上部鲜重为2.47~3.57g，对照鲜重2.47g，均高于对照，以3：1配比处理最高为3.57g，比对照提高44.46%，其他处理比对照提高10.46%（2：1）、11.36%（1.5：1）、16.92%（1：1）、29.74%（2.5：1），其中3：1、2.5：1、1：1配比处理显著高于对照（$P<0.05$）。

各处理初花期地上部干重为0.63~0.85g，对照干重0.63g，均高于对照，以3:1配比处理最高为0.85g，比对照提高34.92%，其他处理比对照提高6.35%（1：1）、6.35%（1.5：1）、9.52%（2：1）、25.40%（2.5：1）。其中3：1处理、2.5：1处理显著高于对照（$P<0.05$）。

表1-2-48 不同配比缓释肥水平下旱地胡麻生长量

处理	株高（cm）	地上部鲜重（g）	地上部干重（g）
1：1	44.84 ± 0.38b	2.89 ± 0.24bc	0.67 ± 0.04 b
1.5：1	44.32 ± 0.30b	2.75 ± 0.07 cd	0.67 ± 0.01 b
2：1	44.52 ± 0.58 b	2.73 ± 0.10 cd	0.69 ± 0.01b
2.5：1	44.43 ± 0.88 b	3.20 ± 0.30ab	0.79 ± 0.08 a
3：1	46.43 ± 0.36a	3.57 ± 0.28a	0.85 ± 0.07 a
CK	44.17 ± 0.31 b	2.47 ± 0.14d	0.63 ± 0.04 b

注：生长量数据为2年3次重复的平均值，数据后不同字母表示处理间差异显著（$p<0.05$）

（2）对胡麻种子产量的影响

不同缓释肥配比处理胡麻产量见表1-2-49，施用不同配比缓释肥胡麻产量分别为1608.56 kg/hm^2、1545.80 kg/hm^2、1527.73kg/hm^2、1523.45kg/hm^2、1504.80kg/hm^2，较对照增产18.26 %、13.64%、12.32 %、12.00% 、10.63%，其中60d缓释肥与90d缓释肥以3：1配比处理增产幅度最大，比对照增产18.26%，产量为1608.56 kg/hm^2，位居第一。1.5：1配比处理增产幅度最小，比对照增产10.63%，产量为1504.80kg/hm^2，试验处理间差异不显著，但试验各处理均与对照差异显著（$p<0.05$），施用不同配比缓释肥胡麻产量由高到低依次为3：1>1：1>2：1>2.5：1>1.5：1>CK。由此可知，不同配比缓释肥处理对胡麻产量都有促进作用，60d缓释肥与90d缓释肥以3：1配比处理效果最好。

表1-2-49 不同配比缓释肥水平下旱地胡麻产量

处理	小区产量（kg）			平均值	折合产量（kg/hm^2）	比CK±（%）	次位
	Ⅰ	Ⅱ	Ⅲ				
1：1	2.362	2.156	2.157	2.225	1545.80a	13.64	2
1.5：1	2.190	2.111	2.197	2.166	1504.80a	10.63	5
2：1	2.108	2.272	2.217	2.199	1527.73a	12.32	3
2.5：1	2.162	2.192	2.225	2.193	1523.45a	12.00	4
3：1	2.350	2.317	2.279	2.315	1608.56a	18.26	1
CK	2.034	1.834	2.005	1.958	1360.17b	—	6

注：小区产量数据为2年3次重复的平均值，折合产量数据后不同字母表示处理间差异显著（$p<0.05$）

（3）对胡麻农艺性状的影响

由表 1-2-50 可知，施用不同配比缓释肥后，胡麻成熟期株高、主茎分枝数、单株结果数、单株粒重各处理均比对照有所增加，成熟期株高增幅为 2.88%~4.75%，平均增幅 14.29%，单株粒重增幅为 7.69%~41.03%，平均增幅 30.26%，方差分析结果表明各处理间成熟期株高、单株粒重差异不显著。主茎分枝数增幅为 12.23%~17.45%，平均增幅 14.29%，1：1、2：1、2.5：1 配比处理与对照差异显著（$p < 0.05$），1.5：1 和 3：1 配比处理与对照差异不显著。单株结果数 3：1 配比处理为 18.81 个，居第一位，比对照高 4.56 个，显著高于对照（$p < 0.05$）。每果粒数 3：1 配比处理最高为 7.87 粒，较对照增加 0.14 粒。1：1 配比处理最低为 7.25 粒，较对照减少 0.48 粒。千粒重分别为 8.60g、8.67g、8.46g、8.59g、8.65g、8.49g，除 2：1 配比处理较对照减少外，其他处理均比对照增加，增幅分别为 1.30%（1：1）、2.12%（1.5：1）、1.18%（2.5：1）、1.88%（3：1），各处理间差异不显著。由此可知，施用不同配比缓释肥能够提高胡麻株高、主茎分枝数、单株结果数、单株粒重，60d 缓释肥与 90d 缓释肥以 3：1 配比处理效果最好。

表 1-2-50　不同混配比例缓释肥对胡麻产量相关因素的影响

处理	株高（cm）	主茎分枝数（个）	单株结果数（个）	每果粒数（粒）	单株粒重（g）	千粒重（g）
1：1	56.54 ± 0.18a	6.53 ± 0.39a	17.72 ± 1.07ab	7.25 ± 0.28b	1.10 ± 0.18a	8.60 ± 0.01a
1.5：1	56.39 ± 2.44a	6.26 ± 0.43ab	17.45 ± 2.71ab	7.35 ± 0.18ab	1.01 ± 0.19a	8.67 ± 0.20a
2：1	56.08 ± 1.96a	6.43 ± 0.07a	16.82 ± 1.55ab	7.57 ± 0.45ab	0.84 ± 0.05a	8.46 ± 0.18a
2.5：1	56.55 ± 3.74a	6.32 ± 0.44a	17.12 ± 1.15ab	7.40 ± 0.35ab	1.10 ± 0.19a	8.59 ± 0.02a
3：1	57.10 ± 2.67a	6.24 ± 0.30ab	18.81 ± 1.55a	7.87 ± 0.42a	1.03 ± 0.17a	8.65 ± 0.10a
CK	54.51 ± 1.46a	5.56 ± 0.34b	14.25 ± 2.23b	7.73 ± 0.29ab	0.78 ± 0.16a	8.49 ± 0.22a

注：数据为两年 3 次重复的平均值 ± 标准差，数据后不同字母表示处理间差异显著（$p < 0.05$）。

（4）对胡麻出苗率及生育期的影响

各处理胡麻生育期及出苗情况见表 1-2-51，试验各处理生育期与 CK 相比无明显变化，从出苗到成熟均需 104d。各处理出苗率分别为 20.76%（1：1）、21.64%（1.5：1）、22.31%（2：1）、19.57%（2.5：1）、22.31%（3：1）。旱地种植胡麻过程中施用不同配比缓释肥都会导致胡麻出苗率略有下降，但不影响胡麻整个生育期。

表 1-2-51　不同混配比例缓释肥对胡麻出苗率的影响

处理	播种期（月.日）	出苗期（月.日）	现蕾期（月.日）	盛花期（月.日）	成熟期（月.日）	生育期（d）	出苗数（万株 /hm²）	出苗率（%）
1：1	4.14	5.4	6.11	6.22	8.16	104	155.70	20.76
1.5：1	4.14	5.4	6.11	6.22	8.16	104	162.30	21.64
2：1	4.14	5.4	6.11	6.22	8.16	104	167.40	22.31
2.5：1	4.14	5.4	6.11	6.22	8.16	104	146.85	19.57
3：1	4.14	5.4	6.11	6.22	8.16	104	167.40	22.31
CK	4.14	5.4	6.11	6.22	8.16	104	187.95	25.05

胡麻到了现蕾期生长速度逐渐加快，现蕾期至开花期是胡麻整个生育期中生长最为旺盛的时期，是营养吸收高峰期，此时胡麻植株地上干物质积累速度最快，60d 释放的缓释肥，释放时期正好处于胡麻氮肥需要的高峰期（现蕾期至开花期），满足了胡麻对氮肥的需要，保证了胡麻植株营养生长，促进了胡麻植株地上干物质积累，营养体积累的氮素为后期结实提供了充足的营养。90d 释放的缓释肥，释放时期为胡麻青果期，其释放出足够的养分满足了胡麻籽粒灌浆期对养分的需求，有效增加了胡麻单株结果数、单株粒重等经济性状，从而提高胡麻产量，施用不同配比缓释肥胡麻产量分别为 1608.56kg/hm^2、1545.80kg/hm^2、1527.73kg/hm^2、1523.45kg/hm^2、1504.80kg/hm^2，较对照增产 18.26%、13.64%、12.32 %、12.00%、10.63%。

由于胡麻主要种植在旱地，追肥困难，一次性基施不能满足胡麻整个生育期对养分的需要，在生育后期容易出现肥料缺乏，导致减产，种肥量多又容易造成烧苗。试验结果表明，缓释肥能够促进旱地胡麻植株营养体的生长，增加地上部植株鲜重和干重，提高胡麻株高、主茎分枝数、单株结果数、单株粒重等农艺性状指标，显著提高胡麻产量，60d 缓释肥和 90d 缓释肥以 3：1 配比增产效果最为明显，产量 1608.56kg/hm^2，增产幅度为 18.26%。

（三）氮素缓释肥用量试验（2015—2016 年）

1.试验设计与方法

（1）试验设计

共设 4 个处理，即把 60d、90d 释放的硫包衣尿素按照 3：1 的比例进行混配（前期研究结果所得最优比例），施混配缓释肥 75kg/hm^2（T1）、112.5kg/hm^2（T2）、150kg/hm^2（T3）、187.5kg/hm^2（T4），以不施肥为对照（CK）（见表 1-2-52）。将上述各处理肥料作为种肥，播种时与胡麻种子混匀一次施入土壤。种子田间播量按 750 万 /hm^2 有效粒数计算。试验采用随机区组排列，重复 3 次，小区面积 2.4m × 6m=14.4m^2，行距 0.15m，每小区种植 16 行，小区间走道 30cm，重复间走道 50cm，四周设保护行。

表 1-2-52　试验处理施肥量表

处理	施肥量（kg/hm^2）	纯氮用量（kg/hm^2）	SCU Ⅱ（N≥37%,S≥10%）(kg/hm^2)	SCU Ⅲ（N≥34%,S≥15%）(kg/hm^2)
T1	SCU75	27.19	20.81	6.38
T2	SCU112.5	40.78	31.22	9.56
T3	SCU150	54.38	41.63	12.75
T4	SCU187.5	67.97	52.03	15.94
CK	不施肥	—	—	—

（2）试验材料

供试硫包衣尿素由汉枫集团黑龙江公司生产，共有 2 种，分别是 SCU Ⅱ型（N≥37%，

S≥10%),释放期在播种后60d;SCUⅢ型(N≥34%,S≥15%),释放期在播种后90d。供试胡麻品种为宁亚17号。

(3)试验方法

在初花期(胡麻营养生长与生殖生长的转折时期,营养生长达到最大值),每小区随机采样20株,在实验室内测定胡麻株高、地上部鲜重,并将植株地上部分于恒温箱中105℃杀青30min,而后在70℃烘至恒重,测定植株地上部分的干物质重量。

在成熟期,每小区随机采样30株进行室内考种,分别测定分茎数、主茎分枝、有效结果数、每果粒数、单株产量及千粒重等经济性状。

收获时,各小区单收单打,晒干后测得小区实际籽粒产量,并计算单位面积实际籽粒产量。用于试验采样所造成的产量损失不计。

氮肥农学利用率/(kg/kg)=(施氮区产量~空白区产量)/施氮量

氮肥偏生产力/(kg/kg)=施氮区产量/施氮量

数据处理采用Excel2007软件对数据进行整理,用DPS13.5统计分析软件进行方差分析和显著性检验。

2.结果与分析

(1)不同施肥量对胡麻生长量的影响

对胡麻株高的影响:2015年初花期各处理株高在55.18~61.45cm之间(见表1-2-53),较CK提高9.92%~22.41%,平均提高17.36%,各处理均显著高于CK($P<0.05$)。2016年初花期各处理株高在50.00~52.85cm,较CK提高3.33%~9.22%,平均提高6.04%,其中T1、T2、T4处理显著高于CK。通过两年的株高数据的平均值可以看出,各处理均能有效提高旱地胡麻的植株高度,较CK提高8.60%、13.01%、12.03%、13.55%。

对胡麻地上部鲜重的影响:2015年初花期各处理地上部鲜重在6.93~13.39g,较CK提高26.23%~143.90%,平均提高82.33%,各处理均显著高于CK。2016年初花期各处理地上部鲜重在3.64~4.15g,较CK提高95.70%~123.12%,平均提高114.65%,各处理均显著高于CK。通过2年的地上部鲜重数据的平均值可以看出,各处理均能有效促进旱地胡麻的营养生长,较CK提高50.33%、79.06%、94.81%、137.09%。

对胡麻地上部干重的影响:2015年初花期各处理地上部干重在2.08~3.97g,较CK提高15.56%~120.56%,平均提高64.86%,其中T2、T3、T4处理显著高于CK。2016年初花期各处理地上部干重在1.12~1.23g,较CK提高89.83%~108.47%,平均提高100.85%,各处理均显著高于CK。通过2年的地上部干重数据的平均值可以看出,各处理均能有效促进旱地胡麻的干物质积累,较CK提高37.45%、62.91%、78.59%、115.07%。

表 1-2-53 不同施肥量对胡麻初花期生长量的影响

年份	处理	株高(cm)	地上部鲜重(g)	地上部干重(g)
2015 年	T1	55.18 ± 0.43 d	6.93 ± 0.62 c	2.08 ± 0.20 c
	T2	58.58 ± 0.52 c	9.53 ± 0.52 b	2.77 ± 0.23 b
	T3	60.45 ± 0.53 b	10.19 ± 0.47 b	3.05 ± 0.08 b
	T4	61.45 ± 0.65 a	13.39 ± 0.74 a	3.97 ± 0.29 a
	CK	50.20 ± 0.14 e	5.49 ± 0.56 d	1.80 ± 0.17 c
2016 年	T1	51.90 ± 1.29 ab	4.13 ± 0.21 a	1.21 ± 0.05 a
	T2	52.85 ± 0.93 a	3.64 ± 0.24 b	1.12 ± 0.03 b
	T3	50.00 ± 0.25 cd	4.15 ± 0.20 a	1.23 ± 0.03 a
	T4	50.50 ± 1.06 bc	4.05 ± 0.21 a	1.18 ± 0.05 ab
	CK	48.39 ± 0.96 d	1.86 ± 0.09 c	0.59 ± 0.05 c
2 年平均	T1	53.54	5.53	1.64
	T2	55.71	6.59	1.95
	T3	55.23	7.17	2.14
	T4	55.98	8.72	2.57
	CK	49.30	3.68	1.20

注:不同字母代表 $P<0.05$ 差异显著,下同

(2) 不同施肥量对胡麻经济性状的影响

不同施肥量对胡麻经济性状的影响见表 1-2-54。2015 年各处理有效分茎数、有效分枝数、有效结果数、每果粒数、千粒重和单株产量均较 CK有不同程度提高,且随着硫包衣尿素用量的增加而增加,但处理间差异未达到显著水平。2016 年各处理经济性状较 CK有不同程度提高,分茎数、有效结果数及单株产量间差异达到显著水平。

通过 2 年的经济性状数据的平均值可以看出,不同施肥量均能有效提高旱作区胡麻经济性状指标,总体表现出随着硫包衣尿素施肥量的增加而增加的趋势,较 CK均有不同程度的增加。其中,各处理分茎数较 CK增加 20.83%~125.00%;各处理主茎分枝数较 CK增加 12.95%~26.69%;各处理有效结果数较 CK增加 28.46%~56.91%;各处理每果粒数较 CK增加 1.41%~7.46%;各处理单株产量较 CK增加 20.25%~36.71%。T3 处理的分茎数、主茎分枝数、有效结果数、单株产量及千粒重均居各处理第 1;T4 处理的每果粒数居第一,分茎数、主茎分枝数、有效结果数、单株产量居第二。

表 1-2-54 不同施肥量对胡麻经济性状的影响

年份	处理	有效分茎数(个)	主茎分枝数(个)	单株果数(个)	每果粒数(粒)	单株产量(g)	千粒重(g)
2015 年	T1	0.40 ± 0.19 a	7.14 ± 0.46 a	23.87 ± 3.40 a	7.27 ± 0.64 a	1.39 ± 0.19 a	8.93 ± 0.22 a
	T2	0.41 ± 0.23 a	6.87 ± 0.29 a	22.18 ± 3.38 a	7.87 ± 0.57 a	1.28 ± 0.19 a	8.93 ± 0.29 a
	T3	0.47 ± 0.18 a	6.81 ± 0.92 a	24.41 ± 4.48 a	7.33 ± 0.32 a	1.36 ± 0.30 a	8.97 ± 0.15 a
	T4	0.59 ± 0.11 a	6.82 ± 0.98 a	24.37 ± 4.85 a	7.43 ± 0.38 a	1.40 ± 0.33 a	9.04 ± 0.13 a
	CK	0.41 ± 0.13 a	6.40 ± 0.83 a	19.03 ± 4.30 a	7.07 ± 0.12 a	1.11 ± 0.35 a	8.77 ± 0.06 a

续表

年份	处理	有效分茎数(个)	主茎分枝数(个)	单株果数(个)	每果粒数(粒)	单株产量(g)	千粒重(g)
2016年	T1	0.19 ± 0.18 ab	4.19 ± 0.85 a	8.50 ± 4.06 ab	7.40 ± 0.17 a	0.65 ± 0.08 b	8.20 ± 0.19 a
	T2	0.18 ± 0.16 ab	4.63 ± 0.72 a	9.78 ± 5.08 ab	7.20 ± 1.11 a	0.61 ± 0.06 bc	8.28 ± 0.20 a
	T3	0.61 ± 0.34 a	5.90 ± 0.38 a	14.63 ± 2.03 a	7.07 ± 0.57 a	0.80 ± 0.10 a	8.25 ± 0.20 a
	T4	0.42 ± 0.15 ab	5.64 ± 0.51 a	14.26 ± 1.18 a	7.83 ± 0.21 a	0.72 ± 0.06 ab	8.00 ± 0.31 a
	CK	0.07 ± 0.12 b	3.64 ± 0.56 a	5.84 ± 3.19 b	7.13 ± 1.00 a	0.48 ± 0.10 c	8.33 ± 0.36 a
2年平均	T1	0.29	5.67	16.18	7.33	1.02	8.56
	T2	0.29	5.75	15.98	7.53	0.95	8.61
	T3	0.54	6.36	19.52	7.20	1.08	8.61
	T4	0.51	6.23	19.31	7.63	1.06	8.52
	CK	0.24	5.02	12.44	7.10	0.79	8.55

(3)不同施肥量对胡麻籽粒产量和氮肥利用率的影响

不同施肥量对胡麻籽粒产量的影响见表 1-2-55。2015 年各处理较 CK增产 15.13%~20.68%,平均增产 17.75%,各处理较 CK增产均达到显著水平。2016 年各处理较 CK增产 33.57%~47.79%,平均增产 40.59%,各处理较 CK增产均达到显著水平。

通过 2 年籽粒产量数据的平均值可以看出,各处理能显著促进胡麻籽粒产量形成。各处理较 CK增产 24.20%~32.16%。不同处理间的籽粒产量顺序为 T4>T3>T2>T1>CK。T4 处理 2 年平均折合产量为 1648.64kg/hm^2,较 CK增产 32.16%,居第一位;T3 处理 2 年平均折合产量为 1635.73kg/hm^2,较 CK增产 31.13%,居第二位。

由表 1-2-55 可知,2015 年及 2016 年各处理的氮肥农学利用率、氮肥偏生产力基本上均随施氮量的增加而降低。

表 1-2-55 不同施肥量对胡麻籽粒产量和氮肥利用率的影响

年份	处理	折合产量(kg/hm^2)	较 CK ±(%)	氮肥农学利用率(kg/kg)	氮肥偏生产力(kg/kg)
2015年	T1	1565.74 ± 52.38 a	15.13	7.57 ± 0.83 a	57.59 ± 0.93 a
	T2	1604.17 ± 59.62 a	17.96	5.99 ± 0.29 a	39.34 ± 0.46 b
	T3	1594.21 ± 92.24 a	17.23	4.31 ± 0.71 b	29.32 ± 0.70 c
	T4	1641.20 ± 59.03 a	20.68	4.14 ± 0.78 b	24.15 ± 0.87 d
	CK	1359.95 ± 8.34 b	—	—	—
2016年	T1	1532.84 ± 71.07 a	35.06	14.64 ± 1.21 a	56.38 ± 1.31 a
	T2	1515.87 ± 88.38 a	33.57	9.97 ± 0.70 b	37.17 ± 0.67 b
	T3	1677.25 ± 84.86 b	47.79	9.34 ± 0.66 b	30.85 ± 0.56 c
	T4	1656.08 ± 71.02 b	45.92	8.37 ± 0.45 b	25.06 ± 0.41 d
	CK	1134.92 ± 58.22 c	—	—	—
2年平均	T1	1549.29	24.20	11.10	56.99
	T2	1560.02	25.06	7.66	38.25
	T3	1635.73	31.13	7.14	30.08
	T4	1648.64	32.16	6.25	24.60
	CK	1247.44	—	—	—

本研究通过施用硫包衣尿素，一次施肥满足胡麻全生育期的氮素需求，从而解决旱地胡麻追肥困难的问题。研究结果表明，氮肥可显著增加胡麻的籽粒产量，随着施氮量的增加，胡麻籽粒产量增加，2 年间产量变化趋势一致。在施用硫包衣尿素 75kg/hm^2(T1)、112.5kg/hm^2(T2)、150kg/hm^2(T3)、187.5kg/hm^2(T4)时，两年平均产量分别达到1549.29kg/hm^2、1560.02kg/hm^2、1635.73kg/hm^2、1648.64kg/hm^2；较对照增产 24.20%、25.06%、31.13%、32.16%。可见适宜的氮肥施用量可以提高胡麻产量，随施氮量增加，氮肥农学利用率、氮肥偏生产力持续下降，原因是施用氮肥量的增长率大于籽粒产量的增长率。

合理施肥可以影响作物蒸腾，改善作物产量构成因子，从而影响作物产量和水分利用效率。在本研究中，2015 年降雨量较多，各处理对株高、地上部干重、地上部鲜重等营养生长指标促进作用明显；对主要经济性状指标虽然有一定程度提高，但未达到显著水平；各处理较 CK增产 15.13%~20.68%，平均增产 17.75%。2016 年降雨偏少，后期出现极端干旱天气，各处理对株高增加幅度低于 2015 年，但对地上部鲜重及干重增加幅度则高于 2015 年；对主要经济性状指标也有大幅提高，其中分茎数、有效结果数及单株产量达到显著水平；各处理较 CK增产 33.57%~47.79%，平均增产达到 40.59%。在 2016 年生育期降雨量较 2015 年减少 36.56%情况下，不施肥对照较 2015 年籽粒产量减产 16.55%，但各硫包衣尿素处理籽粒产量与 2015 年基本持平，各处理氮肥农学利用率较 2015 年提高 66.44%~116.71%，平均提高 92.36%。说明硫包衣尿素能够在干旱年份能保证作物稳产，不因降雨量减少而造成减产，显著增加作物营养生长阶段干物质积累及改善生殖生长阶段的经济性状指标，有效提高了旱作区作物水分及氮肥利用效率。氮肥施用不当，养分供应不同步是作物氮素利用率低的主要原因。过高施用氮肥会增加生产成本，不仅浪费资源，氮素的流失还会造成环境污染。本研究通过前期试验结果所得最优比例，将释放期在播种后 60d 与 90d 的硫包衣尿素按照 3∶1 的比例进行混配，播种时与胡麻种子混匀一次施入土壤。在胡麻的需肥关键时期能稳定释放和供应足够数量的氮素养分，一次施肥就可以满足胡麻整个生育期对氮素营养的需要。本研究所采用的 60d 释放的硫包衣尿素，释放时期正处于胡麻纵行期至现蕾期，也是胡麻的氮素需肥临界期，此时缺乏氮素将影响着胡麻植株营养生长及生殖生长。90d 释放的硫包衣尿素，释放时期处于胡麻青果期，是胡麻的籽粒灌浆期，此时缺乏氮素将造成后期脱肥，影响作物经济性状和籽粒产量。

作物由于在其生育期缺乏足够养分或在后期出现脱肥现象而导致的减产问题较为普遍，尤其在干旱或半干旱地区，缺乏有效灌溉条件的旱作种植区更为严重。在前期研究中发现，普通尿素在作为胡麻种肥施用时会造成严重烧苗现象，而硫包衣尿素在作为种肥施用时不会对出苗产生明显不利影响。因此，通过连续两年的田间试验，比较了硫包衣尿素不同用量在不同降雨量年份对旱地条件下胡麻植株生长及产量性状的影响，综合评价了硫包衣尿素不同用量的增产效果及氮肥利用效率。研究结果表明，硫包衣尿素能有效促进旱作区胡麻的营养器官生长，有助于干物质累积，改善产量构成因子，显著提高籽粒产量及水肥利用效率，在干旱年份增幅尤为明显。随着硫包衣尿素用量的增加，氮素释放量的增加，胡麻植株的生长量、经济性状指标及籽粒产量也随之增加。在 187.5kg/hm^2 的施肥水平，其 2 年的株高、地上部鲜重、地上部干重、籽粒产量平均值均达到最大，分别为 55.98cm、8.72g、2.57g、1648.64kg/hm^2，较 CK增加 13.55%、137.09%、115.07%、32.16%。

四、叶面肥施肥技术研究应用

叶面肥是指施于植物叶片并能被其吸收利用的肥料。叶面肥可从叶部直接进入植物体内，参与作物的新陈代谢和有机物的合成过程。叶面营养是植物根外营养的重要途径，通过叶面施肥可以较少量的肥料起到较大的作用。叶面肥具有养分吸收快，针对性强，养分利用率高，肥料用量少，施用方法简便、经济，环境污染风险小，不受作物生育期影响等优点。叶面施肥是一种有效、环保的施肥方式，是对土壤施肥的有效补充，具有广阔的应用前景，已成为现代农业肥料中的重要组成部分。

胡麻属于密植作物，旱作区胡麻无灌溉条件，生产中无法进行根部追肥，而种肥又无法满足作物全生育期的营养需求，往往造成因生育后期脱肥而减产的现象。通过田间试验，研究不同类型叶面追肥对旱作区胡麻经济性状及种子产量的影响，为叶面追肥在旱作区胡麻生产中的应用和推广提供理论依据。

（一）叶面施肥对产量及主要性状影响的试验研究

1.试验设计与方法

（1）试验设计

试验设 5 个处理，另设清水对照（见表 1-2-56）。小区面积 24m^2，重复 3 次，随机区组排列。

（2）供试叶面肥

46.4%尿素（中国石油天然气有限公司），98%磷酸二氢钾（四川国光农化股份有限公司），10%国光络微（四川国光农化股份有限公司），12%国光稀施美（四川国光农化股份有限公司），26%生命素（泌阳昆仑生物科技有限公司），0.4%芸苔赤霉素（山东金一诺生物技术有限公司）。供试胡麻品种为宁亚 20 号，生育期为 114d，种植密度为 750 万株 /hm^2。施药器械为卫士牌 WS-16PA 型背负式手动喷雾器，山东卫士植保机械有限公司生产。

表 1-2-56　试验处理施肥量表

处理	主要有效成分	用量（g/hm^2）
磷酸二氢钾＋尿素	大量元素（N、P、K）	750+9000
国光络微	微量元素（Fe、Zn、B、Mo、Cu、Mn）	600
国光稀施美	氨基酸	600
生命素	腐殖酸	750
芸苔赤霉素	植物内源激素（芸苔素内酯、赤霉素）	300
清水（CK）	—	—

（3）试验方法

胡麻初花期用背负式手动喷雾器进行喷雾，各处理按 450L/hm^2 兑水。采用 2 次稀释法，即先用小型容器把叶面肥充分溶化，再倒入预先装有一定水的喷雾器中，充分搅匀后对胡麻茎叶均匀喷雾。每喷洒完一个处理，喷雾器用清水清洗干净。施肥当天天气晴朗，微风，施肥后 24h 无降雨。

测定项目与方法：成熟期每小区随机采样 30 株进行室内考种，分别测定株高、主茎分枝数、单株结果数、每果粒数、单株产量及千粒重等经济性状。收获时，各小区单收单打，晒干后测得小区实际产量，并计算单位面积实际产量。

数据处理：采用 Excel 2007 软件进行数据整理，用 DPS13.5 统计分析软件进行方差分析和显著性检验。

2.结果与分析

（1）不同叶面肥对胡麻经济性状的影响

不同叶面肥对胡麻经济性状的影响见表 1-2-57。芸苔赤霉素处理株高为 58.74cm，较清水对照增加 6.03%，与对照相比差异达显著水平，其他处理与对照相比无显著差异。各处理间主茎分枝数与单株结果数无显著差异。磷酸二氢钾 + 尿素处理每果粒数 7.80 粒，较对照增加 7.93%，与对照相比差异达显著水平，其他处理与对照相比无显著差异。各处理间单株产量未达到显著水平，但较清水对照均有不同程度增加。其中磷酸二氢钾 + 尿素处理较对照增加 22.57%，国光稀施美处理较对照增加 19.73%，生命素处理较对照增加 15.62%。各处理千粒重差异明显，其中国光稀施美处理较对照增加 5.49%，生命素较对照增加 4.14%，磷酸二氢钾 + 尿素处理较对照增加 3.95%，与对照相比差异均达到显著水平。芸苔赤霉素主要成分是植物内源激素，对胡麻营养生长具有一定的促进作用；国光稀施美、生命素、磷酸二氢钾 + 尿素处理对胡麻的籽粒形成及灌浆过程具有一定的促进作用，对提高胡麻千粒重和单株产量具有显著影响。

表 1-2-57 不同营养元素叶面肥对胡麻经济性状的影响

处理名称	株高（cm）	主茎分枝数（个）	单株结果数（个）	每果粒数（粒）	单株产量（g）	千粒重（g）
磷酸二氢钾 + 尿素	54.23 ± 1.17 bc	5.02 ± 0.42 a	9.57 ± 0.34 a	7.80 ± 0.10 a	0.49 ± 0.03 a	7.45 ± 0.04ab
国光络微	53.44 ± 1.30 c	5.58 ± 0.22 a	9.57 ± 0.58 a	7.00 ± 0.26 b	0.43 ± 0.05 a	7.34 ± 0.07bc
国光稀施美	56.25 ± 1.14 ab	5.84 ± 0.53 a	10.03 ± 0.43a	6.93 ± 0.06 b	0.48 ± 0.04 a	7.56 ± 0.08 a
生命素	56.76 ± 1.45 ab	5.56 ± 0.40 a	9.84 ± 0.67 a	7.03 ± 0.21 b	0.47 ± 0.03 a	7.47 ± 0.04ab
芸苔赤霉素	58.74 ± 1.44 a	5.62 ± 0.06 a	9.90 ± 0.10 a	6.97 ± 0.15 b	0.41 ± 0.02 a	7.36 ± 0.05abc
清水（CK）	55.40 ± 1.28 bc	5.45 ± 0.25 a	9.87 ± 0.05 a	7.23 ± 0.27 b	0.40 ± 0.04 a	7.17 ± 0.02 c

注：不同字母代表 $P<0.05$ 差异显著，下同

（2）不同叶面肥对胡麻种子产量的影响

不同叶面肥对胡麻种子产量的影响见表 1-2-58。各处理种子产量为 1202.83~1446.22kg/hm^2，

除芸苔赤霉素较对照减产外，其他处理均较清水对照增产，增产幅度 9.44%~19.02%。国光稀施美、磷酸二氢钾 + 尿素处理种子产量分别达到 1446.22kg/hm²、1433.87kg/hm²，较清水对照增产 19.02%和 18.00%，与对照相比差异达到显著水平，其他处理与对照相比无显著差异。各处理种子产量的变化趋势与千粒重及单株产量变化趋势一致，说明国光稀施美、磷酸二氢钾 + 尿素处理主要是通过增加千粒重、提高单株产量从而有效提高胡麻种子产量。

表 1-2-58　不同营养元素叶面肥对胡麻种子产量的影响

处理名称	种子产量（kg/hm²）	较 CK ±（kg/hm²）	较 CK ±（%）	排序
磷酸二氢钾 + 尿素	1433.87 ± 41.32 a	218.70	18.00	2
国光络微	1320.99 ± 43.67 ab	105.82	8.71	4
国光稀施美	1446.22 ± 87.31 a	231.05	19.02	1
生命素	1329.81 ± 51.03 ab	114.64	9.44	3
芸苔赤霉素	1202.83 ± 32.33 b	-12.34	-1.01	6
清水（CK）	1215.17 ± 63.79 b	—	—	5

研究结果表明，叶面喷施 5 种不同类型的叶面肥对胡麻株高、每果粒数、千粒重等经济性状均有显著影响。芸苔赤霉素对胡麻株高具有一定的促进作用，较对照增加 6.03%；磷酸二氢钾 + 尿素可以显著提高胡麻每果粒数，较对照增加 7.93%；国光稀施美、生命素、磷酸二氢钾 + 尿素处理可以显著提高胡麻千粒重，较对照分别增加 5.49%、4.14%、3.95%。国光稀施美、磷酸二氢钾 + 尿素处理种子产量分别达到 1446.22kg/hm²、1433.87kg/hm²，较对照增产 19.02%和 18.00%，增产达到显著水平。证明在胡麻初花期叶面喷施含氨基酸或大量元素的叶面肥，可以有效促进胡麻的籽粒形成及灌浆过程，提高胡麻千粒重及种子产量，对避免生育后期因脱肥而造成的减产具有显著作用。

第三节　抗旱节水技术研究

一、垄膜集雨沟播节水技术研究应用

旱地胡麻抗旱节水栽培包括旱地胡麻垄膜集雨沟播种植的不同密度、不同施肥量、不同行距、配套机具研制。根据旱作农田覆膜垄沟种植方式，产生微集流（雨）富集叠加并高效利用的技术原理，采取垄上覆膜（集雨产流区），沟内种植胡麻（集雨利用区），形成沟、垄相间的胡麻种植方式，使覆膜垄上的自然降水以最近的距离、最短的时间、最快的速度和最少的损失（蒸发）充分接纳于种植胡麻的沟内使“贫水富集”，使无效降雨有效利用、有效降雨高效利用。

针对宁夏胡麻种植区域气候干旱，胡麻生育期有效降雨少的自然特点，布置了垄膜集雨沟播不同种植方式、垄膜集雨沟播种植不同密度、垄膜集雨沟播种植不同施肥量、垄膜集雨沟播种植不同行距带幅的试验，研究制定垄膜集雨沟播抗旱节水种植的技术模式。

（一）垄膜集雨沟播种植方式研究

1.试验设计与方法

（1）试验方法

采用垄上覆膜，沟内种植作物，形成沟、垄相间的种植方式，种植垄沟带型是垄上覆膜宽 40cm，胡麻种植沟宽 60cm，带型比例为 4∶6，机械覆膜和播种一次完成；以不覆膜的平种胡麻田为对照。种植胡麻品种为宁亚 17 号，地膜幅宽 60cm，厚度 0.008mm。

（2）田间设计

采用对比法设计，不设重复，小区面积 0.07hm^2，行距 15cm，区距 50cm，试验周围设保护区。

2.结果与分析

(1)对胡麻种子产量的影响

试验处理种子产量结果（见表 1-2-59），采取覆膜垄沟种植的试验处理种子产量为 1260.45kg/hm^2;采取常规种植的试验对照种子产量为 855.00kg/hm^2。试验处理与对照相比增产 405.45kg/hm^2,增产率为 47.42%,增产幅度比较大。

表 1-2-59　种子产量及投入产出效果分析

试验处理	产量(kg/hm^2)	比对照增减产		投入产出分析(元 /hm^2)				
		增减(kg)	增减(%)	产出	投入	增加投入	纯收入	增加收入
处理	1260.45	405.45	47.42	7310.55	1774.50	424.5	5536.05	1927.05
对照	855.00	—	—	4959.00	1350.00	—	3609.00	—

(2)投入产出分析

试验处理投入 1774.5 元 /hm^2,其中农膜 649.5 元(49.5kg/hm^2)、播种和旋耕费 600.0 元、种子费 525.0 元(52.5kg/hm^2)。试验对照投入 1350 元 /hm^2,其中播种和旋耕费 600 元、种子费 750.0 元（75.0kg/hm^2)。与对照相比，试验处理生产种子 1260.45kg/hm^2，对照生产种子 855.0kg/hm^2,按照当年胡麻籽市场价格 5.80 元 /kg 计算,试验处理出为 7310.55 元 /hm^2,而对照产出为 4959.00 元 /hm^2,试验处理比对照增收 1927.05 元 /hm^2,效益比较显著。

(3) 对主要农艺性状的影响

试验处理的主要农艺性状表现(见表 1-2-60),试验处理的各农艺性状均优于对照,特别是有效分枝数、有效结果数、单株平均产量明显优于对照。

表 1-2-60　主要农艺性状室内测定表

处理名称	株高(cm)	工艺长度(cm)	有效分枝数(个)	有效结果数(个)	每果着粒数(个)	单株产量(g)	千粒重(g)
处理	51.8	38.7	8.3	17.0	8.0	0.82	7.2
对照	43.6	34.7	6.2	9.5	7.0	0.42	7.1

(4) 自然降雨与土壤水分

胡麻生育期各月的降水量都比历年同期偏少 9.4~16.26mm,6 月 8 日至 7 月 11 日胡麻的水肥临界期(现蕾和开花阶段)没有出现有效降雨。在胡麻青果灌浆成熟阶段(8 月)阴雨天气多,降雨量却比历年同期偏多 49.14mm，对胡麻正常灌浆成熟有明显影响。土壤水分在幼苗阶段 10~20cm 土层试验处理比对照的土壤含水率高 1.53%,20~30cm 土层试验处理比对照的土壤含水率高 1.46%,30~40cm 土层水分含量没有明显差异。

开花阶段:0~20cm 土层试验处理比对照的土壤含水率高 0.26%,其余 20~120cm 各层试验处理均比对照的土壤含水率低 0.26%~0.8%。

青果灌浆阶段:0~20cm 和 20~40cm 土层试验处理比对照的土壤含水率偏低 0.03%~0.05%,其余各层的土壤含水率试验处理均比对照偏高 0.28%~0.77%。在胡麻生长水肥临界期土壤水分含量达到了作物对土壤水分含量需求的临界值以下，但是从田间长势看，试验处理与对照相比差异非常明显，增产效果也比较显著。这充分说明，在干旱条件下，采取垄上覆膜（集雨产流区），沟内种植胡麻（集雨利用区），形成沟、垄相间的胡麻种植方式，使覆膜垄上的自然降水以最近的距离、最短的时间、最快的速度和最少的损失（蒸发）充分接纳于种植胡麻的沟内使“贫水富集”，使无效降雨有效利用、有效降雨高效利用。

表 1-2-61 土壤含水率变化情况

土层深度（cm）	幼苗阶段测定			开花阶段测定			青果阶段测定		
	处理	对照	与对照比较	处理	对照	与对照比较	处理	对照	与对照比较
0~20	5.26	5.07	0.19	5.57	5.31	0.26	11.44	11.16	0.28
20~40	11.29	9.76	1.53	7.24	7.51	-0.27	6.12	6.15	-0.03
40~60	13.94	12.48	1.46	8.7	9.02	-0.32	6.65	6.7	-0.05
60~80	13.58	13.67	-0.09	9.65	9.91	-0.26	7.15	6.63	0.52
80~100	—	—	—	11.02	11.38	-0.36	8.53	7.76	0.77
100~120	—	—	—	11.36	12.16	-0.80	—	—	—

（5）生育期和出苗情况

试验处理的生育期和出苗情况（见表 1-2-62），各处理生育阶段的发育进程均比对照稍微快一些，但是差异不是特别明显。说明试验处理不仅有集雨保墒作用，而且还有一定的增温作用。田间出苗情况，试验处理比对照出苗数多 42.0 万苗，出苗率高 4.7%，试验处理出苗比对照相对整齐均匀。

表 1-2-62 生育期记载及田间调查

试验处理	播种（月.日）	出苗（月.日）	现蕾（月.日）	开花（月.日）	成熟（月.日）	生育期（d）	出苗数（万株/hm²）	出苗率（%）
处理	4.15	4.28	6.10	6.24	8.7	102	397.50	44.1
对照	4.15	4.30	6.13	6.27	8.10	103	355.50	39.4

（二）垄膜集雨沟播不同播量试验研究

1.试验设计与方法

（1）试验方法

旱地胡麻垄膜集雨沟播种植方法是垄上覆膜集雨，垄沟种植胡麻，垄沟带型比例是 1：1.5，垄上覆膜宽 40cm，垄沟胡麻种植（4 行）宽度 60cm。采用专用机具覆膜，四行小区播种机播种。试验设 6 个处理，即每公顷播量 22.5kg、37.5kg、52.5kg、67.5kg、82.5kg，以露地平种 75kg 为对照。种植胡麻品种为宁亚 19 号。

（2）田间设计

本试验采用随机区组设计，3 次重复，小区面积 60m²（4m × 15m），行距 15cm，区距 50cm，试验周围设保护区。

2.结果与分析

（1）对种子产量的影响

试验处理种子产量结果（见表 1-2-63），试验各处理种子产量为 833.40~1167.15kg/hm²，平均产量为962.25kg/hm²。以播量52.5kg处理的种子产量最高为1167.15kg/hm²，比对照增产22.31%，播量37.5kg处理种子产量居第2位，比对照增产7.55%，其余3个处理的种子产量比对照减产，各处理种子产量结果经方差分析，区组间差异不显著，处理间差异达极显著水平。

表1-2-63　旱地胡麻沟垄集雨节水种植试验种子产量结果

试验处理	小区产量(g)				种子产量(kg/hm²)	比对照±(%)	产量位次
	Ⅰ	Ⅱ	Ⅲ	平均			
播量22.5kg/hm²	5198	4592	5207	4999	833.40	~12.68	5
播量37.5kg/hm²	6234	5808	6430	6157	1026.30	7.55	2
播量52.5kg/hm²	6915	7186	6906	7002	1167.15	22.31	1
播量67.5kg/hm²	5794	5498	5202	5498	916.35	~3.97	3
播量82.5kg/hm²	5372	5001	5252	5208	868.05	~9.03	4
平种(CK)	5274	5702	6200	5725	954.30	—	—

(2)对植株生长量的影响

在枞形、初花、青果生长阶段测定了株高、单株鲜重、单株干重(见表1-2-64)，测定数据。通过比较分析，试验各处理的单株鲜重和单株干重，在枞型、初花、青果3个阶段的表现为随密度增加单株鲜重和单株干重下降，其变化趋势基本一致。与对照相比，播量22.5kg、37.5kg、52.5kg的单株鲜重和单株干重均高于对照。

表1-2-64　垄膜集雨沟播密度试验植株生长量

试验处理	枞形期(6.11)			初花期(6.25)			青果期(7.20)		
	株高(cm)	鲜重(g)	干重(g)	株高(cm)	鲜重(g)	干重(g)	株高(cm)	鲜重(g)	干重(g)
播量22.5kg/hm²	18.00	0.87	0.15	42.51	2.70	0.65	47.00	4.41	1.07
播量37.5kg/hm²	24.38	1.10	0.20	43.73	2.46	0.66	41.53	3.64	0.89
播量52.5kg/hm²	21.95	0.87	0.15	40.20	2.00	0.50	41.30	3.38	0.85
播量67.5 kg/hm²	19.47	0.78	0.14	38.88	1.81	0.46	38.70	2.85	0.69
播量82.5kg/hm²	24.04	0.86	0.15	35.54	1.50	0.38	36.35	2.71	0.67
平种(CK)	18.30	0.73	0.13	34.5	1.76	0.44	35.8	2.97	0.74

(3)对主要农艺性状的影响

试验处理的主要农艺性状表现(见表1-2-65)，试验各处理主要农艺性状表现为，随密度增加单株的株高、有效分枝、有效结果和单株粒重呈下降的趋势。播量82.5kg处理的有效分枝、有效结果、单株粒重低于对照外，其他处理的各个农艺性状都明显高于对照。

表1-2-65　主要农艺性状室内测定表

处理	株高(cm)	有效分枝(个)	有效结果(个)	每果粒数(个)	单株粒重(g)	千粒重(g)
播量22.5kg/hm²	47.42	5.52	13.57	7.03	0.64	8.25
播量37.5kg/hm²	44.41	5.08	9.91	7.20	0.48	8.51
播量52.5kg/hm²	40.92	4.50	7.43	7.65	0.46	8.58
播量67.5kg/hm²	40.94	4.45	7.36	7.47	0.39	8.49
播量82.5kg/hm²	38.93	3.78	6.20	7.29	0.31	8.38
平种(CK)	37.87	4.10	6.98	7.04	0.34	8.36

（4）对出苗的影响

试验处理出苗情况（见表 1-2-66），各处理出苗数为 232.20 万 ~713.55 万株 /hm²，出苗率为 60.63%~79.38%，平均数 67.14%，对照出苗率为 40.51%。所有的试验处理出苗率均比对照高。

表 1-2-66 试验出苗及生育期情况记载表

试验处理	播种期（月.日）	出苗期（月.日）	现蕾期（月.日）	盛花期（月.日）	成熟期（月.日）	生育期（d）	出苗数（万株 /hm²）	出苗率（%）
播量 22.5kg/hm²	4.23	5.8	6.18	6.28	8.20	120	232.20	79.38
播量 37.5kg/hm²	4.23	5.8	6.18	6.28	8.20	120	331.35	67.97
播量 52.5kg/hm²	4.23	5.8	6.18	6.28	8.20	120	418.80	61.36
播量 67.5kg/hm²	4.23	5.8	6.18	6.28	8.20	120	532.05	60.63
播量 82.5kg/hm²	4.23	5.8	6.18	6.28	8.20	120	713.55	66.53
平种（CK）	4.23	5.8	6.18	6.28	8.20	120	394.95	40.51

（5）自然降雨与土壤水分变化

生育期（4—8 月）降雨量为 213.7mm，较历年同期 243.8mm 减少了 30.1mm，尤其 4—6 月比历年同期有明显减少，在胡麻播种和出苗时期（4 月）降雨量为 4.6mm，较历年同期降雨量 16.2mm 减少了 11.6mm，同期蒸发量 166.7mm，较历年同期增加了 32mm；5—6 月只出现 2 次有效降雨。从现蕾阶段土壤水分变化曲线图可以看出，在胡麻生育期降雨量比历年明显偏少的情况下，仍然呈现出 0~60cm 土壤含水率略高于对照的趋势，从田间长势看，试验处理 3.5kg 播量与对照相比差异比较明显，增产效果也显著。

（三）垄膜集雨沟播不同施肥量试验研究

1.试验设计与方法

（1）试验方法

旱地胡麻垄膜集雨沟播种植方法是垄上覆膜集雨，垄沟种植胡麻，垄沟带型比例是 1 : 1.5，垄上覆膜宽 40cm，垄沟胡麻种植（4 行）宽度 60cm。采用专用机具覆膜，4 行小区播种机播种。利用磷酸二铵做种肥。试验设 5 个处理，即施肥量 37.5kg/hm²、52.5kg/hm²、67.5kg/hm²、82.5kg/hm²、97.5kg/hm²，以不施肥为试验对照。肥料品种为磷酸二铵（$P_2O_5$46%、N18%），种植胡麻品种为宁亚 19 号。

（2）田间设计

本试验采用随机区组设计，设 3 次重复，小区面积 60m²（4m × 15m），行距 15cm，区距 50cm，试验周围设保护区。

2.结果与分析

（1）对种子产量的影响

试验处理种子产量结果（见表 1-2-67），试验各处理的种子产量为 929.40~1119.30kg/hm²，平均产量 999.00kg/hm²。以施肥量 82.5kg 处理的种子产量最高，为 1119.3kg/hm²，较对照增产 17.93%；施肥量 52.5kg 处理的种子产量最低，比对照减产 2.08%。其余各处理的种子产量由高到低的顺序为施肥量 97.5kg>37.5kg>67.5kg>对照。

表 1-2-67 种子产量结果表

试验处理	小区产量(g)				种子产量(kg/hm²)	比对照±(kg)	比对照±(%)	位次
	Ⅰ	Ⅱ	Ⅲ	平均				
施肥量 37.5kg	5984	5562	5839	5795	965.85	16.65	1.76	3
施肥量 52.5kg	5601	5777	5350	5576	929.40	-19.65	-2.08	5
施肥量 67.5kg	5794	5944	5465	5734	955.65	6.60	0.70	4
施肥量 82.5kg	6653	6680	6813	6715	1119.30	170.10	17.93	1
施肥量 97.5kg	6101	6013	6338	6150	1025.10	76.05	8.01	2
不施肥 CK	5705	5746	5633	5694	949.05	—	—	—

试验各处理种子产量结果经方差分析，区组间差异不显著，处理间差异达极显著水平。

（2）对植株生长量的影响

在胡麻枞形、初花、青果生长阶段测定了株高、单株鲜重、单株干重（见表 1-2-68），试验各处理的单株鲜重和单株干重在枞型、初花、青果阶段的测定数值均明显高于对照。

表 1-2-68 垄膜集雨沟播密度试验植株生长量

试验处理	枞形期(6.11)			初花期(6.25)			青果期(7.20)		
	株高(cm)	鲜重(g)	干重(g)	株高(cm)	鲜重(g)	干重(g)	株高(cm)	鲜重(g)	干重(g)
施肥量 37.5kg	22.79	1.16	0.21	42.42	2.89	0.67	43.23	4.26	1.20
施肥量 52.5kg	19.65	0.82	0.15	40.55	2.92	0.67	41.93	4.26	1.08
施肥量 67.5kg	17.04	0.91	0.15	42.38	2.91	0.67	42.98	4.67	1.11
施肥量 82.5kg	18.17	1.05	0.14	41.20	2.99	0.64	43.05	4.31	1.01
施肥量 97.5kg	20.83	1.14	0.17	40.88	2.48	0.55	42.50	3.52	0.90
不 施 肥(CK)	18.91	0.74	0.13	39.70	2.65	0.55	40.85	3.25	0.89

（3）对主要农艺性状的影响

试验处理的主要农艺性状表现（见表 1-2-69），试验各处理主要农艺性状表现为，随施肥量增加株高、单株有效分枝、单株有效结果和单株粒重呈上升趋势。

表 1-2-69 主要农艺性状室内测定表

品种名称	株高(cm)	有效分枝(个)	有效结果数(个)	每果粒数(个)	单株粒重(g)	千粒重(g)
施肥量 37.5kg	42.86	4.63	9.60	7.67	0.42	8.75
施肥量 52.5kg	41.63	3.85	7.04	6.63	0.34	8.33
施肥量 67.5kg	42.66	4.45	9.09	7.03	0.47	8.54
施肥量 82.5kg	45.06	5.16	11.27	7.67	0.56	8.37
施肥量 97.5kg	44.12	4.67	9.94	7.13	0.51	8.34
不施肥(CK)	41.50	4.33	8.84	8.43	0.45	8.60
平均	42.97	4.52	9.30	7.43	0.46	8.49

（4）土壤水分变化

于4月22日（播种）、6月14日（枞形）、6月25日（现蕾）、7月21日（青果）阶段测定了各处理土壤（0~100cm）土层的含水率。根据胡麻不同生育时期土壤水分测定数据可以看出，在现蕾阶段测定的施肥量67.5kg、82.5kg、97.5kg试验处理的10~60cm土层含水率，与对照相比不仅呈现明显上升趋势而且数值也明显高于对照，60~100cm土层的水分含量则变化不大。

（四）垄膜集雨种植不同行距试验研究

1.试验设计与方法

（1）试验方法

旱地胡麻垄膜集雨沟播种植是垄上覆膜，沟内种植胡麻，采用专用机具起垄、覆膜、播种一次完成。试验设2个处理，即以垄上覆膜宽40cm，垄沟宽60cm种植5行胡麻、垄沟宽60cm种植6行胡麻。以垄上覆膜宽40cm，垄沟宽60cm种植4行胡麻为对照，种植胡麻品种为宁亚19号。

（2）田间设计

本试验采用随机区组设计，3次重复，小区面积100m^2（5m×20m），区距50cm，试验周围设保护区。

2.结果与分析

（1）对种子产量的影响

试验处理种子产量结果（见表1-2-70），2个处理种子产量为1708.20kg/hm^2、1923.60kg/hm^2，平均产量1815.90kg/hm^2，对照垄沟种植60cm（种植4行）处理的种子产量为1516.05kg/hm^2。以垄沟种植60cm（种植6行）的处理的种子产量最高为1923.60kg/hm^2，比对照增产26.88%，垄沟种植60cm（种植5行）的处理的种子产量为1708.20kg/hm^2，比对照增产12.67%。

试验各处理种子产量结果经方差分析，区组间差异不显著，处理间差异达极显著水平。经新复极差分析，垄沟60cm种植6行的种子产量比对照增产达极显著水平，垄沟60cm种植5行的种子产量比对照增产达显著水平。

表1-2-70 种子产量结果表

试验处理	小区产量(kg)				种子产量(kg/hm^2)	比对照±(%)	产量位次
	Ⅰ	Ⅱ	Ⅲ	平均			
60cm（种植4行）(CK)	15.34	14.50	15.62	15.15	1516.05	—	3
60cm（种植5行）	16.88	17.42	16.92	17.07	1708.20	12.67	2
60cm（种植6行）	18.98	19.86	18.84	19.23	1923.60	26.88	1

（2）对植株生长量的影响

在开花期测定了株高、单株鲜重、单株干重，测定数据（见表1-2-71）。通过比较分析，试验各处理的单株鲜重和单株干重，表现为随行数增加单株鲜重和单株干重呈下降的趋势，但各处理间的差异不大。

表 1-2-71　植株生长量测定表

试验处理	开花期(6.20)		
	株高(cm)	鲜重(g)	干重(g)
60cm(种植 4 行)(CK)	45.13	3.28	0.85
60cm(种植 5 行)	45.10	3.10	0.82
60cm(种植 6 行)	44.91	3.01	0.81

(3)对主要农艺性状的影响

经室内考种测定，试验各处理的农艺性状资料(见表 1-2-72)。试验各处理主要农艺性状表现为，随行数增加单株的株高、有效分枝、有效结果和单株粒重呈下降的趋势，但各处理间的差异不大。

表 1-2-72　主要农艺性状室内测定表

处理	株高(cm)	有效分枝(个)	有效结果数(个)	每果粒数(个)	单株粒重(g)	千粒重(g)
60cm(种植 4 行)(CK)	47.96	5.78	14.85	7.36	0.76	7.82
60cm(种植 5 行)	46.0	5.66	14.31	7.10	0.73	8.42
60cm (种植 6 行)	45.48	5.33	13.57	8.00	0.70	8.32

(4)自然降雨与土壤水分

胡麻生育期(4—8 月)降雨量为 312.8mm，较历年同期 239.5mm 增加了 73.3mm，尤其 4 月、6 月、8 月比历年同期有明显增加。日照时数比历年同期减少了 45.7h，蒸发量比历年同期减少了 134.3mm。在胡麻生育期，于 6 月 20 日(开花期)测定各处理土壤(0~100cm)土层的含水率。根据胡麻土壤水分测定数据可以看出，随着行距减小试验处理 0~10cm，10~20cm、20~40cm 土层土壤含水率呈上升趋势，60~80cm、80~100cm 土层土壤含水率呈下降的趋势。

(五)垄膜集雨抗旱节水推广应用技术模式和条件

垄膜集雨沟播种植抗旱节水栽培技术，是由垄膜集雨沟播不同种植方式、垄膜集雨沟播种植不同播量、垄膜集雨沟播种植不同施肥量、垄膜集雨沟播种植不同行距试验研究结果与垄膜集雨沟播种植专用机具集成配套组成的技术模式。通过几年大量的试验示范证明，垄膜集雨沟播种植技术和配套机具适宜在坡度＜10° 的旱地使用。降雨量 350~400mm 生态区域，以覆膜垄宽 40cm，种植沟宽 60cm，种植 4 行胡麻，播量 52.5~60.0kg/hm^2，施种肥磷酸二铵 75.0~90.0kg/hm^2；降雨量 400~500mm 生态区域，以覆膜垄宽 40cm，种植沟宽 60cm，种植 5~6 行胡麻，垄沟播量 67.5~90.0kg/hm^2，施种肥磷酸二铵 90.0~120.0kg/hm^2。该项技术成熟度较高没有特殊的条件限制，只要按照操作技术规范要求就能达到集雨、保墒，减灾、增产、增收的预期效果，充分提高自然降水资源的利用效率，尤其是可以充分利用无效降雨。可以在国内类似生态类型区域的旱地胡麻生产中推广应用,推广应用前景很好。

二、保水剂使用技术研究应用

保水剂是一种新型高分子吸水材料,能吸收比自身重500倍水分,并能在周围环境干燥时将吸收的水分释放出来,将无效降雨(水分)转化为有效利用。通过使用保水剂提高胡麻的抗旱性。

(一)试验设计和方法

1.试验材料和方法

选择沃特牌保水剂,供试作物为胡麻,品种为宁亚19号,试验设5个处理,即施保水剂30kg/hm²、60kg/hm²、90kg/hm²、120kg/hm²、150kg/hm²,以不施保水剂为对照。播种时施磷酸二铵75kg/hm²作种肥,采用机播(4行播种机),播种时按照试验设计的保水剂用量、种肥用量与种子混匀一起播种。播种量45kg/hm²,播深3~4cm。

2.试验设计

本试验采用随机区组设计,3次重复,试验小区面积21m²(3m × 7m),行距15cm,区距50cm,试验周围设保护区。

(二)试验结果与分析

1.对种子产量影响

种子产量结果(见表1-2-73)。试验各处理种子产量为937.8~1039.95kg,平均产量975.0kg/hm²。以保水剂90kg/hm²的种子产量最高,为1039.95kg/hm²,比对照增产10.25%,其余处理种子产量从高到低的排序:150kg/hm²>60kg/hm²>120kg/hm²>30kg/hm²>对照。试验各处理种子产量结果经方差分析(见表1-2-73),区组间差异不显著,处理间差异达5%显著水平。

表1-2-73 种子产量结果

试验处理	小区产量(g)				种子产量(kg/hm²)	比CK ±(%)	位次
	Ⅰ	Ⅱ	Ⅲ	平均			
CK	1911	2037	1995	1981	943.35	0.00	6
30kg/hm²	1869	2037	2100	2002	953.40	1.06	5
60kg/hm²	2072	2100	2044	2072	986.70	4.59	3
90kg/hm²	2205	2100	2247	2184	1039.95	10.25	1
120kg/hm²	1953	2044	2109	2035	969.15	2.74	4
150kg/hm²	2261	2205	2044	2170	1033.35	9.54	2

2.对植株生长量的影响

根据枞形期(6月12日)、现蕾期(6月24日)开花期(7月3日)和青果期(7月19日)测定的植株干重和株高资料(见表1-2-74)。

(1)枞形期

测定各处理单株干重0.12~0.18g,对照为0.13g。其中施保水剂用量90kg/hm²和

120kg/hm² 的单株干重分别为 0.15g 和 0.18g，比对照增长 15.38%和 38.46%；其他处理的单株干重均低于对照。

（2）现蕾期

根据单株干重的变化看，各处理单株干重为 0.43~0.58g，平均数 0.49g，对照为 0.42g，排序为用量 90kg/hm²＞150kg/hm²＞120kg/hm²＞30kg/hm²＞60kg/hm²＞对照。各处理单株干重均比对照有所增加，其增加幅度为 2.38%~38.10%，平均增加 16.67%；其中以用量 90kg/hm² 和 150kg/hm² 的单株干重增加幅度相对较高，分别为 38.10%和 21.43%。

（3）开花期

根据单株干重的变化看，各处理单株干重 0.67~0.92g，平均数 0.80g，对照为 0.63g，排序为 90kg/hm²＞120kg/hm²＞150kg/hm²＞60kg/hm²＞30kg/hm²＞对照。90kg/hm²、120kg/hm²、150kg/hm² 的干重均明显优于其他处理和对照，除了 30kg/hm² 以外，其他处理单株干重与对照相比增加幅度在 20%，90kg/hm² 的处理表现最高为 46.03%。

（4）青果期

各处理单株干重 1.08~1.19g，平均数 1.12g，对照为 1.09g，排序为 90kg/hm²＞60kg/hm²＞150kg/hm²＞30kg/hm²＞对照＞120kg/hm²。各处理单株干重与对照相比增加幅度 0.92%~9.17%，各处理之间以及与对照相比均没有明显差异。

表 1-2-74 植株干重、株高调查表

处理名称	枞形期		现蕾期		开花期		青果期	
	干重（g）	株高（cm）	干重（g）	株高（cm）	干重（g）	株高（cm）	干重（g）	株高（cm）
CK	0.13	17.32	0.42	35.40	0.63	33.70	1.09	37.01
30kg/hm²	0.12	18.66	0.44	37.23	0.67	36.80	1.10	39.14
60kg/hm²	0.12	18.78	0.43	37.36	0.76	38.53	1.13	38.90
90kg/hm²	0.15	19.30	0.58	37.87	0.92	39.95	1.19	39.44
120kg/hm²	0.18	18.47	0.49	37.24	0.85	38.80	1.08	38.17
150kg/hm²	0.12	18.99	0.51	37.20	0.80	37.61	1.10	39.12
平均	0.14	18.59	0.49	37.05	0.80	37.57	1.12	38.63

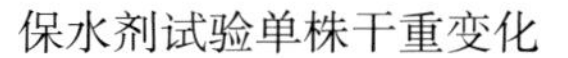

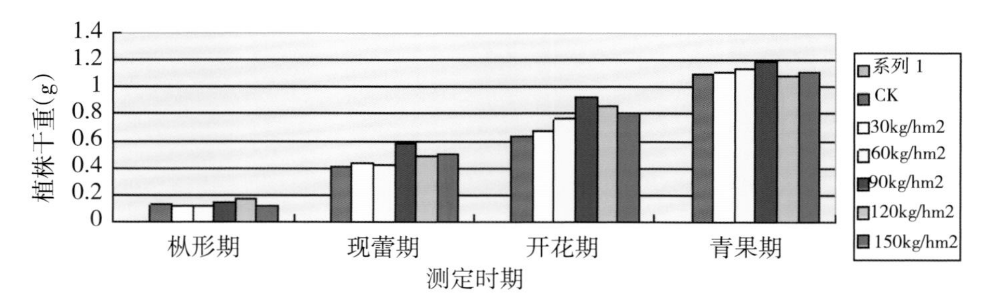

保水剂试验不同处理植株干重变化柱状图

3. 对主要农艺性状的影响

试验各处理的农艺性状室内考种测定结果（见表 1-2-75）。从各处理性状的表现趋势看，单株有效分枝数、单株有效结果数和单株粒重与对照相比有明显的差异，其他性状的变化没有明显差异。

表 1-2-75 主要农艺性状室内测定表

试验处理	株高(cm)	有效分茎数(个)	有效分枝数(个)	有效结果数(个)	每果粒数(个)	单株粒重(g)
30kg/hm^2	38.36	0.16	4.31	8.22	7.40	0.45
60kg/hm^2	35.90	0.09	3.79	6.51	7.70	0.33
90kg/hm^2	39.26	0.22	4.56	10.25	7.37	0.55
120kg/hm^2	37.08	0.24	4.26	8.38	7.13	0.43
150kg/hm^2	37.92	0.11	4.40	8.14	7.87	0.43
CK	38.60	0.16	4.14	8.20	7.52	0.42
平均	37.70	0.16	4.26	8.30	7.49	0.44

有效分枝数各处理为 3.79~4.56 个，平均 4.26 个，各处理间有一定差异，用量 90kg/hm^2 的有分枝数最多，比对照增加 10.15%。

有效结果数各处理为 6.51~10.25 个，平均 8.30 个，各处理间差异较大，用量 90kg/hm^2 的有效结果数最多，比对照增加 25.0%。

单株粒重，各处理为 0.33~0.55g，平均 0.44g，各处理间差异比较明显。用量 90kg/hm^2 的单株粒重最大为 0.55g，比对照增加 30.95%。

对出苗及生育期的影响：试验各处理的出苗情况（见表 1-2-76）。各处理出苗数为 393.9 万 ~455.55 万株 /hm^2，平均数 413.7 万株 /hm^2；出苗率为 52.52%~60.74%，平均数 55.16%。各处理之间以及与对照都没有显著差异；对生育期没有影响。

表 1-2-76 保水剂试验出苗及生育期情况记载表

试验处理	播种期(月.日)	出苗期(月.日)	现蕾期(月.日)	盛花期(月.日)	成熟期(月.日)	生育期(d)	出苗数(万株 /hm^2)	出苗率(%)
30kg/hm^2	4.23	5.8	6.18	6.28	8.20	120	455.55	60.74
60kg/hm^2	4.23	5.8	6.18	6.28	8.20	120	421.65	56.22
90kg/hm^2	4.23	5.8	6.18	6.28	8.20	120	407.25	54.3
120kg/hm^2	4.23	5.8	6.18	6.28	8.20	120	393.90	52.52
150kg/hm^2	4.23	5.8	6.18	6.28	8.20	120	396.60	52.89
CK	4.23	5.8	6.18	6.28	8.20	120	407.25	54.3

4.对土壤水分变化的影响

根据在胡麻现蕾、开花、青果 3 个生育阶段测定的土壤含水率分析，各处理与对照相比都有一定差异。从不同生育时期土壤水分变化曲线图可以发现，各处理 0~30cm 土壤含水率都明显高于对照，从胡麻现蕾土壤水分变化曲线图可以看出用量 90kg/hm^2 在 0~40cm 土壤含水率明显高于其他处理。

胡麻生育期气候条件总的趋势是前期干旱后期多雨，胡麻生育期降雨量 216.8mm，比历年同期少 38.5mm；在胡麻生长发育关键时期 4—6 月比历年同期少 28.6mm，蒸发量比历年同期多 84mm。因此，气候条件对胡麻生长发育影响较大。

保水剂对土壤含水率、胡麻生长发育的干物质积累、主要农艺性状及种子产量有明显影响，用量 90kg/hm^2 的增产效果较好。

第四节 富营养化技术研究

根据植物根际营养、植物营养遗传学、植物营养生态学、植物的土壤营养、肥料学及现代施肥技术的理论，运用元素生物地球化学营养链营养循环结构模式的原理、技术和方法，胡麻营养器官对硒、锌元素的吸收、转化、利用以及在胡麻植株体内储存积累。结合胡麻富含 a- 亚麻酸、木粉素等，使胡麻籽达到富营养的效果。

一、富硒技术研究应用

硒是一种非金属化学元素，化学符号是 Se，是动物体必需的营养元素和植物有益的营养元素等。2003 年美国食品药品管理局（FDA）明确"硒能降低患癌风险"和"硒可在人体内产生抗癌变作用"。在我国硒有防癌抗癌作用已被写入化学教科书以及高等院校医药教材，"硒能抑制癌细胞生长及其 DNA、RNA 和蛋白质合成，干扰致癌物质的代谢"。因此，1973 年联合国卫生组织宣布硒是人体必需的微量元素，在中国，1988 年中国营养学会将硒列入人们每日膳食营养素之一。

科学证实硒具有抗氧化作用，适量补充能起到清除体内自由基，排除体内毒素、抗氧化、能有效地抑制过氧化脂质的产生，防止血凝，清除胆固醇，防止胰岛 β 细胞氧化破坏，促进糖分代谢、降低血糖和尿糖，增强人体免疫功能防止器官老化与病变，延缓衰老，抵御疾病，抵抗有毒害重金属，减轻放化疗副作用，防癌抗癌。科学界研究发现，人体血液硒水平的高低与癌症病的发生息息相关，硒因此被科学家称之为人体微量元素中的"防癌之王"。人体缺硒会造成多种疾病，最典型的是我国黑龙江克山县地方病 - 克山病，大骨节病、癌症、心血管疾病、白内障、高血压、甲状腺肿大、免疫缺失、淋巴母细胞性贫血、视网膜斑点退化、肌营养不良、溃疡性结肠炎、关节炎以及人体的衰老都与人体缺硒有着直接的联系。

食物硒含量受地理影响很大，土壤硒的不同造成各地食品中硒含量的极大差异。土壤含硒量在 0.6mg/kg 以下，就属于贫硒土壤，我国除湖北恩施、陕西紫阳等地区外，全国 72% 的国土都属贫硒或缺硒土壤。由于受土壤等自然条件限制，更多的富硒农产品需要来自于使用硒肥或富硒饲料达到农作物和畜禽产品富硒的目的。为此开展硒元素对胡麻籽粒品质影响试验,旨在通过在胡麻生育期喷施硒元素微肥达到了胡麻籽粒富硒的目的,开展了硒元素微肥对胡麻籽的富硒效果的试验研究。

(一)试验设计和方法

2010 年,采用一种硒元素微肥作为叶面追肥,选择在胡麻青果期喷施,成熟期收获后按试验处理随即抽取了种子检测样,送农业部谷物及制品质量监督检验测试中心检测胡麻籽硒元素含量。试验设 4 个处理,即分别用 3750ml/hm^2、7500m/hm^2、11250ml/hm^2 硒元素微肥兑水 450kg/hm^2,以不喷施硒元素微肥为对照。

2011 年试验方法与 2010 年基本相同,胡麻品种选择了宁亚 19 号,分别在现蕾 + 青果期、青果期、开花期喷施。试验设各处理,即分别用 10500ml/hm^2、12000ml/hm^2、13500ml/hm^2、15000ml/hm^2、18000ml/hm^2、22500ml/hm^2 硒元素微肥兑水 450kg/hm^2,以不喷施硒元素微肥为对照,小区面积 8.0m^2,不设重复。

2012 年试验方法与 2011 年相同,选择在胡麻现蕾、青果期和现蕾 + 青果期喷施。试验设各处理, 即分别用 22500ml/hm^2、30000ml/hm^2、37500ml/hm^2 硒元素微肥兑水 450kg/hm^2,以不喷施硒元素微肥为对照,小区面积 12.6m^2,随机排列,3 次重复。

(二)试验结果与分析

1.2010 年试验结果

对种子硒元素含量影响:试验处理的种子检测分析结果(见表 1-2-77),对照硒元素含量 0.153mg/kg, 在青果期喷施 7500ml/hm^2 和 11250ml/hm^2 硒元素微肥的种子硒元素含量 0.156mg/kg 和 0.294mg/kg,比对照提高了 1.96%和 92.16%。

表 1-2-77　2010 年种子硒元素含量表

施用期和施用量(ml/hm^2)	籽粒中硒含(mg/kg)	比对照 ±(%)
青果期 0ml/hm^2(CK)	0.153	0.00
青果期 3750ml/hm^2	—	—
青果期 7500ml/hm^2	0.156	1.96
青果期 11250ml/hm^2	0.294	92.16

2.2011 年试验结果

(1) 对种子硒元素含量的影响

试验处理的种子检测分析结果(见表 1-2-78),对照硒元素含量 0.156mg/kg,在现蕾 + 青果期喷施 15000ml/hm^2 和 22500ml/hm^2 硒元素微肥的种子, 硒元素含量为 0.914mg/kg 和 1.545mg/kg,比对照提高了 485.90%和 890.38%;在青果期喷施硒元素微肥 15000ml/hm^2 和 22500ml/hm^2 的种子,硒元素含量为 0.385mg/kg 和 0.507mg/kg,比对照提高了 146.79%和 225.00%。

表 1-2-78 种子硒元素含量表

施用期和施用量(ml/hm²)	籽粒中硒含(mg/kg)	比对照±(%)
青果期 0ml/hm²(CK)	0.156	0.00
青果期 15000ml/hm²	0.385	146.79
青果期 22500ml/hm²	0.507	225.00
现蕾期+青果期 15000ml/hm²	0.914	485.90
现蕾期+青果期 22500ml/hm²	1.545	890.38

(2)对种子产量的影响

种子产量结果(见表 1-2-79),在青果期喷施硒元素微肥 15000ml/hm² 以下的试验处理都不增产,喷施 15000~22500ml/hm² 的都表现增产,而喷施 22500ml/hm² 的比对照增产 10.73%,居第一位;在现蕾期+青果期喷施硒元素微肥 13500ml/hm² 以下的试验处理都不增产,喷施 13500~22500ml/hm² 的都表现增产,增产幅度 11.15%~15.5%,而喷施 22500ml/hm² 的比对照增产 15.5%。

表 1-2-79 2011 年种子产量结果

施用期和施用量(ml/hm²)	产量(kg/hm²)	比对照±(%)
青果期 0ml/hm²(CK)	1281.30	—
青果期 10500ml/hm²	1264.95	-1.27
青果期 12000ml/hm²	1221.30	-4.68
青果期 13500ml/hm²	1253.70	-2.15
青果期 15000ml/hm²	1307.55	2.05
青果期 18000ml/hm²	1312.50	2.44
青果期 22500ml/hm²	1418.70	10.73
现蕾期+青果期 0ml/hm²(CK)	1378.80	—
现蕾期+青果期 10500ml/hm²	1318.80	-4.35
现蕾期+青果期 12000ml/hm²	1327.50	-3.72
现蕾期+青果期 13500ml/hm²	1532.55	11.15
现蕾期+青果期 15000ml/hm²	1570.05	13.87
现蕾期+青果期 18000ml/hm²	1585.05	14.96
现蕾期+青果期 22500ml/hm²	1592.55	15.50

3.2012 年试验结果

(1)对种子硒含量的影响

试验处理的种子检测分析结果(见表 1-2-80),对照硒含量 0.146mg/kg,在现蕾+青果期喷施 22500~37500ml/hm² 硒元素微肥的种子硒含量分别是 1.307mg/kg、2.009mg/kg、2.894mg/kg、比对照提高了 795.21%~1882.19%,喷施 37500ml/hm² 的提高幅度最大 1882.19%;在青果期喷施硒元素微肥 22500ml/hm² 和 37500ml/hm² 的种子硒含量 1.437mg/kg 和 2.044mg/kg,比对照提高了 884.25%和 1300.00%。

表 1-2-80　2012 年种子硒元素含量表

施用期和施用量（ml/hm²）	籽粒中硒含（mg/kg）	比对照 ±（%）
青果期 0ml/hm²（CK）	0.146	0
现蕾期 22500ml/hm²	0.219	~5.48
青果期 22500ml/hm²	1.437	884.25
现蕾期 + 青果期 22500ml/hm²	2.009	1276.03
现蕾期 30000ml/hm²	0.36	146.58
青果期 30000ml/hm²	2.083	2692.47
现蕾期 + 青果期 30000ml/hm²	1.307	795.21
现蕾期 37500ml/hm²	0.319	118.49
青果期 37500ml/hm²	2.044	1300
现蕾期 + 青果期 37500ml/hm²	2.894	1882.19

（2）对种子产量的影响

种子产量结果（见表 1-2-81），对照种子产量 1207.65kg/hm²，在现蕾期喷施硒元素微肥 22500~37500ml/hm² 的比对照增产 3.2%~15.34%，喷施 30000ml/hm² 的比对照增产 15.34%；在现蕾期 + 青果期喷施 22500~37500ml/hm² 的比对照增产 6.40%~9.90%，喷施 22500ml/hm² 的比对照增产 9.90%；在青果期喷施 22500~37500ml/hm² 的比对照增产 6.79%~9.61%，喷施 37500ml/hm² 的比对照增产 9.61%。

表 1-2-81　2012 年种子产量结果

施用期和施用量（ml/hm²）	产量（kg/hm²）	比对照 ±（%）
青果期 0ml/hm²（CK）	1207.65	0
现蕾期 22500ml/hm²	1246.35	3.2
青果期 22500ml/hm²	1311.60	8.61
现蕾期 + 青果期 22500ml/hm²	1327.20	9.9
现蕾期 30000ml/hm²	1392.90	15.34
青果期 30000ml/hm²	1289.70	6.79
现蕾期 + 青果期 30000ml/hm²	1284.90	6.4
现蕾期 37500ml/hm²	1329.30	10.07
青果期 37500ml/hm²	1323.75	9.61
现蕾期 + 青果期 37500ml/hm²	1305.60	8.11

（3）对农艺性状的影响

在现蕾期、现蕾 + 青果期、青果期 3 个喷施时期中，现蕾和青果期喷施硒元素微肥用量 22500~37500ml/hm² 的各农艺性状表现没有明显差异；现蕾 + 青果期喷施硒元素微肥 22500~37500ml/hm² 的有效分枝数、有效结果数、单株产量、千粒重的数值明显高于对照。

4.试验研究结果评价

综合 3 年试验结果分析，采用硒元素微肥作为叶面追肥，不仅对胡麻籽粒硒含量有显著提高，而且具有明显的增产作用。

考虑劳动成本等因素，在青果期使用 30000~37500ml/hm² 硒元素微肥，兑水 450kg/hm²

进行叶面追肥，可以达到预期经济效果。

二、富锌技术研究应用

锌是人体必需微量元素之一，参与多种酶的合成。在生物体内，锌主要存在于蛋白质和各种金属酶中，参与生物体内的各种代谢过程，它对维持人体的正常生理功能，增强免疫力，促进身体与智力发育具有重要的作用。当人体缺乏锌时，容易引发包括心血管系统、免疫系统、神经系统等多种疾病。目前世界范围内普遍存在着锌摄入量不足，据统计全世界超过30亿人口面临微量营养元素缺乏问题。如何科学补锌，提高人类生命质量，预防和降低疾病发生是一件刻不容缓的大事。

人们对于科学补锌的探索从未停止过，锌制剂的开发也由从最初的无机锌补剂到现在的有机锌补剂，有机锌补剂在毒理安全性、生理活性和吸收率上都具有一定的优越性。常规天然食物中的锌含量普遍较低，一般不足以满足人体的正常需要，缺锌的人群主要是通过口服或注射含锌的化学药物制剂来补充。因此，从营养学上讲植物中58%到91%的锌是可溶的，利用农作物的生物体将无机锌进行有机转化，是人体获得有机锌的有效途径，而该富锌胡麻籽就是一种天然的即富含有机锌又富含 α－亚麻酸和木酚素的高级营养保健食品。

美国全国科学研究委员会推荐半岁以内婴儿每人每天需锌3mg，1岁以内5mg，1~10岁儿童每天10mg，11岁以后至成年均需15mg。妇女妊娠期每天20mg，哺乳期每天25mg。中国营养学会推荐的每日膳食中锌的供给量与美国相似。

根据研究文献报道，富锌农产品的生产主要是以施肥的方式（浸种、叶面施肥）将无机态的锌转化为有机态锌，满足人体对锌的基本需求。目前，关于粮油作物富锌的研究文献资料，主要是富锌水稻，还没有提高胡麻籽粒中锌含量的技术方法。

基于上述理论和技术原理对胡麻籽富锌效果进行了如下试验研究：

锌元素营养物质的选择 通过盆栽和田间试验，将多种锌元素微肥和锌元素营养物质对胡麻籽富锌效果进行大量筛选，最终确定了一种锌元素微肥（七水硫酸锌）为胡麻籽最佳富锌营养物质。

土壤施肥富锌效果研究 将多种锌元素微肥和锌元素营养物质以土壤施肥的方式对胡麻籽富锌效果进行比较试验，试验结果基施锌元素微肥22500g/hm^2，经检测胡麻籽锌含量33.5mg/kg，不施锌肥的对照胡麻籽锌含量34.0mg/kg。经过试验研究认为采用土壤施用锌元素营养物质对胡麻籽富锌没有效果，并且生产成本相当高。

浸种富锌效果研究 将多种锌元素微肥和锌元素营养物质以浸种的方式对胡麻籽富锌效果进行比较试验，经过试验研究认为采用锌元素营养物质浸种对胡麻籽富锌没有效果，浸种溶液的浓度、温度、浸种时间对胡麻种子发芽出苗影响较大，并且技术难度大不易掌握控制。

叶面施肥富锌效果研究 根据文献报道，许多水生植物通过叶表面获得无机养分，陆生植物的叶片也能吸收离子，把无机盐的稀溶液喷洒在叶面上，离子可以经过叶表面的角质层或气孔进入叶细胞，而叶细胞的细胞壁中有像胞间连丝那样的细丝延伸到角质层下面，作为离子进入叶细胞的通道，达到植物获得矿质营养物质的效果。利用叶面吸收矿质营养的功能和原理，近代农业中发明的叶面施肥技术，在提高农作物产量，改善农作物抗逆能力，改善品质等方面发挥了重要作用。另外土壤中一些矿物质元素因土壤环境条件的不同，使作物根系吸收利用的效果也不同，例如在碱性土壤里，铁(Fe)、锰(Mn)以不可给态的形式存在，因而不能被根系吸收，植物就会出现严重的Fe，Mn缺素症。向土壤施入的Fe，Mn也会变成不可给态。但用Fe，Mn的稀溶液喷洒在叶面上，就可以使缺素的植物恢复正常生长。开展了锌元素微肥对胡麻籽的富锌效果的试验研究。

（一）试验设计和方法

采用七水硫酸锌为胡麻籽富锌营养物质作为叶面追肥，选择胡麻品种为宁亚19号，青果期喷施，选择在晴朗无风天气11:00之前、15:00之后对胡麻植株叶面喷施，使用时先将锌元素微肥用少量水溶解后兑水450kg/hm^2，用喷雾器均匀喷施。成熟期收获后按试验处理随即抽取了种子检测样，送农业部谷物及制品质量监督检验测试中心检测胡麻籽锌元素含量。试验设3个处理，即分别用15000g/hm^2、青果期22500g/hm^{2}锌元素微肥兑水450kg/hm^2，以不喷施锌元素微肥为对照。小区面积12.6m^2，随机排列，3次重复。

（二）试验结果与分析

试验处理的种子检测分析结果，对照锌元素含量34.0mg/kg，在青果期喷施15000g/hm^{2}和青果期22500g/hm^{2}锌元素微肥的种子锌元素含量37.0mg/kg和60.1mg/kg，比对照提高了8.8%和76.8%。因此，胡麻青果期喷施锌元素微肥22500g/hm^2，能够使胡麻籽粒的富锌效果显著且稳定。

表1-2-82 种子锌元素含量表

施用期和施用量(ml/hm^2)	籽粒中锌含(mg/kg)	比对照±(%)
青果期0ml/hm^2(CK)	34.0	0.00
青果期15000g/hm^2	37.0	8.8
青果期22500g/hm^2	60.1	76.8

第三章　胡麻主要病害防控技术研究

第一节　胡麻立枯病及其防治

胡麻立枯病的致病病菌属真菌界半知菌亚门丝核菌属真菌，也是胡麻最常见和危害比较严重的病害之一，可在整个生育期间进行浸染，主要有2种类型。

一、第一种类型

（一）危害症状

病菌危害胡麻幼苗。被害幼苗呈现萎蔫病状，头部下垂，随后基部呈褐色，根部发黑腐烂，最后干枯死亡，整个植株呈灰褐色或灰色。一般随灌头水传播蔓延，大田发病成行成片死亡，损失一般在30%~70%，严重时全田死亡，颗粒无收。

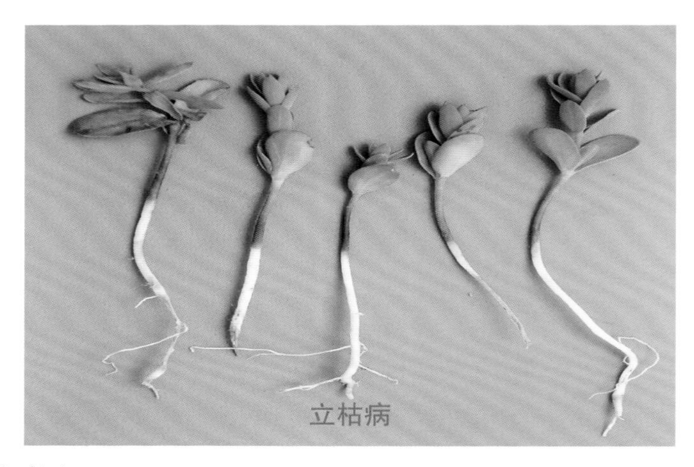
立枯病

（二）浸染病原菌

病原体是真菌镰刀菌，能在土壤中腐生。

（三）浸染途径

病菌主要通过土壤传播，其次是种子带菌，幼苗发病较重，特别是低洼地，地温低，湿度大，胡麻根系发育不好，幼苗细弱，病菌容易浸染，往往导致严重缺苗断垄现象，甚至毁种。

（四）防治方法

1.倒茬轮作

一般采取的轮作方式：小麦→胡麻→马铃薯；小麦→胡麻→马铃薯→豆类；小麦→马铃

薯→莜麦→胡麻→荞麦→豆类。

2.药剂防治

(1)拌种

播种前种子用50%的多菌灵可湿性粉剂拌种。

(2)苗期(防治关键期)

在浇头水前一周内进行田间调查,如发现零星发病植株,用50%的多菌灵可湿性粉剂120g/hm^{2}兑水225kg/hm^{2}喷施、用80%的甲基托布津750g/hm^{2}兑水225kg/hm^{2}喷施、用70%的代森锰锌1050g/hm^{2}兑水225kg/hm^{2}喷施1次。

3.选用良种

选用抗病良种,建立无病留种田。

4.清除病株残体

清除田间病株残体,集中烧毁。

二、第二种类型

(一)危害症状

病菌感染植株表皮组织和顶部,被害分枝和蒴果,色泽变为黑褐色。阴雨天蒴果表面常覆盖一层玫瑰色霉层。被危害处的纤维被破坏,分枝极易折断,蒴果脱落。

(二)浸染病原菌

病原菌是真菌镰刀菌。袍子呈纺锤形式新月形,有1~4个隔膜,在土壤中能生存6~7年,病菌发育的最适宜温度为24~28℃,最高为38℃,最低为10℃。

(三)浸染途径

病菌传染主要靠风力传播,除危害胡麻外,还可以危害其他作物。

(四)防治方法

同第一种类型。

第二节 胡麻炭疽病及其防治

炭疽病是胡麻比较常见的病害,在各胡麻产区都有发生。它对胡麻幼苗危害最大,可使幼苗部分或全部死亡。据调查,一般发病率为10%左右,减产0%~15%。

一、危害症状

病原菌在胡麻整个生育期中不断侵害茎叶,甚至成熟前期还能侵害蒴果。当幼苗2~4对真叶时,感染最重,开始真叶发黄,子叶肥大,逐渐叶片上出现椭圆形或圆形的暗褐色病斑,病斑互相连接乃至子叶全部变褐色脱落。渐次延至地面基部嫩茎,初期出现褐色斑点,向内凹陷，严重的由于病斑的发展，茎基绉缩，枯萎死亡。成株发病经常是由下部叶片开始，依次向上发展。茎秆上的病斑呈褐色，呈梭形向内凹陷，后期中央灰褐色，表皮裂开。茎基部感病后，往往使叶片自下而上变黄、卷曲与茎秆扭抱，最后落叶死亡。随着病情发展，最后侵染到种子。菌丝在种皮形成色素以前深入幼嫩的

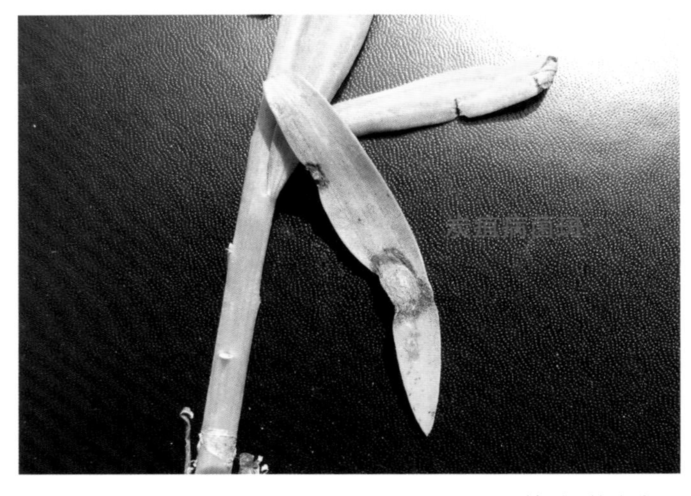

种子中，破坏种胚，使其丧失发芽能力。但感病轻时，也能发芽，生长很差，成为传染媒介物。

二、浸染病原菌

病原体属真菌，以分生袍子盘或菌丝在植株残体及种子上越冬。既可浸染胡麻地上部器官，又可浸染根部，在空气湿度较大和适宜温度（24~26℃）的条件下产生体积很大的孢子堆，迅速繁殖孢子。

三、浸染途径

首先主要靠种子传播；其次孢子借助于昆虫或风、雨水传播危害；再次通过病株与健康植株的根系在土壤中接触传播，阴湿情况下容易流行。

四、防治方法

选用无病种子，建立留种田，种子检疫。

贮存期间，种子含水率不应高于10%，防止种子受潮。

播种前，要清选种子，可用炭疽福美2号进行拌种（用1.5kg粉剂拌500kg种子）。

加强田间管理，合理施肥，促使健壮发育，增强抗病能力。在发病初期用波尔多液或退菌特喷雾防治。

第三节　胡麻枯萎病及其防治

胡麻枯萎病，通常也称胡麻萎蔫病，是由尖孢镰刀菌亚麻专化型（*Fasariumoxysprumf. Lini*）引起的真菌性病害。这种病害曾在华北胡麻产区呈迅速蔓延、危害趋势。据1995年7月在宁夏固原市原州区实地调查，胡麻枯萎病，一般田块病株率为15%~30%，病害严重的地块枯死率高达70%以上。使得胡麻种植面积逐年下降，给胡麻生产造成了严重损失。

一、胡麻枯萎病病原菌的侵染危害及主要症状

胡麻枯萎病病原菌，主要通过遗留在土壤中的病株残体携带的病原菌或种子带菌进

行侵染危害。据研究，胡麻枯萎病病原菌可在土壤中存活 5~6 年，病原菌通过土壤侵染胡麻植株维管束，使它变成黄褐色，造成根系萎缩、根数减少、根部腐朽，皮层变成灰白色（菌丝体）。

胡麻苗期感病后，地上部表现萎蔫猝死，贴地面干枯，呈黄褐色，状似火烧（这种症状易与立枯病混淆）。进入枞形期，病苗生长迟缓，显著低于健壮苗，顶部新生的叶片变小，叶距缩短，下部叶片萎黄，成为“小老苗”，病株多在现蕾前先后干枯死亡，茎秆黄褐色直立。成株期的病株较健壮株矮缩，长势衰弱，分茎和分枝减少或不分枝、不分茎，叶片自下而上逐渐黄化，直至全株枯萎死亡。

胡麻枯萎病发生危害原因。造成胡麻枯萎病蔓延，危害成灾的主要原因是，20 世纪 80 年代初，由于种植胡麻的经济效益高，不少地区无限制地扩大胡麻播种面积，忽视了科学轮作倒茬制度，使胡麻与其他作物的轮作周期缩短在 3 年以下，重茬或迎茬种植面积相应扩大，促进胡麻枯萎病病原菌在土壤中繁殖增多，侵染危害能力增强，导致病害流行危害面积逐年扩大。

二、胡麻枯萎病主要防治措施

根据有关试验结果表明，对镰刀菌病害的防治，目前尚无有效的杀菌剂。因此，防治这类病害应着重采用以下技术措施。

1.选用抗病品种

国内外胡麻枯萎病防治研究实践证明，选育抗胡麻枯萎病的新品种，是一项防治胡麻枯萎病的根本措施。1987—1989 年，全国胡麻品种联合试验首次筛选出了抗胡麻枯萎病的新品种天亚 5 号、陇亚 7 号，在枯萎病发生蔓延危害地区，成熟期感病植株的平均枯死率仅为 2.35%~4.35%，较对照种天亚 2 号平均枯死率 52.95%，降低 91.3%~95.6%，增产 83.7%~169.5%，表现抗病丰产，在全国胡麻主产区引种并大面积推广。1996 年以后，宁夏相继选育出高抗胡麻枯萎病的新品种宁亚 14 号、15 号、16 号、17 号、19 号、20 号、21 号、22 号，使宁夏的胡麻枯萎病得到了有效的控制。

2.实行合理的轮作倒茬制度

根据胡麻枯萎病病原菌在土壤中的生存特性及侵染途径，必须严格实行 3~5 年的轮作制度。这是控制胡麻枯萎病害蔓延的关键措施。经过大量调查研究，胡麻与其他作物的合理轮作方式是小麦→胡麻→马铃薯；小麦→胡麻→马铃薯→豆类；小麦→马铃薯→莜麦→胡麻→荞麦→豆类。据研究，黄豆与豌豆是胡麻枯萎病病原菌的寄生作物，因此，黄豆与豌豆不宜作胡麻的前后茬。

3.加强田间管理

建立无病害留种田，保持品种纯度。

第四节　胡麻锈病及其防治

胡麻锈病分布较广，往往与立枯病并发感染，加重危害，对产量影响很大。

一、危害症状

被害组织呈畸形肿大，呈黄白色凸起，锈孢子器是黄色或橙黄色疣状物，内含金黄色或锈色圆形锈孢子，以短串念珠形状集聚成层。夏季在被浸染的茎叶上形成锈色或橙黄色粉状突起，即夏孢子堆。

二、浸染病原菌

病原体为真菌，有 5 个连续的袍子世代，通常用以下符号注明。

○：性孢子器和性孢子；

Ⅰ：锈孢子器和锈孢子；

Ⅱ：夏孢子堆和夏孢子，

Ⅲ：冬孢子堆和冬孢子；

Ⅳ：担子和担孢子。

以形成冬孢子结束浸染循环。

三、侵染途径

冬孢子在被害枝叶残体上或附着于种子上越冬。冬孢子经过严寒刺激后，来年开始正常萌发，产生担孢子，浸染幼苗。半月后形成性孢子器，4~10d 形成锈孢子腔，产生大量锈孢子，再侵染上部叶片，形成夏孢子堆，以夏孢子在田间浸染流行。夏孢子可借助风力散布到很远。夏季夏孢子可发展几代，每代成熟周期 7d 左右。在胡麻生长期间，温暖湿润的天气条件下，有利于锈病发生蔓延危害。胡麻生长后期，夏孢子堆附近形成黑褐色冬孢子堆，产生冬孢子越冬。

四、防治方法

适时早播，防止锈病病原传播；选用早熟抗锈品种，种子严格清选，防止锈病病原传播。

避免连作，防止施用过量氮肥，适当多施磷、钾肥。

建立无病留种田。

药剂防治，可用 80%代森锌可湿性粉剂 600~800 倍液；敌锈钠 200~300 倍液，每 100kg

药液中加100g合成洗衣粉，提高粘着能力，增加药效。或用20%萎锈灵乳剂400~600倍液。上述药剂用1125~1500kg/hm^{2}药液喷雾，间隔10d喷药1次，喷2次即可。

第五节 胡麻褐斑病及其防治

褐斑病根据其浸染的部位和途径以及危害的主要症状，可划分为两种类型。

一、第一种类型以浸染叶片为主

(一)危害症状

病原体浸染整个地上部器官的组织，开始从子叶边缘出现微小下陷的灰绿色病斑，随后病斑逐渐扩大连成片，最后蔓延到全子叶，形成棕色或咖啡色大病斑。真叶上的病状和子叶一样，最后连成片使叶片枯死。病菌蔓延到花蕾上，使之变褐，并在雨和风的作用下折断。现蕾开花期根茎部出现横溢和裂缝，发生茎折，而使植株枯死。蒴果上的病斑多呈深褐色。病菌可由蒴果病斑处向内发展，侵害种子。

(二)浸染病原菌

病原体是真菌。菌落有从黄到黑的不同颜色，颜色越淡，浸染性能越强。

(三)浸染途径

带病菌的种子是主要传播来源。湿度大，气温明显下降，适宜病菌发生。土壤酸度大和茎秆损伤或过早播种，易于感病。

二、第二种类型以浸染茎基部为主

(一)危害症状

危害地上部表现萎蔫猝死，呈黄褐色，与立枯病症状相似，但在凋萎的幼苗被害部位可清晰地看到褐色透明凝胶状斑块，斑块干枯褪色以后，上面长出的黑色分生孢子器更加明显易辨。被害茎部表皮破裂，韧皮纤维极易折断开裂，导致植株死亡。病菌也可以危害蒴果和种子，使种子丧失发芽能力。

(二)浸染病原菌

病原体为真菌。

(三)侵染途径

主要靠种子传播，也可以借胡麻田和脱粒场地的病株残体进行传播。田间生长期间病菌孢子借助风、昆虫、雨水和露水从病株向健康植株传播。晚播、天气潮湿杂草多或土壤缺肥等不利的栽培条件，感病危害加重。

(四)防治方法

精选种子药剂拌种，播种前种子用50%的多菌灵可湿性粉剂拌种。

苗期防治(防治关键期),在浇头水前1周内进行田间调查,如发现零星发病植株,用50%的多菌灵可湿性粉剂120g/hm^{2}兑水225kg/hm^{2}喷施、用80%的甲基托布津750g/hm^{2}兑水225kg/hm^{2}喷施、用70%的代森锰锌1050g/hm^{2}兑水225kg/hm^{2}喷施1次。

收获前进行田间调查,分别收获染病田和无病田。

建立无病留种田。

胡麻残体收集在一起,结合积肥进行高温堆肥处理并消毒,减少病原传播。

第六节　胡麻白粉病及其防治

一、危害症状

胡麻白粉病在胡麻整个生育期都可发生,主要危害叶片和茎秆,病害一般先发生在底层叶片,逐渐向上部感染,茎、叶及花器表面上形成白色绢丝状光泽的斑点,病斑扩大,形成圆形或椭圆形,呈放射状排列。先在叶的正面出现白色粉状薄层(菌丝体和分生孢子),以后扩大及叶的背面和叶柄,最后布满全叶。此粉状物后变灰、淡褐色,上面散生黑色小粒(子囊壳),病叶提前变黄,卷曲枯死。

发病初期

发病中期

发病晚期

二、浸染病原菌

胡麻白粉病病原菌为胡麻粉孢(*Oidium lini Skoric*),属半知菌亚门真菌,其有性态为二孢白粉菌(*Erysiphee cichoracearun Dc.*),属子囊菌亚门真菌。

三、侵染途径

胡麻白粉病病原菌是一种表面寄生菌，以子囊壳在种子表面或病残体上越冬，翌年在适宜的温度、湿度条件下传播引起初次侵染，经风雨传播，引起再侵染。一个生长季节中再侵染可重复多次造成白粉病的严重发生。环境温、湿度和栽培管理条件对此病的发生流行有重要的影响，阴天高湿条件利于白粉病的发生，当温度为20~26℃，最适宜白粉病的发展。胡麻白粉病病原菌有较强的寄主专化性，品种对胡麻白粉病抗性有显著差别，但目前我国主栽品种对白粉病抗性较低，所以目前主要采用化学防治方法防治白粉病。

四、胡麻白粉病防治药效试验研究

（一）试验设计与方法

1.试验设计

试验采用大区排列法，不设重复，实验区面积100m²。行距15cm，区距50cm，试验周围设保护区。

2.试验材料

供试胡麻品种为宁亚19号，供试杀菌剂（见表1-3-1）。

表1-3-1 供试杀菌剂

药剂名称	有效成分	生产厂商	剂型
32%锰锌·腈菌唑	腈菌唑2%，代森锰锌30%	潍坊韩海农药有限公司	WP
40%福星	氟硅唑	美国杜邦公司	EC
75%百菌清	百菌清	利民化工有限责任公司	WP
20%三唑酮	三唑酮	江苏建农农药化工有限公司	EC

3.试验方法

试验设4个处理（见表1-3-2），以清水为对照。每种药剂设一个施药剂量，在白粉病发病初期进行施药，用水量450L/hm²。

表1-3-2 处理用药量表

处理	有效成分（g、ml/hm²）	用药量（g、ml/ hm²）	用水量（L/ hm²）	浓度（倍液）
32%锰锌·腈菌唑	288.00g	900g	450L	500倍液
40%福星	24.00ml	60ml	450L	7500倍液
75%百菌清	421.95g	562.50g	450L	800倍液
20%三唑酮	132.00ml	660ml	450L	681倍液
对照（CK）	—	—	450L	—

各小区内对角线固定5点调查，施药后每隔5d调查1次，连续调查4次，每点50株，分级调查，计算病情指数。

$$病情指数\%=\Sigma\frac{各级病株数\times相对级数值}{调查总株数\times7}\times100$$

$$防效\%=\frac{对照病情指数-处理病情指数}{对照病情指数}\times100$$

胡麻白粉病叶片病情分级标准为:

0 级:无病斑;

1 级:病斑面积占整个植株叶面积的 1/4 以下;

3 级:病斑面积占整个植株叶面积的 1/4~1/2 ;

5 级:病斑面积占整个植株叶面积的 1/2~3/4 ;

7 级:病斑面积占整个植株叶面积的 3/4 以上。

(二)结果与分析

1.防效调查结果

施药后第 20d 防效调查结果(见表 1-3-3)。试验结果表明,施药后 20d 各处理与对照相比,白粉病防效在 1.15%~50.29%,表现较好地处理有 32%锰锌·腈菌唑及 40%福星,防效分别达到 50.29%与 38.22%。75%百菌清与 20%三唑酮防效较差,仅为 2.30%与 1.15%。2011 年 6 月下旬宁夏固原高温阴雨天气较多,造成白粉病在短时期内大面积流行,施药前病情指数已经达到 60%以上,对防治效果造成一定影响。

表 1-3-3 杀菌剂对胡麻白粉病防治药效

处理	施药前病情指数(%)	施药后 20d	
		病情指数(%)	防效(%)
32%锰锌·腈菌唑	62.30	50.00	50.29
40%福星	63.74	62.00	38.22
75%百菌清	63.69	97.71	2.30
20%三唑酮	61.88	98.86	1.15
对照(CK)	63.34	100.00	—

2.对种子产量的影响

各药剂处理及对照种子产量结果(见表 1-3-4)。各处理种子产量 1233.45~1641.90kg/hm^2,平均产量 1374.30kg/hm^2。对照种子产量 1161.90kg/hm^2,各处理均比对照增产。以 40%福星处理的种子产量最高,居第一位,种子产量 1641.90kg/hm^2,较对照增产 480.00kg/hm^2,增幅 41.30%;75%百菌清处理的种子产量最低,为 1233.45kg/hm^2,较对照增产 71.55kg/hm^2,增幅 6.15%。

表 1-3-4　种子产量结果表

处理	种子产量 (kg/ hm²)	较 CK ±(kg)	较 CK ±(%)	千粒重(g)
32%锰锌·腈菌唑	1334.40	172.50	14.85	7.98
40%福星	1641.90	480.00	41.30	8.13
75%百菌清	1233.45	71.55	6.15	7.80
20%三唑酮	1287.30	125.40	10.80	7.83
对照(CK)	1161.90	—	—	7.76
平均	1374.30	212.40	18.27	7.94

3.对种子千粒重的影响

各药剂处理及对照种子千粒重结果(见表 1-3-4)。各处理千粒重为 7.80~8.13g,平均为 7.94g,对照千粒重为 7.76g,各处理千粒重均比对照有所提高。试验结果表明,不同处理对千粒重的影响结果与产量的变化趋势基本一致,40%福星处理的千粒重最高,产量亦最高。

五、胡麻白粉病防治时期试验研究

(一)试验设计与方法

1.试验设计

采用大区排列法,不设重复,实验区面积 108m²。行距 15cm,区距 50cm,试验周围设保护区。

2.试验材料

供试胡麻品种为宁亚 19 号,供试杀菌剂为 32%锰锌·腈菌唑 WP(有效成分: 腈菌唑 2%、代森锰锌 30%,潍坊韩海农药有限公司)。

3.试验方法

试验设 4 个施药时期,即现蕾期(6 月 12 日)、开花期(6 月 22 日)、青果期(7 月 2 日)、青果期(7 月 12 日);2 个施药次数,分别为施药 1 次与施药 2 次,共 7 个处理(见表 1-3-5)。以清水为对照。用药量为有效成分 288g/hm²,用水量为 450L/hm²,浓度为 500 倍液。

表 1-3-5　试验处理

区号	处理 (施药时期)	区号	处理 (施药时期)
1	现蕾期 6 月 12 日 + 青果期 7 月 12 日	5	青果期 7 月 2 日 + 青果期 7 月 12 日
2	现蕾期 6 月 12 日	6	青果期 7 月 2 日
3	开花期 6 月 22 日 + 青果期 7 月 12 日	7	清水对照(CK)
4	开花期 6 月 22 日	8	青果期 7 月 12 日

各小区内对角线固定 5 点调查,发病后每隔 10d 调查 1 次,连续调查 3 次,每点 50 株,分级调查,计算病情指数。

$$病情指数\%=\Sigma\frac{各级病株数\times相对级数值}{调查总株数\times7}\times100$$

$$防效\%=\frac{对照病情指数-处理病情指数}{对照病情指数}\times 100$$

胡麻白粉病叶片病情分级标准如下。

0 级:无病斑;

1 级:病斑面积占整个植株叶面积的 1/4 以下;

3 级:病斑面积占整个植株叶面积的 1/4~1/2 ;

5 级:病斑面积占整个植株叶面积的 1/2~3/4 ;

7 级:病斑面积占整个植株叶面积的 3/4 以上。

(二)结果与分析

1.不同处理的防效调查

根据试验田间病情指数调查结果(见表 1-3-6)。6 月 12 日没有发病,7 月 3 日对照病情指数 4.57,7 月 12 日对照病情指数 66.86,7 月 24 日对照病情指数 98.86。

表 1-3-6 病情指数及防效调查表

区号	处理	6.23		7.3		7.12		7.24	
		病情指数	防效(%)	病情指数	防效(%)	病情指数	防效(%)	病情指数	防效(%)
1	现蕾期 6 月 12 日	0	—	0.86	81.24	23.71	64.53	75.43	23.70
2	开花期 6 月 22 日	0	—	1.43	68.74	10.29	84.62	58.57	40.75
3	青果期 7 月 2 日	—	—	4.29	6.22	8.57	87.18	23.43	76.30
4	青果期 7 月 12 日	—	—	—	—	—	—	75.43	27.31
5	现蕾期 6 月 12 日 + 青果期 7 月 12 日	—	—	—	—	—	—	24.86	74.86
6	开花期 6 月 22 日 + 青果期 7 月 12 日	—	—	—	—	—	—	11.71	88.15
7	青果期 7 月 2 日 + 青果期 7 月 12 日	—	—	—	—	—	—	2.86	97.11
8	清水对照(CK)	0	—	4.57	—	66.86	—	98.86	—

(1)现蕾期防治效果

对现蕾期(6 月 12 日)施药的处理和对照的病情指数和防效进行调查发现,防效变化 7 月 3 日(81.24%)>7 月 12 日(64.53%)>7 月 24 日(23.70%),病情指数变化 7 月 3 日(0.86)<7 月 12 日 (23.71)<7 月 24 日 (75.43), 对照 7 月 3 日 (0.00)<7 月 12 日 (4.57)<7 月 24 日(98.86)。

(2)开花期防治效果

7 月 3 日对开花期(6 月 22 日)施药的处理防效进行调查,病情指数为 1.43,防效为 68.74%,对照病情指数为 4.57;7 月 12 日调查,病情指数为 10.29,防效为 84.62%,对照病情指数为 66.86;7 月 24 日调查,病情指数为 58.57,防效为 40.75%,对照病情指数为 98.86。

(3)青果期防治效果

7 月 12 日对青果期(7 月 2 日)施药的处理防效进行调查,病情指数为 8.57,防效为

87.18%，对照病情指数为 66.86；7 月 24 日对青果期（7 月 2 日）施药的处理防效进行调查，病情指数为 23.43，防效为 76.30%，对照病情指数为 98.86；7 月 24 日对青果期（7 月 12 日）施药的处理防效进行调查，病情指数为 75.43，防效为 27.31%，对照病情指数为 98.86。

（4）现蕾期+青果期防治效果

7 月 24 日调查对现蕾期（6 月 12 日）+青果期（7 月 12 日）施药的处理防效进行调查，病情指数为 24.86，防效为 74.86%，对照病情指数为 98.86。

（5）开花期+青果期防治效果

7 月 24 日调查对开花期（6 月 22 日）+青果期（7 月 12 日）施药的处理防效进行调查，病情指数为 11.71，防效为 88.15%，对照病情指数为 98.86。

（6）青果期+青果期防治效果

7 月 24 日调查对青果期（7 月 2 日）+青果期（7 月 12 日）施药的处理防效进行调查，病情指数为 2.86，防效为 97.11%，对照病情指数为 98.86。

对各处理的病情指数和防治效果进行比较分析，防治 1 次的处理 3 次调查结果，各处理病情指数均逐渐明显上升，防治效果均逐渐明显下降，并且以现蕾期（6 月 12 日施药）的防效最差 23.70%，青果期（7 月 2 日施药）防效相对较高 76.30%；防治两次的处理调查结果，各处理的病情指数（2.86~24.86），防治效果（74.86%~97.11%）；其中青果期（7 月 2 日施药）+青果期（7 月 12 日施药）的病情指数（2.86），防治效果（97.11%）。由此可见，胡麻白粉病提前预防效果不理想，需要在发病初期及时防治 2 次效果较好，但是 2 次防治时间间隔 10d 左右效果更好。

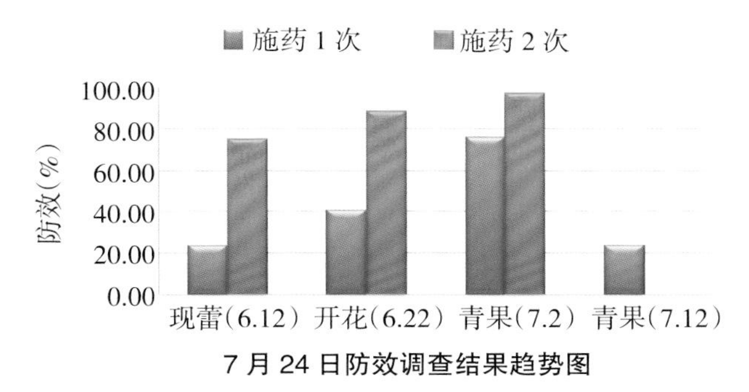

7 月 24 日防效调查结果趋势图

2.对种子产量的影响

试验各处理种子产量结果（见表 1-3-7）。各处理折合种子产量为1743.30~2133.30kg/hm²，平均产量为 2000.55kg/hm²，对照产量为 1560.00kg/hm²，各处理均比对照增产。以青果期（7 月 2 日）+青果期（7 月 12 日）处理的种子产量最高，折合产量 2133.30kg/hm²，较对照增产 573.30kg/hm²，增幅 36.75%；开花期（6 月 22 日）处理的种子产量最低，折合产量 1743.30 kg/hm²，增幅 11.75%。

表 1-3-7　种子产量结果表

序号	处理	小区产量（kg/108m²）	折合产量（kg/hm²）	比 CK ±（kg）	比 CK ±（%）	位次
1	现蕾期 6 月 12 日 + 青果期 7 月 12 日	22.46	2080.05	520.05	33.33	4
2	现蕾期 6 月 12 日	21.67	2006.70	446.70	28.63	5
3	开花期 6 月 22 日 + 青果期 7 月 12 日	22.68	2100.00	540.00	34.62	2
4	开花期 6 月 22 日	18.83	1743.30	183.30	11.75	7
5	青果期 7 月 2 日 + 青果期 7 月 12 日	23.04	2133.30	573.30	36.75	1
6	青果期 7 月 2 日	22.57	2089.95	529.95	33.98	3
7	清水对照（CK）	16.85	1560.00	—	—	—
8	青果期 7 月 12 日	19.40	1796.70	236.70	15.17	6

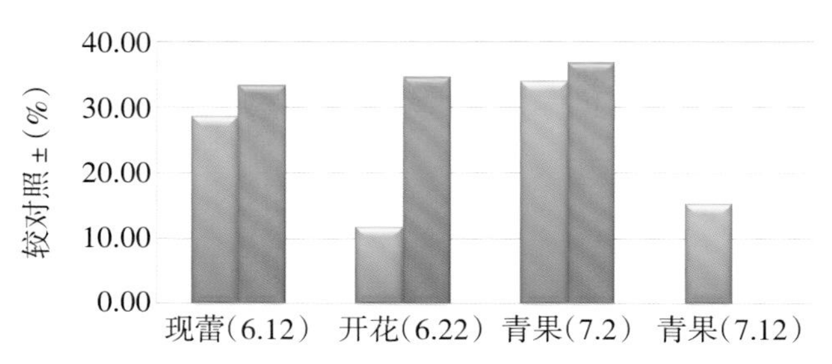

种子产量结果趋势图

3.对主要农艺性状的影响

经室内考种测定，试验各处理的农艺性状表现（见表 1-3-8）。从各性状的变化趋势看，各处理主要产量性状均较对照有不同程度增加，施药 2 次的处理各产量性状明显高于施药 1 次的处理，以青果期（7 月 2 日）+青果期（7 月 12 日）处理表现最好，千粒重及单株产量均居第一位，分别较对照增加 10.27%和 193.44%；施药 1 次的处理以青果期（7 月 2 日）表现最好。其变化趋势与防效调查结果及产量变化趋势基本一致。

表 1-3-8　主要农艺性状室内测定表

序号	处理	株高（cm）	工艺长度（cm）	主茎分枝（个）	有效结果数（个）	每果粒数（个）	单株产量（g）	千粒重（g）
1	现蕾期 6 月 12 日 + 青果期 7 月 12 日	58.29	41.96	6.82	14.08	7.30	0.79	8.05
2	现蕾期 6 月 12 日	53.97	40.05	5.66	12.11	7.15	0.62	7.88
3	开花期 6 月 22 日 + 青果期 7 月 12 日	52.14	37.93	6.42	13.01	8.10	0.83	8.45
4	开花期 6 月 22 日	48.32	36.00	5.95	12.31	7.05	0.68	7.96
5	青果期 7 月 2 日 + 青果期 7 月 12 日	55.21	39.54	6.92	15.88	7.70	1.03	8.65
6	青果期 7 月 2 日	55.38	39.09	6.96	17.33	7.15	1.03	8.55
7	清水对照（CK）	49.76	38.54	4.65	7.46	6.95	0.35	7.84
8	青果期 7 月 12 日	51.91	38.62	5.50	10.55	7.85	0.62	8.04

4.生育期气候条件

2012 年胡麻生育期（4—8 月）降雨量为 312.8mm，较历年同期 239.5mm 增加了 73.3mm。尤其 6 月降雨量较历年同期增加 143.77%，降雨天数较历年同期增加 48.08%，给胡麻白粉病的发病与流行创造了适宜的气候条件。

(三)研究结果综合分析

通过 2011—2012 年对不同杀菌剂、不同施药时期及不同施药次数的研究,杀菌剂对于防治胡麻白粉病具有显著作用。2011 年杀菌剂筛选试验结果,32%锰锌·腈菌唑及 40%福星防效较好, 药后 20d 防效分别达到 50.00%与 38.22%;2012 年 32%锰锌·腈菌唑防效达到 97.11%。

施药时期应选择在白粉病始发初期,间隔 10 天连续施药两次效果最好。根据对不同施药时期及不同施药次数的处理组合药后病情指数及防治效果调查,其变化趋势表现为施药 2 次的处理防效明显高于施药 1 次的处理,以青果期(7 月 2 日)+青果期(7 月 12 日)处理表现最好,防效为 97.11%,居第一位。

杀菌剂防治胡麻白粉病可以显著提高胡麻产量,增加经济效益。通过对各试验胡麻种子产量及农艺性状的分析得出,各处理对种子产量及农艺性状的影响与防效变化趋势基本一致,施药 2 次的处理种子产量及主要产量性状明显高于施药 1 次的处理。32%锰锌·腈菌唑青果期(7 月 2 日)+青果期(7 月 12 日)施药 2 次处理的种子产量较对照增产 36.75%;千粒重及单株产量分别较对照增加 10.27%和 193.44%。

研究结果表明,在胡麻白粉病始发初期选择 32%锰锌·腈菌唑喷施有效成分 288g/hm^2,施药浓度为 500 倍液,间隔 10d 连续施药 2 次可以有效可抑制白粉病的发生与流行。

第四章　胡麻虫害防控技术研究

第一节　胡麻虫害分布危害及消长规律调查研究

一、胡麻田昆虫群落特征及优势种研究

（一）试验设计

4—9月，在胡麻的整个生育期，每5~7d调查胡麻主要害虫蚜虫、蓟马、盲蝽、潜叶蝇、漏油虫、胡麻象甲、夜蛾科害虫、细卷蛾科害虫、金针虫、蛴螬、象甲、蝗虫、蝼蛄和金龟甲等的发生时期和种群数量；调查主要天敌七星瓢虫、多异瓢虫、食蚜蝇、捕食蝽、草蛉和蜘蛛类等的种群变化规律。

（二）统计方法

根据系统调查，统计分析不同群落中昆虫群落物种的丰富度、多样性、均匀度、群落生态优势度指数及各群落间的相似性。

1.群落多样性指数

采用Shannon-Wiener的计算公式 $H=-\sum PiLnPi$。

均匀度：采用 $E=H/LogS$ 公式计算。

2.群落生态优势度指数

采用Simpson的计算公式 $C=\sum Pi^2$。

其中Pi为第i个物种数量占群落个体总数的比例，S为物种数，即昆虫群落的丰富度。

3.各群落间的相似性

采用Mountford（1962）的相似系数，即 $I=2c/[2ab-(a+b)*c]$，式中，a为A生境的种类数，b为B生境的种类数，c为A、B两生境共同的种类数。

4.优势度指数

采用 Berger-parker 优势度指数，即 $D = N_{最大值}/N_r$。

式中，N 为优势种的个体数，N_r 为群落中所有个体的总和。

（三）试验结果

胡麻昆虫群落特征如下。

两种栽培类型的胡麻田块的昆虫群落特征指数（表 1–4–1）。旱地胡麻的昆虫群落优势集中性指数高于水地胡麻，分别为 0.6852 与 0.4362。均匀度正好相反，水地胡麻的均匀度高于旱地胡麻，分别为 0.5455 与 0.2983。而且水地胡麻昆虫群落的丰富度、多样性与个体数都明显高于旱地胡麻，说明水地胡麻维持了更大的昆虫资源，水地胡麻上的昆虫种类与数量分布更为广泛。

表 1–4–1 胡麻昆虫群落特征比较

不同胡麻田块	优势集中性	均匀度	丰富度	多样性	个体数
旱地	0.6852	0.2983	3.6828	1.9565	3652
水地	0.4362	0.5455	5.3265	2.3565	6382

根据胡麻害虫群落的主成分分析结果表明（表 1–4–2）。水地胡麻中害虫亚群落中第一主成分表明蓟马占 0.32，苜蓿盲蝽占 0.20，第一主成分占累计贡献率的 35.23%；第二主成分胡麻蚜虫占 0.43，胡麻潜叶蝇占 0.31，牧草盲蝽占 0.23，第二主成分占累计贡献率的 56.52%；第三主成分苜蓿盲蝽占 0.45，胡麻象甲占 0.35，胡麻蚜虫占 0.32，第三主成分占累计贡献率的 68.32%；第四主成分胡麻象甲占 0.52，胡麻蚜虫占 0.23，第四主成分占累计贡献率的 83.32%。主成分分析的前四个主成分的累计贡献率为 83.32%，完全可以代替水地胡麻害虫亚群落的结构。因此得到胡麻蓟马、胡麻蚜虫、苜蓿盲蝽、胡麻象甲与胡麻潜叶蝇是危害水地胡麻的主要害虫。同样的分析结果旱地胡麻的前四个主成分的累计贡献率为 86.16%，也完全代替旱地胡麻害虫亚群落的结构，主要害虫与水地胡麻基本一致，为蓟马、苜蓿盲蝽、胡麻潜叶蝇、胡麻蚜虫与胡麻象甲。

水地胡麻天敌亚群落结构的主成分分析结果（表 1–4–3）。水地胡麻天敌亚群落中，第一主成分中多异瓢虫占 0.17，龟纹瓢虫占 0.28，第一主成分占累计贡献率的 38.32%；第二主成分中星斑虎甲占 0.37，异色瓢虫占 0.38，七星瓢虫占 0.27，第二主成分占累计贡献率的 53.62%；第三主成分中多异瓢虫占 0.39，窄腹食蚜蝇占 0.22，中华星步甲占 0.28，第三主成分占累计贡献率的 71.31%；第四主成分中十一星瓢虫占 0.45，小姬猎蝽占 0.13，第四主成分占累计贡献率的 86.62%。前四个主成分的累计贡献率为 86.62%，完全可以代替水地胡麻的天敌亚群落。因此我们得出多异瓢虫、异色瓢虫、龟纹瓢虫、十三星瓢虫、窄腹食蚜蝇、小姬猎蝽与中华星步甲是水地胡麻的优势天敌，天敌亚群落的优势种并不像害虫亚群落那样非常明显和单一，而天敌亚群落中表现出天敌物种的多样性与复杂性，无中间的优势性不突出，种类较为复杂。

旱地胡麻天敌亚群落的主成分分析结果（表 1–4–3）。前 4 个主成分的累计贡献率为

87.62%，也是可以代替旱地胡麻的天敌亚群落结构，优势天敌的种类与水地胡麻基本一致，分别为多异瓢虫、异色瓢虫、小姬猎蝽、龟纹瓢虫、十三星瓢虫与窄腹食蚜蝇。

表 1-4-2　胡麻田主要害虫分布的主成分分析

胡麻	主分量	苜蓿象甲	斑蚜	苜蓿盲蝽	牧草盲蝽	蓟马	潜叶蝇	胡麻象甲	黏虫	细卷蛾	横纹菜蝽	细毛	红长蝽	红斑芫菁	大青叶蝉	贡献率(%)
水地	prin1	0.07	0.17	0.20	0.16	0.32	−0.45	0.10	−0.07	−0.46	−0.12	0.02	0.04	0.02	0.01	35.23
	prin2	0.43	0.43	0.13	0.23	0.28	0.31	−0.20	0.13	0.31	0.13	0.01	0.01	0.08	0.02	56.52
	prin3	−0.38	0.32	0.45	−0.06	0.15	0.13	0.35	0.17	0.13	0.02	0.25	0.13	0.52	0.01	68.32
	prin4	−0.66	0.13	−0.40	0.16	0.03	0.11	0.52	0.13	0.11	0.15	0.12	0.02	0.09	0.01	83.32
旱地	prin1	0.28	0.13	0.39	0.00	0.35	0.00	−0.17	0.13	0.03	0.13	0.36	0.16	0.39	0.04	36.32
	prin2	0.35	0.24	−0.09	0.00	0.24	0.00	0.78	0.21	0.47	0.02	−0.06	0.09	−0.08	0.03	56.32
	prin3	−0.07	0.12	−0.09	0.00	0.15	0.00	0.78	0.02	0.47	0.12	−0.06	0.12	−0.08	0.04	75.32
	prin4	0.76	0.04	0.33	0.00	0.24	0.00	0.02	0.24	0.11	0.26	0.11	0.14	−0.31	0.03	86.16

表 1-4-3　胡麻田优势天敌的主成分分析

胡麻	主分量	星斑虎甲	中华星步甲	多异瓢虫	异色瓢虫	十一星瓢虫	七星瓢虫	龟纹瓢虫	中华草蛉	黑点食蚜盲蝽	小姬猎蝽	窄腹食蚜蝇	狼蛛	跳蛛	横纹蓟马	贡献率(%)
水地	prin1	0.06	0.09	0.17	0.14	0.09	−0.39	0.28	−0.06	−0.39	−0.11	0.02	0.03	0.02	0.01	38.32
	prin2	0.37	0.20	0.21	0.38	−0.17	0.27	0.25	0.11	0.27	0.11	0.01	0.01	0.07	0.02	53.62
	prin3	−0.33	0.28	0.39	−0.05	0.30	0.11	0.13	0.14	0.11	0.02	0.22	0.11	0.45	0.01	71.31
	prin4	−0.57	0.11	−0.34	0.14	0.45	0.10	0.02	0.11	0.10	0.13	0.10	0.01	0.08	0.01	86.62
旱地	prin1	0.24	0.11	0.34	0.00	−0.14	0.00	0.30	0.11	0.03	0.11	0.31	0.14	0.33	0.03	41.32
	prin2	0.30	0.20	−0.08	0.00	0.20	0.00	0.68	0.19	0.41	0.02	−0.05	0.07	−0.07	0.02	65.35
	prin3	−0.06	0.11	−0.08	0.00	0.13	0.00	0.68	0.02	0.41	0.11	−0.05	0.11	−0.07	0.03	77.52
	prin4	0.66	0.03	0.28	0.00	0.21	0.00	0.02	0.20	0.10	0.23	0.10	0.12	−0.27	0.02	87.62

二、胡麻主要害虫发生规律研究

（一）试验设计

4—9 月，在胡麻的整个生育期，每 5~7d 调查胡麻主要害虫蚜虫、蓟马、盲蝽、潜叶蝇、漏油虫、胡麻象甲、夜蛾科害虫、细卷蛾科害虫、金针虫、蛴螬、象甲、蝗虫、蝼蛄和金龟甲等的发生时期和种群数量；调查主要天敌七星瓢虫、多异瓢虫、食蚜蝇、捕食蝽、草蛉和蜘蛛类等的种群变化规律。

（二）调查方法

在固原市原州区开城镇寇庄村和头营镇的徐河村各设立一个系统调查点，定期每 5~7d 调查一次，依据不同害虫的生活习性和为害特点，调查方法设定如下。

1.枝条统计法

蚜虫、蓟马和潜叶蝇调查采取此种方法，用百枝条虫量表示害虫发生程度。每点随机调查 20 枝条，逐枝条统计蚜虫、蓟马和潜叶蝇数量。蚜虫和蓟马调查时轻轻拍抖枝条在白纸板上统计害虫数量，潜叶蝇调查直接翻开叶片统计幼虫数量。

2.网扫法

盲蝽、夜蛾科害虫、细卷蛾科害虫以及天敌调查采取此种方法,用五复网扫量表示害虫发生程度。用捕虫网每个点扫五复网次,一复网表示水平 180°左右各扫 1 次,统计害虫和天敌成虫和幼虫(若虫)的数量。

3.地面计算法

象甲成虫、蝗虫、蝼蛄和金龟甲调查采取此法,用平方米虫量表示,每样点取 1m×1m=$1m^2$ 面积,统计地面虫口数量。

4.地下害虫

选择不同地质、地势、水肥条件、茬口有代表性地块,采取对角线或棋盘式定点,调查 5 个样点,每点查 $1m^2$,在胡麻行间掘土深度 0~30cm,仔细检查土壤中蛴螬、金针虫及其他害虫种类、数量、发育期、入土深度等,并进行记载。

细卷蛾科和夜蛾科幼虫调查方法采用 0.15m×1m 白布带铺在胡麻行间, 从两侧向白布带拍下幼虫,统计虫口数量。

(三)试验结果

胡麻田间昆虫群落分布及危害调查 如下。

通过田间调查,室内整理、分类、鉴定,初步查明宁夏胡麻田间昆虫有 29 种,其中害虫类群 19 种(见表 1-4-4),天敌昆虫 10 种(见表,1-4-5)。

表 1-4-4 胡麻主要害虫种类和发生时期

种类	学名	发生时期	为害高峰期	为害程度
胡麻蚜	*Linaphis lini Zhang*	5 月上旬至 7 月下旬	6 月中下旬	+++
牛角花蓟马	*Odentothrips lati*	5 月中旬至 7 月下旬	6 月下旬	+++
苜蓿齿蓟马	*Odentothrips sp.*	5 月中旬至 7 月下旬	6 月下旬	+
苜蓿盲蝽	*Adelphocoris lineolatus*	4 月下旬至 8 月上旬	胡麻开花期	+
牧草盲蝽	*Lygus pratensis*	4 月下旬至 8 月上旬	胡麻开花期	+++
芸芥长蝽	*Nysins ericae*	4 月下旬至 8 月上旬	胡麻开花期	++
豌豆潜叶蝇	*Phyomyza atricornis Meigen*	4 月下旬至 7 月上旬	5 月上中旬	++
亚麻细卷蛾	*Falsaeuncaria kaszabi Razowski*	5 月中下旬	5 月上旬至 8 月上旬	++
短星翅蝗	*Epacromius coerulipes*	7 月中下旬	6 月上旬至 8 月上旬	+
日本菱蝗	*Tetrix japonicas*	7 月中下旬	6 月上旬至 8 月上旬	+
灰象甲	*Hypera spp.*	5 月中下旬	5 月上旬至 8 月上旬	+
多型虎甲	*C.hybrida notida Lichlenstein*	5 月上旬至 8 月上旬	5 月上旬至 6 月下旬	+
红斑芫菁	*Mylabris speciosa*	6 月上旬至 7 月中旬	7 月上旬	+
小地老虎	*Agrotis ypslion (Rottemberg)*	4 月下旬至 6 月中旬	5 月下旬至 6 月上旬	++
蛴螬	—	4 月下旬至 6 月中旬	苗期	++
金针虫	—	4 月下旬至 6 月中旬	苗期	++
华北蝼蛄	*Gryllotalpa unispina Saussuee*	4 月下旬至 6 月中旬	苗期	+
草地螟	*Loxostege sticticalis*	4 月下旬至 6 月中旬	5 月上中旬	++
夜蛾	待鉴定	5 月上旬至 8 月上旬	5 月上旬至 8 月上旬	+

注:+ 种群数量少,++ 种群数量中等,+++ 种群数量多

表 1-4-5　胡麻主要害虫主要天敌种类和发生时期

种类	学名	发生时期	天敌类别	种群数量
七星瓢虫	*Coccinella septempunctata*	4月下旬至8月上旬	捕食蚜虫	++
多异瓢虫	*Adonia variegata*	4月下旬至8月上旬	捕食蚜虫	+++
中华草蛉	*Chrysopa sinica Tjeder*	5月上旬至8月上旬	捕食蚜虫、蓟马等小虫	++
小姬猎蝽	*Nabis mimoferus*	5月上旬至8月上旬	捕食蚜虫、蓟马等小虫	+
黑点食虫盲蝽	*Deraeocoris punctulatus*	5月上旬至8月上旬	捕食蚜虫、蓟马等小虫	++
食蚜蝇	*Syrphus spp*	5月上旬至8月上旬	捕食蚜虫	++
食虫虻	*Asilidae.*	5月上旬至8月上旬	捕食蚜虫、蓟马等小虫	+
蚜茧蜂	*Aphidius puparum*	5月上旬至8月上旬	寄生蚜虫	+
小蜂类	—	5月上旬至8月上旬	捕食蚜虫、蓟马等小虫	++
蜘蛛类	—	5月上旬至8月上旬	捕食蚜虫、蓟马等小虫	+++

注:+ 种群数量少,++ 种群数量中等,+++ 种群数量多

上述调查表明,在胡麻生长季节,因其田间稳定的生态环境,为各类害虫提供了适宜的生态场所,在胡麻不同生育期,害虫以不同的种类、不同的危害方式,对胡麻进行危害,危害程度呈逐年上升的趋势,使胡麻产量损失严重。2009 年 6 月下旬在固原市原州区张易镇黄堡村,发生牧草盲蝽危害胡麻特别严重,平均 10 复网虫量为 75 头,造成了该村 86hm^2 胡麻不同程度的损失减产,个别田块甚至绝产。同期甘肃省兰州市和白银市等地,芸芥长蝽发生严重,十复网虫量均在 3000 头以上,造成的胡麻产量损失在 30%以上。

目前胡麻蚜虫、蓟马、盲蝽、漏油虫、夜蛾科幼虫、小地老虎、金龟甲是为害胡麻的常发性主要害虫,应该作为主要监测和防控对象。常见的胡麻害虫天敌类群,是构成胡麻田间昆虫资源的重要类群,其优势种群为瓢虫、草蛉、蜘蛛和食蚜蝇等捕食性天敌,寄生性天敌有蚜茧蜂,天敌对胡麻害虫的控制也起到十分重要的作用。因此充分保护和利用害虫天敌,是今后采用生态调节自然控制胡麻主要害虫危害必不可少的重要措施之一,也是未来胡麻虫害防控技术向绿色防控方向发展的重要途径。

三、胡麻主要害虫及其天敌田间动态消长规律研究

(一)胡麻蚜虫和蓟马及其天敌消长规律研究

1.调查目的

准确掌握 2015 年固原地区胡麻田害虫及其天敌的种类、发生时期、种群数量和变化规律。

2.调查时间

在胡麻全生育期进行观测调查。

3.调查地点

宁夏固原市彭阳县古城镇挂马沟村。

4.调查方法

从胡麻出苗后每隔 7d 调查胡麻田中蚜虫、蓟马以及其主要天敌七星瓢虫、多异瓢虫、

食蚜蝇和草蛉的发生期、田间分布类型以及种群数量动态变化情况。调查方法依据《胡麻田主要害虫及其天敌调查方法》。

5.调查结果

（1）亚麻蚜

亚麻蚜（*Linaphis lini Zhang*），在水地胡麻和旱地胡麻均有发生，尤其对旱地胡麻危害更为严重，通过色板诱集调查，胡麻出苗后15~20d，苗高10cm左右，亚麻蚜有翅蚜迁入胡麻田后开始繁殖无翅蚜，种群数量不断扩大，在胡麻孕蕾期达到高峰，主要为害胡麻生长点嫩叶嫩芽，使叶枝卷缩，生长点枯萎而死，一般年份使苗势衰弱，产量降低，重度发生年份危害期至花期结束。2015年5月23日色板诱集到有翅蚜并调查到亚麻蚜若虫，6月下旬至7月上旬百株虫量最大，随后种群数量逐渐降低。

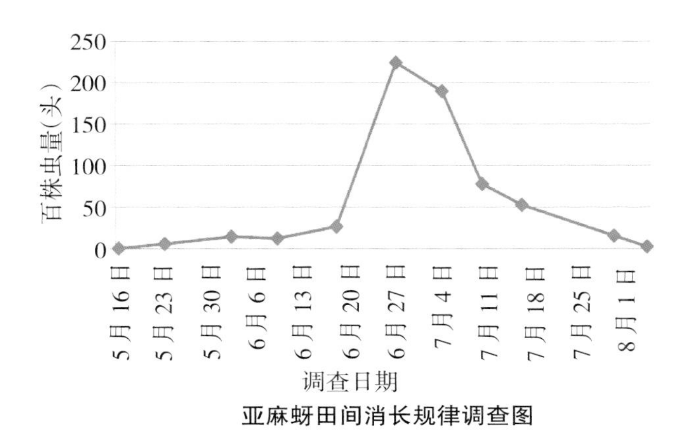

亚麻蚜田间消长规律调查图

（2）蓟马

危害胡麻的蓟马主要为牛角花翅蓟马（*Odentothrips lati*）和苜蓿齿蓟马（*Odentothrips sp.*），主要发生在旱地胡麻上，在胡麻的整个生育期都有发生，主要取食叶芽、嫩叶、花和青果，轻者造成上部叶片扭曲，重者使胡麻早枯，叶片和花干枯、早落、青果坏死。2015年5月下旬开始发生，随气温升高，6月下旬种群数量呈指数倍增长，7月上旬至达全年为害高峰期，百株虫量为580头，属于中度发生年份。

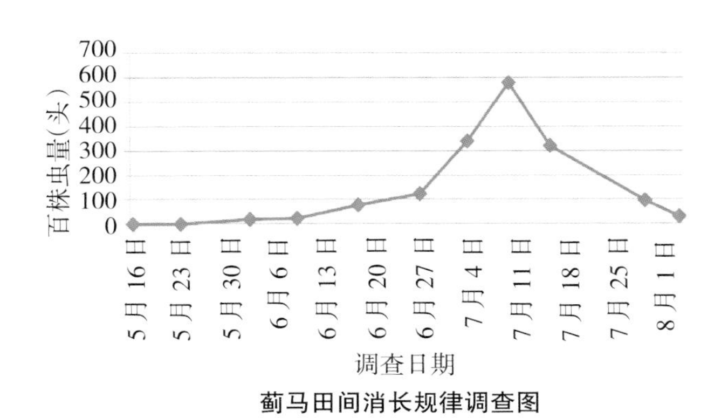

蓟马田间消长规律调查图

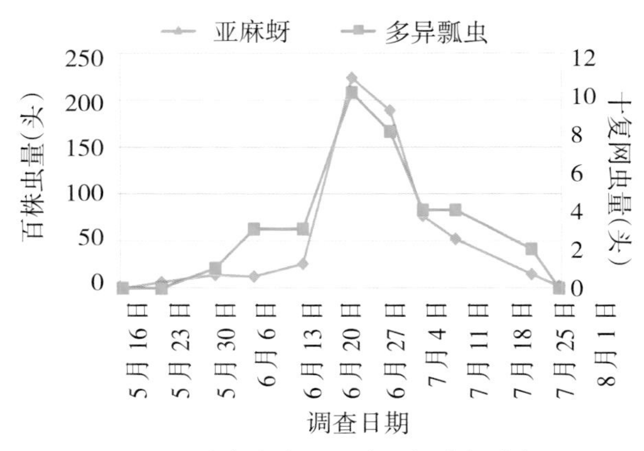

亚麻蚜与多异瓢虫田间消长动态图

(3)瓢虫与蚜虫

胡麻蚜虫天敌瓢虫主要种类为多异瓢虫（*Adonia variegata*）和七星瓢虫(*Coccinella septempunctata*),多异瓢虫种群优势非常明显,占到种群的87%以上。2015年胡麻蚜开始发生时,瓢虫也开始发生,随胡麻蚜的种群数量升高而升高,胡麻蚜6月27日达到为害高峰期,而瓢虫的种群数量为全年最高;后期,瓢虫数量又随胡麻蚜的种群数量下降而逐渐减少。瓢虫对胡麻蚜的跟随期为7d左右,其种群数量与蚜虫的种群数量成正比,说明瓢虫对胡麻蚜有一定的自然控制作用。

(二)胡麻主要害虫田间消长动态

经过对蚜虫、蓟马、蛴类、豌豆潜叶蝇的多年和多点调查,发现其发生消长具有一定的规律。

1.蚜虫

胡麻蚜(*Linaphis lini Zhang*)以危害水地胡麻为主,主要发生在胡麻的枞型期至开花期,为害叶片和花蕾,为害较重时可使胡麻植株在现蕾前枯死,现蕾或开花初期发生使植株长势衰弱产量降低。半干旱区胡麻蚜虫在5月上旬开始发生,随气温升高,6月上旬开始种群数量呈指数倍上升,危害高峰期出现在6月中下旬,危害较严重时百株虫量为1500~2500头。7月上旬开始胡麻田种群数量呈指数倍下降。

2.蓟马

危害胡麻的蓟马主要是牛角花翅蓟马(*Odentothrips lati*)和苜蓿齿蓟马(*Odentothrips sp.*),在旱地胡麻发生比较严重,主要发生在胡麻的枞形期至开花期,主要危害胡麻的生长点,取食嫩叶和花器,危害轻者造成植株上部叶片扭曲,危害较重叶片和花器干枯脱落严重减产。半干旱区在5月中旬开始发生,随气温升高,6月中旬种群数量呈指数倍增长,至6月下旬达全年为害高峰期,危害严重时百株虫量为1200~3000头。7月上旬开始胡麻田种群数量呈指数倍下降。

3.豌豆潜叶蝇

以幼虫潜入寄主胡麻叶片表皮下，取食叶肉，造成不规则灰白色线状蛀道。危害严重时，叶片上布满蛀道，尤以植株基部叶片受害最重。一片叶常寄生有几头幼虫，受害株提早落叶，影响胡麻叶片的正常光合作用。在半干旱区5月上旬开始发生，至5月下旬达到全年为害高峰期，危害严重时百株虫量达到700~1200头。7月中下旬胡麻叶片开始老化百株虫量也开始明显减少。

4.蝽类

危害胡麻的盲蝽主要是苜蓿盲蝽(*Adelphocoris linelatus*)、牧草盲蝽(*Lygus pratensis*)和芸芥长蝽(*Nysius ericaru Schilling*)，优势种为苜蓿盲蝽。成虫、若虫均能危害胡麻，以刺吸式口器刺入植株体内吸收汁液，受害植株叶片出现褐色斑点，生长点枯萎，危害花器的蕾或花蕊，造成落花不结实，也危害胡麻尚未成熟的蒴果造成蒴果提前干枯。在半干旱区5月上旬开始发生，至6月中旬达到全年为害高峰期，一直可延续到7月中下旬，危害较严重时10复网虫量为25~50头。

第二节 胡麻主要害虫的危害习性及防治技术研究

一、胡麻漏油虫

学名 *phalonia epilin ana Linne*，别名亚麻小蠹蛾、胡麻红虫，细卷蛾科(*Phaloniidae*)。

(一)形态特征

1.成虫

体长约6.0mm，体呈褐色。翅长14~16mm，体褐色。头灰黄略带赤色，下唇须突出长于头，灰黄带赤，胸部背面灰黄带赤色，腹部灰黄带白。前翅基部灰黄色，端部及中部有赤褐色带，翅中央有1大赤褐斑，后缘的中部有1半圆形淡赤色大斑，其后缘上有4~5个小黑点。

前翅后缘有网，小黑点 5 个，前缘近顶角处有小黑点 3 个。翅静止时如屋脊状，后端翘起，两翅会合处成 5 角形深色斑块，后半部裂成 1 棱形孔。

2.卵

白色，呈长椭圆形，表面有纵刻纹，长约 0.2mm。

3.幼虫

初孵化时白色，老熟时淡红色或蜡黄色，长约 6~8mm，头及前胸背板黄褐色。有腹足 4 对，每足有 12~16 个趾钩，排成单序全环，尾足有趾钩 5~9 个，褐色。

4.蛹

长约 5~6mm，红褐色，头顶有 1 突起，腹部末端环形，周围有褐色疣，每疣有钩 1 个。蛹茧有越冬茧和化蛹茧 2 种，均由丝粘着土粒而成。越冬茧坚实、长筒形，少数圆形，褐色。化蛹茧的结构较松，并有出口的小孔。

（二）生活习性

1 年发生 1 代，从幼虫在表土中（深 1cm 左右）作茧越冬。6 月上旬幼虫破茧出土，再作化蛹茧化蛹，蛹期约 10d，在胡麻开花盛期，成虫发生最多。成虫盛期在 6 月下旬。雌蛾每头约产卵 35 粒，多产在胡麻植株中部叶片上，小部分产在蒴果萼片上。卵期 7d，幼虫钻入蒴果危害种子，被危害蒴果的种子全部被吃光或残缺不全。幼虫老熟后在蒴果上开 1 圆形孔爬出，落土结茧越冬。

（三）防治方法

播前药剂土壤处理减少越冬虫口密度，即用 10%锌硫磷颗粒剂 30.0kg/hm^2 兑 3000kg/hm^2 细干土拌匀堆闷 30 分钟撒施；在成虫产卵期选用 4.5%高效氯氰菊酯、40%毒死蜱乳油 1500~2000 倍液喷雾防治效果较好。

二、苜蓿夜蛾

学名 *Chloridea dipsacea Linne*，别名诘草蛾、大豆叶夜蛾，夜蛾科（*Noctuidae*）。

国内在宁夏、甘肃、新疆、内蒙古、江苏，以及东北、华北、华中等都有发生；国外在东亚、欧洲也有发生。

主要危害胡麻、苜蓿、豆类、向日葵、马铃薯、甜菜、等作物。是胡麻的主要害虫之一，当胡麻幼果形成后，幼虫从外面钻入蒴果危害种子。

（一）形态特征

1.成虫

体长 15mm，展翅 32mm。前翅灰黄间有绿色或带淡火红色纵纹，中部有宽而色深的横纹，肾状纹色深，后翅淡黄色，近外缘带有黑色，此黑色部分夹有心脏形淡褐斑，翅基部黑色，期间也夹有楔形褐斑 1 个，缘毛黄白色。

2.卵

直径 0.5~0.6mm，初产白色后转黄绿色，球形，平底，周围有纵纹及横格。

3.幼虫

头黄色，体呈浅绿色至深肉色，有黑斑，每 5~7 个为 1 组，在中央的斑点形成倒“八”字形，此可与黏虫区别(黏虫有正“八”字黑纹)。体色多变，一般为黄绿色，上有黑色纵纹，腹面黄色。老熟幼虫体长约 40mm。

4.蛹

淡褐色，末端有 2 刚毛，位于 2 个突起上，体长 15~20mm。

(二)生活习性

每年约繁殖 2 代，以蛹在土内越冬。在宁夏于 6 月间大量出现在苜蓿田内，采吮花蜜。卵散产于各种植物的叶片上和花上，第二代成虫常不孕或因此时花少营养不良所致。幼虫除为害叶片外常为害花蕾、果实及种子，稍有惊扰即弹跳落地。

(二)防治方法

在胡麻盛花期如有幼虫大量出现时选用 4.5%高效氯氰菊酯、1.8%阿维菌素乳油、40%毒死蜱乳油 1500~2000 倍液及时喷药，防治效果达到 95%左右。

三、小地老虎

学名 *Agrotis ypsilon Rottemberg*，俗称黑头虫、地蚕、土蚕，夜蛾科(*Noctuidae*)。

国内在宁夏全区，以及东北，黄河、长江流域西南各地均有发生；国外在日本、印度、马来西亚、朝鲜、欧洲、澳洲、美洲也有发生。主要危害玉米、甜菜、马铃薯、番茄、胡麻、辣椒、高粱、春小麦、豆类、糜子及各种蔬菜，是胡麻常见的害虫之一。

主要危害根部，甚至把茎咬断，造成缺苗断垄或全部吃光。

(一)形态特征

成虫为 1 种灰褐色的中型蛾子。前翅为灰褐色，有两对“之”字形横纹，翅中部有黑色肾状纹，其外侧有褐色三角形纹，尖端向外与来自外缘的 2 个黑色三角形斑相对。后翅为灰白色。卵很小,馒头形,淡黄色,有光泽,表面有许多纵横交叉的隆起纹,形如棋盘。幼虫灰褐带浅黄色,体表有明显的大小颗粒,每个体节的背上有马蹄型的黑色斑纹。尾节的臀板为黄褐色,有 2 条深褐色的纵带。蛹为红棕色。

(二)生活习性

小地老虎 1 年发生 3 代,第一代出现在 4 月下旬至 6 月上旬;第二代发生在 6 月下旬至 7 月下旬;第三代幼虫发生在 8 月中旬至 9 月下旬。其中以第一代幼虫危害胡麻。

小地老虎的卵多散产于白茬地的树枝草棍上,后期多产在杂草和春播作物的幼苗上。初孵化的幼虫,先危害杂草而逐渐转移危害作物的幼苗。三龄以前的幼虫,白天晚上都在幼苗顶部嫩叶上危害,三龄以后则昼伏夜出,咬断根茎,造成缺苗断垄。成虫对黑光灯有强烈的捕灯习性,并喜欢糖醋味,可利用黑光灯和糖醋盆诱蛾捕杀。小地老虎喜欢潮湿的环境,所以在地势低洼、杂草较多、土壤黏重的地块发生较严重。

(三)防治方法

①诱杀成虫,在成虫发生期利用黑光灯、频振式杀虫灯或糖醋液诱杀。②药剂防治,小地老虎一、二、三龄幼虫是药剂防治的最佳时期,选用 4.5%高效氯氰菊酯乳油、40%毒死蜱乳油 1000~1500 倍液喷雾或选用 50%辛硫磷乳油 7.5~15.0kg/hm^2 拌细土 2250~4500kg/hm^2 或拌在适量尿素中结合灌水撒施。田间喷药防治应根据小地老虎昼伏夜出的生活习性,在傍晚前喷药防效更好。

四、黏虫

学名 *Leucania separate Walker*,又叫行军虫,俗称蚜蛃、五花虫、夜盗虫、绵虫、剃枝虫,夜蛾科(*Noctuidae*)。

全国各地都有发生,在宁夏每年都有不同程度的发生;国外,在日本、俄罗斯、欧洲、印度、澳洲、非洲、美洲也有发生。

主要危害麦类、胡麻、谷子、高粱、玉米、水稻、苜蓿等农作物,特别是小麦收割后,黏虫容易转入胡麻地危害。

(一)形态特征

成虫为黄褐色的中型蛾子,体长19~20mm。前翅中央有2个扁圆形淡黄色的斑纹及小白点1个。有1条由翅尖斜向内方的短黑线,后翅前缘基部雌蛾有翅缰3根,雄蛾仅1根,在翅的外缘还有7个小黑点。卵呈馒头形,初产卵乳白色,渐变黄色,孵化时变为黑色,有光泽,多产在枯黄的叶尖、叶背或叶鞘上,排列成行或重叠成块。幼虫为圆筒形,长约38mm。体色变化很大,由浅绿色到黑色。头部淡褐色并有黑色的“八”字纹。身体背面有5条蓝黑色的纵线。有3对胸足,5对腹足。蛹为枣红色,长约18~20mm.纺锤形、有光泽,腹部第五、第六、第七节的背面各有1排横列的齿状刻点,尾部有刺4根,以中间的2根最大。

(二)生活习性

成虫夜间活动,对糖、酒、醋味趋性特强,幼虫三龄以后生长很快,食量大增,危害作物严重。在宁夏1年可发生3代。在6月中、下旬以第二代幼虫危害胡麻最重,它可以咬破茎皮或咬断蒴果的小枝梗。特别是在气候潮湿,作物生长茂密和杂草丛生的情况下危害较重。

(三)防治方法

1.诱杀成虫

在成虫盛发期利用成虫对黑光灯有强烈的捕灯习性,并喜欢糖醋味,可利用黑光灯和糖醋盆诱蛾捕杀。

2.药剂防治

用40%毒死蜱乳油1000倍液或2.5%高效氯氰菊酯乳油1000倍液喷雾防治效果显著。

五、胡麻蚜虫

学名*yamaphis yamana Chang*,蚜科(*Aphidae*)。

在宁夏均有分布。

主要危害胡麻。

(一)形态特征

有翅蚜,体长1.3mm,头及前胸灰绿色,中胸背面及小盾片漆黑色,额瘤不发达。触角端部黑色,长及胸部后缘,第三节有感觉孔7~10个,单行纵列。复眼黑色或黑褐色。腹部深绿色,侧缘有模糊黑斑数个;腹管淡绿色,略长于尾片,端部缢缩如瓶口;尾片淡绿色,上有刚毛4根。翅有灰黄色光泽,翅痣淡黄色。呈灰绿色,腿节端胫节端及附节黑色。

(二)生活习性

1年发生数代。在宁夏5月中、下旬开始为害,6月上旬普遍严重,可连续发生至8月间。蚜虫群集胡麻顶端,为害嫩叶嫩芽,使叶枝卷缩,或植株枯萎而死。常连年发生,有时与无网

长管蚜 *Acyrthosiphum sp.*混生，为胡麻生产上的重要灾害。

（三）防治方法

在 5 月中、下旬开始，加强田间虫情调查，如发现百株虫量达到 1200~1500 头要及时防治。选用 4.5%高效氯氰菊酯乳油 2000 倍液、3%啶虫脒乳油 1500~2000 倍液、20%氰戊菊酯乳油 2000 倍液、1.8%阿维菌素乳油 2000~3000 倍液、5%吡虫啉 450g/hm^2 喷雾防治；生物农药选用 1%苦参碱 600g/hm^2、2.5%鱼藤酮 1050g/hm^2。

六、灰条夜蛾

危害胡麻、马铃薯、甜菜、豌豆、玉米、高粱、向日葵、灰藜等多种作物和杂草。

（一）形态特征

1.成虫

体长 14mm，翅展 35mm。下唇须褐色，第三节略向前倾。触角丝状，灰褐色，长及腹部中央。复眼绿褐色，眼球上散有深色点斑。额黄白色，头顶及胸背为黑、褐、白鳞毛覆盖，胸背后缘有两丛毛束。腹部淡灰褐色。前翅灰褐色，基线、内横线黑色，呈波浪形弯曲，在内横线中部有 1 半圆形黑边褐斑，此斑外方为 1 淡色区与白色环状纹相连；肾状纹黑灰色或黑褐色；外横线黑褐色，为 7 个弯月形淡色小斑所组成；亚外缘线白色，齿状折曲，在中脉处折成“W”形纹，此纹内方并有 3 条尖长黑纹，为此虫的明显特征；翅缘有 7 个月牙形黑斑；缘毛为黑褐色与淡褐色鳞片相间组成，形成 8 个黑褐色斑；后翅淡灰褐色，近外缘部色深，在第一肘脉端的翅缘有 1 淡色晕斑，缘毛白色。前后翅的反面黑色肾状纹明显。

2.卵

馒头形，有纵横格纹，卵顶有 1 小突起，初产白色，后在卵顶周围出现紫色纹 1 圈，近孵化时变为灰白色。

3.幼虫

体长 35mm，幼龄时粉绿色，并有 2 条白色气门线。第一至第二对腹足不甚发育，行走如造桥虫。3龄后体色有黄绿、绿褐、粉绿等变异。头部、前盾片及胸足黄褐色或绿色；背线绿色，亚背线由断续的小黑点组成，有时并不明显，气门前后密集黑色小点组成的黑斑，并连续组成1条纵线贯穿全体；气门下线白色较宽而明显，气门下方常有粉红色晕斑；腹面黄绿色。

4.蛹

长13mm，黄褐色，翅足部分绿色。第五至第七腹节背面的前缘有微细点刻。腹端有臀刺2对，最末端1对较大，两侧还有小刺毛各1对。

（二）生活习性

据观察，1年发生2代，约以蛹在土中越冬。次年3月底越冬代成虫开始出现，5月间达第一次高峰；6月上旬至7月上旬为第一代幼虫为害期，7月下旬至8月上旬第一代成虫出现高峰，为一年中蛾量最多的时期，后陆续发生至10月间才绝迹；第二代幼虫量较第一代少，主要为害灰条等藜科杂草，至9月下旬陆续老熟，入土化蛹越冬。成虫昼伏夜出，卵散产于寄主叶背，有趋糖蜜和强趋光习性；据黑光灯诱测，是宁夏发生量最多的1种蛾类。幼虫最喜食灰条等藜科杂草，有假死习性，稍有触动即卷曲落地；1974年在宁夏固原地区大量发生，蛀害胡麻蒴果，还严重为害马铃薯、豌豆等叶片。

（三）防治方法

注意田间虫情调查，于6月上、中旬幼虫初龄阶段选用4.5%高效氯氰菊酯、1.8%阿维菌素乳油1500~2000倍液及时喷药，防治效果可达92.1%~94.23%。此外应用黑光灯诱杀越冬代成虫，亦有一定防效。

七、黑绒金龟子

学名*Maladera orientalis Motschulsky*，别名天鹅绒金龟甲、东方金龟子、黑小胖子、黑婆虫、黑豆虫、铁炮牛、麦牛等，金龟子科（*Scarabaeidae*）。

分布于国内宁夏、甘肃、陕西、台湾,以及地区华北、东北;国外在苏联(西伯利亚)、朝鲜、日本都有分布。

主要为害小麦、胡麻、玉米、甜菜、豆类、苜蓿、苹果、梨、桃、葡萄等。

(一)形态特征

1.成虫

小型金龟子,体长 7~8mm,宽 4.5~5mm;雄虫比雌虫略小,全体象卵形前狭后宽,黑色或黑褐色,鞘翅面有天鹅绒般闪光,故有天鹅绒金龟子之称。头黑色,头盾光泽强,前缘上翻,前缘线浅弯入,刻点密,漆黑色,呈皱纹。触角赤褐色共 9 节,有时左或右 10 节,鳃片 3 节。前胸背板宽为长的 2 倍,前缘突出,后缘角作直角。小盾片遁形,表面有细刻点及短毛。鞘翅比前胸背板略宽,上有刻点及细毛,每翅有 9 条纵纹,外缘有少数刺毛成列。前胫外缘有 2 齿。胸腹部腹面黑褐色,刻点粗大,有赤褐色长毛。前足胫节外侧有 2 个较大的刺。

2.卵

椭圆形,长 1.2mm,光滑,乳白色。

3.幼虫

体长 15mm,头黄褐色,胴部乳白色,密被赤褐短毛。

4.蛹

长 8mm,黄褐色,复眼朱红色。

(二)生活习性

1 年 1 代,以成虫在土中越冬。一般在 4 月下旬至 5 月上旬为害胡麻,尤其对旱地胡麻为害比较严重。成虫 1 天之中 15~16h 开始出土为害苗叶,17~20h 最多,20h 以后逐渐入土,潜伏于表土层 2~5cm 深处。5 月下旬至 6 月上旬成虫入土约在 10cm 土层内产卵,卵零星或 10 余粒集中于 1 处。幼虫以作物根及腐殖质为食,7 月下旬至 8 月作土穴化蛹,8 月下旬至 9 月化为成虫即在土内越冬。

(三)防治方法

注意田间虫情调查,根据成虫出土后几天不飞翔的习性,可在虫口密度大的田块、地埂,喷施 2.5%敌杀死或 5%来福灵乳油 2000 倍液,有较好的防治效果,采用 4.5%瓢甲敌(氰戊菊酯类或氯氰菊酯类)乳油 1500 倍液防治效果也很好。根据成虫先从地边为害的习性,于下午成虫活动前,将刚发叶的榆、杨树枝用 2.5%敌杀死乳油 1500 倍或 80%敌敌畏、40%氧化乐果乳油 100 倍浸泡后放在地边,每隔 2m 放 1 枝,诱杀效果较好。

八、草地螟

学名 *Loxostege sticticalis Linnaeus*,鳞翅目,螟蛾科。

（一）形态特征

1.成虫

体长 8~12mm，翅展 20~26mm，触角丝状，前翅灰褐色，具暗褐色斑点，沿外缘有淡黄色点状条纹，翅中央稍近前缘有 1 淡黄色斑，后翅淡灰褐色，沿外缘有 2 条波状纹。

2.卵

长约 1mm，椭圆形，乳白色。

3.幼虫

体长 19~21mm，头黑色有白斑，前胸盾板黑色，有 3 条黄色纵纹，虫体黄绿或灰绿色，有明显的纵行条纹。体上疏生刚毛，毛瘤较显著，外有 2 个同心的黄白色环。老熟幼虫体长 19~21mm，淡灰绿或黄绿色。

4.蛹

长 8~15mm，黄褐色，腹部末端由 8 根刚毛构成锹形。茧由丝土组成，长筒形，长 20~40mm，直立于土表上，上端开口以丝状物封盖。

（二）生活习性

分布于我国北方地区，每年发生 2~4 代，以老熟幼虫在土内吐丝作茧越冬。翌春 5 月化蛹及羽化。成虫飞翔力弱，喜食花蜜，卵散产于叶背主脉两侧，常 3~4 粒在一起，以距地面 2~8cm 的茎叶上最多。初孵幼虫多集中在枝梢上结网躲藏，取食叶肉，3 龄后食量剧增，幼虫共 5 龄。各地以第一代幼虫为害为主，第二代幼虫和第三代幼虫发生少为害轻。幼虫期 20d 左右，老熟幼虫入土结茧直立于土表下，上端向地表开口处有薄丝封闭。蛹期 10d 左右。草地螟成虫具有强烈的趋光性。每日 23:30 至次日 2:30，趋向灯光的蛾量最多，约占诱捕蛾量的 70%。草地螟具有远距离迁飞的习性，飞行的高度一般 20~30m，但也高达 100m 以上，一天迁飞 250~300km，越冬代成虫能够成群迁飞。草地螟老熟幼虫可耐-30℃低温，越冬的幼虫到第二年春可以化蛹，羽化为成虫。所以，各地越冬的草地螟幼虫就成为当地虫源之一。一般春季低温多雨不适发生，如在越冬代成虫羽化盛期气温较常年高，则有利于发生。孕卵期间如遇环境湿度干燥，又不能吸食到适当水分，产卵量减少或不产卵。天敌有寄生蜂等70多种。

（三）防治方法

根据虫情测报情况，使用化学农药防治，防止迁移，在树林或草原边的农田地块，可用甲基或乙基1605粉，在林地或草原与农田之间，喷10~15m宽的防虫药带，防止林地或草原的幼虫大量迁入农田地危害。对已在农作物上危害的幼虫，在幼虫3龄前可使用下列农药：用2.5%甲基或乙基1605粉，每22~30kg/hm^{2}喷粉或喷1m宽药带；用绿色功夫、莫比朗、来福灵、辉丰快克、高效氯氰菊酯喷雾，15%阿维·毒乳油、生物药剂中农1号水剂、0.3%苦参素4号、0.3%苦参素3号均对草地螟具有极其显著的防治效果，持效期长。

九、苜蓿盲蝽

学名 *Adelphocoris lineolatus*（*Goeze*），半翅目，盲蝽科。

分布在甘肃、河北、山西、陕西、宁夏、山东、河南、江苏、湖北、四川、内蒙古等省区。

主要危害苜蓿、胡麻、草木樨、马铃薯、豌豆、菜豆、玉米、南瓜、大麻、棉花等。

（一）形态特征

1.成虫

体长7.5~9mm，宽2.3~2.6mm，黄褐色，被细毛。头顶三角形，褐色，光滑，复眼扁圆，黑色，喙4节，端部黑，后伸达中足基节。触角细长，端半色深，1节较头宽短，顶端具褐色斜纹，中叶具褐色横纹，被黑色细毛。前胸背板胝区隆突，黑褐色，其后有黑色圆斑2个或不清楚。小盾片突出，有黑色纵带2条。前翅黄褐色，前缘具黑边，膜片黑褐色。足细长，股节有黑点，胫基部有小黑点。腹部基半两侧有褐色纵纹。

2.卵

长1.3mm，浅黄色，香蕉形，卵盖有状突起。

3.幼虫

黄绿色具黑毛，眼紫色，翅芽超过腹部第3节，腺囊口呈“八”字形。

(二)生活习性

每年大约发生3~4代,多数以卵在豆科作物(苜蓿或其他豆科作物)的茎秆或残茬中越冬。在第二年春季4—5月当日平均气温达到19℃时,若虫孵化出3~4星期后,大约在5月中下旬第一代成虫出现。第二代若虫出现在6月中下旬,第三代若虫出现在7月间,第四代若虫出现在8月间。第一代危害苜蓿,第二代以危害胡麻为主,也危害豆类和马铃薯等作物。苜蓿盲蝽在天气晴朗的情况下比较活跃,在春夏繁殖时期好集居在植株顶端的幼嫩部分吸吮汁液。雌虫在胡麻等作物茎秆上啄成小孔然后将卵产在其中。被害的植株嫩梢往往凋枯而死,被害的花蕾和子房变黄脱落,影响胡麻种子收成,危害严重时减产在15%~20%。

(三)防治方法

当虫害发生时在以下几种农药中,可以选择任何一种进行喷雾防治。4.5%高效氯氰菊酯乳油1500~2000倍液、20%氰戊菊酯乳油2000倍液、10%二氯苯醚菊酯乳油3000倍液。2.5%功夫乳油或20%灭扫利乳油2000倍液,以及有机磷和菊酯类复配剂均可收到较好防效。

十、蓟马

寄主植物有小麦、水稻、胡麻、糜子、豌豆、蚕豆、扁豆、大豆、马铃薯、苜蓿及豆科绿肥等20多种植物。在胡麻的整个生育期均可发生危害,但是对旱地胡麻危害较重。一般5月中旬开始发生,随气温升高,6月中旬种群数量成倍增长,至6月下旬达全年为害高峰期。

(一)形态特征

雌体成虫长1.3~1.5mm,褐至紫褐色。头短于前胸,两颊后部收缩;触角8节,第三节长为宽的2.5倍;前翅淡灰色,脉鬃连续,前脉鬃19~22根,后脉鬃14~16根;前胸前角及后缘角每侧各有1对长鬃。腹部背面第八节后缘梳完整,体鬃粗短而色暗。雄虫较小而色黄。

(二)生活习性

蓟马生殖方式为两性生殖和孤雌生殖,两者或同时存在,或交替发生,但以孤雌生殖为主。两性生殖的种类和两性生殖时期的群体,雌虫常多于雄虫。蓟马科的绝大多数种类有锯齿状产卵器,将卵产在植物组织内,也有产卵于植物表面。蓟马的迁飞,一般为近距离迁移,但有时借助风力可作远距离迁移;另外,还可随寄主植物和交通工具人为进行传播。

(三)危害方式

蓟马体型微小,虫口繁多,在农田广泛存在。除个别种捕食微体昆虫属益虫外,多数为植食性昆虫,是农业经济昆虫的一个重要类群。蓟马的成、幼期是以锉吸式口器进行取食,严重危害作物心叶、嫩叶和花器,使叶片退色失绿卷曲而干枯,或造成空壳秕粒而减产。因其有体形微小,为害隐蔽的特点,常不被人们所注意。

(四)防治方法

利用0.5%藜芦碱可溶液剂2000倍、0.3%印楝素乳油1200倍、3.8%苦参碱可溶性液剂1200倍、2.5%高效氯氰菊酯乳油1000倍、20%氰戊菊酯乳油1200倍、40%毒死蜱乳油2000倍和2.5%吡虫啉乳油500倍,可以有效防治蓟马危害。

十一、双斑萤叶甲

双斑萤叶甲是近几年发现对胡麻危害比较大的1种新型害虫,其成虫能飞善跳,具有突发性、群聚性,较强的迁飞习性和趋嫩叶危害的习性,该虫还危害玉米、棉花、高粱、谷子、豆类、马铃薯、蔬菜及向日葵等多种作物。

(一)形态特征

1.成虫

长卵圆形,棕褐色,具有光泽。体长3.6~4.8mm。头、胸红褐色,触角灰褐色。鞘翅基半部黑色,每个鞘翅基部具有1个淡黄色斑,四周黑色,鞘翅端半部黄色。胸部腹面黑色,腹部腹面黄褐色,体毛灰白色。

2.幼虫

体长6~8mm,白色至黄白色,11节,头和臀板褐色,前胸和背板浅褐色,有3对胸足,体表有成对排列的不明显的毛瘤。

(二)生活习性

双斑萤叶甲每年发生1代,以散产卵在表土下越冬,翌年5月上中旬孵化,幼虫一直生活在土中,取食禾本科作物或杂草的根茎;经过 30~40d 在土中化蛹,蛹期 7~10d;初羽化的成虫在地边杂草上生活,然后迁入玉米或其他作物田。虫口密度 7 月上旬开始增多,7 月中下旬进入成虫盛发期,开始进入胡麻田危害即将成熟的蒴果,胡麻收获后转入玉米或其他作物田,一直持续危害到 9 月份。双斑萤叶甲能飞善跳,白天在胡麻植株上部活动,受惊吓后迅速跳跃或起飞,飞行距离 3~5m 甚至更远,成虫飞翔能力强,有群集性。

双斑萤叶甲的发生期早晚与温度有关,5 月份平均温度的高低决定着它的发生期的早晚,温度高则发生期早,温度低则发生期晚。干旱年份发生严重。高温干旱对双斑萤叶甲的发生极为有利,降水量少则发生严重,降水量多则发生轻,暴雨对其发生极为不利。在黏土地上发生早、危害重,在沙壤土地、沙土地发生明显较轻。田间、地头杂草多的地块发生严重。

(三)危害特点

双斑萤叶甲以成虫群集危害,主要危害胡麻蒴果,成虫在胡麻蒴果上取食胡麻蒴果内的种子,使胡麻蒴果残缺不全或全部吃光,危害严重时可造成大面积减产。

该虫的成虫刚迁入胡麻田时呈现点片危害,达到危害高峰即向外扩散,迁入相邻的胡麻田或农田危害。

该虫对光、温度的强弱较敏感,中午光线强温度高时,该虫在农田活动旺盛,飞翔能力强,取食量大,早晨至晚间光线弱温度低时飞翔能力差,活动能力差,常躲避栖息。

(四)防治方法

1.农业防治

秋耕冬灌,清除田间地边杂草,特别是稗草,减少双斑萤叶甲的越冬寄主植物,降低越冬基数。

2.化学防治

该虫成虫具有一定短距离迁飞的习性, 一定要坚持统防统治才能取得较好的防治效果。否则加大防治难度,危害程度更严重。当胡麻田百株虫口密度达到 5~10 头时就要进行防治。选用 20%速灭杀丁乳油 2000 倍液、25%快杀灵 1000~1500 倍液或 2.5%高效氯氟氰菊酯乳油、20%的杀灭菊酯乳油 1500 倍液喷雾。

第三节 胡麻蚜虫无公害防控技术研究

一、化学药剂对蚜虫毒力的室内测定

亚麻蚜(*Yamaphis yamana Chang*)是宁夏胡麻主产区的重要害虫之一,由于其在危害期繁殖快,种群数量大,可造成胡麻 20%左右的减产损失。一直以来,化学防治是主要的防治

措施,目前在生产中应用的杀虫剂种类多而繁杂,而市场上新型杀虫剂层出不穷,防治效果则不尽相同。本试验选择了目前市场上评价较好的包括几种新开发杀虫剂在内的8种杀虫剂,通过2011—2012年对亚麻蚜的室内毒力测定,取得了比较一致的研究结果,可选择安全高效的化学杀虫剂在生产中推广应用。

(一)试验设计

1.供试虫源

在胡麻田蚜虫危害期,从田间采集蚜虫,经鉴定是亚麻蚜后,在网盆中饲养3代,取健壮的无翅成蚜供毒力测定。

2.供试杀虫剂

40%氧化乐果乳油、77.5%敌敌畏乳油、40%辛硫磷乳油、氰戊菊酯乳油(来福灵)、10%高效氯氰菊酯水乳剂、1.8%阿维菌素乳油、阿维高氯和5%啶虫脒乳油

3.仪器设备

电子天平(感量0.1mg,上海良平仪器仪表有限公司)、微量进样器(上海高鸽工贸有限公司生产)、体视显微镜(江西凤凰光学股份有限公司)、光照培养箱(河南鹤壁佳多科工贸有限责任公司)、滤纸、0号毛笔、直径为9cm培养皿、烧杯。

(二)试验方法

亚麻蚜的毒力测定采用FAO推荐的点滴法,具体操作参照中华人民共和国农业行业标准NY/T 1154.1-2006进行。

先将各供试药剂用分析纯丙酮溶解并稀释,配制成7个系列质量浓度,并设丙酮作空白对照(CK)。

剪取胡麻植株的上半部分(距植株顶端5cm),然后用脱脂棉浸蒸馏水后包扎剪口处,防止植株脱水,然后将植株放入直径9cm的培养皿中。

挑取个体一致的无翅成虫蚜,用微量进样器(上海高鸽工贸有限公司生产,滴定量0.04ul)将药液滴于蚜虫腹部背面,每个质量浓度设3次重复,每次重复点20头蚜虫,接到胡麻植株顶端的嫩叶上,放入(25±0.2)℃、光周期为12(L):12(D)的人工气候箱中,处理后24h检查死亡数,以用毛笔触动蚜虫身体无自主性反应为死亡标准。

(三)数据处理

$$P_1=\frac{K}{N}\times 100$$

式中:P_1为死亡率;K为表示死亡虫数;N为表示处理总虫数。

$$P_2=\frac{Pt-Po}{1-Po}$$

式中 P_2 为校正死亡率;Pt 为处理死亡率;Po 为空白对照死亡率在 EXCEL 编程按浓度对数—死亡机率值采用最小二乘法求取毒力回归方程(y=a+bx),计算 LC_{50} 和 95%置信限。

(三)结果与分析

2011 年试验结果,根据 8 种化学药剂对蚜虫毒力的室内测定结果表 1-4-6 如所示,从室内毒力测定的结果可以看出,被测试的化学药剂对蚜虫的致死中量差异较大,辛硫磷的 LC_{50} 值最大,为 137.09 $mg·L^{-1}$,其次是敌敌畏和氧化乐果,分别为 104.32$mg·L^{-1}$ 和 100.97 $mg·L^{-1}$,高效氯氰菊酯的 LC_{50} 值最小,为 15.76 $mg·L^{-1}$。以辛硫磷作为标准药剂,计算了各药剂的相对毒力大小,排序为高效氯氰菊酯>啶虫脒>氰戊菊酯(来福灵)>毒死蜱>阿维菌素>氧化乐果>敌敌畏>辛硫磷。

表 1-4-6 8 种药剂对亚麻蚜室内毒力测定结果

药剂名称	LC_{50} 值	95%置信限($mg·L^{-1}$)	标准误 SE	相关系数	毒力回归方程(y=)	相对毒力
毒死蜱	54.55	44.0735–67.5217	5.94	0.9655	2.0726+1.6853x	2.51
高效氯氰菊酯	15.76	12.7017–19.5453	1.73	0.9815	2.7640+1.8673x	8.70
啶虫脒	33.16	27.2059–40.4147	3.35	0.9883	2.0495+1.9403x	4.13
阿维菌素	71.47	57.9116–88.1998	7.67	0.9817	1.8429+1.7027x	1.92
辛硫磷	137.09	111.5694–168.4568	14.41	0.9056	1.1562+1.7987x	1.00
氧化乐果	100.97	83.5355–122.0537	9.77	0.9677	1.0269+1.9824x	1.36
敌敌畏	104.32	87.5339–124.3317	9.34	0.9557	0.5599+2.1198x	1.31
氰戊菊酯	37.44	32.0791–43.6950	2.95	0.9724	0.8365+2.6463x	3.66

2012 年试验结果,根据 8 种化学药剂对蚜虫毒力的室内测定结果如表 1-4-7 所示,从室内毒力测定的结果可以看出,被测试的化学药剂对蚜虫的致死中量为 11.97 ~144.91$mg·L^{-1}$,差异较大,辛硫磷的 LC_{50} 值最大,为 144.91 $mg·L^{-1}$,其次是敌敌畏和氧化乐果,分别为 119.67$mg·L^{-1}$ 和 107.21 $mg·L^{-1}$,高效氯氰菊酯的 LC_{50} 值最小,为 11.97 $mg·L^{-1}$。以辛硫磷作为标准药剂,计算了各药剂的相对毒力大小,排序为高效氯氰菊酯>啶虫脒>氰戊菊酯(来福灵)>毒死蜱>阿维菌素>氧化乐果>敌敌畏>辛硫磷。在两年试验中被测试的化学药剂中同一种化学药剂,在 2 次试验对蚜虫的致死中量差异较小并且趋势基本一致。

表 1-4-7 8 种药剂对亚麻蚜室内毒力测定结果

药剂名称	LC_{50} 值	95%置信限($mg·L^{-1}$)	标准误 SE	相关系数	毒力回归方程(y=)	相对毒力
毒死蜱	57.07	46.3419–70.2847	6.06	0.9713	1.9711+1.7245x	2.54
高效氯氟氰菊酯	11.97	9.6739–14.8134	1.3	0.9697	2.7751+2.0636x	12.11
啶虫脒	30.61	24.8694–37.6778	3.24	0.9826	2.2875+1.8255x	4.73
阿维菌素	80.85	64.1061–101.9727	9.57	0.9805	2.0984+1.5210x	1.79
辛硫磷	144.91	117.4861–178.7259	15.51	0.9528	1.3036+1.7104x	1.00
氧化乐果	107.21	89.1883–128.8727	10.07	0.9684	0.8892+2.0248x	1.35
敌敌畏	119.67	99.4445–144.0771	11.31	0.9774	0.8553+1.9955x	1.21
氰戊菊酯(来福灵)	47.03	39.2281–56.3830	4.35	0.9673	1.4220+2.1395x	3.08

二、新型化学杀虫剂对蚜虫室内毒力测定研究

(一)试验设计

1.供试虫源

在胡麻田亚麻蚜危害期,从田间采集亚麻蚜成虫供毒力测定。

2.供试药剂有效剂量处理设

25%灭幼脲悬浮剂 320、160、80、40、20、10mg/L; 4.5%联苯菊酯水乳剂 60、30、15、7.5、3.75mg/L;4.5%噻虫嗪悬浮剂 60、30、15、7.5、3.75mg/L;20%氯虫苯甲酰胺悬浮剂 140、70、35、17.5、8、4mg/L;每个处理重复 3 次,并设清水为空白对照。

3.仪器设备

电子天平(感量 0.1mg,上海良平仪器仪表有限公司)、体视显微镜(XTL-IV,江西凤凰光学股份有限公司)、光照培养箱(河南鹤壁佳多科工贸有限责任公司)、滤纸、0 号毛笔、直径为 9cm 培养皿、烧杯。

(二)试验方法

亚麻蚜的毒力测定采用 FAO 推荐的方法,具体操作参照中华人民共和国农业行业标准 NY/T 1154.1-2006 进行。

先将各供试药剂用蒸馏水溶解并稀释,配制成 6 个系列质量浓度,并设清水作空白对照(CK)。

剪取胡麻植株的上半部分(距植株顶端 5cm),然后用脱脂棉浸蒸馏水后包扎剪口处,防止植株脱水,然后将植株放入直径 9cm 的培养皿中。

采用喷雾法,将采集到的亚麻蚜,用毛笔轻轻刷入底部铺有滤纸的培养皿中,每皿放约 10 头亚麻蚜,3 次重复,用 40mL 小型喷雾器械进行均匀喷雾。放入(25 ± 0.2)℃、光周期为 12(L):12(D)的人工气候箱中,处理后 24 h 检查死亡数,以用毛笔触动亚麻蚜身体无自主性反应为死亡标准。

(三)数据处理

$$P_1=\frac{K}{N}\times100$$

式中:P_1 为死亡率; K 为表示死亡虫数;N 为表示处理总虫数

$$P_2=\frac{Pt-Po}{1-Po}$$

式中 P_2 为校正死亡率;Pt 为处理死亡率;Po 为空白对照死亡率

在 EXCEL 编程按浓度对数一死亡机率值采用最小二乘法求取毒力回归方程(y=a+bx),计算 LC_{50} 和 95%置信限。

(四)结果与分析

新型化学杀虫剂对亚麻蚜室内毒力测定结果如表1-4-8所示,可以看出,被测试的药剂对蚜虫的致死中量差异较大,25%灭幼脲的LC_{50}值最大,为58.18mg·L^{-1},其次是20%氯虫苯甲酰胺和4.5%联苯菊酯,分别为31.75mg·L^{-1}和12.61 mg·L^{-1},4.5%噻虫嗪的LC_{50}值最小,为10.13mg·L^{-1}。以25%灭幼脲作为标准药剂,计算了各药剂的相对毒力大小,排序为4.5%噻虫嗪>20%氯虫苯甲酰胺>4.5%联苯菊酯>25%灭幼脲。

表1-4-8 4种药剂对亚麻蚜室内毒力测定结果

药剂名称	LC_{50}值	95%置信限(mg·L^{-1})	标准误SE	相关系数	毒力回归方程(y=)	相对毒力
25%灭幼脲	58.18	42.1619-80.2955	9.56	0.9498	1.7097+1.8644x	1.00
4.5%联苯菊酯	12.61	9.0836-17.5021	2.11	0.976	3.1626+1.6694x	4.61
4.5%噻虫嗪	10.13	7.2873-14.0783	1.7	0.9739	3.2724+1.7180x	5.74
20%氯虫苯甲酰胺	31.75	23.5404-42.8283	4.85	0.9883	2.2830+1.8092x	4.95

三、生物杀虫剂对蚜虫室内毒力测定研究

(一)试验设计

1.供试虫源

在胡麻田亚麻蚜危害期,从田间采集亚麻蚜成虫供毒力测定。

2.供试药剂有效剂量处理设

0.5%藜芦碱10、5、2.5、1.25、0.6、0.3 mg/L;1.3%苦参碱26、13、6.5、3.25、1.6、0.8 mg/L;1.5%除虫菊素水乳剂100、50、25、12.5、6.25 mg/L;1%苦皮藤素乳油40、20、10、5、2.5、1.25 mg/L;每个处理重复3次,并设清水为空白对照。

3.仪器设备

电子天平(感量0.1mg,上海良平仪器仪表有限公司)、体视显微镜(XTL-IV,江西凤凰光学股份有限公司)、光照培养箱(河南鹤壁佳多科工贸有限责任公司)、滤纸、0号毛笔、直径为9cm培养皿、烧杯。

(二)试验方法

亚麻蚜的毒力测定采用FAO推荐的方法,具体操作参照中华人民共和国农业行业标准NY/T 1154.1-2006进行。

先将各供试药剂用蒸馏水溶解并稀释,配制成6个系列质量浓度,并设清水作空白对照(CK)。

剪取胡麻植株的上半部分(距植株顶端5cm),然后用脱脂棉浸蒸馏水后包扎剪口处,防止植株脱水,然后将植株放入直径9 cm的培养皿中。

采用喷雾法,将采集到的亚麻蚜,用毛笔轻轻刷入底部铺有滤纸的培养皿中,每皿放约

10头亚麻蚜，3次重复，用40mL小型喷雾器械进行均匀喷雾。放入(25 ± 0.2)℃、光周期为12(L)：12(D)的人工气候箱中，处理后24 h检查死亡数，以用毛笔触动亚麻蚜身体无自主性反应为死亡标准。

(三)数据处理

$$P_1=\frac{K}{N}\times 100$$

式中：P_1为死亡率；K为表示死亡虫数；N为表示处理总虫数。

$$P_2=\frac{Pt-Po}{1-Po}$$

式中P_2为校正死亡率； Pt为处理死亡率； Po为空白对照死亡率。

在EXCEL编程按浓度对数一死亡机率值采用最小二乘法求取毒力回归方程(y=a+bx)，计算LC_{50}和95%置信限。

(四)结果与分析

4种生物杀虫剂对亚麻蚜室内毒力测定结果如表1-4-9所示，可以看出，被测试的药剂对亚麻蚜的致死中量差异较大，1.5%除虫菊素水乳剂的LC_{50}值最大，为19.7 mg·L^{-1}，其次是1%苦皮藤素乳油和1.3%苦参碱，分别为7.11mg·L^{-1}和6.17 mg·L^{-1}，高效氯氰菊酯的LC_{50}值最小，为2.04mg·L^{-1}。以1.5%除虫菊素水乳剂作为标准药剂，计算了各药剂的相对毒力大小，排序为0.5%藜芦碱>1.3%苦参碱> 1%苦皮藤素乳油>1.5%除虫菊素水乳剂。

表1-4-9 4种药剂对亚麻蚜室内毒力测定结果

药剂名称	LC_{50}值	95%置信限(mg·L^{-1})	标准误SE	相关系数	毒力回归方程(y=)	相对毒力
0.5%藜芦碱	2.04	1.5794–2.6229	0.26	0.982	4.2999+2.2684x	9.66
1.3%苦参碱	6.17	4.6769–8.1423	0.87	0.9895	3.4858+1.9159x	3.19
1.5%除虫菊素水乳剂	19.7	14.4838–26.8073	3.09	0.9755	2.7710+1.7218x	1.00
1%苦皮藤素乳油	7.11	5.1149–9.8962	1.2	0.9701	3.5429+1.71005x	2.77

经过室内毒力测定试验，防治胡麻蚜虫的生物杀虫剂中，以0.5%藜芦碱LC502.04 mg·L^{-1}和1.3%苦参碱LC506.17 mg·L^{-1}，对蚜虫的毒力较强，防治效果相对较好。

四、防治胡麻蚜虫的田间药效试验研究

(一)试验设计

试验共设9个处理，清水处理作为对照，小区面积25m^2，3次重复，药剂的使用浓度为40%氧化乐果乳油600g/hm^2，77.5%敌敌畏乳油750g/hm^2，40%辛硫磷乳油450g/hm^2，来福灵乳油125g/hm^2、5%啶虫脒乳油375ml/hm^2，10%高效氯氟氰菊酯水乳剂75ml/hm^2，1.8%阿维菌素乳油600g/hm^2，毒死蜱900g/hm^2。

（二）防治效果调查方法

施药前（6 月 30 日）调查虫口基数，施药后 1d（7 月 1 日）、3d（7 月 3 日）、5d（7 月 5 日）、7d（7 月 7 日）、14d（7 月 14 日）和 28d（7 月 28 日）分别调查残虫数，方法是每个处理扫 15 复网，5 复网为 1 重复，统计虫口数。

（三）统计方法

虫口减退率（%）=（a−b）/a×100%

校正防效（%）=〔1−bc/ad〕×100%

a 为处理区施药前虫口基数，b 为处理区施药后残虫数，c 为对照区施药前虫口基数，d 为对照区施药后虫口数。

（四）试验结果

表 1-4-10 药剂对亚麻蚜的防效

	药后 1d（%）	药后 3d（%）	药后 5d（%）	药后 7d（%）	药后 14d（%）	药后 28d（%）
敌敌畏	98.73	96.83	96.48	90.62	70.13	64.84
来福灵	99.03	99.19	99.33	97.38	81.07	80.89
氧化乐果	97.91	89.54	98.55	98.60	70.05	56.56
辛硫磷	98.13	96.88	98.70	82.40	46.41	35.22
毒死蜱	98.49	96.22	90.57	98.98	41.20	38.90
啶虫脒	98.71	96.77	97.31	92.18	77.52	80.61
高效氯氰菊酯	98.58	98.81	99.02	97.13	84.00	83.59
阿维菌素	96.44	94.07	91.38	96.42	69.09	63.08

试验结果表明，8 种药剂对亚麻蚜都表现出了较强的速效性，药后 1d 和药后 3d 的防效都达到了 96%以上，来福灵的速效性最好，达到了 99.03%，药后 7d 毒死蜱、氧化乐果、来福灵和高效氯氰菊酯仍有较高的持效性，校正防效分别为 98.98%、98.60%、97.38%和 97.13%，辛硫磷防效较低为 82.40%。辛硫磷和毒死蜱的持效期较短，14d 后，防效低于 50%。8 种药剂中，对亚麻蚜有较好防效的药剂是高效氯氰菊酯、啶虫脒和来福灵。

利用上述研究方法，对苦参碱、矿物油啶虫脒、毒死蜱、高效氯氰菊酯、鱼藤酮、印楝素、藜芦碱，进行了对蚜虫防效的田间药效鉴定试验。试验结果如下图：

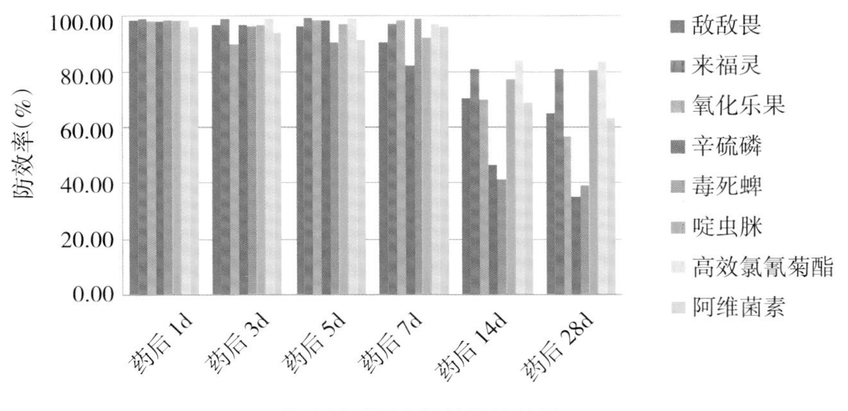

杀虫剂对亚麻蚜的防治效果

药后 1d 苦参碱对胡麻蚜虫的防效最好 86.72%，矿物油的防效最差 69.12%，其他药剂防效：啶虫脒(86.27%)>毒死蜱(81.90%)>高效氯氰菊酯(77.14%)>鱼藤酮(76.58%)>印楝素(74.10%)>藜芦碱(72.27%)；药后 7d 藜芦碱的药效最好 97.25%，矿物油的药效仍然防效最差 48.35%，其他药剂防效：苦参碱(88.90%)>啶虫脒(87.43%)>毒死蜱(81.40%)>高效氯氰菊酯(76.79%)>印楝素(70.91%)>吡虫啉(62.87%)>鱼藤酮(58.46%)，鱼藤酮防效下降很快，由药后 1d 的防效 76.58%下降到 7d58.46%；药后 14d 高效氯氰菊酯的药效最好 75.44%，矿物油的防效仍然最差 33.95%。其他药剂防效：毒死蜱 (73.51%)>苦参碱 (72.90%)>藜芦碱(71.95%)>吡虫啉(71.26%)>啶虫脒(64.11%)>印楝素(59.23%)，药后 14d 化学药剂表现出持久性较好的是高效氯氰菊酯和毒死蜱，生物药剂中的苦参碱与藜芦碱迟效性也相当不错。

五、多异瓢虫对亚麻蚜的捕食量和功能反应研究

近年来，随着胡麻连片种植面积的扩大，亚麻蚜发生和危害呈现逐年上升趋势，不断加大用药量不仅使得亚麻蚜产生了耐药性，也使得胡麻籽因过多使用农药而品质下降。瓢虫是亚麻蚜的主要天敌之一，对亚麻蚜具有较强的自然抑制作用。本试验通过对多异瓢虫捕食亚麻蚜的数量和功能反应的测定，为正确评价多异瓢虫对亚麻蚜的抑制作用和充分利用多异瓢虫控制亚麻蚜的危害提供科学依据。在 2013—2014 年采用相同的试验设计和研究方法，进行了探索研究，取得了比较一致的研究结果。

(一)试验设计

供试虫源：供试的瓢虫采自科研基地，捕回后，在室内饥饿 24h 后选择行动敏捷，大小相似的个体参试。亚麻蚜连同植株一同带回室内，挑取基本一致的高龄若蚜或成蚜。

(二)试验方法

1.瓢虫捕食功能反应的测定

在直径为 9 cm 的培养皿中放入新鲜胡麻嫩叶，用脱脂棉球保湿，接入亚麻蚜虫，密度设置为 40，60，80，120，160 头/皿，每一密度设 4 次重复，每皿引入多异瓢虫 1 头，放入(25 ± 0.2)℃、光周期为 12(L)：12(D)的人工气候箱中，24h 后观察记载各培养皿中剩余的蚜虫量和自然死亡的亚麻蚜头数，测定天敌的日捕食量，并以自然死亡率校正，建立 Holling-Ⅱ型反应模型。

2.瓢虫密度对捕食功能反应影响的测定

多异瓢虫密度设为 1、2、3、4、5 头/皿，亚麻蚜密度设为 120 头/皿，设 4 次重复，放入(25 ± 0.2)℃、光周期为 12(L)：12(D)的人工气候箱中，24h 后观察记载各培养皿中剩余的亚麻蚜量，分析瓢虫不同密度对捕食率的影响，建立 Hassel-Ⅱ型捕食效应模型。

(三)数据处理

检查对照组猎物数目，计算猎物的自然死亡率，试验组校正捕食量 =(猎物投放数 -

剩余活虫数）-自然死亡率 ×猎物投放数）。

用加权最小二乘法拟合 Holling 圆盘方程:Na=aNT/(1+ThaN),式中 Na 表示被捕食的猎物；N 表示猎物初始密度；a 表示捕食者对猎物的瞬间攻击率；Th 表示处理时间;T 表示猎物暴露给捕食者的时间。

干扰反应试验结果用 Hassell-Varley 的干扰反应模型:E=QP-m,式中,E 表示捕食率;Q 表示寻找系数;m 表示干扰参数;P 表示捕食者密度。

（四)结果(2013 年)

1.瓢虫捕食亚麻蚜的功能反应

表 1-4-11　瓢虫捕食亚麻蚜的功能反应结果

亚麻蚜数/皿 N	捕食量(头)								
	Ⅰ	Ⅱ	Ⅲ	Ⅳ	Na	1/N	(1/N)*(1/N)	1/Na	(1/N)*(1/Na)
40	25	15	27	31	24.50	0.0250	0.0006	0.0408	0.001020
60	46	48	50	36	45.00	0.0167	0.0003	0.0222	0.000370
80	68	72	60	65	66.25	0.0125	0.0002	0.0151	0.0001887
120	109	114	103	99	106.25	0.0083	0.0001	0.0094	0.0000784
160	135	122	129	141	131.75	0.0063	0.0000	0.0076	0.0000474
合计						0.0688	0.0012	0.0951	0.0017
平均						0.0138		0.0190	
1/Na		1.5034/N+0.0397							
a		0.6651							
T_h		0.0397							

从表 1-4-11 可以看出,将亚麻蚜的虫口密度设置为 40、60、80、120、160 头/皿，多异瓢虫 1 头/皿时,通过观察多异瓢虫捕食亚麻蚜 24.50~131.75 头/天。从多异瓢虫捕食亚麻蚜数量的曲线图可以看出,在多异瓢虫数量固定不变的情况下,随亚麻蚜群体密度的增加多异瓢虫捕食亚麻蚜的数量也随之增加,即亚麻蚜群体密度为 40~160 头/皿时,多异瓢虫捕食亚麻蚜的数量与亚麻蚜群体密度成正相关。但当亚麻蚜群体密度增加到 120 头/皿以后，多异瓢虫捕亚麻蚜数量增加的速度渐趋缓慢,这种捕食行为符合 Holling(1959)提出的Ⅱ型功能反应,可用圆盘方程施 Na=aNT/(1+ThaN)对数据进行拟合,用最小二乘法拟合后的功能反应方程为 1/Na=1.5034/N+0.0397，多异瓢虫对亚麻蚜的瞬时攻击率为 0.6651，处理时间为 0.0397d/头。

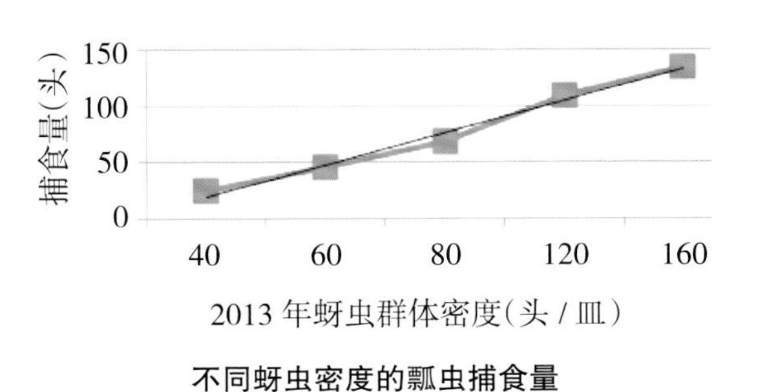

不同蚜虫密度的瓢虫捕食量

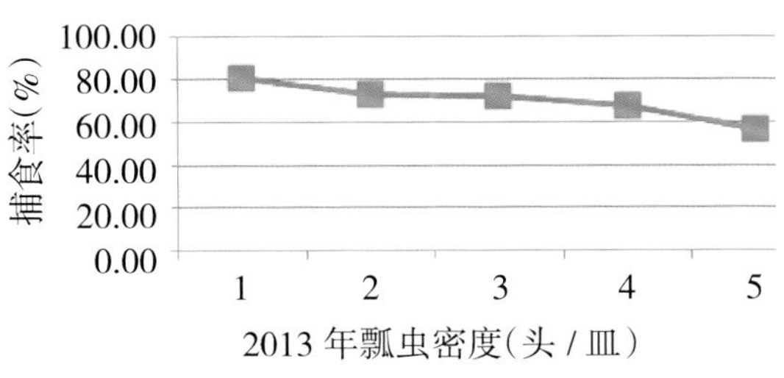

多异瓢虫不同密度的捕食率

2.天敌密度对捕食功能反应的影响

由图可知，随着多异瓢虫的数量（1~5 头/皿）的增加，多异瓢虫总的捕食亚麻蚜的数量增加，但平均每一头多异瓢虫的捕食亚麻蚜的数量（80.63%~56.46%）却在下降，说明在一定的捕食空间亚麻蚜群体虫口密度不变的情况下，多异瓢虫的捕食亚麻蚜数量随自身密度的增加而捕食率下降。

（五）试验结果（2014 年）

1.多异瓢虫捕食功能反应的测定结果

表 1-4-12　多异瓢虫捕食亚麻蚜的功能反应结果

亚麻蚜数（皿 N）	捕食量（头）								
	Ⅰ	Ⅱ	Ⅲ	Ⅳ	Na	1/N	(1/N)*(1/N)	1/Na	(1/N)*(1/Na)
40	20	19	24	29	23.00	0.0250	0.0006	0.0435	0.001087
60	41	50	54	37	45.50	0.0167	0.0003	0.0220	0.000366
80	73	68	59	66	66.50	0.0125	0.0002	0.0150	0.000188
120	112	105	96	108	105.25	0.0083	0.0001	0.0095	0.0000792
160	114	124	102	98	109.50	0.0063	0.0000	0.0091	0.0000571
合计						0.0688	0.0012	0.0991	0.0018
平均						0.0138		0.0198	
1/Na			0.5054/N+0.0039						
a			1.978630787						
T_h			0.0039						

从表 1-4-12 可以看出，将亚麻蚜的虫口密度设置为 40、60、80、120、160 头/皿，多异瓢虫 1 头/皿时。通过观察多异瓢虫捕食亚麻蚜 23.00~109.50 头/天。从多异瓢虫捕食亚麻蚜数量的曲线图可以看出，在多异瓢虫数量固定不变的情况下，随亚麻蚜群体密度的增加多异瓢虫捕食亚麻蚜的数量也随之增加，即亚麻蚜群体密度为 40~160 头/皿时，多异瓢虫捕食亚麻蚜的数量与亚麻蚜群体密度成正相关。但当亚麻蚜群体密度增加到 120 头/皿以后，多异瓢虫捕亚麻蚜数量增加的速度渐趋缓慢，这种捕食行为符合 Holling（1959）提出的Ⅱ型功能反应模型。因此使用 Holling-Ⅱ型圆盘方程进行拟合，1/Na=0.5054/N+0.0039，求得多异瓢虫对亚麻蚜的瞬间攻击率是 1.9786；多异瓢虫对亚麻蚜的处理时间 0.0039 d/头。

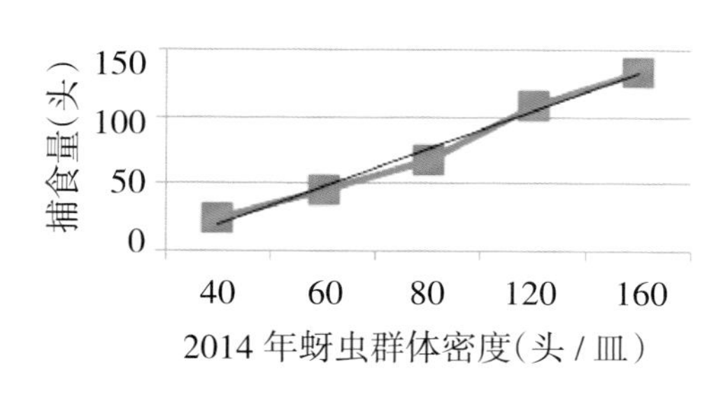

不同蚜虫密度的瓢虫捕食量

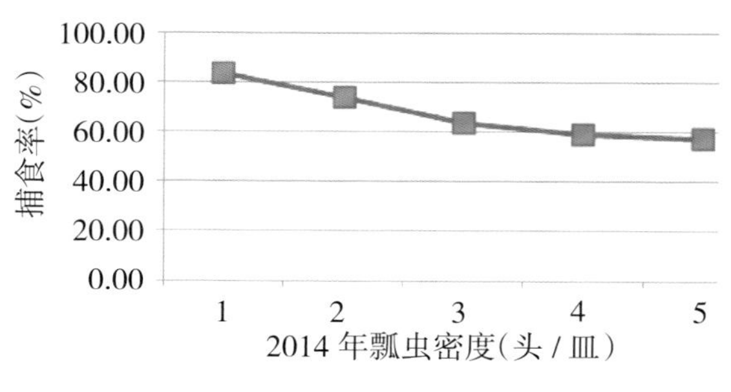

瓢虫不同密度下的捕食率

2.多异瓢虫密度对捕食功能反应的影响测定结果

由上图可知，随着多异瓢虫密度(1~5 头/皿)的增加，多异瓢虫总的捕食量增加，但平均每一头多异瓢虫的捕食量(83.96%~57.71%)在下降，说明在捕食空间亚麻蚜密度不变的情况下，多异瓢虫的捕食量随自身密度的增加而下降。

综合 2 年试验结果，分析认为，多异瓢虫捕食亚麻蚜的数量与亚麻蚜群体密度(40~160 头/皿)成正相关，但当亚麻蚜群体密度增加到(120 头/皿)以后，多异瓢虫的捕亚麻蚜数量增加的速度渐趋缓慢，这种捕食行为符合 Holling(1959)提出的Ⅱ型功能反应模型。每头多异瓢虫昼夜最大捕食亚麻蚜的理论数量为 256 头，对亚麻蚜有较强抑制能力。试验的各项参数表明，多异瓢虫对亚麻蚜的攻击能力、搜索能力、寻找效应均较强。根据田间调查观测，多异瓢虫在胡麻田间出现的时间和群体密度与亚麻蚜的发生消长动态趋势基本一致。因此，多异瓢虫是抑制亚麻蚜的重要天敌资源，应注意保护利用。

六、杀虫剂对胡麻田蚜虫天敌的敏感性试验研究

化学农药是防治农作物害虫的主要手段，也是控制农作物虫害的有效应急措施。但是，长期大量使用化学农药防治害虫，不仅增加了农作物生产成本，而且污染环境，破坏生态平衡，会引起农作物虫害再度猖獗。而保护利用害虫天敌，可有效控制害虫，减少农药使用量，获得显著经济效益、社会效益和生态效益。在杀虫剂品种选择上要尽量选择对天敌杀伤力小，对害虫杀伤力大的农药品种，提高灭害保益的效果。

(一)试验设计

1.蚜虫和多异瓢虫对杀虫剂的敏感性室内测定

选用 9 种杀虫剂，即 3%印楝素(可溶性浓剂)、0.5%藜芦碱(可溶性浓剂)、2.5%鱼藤酮(乳油)、1%苦参碱可溶性(水剂)、5%吡虫啉(乳油)、2%啶虫脒(乳油)、5%高效氯氰菊酯(乳油)、40%毒死蜱(乳油)、矿物油，每一种杀虫剂设 6 个剂量为试验处理，每个处理重复 3 次，每处理药剂量 0.67mL，并设清水为空白对照(CK)。

2.蚜虫田间药效试验

田间试验地设在胡麻试验基地，胡麻生育期为现蕾期，株高大约 25 cm。供试药剂及剂量：3%印楝素(可溶性浓剂)、0.5%藜芦碱(可溶性浓剂)、2.5%鱼藤酮(乳油)、1%苦参碱(水剂)、5%吡虫啉(乳油)、2%啶虫脒(乳油)、5%高效氯氰菊酯(乳油)、99%矿物油，设喷施清水为空白对照。试验采用随机区组排列，3 次重复，共 9 个处理，共 27 个小区，每个小区面积 $52m^2$。

表 1-4-13 供试药剂的类型及生产厂家

供试药剂	来 源	生产厂家
0.30%印楝素乳油	植物源农药	海南利蒙特生物农药公司
0.50%黎芦碱混剂	植物源农药	山东聊城赛德有限公司
1%苦参碱混剂	植物源农药	赤峰中农大生物科技有限公司
2.50%鱼藤酮混剂	植物源农药	广州农药厂
2.50%吡虫啉可湿性粉剂	化学农药	山东京蓬生物药业股份有限公司
40%毒死蜱乳油	化学农药	山东华阳科技股份有限公司
3%啶虫脒乳油	化学农药	西安恒田化工科技有限公司
0.1%斑蝥素	生物农药	甘肃金昌中药技术开发研究所
5%高效氯氰菊酯	化学农药	山东成大农药股份有限公司
99%矿物油	生物农药	SK 能源株式会社(韩国)

(二)试验方法

1.敏感性室内测定药剂有效剂量

3%印楝素(可溶性浓剂)2.5、1.25、0.83、0.625、0.5、0.42mg/L，0.5%藜芦碱(可溶性浓剂)2.5、1.25、0.83、0.625、0.5、0.42mg/L,2.5%鱼藤酮(乳油)12.5、6.25、4.17、3.125、2.5、2.08 mg/L,1%苦参碱可溶性(水剂)2、0.83、0.53、0.38、0.30、0.25mg/L,5%吡虫啉(乳油)10、4.2、2.6、1.9、1.5、1.25mg/L,2%啶虫脒(乳油)4.00、2.00、1.33、1.00、0.80mg/L,5%高效氯氰菊酯(乳油)10.00、5.00、3.33、2.50、1.67mg/L,40%毒死蜱(乳油)40.00、20.00、16.67、10.00、8.00mg/L,矿物油 300、150、100、75、60mg/L。

2.田间药效试验药剂有效剂量

3%印楝素(可溶性浓剂)900g/hm^2、0.5%藜芦碱(可溶性浓剂)900g/hm^2、2.5%鱼藤酮(乳油)1125g/hm^2、1%苦参碱(水剂)600g/hm^2、5%吡虫啉(乳油)450g/hm^2、2%啶虫脒(乳油)450g/hm^2、5%高效氯氰菊酯(乳油)450g/hm^2、99%矿物油 4500g/hm^2。

3.供试虫源及操作方法

(1)蚜虫和多异瓢虫对杀虫剂的敏感性室内测定

蚜虫是在胡麻田出现了蚜虫危害的高峰期,从田间采集的蚜虫,将采集到的蚜虫选取健壮的无翅成蚜,用毛笔轻轻刷入底部铺有滤纸的培养皿中,每皿放 10 头蚜虫供测定。模拟田间施药环境,采用喷雾法,用 40mL 小型喷雾器械对每个试验处理进行均匀喷雾。对喷雾处理后的蚜虫,用毛笔轻轻刷入放有胡麻植株(即剪取距胡麻植株顶端 5cm 的上半部分,然后用脱脂棉浸蒸馏水后包扎剪口处,防止胡麻植株脱水)直径为 9 cm 的培养皿中,然后放入(25±0.2)℃、光周期为 12(L):12(D)的人工气候箱中,处理后 24 h 检查死亡数,以用毛笔触动亚麻蚜身体无自主性反应为死亡标准。多异瓢虫是从田间采集的多异瓢虫,将采集到的多异瓢虫选取健壮的若虫,用毛笔轻轻刷入底部铺有滤纸的培养皿中,每皿放 10 头多异瓢虫供测定。模拟田间施药的环境，采用喷雾法，用 40mL 小型喷雾器械对每个试验处理进行均匀喷雾。对喷雾处理后的多异瓢虫，用毛笔轻轻刷入放有胡麻植株（即将有蚜虫的胡麻植株剪取距顶端 5cm 的上半部分，然后用脱脂棉浸蒸馏水后包扎剪口处，防止胡麻植株脱水）直径为 9 cm 的培养皿中，然后放入（25±0.2）℃、光周期为 12（L）：12（D）的人工气候箱中，处理后 24h 检查死亡数，以用毛笔触动多异瓢虫身体无自主性反应为死亡标准。

（2）蚜虫田间药效试验

施药前调查各小区虫口基数，药后 1d、7d、15 d 调查各小区的害虫及其天敌虫口数。调查时先调查害虫后调查天敌，害虫调查采取 5 点取样枝条计算法，每点随机调查 20 枝条上的虫口数量，统计百枝条虫量。天敌与其他害虫的调查同步，采取网扫法，每点调查 5 复网次天敌数量，统计后释放回原处理区。每个药剂按照设计的使用量配制 450g/hm^2 药液，采用工农 16 型背负式喷雾器均匀喷雾。

（三）数据处理

$$P_1=\frac{K}{N}\times100$$

式中，P_1 为死亡率；K 为表示死亡虫数；N 为表示处理总虫数。

$$P_2=\frac{Pt-Po}{1-Po}$$

式中 P_2 为校正死亡率； Pt 为处理死亡率； Po 为空白对照死亡率。在 EXCEL 编程按浓度对数一死亡机率值采用最小二乘法求取毒力回归方程（y=a+bx），计算 LC_{50} 和相关系数。

（四）试验结果

1.蚜虫对杀虫剂的敏感性室内测定

胡麻蚜虫对杀虫剂敏感性的室内测定结果见表 1-4-14。矿物油对蚜虫的致死中量 LC_{50} 最大为 360.9mg·L^{-1}，对胡麻蚜虫的毒力效果最差。高效氯氰菊酯对蚜虫的致死中量 LC_{50} 最小为 2.49mg·L^{-1}，说明对胡麻蚜虫的毒力效果最好。苦参碱与吡虫啉对胡麻蚜虫的毒力效果也较好，LC_{50} 分别为 2.71 mg·L^{-1} 与 2.87mg·L^{-1}。藜芦碱 LC_{50} 为 2.71 mg·L^{-1}>毒死蜱 LC_{50} 为 3.33mg·L^{-1}>印楝素 LC_{50} 3.81mg·L^{-1}>啶虫脒 LC_{50} 5.50 为 mg·L^{-1}>鱼藤酮 LC_{50} 为 26.41mg·L^{-1}，对胡麻蚜虫的毒力作用依次减小。筛选出高效氯氰菊酯、苦参碱、吡虫啉、藜芦碱、印楝素与鱼藤酮作为田间用药，矿物油作为纯天然绿色生物药剂，也一并作为田间试验药剂。

表 1-4-14　供试药剂对蚜虫的敏感性测定

供试药剂	回归方程(y=)	相关系数(R^2)	LC_{50}(mg·L^{-1})	相对毒力倍数
鱼藤酮	3.769+1.852x	0.87	26.409	1.000
藜芦碱	5.380+1.987x	0.96	3.056	8.642
苦参碱	5.592+1.696x	0.92	2.706	9.759
印楝素	5.386+ 1.596x	0.75	3.809	6.933
啶虫脒	4.781+1.564x	0.91	5.500	4.802
吡虫啉	4.334+1.752x	0.92	2.869	9.205
毒死蜱	5.862+1.968x	0.95	3.331	7.928
矿物油	3.865+1.263x	0.68	360.9	0.723
高效氯氰菊酯	5.782+1.852x	0.82	2.496	10.581

2.多异瓢虫对杀虫剂的敏感性室内测定

多异瓢虫的敏感性室内测定结果见表 1-4-15。参试化学药剂与生物药剂对多异瓢虫的毒性大小不尽相同并有明显差异。其中,毒死蜱 LC_{50}3.33mg·L^{-1}、苦参碱 LC_{50}3.79mg·L^{-1},对多异瓢虫的毒性最大;印楝素 LC_{50}4.59mg·L^{-1}、藜芦碱 LC_{50}5.37mg·L^{-1}、啶虫脒 LC_{50}5.53mg·L^{-1}、高效氯氰菊酯 LC_{50}5.10mg·L^{-1},对多异瓢虫的毒性也较大。而吡虫啉 LC_{50} 为 6.90mg·L^{-1} 对多异瓢虫的毒性相对较低。只有鱼藤酮 LC_{50}34.10mg·L^{-1} 和矿物油 35.93mg·L^{-1},对多异瓢虫的毒性较小安全性相对较高。

表 1-4-15　供试药剂对多异瓢虫的敏感性测定

供试药剂	回归方程(y=)	相关系数(R^2)	LC_{50}(mg·L^{-1})	相对毒力倍数
鱼藤酮	5.091+1.814x	0.80	34.10d	1.00
藜芦碱	6.702+1.961x	0.88	5.37b	6.35
苦参碱	6.914+1.696x	0.85	3.79a	9.00
印楝素	6.708+1.809x	0.69	4.59b	7.43
啶虫脒	6.103+1.777x	0.84	5.53b	6.17
吡虫啉	5.656+1.965x	0.85	6.90c	4.94
毒死蜱	7.184+2.181x	0.88	3.33a	10.24
矿物油	5.187+1.476x	0.63	35.93d	0.95
高效氯氰菊酯	7.104+2.065x	0.76	5.10b	6.69

3.胡麻蚜虫的田间药效试验结果

从表 1-4-16 可以看出,施药后 1d 苦参碱对胡麻蚜虫的防治效果最好为 86.27%,矿物油的防治效果最差防效为 69.12%。其他参试药剂的防治效果依次为啶虫脒防效 86.27%>毒死蜱防效 81.90%>高效氯氰菊酯防效 77.14%>鱼藤酮防效 76.58%>吡虫啉防效 74.10%>印楝素防效 72.27%>藜芦碱的防效 70.06%。

在施药后 1d,苦参碱对胡麻蚜虫防治的速效性最好,其防效为 86.72%;其次为啶虫脒防效 86.27%,毒死蜱防效 81.90%。

表 1-4-16 胡麻蚜虫的田间药效试验

供试药剂	剂量(g/hm²)	药前虫口数	药后 1d	防效	药后 7d	防效	药后 14d	防效
鱼藤酮	1500	63.62	7.87	76.58%	23.62	62.87%	33.65	47.11%
藜芦碱	900	45.85	2.35	70.06%	1.26	97.25%	12.86	71.95%
苦参碱	600	59.62	2.21	86.72%	6.62	88.90%	16.16	72.90%
印楝素	600	96.52	16.51	72.27%	29.52	70.91%	39.35	59.23%
啶虫脒	450	49.18	2.06	86.27%	6.18	87.43%	17.65	64.11%
吡虫啉	450	83.82	11.61	74.10%	34.82	58.46%	24.09	71.26%
毒死蜱	450	63.88	3.96	81.90%	11.88	81.40%	16.92	73.51%
矿物油	8000	68.25	21.75	69.12%	35.25	48.35%	45.08	33.95%
高效氯氰菊酯	450	76.83	7.28	77.14%	17.83	76.79%	18.87	75.44%

在施药后 7d，藜芦碱的防治效果最好为 97.25%，矿物油的防治效果仍然最差，为 48.35%。其他参试药剂的防治效果依次为苦参碱的防效 88.90%>啶虫脒的防效 87.43%>毒死蜱的防效 81.40%>高效氯氰菊酯的防效 76.79%>印楝素的防效 70.91%>鱼藤酮的防效 62.87%>吡虫啉的防效 58.46%。

在施药后 7d,藜芦碱防治蚜虫的持效性最好其防效为 97.25%,比施药 1d 后对蚜虫的防效(70.06%)提高了 27.19%;矿物油比施药 1d 后对蚜虫的防效(69.12%)下降了 20.77%,吡虫啉比施药 1d 后对蚜虫的防效(74.10%)下降了 15.64%,鱼藤酮比施药 1d 后对蚜虫的防效(76.58%)下降了 13.71%,上述三种药剂对蚜虫防治的持效性相对较差。

在施药后 14d,高效氯氰菊酯的防治效果最好为 75.44%,矿物油的防治效果仍然最差为 33.95%。其他参试药剂的防治效果依次为毒死蜱的防效 73.51%>苦参碱的防效 72.90%>藜芦碱的防效 71.95%>吡虫啉的防效 71.26%>啶虫脒的防效 64.11%>印楝素的防效 59.23%>鱼藤酮的防效 47.11%。

在施药后 14d，对蚜虫防治的持续性表现较好的药剂是吡虫啉、高效氯氰菊酯和毒死蜱,其中吡虫啉对蚜虫的防效比施药 7d 后提高了 12.8%,高效氯氰菊酯和毒死蜱对蚜虫的防效比施药 7d 后下降了 1.35%和 7.89%;持续性表现较差的药剂是啶虫脒对蚜虫的防效比施药 7d 后下降了 23.32%,藜芦碱对蚜虫的防效比施药 7d 后下降了 25.3%。

综上所述,对参试药剂速效性和持续性进行比较分析,在速效性方面化学药剂中啶虫脒和毒死蜱的速效性相对较好,生物药剂中苦参碱的速效性相对较好;在持效性方面化学药剂中高效氯氰菊酯和毒死蜱表现比较好,生物药剂印楝素和苦参碱表现比较好。

七、胡麻蚜虫防治指标试验研究

(一)试验目的

研究胡麻蚜虫危害与产量损失的关系,确定胡麻蚜虫防治经济阈值,制定合理的防治指标,是科学用药、开展综合防治胡麻田蚜虫的重要环节,为指导胡麻田蚜虫综合防治提供技术参数和依据。

（二）试验设计

年试验分2组，第一组在初花期接虫，共设7个处理，3次重复，采用人工接种定量蚜虫法，在胡麻孕蕾期分别按0头/百株（CK）、60头/百株、120头/百株、180头/百株、240头/百株、300头/百株、360头/百株接虫，接虫后2d观察，如有死伤，及时补足，接虫后15d统计蚜虫数量，有翅蚜不统计，然后用杀虫剂40%毒死蜱600ml/hm^{2}将蚜虫全部杀死，保持无虫直至收获，收获后单株考种并统计产量。

第二组试验在孕蕾期接虫，共设8个处理，3次重复，采用人工接种定量蚜虫法，在胡麻孕蕾期分别按0头/百株（CK）、10头/百株、20头/百株、30头/百株、40头/百株、50头/百株、60头/百株、70头/百株接虫，接虫后2d观察，如有死伤，及时补足，接虫后18d统计蚜虫数量，有翅蚜不统计，然后用杀虫剂40%毒死蜱600ml/hm^{2}将蚜虫全部杀死，保持无虫直至收获，收获后单株考种并统计产量。

（二）试验方法

1.采用盆栽网罩法

试验用土为取旱地耕作层（20cm）土壤混合过筛，每盆装土15kg。盆栽胡麻的播种期与大田胡麻保持一致。采用人工点播，出苗后将所有处理的每盆胡麻苗数均定为20株。为使盆栽胡麻在接虫前保持无虫和无虫卵，在接虫前20d喷低毒杀虫剂，并及时罩上网罩。

2.虫源

选择蚜虫危害胡麻集中的地块，剪取受害的胡麻植株，将蚜虫轻轻抖落在塑料布上，在培养皿中铺上2~3层用水打湿的滤纸和幼嫩的胡麻叶片，选取无翅成蚜，用0号毛笔轻挑于培养皿中，尽快带回，按试验设计接虫于网盆中。

（三）数据处理

根据结果计算出胡麻产量损失率y与平均百株蚜量x的相关方程为y=a+bx。

作物的经济允许损失水平是由作物产量Pn、当时的作物价格Pr、防治成本c（包括用药费、用工费、药械磨损费和作业损失费等）、防治效果E和经济系数F（完成一项作业所产生的经济、社会效益与作业费用的比值）等要素决定的。其关系一般为：

$$经济允许损失水平\ L(\%)=\frac{C\times F\times 100}{Pn\times Pr\times E}$$

蚜虫防治指标为蚜虫为害造成的损失等于经济允许损失水平时的蚜虫数量。所以，当经济允许损失水平L与产量损失率y相等时，造成y损失率的蚜虫数量x即为L经济允许损失水平下的蚜虫防治指标。因为y=a+bx所以，当y=L时，$\frac{C\times F\times 100}{Pn\times Pr\times E}$=a+bx，计算出x：

$$x=\frac{C\times F\times 100}{b\times Pn\times Pr\times E}-\frac{a}{b}$$

根据目前的胡麻生产情况,C 为 10 元,Pr 为 7.6 元/kg,E 为 90%,F 取值 4，由此可以得出不同胡麻产量水平的蚜虫防治指标。

(四)试验结果

1.不同虫口密度下的产量损失率

第一组试验,初花期接虫后不同虫口密度下的产量损失率。

表 1-4-17 初花期不同虫口密度下的产量损失率

每盆接虫量	接虫后不同时间段的虫口数 7.1 百株虫量	7.8 百株虫量	7.12 百株虫量	7.15 百株虫量	单株粒重(g)	产量损失比 CK ±(%)
0	0	0	0	0	0.7663	
12	60	420	1092	2245	0.7196	-6.09
24	120	820	1507	2172	0.6584	-14.08
36	180	1013	1742	2748	0.515	-32.79
48	240	565	1875	3443	0.5805	-24.25
60	300	1160	1735	3747	0.6525	-14.85
72	360	865	1750	3425	0.6318	-17.56

根据田间调查结果,蚜虫危害胡麻的最早时期是孕蕾期前后。这组试验设置为 7 个处理,百株虫量的梯度为 60 头/百株,危害 15d 后灭虫。蚜虫的各期群体虫口密度调查结果所示,试验每个处理的虫口数量尽管严格按照设计的定量接虫,但是由于蚜虫个体间的繁殖力和基础群体密度不相同。由于蚜虫的繁殖速度比较快,在繁殖过程中世代重叠现象突出,当 5d 的平均气温稳定上升到 12℃以上时便开始大量繁殖，在夏季温暖条件下完成 1 个世代只需 4~5d,因此各个时期蚜虫群体虫口密度的增长量也不尽相同。另外由于试验各处理的网盆空间大小基部一致,而每个试验处理的蚜虫所处的生存环境有较大的差异,所以使每个试验处理的蚜虫生长发育能力和危害能力也有一定差异。从试验结果可以看出,7 月 1~8 日蚜虫群体密度变化趋势是基础群体虫口密度低的比基础群体虫口密度高的增长速度快，但是蚜虫的基础群体虫口密度高的不一定危害最严重。蚜虫的基础群体虫口密度 60~120 头/百株,胡麻单株产量的减产损失率为 6.09%~14.08%;基础群体虫口密度 180~240 头/百株,胡麻单株产量的减产损失率为 32.79%~24.25%;基础群体虫口密度 300~360 头/百株,胡麻单株产量的减产损失率为 14.85%~17.56%。对虫口密度与产量损失率进行方程拟合,对数方程拟合度最好,R2=0.883。

第二组试验选择在孕蕾期接虫,接虫密度最小的为 10 头/百株,最大的为 70 头/百株,间隔梯度为 10 头/百株。

表 1-4-18 孕蕾期接虫后不同虫口密度下的产量损失率

每盆接虫量	接虫后不同时间段虫口数(月.日) 6.24 百株虫量	7.1 百株虫量	7.8 百株虫量	7.12 百株虫量	单株粒重(g)	产量损失比 CK
0	0	0	0	0	0.3373	0
10	10	65	297	340	0.3630	7.63
20	20	103	377	728	0.2976	-18.01
30	30	127	415	858	0.2623	-11.87
40	40	144	519	971	0.2412	-28.49
50	50	157	622	985	0.2237	-33.68
60	60	175	857	1083	0.2098	-37.78
70	70	233	707	1169	0.1832	-45.69

第二组蚜虫危害期为 18d,第二组与第一组试验相比,试验各处理蚜虫的繁殖能力和危害损失的趋势基本一致,但是第二组试验每个处理间的蚜虫基础群体虫口密度的间隔梯度比较小。从蚜虫群体虫口密度观测统计结果可以看出,7 月 1—12 日蚜虫群体密度变化趋势,是随着蚜虫基础群体虫口密度的不断增加其虫口密度也随着增加,蚜虫对胡麻的危害损失率也随之增加。当基础群体虫口密度为 20~30 头/百株时,胡麻单株产量的减产损失率为 18.01%~11.87%;基础群体虫口密度 40~70 头/百株时,胡麻单株产量的减产损失率为 28.49%~45.69%。虫口密度与产量损失率仍满足对数方程,R2=0.813。

2.蚜虫的防治指标

试验结果的综合分析,在产量损失方面认为,蚜虫对胡麻的危害生育时期、危害时间和繁殖速度不同,对胡麻产量的损失率也不相同。第一组试验在初花期危害时间第 15d,蚜虫的虫口密度由当初的 360 头/百株头增加到了 3425 头/百株,胡麻单株产量损失 17.56%;当初的 180 头/百株增加到了 2748 头/百株,胡麻单株产量损失 32.79%。而第二组试验在胡麻孕蕾期危害时间第 18d,蚜虫的虫口密度由当初的 20 头/百株增加到 728 头/百株,胡麻单株产量的减产损失 18.01%;蚜虫的虫口密度由当初的 40~70 头/百株增加到 971~1169 头/百株,胡麻单株产量的减产损失 28.49%~45.69%。

表 1-4-19 第一组试验初花期的蚜虫防治指标

产量水平(kg/hm²)	750	1125	1500	2250	3000
经济允许损失水平(%)	11.70	7.82	5.85	4.68	3.90
防治指标(头 / 百株)	695	850	941	1000	1041

表 1-4-20 第二组试验孕蕾期的蚜虫防治指

产量水平(kg/hm²)	750	1125	1500	2250	3000
经济允许损失水平(%)	11.70	7.82	5.85	4.68	3.90
防治指标(头 / 百株)	424	516	570	605	629

在防治指标面认为,在预期产量水平和经济允许损失水平(%)相同的情况下,第一组试验胡麻初花期的蚜虫防治指标 695~1014 头/百株,第二组试验胡麻孕蕾期的蚜虫防治指标 424~629 头/百株。两组试验不同预期产量水平和经济允许损失水平(%)条件下,胡麻孕蕾期

防治指标蚜虫的虫口密度，要比胡麻初花期防治指标蚜虫的虫口密度偏低 271~412 头/百株。因此，认为胡麻现蕾期前后是蚜虫防治的关键时期。

第四节 苜蓿盲蝽防治技术研究

一、化学药剂对苜蓿盲蝽毒力的室内测定

苜蓿盲蝽是宁夏胡麻主产区的重要害虫，由于其在危害期繁殖快，种群数量大，可造成胡麻 15%~20%的减产损失。一直以来，化学防治是主要的防治措施，目前在生产中应用的杀虫剂种类多而繁杂，而市场上新型杀虫剂也不少，但是防治效果则不尽相同。本试验选择了目前市场上评价较好的包括几种新开发杀虫剂在内的 8 种杀虫剂，通过室内毒力测定，可选择安全高效的化学杀虫剂在生产中推广应用。

（一）试验设计

1.供试药剂有效剂量处理设

77.5%敌敌畏乳油 300、150、100、50、25 mg·L^{-1}；1.8%阿维菌素乳油 220、110、50、25、10 mg·L^{-1}；40%氧化乐果 600、300、150、100、50 mg·L^{-1}；45%毒死蜱乳油 180、90、50、25、10 mg·L^{-1}；35%吡虫啉悬浮剂 46、23、11.5、6、3 mg·L^{-1}；5%氰戊菊酯乳油 40、20、10、5、2.5 mg·L^{-1}；10%啶虫脒乳油 60、30、15、7.5、3.75 mg·L^{-1}；4.5%高效氯氰菊酯乳油 16、8、4、2、1 mg·L^{-1}；2.5%溴氰菊酯乳油 42、21、10、5、2.5 mg·L^{-1}。

2.供试虫源

在胡麻田苜蓿盲蝽危害期，从田间采集苜蓿盲蝽成虫供毒力测定。

3.仪器设备

体视显微镜（XTL-IV，江西凤凰光学股份有限公司）、光照培养箱（河南鹤壁佳多科工贸有限责任公司）、电子天平（感量 0.1mg，上海良平仪器仪表有限公司）、滤纸、0 号毛笔、直径为 9cm 培养皿烧杯。

（二）试验方法

苜蓿盲蝽的毒力测定采用 FAO 推荐的方法，具体操作参照中华人民共和国农业行业标准 NY/T 1154.1-2006 进行。

先将各供试药剂用蒸馏水溶解并稀释，配制成 6 个系列质量浓度，并设清水作空白对照。

剪取胡麻植株的上半部分（距植株顶端 5cm），然后用脱脂棉浸蒸馏水后包扎剪口处，防止植株脱水，然后将植株放入直径 9cm 的培养皿中。

采用喷雾法，将采集到的苜蓿芒蝽，用毛笔轻轻刷入底部铺有滤纸的培养皿中，每皿放约 10 头苜蓿芒蝽，三次重复，用 40mL 小型喷雾器械进行均匀喷雾。放入（25 ± 0.2）℃、光周

期为12(L):12(D)的人工气候箱中,处理后24h检查死亡数,以用毛笔触动苜蓿芒蝽身体无自主性反应为死亡标准。

(三)数据处理

$$P_1=\frac{K}{N}\times100$$

式中,P_1为死亡率;K为表示死亡虫数;N为表示处理总虫数。

$$P_2=\frac{Pt-Po}{1-Po}$$

式中P_2为校正死亡率;Pt为处理死亡率;Po为空白对照死亡率。

在EXCEL编程按浓度对数一死亡机率值采用最小二乘法求取毒力回归方程(y=a+bx),计算LC_{50}和95%置信限。

(四)结果与分析

化学药剂对苜蓿盲蝽室内毒力测定结果及毒力比较。苜蓿盲蝽室内毒力测定的结果如表1-4-21所示，可以看出，被测试的药剂对苜蓿盲蝽的致死中量差异较大，氧化乐果的LC_{50}值最大,为157.14 mg·L^{-1},其次是敌敌畏和毒死蜱,分别为62.86mg·L^{-1}和35.97 mg·L^{-1},高效氯氰菊酯的LC_{50}值最小,为3.29mg·L^{-1}。以氧化乐果作为标准药剂,计算了各药剂的相对毒力大小，排序为高效氯氰菊酯>溴氰菊酯>吡虫啉>氰戊菊酯>啶虫脒>阿维菌素>毒死蜱> 敌敌畏>氧化乐果。

表1-4-21　9种药剂对苜蓿盲蝽室内毒力测定结果

药剂名称	LC_{50}值	95%置信限(mg·L^{-1})	标准误SE	相关系数	毒力回归方程(y=)	相对毒力
敌敌畏	62.86	46.8787–84.2869	9.41	0.9619	1.5258+1.9319x	2.50
阿维菌素	34.12	23.7036–49.1036	6.34	0.973	2.6250+1.5493x	4.61
氧化乐果	157.14	121.3635–203.4537	20.71	0.9807	0.3967+20.959x	1.00
毒死蜱	35.97	26.2827–49.2265	5.76	0.9783	2.3713+1.6895x	4.37
吡虫啉	8.56	6.2403–11.7398	1.38	0.9504	3.2280+1.9005x	18.36
氰戊菊酯	9.53	7.2281–12.5525	1.34	0.9895	3.1161+1.9246x	16.49
啶虫脒	12.61	9.0836–17.5021	2.11	0.976	3.1626+1.6694x	12.46
高效氯氰菊酯	3.29	2.5636–4.2277	0.42	0.9839	3.8100+2.2997x	47.76
溴氰菊酯	7.09	5.2674–9.5543	1.08	0.9891	3.2319+2.0779x	22.16

二、防治胡麻田苜蓿盲蝽的药效试验研究

(一)试验设计

1.供试药剂

40%氧化乐果乳油、77.5%敌敌畏乳油、40%辛硫磷乳油、来福灵乳油、10%高效氯氟氰菊酯水乳剂、1.8%阿维菌素乳油、阿维高氯和5%啶虫脒乳油。

2.田间设计

试验共设 9 个处理，随机区组排列，小区面积 $25m^2$，3 次重复，对照为清水处理(CK)。

3.药剂使用浓度

40%氧化乐果乳油 $600g/hm^2$，77.5%敌敌畏乳油 $750g/hm^2$，40%辛硫磷乳油 $450g/hm^2$，来福灵乳油 $125g/hm^2$、5%啶虫脒乳油 $375ml/hm^2$，10%高效氯氟氰菊酯水乳剂 75ml/hm，1.8%阿维菌素乳油 $600g/hm^2$，毒死蜱 $900g/hm^2$。

4.防治效果调查方法

施药前(6.30)调查虫口基数，施药后 1d(7 月 1 日)、3d(7 月 3 日)、5d(7 月 5 日)、7d(7 月 7 日)、14d(7 月 4 日)和 28d(7 月 28 日)分别调查残虫数，方法是每个处理扫 15 复网，5 复网为 1 重复，统计虫口数。

(二)统计方法

虫口减退率(%)=(a-b)/a×100%

校正防效(%)=〔1-bc/ad〕×100%

a 为处理区施药前虫口基数，b 为处理区施药后残虫数，c 为对照区施药前虫口基数，d 为对照区施药后虫口数。

(三)试验结果

化学药剂对苜蓿盲蝽的防治效果：试验结果表明，参试 8 种药剂对苜蓿盲蝽速效性较强的有，阿维菌素(96.90%)、辛硫磷(96.60%)、毒死蜱(96.24%)、啶虫脒(93.13%)、敌敌畏(92.73%)、高效氯氰菊酯(89.80%)。

表 1-4-22 药剂对苜蓿盲蝽的防效(%)

	药后 1d	药后 3d	药后 5d	药后 7d	药后 14d	药后 28d
敌敌畏	92.73	98.20	60.78	59.25	3.94	16.75
来福灵	88.60	97.30	75.84	84.03	60.85	54.83
氧化乐果	84.94	77.22	79.69	62.01	68.16	53.57
辛硫磷	96.60	71.97	79.03	65.69	60.46	64.06
毒死蜱	96.24	88.55	59.38	57.79	8.47	73.47
啶虫脒	93.13	81.11	80.57	64.03	58.82	75.78
高效氯氰菊酯	89.80	89.77	86.90	35.19	24.52	0.00
阿维菌素	96.90	62.27	73.71	65.24	21.34	28.99

施药后 3d，对苜蓿盲蝽的防治效果：敌敌畏(98.20%)、来福灵(97.30%)、高效氯氰菊酯(89.77%)、毒死蜱(88.55%)。施药后 7d 除来福灵(84.03%)有较高的防效外，其他 7 种化学药剂的防效都在 70%以下。阿维菌素对苜蓿盲蝽的速效性较好，但是持效期较短。参试的 8 种化学药剂中，对苜蓿盲蝽防效较好的化学药剂是高效氯氰菊酯、来福灵和啶虫脒。

三、胡麻田苜蓿盲蝽防治指标研究

研究胡麻田苜蓿盲蝽为害与产量损失的关系，确定苜蓿盲蝽防治经济阈值，制定合理的防治指标，是科学用药、开展综合防治胡麻田苜蓿盲蝽的重要环节，对指导胡麻田虫害防治具有十分重要的意义。

（一）试验设计

采取盆栽试验设6个处理，3次重复，试验用土为取旱地耕作层（20cm）土壤混合过筛，每盆装土15kg。采用人工点播，出苗后将所有处理的苗数按20株/盆定植。在接虫的前20d喷施40%毒死蜱600ml/hm²，并及时罩上网罩，确保接虫前胡麻植株上无别的昆虫和虫卵。

试验采用人工定量接虫的方法，在胡麻孕蕾期（6月22日）分别按0头/百株（CK）、5头/百株、10头/百株、15头/百株、20头/百株、25头/百株接虫，在接虫后2d观察，如有死伤，及时补足，在接虫后第10d用杀虫剂40%毒死蜱600ml/hm²将苜蓿盲蝽全部杀死，保持无虫直至收获，收获后单株考种并统计产量。

（二）试验方法

虫源：在苜蓿盲蝽危害胡麻集中的地块，扫网捕获苜蓿盲蝽，将苜蓿盲蝽轻轻抖落在塑料布上，选择个体发育一致的若虫用0号毛笔轻挑于培养皿中，尽快带回试验基地，按试验设计要求将苜蓿盲蝽接于网盆中。

（三）数据处理

计算各处理的产量损失率，对数据进行回归拟合，求出直线回归方程 y=a+bx（x为虫口密度，y为产量损率）和相关系数r，分别分析苜蓿盲蝽和胡麻的经济允许损失水平（EIL），由此得出苜蓿盲蝽的防治指标。

（四）试验结果

1.苜蓿盲蝽危害胡麻的产量损失率测定

表1-4-23 苜蓿盲蝽与胡麻产量损失率的关系

7.19接虫头/盆	接虫后不同时间段虫口数（月.日）				单株粒重(g)	产量损失比对照±(%)
	7.22 百株虫量	7.25 百株虫量	7.29 百株虫量	8.2 百株虫量		
0	0	0	0	0	0.3373	0
10	18	30	51	72	0.3269	7.63
20	33	42	62	85	0.3048	-18.01
30	42	59	85	117	0.2829	-11.87
40	47	68	99	134	0.2582	-28.49
80	85	105	127	161	0.1925	-33.68
100	107	127	148	182	0.1670	-37.78

由表1-4-23可知，随着苜蓿盲蝽虫口密度的增大，胡麻单株产量明显降低，通过回归分析，得出苜蓿盲蝽虫口密度与产量损失率的回归方程为 y=7.758x-3.184，相关系数为0.9647，相关性达极显著水平。

2.苜蓿盲蝽经济允许损失水平的确定

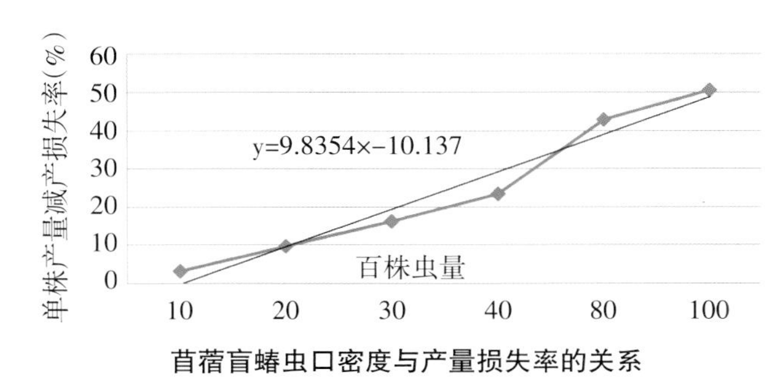

苜蓿盲蝽虫口密度与产量损失率的关系

作物的经济允许损失水平是由作物产量 Pn、当时的作物价格 Pr、防治成本 c(包括用药费、用工费、药械磨损费和作业损失费等)、防治效果 E 和经济系数 F(完成一项作业所产生的经济、社会效益与作业费用的比值)等要素决定的。其关系一般为:

经济允许损失水平 EIL== $\frac{C\times F\times 100}{Pn\times Pr\times E}$

经过试验观测,苜蓿盲蝽发生在初花期,以高效氯氰菊酯防治苜蓿盲蝽 1 次为例,防治成本为 184.5 元/hm^2,防治效果为 90%,胡麻的市场价格为 7.0 元/kg,产量为 1125kg/hm^2,则苜蓿盲蝽的 EIL 为 10.41%。

3.苜蓿盲蝽危害胡麻的防治指标的确定

苜蓿盲蝽防治指标为苜蓿盲蝽为害造成的损失等于经济允许损失水平时的苜蓿盲蝽数量。所以,当经济允许损失水平 L 与产量损失率 y 相等时,造成 y 损失率的苜蓿盲蝽数量 x 即为 L 经济允许损失水平下的苜蓿盲蝽防治指标。因为 y=a+bx 所以,当 y=L 时,

$\frac{C\times F\times 100}{Pn\times Pr\times E}$=a+bx,计算出 x:

$$x=\frac{C\times F\times 100}{b\times Pn\times Pr\times E}-\frac{a}{b}$$

若胡麻的产量期望值为 1125kg/hm^2,苜蓿盲蝽的 EIL 为 10.41%,则苜蓿盲蝽的防治指标 2.35 头/百株,为了便于指导田间生产,以胡麻成株数 40 万/hm^2 计算,则 1m^2 胡麻株数为 600 株,田间调查中,一复网的面积为 1.5m^2,则防治指标表述为每复网 21 头。

第五节 蓟马防治及色板诱虫效果研究

一、化学药剂对蓟马毒力的室内测定

(一)选用化学和生物杀虫剂

矿物油、藜芦碱、苦参碱、印楝素、毒死蜱、斑蝥素、高效氯氰菊酯,其中毒死蜱和高效氯氰

菊酯属于化学杀虫剂,其余均为生物杀虫剂(研究方法与蚜虫的毒力的室内测定方法相同)。

(二)试验结果

杀虫剂矿物油、藜芦碱、苦参碱、印楝素、毒死蜱、斑蝥素、高效氯氰菊酯,对蓟马毒力的室内测定结果(表1-4-24)。毒死蜱对蓟马的毒力作用最大,LC_{50}为1.12mg·L^{-1}。矿物油对蓟马的毒力作用最差,LC_{50}为69.77mg·L^{-1}。其他依次为苦参碱LC_{50}为5.07mg·L^{-1}、印楝素LC_{50}为3.87mg·L^{-1}、藜芦碱LC_{50}为2.27mg·L^{-1}、斑蝥素LC_{50}为2.11mg·L^{-1}与高效氯氰菊酯为1.28mg·L^{-1}。筛选出毒死蜱、藜芦碱、斑蝥素与印楝素作为下一步的田间药剂筛选,矿物油作为一种纯天然的生物制剂,因此也作为下一步的田间筛选药剂。

表1-4-24 蓟马的室内毒力测定结果

供试药剂	回归方程(y=)	相关系数(R^2)	LC_{50}(mg·L^{-1})	相对毒力倍数
矿物油	3.082+1.033x	0.96	69.770	1.00
藜芦碱	4.699+2.863x	0.91	2.273	30.70
苦参碱	5.523+0.956x	0.98	5.067	54.42
印楝素	2.079+0.764x	0.96	3.874	18.01
毒死蜱	6.256+1.315x	0.97	1.120	62.29
斑蝥素	4.507+1.124x	0.91	2.106	33.13
高效氯氰菊酯	4.142+1.217x	0.97	1.28	13.77

二、防治蓟马的田间药效试验

(一)试验设计

1.供试药剂

矿物油乳油、05%藜芦碱、0.2%苦参碱水剂、40%毒死蜱乳油、1%斑蝥素乳油、4.5%高效氯氰菊酯乳油。

2.田间设计

试验共设7个处理,随机区组排列,小区面积25m²,3次重复,对照为清水处理作。

3.药剂使用浓度

矿物油乳油(2250ml/hm²)、0.5%藜芦碱(1350ml/hm²)、0.2%苦参碱水剂(8250ml/hm²)、40%毒死蜱乳油(1050ml/hm²)、1%斑蝥素乳油(1800ml/hm²)、4.5%高效氯氰菊酯乳油(450ml/hm²)。

4.防治效果调查方法

施药前(6.24)调查虫口基数,于施药后1d(6.25)、3d(6.28)、5d(6.30)、7d(7.2)、14d(7.8)分别调查残留活虫数,采用每个小区对角线五点取样法,每个样段取20株胡麻,将每个样段胡麻植株上的蓟马抖在白纸上,分布统计虫口数量。

(二)统计方法

虫口减退率(%)=(a-b)/a×100%

校正防效(%)=[1-bc/ad]×100%

a为处理区施药前虫口基数,b为处理区施药后残虫数,c为对照区施药前虫口基数,d

为对照区施药后虫口数。

（三）试验结果

胡麻田间蓟马的防治药效试验结果（表1-4-25），即施药后1d 4.5%高效氯氰菊酯乳油的药效最好，防效为93.59%，矿物油的药效最差，防效为64.93%；其他药剂的防效依次为苦参碱的防效91.18%、毒死蜱的防效90.70%、斑蝥素的防效85.14%、藜芦碱的防效84.69%，其药效呈逐渐降低趋势。施药后7d 4.5%高效氯氰菊酯乳油的药效仍然是最好，防效为91.05%，矿物油的药效仍然最低，防效为59.70%，其他药剂的防效依次为毒死蜱的防效为89.15%、苦参碱的防效为86.27%、藜芦碱的防效为78.57%、斑蝥素的防效为74.32%，其药效也呈逐渐降低趋势。斑蝥素的药效下降较快，下降了11.46%。施药后14d毒死蜱的药效仍然最好，防效为83.72%，矿物油防效最差，防效为33.58%，其他药剂的防效依次为苦参碱的防效为71.57%、4.5%高效氯氰菊酯乳油的防效为67.95%、藜芦碱的防效为63.27%、斑蝥素的防效为62.16%，其药效在逐渐降低。药后14d化学药剂表现出较好的持久性，毒死蜱具有很好的持久性，而生物药剂中藜芦碱和苦参碱的速效性和持久性表现不错。

表1-4-25 胡麻田蓟马的田间药效试验

供试药剂	剂量（ml/hm²）	药前虫口	施药后虫口数及防效（%）					
			1d	防效	7d	防效	14d	防效
矿物油	2250	134	47	64.93	54	59.70	89	33.58
藜芦碱	1350	98	15	84.69	21	78.57	36	63.27
苦参碱	8250	102	9	91.18	14	86.27	29	71.57
毒死蜱	1050	129	12	90.70	14	89.15	21	83.72
斑蝥素	1800	74	11	85.14	19	74.32	28	62.16
高效氯氰菊酯	450	88	8	93.59	12	91.05	35	67.95

三、利用诱虫色板防治胡麻害虫的研究

色板是根据害虫趋性，将对其颜色有趋性的害虫引诱来，利用其表面的无公害粘虫胶将其粘住，从而起到防治害虫的作用。目前，胡麻生产上害虫防治仍然以化学防治为主，化学防治方法虽然在一定条件下，短期内能快速消灭害虫，压低虫口密度，但长期使用易产生药害，能使害虫产生抗药性，污染环境，杀伤天敌。色板诱杀技术成本低、操作简单，能有效减少杀虫剂的使用和延缓害虫的抗药性，避免农药残留超标危害生命和环境，是一种经济的、绿色的控害技术。本试验用10种不同颜色诱虫板在胡麻地进行诱集试验，对不同颜色在不同害虫上的趋性反应进行系统比较研究，以期为胡麻害虫的无公害防治和预测预报提供依据。

（一）试验设计

1.试验材料

PVC粘虫板，根据色彩标准选择黄、蓝、淡蓝、绿、红、白、紫、粉、灰、黑10种不同颜色的色板，规格为25cm×20 cm（河南汤阴县佳多科工贸公司生产）。

2.试验及调查方法

采用悬挂诱集法(把竹竿插入地里,将诱虫板固定在竹竿上)进行诱集试验。试验田面积 345m^2(15m×23m),试验按不同颜色设 10 个处理,不设重复,各颜色诱虫板随机排列,以不安放色板的试验地为对照田。诱虫板悬挂高度以色板上沿略高于胡麻顶端为准,10 种颜色诱虫板分两行等间距间隔放置。色板统一朝东西方向,东面为正面。从 6 月 4 日开始设置诱虫色板直到收获前,每隔 10d 更换一次诱虫色板并进行调查,对诱捕到的害虫进行统计记载和鉴定分类,同时对试验处理区和对照区害虫进行网捕调查,计算防治效果,对色板的诱杀防虫效果进行评价。

$$相对防治效果(\%)=\frac{对照区虫口数-处理区虫口数}{对照区虫口数}\times100$$

3.单株统计法

蚜虫、蓟马调查采取此种方法,用百株虫量表示害虫发生程度。每个处理沿地块对角线 3 点取样,每点调查 20 株胡麻,统计蚜虫、蓟马数量。蚜虫和蓟马调查时轻轻拍打胡麻植株,统计落在白纸板上害虫数量。

4.网扫法

盲蝽、蝉、夜蛾科害虫以及天敌调查采取此种方法。每个处理用捕虫网随机扫五复网次,一复网水平 180°左右各扫 1 次,统计害虫和天敌的数量。

(二)栽培管理

1.试验地基本情况

土壤类型为淡黑垆土,前茬作物马铃薯,秋施肥基施油渣 1125kg/hm^2,磷酸二铵 375kg/hm^2、碳铵 750kg/hm^2,用犁翻耕耙磨。试验播种时间 4 月 20 日,播种量 75kg/hm^2。

2.田间管理

试验地,中耕除草,灌水、追肥等管理措施与周围大田的管理措施一致。

(三)结果与分析

1.调查色板在不同时期对胡麻害虫诱捕效果

利用色板诱捕胡麻害虫试验,按不同颜色设 10 个处理,不设重复,各颜色诱虫板东西方向分 2 行随机摆放,以不置放色板为对照田。从 6 月 4 日开始直到收获前,每隔 10d 更换 1 次诱虫板并进行调查,对诱捕到的害虫和天敌进行统计记载和鉴定分类,同时对处理区和对照区害虫进行网捕调查,对诱虫色板的诱捕防虫效果进行评价。

根据 6 月 14 日调查, 各色板诱集蓟马数量多少的顺序为淡蓝>黄>白>紫>粉>蓝>绿>灰>红色,每板诱集到蓟马 75~1234 头,网扑调查 10 复网 43 头。

各色板诱集蚜虫数量多少的顺序为粉>白>灰>淡蓝>绿>蓝>红>紫>黄色,每板诱集到蚜虫 20~74 头，网扑调查 10 复网 88 头。

各色板诱集潜叶蝇数量由多到少的顺序为黄>淡蓝>绿>紫>灰>蓝>粉>白>红色，每板诱集到潜叶蝇 201~1504 头，网扑调查 10 复网 7 头。

根据 6 月 25 日调查，各色板诱集蓟马数量由多到少的顺序为白>黄>蓝>淡蓝>粉>紫>灰>绿>红色，每板诱集到蓟马 428~2616 头，网扑调查 10 复网 170 头。

各色板诱集蚜虫数量由多到少的顺序为粉>蓝>红>白>灰>淡蓝>绿>黄>紫色，每板诱集到蚜虫 51~352 头，网扑调查 10 复网 33 头。

各色板诱集潜叶蝇数量由多到少的顺序为黄>淡蓝>蓝>白>粉>绿>紫>红>灰色，每板诱集到潜叶蝇 136~1392 头，网扑调查 10 复网 4 头。

根据 7 月 5 日调查：各色板诱集蓟马数量由多到少的顺序为白>蓝>紫>淡蓝>黄>粉>红>绿>灰色，每板诱集到蓟马 174~1526 头，网扑调查 10 复网 130 头。

各色板诱集蚜虫数量由多到少的顺序为红>粉>蓝>白>紫>黄>淡蓝>绿>灰色，每板诱集到蚜虫 4~29 头，网扑调查 10 复网 42 头。

各色板诱集潜叶蝇数量由多到少的顺序为黄>蓝>绿>淡蓝>紫>粉>白>灰>红色，每板诱集到潜叶蝇 101~846 头，网扑调查 10 复网 19 头。

根据 7 月 16 日调查，各色板诱集蓟马数量由多到少的顺序为蓝>白>淡蓝>绿>粉>紫>黄>灰>红色，每板诱集到蓟马 504~2612 头，网扑调查 10 复网 128 头。

各色板诱集蚜虫数量由多到少的顺序为蓝>绿>白>淡蓝>灰>粉>黄>紫>红色，每板诱集到蚜虫 12~398 头，网扑调查 10 复网 7 头。

各色板诱集潜叶蝇由多到少顺序多少的顺序为蓝>淡蓝>绿>黄>白>紫>粉>灰>红色，每板诱集到潜叶蝇 48~718 头，网扑调查 10 复网 4 头。

根据调查统计分析，10 种颜色的 PVC 粘虫板，黑色板诱集效果相对较差。其余 9 种色板能诱集到的昆虫有蚜虫、蓟马、潜叶蝇、盲蝽、食蚜蝇、瓢虫类、蜘蛛类、草蛉、叶蝉，而诱捕数量由多到少的顺序是潜叶蝇>蓟马>蚜虫>盲蝽。各类昆虫对色板的敏感程度对比，蚜虫：白>粉>蓝>灰>淡蓝；蓟马：淡蓝>白>粉>黄>蓝；潜叶蝇：黄>淡蓝>蓝>绿>紫。淡蓝、蓝、白、粉、黄色板对蚜虫、蓟马和潜叶蝇都有较好的诱集效果。

2.不同时期色板诱捕害虫的种类和数量

从表 1-4-26、表 1-4-27 可知，对蚜虫引诱效果最好的是蓝板，其次是白板，红板、紫板引诱效果最差，其余颜色处理引诱效果不明显，前后两期数据波动较大。对蓟马引诱效果最好的是黄板，其次是白板、篮板和淡蓝板，红板和灰板引诱效果最差，其余颜色处理引诱效果一般。黄板对潜叶蝇引诱效果最好，其次是篮板、淡蓝板和白板，红板引诱效果最差。对盲蝽引诱效果最好的是蓝色板和黄色板，其次为绿色板和粉色板，其他颜色色板诱虫效果不明显，前后两期数据变化较大。对于天敌瓢虫类、蜘蛛类、食蚜蝇等昆虫，黄板和蓝板的引诱效果最好，但与其余颜色色板诱杀效果差异不大。

表 1-4-26 不同色板对胡麻害虫诱捕效果(头)

色板颜色	蚜虫	蓟马	潜叶蝇	盲蝽	蝉	食蚜蝇	瓢虫类	蜘蛛类	草蛉
淡蓝	80	1178	940	5	6	1	1	0	2
蓝	180	1350	386	18	3	0	5	0	0
黄	68	2348	1692	2	34	4	4	0	1
灰	96	696	136	21	7	0	0	1	3
绿	94	624	180	21	16	0	3	1	0
粉	352	1153	308	13	8	0	2	1	1
白	148	2616	348	3	28	1	1	0	0
紫	51	1052	142	17	6	0	0	0	2
红	157	428	216	4	23	0	0	0	0

注:调查时间为 6 月 25 日,瓢虫类为多异瓢虫和七星瓢虫

表 1-4-27 不同色板对胡麻害虫及天敌诱捕效果(头)

色板颜色	蚜虫	蓟马	潜叶蝇	盲蝽	蝉	食蚜蝇	瓢虫类	蜘蛛类	草蛉
淡蓝	267	1981	568	1	5	0	0	0	1
蓝	398	2612	718	0	9	1	1	0	1
黄	36	696	384	17	5	4	2	0	3
灰	72	513	148	1	6	0	1	0	0
绿	352	1631	424	3	17	0	2	0	0
粉	48	1461	184	2	5	0	0	0	0
白	319	2413	344	0	3	1	1	0	0
紫	32	994	188	0	4	0	0	1	0
红	12	504	48	0	3	0	0	0	0

注:调查时间为 7 月 16 日,瓢虫类为多异瓢虫和七星瓢虫

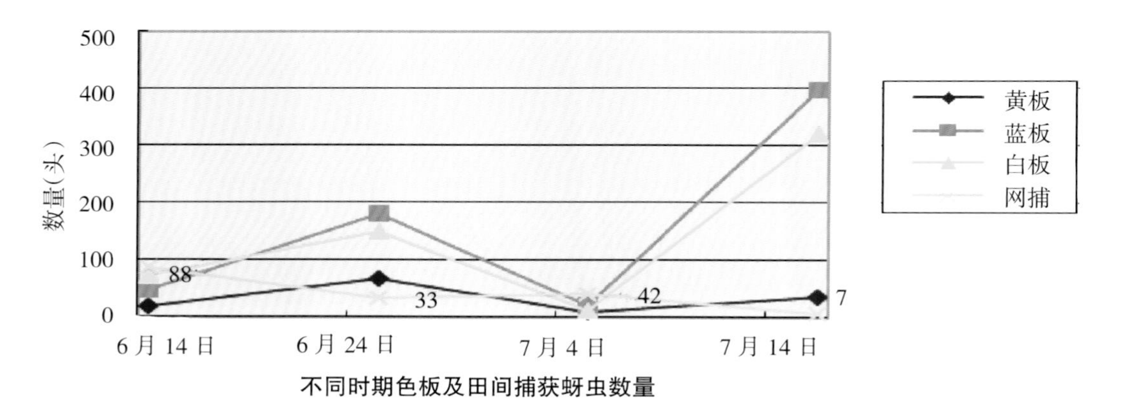

不同时期色板及田间捕获蚜虫数量

从不同颜色色板对害虫的诱捕效果综合来看，黄板、蓝板和白板对胡麻害虫(蚜虫、蓟马、潜叶蝇等)均具有明显的诱捕效果，可以用于胡麻地主要害虫的诱集。从色板对天敌的诱捕效果来看，黄板和蓝板对瓢虫类、食蚜蝇等天敌的诱捕效果最好，但 2 期平均诱捕虫量为 0.5~4 头/板，故色板对胡麻害虫天敌的诱捕和调查作用不大。将色板诱捕各种害虫和天敌的动态变化趋势和效果分述如下。

(1)蚜虫

从图《不同时期色板田间捕获蚜虫数量》可知,黄板、蓝板和白板对蚜虫的诱捕数量均随生育期的增加,变化呈双峰形。田间捕获蚜虫数量变化正好相反。随生育期的增加,呈双谷形。蚜虫多群集胡麻植株顶端,为害嫩叶嫩芽。蚜虫通常有两种生活形态,无翅蚜和有翅蚜,当蚜虫群体拥挤,营养恶化,蚜体含水量下降时便产生有翅蚜进行迁飞扩散,色板诱捕蚜虫以有翅蚜为主。6 月 14 日 3 种颜色的色板诱捕蚜虫数量较少,到 6 月 25 日诱捕的蚜虫数量迅速增加。因为从安置色板到 6 月 14 日,蚜虫刚从第一寄主迁飞到胡麻地为害,呈点片发生,故数量不多。6 月 14—25 日,胡麻从孕蕾前期进入开花期,气温不断升高,蚜虫食物充足繁殖速度不断加快,而虫口密度增大,有翅蚜大量产生,色板诱捕蚜虫数量迅速增加,出现了第一个高峰期。6 月 25—7 月 5 日,胡麻进入开花末期嫩枝嫩叶减少,有翅蚜部分迁移到其他作物田取食,色板诱捕到蚜虫数量减少。但此时无翅蚜仍可以在胡麻田取食并增殖,到 7 月 5—16 日,由于环境条件适宜蚜虫继续繁殖,群体数量进一步增加又产生了有翅蚜并再次迁飞扩散,色板捕获蚜虫数量进一步增多,出现了第二个高峰期。

色板诱捕蚜虫以有翅蚜为主,而田间调查捕获蚜虫则全部为无翅蚜,当有翅蚜产生时无翅蚜就会减少,故当色板捕获蚜虫(有翅蚜)数量上升时,田间调查捕获蚜虫(无翅蚜)数量就相应降低。因此,出现了 2 种调查方法,各自监测显示蚜虫的生活形态(有翅蚜和无翅蚜)和数量变化不相同的趋势。

综合 2 种监测结果可见,蚜虫种群出现的始盛期为 6 月 14 日,高峰期 6 月 21 日~7 月 5 日,衰退期 7 月 5 日以后,这与田间观察情况基本一致。

(2)蓟马

蓟马成虫和若虫以取食胡麻植株幼嫩组织(枝梢、叶片、花、果实等)汁液为食,幼虫和成虫发生的适温为 23~28℃。从图《不同时期色板田间捕获蓟马数量》可以看出,白、黄、蓝 3 种颜色的诱虫板对蓟马都有诱捕效果,胡麻的生育时期不同诱捕到蓟马的数量不尽相同,总的趋势是从胡麻孕蕾前期到现蕾期(6 月 14—25 日)出现了第一次高峰期,从现蕾期到初

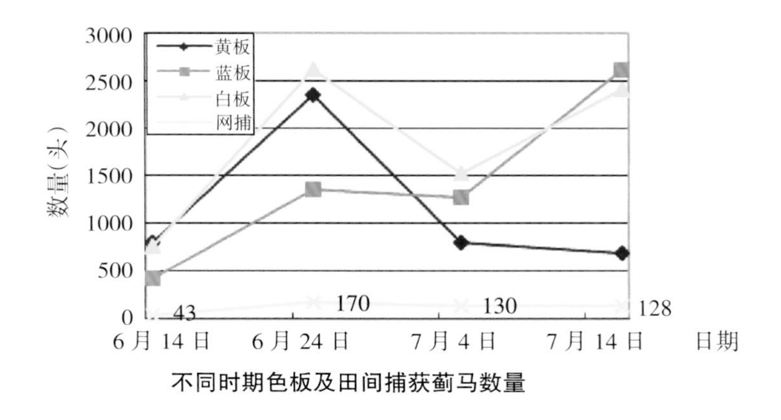

不同时期色板及田间捕获蓟马数量

花期(6 月 25—5 日)出现了低谷期,此后从开花期到青果初期(7 月 5—16 日)出现了第二次高峰期,但是这个时段黄色板诱捕蓟马的种群数量还是处在缓慢下降的低谷期。

进一步分析,黄色板对蓟马的诱捕情况, 6 月 14 日,由于胡麻正值孕蕾前期,虽然植株各部分组织幼嫩,但尚未开花,故蓟马的数量不多,处于繁殖增长的初始阶段,到 6 月 25 日时,气温不断升高,胡麻进入开花期,蓟马的发育处于最适宜温度环境而且食物充足,故种群数量迅速增加;6 月 14—25 日,诱捕到蓟马的种群数量由 798 头迅速增长并达到 2348 头的峰值,进入了发生危害的高峰期。此后黄色板对蓟马的诱捕的种群数量开始大幅度减少,直至 7 月 6 日黄色板诱捕蓟马的种群数量从 2348 头减少到 794 头。7 月 6 日以后黄色板诱捕蓟马的种群数量由 794 头减少到 696 头,减少的趋势逐渐变缓。

白色板对蓟马的诱捕情况,6 月 14—25 日, 诱捕到蓟马的种群数量由 756 头迅速增长并达到 2616 头的峰值,进入了发生危害的第一次高峰期。此后白色板对蓟马的诱捕的种群数量开始大幅度减少,直至 7 月 6 日白色板诱捕蓟马的种群数量从 2616 头减少到 1526 头。7 月 6 日以后白色板诱捕蓟马的种群数量又开始上升,由 1526 头增加到 2413 头,形成了第二次危害高峰期。

蓝色板对蓟马的诱捕情况,从 6 月 14—25 日,诱捕到蓟马的种群数量由 420 头迅速增长并达到 1350 头的峰值,此后蓝色板对蓟马的诱捕的种群数量开始减少,直至 7 月 6 日蓝色板诱捕蓟马的种群数量从 1350 头减少到 1268 头。7 月 6 日以后蓝色板诱捕蓟马的种群数量又开始大幅上升,由 1268 头增加到 2612 头,形成了发生危害的第二次高峰期。

(3)潜叶蝇

潜叶蝇的幼虫常潜入寄主叶片表皮下取食绿色组织,也潜食嫩茎及花梗,成虫还可吸食胡麻植株汁液。一般成虫发生的适宜温度为 16~18℃,幼虫发生的适宜温度为 20℃左右,气温在 22℃时发育最快。白、黄、蓝 3 种颜色的诱虫板对潜叶蝇都有诱捕效果,胡麻的生育时期不同诱捕到潜叶蝇的数量不尽相同,总的趋势是从胡麻孕蕾前期到现蕾期(6 月 14—25 日)出现了高峰期,从现蕾期到青果初期(6 月 25 日—7 月 16 日)黄色板出现了明显的低谷期;蓝色板从现蕾初期到青果初期(6 月 14 日—7 月 16 日)一直保持着缓慢增长的趋势;白色板从胡麻孕蕾前期到现蕾期(6 月 14—25 日)出现了微弱的高峰期,此后从开花期到青果初期(7 月 5—16 日)增加的幅度很小。

进一步分析,黄色板对潜叶蝇的诱捕情况, 6 月 14 日—25 日,气温不断升高,胡麻进入开花期,潜叶蝇的发育处于最适宜温度环境而且食物充足,故种群数量迅速增加;从 6 月 14—25 日,诱捕到潜叶蝇的种群数量由 1050 头增长到 1692 头出现了峰值,进入了发生危害的高峰期。此后黄色板对潜叶蝇诱捕的种群数量开始大幅度减少,到 7 月 5 日黄色板诱捕潜叶蝇的种群数量从 1692 头减少到 846 头。到 7 月 16 日黄色板诱捕潜叶蝇的种群数量由846头减少到384头,减少的趋势逐渐变缓。

蓝色板对潜叶蝇的诱捕情况,6月14—25日，诱捕到潜叶蝇的种群数量由231头增长到386头,此后蓝色板对潜叶蝇诱捕的种群数量继续增长,到7月6日蓝色板诱捕潜叶蝇的种群数量从386头增长到572头,到7月16日蓝色板诱捕潜叶蝇的种群数量由572头增加到781头。

白色板对潜叶蝇的诱捕情况,6月14—25日，诱捕到潜叶蝇的种群数量由189头增长到348头;此后白色板对潜叶蝇诱捕的种群数量出现小幅下降,到7月6日白色板诱捕潜叶蝇的种群数量从348头减少到300头;之后又出现了小幅增长,到7月16日白色板诱捕潜叶蝇的种群数量由300头增加到344头。

综合以上分析可见,黄、蓝、白3种色板在不同时期诱捕蓟马的效果比较好,但是黄色板在胡麻开花以后诱捕蓟马效果不如蓝色和白色板的效果好。黄、蓝、白3种色板在不同时期诱捕蚜虫的效果黄色板不如蓝色和白色板，而蓝色和白色板诱捕蚜虫的效果基本相似。黄、蓝、白3种色板在不同时期对潜叶蝇的诱捕效果蓝色和白色板比黄色板稳定,而黄色板在胡麻开花以前对潜叶蝇的诱捕效果较好,但是胡麻开花以后对潜叶蝇的诱捕效果较差。

第六节　亚麻象甲防治技术研究

一、亚麻象甲的生物生态学特性

由于我国农业现代化和产业化的程度不断提高，农作物耕作制度也在随之发生着变化,在农业生产中出现了不少新的情况,表现最突出的就是农作物病虫草害的危害日趋严重。由于胡麻病虫害发生比较频繁,影响了胡麻产量和种植收益的稳定性。近年来,在胡麻生产中发现了一种过去从未出现过的害虫,从胡麻枞形期开始在茎秆中部蛀孔,将卵产在胡麻茎秆内壁髓质部位,当幼虫孵化后便开始危害。在田间出现的症状,是被危害的茎部膨大略呈橄榄状,在茎秆膨大处中间有一黑褐色小孔。如果沿着黑褐色小孔将胡麻茎秆解剖会发现有幼虫在危害,人们习惯将这种虫子称为“胡麻茎蜂”。为什么称其为“胡麻茎蜂”呢,因为当地科技人员通过田间网捕目测观察和室内饲养观察,得到的其成虫都是同一种类型的“蜂”。所以,当地的不论是科技人员还是农民都将这种虫子称为“胡麻茎蜂”。

但是,2008年国家启动了包括油用胡麻在内的现代农业产业技术体系建设，在宁夏农林科学院固原分院设置了胡麻虫害防控科学家岗位,并组建了专业技术团队。按照国家现代农业产业技术体系建设对胡麻虫害防控科学家岗位及技术团队的要求,针对我国胡麻主产区和宁夏的胡麻虫害防控问题,开展了一系列技术创新研究,其中涉及“胡麻茎蜂”的问题。为了搞清楚“胡麻茎蜂”的生活史和发生规律,开展了专题研究。

（一）亚麻象甲的形态观察

1.试验设计

采用室内饲养观察和田间调查观察相结合的方法进行研究。室内饲养是在胡麻现蕾期前后，在亚麻象甲发生的田块找到典型的受害植株作为观察对象，将受害胡麻植株连同根系和土壤整体移植到直径为35cm的塑料桶里带回实验室进行观察研究。为了达到饲养观察研究的准确性，每个塑料桶移植胡麻25~20株，其中受害植株3~5株作为观察桶，共设置重复5次。

2.试验方法

胡麻田间被害植株移植饲养观察法，为了防止其他昆虫侵入观察桶，每个观察桶在完成移植胡麻植株后立即用80目的尼龙纱网袋，进行套袋隔离。观察桶带回实验室后要模拟大田生态环境，保证胡麻正常生长使亚麻象甲的危害和继续发育不受影响，要注意浇水和阳光照射，由专人管理每天进行观察直到成虫出现。胡麻田间被害植株解剖调查法，从胡麻枞形期开始，每隔5d调查1次，每次调查5个样点，每个样点调查100株胡麻直到收获前。

3.观察试验结果

胡麻田间被害植株移植饲养观察法。6月20日，带回实验室进行观察研究，经过35d的观察研究发现观察桶的胡麻植株上先后有成虫出现。但是，这次观察桶里出现的成虫是“象甲”，与之前当地科技人员，通过田间网捕目测观察和室内饲养观察所得到的成虫“蜂”是不相同的。

胡麻田间被害植株解剖调查法。在大量的胡麻田间被害植株解剖调查的过程中，发现由卵发育到幼虫再发育到蛹期需要经过30~35d时间。在胡麻田间将有老熟幼虫症状的植株，采用胡麻田间被害植株移植饲养观察的方法移植观察桶，将经过特殊处理的细土覆盖在观察桶内原来土壤的表层，用来观察所谓胡麻茎蜂的作茧化蛹及成虫的发育过程。经过详细认真观察，将胡麻田间有老熟幼虫症状的植株移到实验室观察得到的成虫，与将胡麻田间被害植株移植饲养观察得到的成虫是同一种象甲。将这种象甲的卵、幼虫、蛹和成虫的标本，经过中国科学院动物科学研究所鉴定认为，是属于亚麻象甲。

将亚麻象甲危害胡麻田块和胡麻植株，进行了大量田间调查研究和实验室的饲养观察，证实了近年来在胡麻生产中发现的一种过去从未出现过，而致胡麻茎部膨大的害虫不是胡麻茎蜂，而是亚麻象甲。原来所谓胡麻茎蜂被确认为小叶金峰，是亚麻象甲幼虫的寄生天敌。

（二）亚麻象甲的形态特征和生活史

1.形态特征

经过观察研究其成虫体黑色，双翅在阳光下有紫色闪光。体长2~4mm，翅展2~4mm；幼虫乳白色，头部黑色，体长 1.1~5mm；蛹呈黑褐色，卵为球形，直径 1~1.3mm，初期卵透明，渐变为乳白色。

2.生活习性

亚麻象甲在当地胡麻田 1 年发生 1~2 代。有世代重叠现象。5 月中旬越冬代成虫开始活动，5 月中旬末在冬麦田达到始盛期，5 月下旬达到高峰期，成虫夜间潜伏在小麦植株下部，白天出来活动。5 月下旬成虫迁入胡麻田，6 月上旬为成虫交配产卵高峰期，卵期 3~5d。6 月中旬卵开始孵化为幼虫，6 月中下旬为幼虫危害期，幼虫期 20~25d。7 月中旬幼虫化蛹，蛹期 6~10d。7 月下旬末至 8 月上旬蛹开始羽化为成虫。8 月上中旬第二代成虫产卵，8 月中旬至下旬初为第二代幼虫期，8 月下旬末至 9 月上旬初为蛹期，9 月上旬末开始羽化，田间大量成虫出现。

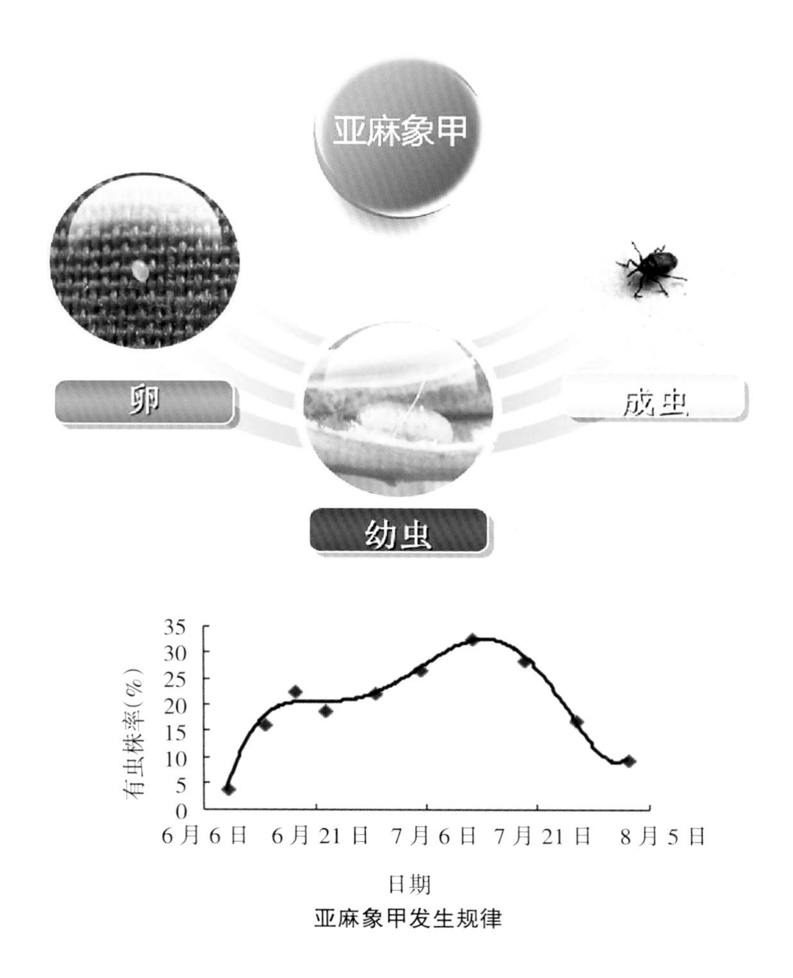

亚麻象甲发生规律

（三）亚麻象甲的田间发生规律

从 2010 年调查原州区的亚麻象甲发生规律可以看出，6 月 9 日为亚麻象甲始见期，有虫株率为 4.17%，6 月 18 日达到第一次高峰，有虫株率为 22.9%，7 月 12 日达到第二次高峰期，有虫株率为 33%，以后有虫株率逐渐下降。

二、亚麻象甲的空间分布型及种群动态

胡麻是我国北方重要的油料作物,也是重要的大田经济作物。宁夏是全国六大胡麻主产区之一,年播种面积在6.67万hm^2左右,占油料作物的85%以上,素有“油盆”之称的固原市种植面积最大,主要分布在原州区、彭阳、西吉、隆德和泾源县。胡麻除满足人们对食用油的需求外,也是当地农民的重要经济来源,严重干旱的年份,又是主要的救灾作物。因此,发展胡麻生产对促进当地旱作农业的可持续发展、扶贫开发及农民增收具有重要的战略意义。多年来,由于耕作粗放,自然灾害频繁,病虫害发生严重,产量低而不稳。为了改变这种现状,2009—2010年,我们对蛀蚀胡麻茎秆的害虫—亚麻象甲进行了试验研究,据调查在固原市原州区调查虫株率为6.9%~22.9%,严重田块虫株率达到33.0%。亚麻象甲在胡麻枞形期至成熟期主要以幼虫蛀食胡麻茎秆的内壁组织,同时产生的粪便污染胡麻茎秆,影响胡麻的正常生长和茎秆的再利用。为选择正确的调查方法,科学指导防治,进行了亚麻象甲的生活史观测、发生规律调查、生态位分析和经典分布型方法的分析研究。

(一)设计与方法

1.试验区域

研究区域位于宁夏固原市原州区气候冷凉的张易镇红庄村胡麻示范基地。原州区属高寒冷凉阴湿区,海拔1800~2200m,年日照时数2518~3100h,年太阳辐射总量513.3~623.4kJ/cm^2;年平均气温4~8℃。≥10℃的有效积温2260℃,无霜期138.5d,年降水量350~650mm,雨季集中在7—9月,胡麻需水高峰期与雨季吻合,土壤属黑垆土和灰褐土,有机质含量高,气候凉爽,昼夜温差大,是胡麻生产比较适宜的自然生态区。

2.试验方法

(1)生活史及田间消长规律调查

于2010年5—9月采用随机抽样法在田间采集胡麻植株样品,每7d采集一批胡麻植株样品,分别编号装袋带回实验室。用刀片及昆虫解剖针诸层解剖植株(保持亚麻象甲幼虫体不受损伤),每次解剖胡麻茎秆100株,在显微镜下观察亚麻象甲的发生及危害情况,统计被危害的胡麻株数和单株亚麻象甲数量,同时在5—10月在田间定点调查、室内饲养和观察,分析研究亚麻象甲的生物学特性及其发生危害规律。

(2)分布型调查

于2010年6月18—20日在红庄村胡麻基地调查,选择有一定虫口密度的6块胡麻田,每块面积不少于666.7m^2,每块样地调查100个观察点。每个观察点随机调查100株胡麻,解剖并记录亚麻象甲的数量及危害株数。

（二）试验分析

1.生态位分析

按 Levins（1968）的生态位宽度公式，生态位宽度：

$$B=\frac{1}{s\sum_{i-1}^{i}P_i^2}$$

P_i 为一个物种在一个资源序列 i 单位中所占比例，s 为每个资源序列的总单位数。按 Levins（1968）的生态位重叠公式，在某一资源上的生态位互相重叠程度。

$$a_{ij}=\sum_{n-1}^{n}P_{in}P_{jn}B_i$$

a_{ij} 为种 i 对种 j 的生态位重叠，P_{in} 和 P_{jn} 为资源序列上的第 n 单位上的比例，B_i 为种 i 生态位宽度。

2.经典分布型分析

Toylar（1961，1965，1978）幂法则：方差（S^2）与均值 m 的经验公式，$lgS^2=lga+blgm$。当 $b\to0$ 时为均匀分布，当 b=1 时为随机分布，当 b>1 时为聚集分布。

Iwao 的 m*-m 回归分析法：$m^*=\alpha+\beta m$，m* 为平均拥挤度，α 为分布的基本成分按大小分布的平均拥挤度，当 α=0 时，分布的基本成分为单个个体，当 α>0 时，个体间相互吸引，分布的基本成分为个体群，当 α<0 时，个体间相互排斥。式中，β 为基本成分的空间分布图式，当 β<1 时为均匀分布，当 β=1 时为随机分布，当 β>1 时为聚集分布。

（三）调查研究结果

1. 亚麻象甲的分布型

（1）频次分布法测定亚麻象甲的空间分布型

以每块样地为 1 组将田间调查所得数据整理成亚麻象甲的频次分布表，并计算出每组的平均虫口密度（m）及方差（s^2）见表 1-4-28。

表 1-4-28 亚麻象甲频次分布统计表（固原地区）

样品序号	样地 1（头 /m²）	样地 2（头 /m²）	样地 3（头 /m²）	样地 4（头 /m²）	样地 5（头 /m²）	样地 6（头 /m²）
0	0	0	0	0	0	0
1	1	0	0	0	0	0
2	2	0	1	0	0	1
3	1	1	2	1	0	1
4	2	1	1	2	1	2
5	2	0	1	2	3	2
6	3	2	5	4	2	4
7	4	3	2	1	3	1

续表

样品序号	样地 1（头 /m²）	样地 2（头 /m²）	样地 3（头 /m²）	样地 4（头 /m²）	样地 5（头 /m²）	样地 6（头 /m²）
8	3	1	4	4	1	2
9	4	6	3	3	5	4
10	3	4	8	5	3	6
11	1	2	5	2	6	2
12	2	0	4	7	4	3
13	3	3	2	2	2	7
14	0	1	1	4	2	3
15	3	1	3	2	4	3
16	5	4	4	1	7	4
17	2	7	3	0	3	5
18	3	3	2	4	4	3
19	4	4	1	2	1	0
20	0	1	1	5	3	2
21	4	3	4	6	6	1
22	2	2	1	3	3	4
23	7	5	2	3	2	0
24	6	1	1	2	2	4
25	5	1	1	0	1	2
26	1	8	3	1	1	3
27	4	1	3	2	3	1
28	2	1	0	3	1	2
29	0	0	2	1	2	1
30	5	3	0	2	0	0
31	0	2	3	0	0	2
32	2	2	2	1	1	1
33	1	1	0	3	2	1
34	1	0	1	1	2	0
35	0	0	1	2	1	2
36	1	2	2	2	3	1
37	0	1	1	3	1	2
38	2	0	1	1	1	3
39	0	0	2	1	0	1
40	0	0	1	0	2	0
41	2	2	0	0	1	0
42	2	3	0	1	0	2
43	0	1	1	2	0	1
44	1	3	2	0	2	0
45	0	0	0	0	1	2
46	1	1	1	2	1	0
47	0	0	2	0	0	2
48	1	2	2	0	1	1
49	1	2	0	0	1	2
50	0	1	2	2	1	1
51	1	2	1	1	0	0
52	0	1	0	1	0	0
53	0	0	1	2	1	1
54	1	1	1	0	2	1
55	0	1	2	0	0	0
56	1	2	0	1	0	0
57	0	1	1	0	0	1
58	0	0	0	0	1	0
59	1	0	0	0	0	0
Σ	100	100	100	100	100	100
m	22.25	25.62	22.79	22.47	22.31	22.21
s^2	165.947	212.844	228.713	183.504	177.368	194.612

对实测的各样方的个体数和总样方数计算二项分布、波松分布、负二项分布和核心分布的理论频次，与实查频次比较，经卡方检验判断二者的吻合程度见表 1-4-29。

表 1-4-29 亚麻象甲空间分布型拟合的卡方测定

样地号	二项分布		波松分布		负二项分布		核心分布	
	x2	检验结果	x2	检验结果	x2	检验结果	x2	检验结果
1	4.01 × 108	不符	2.3 × 106	不符	2.1550	符合	11.4545	不符
2	2.9 × 108	不符	5.8 × 105	不符	0.8950	符合	3.9486	符合
3	6.4 × 107	不符	4.8 × 105	不符	1.1854	符合	26.4006	不符
4	4.0 × 106	不符	6.3 × 104	不符	1.2252	符合	5.0927	符合
5	6.0 × 105	不符	1.7 × 104	不符	2.2125	符合	5.4182	符合
6	2.3 × 107	不符	2.3 × 105	不符	0.7863	符合	9.3458	不符

由上表可知，二项分布和波松分布的卡方值很大，远大于相应自由度下的卡方值(df=26 时 x20.05=38.89，x20.01=45.64；df=27 时 x20.05=40.11，x20.01=46.96；df=30 时 x20.05=43.77，x20.01=50.89)，负二项分布的卡方值均小于相应自由度下的卡方值（df=2 时 x20.05=5.99，x20.01=9.21)，而核心分布六块样地中有 3 块的卡方值较小，有 1 块(9.3458)接近 0.01 水平的卡方值，而有 2 块卡方值较大，为 26.4006 和 11.4545。所以综合看来，亚麻象甲分布型应属于负二项分布。

(2)亚麻象甲种群聚集强度分析

分别采用 6 种不同的判断空间分布格局的聚集度指标进行检验，结果见表,1-4-30。

表 1-4-30 亚麻象甲种群聚集强度指标

样地号	平均虫口数 m	方差 s^2	拥挤度 m*	m*/m 指标	扩散系数 C	K 指标	种群聚集均数 λ	相对抽样精度 D
1	22.25	165.947	28.708	1.290	7.458	3.445	20.1832	0.0579
2	25.62	212.844	32.928	1.285	8.308	3.506	23.2378	0.0569
3	22.79	228.713	31.826	1.396	10.036	2.522	19.8531	0.0664
4	22.47	183.5041	29.637	1.319	8.167	3.135	20.1406	0.0603
5	22.31	177.3676	29.260	1.312	7.950	3.210	19.9817	0.0597
6	22.21	194.612	29.972	1.349	8.762	2.861	19.6793	0.0628

上表的测定结果显示，各样地取样精度均符合要求(D<0.25)，亚麻象甲种群聚集强度指数均达到 C>1 、I>0、K>0、C_A>0、m*/m >1，表明亚麻象甲呈聚集分布。应用种群聚集均数(λ)检验亚麻象甲的聚集原因，计算结果见表 1-4-30，各样地的 λ 值都大于 2，说明亚麻象甲的聚集主要是由亚麻象甲本身的生物学特性或胡麻分布不均匀、生长状况不一致造成的。

(3)亚麻象甲空间格局与聚集度

将各样地的调查数据做 m* 依 m 的回归分析，得 m*=6.7058+1.0323m，(r=0.8397)，表明亚麻象甲平均拥挤度(m*)与平均密度(m)线性相关。由于 α=6.7058>0，说明个体间相互吸引，分布的基本成分为体群；β=1.0323>1，则说明其空间分布型为聚集分布。

依 Taylor 方程将各样地的调查数据代入，得 $lgs^2=0.7482+1.1298lgm$，(r=0.5268）即 $s^2=5.6002m^{1.1298}$，表明聚集度(s^2)与种群密度(m)之间有指数回归相关性。因 lga=0.7482>0，b=

1.1298>1，所以亚麻象甲在一切密度下都是聚集分布，且具密度依赖性，即其聚集度随着种群密度的升高而增加。

（4）确定最适抽样数

根据Iwao（1971）的方法，在确定了 $m^*=\alpha+\beta m$ 回归方程的参数 $\alpha=5.4154$、$\beta=1.0594$ 后，并预定出允许误差（D）就可用公式 $N=t^2/D^2[(\alpha+1)/m+\beta-1]$，列出亚麻象甲不同虫口密度下的最适抽样数，见表1-4-31，式中N为最适抽样数，D为允许误差，m为平均密度。

表1-4-31　亚麻象甲不同虫口密度下最适抽样数

允许误差	平均虫口密度（头/株）									
	1	2	3	4	5	6	7	8	9	10
0.05	280	195	152	126	109	88	75	67	56	49
0.1	70	49	38	32	27	22	19	17	14	12
0.15	31	22	17	14	12	10	8	7	6	5
0.2	18	12	10	8	7	5	5	4	3	3

由表1-4-31可知，在允许误差相同的情况下，随虫口密度的增大，抽样数减少；在虫口密度相同的情况下，允许误差越小，置信水准越高，所需的抽样数越多；种群的聚集度越高所需抽取的样本越多。在实地调查中，可以根据试验精度要求确定允许误差，再根据亚麻象甲平均虫口密度的不同确定最适抽样数。当允许误差为0.05时，估计田间虫口密度为每株1头时，需调查280株，若允许误差为0.2，田间虫口密度为每株1头时，需调查18株。

表1-4-32　亚麻象甲的生态位

物种	横向生态位	垂直生态位	时间生态位
亚麻象甲	0.7953	0.4684	0.4967

由表1-4-32可知，亚麻象甲的横向生态位最宽，为0.7953，说明亚麻象甲在胡麻田块的分布相当广泛，几乎分布于所有的胡麻种植区，时间生态位稍窄，说明亚麻象甲在胡麻生长期的49.67%时间内都能够造成危害，垂直生态位最窄，说明亚麻象甲在胡麻上分布的位置较为固定，主要为胡麻茎秆的中下部。

3.研究结果综合分析

对亚麻象甲的空间分布型进行了测定结果表明，对实测的各样方的个体数和总样方数计算二项分布、波松分布、负二项分布和核心分布的理论频次，与实查频次比较，经卡方检验判断二者的吻合程度较好，所以综合看来亚麻象甲的空间分布型应属于负二项分布。

分别采用6种不同的判断空间分布格局的聚集度指标进行检验，各样地取样精度均符合要求（D<0.25），亚麻象甲种群聚集强度指数均表明亚麻象甲是呈聚集分布，这与实地调查时发现亚麻象甲在田间的聚集分布情况基本一致。

经过生态位分析，亚麻象甲的横向生态位最宽，为0.7953，说明亚麻象甲在胡麻田块的分布相当广泛，几乎分布于所有的胡麻种植区，时间的生态位稍窄，说明亚麻象甲在胡麻生长期的49.67%时间内都能够造成危害，垂直生态位最窄，说明亚麻象甲在胡麻上分布的位置较为固定，主要为胡麻茎秆的中下部。上述关于亚麻象甲时空分布型和生态位特点的研究，为制定亚麻象甲经济高效防控技术方案和进一步调查研究提供了思路和理论依据。

三、亚麻象甲对胡麻的补偿作用研究

近年来，由于耕作制度的变化，胡麻病虫害发生比较频繁，而在生产中发现有一种过去从未出现过的胡麻害虫，经过研究鉴定为“亚麻象甲”。亚麻象甲从胡麻枞形期开始在茎秆中部蛀孔，将卵产在胡麻茎秆内壁髓质部位，当幼虫孵化后便开始危害。在胡麻田间发生比较普遍，但是表现出对胡麻的减产损失并不太大的现象，甚至还会出现被害胡麻植株比一般胡麻的长势还好一些情况。为了搞清楚这个问题，于2009—2010年，对亚麻象甲的生物生态学特性及产量损失进行了试验研究。经过对固原市彭阳县、原州区、西吉县的调查，亚麻象甲虫株率为6.9%~22.9%，严重田块虫株率达到34.0%。亚麻象甲在胡麻枞形期至成熟期主要以幼虫蛀食胡麻茎秆的内壁组织，使被亚麻象甲幼虫蛀食的胡麻茎秆膨大。为测定亚麻象甲的危害损失率，在胡麻出苗期采用大田网罩法，对试验采集的数据运用多项式回归、线性回归建立不同的数学模型进行了分析。

（一）设计与材料

1.研究区域概况

研究区域位于宁夏固原原州区气候冷凉的张易镇红庄村胡麻示范基地。试验点属于冷凉阴湿区，海拔1800~2200m，年日照时数2518~3100h，年太阳辐射总量513.3~623.4kJ/cm^2；年平均气温4~8℃。≥10℃的有效积温2260℃，无霜期138.5d，年降水量350~650mm，雨季集中在7—9月，胡麻需水高峰期与雨季吻合，土壤属黑垆土和灰褐土，有机质含量高，气候凉爽，昼夜温差大，是胡麻生产的适宜自然生态区。

2.试验材料

80目尼龙大田网罩（2.0m×2.0m×1.45m），指形瓶、镊子、实验室养虫笼、光照显微镜、解剖镜、微距相机、电子天平、捕虫网、毒瓶、阿拉伯树胶、酒精、载玻片、盖玻片、凹玻片、昆虫针、测微尺、解剖刀等。

（二）研究方法

1. 亚麻象甲生物生态学特性观察

亚麻象甲的形态特征观察：调查点设在原州区红庄村胡麻示范基地，于2010年5—8月采用随机抽样法，在胡麻田间采集亚麻象甲蛀食胡麻植株，每7d采集一次被亚麻象甲蛀食的胡麻植株样品，按序号编号装袋带回实验室。用刀片及昆虫针对带回实验室的胡麻植株样品进行解剖，每次解剖胡麻植株样品100株，在显微镜下观察亚麻象甲发生及危害情况，

拍摄不同龄期的幼虫图片并编号，统计亚麻象甲种类及其数量，同时于4—9月在田间定点调查和室内饲养观察，分析研究亚麻象甲的生物学特性及其发生危害规律，亚麻象甲成虫在田间网捕与实验室饲养相结合，用阿拉伯树胶制片后在显微镜下拍照并测量各分类特征的数量指标。

（1）分布型调查

于2010年6月18—20日在原州区胡麻基地调查，选择有一定虫口密度的6块胡麻地，每块面积不少于100m²，1m²随机取样100株胡麻，解剖并记录亚麻象甲的数量及危害株数，每块样地调查100个观察点。

（2）发生动态观察

在胡麻出苗后，选择有代表性胡麻田块3~5块，每块田定点调查100株，每隔7d调查1次亚麻象甲虫口数量、发育进度和危害情况。采用棋盘式5点随机取样法，根据田块特点，每块样地分为东、南、西、北、中5个方位，每个方位选择20株有代表性胡麻，采取目测和网捕相结合的方法。目测观察和记录此范围内的昆虫种类和数量，直接记录百株虫量。

2.危害损失率测定

试验田设在原州区张易镇红庄村的胡麻地。采用大田罩网法。胡麻田采用2.0m×2.0m×1.45m大田网罩（80目尼龙网）21个，在胡麻出苗后选取苗情生长一致的胡麻田块0.13hm²左右，在胡麻出苗期设6个处理，每处理3次重复（田间布局图），每个重复小区4m²，每个小区分别用一个网罩盖住，为了使试验小区与大田胡麻和各试验小区隔离，网罩下方埋入土层内，每个网罩中间设置一条拉链用于观察者出入。于5月中下旬亚麻象甲迁移至胡麻田之前，从冬麦田捕来亚麻象甲成虫，每1m²分别接入亚麻象甲成虫5、10、15、20、25、30头，即每小区20、40、60、80、100、120头，以不接虫为对照。每隔10d对各试验小区调查1次亚麻象甲虫量和危害株率，计算株被害率和危害指数。选择亚麻象甲危害高峰期共调查两次，胡麻成熟期实测各小区产量，然后每小区分别抽查胡麻100株进行室内考察分析，主要考察单株结果数、单株粒数、千粒重等经济性状，分析亚麻象甲不同危害指数下胡麻的产量。以每个小区为单位，分别单独收获脱粒，单独计产，作为危害损失率的原始数据，计算亚麻象甲对胡麻的危害指数。胡麻危害指数分级指标：0级，无亚麻象甲危害；1级，有1头亚麻象甲危害；2级，有2头胡麻亚麻象甲危害；3级，有3头亚麻象甲危害。

田间小区排列布局图

3.危害损失率模拟测试

采用模拟危害法,采用 15m×15m×2.0m 大田网罩(尼龙网)2 个(方法操作同上),在胡麻出苗后选取苗情生长一致的胡麻田块 $0.1hm^2$,分别在胡麻枞形期与开花期 2 个生育时期模拟亚麻象甲的危害,在胡麻茎部用解剖刀由上向下划开 1.5~2cm 长的小口模拟亚麻象甲的危害,试验设 4 各处理,即单株划 1 条小口的代表一头虫危害率、划 2 条小口的代表二头虫危害率、划 3 条小口的代表三头危害率、不划小口的为空白对照,共 4 个处理,3 次重复,12 个小区(表 2),每小区面积 $4m^2$,小区内无亚麻象甲危害,每小区内按对角线取 2 个样段,每样段取有代表性的胡麻 150 株,样段内的 150 株胡麻在生长期均按试验设计要求,于胡麻枞形期和开花期进行划口操作。收获时按小区并在每个样段内抽查 100 株胡麻进行室内考察,主要考察单株结果数、单株粒数、千粒重等经济性状,实测小区产量,测产方法同上。

4.田间采集分析与数据验证

在原州区胡麻基地胡麻收获季节,选择 3~5 块代表性的样地,在田间采用五点取样法分别采集每株有一、二、三头亚麻象甲的植株与未受亚麻象甲危害的植株作为观测分析样品,每块样地每种受害类型的样株至少采集 100 株以上,分别考察不同虫口数量下单株结果数、单株粒数、千粒重等经济性状,并进行大田测产,将模拟与试验计算的回归方程做显著性检验来验证模型的可靠性。

5.分析方法

用局部多项式回归用来预测亚麻象甲危害与千粒重及小区产量的关系,田间亚麻象甲的调查数据全部转换为百株虫量,局部多项式回归模型。多项式提供了一种逐步的模拟逼近危害指数——千粒重或小区产量之间的关系,y 为危害指数,x 为千粒重或小区产量,$Y=ax^2+bx+c$。

线性回归通常采用在可控制变量 X 的取值下,试验得到应变随机量 Y 的一个值,试验 n 次,得到 n 个数对(X_1,Y_1)、(X_2,Y_2)、……、(X_n,Y_n),而后作线性回归分析。

方差分析(ANOVA)使用 Duncan 法对不同样本的结果进行多重比较,并进行 Tukey 显著性检验。统计分析前百株亚麻象甲量进行反正弦数据转换以符合正态分布,对百株亚麻象甲量进行单因素线性回归分析,本文不加提示的统计分析的显著性水平 P 全部为 0.05。

(三)试验结果

1. 亚麻象甲种群发生动态

亚麻象甲发生规律:亚麻象甲在胡麻整个生育期共出现 2 个高峰期,6 月 9 日为亚麻象甲始见期有虫株率为4.17%,6月18日达到第一次高峰有虫株率为22.9%,7月12日达到第二次高峰期有虫株率为33%,以后虫量逐渐下降。

亚麻象甲在当地胡麻上1年发生1~2代。有世代重叠现象。5月中旬越冬代成虫开始活动,5月中旬末在冬麦田达到始盛期,5月下旬达到高峰期,成虫夜间潜伏在小麦植株下部,白天出来活动。5月下旬成虫迁入胡麻田,6月上旬至中旬初为成虫交配产卵高峰期,卵期3~5d。在6月中旬初卵开始孵化为幼虫,6月中下旬为幼虫危害期,幼虫期20~25d。6月下旬幼虫化蛹,蛹期6~10d。7月上旬蛹开始羽化为成虫。7月上中旬第二代成虫产卵,7月中旬至下旬初为第二代幼虫危害期,7月下旬末至8月上旬初为蛹期,8月上旬末开始羽化,田间大量成虫出现。

亚麻象甲空间分布型测定:结果表明,亚麻象甲符合负二项分布,聚集度指标检验亚麻象甲均为聚集分布,幼虫都具密度依赖性。然后将害虫的虫口密度合并统计,得出亚麻象甲空间分布型也属于负二项分布,其空间分布格局也为聚集分布。

2. 亚麻象甲危害与胡麻产量的关系

(1)亚麻象甲种群数量与危害指数

由图《亚麻象甲种群密度与危害指数的关系》可知,亚麻象甲田间种群密度与危害指数呈良好的线性关系。回归方程为 $y=0.0232x+0.1804$($R^2=0.9842$)。

随着田间亚麻象甲种群数量的增大,危害指数随着升高,田间种群数量与亚麻象甲的危害程度是一致的。

(2)亚麻象甲危害程度与千粒重

由图《亚麻象甲危害指数与千粒重的关系》可知,亚麻象甲的危害指数与千粒重的不成线性关系,但释放亚麻象甲的小区胡麻千粒重都高于对照(无虫小区),用多项式回归方程模拟结果 $y=-0.1998x^2+1.0045x+6.2699$($R^2=0.7823$),随着亚麻象甲危害指数的增加,胡麻千粒重呈现先增加而后略有下降的趋势。当亚麻象甲的危害指数为2.51时,胡麻千粒重最大,达7.38g。当亚麻象甲的危害指数高于2.51时,胡麻千粒重有所下降。

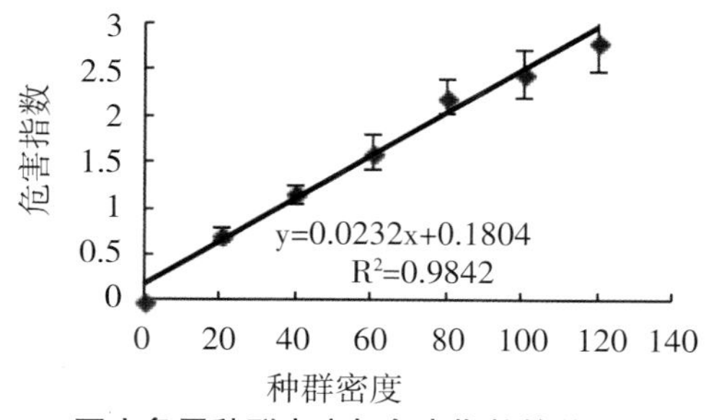

亚麻象甲种群密度与危害指数的关系

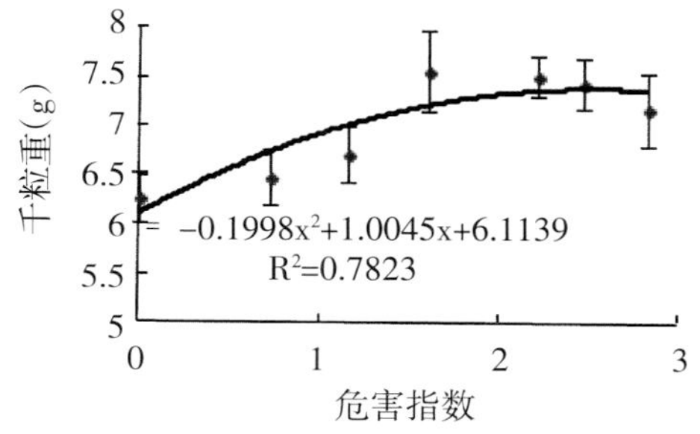

亚麻象甲危害指数与千粒重的关系

（3）亚麻象甲危害程度与产量

由图《亚麻象甲危害指数与小区产量的关系》可知，亚麻象甲的危害指数与小区产量也不成线性关系，但有亚麻象甲危害的小区胡麻小区产量都高于对照（无虫小区），用多项式回归方程模拟结果。$y=-5.3172x^2+24.632x+84.459$（$R^2=0.8463$），随着亚麻象甲危害指数的增加，小区产量先增加而后略有下降。当亚麻象甲的危害指数为2.32时，小区产量最大，为121.08g/m^2，当亚麻象甲的危害指数高于2.32时，胡麻小区产量有所下降。

（4）胡麻产量最大与亚麻象甲种群数量模拟

由图《亚麻象甲种群密度与小区产量及千粒重的关系》可知，亚麻象甲种群密度与小区产量与千粒重都存在良好的二次函数关系，函数关系模型如下，小区产量与亚麻象甲种群密度：$Y=-0.004x^2+0.6848x+75.913$（$R^2=0.9138$），千粒重与亚麻象甲种群密度 $Y=-0.0002x^2+0.0299x+6.1112$（$R^2=0.8545$）。当亚麻象甲种群密度达到21.5头/m^{2}时，小区产量最高为121.53g/m^2，当亚麻象甲种群密度达到18.69头/m^{2}时，千粒重最高为7.24g。

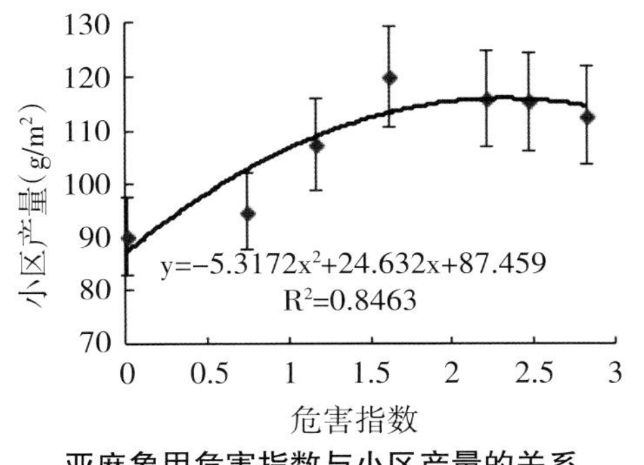

亚麻象甲危害指数与小区产量的关系

（■小区产量，◆千粒重）

亚麻象甲种群密度与小区产量及千粒重的关系

根据图《亚麻象甲危害指数与千粒重的关系》、图《亚麻象甲危害指数与小区产量的关系》可知，亚麻象甲危害指数为2.32时小区产量最大，根据危害指数与种群密度的回归方程，此时田间亚麻象甲为23.06头/m^2，亚麻象甲危害指数为2.51时胡麻千粒重最大，此时田间亚麻象甲为25.00头/m^2。结果与图4的分析结果基本一致。

3.模拟试验

由表1-4-33可知，田间模拟实验的结果与亚麻象甲危害回归方程的计算结果基本一致。随着模拟危害指数的上升，胡麻千粒重与产量均先上升后又稍微有所下降，与理论值的变化基本一致。模拟实验田间危害指数为2.16时，千粒重达到最高，为7.84±0.63g，理论值达到最高的危害指数为2.44，理论值最高时的危害指数下模拟实验的产量达到最高，为17.53±11.64 g/m^2，此时的理论产量值也为最高。在本试验设计的亚麻象甲虫口密度范围内（虫口密度：5~30头/m^2，危害率：1.35%~8.11%），有亚麻象甲危害的胡麻田块产量均略高于对照胡麻田。

表 1-4-33 模拟实验调查结果

模拟操作	模拟危害指数	千粒重	理论千粒重	产量(g/m²)	理论产量
1	0.71	6.03 ± 0.43a	6.73 ± 0.54a	96.03 ± 9.43a	102.27 ± 8.43a
2	1.21	6.57 ± 0.54ab	7.04 ± 0.63b	102.05 ± 10.12ab	109.48 ± 8.84ab
3	1.57	6.95 ± 0.61bc	7.20 ± 0.68ab	103.32 ± 9.83ab	113.02 ± 9.43b
4	2.16	7.84 ± 0.63d	7.35 ± 0.72ab	113.06 ± 11.01bc	115.86 ± 10.33b
5	2.44	7.18 ± 0.69c	7.38 ± 0.75ab	117.53 ± 11.64c	115.90 ± 10.21b
6	2.73	6.50 ± 0.53ab	7.37 ± 0.62ab	109.51 ± 9.74bc	115.08 ± 9.43b
7	2.84	6.68 ± 0.57bc	7.36 ± 0.65ab	106.06 ± 8.85ab	114.53 ± 9.04b
8	2.86	6.71 ± 0.61bc	7.35 ± 0.68ab	105.03 ± 8.84ab	114.41 ± 8.89b

4.田间产量追踪调查

由表 1-4-34 可知，田间亚麻象甲危害的胡麻田块实际千粒重与实际产量的变化与理论值的变化基本一致。随着亚麻象甲危害指数在一定范围的上升，田间胡麻千粒重变化呈先逐渐增长而后略有下降的趋势，实际产量的变化与千粒重的变化趋势基本一致，都与理论值的变化比较吻合。田间亚麻象甲危害指数为 1.65 时，千粒重与产量都达到最高，分别为 7.95±0.63g 与 125.35±11.34g/m²。当亚麻象甲的危害指数达到或超过 2.46 时，被追踪调查的胡麻田块无论产量还是千粒重均开始呈下降趋势。

表 1-4-34 田间产量追踪与回归模型结果比较

危害指数	实际千粒重(g)	理论千粒重(g)	实际产量(g/m²)	理论产量(g/m²)
0.00	6.61 ± 0.29a	6.54	84.64 ± 8.94a	95.43
0.68	6.63 ± 0.32a	6.70	89.90 ± 9.52a	101.75
1.09	6.95 ± 0.24ab	6.97	93.36 ± 7.45ab	107.99
1.19	7.18 ± 0.54ab	7.03	91.06 ± 8.03ab	109.24
1.29	6.57 ± 0.34a	7.08	92.41 ± 8.93ab	110.39
1.65	7.95 ± 0.63c	7.23	125.35 ± 11.34c	113.63
2.46	7.50 ± 0.53bc	7.38	114.97 ± 10.04c	115.88
2.73	6.68 ± 0.49a	7.37	99.12 ± 9.46b	115.08
2.81	7.01 ± 0.36ab	7.36	110.82 ± 10.34bc	114.69

5.试验结果的初步分析

在本试验设计的亚麻象甲虫口密度范围（虫口密度:5~30 头/m²，危害率:1.35%~8.11%），亚麻象甲对胡麻的生长有一定的促进作用，并且胡麻的千粒重与胡麻籽产量均高于对照。田间亚麻象甲危害指数为 1.65~2.43 时，千粒重与产量都在逐渐增加，分别为 7.95±0.63g 与 125.35±11.34g/m²。当亚麻象甲种群密度达到 21.5 头/m² 时，胡麻小区籽粒产量最高达 121.53g/m²，当亚麻象甲种群密度达到 18.69 头/m² 时，千粒重最高达 7.24g。有亚麻象甲危害的试验小区胡麻籽粒产量均略高于对照区。当亚麻象甲虫口密度为 23.06 头/m²，危害指数达 2.5137 时，胡麻千粒重最大；亚麻象甲虫口密度为 25.00 头/m^2，危害指数为 2.32 时，胡麻小区籽粒产量也最大。

经过综合分析初步认为，亚麻象甲对胡麻的千粒重与籽粒产量有一定补偿效应。但是，在大量调查过程中发现当胡麻单株亚麻象甲幼虫达到 3 头或 3 头以上时，使胡麻茎秆被亚麻象甲蛀蚀部位积聚膨大，被害的胡麻植株生长发育受到明显的不良影响，而且会出现胡麻茎秆被亚麻象甲蛀蚀部位过分膨大，导致被折断造成减产损失的现象。

总之，亚麻象甲对胡麻的千粒重与籽粒产量的补偿效应，只是初步研究结果。要获得亚麻象甲对胡麻的籽粒产量的补偿效应或者是否有减产损失的可靠依据，还有待进一步研究。

第七节　胡麻无公害杀虫剂筛选及其残留研究

在调查胡麻蚜虫和蓟马发生规律和危害程度的同时，研究胡麻蚜虫和蓟马消长变化规律以及无公害防控关键技术。参考国内外无公害农产品质量标准，筛选符合胡麻蚜虫和蓟马无公害防控标准的高效、低毒、低残留化学杀虫剂，制定胡麻蚜虫和蓟马无公害防控策略和技术规程，为今后实现胡麻主要虫害的无公害和绿色防控，提供理论依据和技术支持。

（一）试验设计

试验在宁夏农林科学院固原分院科研基地进行，采用随机区组排列，3 次重复，小区面积 21m^2，设 5 个处理，即选择化学杀虫剂毒死蜱、高效氯氰菊酯、啶虫脒、吡虫啉作为供试药剂，以只喷清水作对照，供试胡麻品种为宁亚 19 号。调查试验各处理的防治效果，检测杀虫剂残留情况。

（二）试验方法

1.杀虫剂用量及稀释浓度

毒死蜱 600ml/hm^2、稀释倍数 750 倍，啶虫脒 375 ml/hm^2、稀释倍数 1200 倍，高效氯氰菊酯 450ml/hm^2、稀释倍数 1000 倍液，吡虫啉 105g/hm^2，稀释倍数 4300 倍，清水处理（CK）450kg/hm^2，药液喷施量为 450kg/hm^2，于 6 月 19 日用手动喷雾器喷施供试杀虫剂。

2.田间昆虫种群结构及种群量调查

于喷药前以 5 点取样法调查各试验小区昆虫种群结构和种群的虫口基数，在喷药后的 1d、3d、5d、7d、14d 和 21d，以同样方法调查试验各处理的小区昆虫种群消长变化动态，统计虫口减退率和校正防效。

3.杀虫剂残留检测

于喷药后 1d、3d、5d、7d、14d、21d，在试验每个小区以 5 点取样法每点取样 10 株作为植株检测样品，在胡麻成熟后每个小区取 500g 种子，作为种子检测样品，送宁夏农林科学院农产品质量监测中心,进行农药残留量检测。

4.种子产量统计

在试验田胡麻成熟期按照每个小区单独收获脱粒计产,并进行种子产量统计分析。

(三)试验结果

在喷药前调查了各种昆虫和天敌的种群基数,于喷药后第 1d、3d、5d、7d、14d、21d 取检测样品、调查虫口减退率,统计校正防效。将供试 4 种杀虫剂对胡麻田昆虫群落的影响以及蚜虫、蓟马、苜蓿盲蝽、牧草盲蝽、苜蓿夜蛾幼虫的防治效果,杀虫剂残留量、种子产量进行比较分析。

1.杀虫剂对胡麻田昆虫群落的影响

(1)清水对照对胡麻田昆虫群落的影响

表 1-4-35 清水对照对胡麻地昆虫数量的影响

调查时间	施药前(6.18)	施药后天数					
		1d	3d	5d	7d	14d	21d
苜蓿盲蝽	45	54	35	53	27	9	2
牧草盲蝽	67	46	61	41	27	6	3
盲蝽若虫	51	97	28	26	11	2	7
苜蓿夜蛾幼虫	22	43	16	28	11	0	0
瓢虫幼虫	5	21	2	28	32	0	6
蚜虫	30	40	54	60	87	24	15
蓟马	68	17	25	15	32	31	30

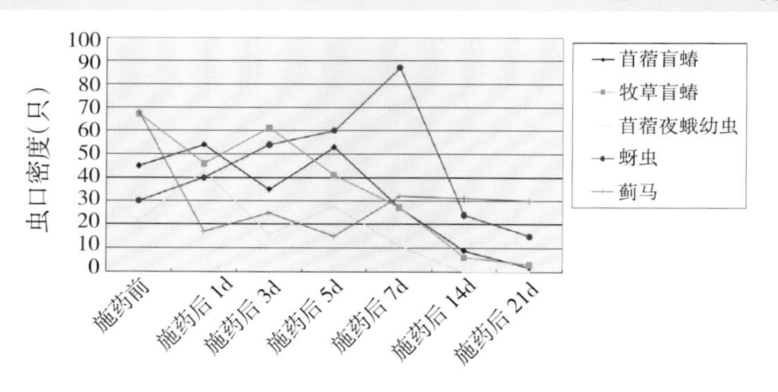

清水对照胡麻地昆虫数量的影响

在施药前 6 月 18 日调查,胡麻田间昆虫群落的构成主要是蓟马、牧草盲蝽、盲蝽若虫、苜蓿盲蝽、蚜虫、苜蓿夜蛾幼虫、瓢虫幼虫,在胡麻田间的分布数量由高到低的排序:蓟马>牧草盲蝽>盲蝽若虫>苜蓿盲蝽>蚜虫>苜蓿夜蛾幼虫>瓢虫幼虫。上述昆虫在胡麻田间的动态变化,以喷施清水后的 6 次调查与喷施清水前相比,其消长动态是喷清水后 1~5d 的增减变化不大,到了喷清水后 7~21d 则出现了明显的下降趋势。

(2)毒死蜱对胡麻地昆虫数量的影响

从表 1-4-36 可以看出,在施药前 6 月 18 日调查,胡麻田间昆虫群落的构成主要是苜蓿盲蝽、牧草盲蝽、盲蝽若虫、苜蓿夜蛾幼虫、蚜虫、蓟马和瓢虫幼虫。上述昆虫在胡麻田间的分布数量是苜蓿盲蝽、牧草盲蝽、盲蝽若虫、苜蓿夜蛾幼虫的群体密度比较大，其次是蚜虫和蓟马。

表 1-4-36 化学杀虫剂毒死蜱对胡麻地昆虫数量的影响

调查时间	施药前(6.18)	施药后天数					
		1d	3d	5d	7d	14d	21d
苜蓿盲蝽	57	5	14	10	5	5	1
牧草盲蝽	68	5	16	16	16	5	0
盲蝽若虫	56	7	12	8	0	4	2
苜蓿夜蛾幼虫	40	4	0	4	1	0	0
瓢虫幼虫	12	0	0	3	0	0	0
蚜虫	19	0	1	3	7	1	3
蓟马	23	2	3	1	9	12	23

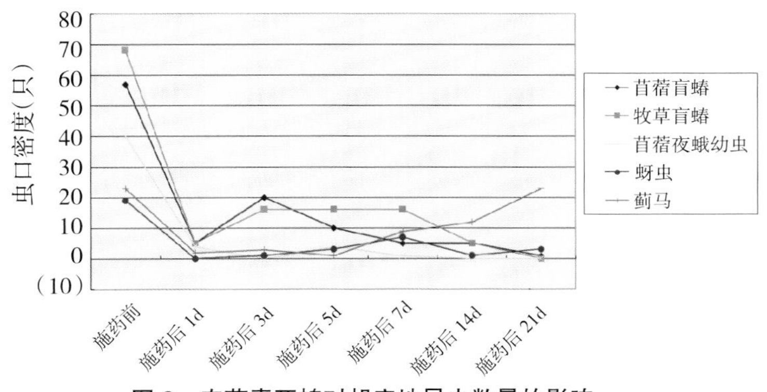

图 2 农药毒死蜱对胡麻地昆虫数量的影响

根据上图可以看出，施药后 1d 苜蓿盲蝽、牧草盲蝽、盲蝽若虫、苜蓿夜蛾幼虫、蚜虫、蓟马和瓢虫幼虫的群体数量与施药前相比出现了大幅度下降，这说明化学杀虫剂毒死蜱对上述昆虫杀伤力和速效性都比较强。根据施药后的 6 次调查，上述昆虫在胡麻田间分布消长的动态变化较大的是苜蓿盲蝽、牧草盲蝽、苜蓿夜蛾幼虫。

(3)啶虫脒对胡麻地昆虫数量的影响

从表 1-4-37 可以看出，在施药前 6 月 18 日调查，胡麻田间昆虫群落的构成主要是苜蓿盲蝽、牧草盲蝽、盲蝽若虫、苜蓿夜蛾幼虫、蚜虫、蓟马和瓢虫幼虫。

表 1-4-37 化学杀虫剂啶虫脒对胡麻地昆虫数量的影响

调查时间	施药前(6.18)	施药后天数					
		1d	3d	5d	7d	14d	21d
苜蓿盲蝽	52	45	33	45	18	5	4
牧草盲蝽	28	35	28	35	40	4	1
盲蝽若虫	42	62	14	22	9	0	1
苜蓿夜蛾幼虫	20	14	0	12	1	1	0
瓢虫幼虫	4	0	2	7	8	0	0
蚜虫	20	2	17	29	28	3	2
蓟马	78	4	7	24	46	22	31

上述昆虫在胡麻田间分布的群体数量由高到低的排序：蓟马>苜蓿盲蝽>盲蝽若虫>牧草盲蝽>苜蓿夜蛾幼虫>蚜虫>瓢虫幼虫。

从下图可以看出，施药后1~5d苜蓿盲蝽、牧草盲蝽、盲蝽若虫、苜蓿夜蛾幼虫、蚜虫和瓢虫幼虫的群体数量与施药前相比消长动态变化不大，而蓟马的群体数量与施药前相比出现大幅度减少的趋势。

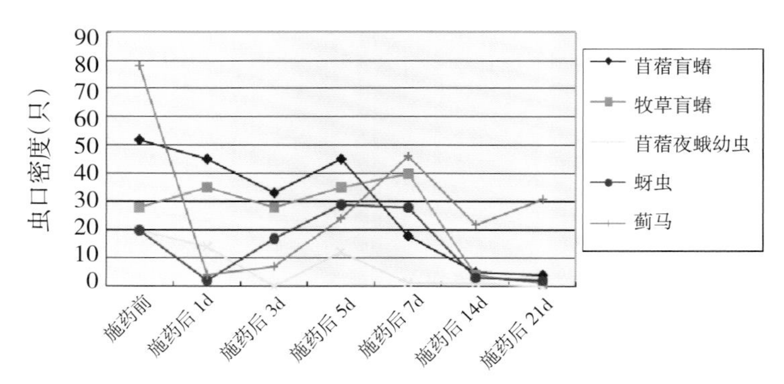

啶虫脒对胡麻地昆虫数量的影响

在施药后7~21d，上述昆虫除蓟马外，其余的昆虫群体数量与施药前相比其减少的幅度比较大。

在施药后1~5d，喷施啶虫脒试验小区上述昆虫的种群数量比清水对照区的减少数量由高到低的排序：蚜虫(106)>苜蓿夜蛾幼虫(61)>盲蝽若虫(53)>牧草盲蝽(50)>瓢虫幼虫(42)>蓟马(22)>苜蓿盲蝽(19)。这说明化学杀虫剂啶虫脒对上述昆虫有一定杀伤力，但是速效性比较差。

(4)高效氯氰菊酯对胡麻地昆虫数量的影响

从表1-4-38可以看出，在施药前6月18日调查，胡麻田间昆虫群落的构成主要是蓟马、牧草盲蝽、盲蝽若虫、苜蓿夜蛾幼虫、蚜虫、蓟马和瓢虫幼虫。上述昆虫在胡麻田间种群分布数量由高到低的排序：牧草盲蝽>蓟马>蚜虫>苜蓿盲蝽>盲蝽若虫>苜蓿夜蛾幼虫>瓢虫幼虫。

表1-4-38 化学杀虫剂高效氯氰菊酯对胡麻地昆虫数量的影响

调查时间	施药前(6.18)	施药后天数					
		1d	3d	5d	7d	14d	21d
苜蓿盲蝽	39	1	6	4	3	5	5
牧草盲蝽	48	1	6	6	11	3	2
盲蝽若虫	33	2	3	4	0	2	0
苜蓿夜蛾幼虫	13	0	3	0	0	1	0
瓢虫幼虫	5	0	0	7	0	1	0
蚜虫	40	1	2	5	28	24	35
蓟马	46	0	1	2	22	26	28

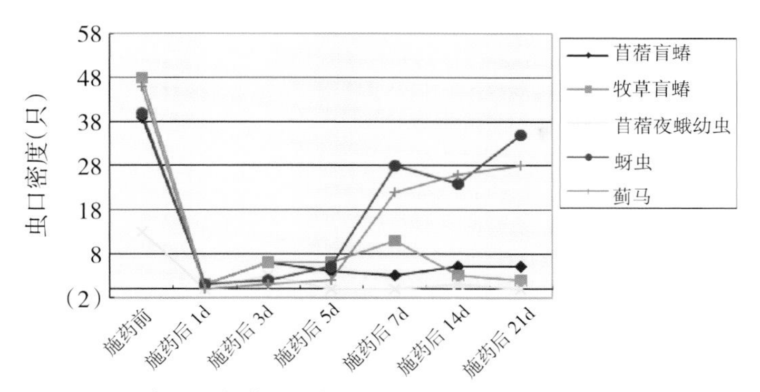

高效氯氰菊酯对胡麻地昆虫数量的影响

从上图可以看出，在喷施高效氯氰菊酯的试验小区调查，施药后 1d 盲蝽若虫 2 头/网，苜蓿盲蝽和牧草盲蝽 1 头/网，蚜虫 1 头/百株，其他昆虫均未调查到。

施药后 3~5d 上述昆虫在胡麻田间群体数量虽比施药后 1d 有增加，但是其种群数量为 1~7 头，其群体数量消长动态变化不大，与施药前相比仍然出现大幅度减少的趋势。

在施药后7~21d，蚜虫的种群数量为 24~35 头/百株，蓟马的种群数量为 22~28 头/百株，其余的昆虫的群体数量为 1~11 头/网，与施药前相比其减少的幅度比较大。

在施药后 1~5d，喷施高效氯氰菊酯试验小区上述昆虫的种群数量比清水对照区的减少数量由高到低的排序：蚜虫（146）>盲蝽若虫（142）>牧草盲蝽（135）>苜蓿盲蝽（131）>苜蓿夜蛾幼虫（84）>蓟马（54）>瓢虫幼虫（44）。这说明化学杀虫剂高效氯氰菊酯对上述昆虫具有较强的杀伤力和速效性。

根据施药后的 6 次调查，上述昆虫在胡麻田间分布消长的动态变化较大的是蚜虫和蓟马，其他昆虫在胡麻田间分布消长的动态变化幅度不大。

（5）吡虫啉对胡麻地昆虫数量的影响

从表 1-4-39 可以看出，在施药前 6 月 18 日调查，胡麻田间昆虫群落的构成主要是牧草盲蝽、盲蝽若虫、苜蓿夜蛾幼虫、蚜虫、蓟马和瓢虫幼虫。上述昆虫在胡麻田间种群分布数量由高到低的排序：苜蓿盲蝽>盲蝽若虫>牧草盲蝽>苜蓿夜蛾幼虫>蚜虫>蓟马>瓢虫幼虫。

表 1-4-39　化学杀虫剂吡虫啉对胡麻地昆虫数量的影响

调查时间	施药前(6.18)	施药后天数					
		1d	3d	5d	7d	14d	21d
苜蓿盲蝽	56	53	23	27	22	7	3
牧草盲蝽	34	28	20	26	26	9	3
盲蝽若虫	53	58	23	14	11	0	0
苜蓿夜蛾幼虫	29	31	13	18	6	0	1
瓢虫幼虫	4	5	0	8	18	0	0
蚜虫	20	3	13	39	54	8	14
蓟马	14	16	13	41	61	40	42

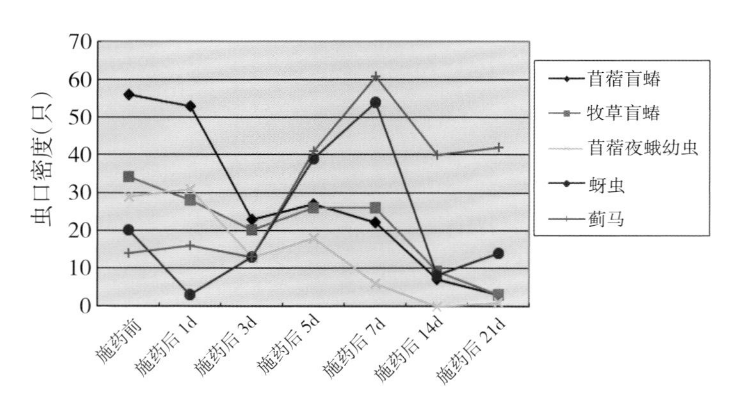

吡虫啉对胡麻地昆虫数量的影响

从上图可以看出,在喷施吡虫啉的试验小区调查,施药后 1d 苜蓿盲蝽、牧草盲蝽的群体分布数量比施药前减少 3~6 头/网,蚜虫的群体分布数量比施药前减少 17 头/百株,其他昆虫的群体分布数量比施药前增加 1~5 头/网。

施药后 3~7d,苜蓿盲蝽、盲蝽若虫、苜蓿夜蛾幼虫和牧草盲蝽在胡麻田间群体数量平均减少 10~37 头/网,蚜虫和蓟马的种群数量平均增加 15~24 头/百株,瓢虫幼虫群体数量平均增加 5 头/网。

在施药后 1~5d,喷施吡虫啉试验小区的上述昆虫种群数量比清水对照区(CK)的减少数量由高到低的排序:蚜虫(99)>牧草盲蝽(74)>盲蝽若虫(56)>苜蓿盲蝽(39)>瓢虫幼虫(38)>苜蓿夜蛾幼虫(25),但是蓟马增加了 13 头/百株。这说明化学杀虫剂吡虫啉对上述昆虫的杀伤力和速效性相对较差。

根据施药后的 6 次调查,上述昆虫在胡麻田间分布消长的动态变化是施药后 1~3d 出现下降趋势,到施药后 5~7d 普遍出现增长趋势而后又开始下降。

2.胡麻田昆虫对不同杀虫剂的反应效果

(1)蚜虫对不同杀虫剂的反应效果

从表 1-4-40 和下图可以看出,蚜虫对化学杀虫剂毒死蜱、啶虫脒、高效氯氰菊酯和吡虫啉的反应效果具有明显差异。

表 1-4-40 蚜虫对不同杀虫剂的反应

调查时间	施药前	施药后 1d	施药后 3d	施药后 5d	施药后 7d	施药后 14d	施药后 21d
清水(CK)	45	54	35	53	27	9	2
毒死蜱	57	5	20	10	5	5	1
啶虫脒	52	45	33	45	18	5	4
高效氯氰菊酯	39	1	6	4	3	5	5
吡虫啉	45	54	35	53	27	9	2

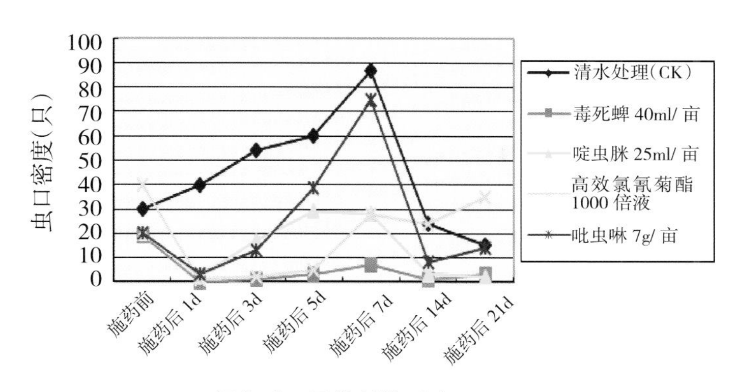

蚜虫对不同药剂的反应

根据施药后 1d 调查，胡麻田间的蚜虫群体数量与施药前和清水对照相比都有不同程度减少。蚜虫群体数量减少幅度比较大是高效氯氰菊酯，比清水对照减少了 53 头/网、比施药前减少了 38 头/网，毒死蜱比清水对照减少了 49 头/网、比施药前减少了 52 头/网，而蚜虫对啶虫脒和吡虫啉的反应效果不明显。

根据施药后 3~7d 调查，胡麻田间的蚜虫群体数量与施药前和清水对照相比都仍然有不同程度减少。蚜虫群体数量减少幅度比较大的仍然是高效氯氰菊酯，比清水对照减少了 24~49 头/网、比施药前减少了 33~36 头/网，毒死蜱比清水对照减少了 15~43 头/网、比施药前减少了 37~52 头/网，而蚜虫对啶虫脒和吡虫啉的反应效果仍不明显。

根据施药后 14~21d 调查，胡麻田间的蚜虫群体数量与清水对照相比没有明显差异。

(2)蓟马对不同杀虫剂的反应效果

从表 1-4-41 和下图可以看出，蓟马对化学杀虫剂毒死蜱、啶虫脒、高效氯氰菊酯和吡虫啉的反应效果具有明显差异。

表 1-4-41　蓟马对不同杀虫剂的反应

调查时间	施药前	施药后 1d	施药后 3d	施药后 5 d	施药后 7d	施药后 14 d	施药后 21d
清水 CK	68	17	25	15	32	31	30
毒死蜱	23	2	3	1	9	12	22
啶虫脒	78	4	7	24	38	22	31
高效氯氰菊酯	46	0	1	2	22	26	18
吡虫啉	14	16	13	41	61	40	42

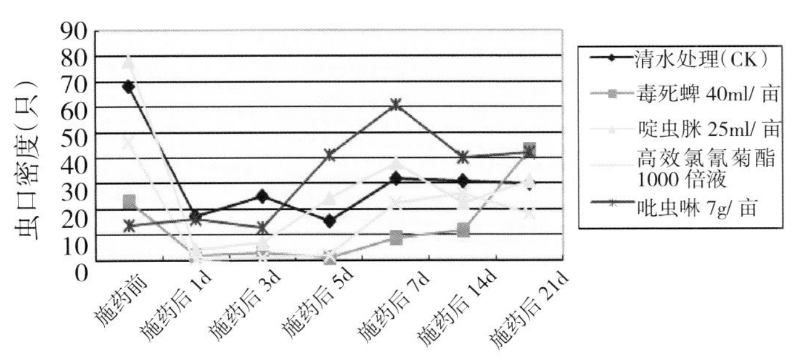

不同药剂对蓟马数量的影响

根据施药后 1d 调查，胡麻田间的蓟马群体数量与施药前和清水对照相比都有不同程度减少。蓟马群体数量减少幅度比较大是啶虫脒，比清水对照减少了 13 头/网、比施药前减少了 74 头/网，高效氯氰菊酯比清水对照减少了 17 头/网、比施药前减少了 46 头/网，毒死蜱比清水对照减少了 15 头/网、比施药前减少了 21 头/网，蓟马对吡虫啉的反应没有效果。

根据施药后 3d 调查，胡麻田间的蓟马群体数量与施药前和清水对照相比都仍然有不同程度减少。蓟马群体数量减少幅度比较大的仍然是高效氯氰菊酯比清水对照减少了 24 头/网、比施药前减少了 45 头/网，毒死蜱比清水对照减少了 22 头/网、比施药前减少了 20 头/网，啶虫脒比清水对照减少了 18 头/网、比施药前减少了 71 头/网，而蓟马对吡虫啉的反应没有效果。

根据施药后 7~21d 调查，胡麻田间的蓟马群体数量与施药前和清水对照相比也有不同程度减少。蓟马群体数量减少幅度比较大是毒死蜱，比清水对照减少了 8~23 头/网、比施药前减少了 1~14 头/网，高效氯氰菊酯比清水对照减少了 5~12 头/网、比施药前减少了 20~28 头/网，蓟马对啶虫脒和吡虫啉的反应没有效果。

（3）苜蓿盲蝽对不同杀虫剂的反应效果

从表 1-4-42 和下图可以看出，苜蓿盲蝽对化学杀虫剂毒死蜱、啶虫脒、高效氯氰菊酯和吡虫啉的反应效果具有明显差异。

表 1-4-42　苜蓿盲蝽对不同杀虫剂的反应

调查时间	施药前	施药后 1d	施药后 3d	施药后 5d	施药后 7d	施药后 14d	施药后 21d
清水(CK)	45	54	35	53	27	9	2
毒死蜱	57	5	20	10	5	5	1
啶虫脒	52	45	33	45	18	5	4
高效氯氰菊酯	39	1	6	4	3	5	5
吡虫啉	56	53	23	27	22	7	3

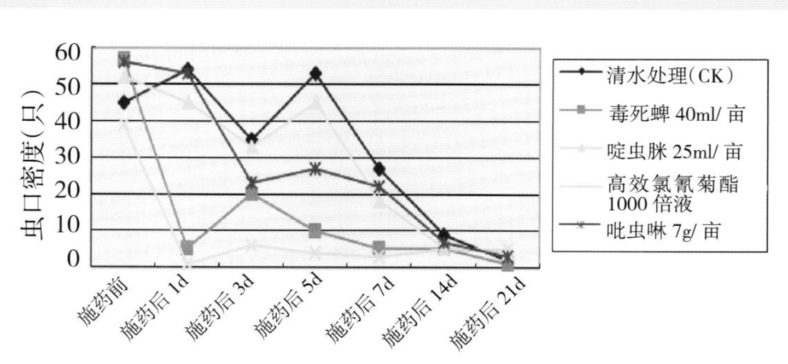

不同药剂对苜蓿盲蝽数量的影响

根据施药后 1d 调查，胡麻田间的苜蓿盲蝽群体数量与施药前和清水对照相比都有不同程度减少。苜蓿盲蝽群体数量减少幅度比较大是高效氯氰菊酯，比清水对照减少了 53 头/网、比施药前减少了 38 头/网，毒死蜱比清水对照减少了 49 头/网、比施药前减少了 52 头/

网，啶虫脒比清水对照减少了 9 头/网、比施药前减少了 7 头/网，苜蓿盲蝽对吡虫啉的反应几乎没有效果。

根据施药后 3~7d 调查，胡麻田间的苜蓿盲蝽群体数量与施药前和清水对照相比都仍然有不同程度减少。苜蓿盲蝽群体数量减少幅度比较大的仍然是高效氯氰菊酯，比清水对照减少了 24~49 头/网、比施药前减少了 33~36 头/网，毒死蜱比清水对照减少了 15~43 头/网、比施药前减少了 37~52 头/网，吡虫啉比清水对照减少了 5~26 头/网、比施药前减少了 29~34 头/网，啶虫脒比清水对照减少了 8~22 头/网、比施药前减少了 7~34 头/网。

（4）牧草盲蝽对不同杀虫剂的反应效果

从表 1-4-43 和下图可以看出，牧草盲蝽对化学杀虫剂毒死蜱、啶虫脒、高效氯氰菊酯和吡虫啉的反应效果具有明显差异。

表 1-4-43　牧草盲蝽对不同杀虫剂的反应

调查时间	施药前	施药后1d	施药后3d	施药后5d	施药后7d	施药后14d	施药后21d
清水 CK	67	46	61	41	27	6	3
毒死蜱	76	5	16	16	16	5	0
啶虫脒	28	35	28	35	20	4	1
高效氯氰菊酯	48	1	6	6	11	3	2
吡虫啉	34	28	20	26	26	9	3

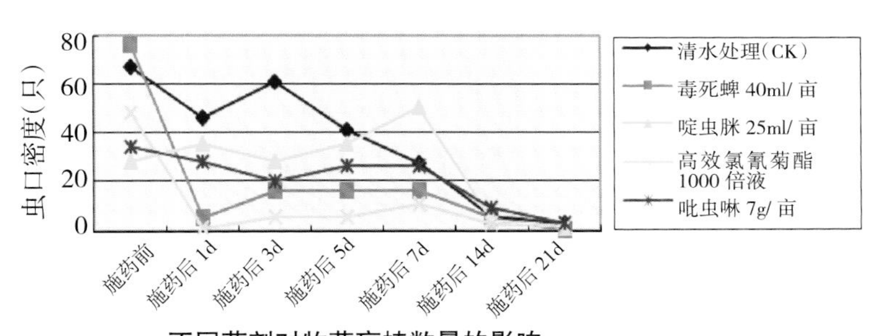

不同药剂对牧草盲蝽数量的影响

根据施药后 1d 调查，胡麻田间的牧草盲蝽群体数量与施药前和清水对照相比都有不同程度减少。牧草盲蝽群体数量减少幅度比较大的是高效氯氰菊酯，比清水对照减少了 45 头/网、比施药前减少了 47 头/网，毒死蜱比清水对照减少了 41 头/网、比施药前减少了 71 头/网，吡虫啉比清水对照减少了 18 头/网、比施药前减少了 6 头/网。

根据施药后 3~7d 调查，胡麻田间的牧草盲蝽群体数量与施药前和清水对照相比都仍然有不同程度减少。牧草盲蝽群体数量减少幅度比较大的仍然是高效氯氰菊酯，比清水对照减少了 16~55 头/网、比施药前减少了 37~42 头/网，毒死蜱比清水对照减少了 11~45 头/网、比施药前减少了 60 头/网，吡虫啉比清水对照减少了 11~41 头/网、比施药前减少了 8~14

头/网，啶虫脒比清水对照减少了6~33头/网。

（5）盲蝽若虫对不同杀虫剂的反应效果

从表1-4-44和下图可以看出，盲蝽若虫对化学杀虫剂毒死蜱、啶虫脒、高效氯氰菊酯和吡虫啉的反应效果具有明显差异。

表1-4-44 盲蝽若虫对不同杀虫剂的反应

调查时间	施药前	施药后1d	施药后3d	施药后5d	施药后7d	施药后14d	施药后21d
清水（CK）	51	57	28	26	11	2	7
毒死蜱	56	7	12	8	0	4	2
啶虫脒	42	41	14	22	9	0	1
高效氯氰菊酯	33	2	3	4	0	2	0
吡虫啉	53	48	23	14	11	0	0

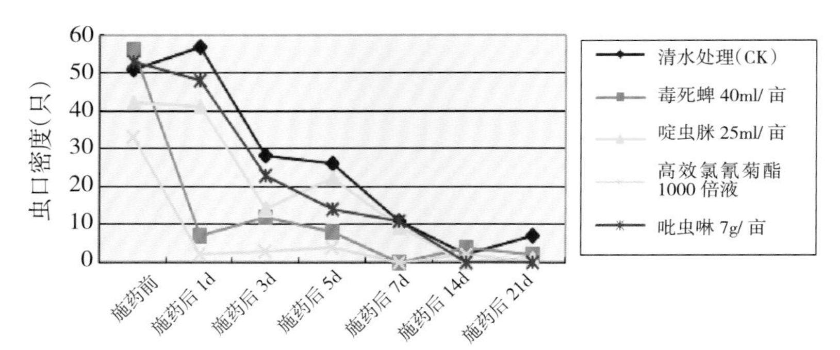

不同药剂对盲蝽若虫数量的影响图

根据施药后1d调查，胡麻田间的盲蝽若虫群体数量与施药前和清水对照相比都有不同程度减少。盲蝽若虫群体数量减少幅度比较大的是高效氯氰菊酯，比清水对照减少了55头/网、比施药前减少了31头/网，毒死蜱比清水对照减少了50头/网、比施药前减少了49头/网，吡虫啉比清水对照减少了9头/网、比施药前减少了1头/网，啶虫脒比清水对照减少了16头/网，比施药前减少了5头/网。

根据施药后3~7d调查，胡麻田间的盲蝽若虫群体数量与施药前和清水对照相比都仍然有不同程度减少。盲蝽若虫群体数量减少幅度比较大的仍然是高效氯氰菊酯，比清水对照减少了11~25头/网、比施药前减少了30~33头/网，毒死蜱比清水对照减少了11~16头/网、比施药前减少了44~56头/网，吡虫啉比清水对照减少了0~12头/网、比施药前减少了30~42头/网，啶虫脒比清水对照减少了2~14头/网。

（6）苜蓿夜蛾幼虫对不同杀虫剂的反应效果

从表1-4-45和下图可以看出，苜蓿夜蛾幼虫对化学杀虫剂毒死蜱、啶虫脒、高效氯氰菊酯和吡虫啉的反应效果具有明显差异。

表 1-4-45 苜蓿夜蛾幼虫对不同杀虫剂的反应

调查时间	施药前	施药后1d	施药后3d	施药后5d	施药后7d	施药后14d	施药后21d
清水(CK)	22	43	16	28	11	0	0
毒死蜱	40	4	0	4	1	0	0
啶虫脒	20	14	0	12	1	1	0
高效氯氰菊酯	13	0	3	0	0	1	0
吡虫啉	29	27	13	18	6	0	1

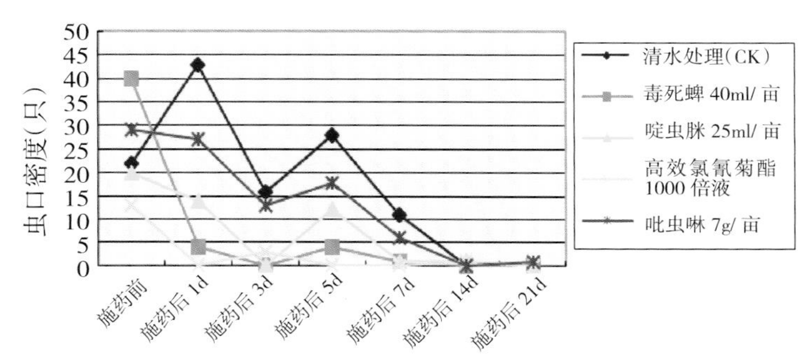

不同药剂对盲蝽夜蛾幼虫数量的影响

根据施药后 1d 调查，胡麻田间的苜蓿夜蛾幼虫群体数量与施药前和清水对照相比都有不同程度减少。苜蓿夜蛾幼虫群体数量减少幅度比较大的是高效氯氰菊酯比清水对照减少了 43 头/网、比施药前减少了 13 头/网,毒死蜱比清水对照减少了 39 头/网、比施药前减少了 36 头/网,啶虫脒比清水对照减少了 29 头/网,比施药前减少了 6 头/网,吡虫啉比清水对照减少了 16 头/网、比施药前减少了 2 头/网。

根据施药后 3~7d 调查，胡麻田间的苜蓿夜蛾幼虫群体数量与施药前和清水对照相比都仍然有不同程度减少。苜蓿夜蛾幼虫群体数量减少幅度比较大的仍然是高效氯氰菊酯，比清水对照减少了 11~28 头/网、比施药前减少了 10~13 头/网，毒死蜱比清水对照减少了 10~24 头/网、比施药前减少了 36~40 头/网,啶虫脒比清水对照减少了 10~16 头/网、比施药前减少了 8~20 头/网,吡虫啉比清水对照减少了 3~10 头/网、比施药前减少了 11~23 头/网。

(7)瓢虫幼虫对不同杀虫剂的反应效果

从表 1-4-46 和下图可以看出,瓢虫幼虫对化学杀虫剂毒死蜱、啶虫脒、高效氯氰菊酯和吡虫啉的反应效果具有明显差异。

表 1-4-46 瓢虫幼虫对不同杀虫剂的反应

调查时间	施药前	施药后1d	施药后3d	施药后5d	施药后7d	施药后14d	施药后21d
清水(CK)	5	21	2	28	32	0	6
毒死蜱	12	0	0	3	0	0	0
啶虫脒	4	0	2	7	8	0	0
高效氯氰菊酯	5	0	0	7	0	1	0
吡虫啉	4	5	0	8	18	0	0

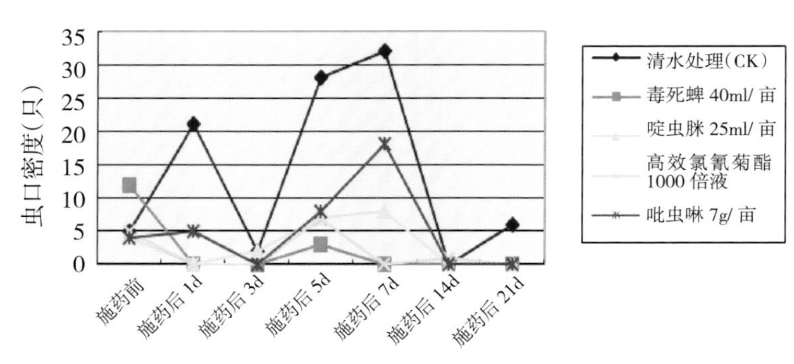

不同药剂对瓢虫幼虫数量的影响

根据施药后 1d 调查，胡麻田间的瓢虫幼虫群体数量与施药前和清水对照相比都有不同程度减少。瓢虫幼虫群体数量减少幅度比较大的是高效氯氰菊酯，比清水对照减少了 21 头/网、比施药前减少了 5 头/网，毒死蜱比清水对照减少了 21 头/网、比施药前减少了 12 头/网，啶虫脒比清水对照减少了 21 头/网，比施药前减少了 4 头/网，吡虫啉比清水对照减少了 16 头/网。

根据施药后 3~7d 调查，胡麻田间的瓢虫幼虫群体数量与施药前和清水对照相比都仍然有不同程度减少。瓢虫幼虫群体数量减少幅度比较大的仍然是高效氯氰菊酯，比清水对照减少了 2~32 头/网，毒死蜱比清水对照减少了 2~32 头/网，啶虫脒比清水对照减少了 2~24 头/网，吡虫啉比清水对照减少了 2~20 头/网。

3. 杀虫剂对胡麻田害虫的防治效果

（1）不同杀虫剂对胡麻田蚜虫防治效果

根据试验调查结果表 1-4-47 分析，当杀虫剂毒死蜱的用量 600ml/hm^2 稀释倍数 750 倍时，对胡麻田蚜虫的防治效果：施药后 1d 的虫口减退率和校正防效都是 100%，施药后 3 天的虫口减退率 94.74%、校正防效 97.08%，施药后 5d 的虫口减退率 84.21%、校正防效 92.11%，施药后 7d 的虫口减退率 63.16%、校正防效 87.30%，施药后 14d 的虫口减退率 94.74%、校正防效 93.42%，施药后 21d 的虫口减退率 84.21%、校正防效 68.42%。根据杀虫剂毒死蜱对胡麻田蚜虫防治效果的 6 次调查试验数据可知，杀虫剂毒死蜱对胡麻田蚜虫防治的速效性强，持效期也比较长。

表 1-4-47　不同杀虫剂对胡麻田蚜虫防治效果

调查时间	虫口基数	施药后 1d		施药后 3d		施药后 5d	
		虫口减退率%	校正防效%	虫口减退率%	校正防效%	虫口减退率%	校正防效%
毒死蜱	19	100.00	100.00	94.74	97.08	84.21	92.11
高效氯氰菊酯	40	97.50	98.13	95.00	97.22	87.50	93.75
啶虫脒	20	90.00	92.50	15.00	52.78	-45.00	27.50
吡虫啉	20	85.00	88.75	35.00	63.89	-95.00	2.50

续表

调查时间	虫口基数	施药后 7d		施药后 14d		施药后 21d	
		虫口减退率%	校正防效%	虫口减退率%	校正防效%	虫口减退率%	校正防效%
毒死蜱	19	63.16	87.30	94.74	93.42	84.21	68.42
高效氯氰菊酯	40	30.00	75.86	40.00	25.00	–27.50	–155.00
啶虫脒	20	–40.00	51.72	85.00	81.25	90.00	80.00
吡虫啉	20	–570.00	–131.03	60.00	50.00	30.00	–40.00

根据试验调查结果表 1–4–47 分析，当杀虫剂高效氯氰菊酯的用量 450ml/hm^2、稀释倍数 1000 倍液时，对胡麻田蚜虫的防治效果：施药后 1d 的虫口减退率 97.50%、校正防效 98.13%，施药后 3d 的虫口减退率 95.00%、校正防效 97.22%，施药后 5d 的虫口减退率 87.50%、校正防效 93.75%，施药后 7d 的虫口减退率 30.00%、校正防效 75.86%，施药后 14d 的虫口减退率 40%、校正防效 25%，在施药后 21d 基本上没有防治效果。高效氯氰菊酯与毒死蜱相比，在施药后 1~5d 的虫口减退率和校正防效没有明显差异，在施药后 7 天虫口减退率和校正防效都开始明显下降。其对胡麻田蚜虫防治的速效性较强，但是持效期相对较短。

根据试验调查结果表 1–4–47 分析，当杀虫剂啶虫脒用量 375 ml/hm^2、稀释倍数 1200 倍时，对胡麻田蚜虫的防治效果，施药后 1d 的虫口减退率 90.00%、校正防效 92.50%，施药后 3d 的虫口减退率 15.00%、校正防效 52.78 %；但是到施药后 14d 的虫口减退率 85.00%、校正防效 81.25 %，施药后 21d 的虫口减退率 90.00%、校正防效 80.00 %。啶虫脒与高效氯氰菊酯和毒死蜱相比，在施药后 1d 的虫口减退率和校正防效没有明显下降，在施药后 3~7d 虫口减退率和校正防效都出现了明显下降，在施药后 14~21d 虫口减退率和校正防效却出现了明显提高(在施药后 14d 毒死蜱略高于啶虫脒)。虽然对胡麻田蚜虫防治的速效性较差，但是持效期相对较长。

根据试验调查结果表 1–4–47 分析，当杀虫剂吡虫啉 105g/ hm^2，稀释倍数 4300 倍时，对胡麻田蚜虫的防治效果，在调查的 6 期试验结果中，只有施药后 1d 的虫口减退率 85.00%、校正防效 88.75%，其余各期对胡麻田蚜虫均未防治效果。

(2)不同杀虫剂对胡麻田蓟马防治效果

表,1–4–48 不同杀虫剂对胡麻田蓟马防治效果

调查时间	虫口基数(头)	施药后 1d		施药后 3d		施药后 5d	
		虫口减退率(%)	校正防效(%)	虫口减退率(%)	校正防效(%)	虫口减退率(%)	校正防效(%)
高效氯氰菊酯	46	100.00	100.00	97.83	94.09	95.65	80.29
毒死蜱	23	91.30	65.22	95.65	88.17	86.96	40.87
啶虫脒	78	94.87	79.49	91.03	75.59	69.23	–39.49
吡虫啉	14	20.00	–220.00	35.00	–76.80	–105.00	–829.33

续表

调查时间	虫口基数(头)	施药后 7d		施药后 14d		施药后 21d	
		虫口减退率(%)	校正防效(%)	虫口减退率(%)	校正防效(%)	虫口减退率(%)	校正防效(%)
高效氯氰菊酯	46	73.91	44.57	65.22	23.70	60.87	11.30
毒死蜱	23	60.87	16.85	73.91	42.78	-86.96	-323.77
啶虫脒	78	12.82	-85.26	71.79	38.13	60.26	9.91
吡虫啉	14	-205.00	-548.13	-100.00	-338.71	-110.00	-376.00

根据试验调查结果表 1-4-48 分析，当杀虫剂高效氯氰菊酯的用量 450ml/hm²、稀释倍数 1000 倍液时，对胡麻田蓟马的防治效果：施药后 1d 的虫口减退率和校正防效都是 100%，施药后 3d 的虫口减退率 97.83%、校正防效 94.09%，施药后 5d 的虫口减退率 95.65%、校正防效 80.29%，施药后 7d 的虫口减退率 73.91%、校正防效 44.57%，施药后 14~21d 的虫口减退率 65.22~60.87%、校正防效 23.70~11.30%。根据杀虫剂高效氯氰菊酯对胡麻田蓟马防治效果的 6 次调查试验数据可知，杀虫剂高效氯氰菊酯对胡麻田蓟马防治的速效性强，但持效期也比较短。

根据试验调查结果表 1-4-48 分析，毒死蜱的用量 600ml/hm² 稀释倍数 750 倍时，施药后 1d 的虫口减退率 91.30%、校正防效65.22%，施药后 3d 的虫口减退率 95.65%，校正防效 88.17%，施药后 5d 的虫口减退率 86.96%、校正防效 40.87%，施药后 7~21d 基本没有防治效果，毒死蜱对胡麻田蓟马防治的速效性和持效性都比高效氯氰菊酯差一些。

根据杀虫剂啶虫脒和吡虫啉对胡麻田蓟马防治效果的 6 次调查试验数据可知，啶虫脒和吡虫啉对胡麻田蓟马的校正防效都在 80%以下，不宜作为防治蓟马的化学药剂。

（3）不同杀虫剂对胡麻田苜蓿盲蝽防治效果

根据试验调查结果表 1-4-49 分析，当杀虫剂毒死蜱的用量 600ml/hm² 稀释倍数 750 倍时，对胡麻田苜蓿盲蝽的防治效果：施药后 1d 的虫口减退率 92.58%、校正防效 91.03%，施药后 3d 的虫口减退率 79.04%、校正防效 84.05%，施药后 5d 的虫口减退率 85.15%、校正防效 89.07%，施药后 7d 的虫口减退率 90.83%、校正防效 96.34%，施药后 14d 的虫口减退率 93.88%、校正防效 91.38%，施药后 21d 的虫口减退率 98.69%、校正防效 82.21%。根据杀虫剂毒死蜱对胡麻田苜蓿盲蝽防治效果的 6 次调查试验数据可知，杀虫剂毒死蜱对胡麻田苜蓿盲蝽防治的速效性强，持效期也比较长。

根据试验调查结果表 1-4-49 分析，当杀虫剂高效氯氰菊酯的用量 450ml/hm²、稀释倍数 1000 倍液时，对胡麻田苜蓿盲蝽的防治效果：施药后 1d 的虫口减退率 96.67 %、校正防效 95.97%，施药后 3d 的虫口减退率 87.50%、校正防效 90.49%，施药后 5d 的虫口减退率 88.33%、校正防效 79.14%，施药后 7d 的虫口减退率 88.33%、校正防效 95.35%，施药后 14~21d 的校正防效不足 30.00%。高效氯氰菊酯与毒死蜱相比，在施药后 1~7d 的虫口减退率和

表 1-4-49 不同杀虫剂对胡麻田苜蓿盲蝽防治效果

调查时间	虫口基数(头)	施药后 1d		施药后 3d		施药后 5d	
		虫口减退率(%)	校正防效(%)	虫口减退率(%)	校正防效(%)	虫口减退率(%)	校正防效(%)
毒死蜱	76.33	92.58	91.03	79.04	84.05	85.15	89.07
啶虫脒	40.67	8.20	-10.95	38.52	53.23	16.39	38.45
高效氯氰菊酯	40.00	96.67	95.97	87.50	90.49	88.33	79.14
吡虫啉	47.67	2.80	-14.48	53.85	64.89	53.15	65.51
调查时间	虫口基数(头)	施药后 7d		施药后 14d		施药后 21d	
		虫口减退率(%)	校正防效(%)	虫口减退率(%)	校正防效(%)	虫口减退率(%)	校正防效(%)
毒死蜱	76.33	90.83	96.34	93.88	91.38	98.69	82.21
啶虫脒	40.67	36.89	74.83	92.62	29.31	95.08	33.20
高效氯氰菊酯	40.00	88.33	95.35	91.68	20.23	94.18	20.88
吡虫啉	47.67	58.74	83.55	88.82	-7.14	95.80	43.01

校正防效没有明显差异，但在施药后 14~21d 虫口减退率和校正防效都明显低于毒死蜱。其对胡麻田苜蓿盲蝽防治的速效性较强，但是持效期不如毒死蜱长。

根据试验调查结果表 1-4-49 分析，当杀虫剂啶虫脒用量 375 ml/hm²、稀释倍数 1200 倍和吡虫啉 105g/hm²，稀释倍数 4300 倍时，在调查的 6 期试验结果中，对胡麻田苜蓿盲蝽均未达到防治效果，不宜作为防治胡麻田苜蓿盲蝽的化学药剂。

4. 杀虫剂对胡麻种子产量的影响

（1）试验设计

采用随机区组排列，3 次重复，小区面积 21m²，设 5 个处理，即选择化学杀虫剂毒死蜱、高效氯氰菊酯、啶虫脒、吡虫啉作为供试药剂，以只喷清水作对照，供试胡麻品种为宁亚 19 号。调查试验各处理的种子产量。

（2）试验方法

杀虫剂用量及稀释浓度：毒死蜱 600ml/hm²、稀释倍数 750 倍，啶虫脒 375 ml/hm²、稀释倍数 1200 倍，高效氯氰菊酯 450ml/hm²、稀释倍数 1000 倍液，吡虫啉 105g/hm²，稀释倍数 4300 倍，清水处理（CK）450kg/hm²，药液喷施量为 450kg/hm²，于 6 月 19 日用手动喷雾器喷施供试杀虫剂。

种子产量统计：在试验田胡麻成熟期按照每个小区单独收获脱粒计产，并进行种子产量统计分析。

（3）试验结果

种子产量：按照试验设计要求，于 6 月 19 日在试验各小区喷施供试杀虫剂，对胡麻蚜虫等害虫进行防治。在成熟时按小区单独收获计产（见表 1-4-50），试验各处理胡麻种子产量 1012.2~1643.4kg/hm²，清水处理（CK）的种子产量 1339.95kg/hm²。除吡虫啉比对照减产

24.46%外，其他杀虫剂比对照增产 1.99%~22.63%，喷施高效氯氰菊酯试验处理的胡麻种子产量居第一位。

表 1-4-50 试验各处理种子产量

试验处理	Ⅰ(kg)	Ⅱ(kg)	Ⅲ(kg)	平均(kg)	产量(kg/hm²)	比对照增减产(%)
清水(CK)	2.71	2.98	2.75	2.81	1339.95	—
毒死蜱	3.39	2.81	3.11	3.10	1477.80	10.28
啶虫脒	2.96	2.98	2.67	2.87	1366.65	1.99
高效氯氰菊酯	3.51	3.38	3.47	3.45	1643.40	22.64
吡虫啉	2.39	1.97	2.01	2.13	1012.20	-24.46

主要农艺性状：将试验各处理的主要农艺性状结果（表 1-4-51）进行对比分析。

株高：在喷施了毒死蜱、高效氯氰菊酯、啶虫脒和吡虫啉的试验处理的胡麻植株高度 45.8~48.2cm，平均数为 46.9cm，与试验对照（46.6cm）相比没有显著差异。

表 1-4-51 主要农艺性状室内考种结果

处理名称	株高(cm)	工艺长度(cm)	分茎数(个)	主茎分枝(个)	有效结果数(个)	每果粒数(粒)	单株产量(kg)	千粒重(g)
清水(CK)	46.6	30.2	0.3	4.4	9.8	6.9	0.41	7.46
毒死蜱	45.8	31.3	0.6	4.9	11.8	6.7	0.47	7.79
啶虫脒	47.1	31.3	0.4	5.1	10.9	6.6	0.45	8.36
高效氯氰菊酯	48.2	28.2	0.5	4.6	10.4	6.9	0.40	5.89
吡虫啉	46.3	29.2	0.3	4.8	9.9	6.4	0.36	7.31

主茎分枝数：在喷施了毒死蜱、高效氯氰菊酯、啶虫脒和吡虫啉的试验处理的胡麻植株主茎分枝数 4.6~5.1 枝/株，平均数为 4.8 个/株，比试验对照（4.37 个/株）多 0.13~0.73 个/株。

有效结果数：在喷施了毒死蜱、高效氯氰菊酯、啶虫脒和吡虫啉的试验处理的胡麻植株有效结果数 9.9~11.8 个/株，平均数为 10.72 个/株，比试验对照（9.8 个/株）多 0.05~1.99 个/株。

单株产量：在喷施了毒死蜱、高效氯氰菊酯、啶虫脒和吡虫啉的试验处理胡麻植株单株产量 0.36~0.47g/株，平均数为 0.42g/株，试验对照的单株产量 0.41g/株，只有毒死蜱和啶虫脒的单株产量略高于对照。

千粒重：在喷施了毒死蜱、高效氯氰菊酯、啶虫脒和吡虫啉的试验处理胡麻植株千粒重 5.89~8.36g，平均数为 7.34 g，试验对照的千粒重 7.46g，只有毒死蜱和啶虫脒的千粒重略高于对照。

表 1-4-52 方差分析表

变异来源	平方和	自由度	均 方	F 值	p 值
区组间	244.7836	2	122.3918	1.548	0.1913
处理间	6456.386	4	1614.097	20.42	0.0067
误 差	632.3483	8	79.0435	—	—
总变异	7333.518	14	—	—	—

试验各处理的胡麻种子产量结果经方差分析，试验处理间的差异达极显著水平，区组间差异不显著。

表 1-4-53 新复极差分析

处 理	高效氯氰菊酯	毒死蜱	啶虫脒	清水处理(CK)	吡虫啉
均 值	164.33	147.77	136.67	134.00	101.22
5%显著水平	a	ab	b	b	c
1%显著水平	A	AB	B	B	C

经过新复极差检验，试验各处理胡麻种子的增减产幅度与对照相比，高效氯氰菊酯的增产幅度达到极显著水平，吡虫啉的减产幅度达到极显著水平，毒死蜱和啶虫脒的增产幅度不显著；试验各处理间相比，高效氯氰菊酯的增产幅度与毒死蜱差异不显著，与啶虫脒和吡虫啉的差异达到极显著水平，毒死蜱和啶虫脒的增产幅度与吡虫啉的差异达到极显著水平。

5.杀虫剂的农药残留检测

（1）试验设计

采用随机区组排列，3 次重复，小区面积 21m^2，设 5 个处理，即选择化学杀虫剂毒死蜱、高效氯氰菊酯、啶虫脒、吡虫啉作为供试药剂，以只喷清水作对照，供试胡麻品种为宁亚 19 号。调查试验各处理的防治效果，检测杀虫剂的残留情况。

（2）试验方法

杀虫剂用量及稀释浓度：毒死蜱 600ml/hm^2、稀释倍数 750 倍，啶虫脒 375 ml/hm^2、稀释倍数 1200 倍，高效氯氰菊酯 450ml/hm^2、稀释倍数 1000 倍液，吡虫啉 105g/hm^2，稀释倍数 4300 倍，清水处理（CK）450kg/ hm^2，药液喷施量为 450kg/hm^2，于 6 月 19 日用手动喷雾器喷施供试杀虫剂。

杀虫剂残留检测样品：于喷药后 1、3、5、7、14、21d，在试验每个小区以 5 点取样法，在每点取样 10 株作为植株检测样品，在胡麻成熟后每个小区取 500g 种子，作为种子检测样品，送宁夏农林科学院农产品质量监测中心，进行农药残留量检测。

（3）检测结果

胡麻植株残留检测：根据对上述杀虫剂从 6 月 22 日（喷药后第 3d）至 7 月 13 日（喷药后 21d）和成熟期种子（喷药后 41d）的 7 个批次样品的杀虫剂残留量检测结果显示，吡虫啉 0.19~0.03mg/kg，啶虫脒 0.88~0.28mg/kg，高效氯氰菊酯 0.86~0.24mg/kg，毒死蜱 3.40~0.039mg/kg，清水（CK），从施药后 14d 再未检出残留。

种子残留检测：试验各处理种子 5 个检测样品中，吡虫啉 105g/hm^2 的样品均未检出残留外，其余处理样品中均检出了啶虫脒 0.28~0.08mg/kg。

上述杀虫剂残留衰败期大不相同，吡虫啉和啶虫脒自喷药后 14d 植株样品就无残留检出，高效氯氰菊酯和毒死蜱直至喷药后21d仍有残留检出，但是种子样品中除了有少量啶虫脒检出外，其余均无残留检出。

表1-4-54 化学杀虫剂残留检测结果

试验处理	施药后3d(植株)	施药后5d(植株)	施药后7d(植株)	施药后9d(植株)
高效氯氰菊酯(A)	0.8600	0.4500	0.4100	0.4000
毒死蜱(B)	3.4000	2.0000	1.4000	0.6800
吡虫啉(C)	0.1900	0.0940	0.0300	0.0300
啶虫脒(D)	0.8800	0.2800	0.5600	0.3400
清水(CK)	B:0.049 C:0.002 D:0.092	B:0.18 C:0.002	B:0.016 C:0.002 D:0.022	B:0.014
试验处理	施药后14d(植株)	施药后21d(植株)	施药后41d(种子)	
高效氯氰菊酯(A)	0.3000	0.2400	D:0.26	
毒死蜱(B)	0.2100	0.0390	D:0.08	
吡虫啉(C)	均未检出	均未检出	均未检出	
啶虫脒(D)	均未检出	均未检出	D:0.28	
清水(CK)	均未检出	均未检出	D:0.19	

第五章 胡麻草害防控技术研究

化学除草剂对杂草的主要作用机制有3点:一是抑制杂草的光合作用。光合作用是绿色植物特有的、赖以生存的主要生命过程和关键的生化反应,它的本质是在叶绿体内将光能转变成化学能贮存的过程。这一过程可分为两类反应:其一是光能固定的过程,称之为光反应,形成还原辅酶和三磷酸腺苷;其二是二氧化碳的固定过程,称之为暗反应,形成碳水化合物。除草剂的作用主要表现在光反应过程中抑制还原辅酶和三磷酸腺苷和碳水化合物的形成。二是破坏呼吸作用,呼吸作用是植物体内能量释放的过程,它包括一系列生物化学反应,除草剂对这些生物化学反应产生严重抑制,致使其不能生成三磷酸腺苷,而导致杂草死亡。除草剂与呼吸作用中某些复合物反应,造成呼吸作用受阻,阻碍能量的利用,使能量传递中的高能中间产物三磷酸腺苷前体物质水解,造成能量丢失。三是干扰核酸代谢和蛋白质合成,核酸与蛋白质是细胞核与各种细胞器的重要成分,核酸是遗传密码,而蛋白质是体现植物体内物质吸收、细胞分化、光合作用与呼吸作用等各种生命活动的能源。细胞分裂、核酸代谢及蛋白质合成是植物生长与发育所必需的过程。

许多杂草与农作物在分类地位上十分接近,在生理生化特性上也非常相似。禾本科作物的生长点位于植株的基部可以避免除草剂的直接触杀,而胡麻是双子叶作物生长点裸露在植株顶端,触杀性除草剂能够直接喷到生长点上容易受到药害,如何使化学除草剂只对杂草发生作用而不影响胡麻的生长与发育,就成为胡麻化学除草技术的关键技术难题。研究筛选的化学除草剂,掌握好施用时期和浓度剂量,对胡麻的正常生长发育没有明显不良影响,具有显著地增产增收效果。

研究内容:胡麻田间杂草群落分布及危害调查、阔叶杂草防控技术研究、禾本科杂草防控技术研究、恶性杂草防控技术研究、除草剂药害减轻及防损技术。

宁夏地区胡麻田间杂草分布群落及优势杂草调查,主要对固原市原州区、西吉县、彭阳县、隆德县、泾源县,中卫市海原县和同心县的胡麻产区田间杂草群落分布,优势杂草和危害情况进行调查。

杂草群落分布：阔叶杂草 20 多种，主要有藜、灰绿藜、大蓟、苦荬菜、苍耳、扁蓄、猪殃殃、荠菜、田旋花、小叶独行菜、卷茎蓼、龙葵、酸模叶蓼、反枝苋等。禾本科杂草主要有稗、野燕麦、狗尾草、牛筋草、谷莠子、炸糜子等。恶性杂草主要有：刺儿菜、苣荬菜。

杂草的区域分布：半阴湿以阔叶杂草藜、灰绿藜、大蓟、反枝苋等，禾本科杂草以野燕麦、狗尾草等，恶性杂草以刺儿菜、苣荬菜为主；半干旱区以阔叶杂草藜、灰绿藜、大蓟、苦荬菜、苍耳、田旋花、反枝苋等，禾本科杂草以稗、狗尾草、炸糜子等，恶性杂草以刺儿菜、苣荬菜为主。

杂草危害情况：根据固原市原州区、西吉县、彭阳县、隆德县、泾源县，中卫市海原县和同心县的胡麻产区田间杂草群落分布，优势杂草和危害情况调查和化学除草田间试验调查。胡麻田间杂草危害情况，阴湿和半阴湿区旱地胡麻草害普遍严重，干旱和半干旱区水地胡麻草害非常严重。一般胡麻田间杂草每平方米打碗花 4~5 棵、藜 5~10 棵、刺儿菜 7~12 棵、萹蓄 2~3 棵、苦荬菜 3~6 棵、反枝苋 7~13 棵、龙葵 11~16 棵、严重田块的打碗花 10~15 棵、藜 15~28 棵、刺儿菜 11~18 棵、萹蓄 5~8 棵、苦荬菜 6~13 棵、反枝苋 13~21 棵、龙葵 21~47 棵、角茴香 4~9 棵、稗草 10~22 棵。

据调查测算，杂草危害较轻的田块胡麻减产 10%~15%，杂草危害严重的田块胡麻减产 20%~30%，杂草危害特别严重的田块胡麻减产 50%以上或需要翻拆。

第一节　主要杂草特征特性及危害特点简述

1.狗尾草(*Setaria viridis*(*L.*)*Beauv.*)

(1)特征特性

秆疏丛生，株高 20~60cm，直立或倾斜。叶鞘松弛光滑，鞘口有柔毛；叶舌退化成一圈 1~2mm 长的柔毛，叶片条状披针形。花序圆锥状呈圆柱形，直立或微弯曲；小穗椭圆形，长 2~2.5mm，2 至数枚簇生，成熟后与刚毛分离而脱落；第一颖卵形，约为小穗的 1/3 长，第二颖与小穗近等长。第一外稃与小穗等长，具 5~7 脉。颖果近卵形，腹面扁平。

1 年生草本，种子繁殖，种子经冬眠后萌发。种子发芽的适宜温度为 15~30℃，在 10℃时也能发芽,但出苗率低且缓慢。适宜土壤深度为 2~5cm,埋在深层未发芽的种子可存活 10~15 年。对土壤水分和地理要求不高,耐旱耐瘠。种子可借风力、流水和动物传播扩散。

(2)危害特点

广泛分布于我国南北各地,为秋熟旱作物地主要杂草,耕作粗放地比较严重。

2.野燕麦(*Avena fatua L.*)

(1)特征特性

株高 30~150cm,茎秆直立,具 2~4 节。叶片宽条形,叶鞘松弛、光滑或基部被柔毛;叶舌透明膜质。花序圆锥状开展呈塔形,分枝轮生;小穗含 2~3 花,疏生,细柄长而弯曲下垂;两颖近等长,具 9 脉,外稃质地坚硬,下部散生硬毛,有芒从稃体中部稍下处伸出,内稃较短狭。颖果纺锤形,被淡棕色柔毛,腹面具纵沟。

1 年生或 2 年生旱地杂草,种子繁殖,适宜发芽温度为 10~20℃,适宜土层 2~7cm。子实有 3 个月左右的原生休眠期。花果期 5—9 月。

(2)危害特点

分布于我国南北各地,以西北、东北地区受害最为严重,直接影响作物的产量与品质。

3.稗(*Echinochloa crusgalli L.Beauv.*)

(1)特征特性

茎秆光滑,株高 40~120cm。条形叶,宽 5~14mm,无舌叶。圆锥花序尖塔形,较平展,直立粗壮,长 14~18cm,主轴具棱,有 10~20 个分枝,长 3~6cm,分枝为穗形总状花序,并生或对生于主轴。颖果椭圆形,长 2.5~3.5mm,凸面有纵脊,黄褐色。

1 年生草本植物,春季气温 10℃以上开始出苗,6 月中旬抽穗开花,6 月下旬开始成熟。

(2)危害特点

全国均有分布,潮湿环境发生较重,危害多种秋熟旱地作物。

4.藜(*Chenopodium album L.*)

(1)特征特性

株高 60~120cm,茎直立,多分枝,有条纹。叶互生,具长柄;基部叶片较大,多呈棱状或三角状卵形,边缘有不整齐的浅裂齿;上部叶片较窄狭,全缘或有微齿,叶背均有粉粒。花序圆锥状,由多数花簇聚合而成;花两性,花被黄绿色,被片 5 枚。种子横生,双凸镜形,直径 1.2~1.5mm,黑色。

1 年生草本,种子繁殖,种子发芽的最低温度为 10℃,最适宜温度为 20~30℃,适宜土壤深度在 4cm 以内, 3—5 月出苗,6—9 月开花结果,随后果实渐次成熟。种子落地或借外力传播。

(2)危害特点

遍及全国各地,胡麻田发生较为普遍和严重,是最主要的杂草之一。

5.灰绿藜(*Chenopodium glaucum L.*)

(1)特征特性

株高 10~35cm,茎平卧或斜升,茎自基部分枝,有绿色或紫红色条纹。叶互生,有短柄,叶片厚,长圆形卵形至披针形,长 2~4cm,先端急尖或钝,基部渐狭,叶缘具波状齿,上面深绿色,中脉明显,下面灰白色或淡紫色,密被粉粒。花和籽实团伞花序排列成穗状或圆锥状。花两性或兼有雌性。花被片 3~4 片,浅绿色,肥厚,基部合生。胞果伸出花被外,果皮薄,黄白色。种子扁圆形,直径 0.5~0.7mm,赤黑色或黑色,有光泽。

4—5 月出苗,花期 6—9 月,果期 8—10 月。种子繁殖。

(2)危害特点

遍及全国各地,胡麻田发生较为普遍和严重,是最主要的杂草之一。发生面积较大,危害重。

6.反枝苋(*Amaranthus retroflexus L.*)

(1)特征特性

茎直立,高 20~80cm,粗壮,有分枝,稍显钝棱,密生短柔毛。叶互生,有长柄,叶片菱状卵

形，先端微凸或微凹，具小芒尖，边缘略显波状，叶脉突出，两面或边缘有柔毛，叶背灰绿色；花序圆锥状顶生或腋生，花簇多刺毛；苞片或小苞片干膜质；花被白色，被片 5 枚，有 1 条淡绿色中脉。胞果扁球形，包裹在宿存的花被内，开裂；种子倒卵形至圆形，略扁，表面黑色，有光泽。

一年生草本，种子繁殖，早春萌发，4 月初出苗，4 月中旬至 5 月上旬出苗高峰期，花期 7—8 月，果期 8—9 月，种子渐次成熟落地，经越冬休眠后萌发。种子发芽的适宜土层深度在 2cm 以内。

（2）危害特点

遍及全国各地，胡麻田发生较为普遍和严重，是主要的杂草之一。发生面积较大，危害较重。

7.刺儿菜[*Cephalanoplos segetum*（*Bunage*）*Kitam*]

（1）特征特性

高 30~50cm，茎直立，无毛或有蛛丝状毛。具地下横走根状茎；叶互生，无柄，基生叶较大，茎生叶较小；叶片椭圆形或长圆形披针状，全缘或有齿裂，有刺，两面被蛛丝状毛；花序头状，单生于茎顶，花单性，雌雄异株，雄花序较小，总苞长约 18mm，花冠长 17~20mm，雌花序较大，总苞长约 23mm，花冠长约 26mm；总苞钟形，苞片多层，先端均有刺；花冠淡红色或紫红色，筒状；瘦果椭圆形或长卵形，略扁，表面浅黄色至褐色。

多年生草本，以根芽和种子繁殖。在中北部地区，3—4 月出苗，5—9 月开花结果，6—10 月果实渐次成熟。种子借风力飞散，实生苗是第一年进行营养生长，第二年抽茎开花。

（2）危害特点

全国均有分布和危害，以北方更为普遍和严重，在作物生长早期危害较重，多发生于土壤疏松的旱地。

8.苣荬菜(*sonchus brachyotus DC*)

(1)特征特性

株高 30~100cm,茎直立,上部分枝或不分枝。其地下横走根状茎,全体含乳汁。基生叶丛生,有柄;茎生叶互生,无柄。基部抱茎叶片长圆状披针形或宽披针形,有稀疏缺刻或羽状浅裂,边缘有尖齿,两面无毛,幼时常带紫红色,中脉白色,宽而明显。花序头状,顶生;花苞钟形,苞片多层,密生棉毛;花淡紫色,全为舌状;瘦果长椭圆形,淡褐色至黄褐色。

多年生草本,以根芽和种子繁殖。北方农田 4—5 月出苗,终年不断。种子于 7 月渐次成熟分散,秋季或次年春季萌发。

(2)危害特点

分布于东北、华北、西北、华东、华中及西南地区,为区域性的恶性杂草,危害小麦、胡麻、豆类、玉米、谷子、糜子等作物。在北方有些地区发生量大,危害重。

9.苦荬菜(*Ixeris sonchifolia Hance.*)

(1)特征特性

茎直立,多分枝,平滑无毛,常带紫红色,株高 30~80cm。基生叶长圆形或披针形,边缘波状齿裂或提琴状羽裂,花时枯萎;茎生叶倒长卵形,无柄,基部抱茎。头状花序黄色,排成伞房状;花冠黄色,全为舌状;瘦果纺锤形,成熟后黑褐色,长约 3mm。

多年生草本,以地下芽和种子繁殖。花果期 9—11 月。

(2)危害特点

分布于全国各地,为胡麻、小麦、豆类、玉米、谷子、糜子田常见杂草,发生量小,危害轻。

10.龙葵(*Solanum nigrum L.*)

(1)特征特性

高 30~100cm,茎直立,多分枝,无毛。叶互生,具长柄,叶片卵形,全缘或有不规则波状粗齿,两面光滑或有疏短柔毛。花序聚伞形短蝎尾状,腋外生,有花 4~10 朵,花梗下垂;花萼杯装,5 裂,花冠白色,辐射状,5 裂,裂片卵状三角形。浆果球形,成熟时黑紫色。种子近卵形,扁平。

1 年生草本,种子繁殖,花果期 9—10 月。

(2)危害特点

分布于全国各地,为胡麻、豆类、马铃薯类、禾谷类等作物田的常见杂草,发生量小,危害一般。

11.田旋花(*Convolvulus arvensis L.*)

(1)特征特性

茎蔓状,缠绕或匍匐生长,上部有疏柔毛。叶互生,有柄,叶片形状多变,但基部为戟形或箭形。全缘或 3 裂,中裂片大,侧裂片开展。花 1~3 朵,腋生,花梗细长;苞片 2 枚,狭小,远离花萼;萼片 5 枚,倒卵圆形,边缘膜质;花冠粉红色,漏斗状,顶端 5 浅裂。蒴果卵状球形或圆锥形。种子卵圆形,黑褐色。

多年生草本,以根芽和种子繁殖。在我国中北部地区,根芽 3—4 月出苗,种子 4—5 月出苗,5—8 月陆续现蕾开花,6 月以后果实渐次成熟,9—10 月地上茎叶枯死。种子多混杂于收获作物中传播。

(2)危害特点

分布于西北、东北、华北,以及四川、西藏等地。为旱地作物田常见杂草,主要危害小麦、胡麻、豆类、玉米、糜子、谷子等。

12.打碗花(*Calystegia hederacea Wall.*)

(1)特征特性

具地下横走根状茎。茎蔓状,多姿基部分枝,缠绕或平卧,有细棱,无毛。叶互生,有长柄,基部叶片长圆状心形,全缘,上部叶片三角状戟形,侧裂片开展,通常 2 裂,中裂片卵状三角形或披针形,基部心形,两面无毛。花单生于叶腋,苞片 2 枚,宽卵形,包住花萼,宿存;萼片 5 枚,长圆形,花冠粉红色,漏斗状,蒴果卵圆形,种子倒卵形。

多年生草本植物,以根芽和种子繁殖。田间多以无性繁殖为主,地下茎质脆易断,每个带节的断体都能长出新的植株。华北地区 4—5 月出苗,花期 7—9 月,果期 8—10 月。长江流域3—4月出苗，花果期5—7月。

（2）危害特点

分布于全国各地，适生于湿润而肥沃的土壤，亦耐瘠薄、干旱。由于地下茎蔓延迅速，常成单优势群落，对农田危害较严重，主要危害胡麻、禾谷类、豆类、马铃薯，尤其对小麦危害更重。

13.猪殃殃（*Galium aparine L.*）

（1）特征特性

茎多自基部分枝，四棱形，棱上和叶背中脉及叶缘均有倒生细刺。叶4~6片，轮生，线状倒披针形，顶端有刺尖，表面疏生细刺毛。聚伞花序腋生或顶生，有花3~10朵，花小，花萼细小，约1mm，上有钩刺毛。花瓣黄绿色，4裂，辐状，裂片长圆形；雄蕊4枚。

种子繁殖，以幼苗或种子越冬，2年生或1年生蔓状或攀援状草本。多于冬前9—10月份出苗，亦可在早春出苗，4—5月份现蕾开花，果期5个月。果实落于土壤或随收获的作物种子传播。

（2）危害特点

攀援植物，不仅和作物争阳光、争空间，可引起作物倒伏，造成更大的减产，而且影响作物的收割。

14.荠菜[*Capsella bursa-pastoris*（*L.*）*Medic*]

（1）特征特性

茎直立，有分枝，株高20~50cm。基生叶丛生，大头羽状分裂，顶生裂片较大，侧生裂片较小，狭长，先端渐尖，浅裂或有不规则锯齿或近全缘，具长叶柄，茎生叶狭披针形，基部抱茎，边缘有缺刻或锯齿。总状花序顶生及腋生，花瓣4片，白色。

种子繁殖，1年生或2年生草本。大多早春返青，随后即开花。花果期为4—6月，种子量很大。早春、晚秋均可见到实生苗。

（2）危害特点

主要危害冬春作物，如胡麻、小麦、蔬菜、豆类等作物。

15.苍耳(*Xanthium sibiricum Patrin*)

(1)特征特性

茎直立,高 30~150cm ,粗壮,多分枝。叶互生,具长柄,有钝棱及长条斑点;叶片三角卵形或心形,边缘浅裂或有齿,两边均贴生粗糙状毛。头状花序腋生或顶生,花单生,雌雄同株。聚花果宽卵形或椭圆形,淡黄色或浅褐色。

1 年生草本,种子繁殖。4—5 月萌发,7—8 月开花,8—9 月结果, 以钩刺附着于其他物体传播。

(2)危害特点

全国各地均有分布。危害胡麻、豆类、薯类、花生、玉米、谷子、糜子等作物。

16.扁蓄(*Polygonum aviculareL.*)

(1)特征特性

茎自基部分枝,平卧、斜上或近直立,常有白粉,绿色,有沟纹,株高 10~40cm。叶互生,具短柄或近无柄。叶片狭椭圆形或线状披针形,先端钝或急尖,基部楔形,两面均无毛,侧脉明显。下部叶的托叶鞘较宽,先端急尖,褐色,脉纹明显;上部叶的托叶鞘膜质,透明,灰白色。花遍生于全株叶腋,通常 1 朵或 5 朵簇生,全露或半露于托叶鞘之外;花梗短,顶部具关节;花被 5 深裂,雄蕊 8 枚,短于花被片;花柱 3 枚,甚短,柱头头状。

1 年生草本,种子繁殖。3—4 月出苗,5—9 月开花结果,种子落地,经越冬休眠后萌发。

(2)危害特点

全国各地均有分布。主要危害胡麻、麦类、豆类等作物。

17.卷茎蓼(*Polygonum convolvulus L.*)

(1)特征特性

茎长 50~150cm,缠绕,自基部分枝,分枝纤细,具不明显纵棱,粗糙。叶卵形、心形或卵状

三角形，长 2~6cm，宽 2~4cm，先端渐尖，基部心形，全缘，两面无毛，叶缘及被面沿叶脉具小突起，叶柄长 0.5~5cm，叶柄粗糙。托叶鞘膜质，长 4mm，偏斜，无缘毛。花序穗状，腋生，花稀疏间断，花序梗细弱，苞片长卵形，顶端尖，每苞具 2~4 花；花梗细弱，比苞片长，中上部具关节；花被 5 深裂，淡绿色具白边，花被片长椭圆形，外面 3 片背部具龙骨状突起或狭翅，果时稍增大。瘦果，椭圆形，具 3 棱，长 3mm，黑色，无光泽，包于宿存花被内。

一年生缠绕草本，种子繁殖，花果期 4—10 月。

(2)危害特点

主要危害胡麻、麦类、豆类等作物。

第二节　胡麻田间主要杂草调查研究

一、胡麻田杂草发生消长规律试验研究

(一)试验设计

试验地位于固原市原州区头营镇，属宁夏南部山区，海拔 1590m，黑垆土，水浇地，肥力中等，前茬为玉米，未施用除草剂。4 月 18 日播种胡麻，品种为宁亚 17 号，播种量 75kg/hm^2，行距 15cm，全生育期用机井水灌溉 3 次(分别为 5 月 29 日、6 月 18 日、6 月 27 日)。试验地面积 1333.34m^2。田间杂草种类较多、发生数量较大且分布均匀，阔叶杂草近 10 余种，以灰绿藜占绝对优势，禾本科杂草 1 种，为稗草，在宁南地区具有一定的代表性。生育期内不施用任何药剂，不进行人工除草，栽培管理按当地大田生产要求进行。

调查内容与方法：5 月 6 日从胡麻出苗期开始调查，每隔 10d 调查 1 次杂草发生情况，直至胡麻成熟为止。杂草的调查方法是采用对角线 3 点取样法，每点面积 1m^2(1m×1m)，分别调查杂草种类及其对应的株数、平均株高和平均鲜重，下次调查时按对角线 3 点取样法重新取样。

(二)结果与分析

1. 杂草密度消长动态

杂草密度消长动态见下图。宁南地区胡麻田优势杂草灰绿藜、稗草、其他阔叶杂草分别

于5月6—15日陆续出苗。灰绿藜的田间密度在5.2~97.3株/m²,最高值为6月7日(枞形期后期)。5月15—26日为快速增长期,10d密度增长4.7倍。稗草的田间密度在0~142.7株/m²之间,最高值为6月19日(初花期)。5月15—26日为快速增长期,10d密度增长4.6倍。其他阔叶杂草的田间密度在0~83.7株/m²,最高值为6月7日(枞形期后期)。5月15—26日为快速增长期,10d密度增长2.9倍。

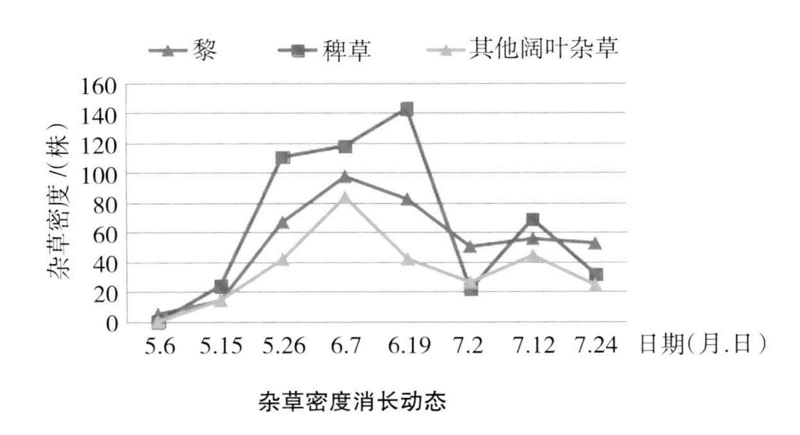

杂草密度消长动态

2.杂草株高消长动态

杂草株高消长动态见下图。灰绿藜的平均株高在1.2~167.6cm,最高值为7月24日(青果期后期)。5月26日—6月7日为快速增长期,10d株高增长4.2倍。稗草平均株高在0~86.0cm,最高值为7月12日(青果期)。5月15—26日为快速增长期,10d株高增长4.1倍。其他阔叶杂草平均株高在0~61.7cm,最高值为7月12日(青果期)。5月26日—6月7日为快速增长期,10d株高增长4.5倍。

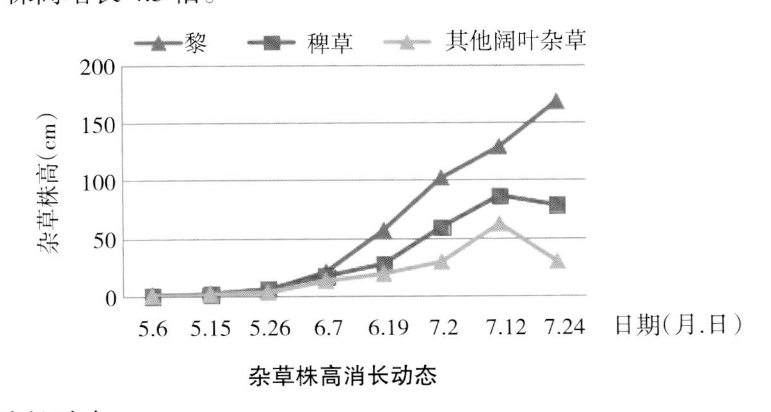

杂草株高消长动态

3.杂草鲜重消长动态

杂草地上部鲜重消长动态见下图。灰绿藜的地上部鲜重在0.7~3946.8g/m²,最高值为7月24日(青果期后期)。5月26日—6月7日为快速增长期,10d株高增长15.5倍。稗草的地上部鲜重在0~175.1g/m²,最高值为7月12日(青果期)。5月15—26日为快速增长期,10d株高增长7.6倍。其他阔叶杂草的地上部鲜重在0~526.3g/m²,最高值为7月2日(青果期初期)。5月26日—6月7日为快速增长期,10d株高增长9.3倍。

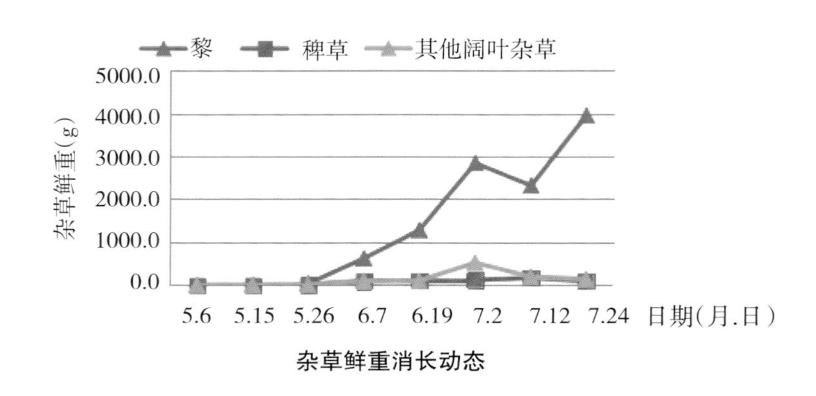

杂草鲜重消长动态

4.结果与讨论

宁南地区胡麻田杂草灰绿藜、稗草以及其他阔叶杂草从5月6日至15日开始陆续出苗,之后随时间推移其密度变化呈"单峰"消长趋势。灰绿藜的密度峰值出现在6月7日(枞形期后期),稗草的密度峰值出现在6月19日(初花期),其他阔叶杂草的密度峰值出现在6月7日(枞行期后期)。5月15—26日为密度的快速增长期,灰绿藜、稗草、其他阔叶杂草10d密度分别增长4.7倍、4.6倍、2.9倍。

宁南地区胡麻田灰绿藜的株高变化呈"单向增加"趋势,在7月24日达到最大值;稗草及其他阔叶杂草在7月12日达到峰值后,7月24日略有下降。灰绿藜、稗草、其他阔叶杂草的株高快速增长期分别为5月26日—6月7日、5月15—26日,5月26日—6月7日,10d别分增长4.2倍、4.1倍、4.5倍。

宁南地区胡麻田灰绿藜的地上部鲜重变化呈"单向增加"趋势,在7月24日达到最大值;稗草及其他阔叶杂草地上部鲜重变化呈"单峰"消长趋势,在7月20日达到最大值。灰绿藜、稗草、其他阔叶杂草的地上部鲜重快速增长期分别为5月26日—6月7日、5月15—26日,5月26日—6月7日,10d别分增长15.5倍、7.6倍、9.3倍。

综合灰绿藜、稗草及其他阔叶杂草的密度、株高、地上部鲜重消长变化规律。宁南地区胡麻田优势杂草灰绿藜、稗草及其他阔叶杂草的最佳防除时期在5月26日左右。

第三节　胡麻田阔叶杂草化学防除技术研究

一、胡麻田阔叶杂草化学除草剂筛选试验

(一)试验设计与方法

1.试验设计

采用随机区组排列,重复3次,小区面积24m^2(2.4m×10m)。试验地周围设保护行。

2.试验材料

供试胡麻品种为宁亚17号,供试药剂(见表1-5-1)。

表 1-5-1 供试药剂

药剂名称	生产厂商	剂型	规格
56%二甲四氯纳	上海迪拜农药有限公司	WP	40g 袋装
40%立清	江苏辉丰农化股份有限公司	EC	50ml 袋装

3.试验方法

试验共设 7 个处理,40%立清设 600ml/hm^2、900ml/hm^2、1200ml/hm^{2}3 个剂量,56%二甲四氯钠设 1050g/hm^2、1275g/hm^2、1500g/hm^{2}3 个剂量,以及人工除草处理,以清水为对照。胡麻株高 10cm 左右,杂草 2~4 叶期,选择无风或微风晴朗天气在早晨施药。采用背负式手动喷雾器均匀喷雾,用水量 450L/hm^2。各参试药剂处理及清水对照,在整个胡麻生育期内不进行人工除草。人工除草处理在胡麻进入枞形期进行除草松土,现蕾阶段进行第二次除草,以后视田间杂草情况,随时拔除。

4.药效调查

施药后 1d、3d、7d、10d 和 15d 目测调查杂草伤害症状。药后 30d 每小区按对角线 5 点取样,每点 1m^2,调查 3 种优势种杂草的种类及其对应的株数,与对照比较,计算每种杂草的株防效;药后 45d 按同样方法调查 3 种优势种杂草的株数,称地上部鲜重,与对照比较、计算各自的株防效和鲜重防效。

$$鲜重防效=\frac{对照区鲜重-处理区鲜重}{对照区鲜重}\times 100\%$$

$$株防效=\frac{对照区株数-处理区株数}{对照区株数}\times 100\%$$

5.安全性调查

施药后 1d、3d 和 7d 目测调查胡麻是否发生药害;药后 10d 每小区按对角线 5 点取样,每点调查 10 株,测量株高和鲜重,与对照比较判明药害程度;药后 15d 调查胡麻生长恢复情况。

(二)结果分析

通过调查,试验田主要杂草有藜、打碗花、刺儿菜、萹蓄、苦荬菜、反枝苋、龙葵、角茴香、稗草、野荞、蒲公英、沙蓬、益母草。其中,主要优势杂草为黎、龙葵、反枝苋。

1.除草效果调查

目测调查结果,施药后 1d、3d、7d、10d 和 15d 目测调查结果。40%立清乳油对藜、打碗花、苦荬菜伤害较重,对刺儿菜、萹蓄、锦葵有中度伤害,对角茴香和稗草影响较轻;56%二甲四氯钠对藜、打碗花伤害较重,对苦荬菜、反枝苋、龙葵有中度伤害,对其他杂草伤害较轻。防效调查结果,施药后第 30d 和 45d 防效调查结果(见表 1-5-2)。株防效和鲜重防效经反正弦转换后进行方差分析和新复极差检验。

表 1-5-2 胡麻田杂草防除效果

处理		药后 30d 株防效				药后 45d							
药剂名称	剂量（g、ml/hm²）	株防效（%）	位次	显著性5%	显著性1%	株防效（%）	位次	显著性5%	显著性1%	鲜重防效(%)	位次	显著性5%	显著性1%
40%立清乳油	900ml	73.55	1	a	A	93.40	2	a	A	99.35	1	a	A
40%立清乳油	1200ml	65.31	2	ab	A	94.15	1	a	A	99.26	2	a	A
40%立清乳油	600ml	39.24	3	ab	A	86.05	4	a	AB	98.00	3	a	AB
立清平均	—	59.36	—	—	—	91.20	—	—	—	98.87	—	—	—
56%二甲四氯钠	1275g	33.43	4	ab	A	51.21	6	b	B	70.64	5	b	B
56%二甲四氯钠	1050g	27.21	5	b	A	72.03	5	ab	AB	67.31	6	b	B
56%二甲四氯钠	1500g	21.41	6	b	A	88.99	3	a	AB	92.46	4	ab	AB
二甲四氯钠平均	—	27.35	—	—	—	70.74	—	—	—	76.80	—	—	—

施药后 30d 各个处理与对照相比，防除效果在 21.41%~73.54%。40%立清株防效为 39.24%~73.54%，平均防效 59.36%；56%2 甲 4 氯钠株防效为 21.41%~33.43%，平均防效 27.35%。40%立清用量 900ml/hm² 防除效果为 73.55%。立清 900ml/hm² 与二甲四氯钠 1050g/ hm²、1275g/hm² 有显著性差异。

施药后 45d 各药剂处理株防效为 51.21%~94.15%，防效达到显著水平。40%立清株防效为 86.05%~94.15%，平均防效 91.20%；56%二甲四氯钠株防效为 51.21%~88.99%，平均防效为 70.74%。较好的是立清 900ml/hm²、1200ml/ hm²，防除效果为 93.40%、94.15%，立清 1200ml/hm²、900ml/hm² 与二甲四氯钠 1275g/hm² 之间有极显著差异。

施药后 45d 各药剂处理鲜重防效为 67.31~99.35%，防效达到极显著水平。40%立清鲜重防效为 98.00~99.35%，平均防效 98.87%；56%二甲四氯钠鲜重防效为 67.31%~92.46%，平均防效为 76.80%。立清 900ml/ hm²、1200ml/hm² 与二甲四氯钠 1050g/hm²、1275g/hm² 之间有着极显著差异。立清防除效果较好，即用立清 900ml/hm²、1200ml/hm²，株防效分别 93.40%、94.15%；鲜重防效分别为 99.35%、99.26%。

2.安全性调查

目测调查结果，施药后 1d、3d、7d 和 15d 观察各药剂处理对胡麻的伤害情况发现，40%立清各剂量在施药后 1d 胡麻植株均出现不同程度的萎蔫现象；施药后 3d，除 1200ml 仍有轻度萎蔫外，其余处理恢复正常。56%二甲四氯钠施药后 1d，胡麻植株轻度弯曲。施药后 3d，1050g 出现轻度失绿变形，1275g、1500g 出现茎叶扭曲变形；施药后 7d，各剂量仍有不同程度茎叶失绿畸形扭曲；施药后 15d 基本恢复。

鲜重及株高调查结果：施药后 10d 胡麻鲜重、株高情况（见表 1-5-3）。各药剂处理对胡麻株高均有一定程度影响，40%立清乳油 600ml、900ml、1200ml 比对照株高降低 1.50cm、1.34cm、1.20cm；56%二甲四氯钠 1050g、1275g、1500g 比对照的株高降低了 1.10cm、1.60cm、1.14cm。胡麻鲜重调查结果表明，40%立清乳油 600ml、900ml、1200ml 比对照鲜重降低0.09g、

0.11g、0.20g；56%二甲四氯钠 1050g、1275g、1500g 比对照鲜重降低了 0.11g、0.23g、0.23g。40%立清乳油对胡麻鲜重的影响小于 56%二甲四氯钠。可见各药剂均对胡麻植株造成一定的失水现象，且失水比率与药剂剂量成正比。

表 1-5-3 药后 10d 胡麻鲜重、株高

药剂名称	剂量(g、ml/hm²)	鲜重(g)	比对照增减 ±(g)	株高(cm)	比对照增减 ±(cm)
40%立清乳油	600	1.32	-0.09	16.07	-1.50
40%立清乳油	900	1.30	-0.11	16.23	-1.34
40%立清乳油	1200	1.21	-0.20	16.37	-1.20
56%二甲四氯钠	1050	1.30	-0.11	16.47	-1.10
56%二甲四氯钠	1275	1.18	-0.23	15.97	-1.60
56%二甲四氯钠	1500	1.18	-0.23	16.43	-1.14
对照(CK)	—	1.41	—	17.57	—

对种子产量的影响：各药剂处理、人工除草及对照产量结果(见表 1-5-4)。各处理折合产量为 2391~2779.05kg/hm²，平均产量 2590.95kg/hm²，对照的种子产量为 2014.20kg/hm²。各处理均比对照增产，增幅 18.71%~37.97%，40%立清较对照增产 32.28%~37.97%，56%二甲四氯钠较对照增产 18.71%~30.18%。40%立清增产幅度明显高于 56%二甲四氯钠。40%立清 600ml/hm² 较对照增产 37.97%，居第一位。

人工除草的种子产量为 2563.50kg/hm²，比人工除草增产的处理有 40%立清乳油 600ml、900ml、1200ml 及 56%二甲四氯钠 1275g，增幅 2.29%~8.41%。56%二甲四氯钠 1050g、1500g 较人工除草减产。

种子产量结果经方差分析，处理间差异达极显著水平，区组间差异不显著，种子产量差异新复极差检验结果(见表 1-5-5)。用 5%的差异显著性标准分析，各药剂处理及人工除草相比对照，增产均达到显著水平；40%立清乳油 600ml 相比 56%二甲四氯钠 1500g、1050g、对照增产达到显著水平。用 1%的差异显著性标准分析，40%立清乳油 600ml、900ml、1200ml、56%二甲四氯钠 1275g、人工除草相比对照均达到极显著水平。各药剂剂量处理相比人工除草没有显著差异。

表 1-5-4 种子产量结果

处理名称		小区产量(kg)				折合产量(kg/hm²)	位次	比对照增减产		比人工除草增减产	
		Ⅰ	Ⅱ	Ⅲ	平均			±(kg)	±(%)	±(kg)	±(%)
40%立清乳油	600ml/hm²	6.53	7.20	6.28	6.67	2779.05	1	764.85	37.97	215.55	8.41
40%立清乳油	900ml/hm²	6.12	6.71	6.36	6.39	2664.30	3	650.10	32.28	100.80	3.93
40%立清乳油	1200ml/hm²	6.70	6.33	6.48	6.50	2709.00	2	694.80	34.5	145.50	5.68
56%二甲四氯钠	1050g/hm²	6.14	5.73	5.35	5.74	2391.00	7	376.80	18.71	-172.50	-6.73
56%二甲四氯钠	1275g/hm²	5.89	7.08	5.91	6.29	2622.15	4	607.95	30.18	58.65	2.29
56%二甲四氯钠	1500g/hm²	5.21	5.78	6.35	5.78	2407.65	6	393.45	19.53	-155.85	-6.08
人工除草	—	6.05	6.78	5.63	6.15	2563.50	5	549.30	27.27	—	—
平均	—	6.09	6.51	6.05	6.22	2590.95	—	—	—	—	—
对照(CK)	—	4.65	4.74	5.12	4.83	2014.20	—	—	—	—	—

表 1-5-5 产量差异比较

处理名称	剂量(g、ml/ hm²)	平均产量(kg)	显著性	
			5%	1%
40%立清乳油	600ml	6.6697	a	A
40%立清乳油	1200ml	6.5017	ab	A
40%立清乳油	900ml	6.3943	ab	A
56%二甲四氯钠	1275g	6.2930	ab	A
人工除草	—	6.1523	ab	A
56%二甲四氯钠	1500g	5.7783	b	AB
56%二甲四氯钠	1050g	5.7383	b	AB
对照(CK)	—	4.8340	c	B

二、胡麻田阔叶杂草化学除草剂筛选试验

(一)试验设计与方法

1.试验设计

试验采用大区排列,不设重复,小区面积 130m²,验地周围设保护行。

2.试验材料

供试胡麻品种为宁亚 17 号,供试药剂(见表 1-5-6)。

表 1-5-6 供试药剂

药剂名称	生产厂商	剂型	规格
30%麻阔净	草害岗位团队复配	EC	100ml 瓶装
40%立清	江苏辉丰农化股份有限公司	EC	100ml 瓶装

3.试验方法

试验共设 9 个处理。40%立清乳油设 900、1200、1500、1800ml/hm²4 个剂量,30%麻阔净乳油设 900、1050、1200、1350ml/hm²4 个剂量,以及人工除草处理,以清水为对照。用水量 450L/hm²。胡麻株高 10cm 左右,杂草 2~4 叶期,选择无风或微风晴朗天气在早晨施药。采用背负式手动喷雾器均匀喷雾。各参试药剂处理及清水对照,在整个胡麻生育期内不进行人工除草。人工除草处理在胡麻进入枞形期进行除草松土,现蕾阶段进行第二次除草,以后视田间杂草情况,随时拔除。

4.药效调查

施药后 1d、3d、7d、10d 和 15d 目测调查杂草伤害症状。药后 30d 每小区按对角线 5 点取样,每点 1m²,调查优势种杂草的种类及其对应的株数,与对照比较,计算每种杂草的株防效;药后 45d 按同样方法调查 3 种优势种杂草的株数,称地上部鲜重,与对照比较、计算各自的株防效和鲜重防效。

$$鲜重防效=\frac{对照区鲜重-处理区鲜重}{对照区鲜重}\times100\%$$

$$株防效=\frac{对照区株数-处理区株数}{对照区株数}\times100\%$$

5.安全性调查

施药后 1d、3d 和 7d 目测调查胡麻是否发生药害；药后 10d 每小区按对角线 5 点取样，每点调查 10 株，测量株高、鲜重及干重，与对照比较判明药害程度；药后 15d 调查胡麻生长恢复情况。

（二）结果分析

田间杂草种类调查结果，试验田主要杂草有藜、刺儿菜、打碗花、苦荬菜、反枝苋、龙葵、卷茎蓼、地肤、沙蓬等。其中以灰绿黎、苦荬菜为优势杂草，其他杂草零星分布。

1.除草效果调查

目测调查结果，施药后 1d、3d、7d、10d 和 15d，40%立清乳油对多数杂草均有不同程度伤害，对灰绿藜、打碗花、苦荬菜伤害较重，对刺儿菜、萹蓄、锦葵有中度伤害；30%麻阔净乳油对灰绿藜、苦荬菜、反枝苋、龙葵有中度伤害，对其他杂草伤害较轻。防效调查结果，施药后 30d 和 45d 防效调查结果（见表 1–5–7）。

施药后 30d 各药剂处理与对照相比，株防效为 87.01%~97.74%。40%立清株防效为 93.22%~97.74%，平均防效 95.06%；30%麻阔净株防效为 87.01%~94.92%，平均防效 91.67%。居第一位的是立清 1800ml/hm²，株防效为 97.74%。

表 1–5–7　胡麻田杂草防除效果

处理		药后 30d 株防效		药后 45d 防效			
药剂名称	剂量（ml/hm²）	株防效（%）	位次	株防效（%）	位次	鲜重防效（%）	位次
40%立清乳油	900	93.79	4	90.24	1	99.06	4
40%立清乳油	1200	93.22	5	86.18	5	99.36	3
40%立清乳油	1500	95.48	2	87.80	4	99.77	1
40%立清乳油	1800	97.74	1	88.21	2	99.74	2
	平均	95.06		88.11		99.48	
30%麻阔净乳油	900	92.66	6	85.37	6	98.22	5
30%麻阔净乳油	1050	92.09	7	88.21	3	96.82	7
30%麻阔净乳油	1200	87.01	8	78.46	8	89.79	8
30%麻阔净乳油	1350	94.92	3	79.67	7	96.94	6
	平均	91.67		82.93		95.44	

施药后 45d 各药剂处理株防效为 78.46%~90.24%。40%立清株防效为 86.18%~90.24%，平均防效 88.11%；30%麻阔净株防效为 78.46%~88.21%，平均防效为 82.93%。表现好的处理为立清 900ml，株防效为 90.24%。

施药后 45d 各药剂处理鲜重防效为 89.79%~99.77%。40%立清鲜重防效为 99.06%~99.77%，平均防效 99.48%；30%麻阔净鲜重防效为 89.79%~98.22%，平均防效为 95.44%。各药剂处理间差异较小。

2.安全性调查

目测调查结果,施药后 1d、3d、7d 和 15d 观察各药剂处理对胡麻的伤害情况发现,立清乳油各剂量在施药后第 1d 均出现了不同程度的萎蔫现象,茎上部 1/3 弯曲成 60°;3d 胡麻萎蔫恢复,茎上部 1/3 处畸形扭曲,但植株头部已上扬,有轻度失绿;7d 胡麻恢复生长,无萎蔫扭曲情况,轻度失绿;15d 各处理胡麻均恢复生长,立清 1800ml/hm² 处理部分胡麻底部叶片干枯。麻阔净乳油各处理对胡麻生长无明显影响,植株无萎蔫、扭曲、失绿等现象。40%立清乳油 900ml、1200ml、1500ml、1800ml 及麻阔净 1200ml、1350ml 的开花期比对照推迟 2~3d,麻阔净 900 ml、1050 ml 对开花期无影响。

鲜重、株高及干重调查结果:药后 10d 胡麻株高、鲜重、干重情况(见表 1-5-8)。各药剂及剂量对胡麻株高均有一定程度影响,40%立清乳油比对照的株高降低 8.44~12.73 cm;30%麻阔净比对照的株高降低了 4.45~7.12cm。胡麻鲜重调查结果表明,40%立清乳油比对照的鲜重降低 0.87~1.30g;30%麻阔净比对照的鲜重降低了 0.57~0.96g。胡麻干重调查结果表明,40%立清乳油比对照的干重降低 0.13~0.26g;30%麻阔净比对照的鲜重降低了 0.14~0.25g。可见,各药剂均对胡麻植株造成一定的失水及生长延缓现象,且失水比率与药剂剂量成正比。

表 1-5-8　药后 10d 胡麻鲜重、株高、干重

药剂名称	剂量(ml/hm²)	株高(g)	比对照 增减±(cm)	鲜重(cm)	比对照增减±(g)	干重(cm)	比对照增减±(g)
40%立清乳油	900	25.85	-8.44	2.04	-0.87	0.45	-0.13
40%立清乳油	1200	23.84	-10.45	1.73	-1.18	0.33	-0.25
40%立清乳油	1500	22.72	-11.57	1.73	-1.18	0.33	-0.25
40%立清乳油	1800	21.56	-12.73	1.61	-1.30	0.32	-0.26
	平均	23.49	-10.80	1.78	-1.13	0.36	-0.22
30%麻阔净乳油	900	29.84	-4.45	2.34	-0.57	0.44	-0.14
30%麻阔净乳油	1050	28.85	-5.44	2.18	-0.73	0.38	-0.20
30%麻阔净乳油	1200	26.91	-7.38	1.95	-0.96	0.33	-0.25
30%麻阔净乳油	13500	27.17	-7.12	2.03	-0.88	0.35	-0.23
	平均	28.19	-6.10	2.12	-0.79	0.38	-0.20
对照(CK)	—	34.29	—	2.91	—	0.58	—

40%立清乳油平均株高比对照降低了 10.80cm,平均鲜重比对照降低 1.13g,平均干重比对照降低 0.22g;30%麻阔净乳油平均株高比对照降低了 6.10cm,平均鲜重比对照降低 0.79g,平均干重比对照降低 0.20g。30%麻阔净乳油对胡麻株高、鲜重、干重的影响均小于 40%立清乳油。

对种子产量的影响:各药剂处理、人工除草及对照产量结果(见表 1-5-9)。各处理折合产量为 1249.95%~1650.00kg/hm²,平均数 1480.35kg/hm²。对照的种子产量为 0kg,各药剂处理均比对照增产。人工除草的种子产量为 1549.95kg/hm²,比人工除草增产的处理有 40%立清乳油 900ml、1200ml,增幅 4.68%~6.46%。其余处理相比人工除草减产,减产幅度 1.61%~19.35%。

表 1-5-9　种子产量结果

处理名称	剂量 （ml/hm²）	折合产量(kg/hm²)	位次	比对照增减产	比人工除草增减产	
				±（kg）	±（kg）	±（%）
40%立清乳油	900	1622.55	2	1622.55	72.60	4.68%
40%立清乳油	1200	1650.00	1	1650.00	100.05	6.46%
40%立清乳油	1500	1525.05	4	1525.05	-24.90	-1.61%
40%立清乳油	1800	1525.05	5	1525.05	-24.90	-1.61%
30%麻阔净乳油	900	1425.00	7	1425.00	-124.95	-8.06%
30%麻阔净乳油	1050	1474.95	6	1474.95	-75.00	-4.84%
30%麻阔净乳油	1200	1300.05	8	1300.05	-249.90	-16.13%
30%麻阔净乳油	1350	1249.95	9	1249.95	-300.00	-19.35%
人工除草	—	1549.95	3	1549.95	—	—
平均	—	1480.35	—	1480.35	—	—
对照	—	0	—	—	—	—

3.结果评价

通过研究不同药剂、不同施药剂量防治胡麻田阔叶杂草的防效及其对胡麻生长、种子产量的影响,结果表明,40%立清乳油防除胡麻田阔叶杂草除草范围广,除草效果好。通过调查,40%立清乳油可以有效防除胡麻田多数阔叶杂草,对藜、打碗花、苦荬菜、萹蓄、锦葵等田间杂草防效显著,株防效达 90.24%,鲜重防效达 99.77%。

40%立清乳油对胡麻生长影响较小,恢复时间快,安全性较高。立清乳油在施药后第 1d 会出现不同程度的萎蔫现象,茎上部 1/3 弯曲成 60°;3~7d 即可恢复生长。

40%立清乳油防治胡麻田阔叶杂草可以有效提高产量，增加经济效益。40%立清乳油较对照增产显著,并且较人工除草也具有一定的增产效果,原因是立清乳油可以延缓胡麻苗期生长，起到一定的蹲苗作用,可有效提高胡麻的抗倒伏能力。40%立清乳油较人工除草可以减少劳动力 5~8 个，增加经济收入 240~280 元。

根据试验结果，40%立清乳油除草范围广、性能稳定、安全性高，可在胡麻生产上推广使用。40%立清乳油各剂量间的除草效果及其对产量的影响没有显著性差异，从经济有效原则考虑，建议 40%立清乳油的施用量以 600~900ml/hm^2 为宜。

第四节　胡麻田禾本科杂草化学防除技术研究

一、禾本科杂草化学除草剂筛选试验

(一)试验设计与方法

1.试验设计

试验采用大区排列法，不设重复，小区面积 108m^2，试验地周围设保护行。

试验材料　供试胡麻品种为宁亚 19 号，供试药剂(见表 1-5-10)。

表 1-5-10　供试药剂

药剂名称	有效成分含量	生产厂商	剂型
唑啉草酯	5%	瑞士先正达植物保护有限公司	EC
高效氟吡甲禾灵	108g/L	合肥星宇化学有限公司	EC
精吡氟禾草灵	150g/L	草害防控岗位复配	EC
烯草酮	240g/L	山东滨农科技有限公司	EC
炔草酯	15%	瑞士先正达植物保护有限公司	WP
精喹禾灵	10%	青岛翰生生物科技股份有限公司	EC

2.试验方法

试验设 6 个处理，每种药剂设一个施药剂量，以清水为对照。用水量 450L/hm^2。胡麻株高 10cm 左右，禾本科杂草 2~3 叶 1 心期施药。采用背负式手动喷雾器均匀喷雾。各药剂处理以及清水对照，在整个胡麻生育期内不进行人工除草。

3.安全性调查

施药后 1d、3d、7d、10d 和 15d 目测观察胡麻是否发生药害，如叶片变黄、植株枯死等，如有药害则需调查恢复正常生长时间。

4.药效调查

药后 45d 每小区按对角线 3 点取样，每点 1m^2，调查所有禾本科杂草株数，并拔出称其地上部鲜重，与空白对照比较，计算总体株防效和鲜重防效。

$$鲜重防效=\frac{对照区鲜重-处理区鲜重}{对照区鲜重}\times100\%$$

$$株防效=\frac{对照区株数-处理区株数}{对照区株数}\times100\%$$

（二）结果与分析

1.安全性调查结果

通过施药后 1d、3d、7d、10d 和 15d 目测观察，各药剂处理对胡麻均没有明显药害，无失绿萎蔫、叶片变黄、植株枯死等现象。

2.防效调查结果

施药后 45d 防效调查结果（见表 1–5–11）。试验结果表明，施药后 45d 各处理与清水对照相比，株防效为 97.73%~98.64%，平均防效 98.18%，处理间差异较小。居第一位的处理是烯草酮和炔草酯，株防效为 98.64%。各处理鲜重防效为 99.64%~99.82%，平均防效 99.73%，处理间差异较小，居第一位的处理是炔草酯，鲜重防效为 99.82%。

表 1–5–11 45d 防效调查结果表

序号	处理	剂量	平均株数（株 /m²）	株防效	位次	平均鲜重（g/m²）	鲜重防效	位次
1	唑啉草酯	900ml/hm²	1.67	97.73	3	0.84	99.67	4
2	高效氟吡甲禾灵	825ml/hm²	1.33	98.18	2	0.48	99.81	2
3	精吡氟禾草灵	1050ml/hm²	1.33	98.18	2	0.84	99.67	4
4	烯草酮	900ml/hm²	1.00	98.64	1	0.55	99.78	3
5	炔草酯	525g/hm²	1.00	98.64	1	0.47	99.82	1
6	精喹禾灵	450ml/hm²	1.67	97.73	3	0.92	99.64	5
7	清水对照（CK）	—	73.33	—	—	256.41	—	—

3.对种子产量的影响

各药剂处理及清水对照产量结果见表 1–5–12。各处理折合产量为 1345.05~2095.05kg/hm²，平均产量为 1672.50kg/hm²，对照种子产量为 1380.00kg/hm²。除唑啉草酯较对照减产外，其他各处理均比对照增产，增产幅度 6.16%~51.81%。居第一位的处理为烯草酮，较对照增产 715.05kg/hm²，增幅 51.81%。

表 1–5–12 种子产量结果表

序号	处理	剂量	折合产量（kg/hm²）	比 CK		位次
				±（9kg）	±（%）	
1	唑啉草酯	900ml/hm²	1345.05	–34.95	–2.54	6
2	高效氟吡甲禾灵	825ml/hm²	1465.05	85.05	6.16	5
3	精吡氟禾草灵	1050ml/hm²	1639.95	259.95	18.84	4
4	烯草酮	900ml/hm²	2095.05	715.05	51.81	1
5	炔草酯	525g/hm²	1660.05	280.05	20.29	3
6	精喹禾灵	450ml/hm²	1830.00	450.00	32.61	2
7	清水对照（CK）	—	1380.00	—	—	—

4.对农艺性状的影响

各处理的农艺性状室内考种测定结果（见表 1–5–13）。从各处理产量性状的表现趋势看，单株有效结果数、每果粒数、单株粒重和千粒重与对照相比均有比较明显的提高。

表 1-5-13　农艺性状室内测定表

序号	处理	株高(cm)	工艺长度(cm)	主茎分枝(个)	有效结果数(个)	每果粒数(个)	单株产量(g)	千粒重(g)
1	唑啉草酯	56.18	41.59	6.04	11.71	7.55	0.79	7.93
2	高效氟吡甲禾灵	57.88	41.79	7.18	15.94	8.35	0.75	7.99
3	精吡氟禾草灵	49.74	38.17	5.63	10.86	7.40	0.62	8.01
4	烯草酮	56.00	41.16	5.85	10.95	7.40	0.66	8.22
5	炔草酯	55.53	42.85	5.38	8.46	7.65	0.55	8.20
6	精喹禾灵	58.62	44.77	6.23	11.90	7.65	0.72	7.99
7	清水(CK)	55.23	43.60	4.97	8.15	6.75	0.41	7.69

5.结果评价

通过研究不同药剂防治胡麻田禾本科杂草的防效及其对胡麻生长、种子产量的影响，结果表明：

试验结果证明，化学除草剂可以有效防除胡麻田禾本科杂草。施药后 45d 各处理株防效为 97.73%~98.64%，平均株防效 98.18%；鲜重防效为 99.64%~99.82%，平均鲜重防效 99.73%。各药剂处理间差异较小。

各药剂处理对胡麻安全有效，无明显药害。通过施药后 1d、3d、7d、10d 和 15d 目测观察，各药剂处理对胡麻均没有明显药害，无失绿萎蔫、叶片变黄、植株枯死等现象。

各药剂处理折合产量为 1345.05~2095.05kg/hm^2，平均产量 1672.50kg/hm^2，对照种子产量为 1380.00kg/hm^2。除唑啉草酯较对照减产外，其他各处理均比对照增产，增产幅度 6.16%~51.81%。居第一位的处理为烯草酮，较对照增产 715.05kg/hm^2，增幅 51.81%。

各药剂处理对主要产量性状影响明显。单株有效结果数、每果粒数、单株粒重和千粒重与对照相比均有比较明显的提高。

根据药后 45d 各药剂处理对胡麻田稗草的防除效果，结合各处理对胡麻种子产量及农艺性状的影响得出结论：使用烯草酮 EC900ml/hm^2、精喹禾灵 EC450ml/hm^2、炔草酯 WP525g/hm^2、精吡氟禾草灵 EC1050ml/hm^2 可以安全有效地防除胡麻田稗草等禾本科杂草，株防效 97.73%~

98.14%，鲜重防效 99.64%~99.82%，提高产量 18.84%~51.81%。

第五节 胡麻田阔叶与禾本科杂草兼防技术研究

一、试验设计与方法

1.试验设计

试验药剂以及田间使用量:40%二甲·辛酰溴乳油 1050ml/hm²+5%精喹禾灵乳油 1050 ml/hm²;40%二甲·辛酰溴乳油 1275ml/hm²+5%精喹禾灵乳油 1050ml/hm²;40%二甲·辛酰溴乳油 1500ml/hm²+5%精喹禾灵乳油 1050ml/hm²;40%二甲·辛酰溴乳油 1725ml/hm²+5%精喹禾灵乳油 1050ml/hm²。

空白对照(CK):以上共 5 个处理，小区面积 67m²(1 分地)，不设重复，随机区组排列。大区之间用走道(宽 60cm)隔开。

2.试验管理

(1)选地

试验设在固原市原州区头营镇宁夏农林科学院固原分院头营科研基地进行，前茬马铃薯，土壤肥力中等，4 月 5 日播种。供试品种为宁亚 17 号。

(2)施药时期

胡麻株高 10cm 左右，禾本科杂草 2~3 叶 1 心、阔叶杂草 2~4 叶期施药。施药日期为 5 月 26 日，采用背负式手动喷雾器均匀喷雾。

(3)除草

各处理以及清水对照，在整个胡麻生育期内不进行人工除草。

3.调查方法

药效调查，药后 45d 每小区按对角线 3 点取样，每点 1m²，调查所有阔叶与禾本科杂草的株数，并拔出称其地上部鲜重，与空白对照比较，分别计算阔叶与禾本科杂草的总体株防效和鲜重防效。

二、结果与分析

1.田间杂草种类

通过调查，试验田禾本科杂草主要为稗草，阔叶杂草有藜、黄花蒿、苣荬菜、反枝苋、打碗花等，藜、黄花蒿、苣荬菜为优势杂草。

2.安全性调查结果

通过施药后 1d 目测观察各处理对胡麻的伤害情况发现，各处理均有胡麻植株茎部弯曲、轻度失绿、萎蔫等现象。且随二甲·辛酰溴乳油剂量增加药害程度随之增加，重复喷药的植株叶片萎蔫,失水,有灼烧状。

通过施药后3d目测观察各处理对胡麻的伤害情况发现,二甲·辛酰溴乳油1050ml/hm^2、1275ml/hm^{2}与5%精喹禾灵乳油1050ml/hm^{2}混用组合胡麻恢复生长，部分重复喷药的植株底部叶片干枯。二甲·辛酰溴乳油1500ml/hm^2、1725ml/hm^{2}与5%精喹禾灵乳油1050ml/hm^{2}混用组合有明显药害,大部分植株底部叶片干枯。其中二甲·辛酰溴乳油1725ml/hm^{2}与5%精喹禾灵乳油1050ml/hm^{2}混用组合药害严重,重复喷药植株干枯死亡。

3.除草效果调查

施药后45d防效调查结果(见表1-5-14)。试验结果表明,施药后45d各处理对禾本科杂草稗草的株防效为82.61%~85.94%,鲜重防效为86.02%~88.60%,处理间差异较小。40%二甲·辛酰溴乳油1050ml/hm^2+5%精喹禾灵乳油1050ml/hm^{2}组合株防效为85.94%，鲜重防效为88.60%,居各处理第一位。

表1-5-14　45d防效调查结果表

区号	混配组合	平均防效			
		稗草		阔叶杂草	
		株防效(%)	鲜重防效(%)	株防效(%)	鲜重防效(%)
1	40%二甲·辛酰溴乳油1050 ml/hm^2+5%精喹禾灵乳油1050ml/hm^2	85.94	88.60	93.57	94.85
2	40%二甲·辛酰溴乳油1275ml/hm^2+ 5%精喹禾灵乳油1050ml/hm^2	82.61	86.02	91.15	92.51
3	40%二甲·辛酰溴乳油1500ml/hm^2+5%精喹禾灵乳油1050ml/hm^2	85.17	87.05	89.58	92.68
4	40%二甲·辛酰溴乳油1725 ml/hm^2+5%精喹禾灵乳油1050ml/hm^2	82.81	87.74	89.58	94.31
5	清水(CK)	—	—	—	—

施药后45d各处理对3种优势阔叶杂草（藜、黄花蒿、苣荬菜）的株防效为89.58%~93.57%,鲜重防效为92.51%~94.85%,处理间差异较小。40%2甲·辛酰溴乳油1050 ml/hm^2+5%精喹禾灵乳油1050ml/hm^{2}组合株防效为93.57%,鲜重防效为94.85%,居处理间第一位。

4.试验结果分析

各处理对胡麻田禾本科杂草稗草、阔叶杂草藜、黄花蒿、苣荬菜均有显著防效,处理间差异较小。40%二甲·辛酰溴乳油1050 ml/hm^2+5%精喹禾灵乳油1050ml/hm^{2}对禾本科杂草稗草的株防效及鲜重防效达到85.94%、88.60%；对3种优势阔叶杂草平均株防效及鲜重防效达到93.57%、94.85%,居处理间第一位。

通过目测观察各处理对胡麻的伤害情况发现,各处理均有胡麻植株茎部弯曲、轻度失绿、萎蔫等现象,重复喷药的植株叶片萎蔫,失水,有灼烧状。药后3d部分植株底部叶片干枯,且随二甲·辛酰溴乳油剂量增加药害程度随之增加。

结合各处理对胡麻田禾本科杂草、阔叶杂草的综合防效,以及对胡麻生长的安全性影响得出结论:40%二甲·辛酰溴乳油1050ml/hm^2+5%精喹禾灵乳油1050ml/hm^{2}混用,可有效地一次性防除胡麻田稗草及阔叶杂草，且对胡麻生长影响较小。施药时应注意避免重复喷药。

第六节　胡麻田恶性杂草化学防除技术研究

一、刺儿菜化学防除药剂试验

（一）试验设计与方法

1.试验设计

试验共设4个处理，每种药剂设1个施药剂量，另设清水对照处理。大区试验，不设重复，试验面积67m²，大区之间用走道（宽60cm）隔开。

30%氨氯·二氯吡啶酸水剂750ml/hm²。

30%二氯吡啶酸水剂1500ml/hm²。

24%刺碗灵水剂600ml/hm²。

90%吉辉可溶性粉剂270g/hm²。

清水对照（CK）。

2.试验管理

选地：本试验设在彭阳县古城镇挂马沟村，前茬马铃薯，土壤肥力一般，杂草发生严重且分布均匀，胡麻品种为宁亚17号。试验田主要杂草为刺儿菜。

施药时期及方法：5月23日胡麻株高10cm，刺儿菜全部出苗时施药，用水675L/hm²，茎叶均匀喷雾。

除草：化学除草小区及清水对照，在整个胡麻生育期内不进行人工除草。

3.调查方法

（1）防效调查

施药前1 d调查刺儿菜株数，药后45d每小区按对角线3点取样，每样点1m²，调查刺儿菜株数，计算株防效。药后60 d每小区按对角线3点取样，每样点1m²，将刺儿菜挖出，调查根部腐烂株数，计算烂根率。计算公式如下：

株防效=（空白对照区内的刺儿菜株数–处理区内的刺儿菜株数）/空白对照区内的刺儿菜株数×100%

烂根率=小区刺儿菜烂根株数/小区刺儿菜总数×100%

（2）对胡麻的安全性调查

施药后1d、3d、7d、15d目测观察各处理对胡麻有无药害及药害症状。

（二）试验结果与分析

1.安全性调查结果

施药后1d、3d目测调查，各处理无明显药害发生。施药后7d、15d目测观察，30%氨氯·二氯吡啶酸水剂750ml/hm²出现胡麻子叶干枯、心叶失绿、植株生长受抑制等药害，24%刺碗灵水剂600ml/hm²胡麻生长点枯死。其他药剂处理无子叶干枯、心叶失绿、生长受抑制等药害现象。

2.胡麻收获期调查

30%氨氯·二氯吡啶酸水剂、24%刺碗灵水剂较清水对照生育期推迟7d，其他药剂处理较清水对照生育期无明显区别。

表1-5-15　防效调查结果

序号	处理	施药前株数（株）	药后45d			药后60d	
			株数（株/m²）	杂草减退率（%）	株防效（%）	未烂根株数（株/m²）	烂根率（%）
1	30%氨氯·二氯吡啶酸750ml/hm²	50.67	1.7	96.64	95.71	1.0	98.03
2	30%二氯吡啶酸1500ml/hm²	60.33	0.9	98.51	98.09	1.2	98.01
3	24%刺碗灵600ml/hm²	46.67	1.3	97.21	96.44	1.3	97.21
4	90%吉辉270g/hm²	47.67	0.7	98.53	98.12	0.8	98.32
5	清水（CK）	65.33	51.14	21.72	—	—	—

3.防效调查结果

施药后防效调查结果（见表1-5-15）。各药剂处理药后45d平均杂草减退率为96.64%~98.53%，株防效为95.71%~98.12%。各药剂处理株防效排序为90%吉辉>30%二氯吡啶酸>24%刺碗灵>30%氨氯·二氯吡啶酸。居第一位的处理是90%吉辉，杂草减退率为98.53%，株防效为98.12%。各药剂处理间杂草减退率及株防效差异较小。

各施药时期处理药后60d烂根率为97.21%~98.32%，居第一位的处理是90%吉辉，烂根率为98.32%。各药剂处理间60d烂根率差异较小。

4.试验结论

通过目测观察及防效调查，各药剂处理药后45d平均杂草减退率为96.64%~98.53%，株防效为95.71%~98.12%，药后60d烂根率为97.21%~98.32%，90%吉辉270g/hm²处理的株防效及烂根率均居第一位。各药剂处理均能有效防除胡麻田刺儿菜，处理间防效差异较小。

通过施药后目测观察，30%氨氯·二氯吡啶酸水剂1500ml/hm²、24%刺碗灵水剂600ml/hm²在施药后出现胡麻子叶干枯、心叶失绿干枯、生长受抑制等药害，且生育期较对照推迟7d左右。90%吉辉可溶性粉剂270g/hm²、30%二氯吡啶酸水剂1500ml/hm²无明显药害。

90%吉辉可溶性粉剂270g/hm²可安全有效地防除胡麻田恶性杂草刺儿菜，药后45d株防效达到98.12%,60d烂根率达到98.32%,对胡麻无明显药害。

二、化学除草剂吉辉对刺儿菜防除药效试验

(一)试验设计及方法

1.试验设计

施药量试验：设5个处理，分别为75%二氯吡啶酸钾盐SP有效剂量135.0、168.8、202.5、236.3、270.0g/hm^2,胡麻出苗后21d施药。

施药时期试验:设3个处理,分别为胡麻出苗后15d、21d、27d施药,施药量为有效剂量202.5g/hm^2。另设空白对照(不除草)和人工除草对照。共10个处理,随机区组排列,小区面积24m^2,重复4次。

2.试验方法

供试药剂按675 L/hm^{2}兑水施药。采用2次稀释法,即先用小型容器把药剂充分化开,再倒入预先装有一定水的喷雾器中,充分搅匀后对胡麻和杂草进行茎叶均匀喷雾处理。施药当天天气晴朗,微风,施药后24 h无降雨。

(二)结果与分析

1.对刺儿菜的防除效果

(1)不同施药剂量对刺儿菜的防效

75%二氯吡啶酸钾盐SP不同施药剂量对刺儿菜的防效见表1-5-16。田间试验结果表明,75%二氯吡啶酸钾盐SP对胡麻田刺儿菜具有很好的防除效果，各处理药后45d株防效为86.78%~96.97%,平均防效91.97%。可以看出,随着有效成分用量的增加,整体防除效果随之升高。其中有效成分用量236.3、270.0g/hm^{2}的防除效果较好，药后45d株防效分别为96.97%和96.53%,与有效成分用量135.0~202.5g/hm^{2}的防除效果差异显著。药后60d烂根率调查结果与45d株防效变化规律一致，各处理烂根率为85.59%~94.90%，平均烂根率90.28%,其中有效成分剂量236.3、270.0g/hm^{2}的烂根率分别为94.20%、94.90%,与有效成分剂量135.0~202.5g/hm^{2}的防除效果差异显著。

表 1-5-16 不同有效剂量75%二氯吡啶酸钾盐SP对刺儿菜的防除作用

有效剂量(g /hm^2)	药后45 d株数(株 /m^2)	药后45 d株防效(%)	药后60 d烂根数(株 /m^2)	药后60 d烂根率(%)
135.0	5.85 ± 0.29	86.78 b	34.03 ± 2.82	85.59 b
168.8	5.20 ± 0.34	88.22 b	31.09 ± 2.92	87.73 b
202.5	3.81 ± 0.18	91.36 b	32.35 ± 1.90	89.00 b
236.3	1.33 ± 0.58	96.97 a	38.19 ± 4.02	94.20 a
270.0	1.58 ± 0.58	96.53 a	42.17 ± 3.87	94.90 a
空白(CK)	44.67 ± 3.25	—	0 ± 0	—

注:同一列内的不同字母代表差异显著($P<0.05$),下同

（2）不同施药时期对刺儿菜的防效

75%二氯吡啶酸钾盐 SP 不同施药时期对刺儿菜的防效见表 1-5-17。各施药时期药后 45d 株防效为 91.28%~99.03%，平均防效 93.89%。药后 60d 烂根率为 89.54%~98.86%，平均烂根率 92.47%。其中在胡麻出苗后 27d 施药处理的 45d 株防效、60d 烂根率分别为 99.03%、98.86%，与胡麻出苗后 15d、21d 施药的防除效果差异显著。可以看出，由于刺儿菜出苗时间不整齐，施药时期过早，刺儿菜尚未全部出苗，胡麻出苗后 27d 刺儿菜全部出苗后施药可显著提高防除效果。

表 1-5-17 不同时期施用 75%二氯吡啶酸钾盐 SP 对刺儿菜的防除作用

胡麻出苗后天数	药后 45d 株数（株/m²）	药后 45 d 株防效（%）	药后 60 d 烂根数（株/m²）	药后 60d 烂根率（%）
15	3.84 ± 0.38	91.28 b	34.26 ± 4.85	89.54 b
21	3.81 ± 0.18	91.36 b	32.35 ± 1.90	89.00 b
27	0.44 ± 0.19	99.03 a	38.56 ± 4.31	98.86 a
空白（CK）	44.67 ± 3.25	—	0 ± 0	—

2.对胡麻的安全性评价

目测评价：通过施药后 1d、3d、7d、10d 目测观察，75%二氯吡啶酸钾盐 SP 不同施药剂量及不同施药时期对胡麻均没有明显药害，无失绿萎蔫、叶片变黄、植株枯死等药害现象。

3.不同剂量及施药时期对胡麻生长发育的影响

胡麻初花期，对 75%二氯吡啶酸钾盐 SP 不同施药剂量、不同施药时期以及人工除草对照（空白对照因受刺儿菜影响，株高及鲜重严重降低）进行生长量测定（见表 1-5-18）。结果表明，75%二氯吡啶酸钾盐 SP 不同施药剂量、不同施药时期与人工除草相比，胡麻株高及鲜重均无显著性差异，胡麻营养生长发育未受到抑制。

表 1-5-18 75%二氯吡啶酸钾盐 SP 不同处理对胡麻生长发育的影响

有效剂量（g/hm²）	胡麻出苗后天数（d）	株高（cm）	地上部鲜重（g）
135.0	21	（56.0 ± 0.43）a	（7.42 ± 0.62）a
168.8	21	（54.7 ± 0.52）a	（7.26 ± 0.52）a
202.5	21	（57.8 ± 0.24）a	（7.39 ± 0.64）a
236.3	21	（53.5 ± 0.65）a	（7.47 ± 0.56）a
270.0	21	（54.2 ± 0.43）a	（7.50 ± 0.29）a
202.5	15	（57.7 ± 0.65）a	（7.23 ± 0.32）a
202.5	21	（57.8 ± 0.24）a	（7.39 ± 0.64）a
202.5	27	（55.5 ± 0.51）a	（7.25 ± 0.33）a
人工除草	—	（55.1 ± 0.21）a	（7.37 ± 0.52）a

4.不同剂量及施药时期对胡麻经济性状的影响

在胡麻成熟期对 75%二氯吡啶酸钾盐不同剂量、不同施药时期以及人工除草对照进行室内考种(见表 1-5-19)。结果表明,75%二氯吡啶酸钾盐 SP 不同施药剂量、不同施药时期与人工除草相比,胡麻有效分枝数、有效结果数、每果粒数、单株产量及千粒重均无显著性差异,证明胡麻生殖生长及主要经济性状未受到药剂影响。

表 1-5-19 75%二氯吡啶酸钾盐 SP 不同处理对胡麻经济性状的影响

有效剂量(g/hm^2)	胡麻出苗后天数(d)	有效分枝数(个)	单株果数(个)	每果粒数(粒)	单株产量(g)	千粒重(g)
135.0	21	(4.37 ± 1.13)a	(7.84 ± 3.52)a	(7.40 ± 1.10)a	(0.41 ± 0.22)a	(7.75 ± 0.11)a
168.8	21	(5.06 ± 0.46)a	(9.69 ± 1.45)a	(7.70 ± 0.40)a	(0.56 ± 0.09)a	(7.72 ± 0.17)a
202.5	21	(4.55 ± 0.05)a	(8.42 ± 0.82)a	(8.20 ± 0.60)a	(0.46 ± 0.07)a	(7.69 ± 0.03)a
236.3	21	(4.41 ± 0.06)a	(7.99 ± 0.13)a	(7.65 ± 0.55)a	(0.41 ± 0.01)a	(7.60 ± 0.06)a
270.0	21	(4.50 ± 0.23)a	(8.16 ± 0.74)a	(8.20 ± 0.20)a	(0.45 ± 0.03)a	(7.69 ± 0.08)a
202.5	15	(4.78 ± 0.12)a	(8.63 ± 0.71)a	(7.75 ± 0.05)a	(0.48 ± 0.04)a	(7.72 ± 0.06)a
202.5	21	(4.55 ± 0.05)a	(8.42 ± 0.82)a	(8.20 ± 0.60)a	(0.46 ± 0.07)a	(7.69 ± 0.03)a
202.5	27	(4.29 ± 0.54)a	(6.43 ± 1.11)a	(7.90 ± 0.60)a	(0.34 ± 0.09)a	(7.68 ± 0.13)a
人工除草	—	(4.64 ± 0.27)a	(9.04 ± 2.77)a	(7.60 ± 0.00)a	(0.49 ± 0.16)a	(7.63 ± 0.13)a

5.结果分析

二氯吡啶酸为美国陶氏公司发明,是一种内吸性植物激素型除草剂,对杂草施用后,被植物的叶片或根部吸收,然后在植物体内进行传导,引起细胞分裂失控和无序生长,最后导致维管束被破坏;或抑制细胞的分裂和生长,可用于防治一年生或多年生阔叶杂草。75%二氯吡啶酸钾盐对胡麻田刺儿菜具有很好的防除效果,具有使刺儿菜根部生长受到抑制直至腐烂的作用。有效成分用量 236.3、270.0g/hm^2 的防除效果较好, 药后 45d 株防效可达到 96.97%和 96.53%, 药后 60d 烂根率可达到 94.20%和 94.90%。施药时期应选择在刺儿菜全部出苗后施药,可显著提高防除效果。对胡麻营养生长及生殖生长没有明显抑制作用,对胡麻主要经济性状也未产生影响。

综上所述,75%二氯吡啶酸钾盐 SP 可安全应用于防除胡麻田恶性杂草刺儿菜, 有对胡麻生长安全,除草效果好,省工省力等优点。

刺儿菜危害

吉辉除草效果

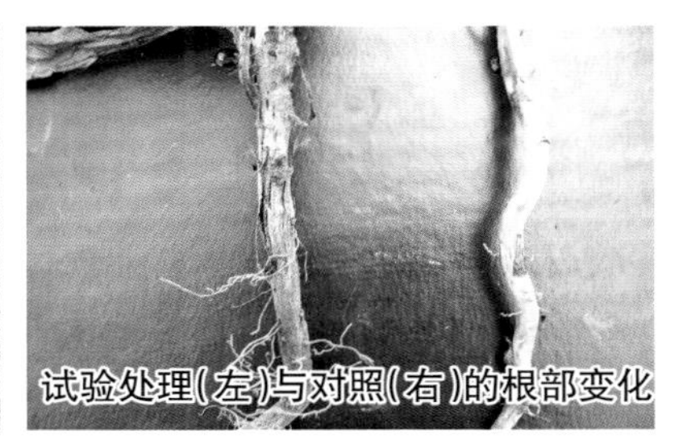
试验处理(左)与对照(右)的根部变化

第七节 化学除草剂药害及防损技术研究

技术原理:胡麻是密植作物,多采用窄行密植栽培,生育期间杂草种类多、数量大,人工除草十分困难,化学除草在胡麻田杂草的防除上应用越来越普遍。但是随着除草剂的大量应用,由于环境因素(如干旱或低温)、人为因素(如操作不当或超剂量使用)、农药自身因素、农药间相互作用(如混用)、作物因素(如品种差异)等原因造成的药害事故频繁发生,给农业生产造成了严重损失。选用植物生长调节剂研究其对几种除草剂药害的缓解效应,可对化学除草剂因使用不当造成的药害具有显著的缓解和恢复作用。

一、试验设计与方法

1.试验设计

试验采用随机区组设计。3 次重复,小区面积 16.8m^2,试验周围设保护行,胡麻品种是宁亚 21 号。试验设 4 个处理,分别为 40%二甲·溴苯腈乳油 900ga.i./hm^2、56%二甲四氯钠可溶粉剂 1764ga.i./hm^2、75%二氯吡啶酸钾盐可溶粉剂 607.5ga.i./hm^2、40%二甲·溴苯腈乳油与 5%精喹禾灵乳油混用 600ga.i./hm^2+105ga.i./hm^2,每个处理按照产生药害剂量施药。喷施除草剂后 1d 出现明显药害后各处理分别喷施缓解剂 0.136%赤·吲乙·芸苔可湿性粉剂 0.08ga.i./hm^2,另设除草剂对照和空白对照。施液量为 450L/hm^2。

2.供试除草剂

40%二甲·溴苯腈乳油(江苏辉丰农化股份有限公司);56%二甲四氯钠可溶粉剂(江苏健谷化工有限公司);75%二氯吡啶酸钾盐可溶粉剂(四川利尔作物科学有限公司);5%精喹禾灵乳油(中农立华农用化学品有限公司)。

缓解剂:0.136%赤·吲乙·芸苔可湿性粉剂(德国阿格福莱农林环境生物技术股份有限公司)。

二、结果与分析

1.各处理药害发生情况

除草剂施药后 1d,通过目测观察,40%二甲·溴苯腈、56%二甲四氯钠、40%二甲·溴苯腈与 5%精喹禾灵混用 3 个除草剂处理均出现明显药害症状,具体表现为植株萎蔫、茎部扭曲变形、茎叶褪绿发黄、叶片有褐色斑点。药后 3~15d,上述 3 个处理开始出现植株下部叶片干枯、茎叶畸形、生育期延迟的药害症状。75%二氯吡啶酸钾盐处理未见植株萎蔫变形、茎叶褪绿干枯等明显药害,但仍然出现生长发育缓慢等轻度药害症状。

2.除草剂药害对胡麻生长发育的抑制情况

40%二甲·溴苯腈是一种由苯氧羧酸类与腈类除草剂复配而成的选择性除草混剂,目前主要用于防除胡麻田一年生阔叶杂草。药后 15d,对除草剂对照与空白对照进行生物量及叶绿素 SPAD 值指标测定(见表 1-5-20)。结果表明,40%二甲·溴苯腈对照与空白对照相比,株高、茎叶鲜重、茎叶干重、叶绿素 SPAD 值 4 个指标的差异均达到 0.05 显著水平。株高抑制率、鲜重抑制率、干重抑制率分别达到 32.53%、41.54%、41.45%,生物量平均抑制率为 38.51%,叶绿素抑制率为 6.87%,说明 40%2 甲·溴苯腈超剂量使用后会对胡麻生长发育造成严重的抑制作用。

56%二甲四氯钠是一种苯氧羧酸类选择性激素型除草剂,是最早在胡麻上应用的化学除草剂之一,目前主要用于防除胡麻田一年生阔叶杂草。通过药后 15d 各项生物量及叶绿素 SPAD 值指标测定,56%二甲四氯钠对照与空白对照相比,株高、茎叶鲜重、茎叶干重、叶绿素 SPAD 值 4 个指标的差异均达到 0.05 显著水平。株高抑制率、鲜重抑制率、干重抑制率分别达到 39.63%、43.18%、43.60%,生物量平均抑制率为 42.14%,叶绿素抑制率 10.89%,在 4 种除草剂对照中均居第一位,说明 56%二甲四氯钠超剂量使用后会对胡麻生长发育造成严重的抑制作用。

75%二氯吡啶酸钾盐,是一种吡啶类传导型苗后茎叶处理除草剂。目前主要用于防除胡麻田刺儿菜、苣荬菜等恶性阔叶杂草。通过药后 15d 各项生物量及叶绿素 SPAD 值指标测定,75%二氯吡啶酸钾盐对照与空白对照相比,株高、茎叶鲜重、茎叶干重 3 个指标的差异达到了 0.05 显著水平,叶绿素 SPAD 值与空白对照相比差异不显著。株高抑制率、鲜重抑制率、干重抑制率分别达到 8.38%、16.81%、13.70%,生物量平均抑制率为 12.96%,叶绿素抑制率 3.70%,在 4 种除草剂对照中最低,说明 75%二氯吡啶酸钾盐超剂量使用后会对胡麻生长发育造成一定的抑制,但抑制作用较轻。

40%二甲·溴苯腈与 5%精喹禾灵混用对胡麻生长发育的抑制情况,精喹禾灵是一种芳氧基苯氧基丙酸类内吸传导型选择性除草剂,目前主要用于防除胡麻田禾本科杂草,一般对胡麻安全不易产生药害,但与二甲·溴苯腈混用后兼防阔叶杂草与禾本科杂草时易产生药害。通过药后 15d 各项生物量及叶绿素 SPAD 值指标测定,40%二甲·溴苯腈与 5%精喹禾灵混用对照与空白对照相比,株高、茎叶鲜重、茎叶干重 3 个指标的差异达到了 0.05 显著水平,叶绿素 SPAD 值与空白对照相比差异不显著。株高抑制率、鲜重抑制率、干重抑制率分别达到 24.33%、33.15%、37.00%,生物量平均抑制率为 31.49%,叶绿素抑制率 4.65%,在 4 种除草剂对照中均居第三位,说明 40%二甲·溴苯腈与 5%精喹禾灵混用时超剂量使用后会对胡麻生长发育造成比较严重的抑制作用。

表 1-5-20 除草剂药害对胡麻生长发育的抑制情况

除草剂对照	用量（ga.i./hm²）	株高（cm）	株高抑制率（%）	茎叶鲜重（g）	鲜重抑制率（%）	茎叶干重（g）	干重抑制率（%）	叶绿素SPAD值	叶绿素抑制率（%）
40%二甲·溴苯腈（CK）	900	33.94 ± 1.84 d	32.53 ± 3.40	45.10 ± 1.20 c	41.54 ± 7.99	8.29 ± 0.41 c	41.45 ± 9.65	54.94 ± 2.58 bc	6.87 ± 1.11
56%二甲四氯钠（CK）	1764	30.38 ± 1.49 e	39.63 ± 1.64	44.01 ± 3.49 c	43.18 ± 6.09	8.02 ± 0.18 c	43.60 ± 5.99	52.58 ± 0.15 c	10.89 ± 1.04
75%二氯吡啶酸钾盐（CK）	607.5	46.14 ± 2.93 b	8.38 ± 1.45	64.45 ± 2.89 b	16.81 ± 3.83	12.29 ± 0.71 b	13.70 ± 3.25	56.82 ± 0.93 ab	3.70 ± 1.43
40%二甲·溴苯腈 +5%精喹禾灵（CK）	600+105	38.01 ± 1.09 c	24.33 ± 5.07	51.65 ± 1.62 c	33.15 ± 7.88	8.95 ± 0.37 c	37.00 ± 6.95	56.26 ± 1.78 ab	4.65 ± 1.28
空白（CK）	—	50.33 ± 2.42 a	—	77.96 ± 3.16 a	—	14.34 ± 0.82 a	—	59.01 ± 0.76 a	—

注：不同字母代表 $P<0.05$ 差异显著，下同

3.植物生长调节剂对除草剂药害缓解效应

0.136%赤·吲乙·芸苔对 40%二甲·溴苯腈药害的缓解效应除草剂药后 1d 出现明显药害后喷施缓解剂 0.136%赤·吲乙·芸苔。40%2 甲·溴苯腈施药后 15d，对缓解剂处理进行生物量及叶绿素 SPAD 值指标测定（见表 1-5-21）。结果表明，使用缓解剂的处理株高、茎叶鲜重、茎叶干重、叶绿素 SPAD 值分别较除草剂对照增加 11.97%、18.09%、17.26%、3.77%。对于株高、鲜重、干重的缓解效应分别达到 24.68%、27.59%、27.26%，生物量平均缓解效应为 26.51%，对于叶绿素的缓解效应则达到 64.87%。说明喷施缓解剂 0.136%赤·吲乙·芸苔其能促进胡麻植株生长，提高叶绿素含量，对 40%2 甲·溴苯腈造成的药害具有一定的缓解作用。

0.136%赤·吲乙·芸苔对 56%2 甲 4 氯钠药害的缓解效应 56%二甲四氯钠施药后 15d，通过对缓解剂处理进行生物量及叶绿素 SPAD 值指标测定表明，使用缓解剂的处理株高、茎叶鲜重、茎叶干重、叶绿素 SPAD 值分别较除草剂对照增加 13.82%、29.90%、41.73%、4.33%，对于株高、鲜重、干重的缓解效应分别达到 20.59%、38.85%、55.34%，生物量平均缓解效应为 38.26%，对于叶绿素的缓解效应则达到 35.64%。说明喷施缓解剂 0.136%赤·吲乙·芸苔其对 56%二甲四氯钠造成的药害具有一定的缓解作用，能促进胡麻植株生长，提高干物质积累。

0.136%赤·吲乙·芸苔对 75%二氯吡啶酸钾盐药害的缓解效应：75%二氯吡啶酸钾盐施药后 15d，通过对缓解剂处理进行生物量及叶绿素 SPAD 值指标测定表明，使用缓解剂的处理株高、茎叶鲜重、茎叶干重、叶绿素 SPAD 值分别较除草剂对照增加 10.87%、26.28%、14.16%、2.66%，对于株高、鲜重、干重的缓解效应分别达到 114.21%、194.84%、100.63%，生物量平均缓解效应为 136.56%，叶绿素缓解效应则达到 66.72%。75%二氯吡啶酸钾盐对胡麻生长发育的抑制作用相对较轻，所以喷施缓解剂后对株高、鲜重、干重的缓解效应均达到了 100%以上，对于叶绿素的缓解效应也达到 66.72%。在实际使用过程中应注意药害发生程度及缓解剂施用剂量，以防造成胡麻徒长、倒伏等现象。

0.136%赤·吲乙·芸苔对40%二甲·溴苯腈与5%精喹禾灵混用药害的缓解效应:40%二甲·溴苯腈与5%精喹禾灵施药后15d，通过对缓解剂处理进行生物量及叶绿素SPAD值指标测定表明,使用缓解剂的处理株高、茎叶鲜重、茎叶干重、叶绿素SPAD值分别较除草剂对照增加10.51%、23.97%、26.73%、4.77%,对于株高、鲜重、干重的缓解效应分别达到34.14%、55.90%、50.22%,生物量平均缓解效应为46.76%,对于叶绿素的缓解效应则达到101.03%。说明喷施缓解剂0.136%赤·吲乙·芸苔其对40%2甲·溴苯腈与5%精喹禾灵混用造成的药害具有一定的缓解作用,能促进胡麻植株生长,提高干物质积累,提高叶绿素含量。

表1-5-21 植物生长调节剂对除草剂药害缓解效应

缓解剂处理	除草剂用量(ga.i./hm²)	缓解剂用量(g a.i./hm²)	株高(cm)	株高缓解效应(%)	茎叶鲜重(g)	鲜重缓解效应(%)	茎叶干重(g)	干重缓解效应(%)	叶绿素SPAD值	叶绿素缓解效应(%)
40%二甲·溴苯腈	900	0.08	38.00±0.22 c	24.68±3.73	53.26±3.26 b	27.59±5.48	9.72±0.80 b	27.26±4.46	57.01±1.25 b	64.87±10.28
56%二甲四氯钠	1764	0.08	34.58±2.82 c	20.59±3.34	57.16±6.49 b	38.85±6.13	11.36±0.21 b	55.34±7.32	54.85±0.17 c	35.64±3.65
75%二氯吡啶酸钾盐	607.5	0.08	51.16±0.54 a	114.21±7.23	81.39±9.05 a	194.84±24.15	14.03±0.50 a	100.63±16.01	58.33±0.03 ab	66.72±10.06
40%二甲·溴苯腈+5%精喹禾灵	600+105	0.08	42.01±1.20 b	34.14±3.39	64.03±4.14 b	55.90±9.40	11.35±0.60 b	50.22±8.34	58.94±0.66 a	101.03±8.91
空白(CK)	—	—	50.33±2.42 a	—	77.96±9.16 a	—	14.34±0.82 a	—	59.01±0.76 a	—

4.试验结果分析

在农业生产中,除草剂对防除杂草的危害,降低生产成本,提高生产效率具有极其重要的作用。除草剂的使用面积和使用量逐渐增大,化学除草已经成为当前最广泛、最必不可少的除草技术。但大多数除草剂在使用过程中,除了对杂草起到控制和防除其危害的作用外,一定程度上也会影响作物的生长发育,往往会出现作物生理及生长不正常的现象,如叶片褪绿,发育畸形,不孕、不实,植株生长发育受到抑制,严重的还会造成植株枯萎死亡。除草剂对作物的药害,已是一个影响农业稳产、增产的重要问题。

除草剂解毒剂(Antidote)又称除草剂安全剂(Safener),或称作物保护剂(Protectant),是指在不影响除草剂对靶标杂草活性的前提下可选择性地保护作物免受除草剂的伤害,具有独特性能的化学物质。Hoffmann于1962年首次提出了"除草剂解毒剂"的概念,1972年世界上第一个商品化安全剂NA(1,8-萘二甲酐)由GulfOil公司正式推出。近年来,国内也开展了除草剂解毒剂的相关研究。根据国内报道,施用磷酸二氢钾或氨基酸等叶面肥、生物制剂、植物内源激素赤霉素或芸苔素内酯对于除草剂药害也具有一定的缓解作用。

本文针对胡麻田常见几种易发生药害的苗后茎叶处理除草剂，通过测定胡麻株高、茎叶鲜重、茎叶干重及叶绿素SPAD值等生理指标，明确除草剂药害对胡麻生长发育的抑制作用影响。研究结果表明，4种除草剂在超剂量使用时均会对胡麻的生长发育造成不同程度的抑制，生物量平均抑制率12.96%~42.14%，叶绿素抑制率3.70%~10.89%。以56%二甲四氯钠药害造成的抑制作用最高，75%二氯吡啶酸钾盐造成的抑制作用最低。选用植物生长调节剂0.136%赤·吲乙·芸苔，研究其对几种除草剂药害的缓解效应。研究结果表明，各处理使用缓解剂后对于株高的缓解效应为20.59%~114.21%，对于鲜重的缓解效应为27.59%~194.84%，对于干重的缓解效应为27.26%~100.63%，生物量平均缓解效应为26.51%~136.56%，叶绿素缓解效应则达到了35.64%~101.03%。说明在除草剂药害发生后，及时喷施植物生长调节剂0.136%赤·吲乙·芸苔对于除草剂药害造成的生长抑制具有一定程度的缓解作用。可以起到调节作物生长，促进干物质积累，提高叶绿素含量，使受害胡麻达到正常生长或接近正常生长水平，最大限度降低产量损失。

第二部分

胡麻地方标准及专利

第一章 胡麻地方标准

第一节 胡麻品种技术标准

胡麻品种宁亚11号(宁夏回族自治区地方标准)

DB64/T145-95

1 主题内容与适用范围

本标准规定了胡麻品种宁亚11号的特征、特性、产量、适应性及栽培技术要求。

本标准适用于各级种子公司、原(良)种场、科研单位、农业院校对该品种进行繁殖、检验、收购、鉴定。

2 品种来源

系宁夏农林科学院农作物研究所,1975年用宁亚5号作母本,71-219作父本杂交,用系谱法选育,于1983年育成。

3 品种特征

3.1 植株特征

幼苗直立,叶片较宽,幼茎紫色,在一般情况下不分茎,株高55~70cm,工艺长度45~55cm,株型紧凑,分枝集中,花蓝色。

3.2 蒴果特征

蒴果较大,每果粒数7.5粒,单株结果数9~13个,蒴果成熟后不开裂。

3.3 籽粒特征

粒型长圆,嘴稍弯,种皮褐色,千粒重8.1~8.5g,含油率43.3%,出油率35.3%左右。

4 品种特性

宁亚11号属油纤两用品种,生育期95d左右,属早熟品种。整齐生长快,幼苗耐寒性强,可耐-4.8℃低温。较耐盐碱,不耐涝,成熟一致,落黄好。耐肥抗倒伏。中抗枯萎病,轻感白粉病。

5 产量

籽粒平均产量一般在1800~2700kg/hm^2,在优良栽培条件下产量可达3000kg/hm^{2}以上,平均产量2250~3000kg/hm^2。

6 品种适应性

本品种适宜在宁夏山川水旱地及新疆、内蒙古、甘肃、山西等省(区)种植。

7 栽培技术要点

7.1 整地

要求秋季深翻平整土地,并在冬春季耙耱保墒,播前耕地耱平。

7.2 播种期与播种量

在3月底4月初,当地温达8~10℃时即可播种。播种量山区75~97.5kg/hm^2,灌区105~120kg/hm^2。

7.3 施肥

施农家肥6.0×10^4~7.5×10^4kg/hm^2,化肥一般尿素75~150kg/hm^2,磷酸二铵150~225kg/hm^2。根据苗情在头水追尿素75~225kg/hm^2。全生育期施纯氮90~195kg/hm^2,五氧化二磷120kg/hm^{2}左右。

7.4 灌水

5月中旬灌头水,10~15d后灌二水,三水、四水看苗情、天情,灌水要避免风雨天,以免造成倒伏。

7.5 其他

及早除草,在花蕾期至青果期用1‰氧化乐果及时防治蚜虫。

附加说明:

本标准由宁夏种子公司提出。

本标准由宁夏农林科学院作物研究所负责起草。

本标准主要起草人:施杏春。

宁夏回族自治区质量技术监督局1995-11-28批准,1995-12-01实施。

胡麻品种宁亚12号(宁夏回族自治区地方标准)

DB64/T146-95

1 主题内容与适用范围

本标准规定了胡麻品种宁亚12号的特征、特性、产量、适应性及栽培技术要求。

本标准适用于各级种子公司、原(良)种场、科研单位、农业院校对该品种进行繁殖、检验、收购、鉴定。

2 品种来源

宁亚12号系固原地区农科所用张掖8–5作母本,固杂1号作父本,于1983年杂交育成。

3 品种特征

3.1 植株特征

幼茎紫色，叶色深绿，叶密度较大，株型紧凑，基本无分茎，单株分枝4.4个，株高57.42cm,工艺长度41.2cm,花瓣蓝色。

3.2 蒴果特征

蒴果中等,单株蒴果数10.69个,每果粒数7.34粒,蒴果成熟后不开裂。

3.3 籽粒特征

籽粒浅褐色,千粒重7.3~8.4g,粒宽0.31cm,粒长0.55cm,籽粒含油率41.36%。

4 品种特性

本品种属中熟品种,生育期94~118d,抗旱性强,适应性广,抗立枯病和炭疽病,不抗枯萎病。

5 产量

本品种属于油麻两用型品种,籽粒产量一般为1500kg/hm^2,最高产量2250kg/hm^2。麻茎产量2250~3000kg/hm^2。

6 品种适应性

适宜在半干旱地区中等肥力的旱地种植。

7 栽培技术要点

7.1 施足底肥

一般施农家肥3.0×10^4kg/hm^{2}以上,尿素112.5kg/hm^2,三料磷肥112.5kg/hm^2。

7.2 适时早播

在4月上旬抢墒播种。

7.3 适当密植

播种量52.5~60.0kg/hm^2,保苗375×10^4~450×10^4株/hm^2。

7.4 加强管理

生育前期生长缓慢,要加强中耕除草,促幼苗早发。后期地力不足时,适施尿素75.0~112.5kg/hm^2。

附加说明:

本标准由宁夏种子公司提出

本标准由固原地区农科所负责起草。

本标准主要起草人:关友峰。

宁夏回族自治区质量技术监督局 1995-11-28 批准,1995-12-01 实施。

胡麻品种宁亚 14 号(宁夏回族自治区地方标准)

DB64/T303-2004

1 主题内容与适用范围

本标准规定了胡麻品种宁亚 14 号的特征、特性、产量及栽培技术要求。

本标准适用于各级种子公司、原(良)种场、科研单位、农业院校对该品种进行繁殖、检验、收购、鉴定。

2 品种来源

宁亚 14 号系固原地区农科所采用宁亚 10 号作母本、引进品系 71-16-38 作父本进行杂交选育,于 1994 年育成。

3 品种特征

3.1 植株特征

幼苗直立,叶片较宽,叶密度较大,叶色深绿,株形紧凑,基本无分茎,株高 51.59cm,工艺长度 42.19cm,属油麻兼用型。单株有效分枝数 6.1 个,单株结果数 8.7 果,每果粒数 7.8 粒。花瓣蓝色。

3.2 蒴果特征

蒴果中等,每果粒数 7.8 粒,蒴果成熟后不开裂。

3.3 籽粒特征

粒型卵圆形,种皮褐色,千粒重 8~9g,粗脂肪含量 23.68%。

4 品种特性

本品种属油麻兼用型,生育期 90~115d,属中早熟品种,长势较旺。幼苗阶段耐寒性强。比较耐旱,抗倒伏性较强,成熟落黄较好,适应性强,比生产上目前大面积推广应用的品种抗胡麻枯萎病能力强,轻感白粉病。

5 产量

种子产量一般 1473.0~1972.5kg/hm^2,麻茎产量 2125.5~3793.5kg/hm^2。在水肥条件较好的情况下种子产量可达 2250.0kg/hm^2 以上,麻茎产量可达 4500.0kg/hm^2 以上。

6 品种适应性

适宜在我地区阴湿区和半干旱区的川旱地或塬地、干旱区的水地种植。

7 栽培技术要点

7.1 施肥

以施底肥为主，一般施农家肥 3.0×10^4~4.5×10^4kg/hm²、尿素 75.0~120.0kg/hm²，磷酸二铵 100~150kg/hm²。巧施种肥，一般用 45~60kg/hm² 磷酸二铵作种肥，尿素不宜作种肥；适当追施氮肥。

7.2 播种

适时早播，阴湿区一般在 4 月 20 日前后播种，半干旱区在 4 月 10 日前后抢墒播种，播量一般旱地为 52.5kg/hm² 左右，保苗 300×10^4~520×10^4 株/hm²。水地一般为 60~75kg/hm²，保苗 450×10^4~550×10^4 株/hm² 为宜。

7.3 合理轮作

轮作倒茬可预防和减轻胡麻枯萎病危害。轮作周期应控制在 3 年以上为宜。

7.4 灌水

适时灌好头水，一般在出苗后 30~40d 灌头水比较适宜，以后灌水视田间土壤水分状况和天气情况确定，避免造成倒伏减产。

7.5 加强田间管理

及时破除土壤表层板结，确保全苗。松土除草，防治金龟甲、蚜虫和黏虫等危害。

附加说明：

本标准由宁夏种子管理站提出。

本标准由宁夏固原市农科所负责起草。

本标准主要起草人：安维太。

宁夏回族自治区质量技术监督局 1995-11-28 批准，1995-12-01 实施。

胡麻品种宁亚 15 号（宁夏回族自治区地方标准）

DB64/T384-2004

1 主题内容与适用范围

本标准规定了胡麻品种宁亚 15 号的特征特性及栽培技术要求。

本标准适用于各级种子公司、原（良）种场、科研单位、农业院校对该品种进行繁殖、检验、收购、鉴定。

2 品种来源

宁亚 15 号是宁夏固原市农科所经过系统选育、胡麻枯萎病抗病鉴定育成的旱地胡麻优良新品种，于 2000 年培育成功的丰产性好、抗病性强的胡麻优良新品种。

3 品种特征

3.1 植株特征

幼苗直立，叶片中等宽度，叶密度较大，叶色深绿，株型紧凑，结果集中，基本无分茎，株高 65.4cm，工艺长度 50.0cm，属油麻兼用型。单株有效分枝数 4.5 个，单株结果数 10.0 个，每果粒数 7.3 粒，千粒重 7.9g。花瓣蓝色。

3.2 蒴果特征

蒴果中等，每果粒数 7.3 粒，蒴果成熟后不开裂。

3.3 籽粒特征

粒型卵圆形，种皮浅褐色，粗脂肪含量 40.13%。

4 品种特性

生育期 92~112d，属中早熟品种，长势旺。幼苗阶段耐寒性强。耐旱性强，成熟一致，适应性广，高抗胡麻枯萎病。

5 产量

种子产量一般在旱地条件下 1750.5~1797kg/hm^2 左右，在水肥条件较好的条件下 2539.5kg/hm^2 以上，最高产量 2751kg/hm^2。

6 品种适应性

适宜在我地区阴湿区，半干旱区的旱地、水地或与我区生态条件类似的其他胡麻产区推广种植。

7 栽培技术要点

7.1 施肥

以施底肥为主，一般施农家肥 3.0×10^{4}kg/hm^2 以上、尿素 75.0kg/hm^2，磷酸二铵 75~150kg/hm^2。巧施种肥，一般用 45~60kg/hm^2 磷酸二铵作种肥，尿素不宜作种肥；适当追施氮肥，在灌头水时追施尿素 75.0kg/hm^2。

7.2 播种

适时早播，半干旱区在 4 月上旬抢墒播种，播量一般旱地为 52.5kg/hm^2 左右，保苗 300×10^4~525×10^4 株/hm^2。水地一般为 60~75kg/hm^2，保苗 450×10^4~525×10^4 株/hm^2 为宜。

7.3 合理轮作

轮作倒茬不仅能合理利用土壤养分，而且还可预防和减轻胡麻枯萎病危害。虽然该品种高抗胡麻枯萎病，但连茬种植会使胡麻生长发育受到影响。因此轮作周期应控制在 2–3 年以上为宜。

7.4 灌水

适时灌好头水，一般在胡麻出苗后 30~40d 灌头水比较适宜，以后灌水视田间土壤水分状况和天气情况确定，避免造成倒伏减产。

7.5 加强田间管理

及时破除土壤表层板结，确保全苗。松土除草，防治金龟甲、蚜虫和黏虫等危害。

附加说明：

本标准由宁夏种子管理站提出。

本标准由宁夏固原市农科所负责起草。

本标准主要起草人：安维太。

宁夏回族自治区质量技术监督局 2001-09-24 批准，2001-10-01 实施。

胡麻品种宁亚 16 号（宁夏回族自治区地方标准）

DB64/T385-2004

1 主题内容与适用范围

本标准规定了胡麻品种宁亚 16 号的特征特性及栽培技术要求。

本标准适用于各级种子公司、原（良）种场、科研单位、农业院校对该品种进行繁殖、检验、收购、鉴定。

2 品种来源

宁亚 16 号的原代号 8659W-104，是以张亚 1 号为母本、宁亚 10 为父本进行杂交选育，并经过胡麻枯萎病抗病性鉴定筛选，于 2002 年培育成功的丰产性好、抗病性强的胡麻优良新品种。

3 品种特征

3.1 植株特征

幼苗直立，叶片中等宽度，叶密度较大，叶色深绿，株型紧凑，结果集中，基本无分茎，株高 55.13cm，工艺长度 41.21cm，属油麻兼用型。单株有效分枝数 6.99 个，单株结果数 8.1 个，每果粒数 9.3 粒，千粒重 8.01g。花瓣蓝色。

3.2 蒴果特征

蒴果中等，每果粒数 9.3 粒，蒴果成熟后不开裂。

3.3 籽粒特征

粒型卵圆形，种皮浅褐色，含油率 39.58%。

4 品种特性

生育期 95~98d，属中早熟品种，长势较旺。幼苗阶段耐寒性强。耐旱性强，成熟一致，适应性广，高抗胡麻枯萎病。

5 产量水平

种子产量一般在旱地条件下 1500kg/hm^2 左右，在水肥条件较好的条件下可达2250

kg/hm^2以上。

6 品种适应性

适宜在我区阴湿区，半干旱区的旱地、水地或与我区毗邻省（区）生态条件类似的胡麻产区推广种植。

7 栽培技术要点

7.1 施肥

以施底肥为主，一般施农家肥 $3.0\times10^4kg/hm^2$以上，尿素 $75kg/hm^2$，磷酸二铵 $75\sim150kg/hm^2$。巧施种肥，一般用 $45\sim60kg/hm^2$磷酸二铵作种肥，尿素不宜作种肥；适当追施氮肥，在灌头水时追施尿素 $75.0kg/hm^2$左右。

7.2 播种

适时早播，半干旱区在4月上旬抢墒播种，播量一般旱地为 $52.5kg/hm^2$左右，保苗 $300\times10^4\sim525\times10^4$株$/hm^2$。水地一般为 $60\sim75kg/hm^2$，保苗 $450\times10^4\sim550\times10^4$株$/hm^2$为宜。

7.3 合理轮作

轮作倒茬不仅能合理利用土壤养分，而且还可预防和减轻胡麻枯萎病危害。虽然该品种高抗胡麻枯萎病，但连茬种植会使胡麻生长发育受到影响。因此轮作周期应控制在2~3年以上为宜。

7.4 灌水

适时灌好头水，一般在胡麻出苗后30~40d灌头水比较适宜，以后灌水视田间土壤水分状况和天气情况确定，避免造成倒伏减产。

7.5 加强田间管理

及时破除土壤表层板结，确保全苗。松土除草，防治金龟甲、蚜虫和黏虫等危害。

附加说明：

本标准由宁夏种子管理站提出。

本标准由宁夏固原市农科所负责起草。

本标准主要起草人：安维太。

宁夏回族自治区质量技术监督局2004-09-24批准，2004-10-01实施。

胡麻品种宁亚17号（宁夏回族自治区地方标准）

DB64/T467-2006

1 主题内容与适用范围

本标准规定了胡麻品种宁亚17号的特征特性及栽培技术要求。

本标准适用于各级种子公司、原（良）种场、科研单位、农业院校对该品种进行繁殖、检验、收购、鉴定。

2 品种来源

宁亚 17 号原代号 9025W-14，是以 67-93-1 为母本、外引抗病品系红木为父本进行杂交选育，并经过胡麻枯萎病抗病性鉴定筛选，于 2003 年培育成功的丰产性好、抗病性强的胡麻优良新品种。

3 品种特征

3.1 植株特征

幼苗直立，叶片中等宽度，叶密度较大，叶色深绿，株型紧凑，结果集中，基本无分茎，株高 52.9cm，工艺长度 37.1cm，属油麻兼用型。单株有效分枝数 6.7 个，单株结果数 10.5 个，每果粒数 7.8 粒，千粒重 7.3~8.4g。花瓣蓝色。

3.2 蒴果特征

蒴果中等，每果粒数 7.8 粒，蒴果成熟后不开裂。

3.3 籽粒特征

粒型卵圆形，种皮浅褐色，粗脂肪含量 40.73%。

4 品种特性

生育期 90~105d，属中早熟品种，长势较旺。幼苗阶段耐寒性强。耐旱性强，成熟一致，适应性广，高抗胡麻枯萎病。

5 产量

种子产量一般在旱地条件下 1500kg/hm^2 左右，在水肥条件较好的条件下亩产可达 2250kg/hm^2 以上，最高亩产 2751kg/hm^2。

6 品种适应性

适宜在我地区阴湿区，半干旱区的旱地、水地或与我区生态条件类似的其他胡麻产区推广种植。

7 栽培技术要点

7.1 施肥

以施底肥为主，一般施农家肥 3.0×10^{4}kg/hm^2 以上、尿素 75kg/hm^2，磷酸二铵 75~150kg/hm^2。巧施种肥，一般用 45~60kg/hm^2 磷酸二铵作种肥，尿素不宜作种肥；适当追施氮肥，在灌头水时追施尿素 75kg/hm^2 左右。

7.2 播种

适时早播，半干旱区在 4 月上旬抢墒播种，播量一般旱地为 52.5kg/hm^2 左右，保苗 300×10^4~500×10^4 株/hm^2。水地一般为 60~75kg/hm^2，保苗 450×10^4~550×10^4 株/hm^2 为宜。

7.3 合理轮作

轮作倒茬不仅能合理利用土壤养分，而且还可预防和减轻胡麻枯萎病危害。虽然该品种高抗胡麻枯萎病，但连茬种植会使胡麻生长发育受到影响。因此轮作周期应控制在3年以上为宜。

7.4 灌水

适时灌好头水，一般在胡麻出苗后30~40d灌头水比较适宜，以后灌水视田间土壤水分状况和天气情况确定，避免造成倒伏减产。

7.5 加强田间管理

及时破除土壤表层板结，确保全苗。松土除草，防治金龟甲、蚜虫和黏虫等危害。

附加说明：

本标准由宁夏种子管理站提出。

本标准由宁夏固原市农科所负责起草。

本标准主要起草人：安维太。

胡麻品种宁亚18号（宁夏回族自治区地方标准）

DB64/T1399-2017

1 范围

本标准规定了胡麻品种宁亚18号的品种来源、主要特征特性、产量表现、种植技术要点及适宜种植区域。

本标准适用于种子生产、经营、检验和作物布局。

2 品种来源

宁亚18号（原代号9410）系宁夏泾源县种子管理站从宁亚11号中单株系选而成。

3 品种特征

3.1 特征

幼苗深绿色，叶片较宽，叶数较多，株型紧凑，株高58.79cm，分枝较多，单株分枝7个，花蓝色，结果集中，有效结果数16个，每果8粒。单株粒重0.8g，籽粒卵圆，种皮浅褐色，千粒重6.6g，经农业部谷物及制品质量监督检验测试中心（哈尔滨）测定，籽粒含脂肪36.65%。

3.2 特性

生育期104d，中早熟品种，田间感青枯病。抗逆性较强，抗倒性较强，稳产性较好。

4 产量表现

2005年宁南山区胡麻区域试验平均产量2122.5kg/hm^2，较对照宁亚14号增产14.5%；2006年区域试验平均产量2356.5kg/hm^2，较对照宁亚14号增产13.0%；两年区域试验平均产量2239.5kg/hm^2，平均增产13.8%；2007生产试验平均产量1659kg/hm^2，较对照宁亚14号增产9.6%。

5 种植技术要点

5.1 播种

适当早播，一般4月上中旬播种，播量60.0~67.5kg/hm²，可因地力情况适当调整。

5.2 施肥

基施农家肥，氮磷化肥混施，施磷酸二铵150~225kg/hm²，氮肥75kg/hm²。

5.3 田间管理

及时拔出杂草。

6 适宜种植区域

适宜宁南山区胡麻产区种植。

附加说明：

本标准的编写格式符合GB/T1.1-2009《标准化工作导则第一部分：标准的结构和编写》的要求。

本标准由宁夏种子工作站提出。

本标准由宁夏回族自治区农牧厅归口。

本标准起草单位：宁夏种子工作站。

本标准起草人：曹秀霞、张炜、杨崇庆。

胡麻品种宁亚19号（宁夏回族自治区地方标准）

DB64/T818—2012

1 范围

本标准规定了胡麻品种宁亚19号的品种来源、品种特征、品种特性、种子质量、产量、适种范围、栽培技术要点。

本标准适用于胡麻品种宁亚19号繁殖、检验、收购、鉴定。

2 规范性引用文件

下列文件对于本文件的应用是必不可少的。凡是注日期的引用文件，仅所注日期的版本适用于本文件。凡是不注日期的引用文件，其最新版本（包括所有的修改单）适用于本文件。

GB 4285 农药安全使用标准

GB 4407.1 经济作物种子纤维类

NY/T 496-2010 肥料合理使用准则通则

DB64/T 815-2012 无公害胡麻（亚麻）生产技术规程

3 品种来源

宁亚19号，是以宁亚11号为母本，宁亚15号为父本杂交选育。

4 品种特征

4.1 植株特征

幼苗直立,叶片宽度中等偏窄,叶密度较大,叶色深绿,花瓣蓝色,株型紧凑,结果集中,分茎能力不强,株高 51.4~56.4cm,工艺长度 38.6~42.1cm,属油麻兼用型。单株有效分枝数 8~12 个,单株结果数 17~22 个,每个粒数 7~9 粒。

4.2 蒴果特征

蒴果中等,蒴果成熟后不开裂。

4.3 籽粒特征

籽粒卵圆形,种皮浅褐色,千粒重 7.52~8.35g,粗脂肪含量 40.45%~41.26%。

5 品种特性

生育期 92~109d,属中早熟品种,长势较旺。幼苗阶段耐寒、耐旱性强,成熟落黄较好,适应性广,抗倒伏,抗胡麻枯萎病。

6 种子质量

种子质量应符合 GB 4407.1 的规定。

7 产量

种子产量:1125~1500kg/hm^2,在水肥条件较好的情况下产量可达 2250kg/hm^2 以上。

8 适种范围

适宜在宁夏半干旱、半阴湿区的旱地、水地种植。

9 栽培技术要点

9.1 施肥

施肥原则按 NY/T496-2010 的规定执行。

9.1.1 基肥

施农家肥 1.5×10^4~2.25×10^{4}kg/hm^2、尿素 75.0~120.0kg/hm^2,磷酸二铵 105.0~150.0kg/hm^2。

9.1.2 种肥

施磷酸二铵 75.0~90.0kg/hm^2。

9.1.3 追肥

在灌头水时追施磷酸二铵 112.5~150.0kg/hm^2,尿素 75.0kg/hm^2。

9.2 播种

适时早播,半干旱区在 4 月上旬抢墒播种,旱地播量 60.0~75.0kg/hm^2,保苗 300×10^4~450×10^4 株/hm^2;水地播量为 75.0~90.0kg/hm^2,保苗 525×10^4~675×10^4 株/hm^2。

9.3 合理轮作

虽然该品种抗胡麻枯萎病,但连茬种植会使胡麻生长发育受到影响。因此轮作周期应控制在 3 年以上为宜。

9.4 灌水

在胡麻出苗后 30~40d 灌头水，以后灌水视田间土壤水分状况和天气情况确定，避免造成倒伏减产。

9.5 田间管理

按 DB64/T815–2012 的规定执行。

附加说明：

本标准的编写格式符合 GB/T1.1–2009《标准化工作导则第 1 部分：标准的结构和编写》的要求。

本标准由固原市农业科学研究所提出。

本标准由宁夏回族自治区农牧厅归口。

本标准由固原市农业科学研究所起草。

本标准主要起草人:安维太、曹秀霞、杨桂琴、张炜、安钰、杨崇庆、张信。

胡麻品种宁亚 20 号（宁夏回族自治区地方标准）

DB64/T1398–2017

1 范围

本标准规定了胡麻品种宁亚 20 号的品种来源、主要特征特性、产量表现、种植技术要点及适宜种植区域。

本标准适用于种子生产、经营、检验和作物布局。

2 品种来源

宁亚 20 号（原代号固亚 1 号）系宁夏农林科学院固原分院以 8659/张亚 1 号//宁亚 10 号杂交选育后系选而成。

3 特征特性

3.1 特征

幼苗深绿色，株高 54.1cm，工艺长度 32.2cm，主茎分枝 5.0 个，花蓝色，结果集中，有效结果数 16 个，每果 9 粒，单株产量 0.66g，千粒重 7.03g，2014 年经农业部油料及制品质量监督检验测试中心检测：籽粒含脂肪 40.86%。

3.2 特性

生育期 114d，较对照宁亚 14 号早熟 2d，2013 年甘肃省农业科学院作物所抗旱性鉴定：属一级抗旱类型，田间抗胡麻枯萎病。该品种生长势强，整齐度高，植株结构比较合理，耐寒、耐瘠薄，但抗倒性稍差。

4 产量表现

2011 年区域试验平均产量 1372.5kg/hm^2,较对照宁亚 14 号增产 12.7%;2012 年区域试验平均产量 1752.0kg/hm^2,较对照宁亚 14 号增产 6.0%;两年区域试验平均产量 1588.5kg/hm^2,平均增产 9.4%;2013 生产试验平均产量 970.5kg/hm^2,较对照宁亚 17 号增产 11.7%。

5 种植技术要点

5.1 播种

适当早播,一般 4 月上旬抢墒播种,旱地播量 60.0~75kg/hm^2,保苗 150×10^4~450×10^4 株/hm^2,水地地播量 75~90kg/hm^2,保苗 525×10^4~675×10^4 株/hm^2。

5.2 施肥

基肥施农家肥 1.5×10^4~2.25×10^{4}kg/hm^2、尿素 75.0~120.0kg/hm^2, 磷酸二铵 105.0~150.0kg/hm^2。种肥施磷酸二铵 75.0~90.0kg/hm^2。追肥在灌头水时追施磷酸二铵 112.5~150.0kg/hm^2,尿素 75.0kg/hm。

5.3 田间管理

及时拔出杂草。

6 适宜种植区域

适宜宁南山区胡麻产区种植。

附加说明:

本标准的编写格式符合 GB/T1.1-2009《标准化工作导则第 1 部分:标准的结构和编写》的要求。

本标准由宁夏种子工作站提出。

本标准由宁夏回族自治区农牧厅归口。

本标准起草单位:宁夏种子工作站。

本标准起草人:曹秀霞、钱爱萍、杨崇庆。

胡麻品种宁亚 21 号(宁夏回族自治区地方标准)

DB64/T1397-2017

1 范围

本标准规定了胡麻品种宁亚 21 号的品种来源、主要特征特性、产量表现、种植技术要点及适宜种植区域。

本标准适用于种子生产、经营、检验和作物布局。

2 品种来源

宁亚 21 号(原代号固亚 2 号)系宁夏农林科学院固原分院以定亚 19 号/抗 38//宁亚 10

号杂交选育后系选而成。

3 特征特性

3.1 特征

幼苗深绿色，株高51.4cm，工艺长度31.1cm，主茎分枝5.2个，花蓝色，有效结果数17个，每果6粒，籽粒浅褐色，单株产量0.7g，千粒重7.2g，2014年经农业部油料及制品质量监督检验测试中心检测：种子含油36.46%。

3.2 特性

生育期112d，较对照宁亚14号早熟4d，田间抗胡麻枯萎病。该品种生长势强，前期生长发育比较旺盛，植株结构比较合理，整齐度高，耐旱、耐寒、耐瘠薄，但抗倒性稍差。

4 产量表现

2011年区域试验平均产量1440.0kg/hm^2，较对照宁亚14号增产13.8%；2012年区域试验平均产量1834.5kg/hm^2，较试验平均值增产11.0%；两年区域试验平均产量1638.0kg/hm^2，平均增产12.4%；2013生产试验平均产量1083.0kg/hm^2，较对照宁亚17号增产23.4%。

5 种植技术要点

5.1 播种

适当早播，一般4月上旬抢墒播种，旱地播量60~75kg/hm^2，保苗300×10^4~450×10^4株/hm^2，水地地播量75~90kg/hm^2，保苗525×10^4~675×10^4株/hm^2。

5.2 施肥

基肥施农家肥1.5×10^4~2.25×10^4kg/hm^2、尿素75.0~120.0kg/hm^2，磷酸二铵105.0~150.0kg/hm^2。种肥施磷酸二铵75.0~90.0kg/hm^2。追肥在灌头水时追施磷酸二铵112.5~150.0kg/hm^2，尿素75.0kg/hm^2。

5.3 合理轮作

虽然该品种抗胡麻枯萎病，但连茬种植会使胡麻生长发育受到影响。因此轮作周期应控制在3年以上为宜。

5.4 田间管理

及时破除土壤表层板结，确保全苗：松土除草，注意防治蚜虫、苜蓿盲蝽和白粉病等病虫害。

6 适宜种植区域

适宜宁南山区旱地、水地种植。

附加说明：

本标准的编写格式符合GB/T1.1–2009《标准化工作导则第1部分：标准的结构和编写》的要求。

本标准由宁夏种子工作站提出。

本标准由宁夏回族自治区农牧厅归口。

本标准起草单位:宁夏种子工作站。

本标准起草人:曹秀霞、钱爱萍、张炜。

第二节　胡麻抗旱节水技术标准

胡麻(亚麻)垄膜集雨沟播栽培技术规程
(宁夏回族自治区地方标准)DB64/T816-2012

1 范围

本标准规定了胡麻(亚麻)垄膜集雨沟播栽培的术语和定义、选地、整地、施肥、品种选用、起垄覆膜播种的时间和方法、田间管理等技术规范。

本标准适用于宁夏年降雨量350~450mm的生态区域,坡度<10°、土层深厚、土质疏松、肥力较好的旱塬地、川旱地或梯田区域胡麻(亚麻)垄膜集雨沟播种植。

2 规范性引用文件

下列文件对于本文件的应用是必不可少的。凡是注日期的引用文件,仅所注日期的版本适用于本文件。凡是不注日期的引用文件,其最新版本(包括所有的修改单)适用于本文件。

GB　4285　农药安全使用标准

GB　4407.1　经济作物种子第一部分:纤维类

NY/T　496-2010　肥料合理使用准则通则

DB64/T　815-2012　无公害胡麻(亚麻)生产技术规程。

3 术语和定义

下列术语和定义适用于本标准。

垄膜集雨沟播。

垄上覆膜形成集雨面,沟内种植胡麻。

4 茬口选择

前茬以豆类、小麦、马铃薯为宜。

5 整地

在前茬作物收获后及时灭茬深耕,及时耙耱保墒,播种前再进行旋耕,做到表土疏松,地面平整。

6 施肥及品种选择

施肥及品种选择按DB64/T815-2012的规定执行。

7 起垄、覆膜和播种

7.1 机具

采用专用机具起垄、整垄、覆膜和播种一次完成。

7.2 起垄

起垄高度为种植沟底距垄顶端的垂直高度 15cm，垄为圆弧形，垄面宽度 40cm。

7.3 覆膜

垄沟带型比为 1:1.5，垄上覆膜宽度 40cm，种植沟宽度 60cm。采用幅宽 60cm、厚度 0.008mm 的地膜覆盖。

7.4 播种

适宜播种时间为 3 月下旬至 4 月上旬，也可与当地胡麻同期播种。在年降雨量 350~400mm 的地区，种植胡麻 4 行，播种量 45~52.5kg/hm^2；在年降雨量 400~450mm 的地区，种植胡麻 6 行，播种量 67.5~75.0kg/hm^2。播深 3~4cm。

7.5 压膜

每隔 2~3m 横压土腰带。

8 田间管理

8.1 地膜保护

经常检查，如地膜有破损应及时用细土盖严。

8.2 破板结

播种后出苗前如遇雨雪天气土壤板结时，应及时破除。

8.3 病虫草害防治

病、虫、草害防治按 DB64/T815-2012 的规定执行。

9 收获

胡麻全株 2/3 的蒴果变黄色、下部叶片脱落、籽粒变浅红褐色、变硬时应及时收获。

附加说明：

本标准的编写格式符合 GB/T1.1-2009《标准化工作导则第一部分：标准的结构和编写》的要求。

本标准由固原市农业科学研究所提出。

本标准由宁夏回族自治区农牧厅归口。

本标准由固原市农业科学研究所起草。

本标准主要起草人：曹秀霞、张炜、安维太、钱爱萍、陆俊武、张信、安慧、颉瑞霞。

第三节　胡麻富营养化栽培技术标准

富硒胡麻籽生产技术规程(宁夏回族自治区地方标准)

DB64/T817-2012

1 范围

本标准规定了富硒胡麻籽生产技术的术语和定义、生产技术、收获。

本标准适用于宁夏胡麻生产区域及周边同类条件地区,富硒胡麻籽的生产。

2 规范性引用文件

下列文件对于本文件的应用是必不可少的。凡是注日期的引用文件,仅所注日期的版本适用于本文件。凡是不注日期的引用文件,其最新版本(包括所有的修改单)适用于本文件。

GB　5009.93　食品安全国家标准食品中硒的测定

NY/T　496-2010　肥料合理使用准则通则

NY　861　粮食(含谷物、豆类、薯类)及制品中铅、镉、铬、汞、硒、砷、铜、锌8种元素限量

DB64/T　815-2012　无公害胡麻(亚麻)生产技术规程

3 术语和定义

下列术语和定义适用于本标准。富硒胡麻籽通过胡麻生长过程中施用硒元素微肥而生产,并非收获后添加硒元素而得,含硒量在0.15mg/kg以上的胡麻籽。

4 生产技术

4.1 选地

选择浅黑垆土、黄壤土、肥力中等,无重金属污染的土壤。以前茬为小麦、豆类、马铃薯为宜。

4.2 整地

在前茬作物收获后及时灭茬深耕,耕后要及时耙耱保墒,播种前再进行耙耱,做到无大土块,表土疏松,地面平整。

4.3 品种选择

按DB64/T815-2012的规定执行。

4.4 播种

4.4.1 播种时间

3月下旬至4月上旬。

4.4.2 播种方式

山坡地采用畜力播种机条播,旱塬地、川地采用机械播种机条播。

4.4.3 播种量

山坡地播种量 52.5~60.0kg/hm^2,旱塬地和川旱地播种量 60.0~75.0kg/hm^2,水地播种量 90.0~112.5kg/hm^2。

4.5 破板结

播种后出苗前如遇雨雪天气土壤板结时,应及时破除。

4.6 施肥

施肥应符合 NY/T496-2010 的规定。

4.6.1 基肥

播前施基肥,旱地秋耕时施农家肥 1.5×10^4~2.25×10^4kg/hm^2、磷酸二铵 150.0kg/hm^2,尿 75.0kg/hm^2,水地可在春季播前施农家肥 2.25×10^4~3.0×10^4kg/hm^2、磷酸二铵 375.0kg/hm^2,尿素 150.0kg/hm^2,用旋耕机旋耕耙磨。

4.6.2 种肥

播种时施磷酸二铵 75.0~90.0kg/hm^2 作种肥。

4.6.3 追肥

在枞形或现蕾阶段,可追施尿素 75.0kg/hm^2。

4.7 病虫草害防治

按 DB64/T815-2012 的规定执行。

4.8 硒肥使用

4.8.1 硒肥种类

硒元素微肥。

4.8.2 施肥时期及用量

在胡麻青果期喷施硒元素微肥 1.5×10^4~2.25×10^4ml/hm^2,胡麻籽粒中硒含量可达到 0.2~0.3mg/kg;在胡麻青果期喷施硒元素微肥 3.0×10^4~3.75×10^4ml/hm^2,胡麻籽粒中硒含量可达到 1.5~1.8mg/kg;在胡麻现蕾期与青果期各喷施 1 次硒元素微肥,用量 3.0×10^4~3.75×10^4ml/hm^2,胡麻籽粒中硒含量可达到 2.0~2.5mg/kg。

4.8.3 使用方法

喷施硒元素微肥,应选择在晴朗无风天气 11:00 之前、15:00 之后对胡麻植株叶面喷施。使用时先将硒元素微肥按推荐用量用少量水溶解后兑水 30kg 搅匀,用喷雾器均匀喷施。

4.8.4 含硒量测定

按 GB5009.93 的规定执行。

5 收获

按 DB64/T815-2012 的规定执行。

附加说明：

本标准的编写格式符合 GB/T1.1-2009《标准化工作导则第 1 部分：标准的结构和编写》的要求。

本标准由固原市农业科学研究所提出。

本标准由宁夏回族自治区农牧厅归口。

本标准由固原市农业科学研究所起草。

本标准主要起草人： 曹秀霞、安维太、张信、杨崇庆、张炜、安钰、钱爱萍、陆俊武。

第四节 胡麻病虫草害防控技术标准

胡麻白粉病防治技术规程（宁夏回族自治区地方标准）

DB64/TI097-2015

1 范围

本标准规定了胡麻白粉病的症状与发生规律和防治。

本标准适用于宁夏胡麻白粉病的防治。

2 规范性引用文件

下列文件对于本文件的应用是必不可少的。凡是注日期的引用文件，所注日期的版本适用于本文件。凡是不注日期的引用文件，其最新版本（包括所有的修改单）适用于本文件。

GB4285-1989 农药安全使用标准

GB/T8321.9-2009 农药合理使用准则

3 症状与发生规律

3.1 症状

该病害主要侵染胡麻茎、叶及花器。初期在叶、茎和花器表面产生零星的灰白色粉状斑，即病菌的菌丝和分生孢子梗及分生孢子；后期发病严重时，病叶上灰白色粉状物可扩展到整个叶片及全株，植株失绿或枯死。

3.2 发生规律

我区胡麻白粉病始发期为 6 月中下旬，盛发期为 7 月中上旬，7 月中下旬进入衰退期。田间出现病株后 7~10d 病情发展比较缓慢，之后病情呈直线上升，5~10d 即可达到盛发期。从出现零星病株到全田发生只需要 15~20d，呈现发病时间短，流行速度较快的特点。

3.3 病情指数

病害严重程度的综合指标如下。

0 级:无病斑;

1 级:病斑面积占整个植株叶面积的 1/4 以下;

3 级:病斑面积占整个植株叶面积的 1/4~1/2;

5 级:病斑面积占整个植株叶面积的 1/2~3/4;

7 级:病斑面积占整个植株叶面积的 3/4 以上。

病情指数=∑(各级病株数×相对级数值)/(调查总株数×7)×100。

4 防治

4.1 农业防治

4.1.1 选用抗(耐)白粉病的胡麻品种

品种合理布局,应扩大抗病性强的品种种植面积,减少感病品种种植面积,避免长期种植同一品种。可选用宁亚 15 号、宁亚 17 号、宁亚 19 号等品种。

4.1.2 合理轮作

胡麻应与小麦、马铃薯、玉米、豆类等作物实行 3 年以上轮作,避免重茬或迎茬。

4.2 化学防治

4.2.1 防治方法

遵循“加强监测、及时防治”的原则,在始发期田间出现零星病株时进行药剂防治,选用下列任何一种药剂,进行茎叶喷雾防治,药剂用量:氟硅唑乳油有效成分 24~36ml/hm^2,戊唑醇悬浮剂有效成分 24~36ml/hm^2,锰锌·腈菌唑可湿性粉剂有效成分 240~288g/hm^2,喷施药液量为 450L/hm^2。视发病情况可在第一次防治后间隔 7~10d 进行第二次防治。

4.2.2 注意事项

农药使用应符合 GB4285-1989、GB/T8321.9-2009 的规定。药剂喷施应选择在无风或微风的晴天 11:00 前或 15:00 以后施药,应避开中午的高温阶段,如田间有露水的情况下不宜施药。施药时药液喷雾要均匀地分布在胡麻植株的茎叶上。喷药后 24h 内如遇降雨,应及时进行补喷。不同类型药剂应交替使用或混合使用,以免产生抗药性。

附加说明:

本标准的编写格式符合 GB/T1.1-2009《标准化工作导则第一部分:标准的结构和编写》的要求。

本标准由宁夏农林科学院固原分院提出。

本标准由宁夏回族自治区农牧厅归口。

本标准起草单位:宁夏农林科学院固原分院。

本标准主要起草人:曹秀霞、安钰、张炜、杨崇庆、钱爱萍、陆俊武。

无公害胡麻(亚麻)生产技术规程(宁夏回族自治区地方标准)

DB64/T815-2012

1 范围

本标准规定了无公害胡麻(亚麻)的生产技术、病虫害防治、收获及建立生产档案。

本标准适用于宁夏半干旱、半阴湿地区,年降雨量在350mm~500mm的旱地条件下,无公害胡麻(亚麻)的生产。

2 规范性引用文件

下列文件对于本文件的应用是必不可少的。

凡是注日期的引用文件,仅所注日期的版本适用于本文件。凡是不注日期的引用文件,其最新版本(包括所有的修改单)适用于本文件。

GB4285 农药安全使用标准

GB4407.1 经济作物种子第一部分:纤维类

NY/T496-2010 肥料合理使用准则通则

3 生产技术

3.1 轮作

轮作方式应根据当地不同作物而定,严禁重茬、迎茬。一般前茬作物以豆科作物或小麦为宜。

3.2 品种选择

选用丰产性好、抗病(枯萎病)、抗逆性强、优质、商品性好的品种,如宁亚14号、宁亚17号、宁亚19号。种子质量应符合GB4407.1的规定。

3.3 整地

前茬作物收获后适时早耕、深耕地蓄足底墒,耕深25cm为宜。精细整地,应在白露前后及时耕耱地保墒,在春分前后碾地保墒或在播种前碾地提墒。

3.4 施肥

3.4.1 施肥原则按NY/T496-2010的规定执行。

3.4.2 基肥

结合秋季耕地,农家肥用量为1.5×10^4~2.25×10^4kg/hm^2、碳酸氢铵750kg/hm^2、过磷酸钙375~750kg/hm^2。

3.4.3 种肥

施用磷酸二铵75.0kg/hm^2。

3.5 播种

3.5.1 种子处理

胡麻种子播前需要通过清选，将杂质、虫蛀粒、秕粒去除，宜在播种前晒种 4~8h。

3.5.2 播种期

半干旱区在 3 月下旬至 4 月上旬播种；半阴湿区在 4 月上旬至中旬播种。

3.5.3 播种方式与播种量

山坡地采用畜力播种机条播，旱塬地、川地采用机械播种机条播，也可以采用生产上推广应用的胡麻垄膜集雨沟播栽培方式。播量以发芽率高低确定，山坡地播种量 45.0~60.0kg/hm^2，旱塬地和川旱地播种量 60.0~75.0kg/hm^2。播深 3~4cm。

3.5.4 种植密度

山坡地保苗 225×10^4~300×10^4 株/hm^2 苗为宜，旱塬地和川旱地保苗 375×10^4~450×10^4 株/hm^2 苗为宜。

3.6 田间管理

3.6.1 破板结

在播种后出苗前如遇到雨雪土壤表层板结时，应及时破除板结。

3.6.2 中耕除草

在胡麻苗高 5~7cm 时进行中耕，结合中耕进行人工除草。田间杂草严重时，在胡麻苗高 7~10cm 时进行化学除草，阔叶杂草可选用 40%立清乳油，用量 750ml/hm^2 兑水 450kg/hm^2；禾本科杂草 2~3 叶 1 心时期选用精喹禾灵乳油，用量 450ml/hm^2 兑水 450kg/hm^2 进行喷雾防除。

4 病虫防治

4.1 防治原则

应坚持“预防为主，综合防治”的方针。优先采用农业防治、生物防治、物理防治，科学使用药剂防治。禁止使用国家明令禁止的高毒、剧毒、高残留的农药及其混配农药品种见附录 A。应合理混用、轮换、交替用药，防止和推迟病虫害抗性的产生和发展。农药品种应选择无公害农产品生产推荐农药品种见附录 B。

4.2 防治方法

4.2.1 农业防治

选用抗(耐)病优良品种、合理布局、实行合理轮作倒茬、加强中耕除草，适时早播。

4.2.2 生物防治

保护和利用多异瓢虫、异色瓢虫、小姬猎蝽、龟纹瓢虫、十三星瓢虫与窄腹食蚜蝇等胡麻害虫天敌，控制蚜虫、蓟马等害虫。在使用药剂防治时应选择对天敌安全性较高的药剂并在使用时错过天敌发生高峰期。

4.2.3 物理防治

巴氏罐诱杀：用一次性塑料水杯（高 9cm，口径 7.5cm）作为巴氏罐诱法容器，用此巴氏罐 1500~2250 个/hm^2。引诱剂为醋、糖、医用酒精和水的混合物，重量比为 2:1:1:20，每个诱罐内放引诱剂 40~60ml。胡麻出苗前及时埋置，平均每 5d 取出已诱杀的害虫，并重新加入糖醋液。出苗后 15 天停止使用。此方法主要诱杀黑绒金龟甲和象甲。

杀虫灯：胡麻出苗后，在田间布置频振式杀虫灯，布设 150 个/hm^2，防治草地螟、灰条夜蛾，小地老虎、白眉天蛾等害虫。

色板：胡麻株高 10cm 时，用 25cm×20cm 的粘虫色板，布设 450 块/hm^2，用蓝色诱虫板和黄色诱虫板诱杀蚜虫、蓟马、潜叶蝇。

4.2.4 药剂防治

4.2.4.1 病害防治

白粉病在发病初期，可选用 32%锰锌·腈菌唑 900g/hm^2 或 40%福星 60ml/hm^2 兑水 450kg/hm^2 喷雾防治 1~2 次。

防治炭疽病或立枯病，在播前清选种子时选用 80%甲基托布津或 50%的多菌灵拌种，用药量占种子重量的 0.15%。

4.2.4.2 虫害防治

胡麻主要虫害及防治方法见表 1。

表 1 胡麻主要虫害及防治方法

防治对象	农药		稀释倍数	防治时期	施药方法	最后一次施药居收获的天数（安全间隔期）
	通用名	剂型及含量				
蚜虫	吡虫啉	10%可湿性粉剂	1500 倍液	胡麻孕蕾期	喷雾	14d
	啶虫脒	3%乳油	1500 ~ 2000 倍液			14d
	高效氯氟氰菊酯	4.5%乳油	2000 倍液			14d
蓟马	毒死蜱	40%乳油	2000 倍液	胡麻初花期	喷雾	14d
	吡虫啉	10%可湿性粉剂	1500 倍液			14d
盲蝽苜蓿	高效氯氰菊酯	4.5%乳油	1000 ~ 1500 倍液	胡麻现蕾期	喷雾	14d
	毒死蜱	40%乳油	2000 倍液			14d
漏油虫	高效氯氰菊酯	4.5%乳油	1500 ~ 2000 倍液	胡麻初花期	喷雾	14d
	毒死蜱	40%乳油	1500 ~ 2000 倍液			14d
夜蛾科幼虫	高效氯氰菊酯	4.5%乳油	1500 ~ 2000 倍液	6 月上、中旬幼虫初龄阶段	喷雾	14d
	阿维菌素	1.8%乳油	1500 ~ 2000 倍液			21d
黑绒金龟甲	顺式氰戊菊酯	5%乳油	2000 倍液	成虫出土后	喷雾	14d

附录 A

（资料性附录）

国家明令禁止使用的农药

A 农业部公告(第 199 号)禁止使用以下农药：

六六六(HCH),滴滴涕(DDT),毒杀芬(camphechlor),二溴氯丙烷(dibromochloropane),杀虫脒(chlordimeform),二溴乙烷(EDB),除草醚(nitrofen),艾氏剂(aldrin),狄氏剂(dieldrin),汞制剂(Mercurycompounds),砷(arsena)、铅(acetate)类,敌枯双,氟乙酰胺(fluoroacetamide),甘氟(gliftor),毒鼠强(tetramine),氟乙酸钠(sodiumfluoroacetate),毒鼠硅(silatrane)。

附录 B

（规范性附录）

无公害农产品生产推荐农药品种

无公害农产品生产推荐农药品种见表 B.1。

表 B.1　无公害农产品生产推荐农药品种

<table>
<tr><td rowspan="8">杀虫、杀螨剂</td><td>生物制剂和天然物质</td><td colspan="2">苏云金杆菌、甜菜夜蛾核多角体病毒、银纹夜蛾核多角体病毒、小菜蛾颗粒体病菌毒、小菜蛾颗粒体病毒、茶尺蠖核多角体病毒、棉铃虫核多角体病毒、苦参碱、印楝素、烟碱、鱼藤酮、苦皮藤素、阿维菌素、多杀霉素、浏阳霉素、白僵菌、除虫菊素、硫磺</td></tr>
<tr><td rowspan="7">合成制剂</td><td>菊酯类</td><td>溴氰菊酯、氟氯氰菊酯、氯氟氰菊酯、氯氰菊酯、联苯菊酯、氰戊菊酯、甲氰菊酯、氟丙菊酯</td></tr>
<tr><td>氨基甲酸酯类</td><td>硫双威、丁硫克百威、抗蚜威、异丙威、速灭威</td></tr>
<tr><td>有机磷类</td><td>辛硫磷类、毒死蜱、敌百虫、敌敌畏、马拉硫磷、乙酰甲胺磷、乐果、三唑磷、杀螟硫磷、倍硫磷、丙溴磷、二嗪磷、亚胺硫磷</td></tr>
<tr><td>昆虫生长调节剂</td><td>灭幼脲、氟啶脲、氟铃脲、氟虫脲、除虫脲、噻嗪酮、抑食肼、虫酰肼</td></tr>
<tr><td>专用杀螨剂</td><td>哒螨灵、四螨嗪、唑螨酯、三唑锡、炔螨特、噻螨酮、苯丁锡、单甲脒、双甲脒</td></tr>
<tr><td rowspan="2">其他</td><td rowspan="2">杀虫单、杀虫双,杀螟丹、甲氨基阿维菌素、啶虫脒、吡虫啉、灭蝇胺、氟虫腈、溴虫腈、丁醚脲</td></tr>
<tr></tr>
<tr><td rowspan="3">杀菌剂</td><td>无机杀菌剂</td><td colspan="2">碱式硫酸铜、王铜、氢氧化铜、氧化亚铜、石硫合剂</td></tr>
<tr><td>合成杀菌剂</td><td colspan="2">代森锌、代森锰锌、福美双、乙膦铝、多菌灵、甲基硫菌灵、噻菌灵、百菌清、三唑酮、三唑醇、烯唑醇、戊唑醇、已唑醇、腈菌唑、乙霉威·硫菌灵、腐霉利、异菌脲、霜霉威、烯酰吗啉·锰锌、霜脲氰·锰锌、邻烯丙基苯酚、嘧霉胺、氟吗啉、盐酸吗啉胍、恶霉灵、噻菌铜、咪鲜胺、咪鲜胺锰盐、抑霉唑、氨基寡糖素、甲霜灵·锰锌、亚胺唑、春·王铜、恶唑烷酮·锰锌、脂肪酸铜、松脂酸铜、腈嘧菌酯</td></tr>
<tr><td>生物制剂</td><td colspan="2">井岗霉素、农抗 120、茹类蛋白多糖、春雷霉素、多抗霉素、宁南霉素、农用链霉素</td></tr>
</table>

附录 C

（资料性附录）

胡麻主要害虫的形态特征及生活习性

胡麻主要害虫的形态特征及生活习性见表 C.1。

表 C.1　胡麻主要害虫的形态特征及生活习性

名称	简介	形态特征	生活习性
蚜虫	学名：*yamaphis yamana Chang*，别名：蜜虫、腻虫，蚜科 *Aphidae*	有翅蚜：体长 1.3mm,头及前胸灰绿色，中胸背面及小盾片漆黑色，额瘤不发达，复眼黑色或黑褐色。无翅蚜：体长 1.5mm，全体绿色，口吻短，长不及两中足基部。触角第三节无感觉孔。余同有翅蚜	1 年发生数代，一般在 5 月中、下旬开始为害，6 月上、中旬常会出现危害高峰，可连续发生至 8 月间。有时与无网长管蚜（*Acyrthosiphum sp.*）混生，对胡麻危害比较严重
蓟马	学名：*Thrip*，缨翅目 *Thysanoptera*，蓟马总科	体长一般 0.5~7mm，体细长而扁，或圆筒形；颜色为黄褐、苍白或黑色，有的若虫红色。有翅种类单眼 2~3 个，无翅种类无单眼。口器锉吸式，上颚口针多不对称	1 年多代发生，产卵于植株的花器和叶上。气候适宜时，可在 2 周左右由卵发育为成虫。成虫寿命春季为 35d 左右，夏季为 20~28d，秋季为 40~73d
苜蓿盲蝽	学名：*Adelphocoris lineolatus* (Goeze)，半翅目，盲蝽科	成虫体长 7.5 ~ 9mm，宽 2.3 ~ 2.6mm，黄褐色，头顶三角形，褐色，复眼扁圆，黑色，喙 4 节，端部黑，后伸达中足基节。卵长 1.3 毫米，浅黄色。若虫黄绿色具黑毛，眼紫色，腺囊口八字形	1 年发生 3~4 代，多数以卵在豆科作物的茎秆或残茬中越冬。在第二年春季 4—5 月若虫孵化出 3~4 星期后，大约在 5 月中下旬第一代成虫出现。第二代若虫出现在 6 月中下旬，危害胡麻
胡麻漏油虫	学名：*Phalonia epilinana Linne*，别名：亚麻细卷蛾、纹蛾科	成虫体长 6mm，翅展 16mm，体褐色。头灰黄略带赤色，胸部背面灰黄带赤色，腹部灰黄带白。卵白色，长椭圆形，长 0.2mm。蛹长 5~6mm，赤褐包，头顶有 1 突起。幼虫初化时白色，成熟时为淡红或蜡黄色	1 年发生 1 代，以幼虫越冬。来年 5—6 月越冬幼虫破越冬茧而出，再做成化蛹茧，蛹期 10d 左右。成虫盛发于胡麻盛花期，产卵于胡麻植株上、中部叶片上，小部分产于蒴果的萼片上
苜蓿夜蛾	学名：*Chloridea dipsacea Linne*，夜蛾科 *Noctuidae*	成虫体长 15mm，展翅 32mm。前翅灰黄间有绿色或带淡火红色纵纹，中部有宽而色深的横纹，肾状纹色深。幼虫头黄色，体呈浅绿色至深肉色，有黑斑。蛹淡褐色，体长 15~20cm。初产卵白色后转黄绿色	1 年约繁殖 2 代，以蛹在土内越冬。于 6 月间大量出现在苜蓿田内。卵散产于各种植物的叶片上和花上。幼虫除为害叶片外常为害花蕾、果实及种子，稍有惊扰即弹跳落地
灰条夜蛾	学名：*Discstra (Mamestra) trfolii Hufn*，夜蛾科 *Noctuidae*	成虫体长 14mm，翅展 35mm。下唇须褐色，第三节略向前倾。触角丝状，灰褐色，长及腹部中央。幼虫体长 35mm，幼龄时粉绿色，并有两条白色气门线。蛹长 13mm，黄褐色，翅足部分绿色。卵馒头形，初产白色，近孵化时变为灰白色	1 年发生 2 代，约以蛹在土中越冬。次年 3 月底越冬代成虫开始出现；6 月上旬至 7 月上旬为第一代幼虫为害期，7 月下旬至 8 月上旬第一代成虫出现高峰，为一年中蛾量最多的时期，后陆续发生至 10 月间才绝迹；第二代幼虫量较第一代少，主要为害灰条等藜科杂草

附加说明：

本标准的编写格式符合 GB/T1.1-2009《标准化工作导则第一部分：标准的结构和编写》的要求。

本标准由固原市农业科学研究所提出。

本标准由宁夏回族自治区农牧厅归口。

本标准由固原市农业科学研究所起草。

本标准主要起草人:安维太、杨崇庆、张炜、曹秀霞、董风林、安浩、张信、张小勤。

胡麻田杂草化学防除技术规程(宁夏回族自治区地方标准)

DB64/TI095-2015

1 范围

本标准规定了胡麻田杂草化学防除技术的胡麻田杂草种类、化学防除及注意事项。

本标准适用于宁夏单种胡麻田杂草化学防除。

2 规范性引用文件

下列文件对于本文件的应用是必不可少的。凡是注日期的引用文件,所注日期的版本适用于本文件。凡是不注日期的引用文件,其最新版本(包括所有的修改单)适用于本文件。

GB4285-1989 农药安全使用标准

GB/T8321.9-2009 农药合理使用准则

GB 12475-2006 农药贮运、销售和使用的防毒规程

NY/T1997-2011 除草剂安全使用技术规范通则

3 胡麻田杂草种类

3.1 阔叶杂草

菊科:苍耳、刺儿菜、苣荬菜等,藜科:灰绿藜等,蓼科:萹蓄等,苋科:反枝苋等,旋花科:田旋花、打碗花等,茄科:龙葵曼陀罗等,茜草科:猪殃殃等。

3.2 禾本科杂草

狗尾草、稗草等。

4 化学防除

4.1 阔叶杂草

4.1.1 防除时期

应选择在胡麻苗高 7~8cm，田间大部分杂草基本出土进行防除。严禁在胡麻苗高 5cm 以下时施药,易受到药害。

4.1.2 防除方法

选用二甲·溴苯腈 EC 有效成分 300~360ml/hm^2 进行茎叶喷雾,喷施药液量为 450L/hm^2。

4.2 禾本科杂草

4.2.1 防除时期

禾本科杂草 2~3 叶 1 心时施药。

4.2.2 防除方法

选用精喹禾灵乳油有效成分45~60ml/hm^{2}进行茎叶喷雾，喷施药液量为450L/hm^2。

4.3 刺儿菜

4.3.1 防除时期

胡麻田的刺儿菜，从胡麻出苗到现蕾期会不断有刺儿菜出苗危害。因此，化学防除应根据刺儿菜的危害情况，可选在胡麻幼苗期(苗高10cm以下)或胡麻现蕾前后防除。

4.3.2 防除方法

胡麻苗高10cm以下时选用41%草甘膦异丙胺盐200ml兑水10~15L，对刺儿菜进行心叶滴药液防除；胡麻现蕾前后选用二氯吡啶酸钾盐WP有效成分243~270g/hm^{2}进行茎叶喷雾，喷施药液量为450L/hm^2。

5 注意事项

农药使用应符合GB4285-1989、GB/T8321.9-2009、GB12475-2006的规定，除草剂药液的配制、施用按NY/T1997-2011的规定执行。

附加说明：

本标准的编写格式符合GB/T1.1-2009《标准化工作导则第一部分:标准的结构和编写》的要求。

本标准由宁夏农林科学院固原分院提出。

本标准由宁夏回族自治区农牧厅归口。

本标准起草单位:宁夏农林科学院固原分院。

本标准主要起草人:张炜、曹秀霞、安浩、张信、杨崇庆、剡宽将、张薇。

第五节 胡麻间作套种技术规程

胡麻套种向日葵栽培技术规程(宁夏回族自治区地方标准)

DB64/TI098-2015

1 范围

本标准规定了胡麻套种向日葵栽培技术的选地与整地、播前准备、播种、田间管理和收获。

本标准适用于宁夏中南部有灌溉条件的水浇地胡麻生产区域。

2 规范性引用文件

下列文件对于本文件的应用是必不可少的。凡是注日期的引用文件，所注日期的版本适用于本文件。凡是不注日期的引用文件，其最新版本(包括所有的修改单)适用于本文件。

GB4285-1989 农药安全使用标准

GB4407.1-2008 经济作物种子第一部分:纤维类

GB4407.2-2008 经济作物种子第二部分:油料类

NY/T496-2010 肥料合理使用准则通则

3 选地与整地

3.1 选地

胡麻套种向日葵,必须选择土层深厚、地力中等以上、灌溉方便。前茬以小麦、玉米较好。不宜选择低洼易涝、重盐碱地。

3.2 整地

胡麻套种向日葵的地块,必须在秋季深耕,灌好冬水,在早春及时进行耙耱整地保墒,也可结合整地施入底肥。如果是在春季播前灌水,应在胡麻播前10d左右灌水,在灌后3~5d内视土壤墒情及时旋耕并镇压保墒。

4 播前准备

4.1 品种选择

胡麻品种应选择丰产性好、高抗枯萎病、生育期较短、株高适中、适宜当地种植的优良品种,如宁亚15号、宁亚17号、宁亚19号。向日葵品种应选择丰产性好、抗锈病能力强、生育期在120d左右、株高适中、适宜当地种植的食葵或油葵优良品种,食葵如LD5009,油葵如矮大头、S606。

4.2 种子质量

胡麻种子质量应符合GB4407.1-2008规定。向日葵种子质量应符合GB4407.2-2008规定。

5 播种

5.1 胡麻播种

胡麻适宜播种时间为3月下旬至4月上旬。播种量为67.5~75.0kg/hm^2。播深3~4cm。

5.2 向日葵播种

向日葵在4月下旬至5月上旬播种,播深3~5cm。食葵播种量为7.5~11.25kg/hm^2。油葵播种量为6.0~7.5kg/hm^2。

5.3 带型与带幅

胡麻套种食葵的带型为6行胡麻套种2行食葵,带幅155cm。胡麻带宽75cm,行距15cm;胡麻与食葵间距20cm;食葵带宽40cm,行距40cm,株距40cm。

胡麻套种油葵的带型为6行胡麻套种2行油葵,带幅155cm。胡麻带宽75cm,行距15cm;胡麻与油葵间距20cm;油葵带宽40cm,行距40cm,株距30cm。

6 田间管理

6.1 破板结

胡麻播种后出苗前如遇雨雪天气土壤板结时,应及时破除。

6.2 施肥与灌水

胡麻与向日葵施肥应符合 NY/T496-2010 的规定。

6.2.1 基肥

在前茬作物收获后,结合耕地施优质农家肥 3×10^4~4.5×10^4kg/hm^2、磷酸二铵 150~225kg/hm^2、尿素 150~225kg/hm^2。

6.2.2 种肥

胡麻播种时带种肥磷酸二铵 75~90kg/hm^2。

6.2.3 追肥

胡麻追肥：胡麻结合灌水并根据苗情和长势追施尿素 45~105kg/hm^2，磷酸二铵 105~150kg/hm^2。

向日葵追肥:向日葵在与胡麻的共生期长势不宜过旺,否则会对胡麻造成遮阴影响光合作用。因此在胡麻收获前应根据向日葵长势确定是否追肥和追肥量。在胡麻收获后要及时灌水并根据长势,追施尿素 75~150kg/hm^2,磷酸二铵 225~300kg/hm^2 或追施折算氮、磷量相当的复合肥。

6.2.4 灌水

在胡麻出苗 40d 灌第一次水,在胡麻盛花期应根据土壤墒情和向日葵长势确定是否需要灌第二次水;胡麻收获后及时灌水,在向日葵开花期及以后应根据田间土壤墒情确定是否需要灌水。

6.3 病虫害防治

药剂防治应符合 GB4285-1989 的要求,不得使用高毒、高残留农药,宜使用生物源农药、矿物源农药以及低毒低残留农药。

6.3.1 胡麻白粉病

在白粉病始发期田间出现零星病株时进行药剂防治,采用氟硅唑乳油有效成分 24~36ml/hm^2,戊唑醇悬浮剂有效成分 24~36ml/hm^2 茎叶喷雾,喷施药液量为 450L/hm^2。

6.3.2 胡麻虫害

胡麻虫害主要有蚜虫、蓟马和苜蓿盲蝽，可以采用高效氯氰菊酯乳油有效成分 10.2~13.5ml/hm^2,或毒死蜱乳油有效成分 135ml/hm^2 喷雾,喷施药液量为 450L/hm^2。

6.3.3 向日葵病害

向日葵菌核病防治,播前用腐霉利可湿性粉剂或菌核净可湿性粉剂,按种子量的 0.3~

0.5%拌种；腐霉利可湿性粉剂有效成分 225g/hm²，或菌核净可湿性粉剂有效成分 225g/hm² 在初花期将药液喷在花盘的正反两面，每隔 7d 喷药一次，喷施药液量为 450L/hm²。向日葵锈病防治，在发病初期，采用三唑酮可湿性粉剂有效成分 56.25~84.45ml/hm² 喷雾，喷施药液量为 450L/hm²。

7 收获

在胡麻全株的蒴果变黄色、下部叶片脱落、籽粒变浅红褐色、变硬时收获。

在向日葵植株中上部叶片变淡黄、花盘背面呈黄褐色、舌状花干枯或脱落、籽粒坚硬时收获。

附加说明：

本标准的编写格式符合 GB/T1.1-2009《标准化工作导则第一部分：标准的结构和编写》的要求。

本标准由宁夏农林科学院固原分院提出。

本标准由宁夏回族自治区农牧厅归口。

本标准起草单位：宁夏农林科学院固原分院。

本标准主要起草人：曹秀霞、安慧、杨崇庆、张炜、陆俊武、钱爱萍、张信。

胡麻套种玉米栽培技术规程（宁夏回族自治区地方标准）

DB64/TI098-2015

1 范围

本标准规定了胡麻套种玉米栽培技术的选地与整地、播前准备、播种、田间管理和收获。

本标准适用于宁夏中南部有灌溉条件的水浇地胡麻生产区域。

2 规范性引用文件

下列文件对于本文件的应用是必不可少的。凡是注日期的引用文件，所注日期的版本适用于本文件。凡是不注日期的引用文件，其最新版本（包括所有的修改单）适用于本文件。

GB4285-1989 农药安全使用标准

GB4407.1-2008 经济作物种子第一部分：纤维类

GB4404.1-2008 禾谷类作物种子

NY/T496-2010 肥料合理使用准则通则

3 选地与整地

3.1 选地

胡麻套种玉米，必须选择土层深厚、地力中等以上、灌溉方便。前茬以小麦、玉米较好。不宜选择低洼易涝、重盐碱地。

3.2 整地

胡麻套种玉米的地块，必须在秋季深耕，灌好冬水，在早春及时进行耙耱整地保墒，也可结合整地施入底肥。如果是在春季播前灌水，应在胡麻播前 10d 左右灌水，在灌后 3~5d 内视土壤墒情及时旋耕并镇压保墒。

4 播前准备

4.1 品种选择

胡麻品种应选择丰产性好、高抗枯萎病、生育期较短、株高适中、适宜当地种植的优良品种，如宁亚 17 号、宁亚 19 号。玉米品种应选择丰产性好、抗病能力强、生育期在 125d 左右、株高适中、适宜当地种植的玉米优良品种，如先玉 335、大丰 30。

4.2 种子质量

胡麻种子质量应符合 GB4407.1–2008 规定。玉米种子质量应符合 GB4404.1–2008 的规定。

5 播种

5.1 胡麻播种

胡麻适宜播种时间为 3 月下旬至 4 月上旬。播种量为 67.5~75kg/hm^2。播深 3~4cm。

5.2 玉米播种

玉米在胡麻出苗后播种，播种量 22.5~30.0kg/hm^2，播深 4~5cm。

5.3 带型与带幅

胡麻套种玉米的带型为 6 行胡麻套种 4 行玉米，带幅 205cm。胡麻带宽 75cm，行距 15cm；胡麻与玉米间距 20cm；玉米带宽 90cm，行距 30cm，株距 30cm。

6 田间管理

6.1 破板结

在胡麻和玉米播种后出苗前如遇雨雪天气土壤板结时，应及时破除板结确保全苗。

6.2 施肥与灌水

胡麻与玉米施肥应符合 NY/T496–2010 的规定。

6.2.1 基肥

在前茬作物收获后结合翻地每施农家肥 3×10^4~4.5×10^4kg/hm^2、磷酸二铵 150~225kg/hm^2、尿素 150~225kg/hm^2。

6.2.2 种肥

胡麻播种时带种肥磷酸二铵 75~90kg/hm^2。

6.2.3 追肥

胡麻追肥：胡麻结合灌水并根据苗情和长势追施尿素 45~105kg/hm^2，磷酸二铵 105~150kg/hm^2。

玉米追肥：玉米在与胡麻的共生期长势不宜过旺，否则会对胡麻造成遮阴影响光合作用，因此在胡麻收获前应根据玉米长势确定是否追肥和追肥量。在胡麻收获后及时灌水并根据长势，追施尿素 105~150kg/hm²，磷酸二铵 225~375kg/hm² 或追施折算氮、磷量相当的复合肥。

6.2.4 灌水

在胡麻出苗 40d 灌第一次水，在胡麻盛花期应根据土壤墒情和玉米长势确定是否需要灌第二次水；胡麻收获后及时灌水，在玉米抽雄期及以后应根据田间土壤墒情确定是否需要灌水。

6.3 病虫害防治

药剂防治应符合 GB4285-1989 的要求，不得使用高毒、高残留农药，宜使用生物源农药、矿物源农药以及低毒低残留农药。

6.3.1 胡麻白粉病

在白粉病始发期田间出现零星病株时进行药剂防治，采用氟硅唑乳油有效成分 24~36ml/hm²，戊唑醇悬浮剂有效成分 24~36ml/hm² 茎叶喷雾，喷施药液量为 450L/hm²。

6.3.2 胡麻虫害

胡麻虫害主要有蚜虫、蓟马和苜蓿盲蝽，可以采用高效氯氰菊酯乳油有效成分 10.2~13.5ml/hm²，或毒死蜱乳油有效成分 135ml/hm² 喷雾，喷施药液量为 450L/hm²。

6.3.3 玉米病害

玉米大小斑病防治，田间发现零星病株时可采用代森锰锌可湿性粉剂有效成分 585g/hm² 喷雾，喷施药液量为 450L/hm²。玉米茎腐病防治可采用精甲霜灵·锰锌水分散粒剂有效成分 238.5g/hm²，或代森唑醚酯水分散粒剂有效成分 270g/hm² 灌根。

6.3.4 玉米虫害

玉米螟、玉米蚜的防治，可以采用高效氯氰菊酯乳油有效成分 10.2~13.5ml/hm²，或毒死蜱乳油有效成分 135ml/hm² 喷雾，喷施药液量为 450L/hm²；玉米叶螨防治可用炔螨特乳油有效成分 219ml/hm²，或噻螨酮乳油有效成分 15ml/hm² 喷雾，喷施药液量为 450L/hm²。

7 收获

胡麻全株蒴果变黄色、下部叶片脱落、籽粒变浅红褐色、变硬时收获。玉米苞叶干枯松散、籽粒变硬时收获。

附加说明：

本标准的编写格式符合 GB/T1.1-2009《标准化工作导则第一部分：标准的结构和编写》的要求。

本标准由宁夏农林科学院固原分院提出。

本标准由宁夏回族自治区农牧厅归口。

本标准起草单位：宁夏农林科学院固原分院。

本标准主要起草人：杨崇庆、曹秀霞、张信、张薇、张炜、剡宽将。

第二章 胡麻研究专利

第一节 发明专利

专利名称:一种提高胡麻籽硒含量的施肥方法及其胡麻籽生产方法

专利号:ZL 2013 1 0026070.X

说明书

一种提高胡麻籽硒含量的施肥方法及其胡麻籽生产方法

技术领域

本技术发明涉及提高农作物产品中人体必需微量元素含量,增强微量元素丰富食品的营养保健功能以及营养生物学研究技术领域,是一种能显著提高胡麻籽粒中硒含量的技术方法及其胡麻籽生产方法。

背景技术

根据有关文献报道。30年前,世界卫生组织宣布,硒是人类和动物体内必需的微量元素。对肝癌、胃癌、前列腺癌、心血管疾病、神经性病变、肿瘤等疾病有治疗和预防作用。同时硒还是重金属的解毒剂,能与铅、镉、汞等重金属结合,使这些有毒的重金属不被肠道吸收而排出体外。可以减少老年人疾病,具有抗癌、抗氧化、杀菌消炎、增强免疫力、延缓衰老、抗重金属中毒、抗辐射损伤和减轻化学致癌物、农药和间接致癌物的毒副作用。因为我国72%的地区缺硒,所以大多数人硒的摄入量不足而需要补充,运用元素生物地球化学营养链营养循环结构模式的原理、技术和方法生产的富硒食品,被称为天然富硒食品,通过日常食用天然富硒食品为人体补充硒元素,是安全、无公害的有效途径(人体70%的硒来自谷物)。因此,开发富硒生物资源的前景非常广阔。

证书号第1756788号

发明专利证书

发明名称：一种提高胡麻籽硒含量的施肥方法及其胡麻籽生产方法

发　明　人：安维太；曹秀霞；杨崇庆；安钰；张信；张炜

专　利　号：ZL 2013 1 0026070.X

专利申请日：2013年01月21日

专利权人：固原市农业科学研究所

授权公告日：2015年08月19日

本发明经过本局依照中华人民共和国专利法进行审查，决定授予专利权，颁发本证书并在专利登记簿上予以登记。专利权自授权公告之日起生效。

本专利的专利权期限为二十年，自申请日起算。专利权人应当依照专利法及其实施细则规定缴纳年费。本专利的年费应当在每年01月21日前缴纳。未按照规定缴纳年费的，专利权自应当缴纳年费期满之日起终止。

专利证书记载专利权登记时的法律状况。专利权的转移、质押、无效、终止、恢复和专利权人的姓名或名称、国籍、地址变更等事项记载在专利登记簿上。

局长
申长雨

2015年08月19日

第1页（共1页）

自然界农产品中人体必需微量元素——硒的含量，主要取决于产地土壤中硒元素的含量以及作物吸收利用情况。根据研究文献报道，富硒农产品的生产主要是以施肥的方式（浸种、叶面施肥）将无机态的硒转化为有机态硒，满足人体对硒的基本需求。目前，关于粮油作物富硒的研究文献资料，主要是富硒水稻、富硒小麦、富硒荞麦，没有提高胡麻籽粒中硒含量的技术方法。

发明内容

本发明实施例的目的在于提供一种能显著提高胡麻籽粒中硒含量的技术方法，旨在解决目前关于粮油作物富硒的研究文献资料，没有提高胡麻籽粒中硒含量的技术方法的问题。

本发明实施例是这样实现的，一种提高胡麻籽硒含量的施肥方法，该技术方法选择硒元素微肥作为胡麻籽富硒营养物质，施肥方式是选择在晴朗无风天气11:00之前、15:00之后对胡麻植株叶面喷施，使用时先将667m^{2}用量的硒元素微肥用少量的水溶解后兑水30kg搅匀，用喷雾器均匀喷施。

进一步，在胡麻青果期667m^{2}喷施硒元素微肥2000~2500ml，胡麻籽粒中硒含量可达到1.5~1.8mg/kg；在胡麻现蕾期与青果期各喷施1次硒元素微肥，每667m^{2}用量2000~2500ml，胡麻籽粒中硒含量可达到2.1~2.9mg/kg。

本发明的另一目的在于提供一种利用上述的施肥方法生产富硒胡麻籽的方法，其特征在于，富硒胡麻籽的生产方法包括以下步骤：

（1）胡麻品种选择：选择α–亚麻酸、木酚素含量高的胡麻品种作为富硒胡麻籽生产品种；

（2）田块选择：选择苗期长势好，具有高产特征的田块作为实施富硒胡麻籽生产的田块；

（3）微肥品种选择：选择富硒效果最佳的硒元素微肥；

（4）施肥方式选择：采用叶面施肥方式；

（5）施肥效果：确定667m^{2}施肥量1000~2500ml，胡麻籽硒含量可达到0.29~2.9mg/kg；

（6）施肥时期确定：根据几年的大量试验，施肥时期以现蕾期和青果期效果最好；

（7）施肥量确定：在胡麻青果期667m^{2}喷施硒元素微肥2000~2500ml，胡麻籽粒中硒含量可达到1.5~1.8mg/kg；在胡麻现蕾期与青果期各喷施1次硒元素微肥，每667m^{2}用量2000~2500ml，胡麻籽粒中硒含量可达到2.1~2.9mg/kg；

（8）施肥时间和要求：选择在晴朗无风天气11:00之前、15:00之后对胡麻植株叶面喷施，使用时先将667m^{2}推荐用量的硒元素微肥用少量水溶解后兑水30kg搅匀，用喷雾器均匀喷施。

本发明与现有技术相比有以下特点：一是胡麻是对硒元素吸收、转化利用效率高的作物，选择的微肥品种、使用时期、使用剂量也不同，胡麻又具有富硒效果特别好的特点；二是胡麻籽具有其特殊的营养保健价值，通过使用本发明技术可以大幅度提高胡麻籽中有机态的硒含量，人们通过食用添加富硒胡麻籽的方便食品或食用油，在满足硒摄入的同时对亚麻酸、木酚素同时得到补充，使其营养保健功能更加增强。三是由于添加胡麻籽的方便食品或胡麻籽油都是属于副食品，人们在平常生活中用量较小，消费的费用也小；而水稻、荞麦产品是主食食品，消费量大自然费用也就很高。

具体实施方式

为了使本发明的目的、技术方案及优点更加清楚明白，以下结合图1及实施例，对本发明进行进一步详细说明。应当理解，此处所描述的具体实施例仅仅用以解释本发明，并不用于限定本发明。

本发明实施例提供了一种提高胡麻籽硒含量的施肥方法。根据植物根际营养、植物营养遗传学、植物营养生态学、植物的土壤营养、肥料学及现代施肥技术的理论，运用元素生物地球化学营养链营养循环结构模式的原理、技术和方法，将胡麻营养器官对硒元素的吸收、转化、利用以及在胡麻植株体内储存积累进行了大量试验研究分析。有关文献报道，在植物体内可以检测出70多种矿质元素，几乎自然界存在的所有元素都能在植物体内找到，现在公认的植物必需元素有17种，即碳、氢、氧、氮、磷、钾、镁、钙、硫、氯、铁、锰、硼、锌、铜、钼、镍，而碳、氢、氧、氮、磷、钾这6种元素植物所需的量比较大，称为大量元素；氯、硼、铁、锰、锌、铜、钼、镍这8种元素，植物需要的量很微，称为微量元素；镁、钙、硫这三种元素，植物所需的量不是很大，称为中量元素。基于上述理论和技术原理对胡麻籽富硒效果进行了如下试验研究：

1.硒元素营养物质的选择

通过盆栽和田间试验，将多种硒元素微肥和硒元素营养物质对胡麻籽富硒效果进行大量筛选，最终确定了一种硒元素微肥为胡麻籽最佳富硒营养物质。

2.土壤施肥富硒效果研究

将多种硒元素微肥和硒元素营养物质以土壤施肥的方式对胡麻籽富硒效果进行比较试验，经过大量试验研究认为采用土壤施用硒元素营养物质对胡麻籽富硒没有显著效果，并且生产成本相当高。

3.浸种富硒效果研究

将多种硒元素微肥和硒元素营养物质以浸种的方式对胡麻籽富硒效果进行比较试验，经过大量试验研究认为采用硒元素营养物质浸种对胡麻籽富硒效果不稳定，浸种溶液的浓度、温度、浸种时间对胡麻种子发芽出苗影响较大，并且技术难度大不易掌握控制。

4.叶面施肥富硒效果研究

根据文献报道，许多水生植物通过叶表面获得无机养分，陆生植物的叶片也能吸收离子，把无机盐的稀溶液喷洒在叶面上，离子可以经过叶表面的角质层或气孔进入叶细胞，而叶细胞的细胞壁中有像胞间连丝那样的细丝延伸到角质层下面，作为离子进入叶细胞的通道，达到植物获得矿质营养物质的效果。利用叶面吸收矿质营养的功能和原理，在近代农业中发明的叶面施肥技术，在提高农作物产量，改善农作物抗逆能力，改善品质等方面发挥了重要作用。另外土壤中一些矿物质元素因土壤环境条件的不同，使作物根系吸收利用的效果也不同，例如在碱性土壤里，铁（Fe）、锰（Mn）以不可给态的形式存在，因而不能被根系吸收，植物就会出现严重的 Fe，Mn 缺素症。向土壤施入的 Fe，Mn 也会变成不可给态。但用 Fe，Mn 的稀溶液喷洒在叶面上，就可以使缺素的植物恢复正常生长。

本发明就是利用胡麻叶面吸收矿质营养的功能以及现代叶面施肥技术原理和方法，将多种硒元素微肥和硒元素营养物质，对胡麻籽富硒效果以叶面施肥的方式进行试验研究，通过大量的试验研究认为叶面施肥是胡麻籽富硒的最佳技术手段。

5.富硒胡麻籽的生产技术流程

（1）胡麻品种选择：选择 α-亚麻酸、木酚素含量高的胡麻品种作为富硒胡麻籽生产品种，可以提高富硒胡麻籽的营养保健功能和综合开发利用价值。

（2）田块选择：选择苗期长势好，具有高产特征的田块作为实施富硒胡麻籽生产的田块，可以降低生产成本提高生产效益。

（3）微肥品种选择：选择富硒效果最佳的硒元素微肥。

（4）施肥方式选择：采用叶面施肥方式是富硒胡麻籽生产比较理想的生产方式。

（5）施肥效果：根据几年的大量试验，不施硒元素微肥（试验对照）胡麻籽硒含量 0.146~0.153mg/kg，确定 667m² 施肥量 1000~2500ml，胡麻籽硒含量可达到 0.29~2.9mg/kg。

（6）施肥时期确定：根据几年的大量试验，施肥时期以现蕾期和青果期效果最好。

（7）施肥量确定：根据几年大量试验的胡麻种子经过国家农产品质量检测中心检测，在胡麻青果期 667m² 喷施硒元素微肥 2000~2500ml，胡麻籽粒中硒含量可达到 1.5~1.8mg/kg；在胡麻现蕾期与青果期各喷施 1 次硒元素微肥，每 667m² 用量 2000~2500ml，胡麻籽粒中硒含量可达到 2.1~2.9mg/kg，并且效果相当稳定。

（8）施肥时间和要求：选择在晴朗无风天气 11:00 之前、15:00 之后对胡麻植株叶面喷施，使用时先将 667m² 推荐用量的硒元素微肥用少量水溶解后兑水 30kg 搅匀，用喷雾器均匀喷施。

上述技术方法，是属于本发明的独创技术方法。

通过几年的探索研究，找到了在胡麻生育期喷施硒元素微肥能使胡麻籽富硒的技术方法,达到了胡麻增产且籽粒富硒的目的。依据几年来开展的硒元素微肥施肥用量试验、施肥时期试验及硒元素对胡麻籽粒品质影响各种试验研究测定结果,不施硒元素微肥(对照)胡麻籽粒硒含量0.146~0.153mg/kg,施硒肥胡麻籽粒硒含量0.294~2.894mg/kg。因此,通过该技术方法能够使胡麻籽粒富硒。

以上所述仅为本发明的较佳实施例而已,并不用以限制本发明,凡在本发明的精神和原则之内所作的任何修改、等同替换和改进等,均应包含在本发明的保护范围之内。

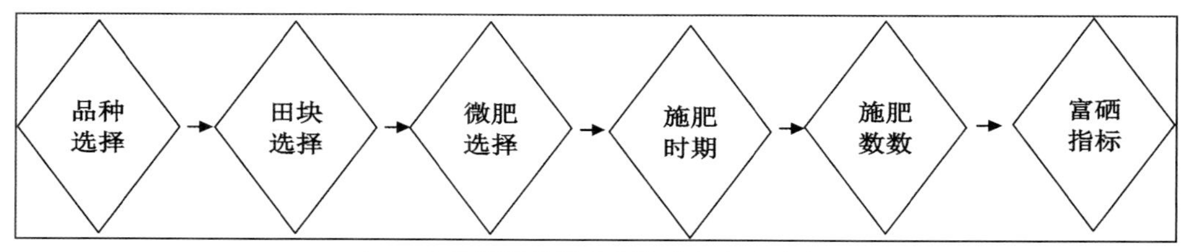

图1　本发明提供的富硒胡麻籽生产流程图

专利名称:一种控制胡麻株高和株冠结构的方法

专利号:ZL 2013 1 0064078.5

说明书

一种控制胡麻株高和株冠结构的方法

技术领域

本发明属于作物化控技术领域,尤其涉及一种控制胡麻株高和株冠结构的方法。

背景技术

作物化控技术是指应用植物生长调节剂,通过影响植物内源激素系统而调节作物的生长发育过程,使其朝着人们预期的方向和程度发生变化的技术体系。这一技术体系源于20世纪30年代开始的“植物生长调节物质的农业应用”,至今经历了70多年的发展过程,已在基础理论研究、植物生长调节剂的开发、作物化学控制技术体系及技术原理的形成和完善方面取得了很大的进展,在作物的高产、优质、高效生产中也发挥了重要的作用。

当前,我国农业生产面临粮食安全、生态安全、生物和非生物逆境频繁发生等问题,如何在栽培学的范畴保障我国农业生产的可持续发展,提高农产品的竞争力已成为作物栽培学科的首要任务。据有关调查表明,在我国华北玉米栽培区一般年份倒伏率约为10%~20%,重发年份倒伏率达80%~90%。全国每年因倒伏而造成的减产损失高达总产的20%左右,胡麻高产优质高效栽培过程中倒伏问题依然是最大的障碍因素。

当前,国内外克服农作物倒伏问题主要有两种办法:一是通过育种手段,培育根系发

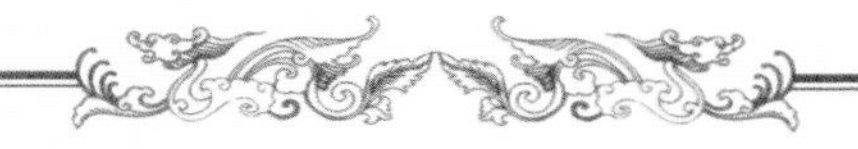

证书号第1481133号

发明专利证书

发明名称：一种控制胡麻株高和株冠结构的方法

发　明　人：曹秀霞；安慧；张炜；张信；安维太；杨崇庆

专　利　号：ZL 2013 1 0064078.5

专利申请日：2013年02月27日

专利权人：固原市农业科学研究所

授权公告日：2014年09月10日

本发明经过本局依照中华人民共和国专利法进行审查，决定授予专利权，颁发本证书并在专利登记簿上予以登记。专利权自授权公告之日起生效。

本专利的专利权期限为二十年，自申请日起算。专利权人应当依照专利法及其实施细则规定缴纳年费。本专利的年费应当在每年02月27日前缴纳。未按照规定缴纳年费的，专利权自应当缴纳年费期满之日起终止。

专利证书记载专利权登记时的法律状况。专利权的转移、质押、无效、终止、恢复和专利权人的姓名或名称、国籍、地址变更等事项记载在专利登记簿上。

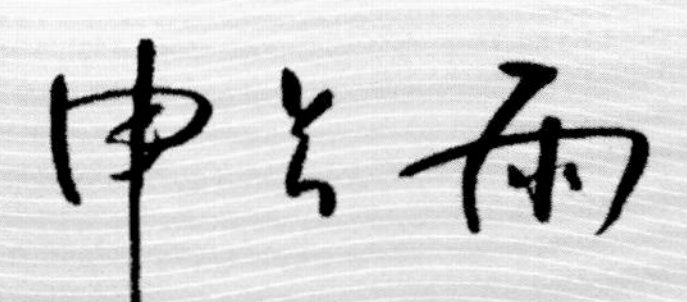

局长
申长雨

2014年09月10日

第1页(共1页)

达、茎秆坚韧、植株较矮的抗倒品种；二是采用化学调控措施降低株高和优化植株冠层结构，使作物植株的重心下降而增强茎秆的抗倒能力，增强其抵抗外界不良环境的能力，避免或减轻产量、品质方面的损失。

根据有关文献报道。缩节胺是一种具有调控植物生长发育作用的新型植物生长调节化学药剂，可用于农作物的生长发育与环境协调、个体生长与群体结构协调、营养生长与生殖生长协调、水肥运筹、改善水分、养分、光照等环境因素，为作物生产潜力的发挥创造条件；而作物化学控制的技术原理在于主动调节作物自身的生育过程，不仅使其能及时适应环境条件的变化，充分利用自然资源，而且在个体与群体、营养生长与生殖生长的协调方面更为有效。发挥多种功效，能促进植物生长发育、提前开花、防止花果脱落、增加产量，能增强叶绿素合成，抑制茎节和枝条伸长的作用。根据用量和植物不同生长期使用可调节植物生长，使植株生长健壮、抗倒伏能力增强，优化高产田的水肥效应而增加产量，是一种类似与赤霉素拮抗的植物生长调节素，多用于棉花等作物。

缩节胺的作用效果：缩节胺对植物营养生长有延缓作用，缩节胺可通过植株叶片和根部吸收，传导至全株，可降低植株体内赤霉素的活性，从而抑制细胞伸长，顶芽长势减弱，控制植株纵横生长，使植株节间缩短，株型紧凑，植株冠层结构优化面积减少，叶色深厚，并增强叶绿素的合成，可防止植株旺长或徒长，减轻田间郁闭，能提高细胞膜的稳定性，增加植株抗逆性，健株与稳长、营养生长与生殖生长的关系协调，塑造理想株型和冠层结构。

缩节胺在棉花上使用较广，可有效地防止棉花疯长，控制株型紧凑抗倒伏，减少落铃，促进成熟，使棉花增产。能促进根系发育，叶色发绿变厚，防止徒长，提高成铃率，增加霜前花，并使棉花品级提高，节省整枝用工。此外，缩节胺用于玉米、冬小麦可防止倒伏，用于苹果可增加钙离子吸收，用于柑橘可增加糖度，用于观赏植物可抑制植株徒长使植株坚实和改进色泽，用于番茄、瓜类和豆类可提高产量和提早成熟。

根据研究文献报道，目前，关于利用缩节胺作为生长发育化学调控的研究文献资料，主要是棉花、玉米、小麦、瓜果等作物，没有利用缩节胺控制胡麻株高和植株冠层的技术方法。

发明内容

本发明提供了一种控制胡麻株高和株冠结构的方法，旨在解决目前关于利用缩节胺作为生长发育化学调控的研究文献资料，主要是棉花、玉米、小麦、瓜果等作物，没有利用缩节胺控制胡麻株高和植株冠层的技术方法的问题。

本发明的目的在于提供一种控制胡麻株高和株冠结构的方法，该方法选择缩节胺作为控制胡麻株高和株冠结构的药剂，选择在晴朗无风天气 11:00 之前、15:00 之后对胡麻植株叶面喷施，使用时先将 667m^2 推荐用量的缩节胺用少量水溶解后兑水 30kg 搅匀，用喷雾器均匀喷施。

进一步，该方法可控制高产优质、抗旱耐寒、适应性广、抗倒伏性差的胡麻品种的株高和株冠结构。

进一步，在胡麻苗期喷施缩节胺，胡麻植株高度降低 1.41~3.90cm，平均降幅 2.84cm；在胡麻现蕾期喷施缩节胺，胡麻植株高度降低 6.11~13.80cm，平均降幅 10.90cm；在苗期和现蕾期都喷施的株高降幅为 7.80~10.67cm，平均降幅 9.29cm。

进一步，在胡麻现蕾期喷施缩节胺，对胡麻品种的株高和株冠结构控制效果最佳。

进一步，在胡麻现蕾期，根据胡麻的田间长势情况确定喷施缩节胺的浓度。

本发明提供的控制胡麻株高和株冠结构的方法，该方法选择缩节胺作为控制胡麻株高和株冠结构的药剂，选择在晴朗无风天气上午 11:00 之前、下午 15:00 之后对胡麻植株叶面喷施，使用时先将 667m^2 推荐用量的缩节胺用少量水溶解后兑水 30kg 搅匀，用喷雾器均匀喷施。该方法可明显降低胡麻植株高度，对胡麻植株冠层结构具有明显的改善调节作用，有利于适当增加种植密度而提高产量水平，不仅能够大幅度降低胡麻植株高度，使胡麻茎干增粗健壮，而且使胡麻植株第一分枝的长度明显缩短，植株冠层结构优化重力下移，增强了抗倒伏能力，解决了胡麻不耐高水肥生产条件及易倒伏减产的技术难题。

具体实施方式

为了使本发明的目的、技术方案及优点更加清楚明白，以下结合附图及实施例，对本发明进行进一步的详细说明。应当理解，此处所描述的具体实施例仅仅用以解释本发明，并不用于限定发明。

本发明的目的在于提供一种控制胡麻株高和株冠结构的方法，该方法选择缩节胺作为控制胡麻株高和株冠结构的药剂，选择在晴朗无风天气 11:00 之前、15:00 之后对胡麻植株叶面喷施，使用时先将 667m^2 推荐用量的缩节胺用少量水溶解后兑水 30kg 搅匀，用喷雾器均匀喷施。

在本发明实施例中，该方法可控制高产优质、抗旱耐寒、适应性广、抗倒伏性差的胡麻品种的株高和株冠结构。

在本发明实施例中，在胡麻苗期喷施缩节胺，胡麻株高降低 1.41~3.90cm，平均降幅 2.84cm；在胡麻现蕾期喷施缩节胺，胡麻株高降低 6.11~13.80cm，平均降幅 10.90cm；在苗期和现蕾期都喷施的株高降幅为 7.80~10.67cm，平均降幅 9.29cm。

在本发明实施例中，在胡麻现蕾期喷施缩节胺，对胡麻品种的株高和株冠结构控制效果最佳。

在本发明实施例中，在胡麻现蕾期，根据胡麻的田间长势情况确定喷施缩节胺的浓度。

下面结合图 1 及具体实施例对本发明的应用原理作进一步描述。

本发明实施例是这样实现的，一种控制胡麻株高与株冠的化控技术方法，该技术方法选择缩节胺作为胡麻株高与株冠化控的药剂，使用方式是选择在晴朗无风天气 11:00 之前、15:00 之后对胡麻植株叶面喷施，使用时先将 667m2 用量的缩节胺用少量的水溶解后兑水 30kg 搅匀，用喷雾器均匀喷施。

在本发明实施例中，在胡麻苗期喷施缩节胺，胡麻植株高度比对照降低了 1.41~3.90cm，平均降幅 2.84cm；在胡麻现蕾期喷施缩节胺，胡麻植株高度比对照降低了 6.11~13.80cm，平均降幅 10.90cm；在苗期和现蕾期都喷施的株高降幅为 7.80~10.67cm，平均降幅 9.29cm；喷施缩节胺，使胡麻的第一分枝较对照缩短了 2.46~3.73cm，而对产量主要构成因素千粒重和单株产量指标没有明显不良影响。

本发明的另一目的在于提供一种利用上述的化控方法控制胡麻植株高度和植株冠层结构的方法，胡麻植株高度和植株冠层结构的调控方法包括以下步骤。

(1)胡麻品种选择：选择高产优质、抗旱耐寒、适应性广，但是抗倒伏能力弱的胡麻品种作为作为实施化控技术的对象；

(2)田块选择：选择苗期长势好，具有高产特征的田块作为实施化控技术的田块；

(3)化控药剂选择：选择缩节胺作为化控药剂；

(4)药剂使用方式选择：采用叶面喷雾方式；

(5)化控效果：在胡麻现蕾期喷施缩节胺，胡麻植株高度比对照降低 6.11~13.80cm，平均降幅 10.90cm；

(6)使用时期确定：根据几年的大量试验，使用时期以现蕾期效果最好；

(7)使用量确定：在胡麻现蕾期根据胡麻的田间长势情况确定喷施缩节胺的浓度为 30~60g/kg；

(8)药剂使用时间和要求：选择在晴朗无风天气 11:00 之前、15:00 之后对胡麻植株叶面喷施，使用时先将 667m^2 推荐用量的缩节胺用少量水溶解后兑水 30kg 搅匀，用喷雾器均匀喷施。

本发明与现有技术相比有以下特点：一是胡麻是对缩节胺生长调节剂反应比较敏感的作物，选择的使用时期、使用剂量也不同；二是胡麻又具有化学调控效果特别好的特点，采用本发明技术方法不仅可以明显降低胡麻植株高度，使胡麻茎干增粗健壮，对胡麻植株冠层结构具有明显的改善调节作用，有利于适当增加种植密度而提高产量水平；三是由于能够大幅度降低胡麻植株高度，使胡麻茎干增粗健壮，而且使胡麻植株第一分枝的长度明显缩短，植株冠层结构优化重力下移，增强了抗倒伏能力，能够解决胡麻不耐高水肥生产条件易倒伏减产的技术难题。

本发明实施例提供了一种能有效控制胡麻株高与株冠的化控技术方法。化控技术能使作物生长发育与环境协调、个体生长与群体结构协调、营养生长与生殖生长协调，水肥运筹、株行密度配置、光照等环境因素改善，为作物生产潜力的发挥创造条件；而作物化学控制的技术原理在于主动调节作物自身的生育过程，不仅使其能及时适应环境条件的变化，充分利用自然资源，而且在个体与群体、营养生长与生殖生长的协调方面更为有效。因此，作物化学控制是对作物栽培管理观念的一次革新。根据植物根际营养、植物营养遗传学、植物营养生态学、植物的土壤营养、肥料学及现代化控技术的理论，运用化学营养链营养循环结构模式的原理、技术和方法，将胡麻营养器官对缩节胺的吸收、转化、利用以及控制或促进胡麻营养生长和生殖生长进程、调控胡麻植株高度和植株冠层结构的影响机理等，进行了大量试验研究分析。有关文献报道，嗡类化合物的缩节胺等植物生长延缓剂，通过抑制赤霉素的生物合成来控制植株地上部的伸长生长；基于上述理论和技术原理对调控胡麻植株高度、优化胡麻植株冠层结构的效果进行了如下试验研究：

(1)化控调节剂的选择。通过盆栽和田间试验，将多种植物生长调节剂对胡麻植株高度和冠层结构调控效果进行大量筛选，最终确定了缩节胺为胡麻植株高度和冠层结构调控药剂。

(2)土壤施用效果研究。将多种植物生长调节剂以土壤施肥的方式对胡麻植株高度和冠层结构调控效果进行比较试验，经过大量试验研究认为采用土壤施用缩节胺，对胡麻株高和冠层结构调控没有显著效果，并且生产成本相当高。

(3)浸种效果研究。将多种植物生长调节剂以浸种的方式，对胡麻植株高度和冠层结构调控效果进行比较试验，经过大量试验研究认为，采用缩节胺浸种对胡麻植株高度和冠层结构调控效果不明显，浸种溶液的浓度、温度、浸种时间对胡麻种子发芽出苗影响较大，并且技术难度大不易掌握控制。

(4)叶面喷雾效果研究。根据文献报道，许多水生植物通过叶表面获得无机养分，陆生植物的叶片也能吸收离子，把无机盐的稀溶液喷洒在叶面上，离子可以经过叶表面的角质层或气孔进入叶细胞，而叶细胞的细胞壁中有像胞间连丝那样的细丝延伸到角质层下面，作为离子进入叶细胞的通道，达到植物获得矿质营养物质的效果。利用叶面喷雾方式进行胡麻植株高度和冠层结构调控效果非常明显，技术成本低，能节省劳动力降低生产成本，显著提高产量水平和生产效益。

本发明就是利用胡麻叶面吸收矿质营养的功能以及现代叶面施肥技术原理和方法，将多种植物生长调节剂对胡麻植株高度和冠层结构调控效果，以叶面喷雾的方式进行试验研究，通过大量的试验研究认为叶面喷施缩节胺，是调控胡麻植株高度和冠层结构的最佳技术手段。

(5)化学调控的技术流程，如图 1 所示。

①胡麻品种选择：选择高产优质、抗旱耐寒、适应性广，但是抗倒伏性差的胡麻品种作为作为实施化控技术的对象；

②田块选择:选择苗期长势好,具有高产特征的田块作为实施化控技术的田块;

③化控药剂选择:选择缩节胺作为化控药剂;

④药剂使用方式选择:采用叶面喷雾方式;

⑤化控效果:在胡麻现蕾期喷施缩节胺,胡麻植株高度比对照降低 6.11~13.80cm,平均降幅 10.90cm;

⑥使用时期确定:根据几年的大量试验,使用时期以现蕾期效果最好;

⑦施肥量确定:在胡麻现蕾期根据胡麻的田间长势情况确定喷施缩节胺的浓度为 30~60g/kg;

⑧药剂使用时间和要求:选择在晴朗无风天气 11:00 之前、15:00 之后对胡麻植株叶面喷施,使用时先将 667m^2 推荐用量的缩节胺用少量水溶解后兑水 30kg 搅匀,用喷雾器均匀喷施。

上述技术方法,是属于本发明的独创技术方法。

通过几年的探索研究,找到了在胡麻生育期喷施缩节胺,使胡麻植株高度和植株冠层结构优化的技术方法,达到了胡麻增产增收的目的。依据几年来开展的缩节胺用量试验、施用时期试验及缩节胺对胡麻植株高度和植株冠层结构影响的各种试验研究测定结果:

2010 年盆栽试验,在胡麻不同生育期喷施缩节胺浓度为 10~150g/kg,对胡麻株高的影响效果差异较大。在胡麻苗期喷施缩节胺浓度为 10g/kg 的胡麻株高 52.48cm,喷施缩节胺浓度为 50g/kg 的胡麻株高 51.14cm,喷施缩节胺浓度为 100g/kg 的胡麻株高 50.59cm,喷施缩节胺浓度为 150g/kg 的胡麻株高 50.65cm,胡麻株高比对照降低了 1.41~3.96cm。

在胡麻现蕾期不喷施缩节胺(对照)的胡麻株高 56.38cm,喷施缩节胺浓度为 10g/kg 的胡麻株高 50.27cm,喷施缩节胺浓度为 50g/kg 的胡麻株高 45.36cm,喷施缩节胺浓度为 100g/kg 的胡麻株高 42.58cm,喷施缩节胺浓度为 150g/kg 的胡麻株高 43.71cm,胡麻株高比对照降低了 6.11~13.80cm。

在胡麻苗期和现蕾期不喷施缩节胺(对照)的胡麻株高 57.05cm;在胡麻苗期和现蕾期各喷施 1 次,喷施缩节胺浓度为 10g/kg 的胡麻株高 49.25cm,喷施缩节胺浓度为 50g/kg 的胡麻株高 47.16cm,喷施缩节胺浓度为 100g/kg 的胡麻株高 46.38cm,喷施缩节胺浓度为 150g/kg 的胡麻株高 46.27cm,胡麻株高比对照降低了 7.80~10.67cm,喷施缩节胺浓度为 150g/kg 的田间胡麻表现出了明显药害。

2011 年盆栽试验,在胡麻现蕾期喷施缩节胺浓度为 10~60g/kg,对胡麻株高和株冠结构的影响效果差异较大。在胡麻现蕾期不喷施缩节胺(对照)的胡麻株高 48.66cm,喷施缩节胺浓度为 10g/kg 的胡麻株高 39.98cm,喷施缩节胺浓度为 20g/kg 的胡麻株高 38.68cm,喷施缩节胺浓度为 30g/kg 的胡麻株高 38.71cm,喷施缩节胺浓度为 40g/kg 的胡麻株高 38.38cm,喷施缩节胺浓度为 50g/kg 的胡麻株高 38.10cm，喷施缩节胺浓度为 60g/kg 的胡麻株高 38.05cm，胡麻株高比对照降低了 8.68~10.57cm。

在胡麻现蕾期喷施缩节胺浓度为 10~60g/kg，对胡麻植株第一分枝长度的影响效果差异较大。在胡麻现蕾期不喷施缩节胺（对照）的胡麻植株第一分枝长度 9.47cm，喷施缩节胺浓度为 10g/kg 的胡麻植株第一分枝长度 6.05cm，喷施缩节胺浓度为 20g/kg 的胡麻植株第一分枝长度 6.32cm，喷施缩节胺浓度为 30g/kg 的胡麻植株第一分枝长度 6.56cm，喷施缩节胺浓度为 40g/kg 的胡麻植株第一分枝长度 7.01cm，喷施缩节胺浓度为 50g/kg 的胡麻植株第一分枝长度 7.50cm，喷施缩节胺浓度为 60g/kg 的胡麻植株第一分枝长度 7.05cm，胡麻植株第一分枝长度比对照缩短了 2.46~3.73cm。

2012 年田间试验，在胡麻现蕾期喷施缩节胺浓度为 10~120g/kg，对胡麻株高和株冠结构的影响效果差异较大。在胡麻现蕾期不喷施缩节胺（对照）的胡麻株高 41.69cm，喷施缩节胺浓度为 10g/kg 的胡麻株高 39.44cm，喷施缩节胺浓度为 30g/kg 的胡麻株高 38.46cm，喷施缩节胺浓度为 60g/kg 的胡麻株高 36.09cm，喷施缩节胺浓度为 90g/kg 的胡麻株高 35.57cm，喷施缩节胺浓度为 120g/kg 的胡麻株高 34.61cm，胡麻株高比对照降低了 2.25~7.58cm。

在胡麻现蕾期喷施缩节胺浓度为 10g/kg~120g/kg，对胡麻植株第一分枝长度的影响效果差异较大。在胡麻现蕾期不喷施缩节胺（对照）的胡麻植株第一分枝长度 9.58cm，喷施缩节胺浓度为 10g/kg 的胡麻植株第一分枝长度 8.33cm，喷施缩节胺浓度为 30g/kg 的胡麻植株第一分枝长度 6.67cm，喷施缩节胺浓度为 60g/kg 的胡麻植株第一分枝长度 6.02cm，喷施缩节胺浓度为 90g/kg 的胡麻植株第一分枝长度 5.43cm，喷施缩节胺浓度为 120g/kg 的胡麻植株第一分枝长度 5.13cm，胡麻植株第一分枝长度比对照缩短了 2.91~5.45cm，喷施缩节胺浓度为 120g/kg 的田间胡麻表现出了明显药害。因此，缩节胺对胡麻株高和株冠结构化控效果最佳而且对胡麻安全的使用剂量为 30~6g/kg。

本发明实施例提供的控制胡麻株高和株冠结构的方法，该方法选择缩节胺作为控制胡麻株高和株冠结构的药剂，选择在晴朗无风天气 11:00 之前、15:00 之后对胡麻植株叶面喷施，使用时先将 667m^2 推荐用量的缩节胺用少量水溶解后兑水 30kg 搅匀，用喷雾器均匀喷施。该方法可明显降低胡麻植株高度，对胡麻植株冠层结构具有明显的改善调节作用，有利于适当增加种植密度而提高产量水平，不仅能够大幅度降低胡麻植株高度，使胡麻茎干增粗健壮，而且使胡麻植株第一分枝的长度明显缩短，植株冠层结构优化重力下移，增强了抗倒伏能力，解决了胡麻不耐高水肥生产条件及易倒伏减产的技术难题。

以上所述仅为本发明的较佳实施例而已，并不用以限制本发明，凡在本发明的精神和原则之内所作的任何修改、等同替换和改进等，均应包含在本发明的保护范围之内。

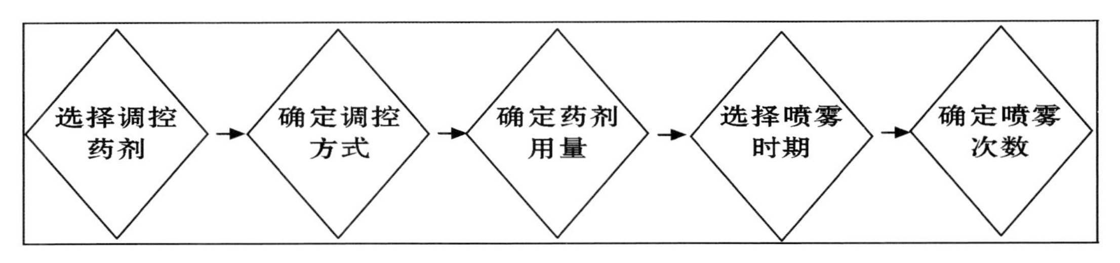

图 1　调控胡麻株高和株冠结构的方法流程图

第二节　实用新型专利

专利名称:密植作物垄膜集雨节水种植组合式机具

专利号:ZL 2012 2 0026974.3

说明书

密植作物垄膜集雨节水种植组合式机具

技术领域

本实用新型涉及农机具技术领域,是一种新型组合式密植作物垄膜集雨节水种植组合式机具。

背景技术

长期以来,干旱缺水是影响我国西北地区农业生产的主要障碍因素之一。每年早春或作物生长季节都会不同程度的发生季节性干旱,并且发生频率越来越高,波及范围越来越广、危害程度越来越大,造成农作物大面积减产甚至绝收。频频出现的旱灾是导致部分农民在脱贫与返贫之间徘徊的主要原因,也严重制约了农业产业、农村经济发展和新农村建设的进程。

为有效解决水资源时空分布不均造成的季节性干旱,对农业发展的制约和影响,地膜覆盖技术在旱作农业中发挥了非常重要的作用。近年来,生产中推广的一项胡麻、小麦等密植作物垄膜集雨沟播种植技术,抗旱减灾增产增收效果非常明显。其技术原理是采取垄上覆膜(形成集雨产流区),沟内种植作物(创造集雨利用区),形成沟、垄相间的作物种植方式,使覆膜垄上的自然降水以最近的距离、最短的时间、最快的速度和最少的损失(蒸发),充分接纳于种植作物的沟内使“贫水富集”,将无效降雨转化为有效利用,从而达到抗旱节水增产的目的。可是采用人工起垄覆膜劳动力投入高效率低,生产成本也相应增高。

实用新型内容

为了提高机械化程度,解放劳动力,提高劳动生产效率,降低生产成本,我们自主研发

证书号第2427313号

实用新型专利证书

实用新型名称：密植作物垄膜集雨节水种植组合式机具

发　明　人：安维太；曹秀霞；张炜；杨崇庆

专　利　号：ZL 2012 2 0026974.3

专利申请日：2012年01月20日

专 利 权 人：固原市农业科学研究所

授权公告日：2012年09月26日

本实用新型经过本局依照中华人民共和国专利法进行初步审查，决定授予专利权，颁发本证书并在专利登记簿上予以登记。专利权自授权公告之日起生效。

本专利的专利权期限为十年，自申请日起算。专利权人应当依照专利法及其实施细则规定缴纳年费。本专利的年费应当在每年01月20日前缴纳。未按照规定缴纳年费的，专利权自应当缴纳年费期满之日起终止。

专利证书记载专利权登记时的法律状况。专利权的转移、质押、无效、终止、恢复和专利权人的姓名或名称、国籍、地址变更等事项记载在专利登记簿上。

局长 田力普

2012年09月26日

第1页（共1页）

了集起垄、覆膜和播种一次完成的配套机具——密植作物垄膜集雨节水种植组合式机具。

密植作物垄膜集雨节水种植组合式机具，包括：牵引机构、起垄和整垄机构、行走及行走传动机构、地膜悬挂调节装置7、覆土压膜装置8、排种开沟机构；在大架框4前端安装起垄和整垄机构、牵引机构，大架框4下由前到后依次安装行走及行走传动机构、地膜悬挂调节装置7、压膜整垄装置6、覆土压膜装置8，大架框4后端安装排种开沟机构。

在起垄覆膜的同时在垄沟播种密植作物，并将起垄、覆膜和播种三道工序一次完成，有效减少土壤水分蒸发损失，有利于作物出全苗，减少了田间作业工序和劳动力等生产成本。也可在干旱和半干旱地区秋季提前起垄覆膜，蓄水保墒、提升地温，在作物播种季节点播稀植作物。另外，密植作物垄膜集雨节水种植组合式机具，设计的起垄高度、弧度和垄面宽度在10mm以下无效降雨情况下，能够很快产生微积流于垄沟，符合无效降雨较多地区的集雨节水生产实际。将更多的无效降雨转化有效利用，可有效增加作物产量，提高投入产出效益。本实用新型涉及组合式机具已经通过调试用于试验、示范等科研工作，具有结构简单紧凑、体积小、操作简单、维修方便的优点，使用方便可靠，工作性能稳定，可在我国干旱和半干旱地区推广使用，将会产生重大的经济效益、生态效益和社会效益。

具体实施方式

以下结合具体实施例，对本实用新型进行详细说明。

参考图1和图2，密植作物垄膜集雨节水种植组合式机具，包括牵引机构（包括加固拉杆1、牵引栓2）、起垄和整垄机构（包括起垄开沟器固定架11，起垄开沟器臂12，起垄器13、起垄开沟铲14）、行走及行走传动机构（包括行走轮3、轮轴、传动齿轮）、地膜悬挂调节装置7、覆土压膜装置8、排种开沟机构（播种开沟器、种子箱9、行距固定器、排种量调节器）。在大架框4前端安装起垄和整垄机构、牵引机构，大架框4下由前到后依次安装行走及行走传动机构、地膜悬挂调节装置7、压膜整垄装置6、覆土压膜装置8，大架框4后端安装排种开沟机构。

工作时，采用有液压装置的15-18型小四轮拖拉机与大架框上的牵引架5连接提供动力，通过起垄开沟铲14起土，起垄器13整理垄面形状，地膜悬挂调节装置7调整地膜宽度和松紧度，压膜整垄装置6使地膜紧贴有弧度的垄面并保持垄面平整光滑以有利于集雨，覆土压膜装置8利用起土圆盘（图中未示出）将地膜与垄边压实防止风将地膜刮起；播种机构包括种子箱9、排种量调节器（图中未示出）、排种开沟器10、行距固定器（图中未示出），通过行走轮3轴上的齿轮和链条传动完成排种及播种量调节。实现起垄、覆膜、播种三道工序一次完成。

应当理解的是，对本领域普通技术人员来说，可以根据上述说明加以改进或变换，而所有这些改进和变换都应属于本实用新型所附权利要求的保护范围。

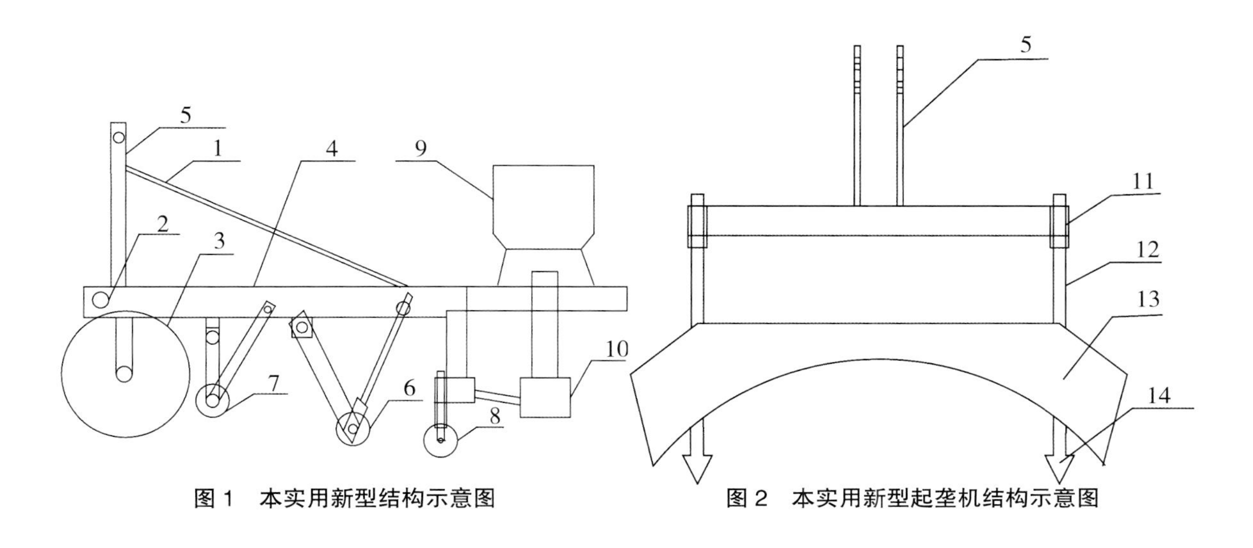

图1　本实用新型结构示意图　　图2　本实用新型起垄机结构示意图

专利名称:一种农作物出苗前土壤板结破除器

专利号:ZL 2012 2 0101430.9

说明书

一种农作物出苗前土壤板结破除器

技术领域

本实用新型涉及农机具技术领域,是一种新型的农作物出苗前土壤板结破除机具。

背景技术

长期以来,干旱缺水是影响我国西北地区农业生产的主要障碍因素。每年早春或作物生长季节都会不同程度的发生季节性干旱,并且发生频率越来越高,波及范围越来越广、危害程度越来越大。春季干旱造成农作物大面积出苗差减产甚至绝收,频频出现的旱灾是导致部分农民在脱贫与返贫之间徘徊的重要原因,严重制约了农业产业、农村经济发展和新农村建设的进程。

为有效解决水资源时空分布不均造成的季节性干旱,对农业发展的制约和影响,春季抗旱保苗是最为关键的技术措施。近年来,生产中推广的一项胡麻、小麦等密植作物播种后用石磙镇压保墒、保苗技术,对提高作物的出苗率及幼苗生长发育乃至增产增收效果非常明显。但是,在作物播种后出苗前如果遇到降雨或降雪造成土壤板结,对顶土能力较弱的作物出苗影响非常大,土壤板结严重时不仅造成缺苗断垄而且会因苗数不足导致翻拆,造成很大的人力物力浪费,看似一项非常实用的抗旱保苗技术,在生产中不能大面积应用。本实

证书号第2477346号

实用新型专利证书

实用新型名称：一种农作物出苗前土壤板结破除器

发　明　人：曹秀霞；安维太；陆俊武；钱爱萍；李明芳；万海霞

专　利　号：ZL 2012 2 0101430.9

专利申请日：2012年03月19日

专利权人：固原市农业科学研究所

授权公告日：2012年10月24日

本实用新型经过本局依照中华人民共和国专利法进行初步审查，决定授予专利权，颁发本证书并在专利登记簿上予以登记。专利权自授权公告之日起生效。

本专利的专利权期限为十年，自申请日起算。专利权人应当依照专利法及其实施细则规定缴纳年费。本专利的年费应当在每年03月19日前缴纳。未按照规定缴纳年费的，专利权自应当缴纳年费期满之日起终止。

专利证书记载专利权登记时的法律状况。专利权的转移、质押、无效、终止、恢复和专利权人的姓名或名称、国籍、地址变更等事项记载在专利登记簿上。

局长 田力普

第1页（共1页）

用新型发明——农作物出苗前土壤板结破除器就能很好地解决这个难题。其技术原理是在作物出苗前遇到土壤板结时,采用本实用新型发明——农作物出苗前土壤板结破除器及时破除土壤板结就可保证作物顺利出苗。本发明属于自主研发的旱地密植作物抗旱保苗的一种有效技术装置。解决农作物出苗前土壤板结影响出苗问题,现有技术主要是采用人工钉齿耙、藤条糖、石磙子等器具破除土壤板结。采用人工钉齿耙破板结不仅效率低而且无法保墒效果极差;采用机械钉齿耙破板结,由于钉齿耙深度无法控制翻土较多,造成部分幼苗的根被翻出地面失墒严重,对出苗十分不利;采用石磙子碾压破除土壤板结,只能在疏松土质并且轻度板结的情况下能起一些作用,不是一种理想的土壤板结破除器具;上述破板结器具只能在土壤表层板结完全没有幼苗出现的情况下采用,如果有部分出苗不仅破板结效果不好而且对已经出土的幼苗会受到损失,适宜时期非常短。

实用新型内容

本实用新型所要解决的技术问题是针对现有技术的不足提供一种农作物出苗前土壤板结破除器。

采用如下技术方案:

农作物出苗前土壤板结破除器,包括主框架 1、前镇压磙 2、后镇压磙 3、前破板结耙 4、后破板结耙 5、固定调节板 6、牵引框 7、镇压滚轴 8;牵引框 7 固定在主框架 1 上,前镇压磙 2 和后镇压磙 3 固定在主框架 1 所带的两个平行的镇压滚轴上, 前破板结耙 4 和后破板结耙 5 固定在前镇压磙 2 和后镇压磙 3 之间。

本实用新型发明是为了解决由于农作物出苗前土壤板结而影响出全苗的关键问题。现有技术采用人工钉齿耙、藤条糖、石磙子等器具,一是效率低,效果差;二是破板结时翻土较多,对已经出土的幼苗损伤多,而且失墒严重;三是现有技术适宜时间短,不能满足生产技术要求。采用本实用新型发明“农作物出苗前土壤板结破除器”破除土壤板结,不仅能很好地解决目前破板结器具的缺点和不足,适合各种土壤和地形条件操作,而且能满足生产上抗旱保苗的关键技术要求,能够达到保苗和保墒的双重效果,保证作物出全苗效果非常显著,是非常理想的破除土壤板结保证作物出全苗的器具,能够实现保墒、保苗效果好、作业效率高、结构简单易操作、成本低的目的。

本实用新型发明,农作物出苗前土壤板结破除器能够将破除土壤板结和镇压保墒同时完成。有效减少了土壤水分蒸发损失,有利于作物出全苗,减少了田间作业工序和劳动力等生产成本。本实用新型涉及农作物出苗前土壤板结破除器已经通过调试用于试验、示范等科研工作,具有结构简单紧凑、体积小、操作简单、维修方便的优点,使用方便可靠,工作性能稳定,可在我国干旱和半干旱地区推广使用,将会产生重大的经济效益、生态效益和社会效益。

具体实施方式

以下结合具体实施例,对本实用新型进行详细说明。

参考图1,本实用新型农作物出苗前土壤板结破除器,包括主框架1、前镇压磙2、后镇压磙3、前破板结耙4、后破板结耙5、固定调节板6、牵引框7、镇压滚轴8;牵引框7固定在主框架1上,前镇压磙2和后镇压磙3固定在主框架1所带的两个平行的镇压滚轴上,前破板结耙4和后破板结耙5固定在前镇压磙2和后镇压磙3之间。根据作业需要可以制作成机械牵引、畜力牵引或者人力牵引的不同型号。

作业时,如果适合机械作业的大田块可选用机械牵引型,由手扶拖拉机或15型小四轮拖拉机与主框架上的牵引框(7)连接提供动力进行作业;较小的田块可选用畜力牵引或者人力牵引进行作业;根据土壤板结坚硬程度调节前破板结耙4和后破板结耙5的角度以及与前镇压磙2和后镇压磙3的距离,实现破板结、镇压保墒两道工序一次完成。

工作原理:是通过牵引框7将动力传递到主框架1上,其他各部件的动力全部由主框架1同时传递驱动。带动前镇压磙2转动是为了防止靠近前镇压磙2的前破板结耙4将土翻起压苗,同时可将地面压平;带动前破板结耙4和后破板结耙5破除土壤表层板结,带动后镇压磙3转动可以将前破板结耙4和后破板结耙5未破碎的土块进行镇压,达到碎土保墒的目的。本实用新型具有很好的破板结保苗和保墒效果,是非常理想的破除土壤板结保证作物出全苗的器具;在完全没有出苗和有部分出苗的情况下都可以使用,对已经出土的幼苗损伤很少,具有破板结效果好、工作效率高、易操作、成本低的技术优点。

应当理解的是,对本领域普通技术人员来说,可以根据上述说明加以改进或变换,而所有这些改进和变换都应属于本实用新型所附权利要求的保护范围。

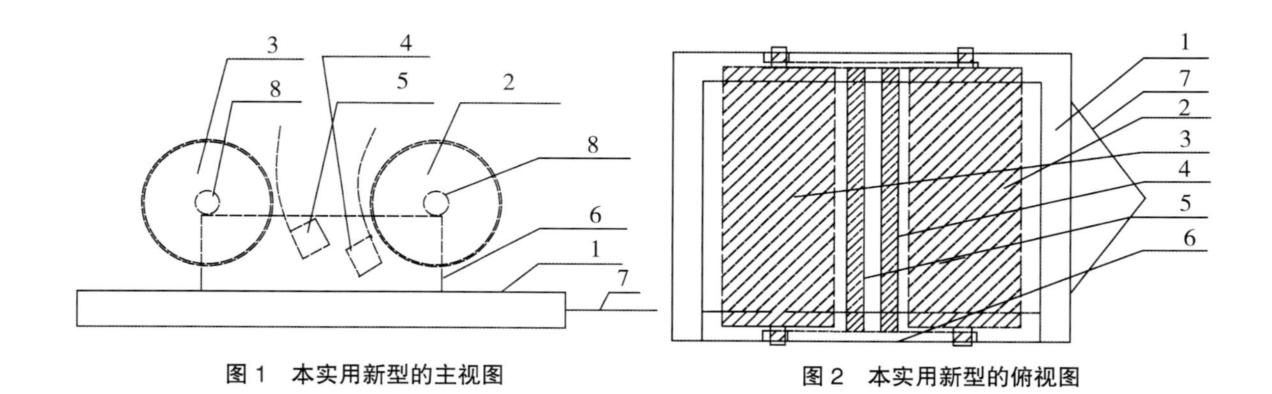

图1 本实用新型的主视图

图2 本实用新型的俯视图

专利名称:一种农作物无损伤移苗器

专利号:ZL 2015 2 0881484.5

说明书

一种农作物无损伤移苗器

技术领域

本实用新型属于农作物栽培领域,尤其涉及一种农作物无损伤移苗器。

背景技术

长期以来,干旱缺水是影响我国西北地区农业生产的主要障碍因素。每年早春或作物生长季节都会不同程度的发生季节性干旱,并且发生频率越来越高,波及范围越来越广、危害程度越来越大。由于春季干旱土壤墒情差造成农作物出苗整齐度不够,甚至会造成缺苗断垄现象影响产量和效益的提升。尤其是一些玉米、向日葵等稀植作物或蔬菜、瓜类等经济价值高的作物的缺苗断垄更是对产量和效益的提高影响较大。另外在做农业科学试验时往往会出现因田间小区试验出苗整齐度不够,对试验数据准确度和试验质量会造成很大的影响,有时会造成试验报废,这样对试验进程和科研进度都会产生很大影响。

因此,为有效解决上述问题,研制农作物无损伤移苗器是最为关键的技术措施。近年来,生产中使用的移苗器绝大多数针对稀植作物而设计的,在生产中发挥了一定作用,对提高作物的保苗率及增产增收具有明显效果。但是,目前生产中使用移苗器结构复杂移苗速度慢,并且使作物苗根际土壤结构易造成破坏而使作物苗根系或根尖受到大量损伤,致使移苗成活率低缓苗时间长,使被移动的苗和田间正常苗在生长发育进程和长势上出现很大差距,这样就很难提高移苗的质量和效益。

实用新型内容

本实用新型的目的在于提供一种农作物无损伤移苗器,旨在解决目前生产中使用移苗器结构复杂移苗速度慢,很难保证被移动苗根际土壤和根系的完整性,移苗前后的坐水难度大效果比较差的问题。

本实用新型是这样实现的,一种农作物无损伤移苗器包括移苗器套筒、大弧形支架、移苗器连接管、移苗器手柄、移苗土球推出环、小弧形支架、土球推出装置连接杆、土球推出装置手柄;

移苗器套筒、大弧形支架、移苗器连接管、移苗器手柄按顺序连接在一起构成带苗土球挖取装置;移苗土球推出环、小弧形支架、土球推出装置连接杆按顺序连接在一起,嵌入带苗土球挖取装置中构成带苗土球推出装置;土球推出装置手柄与土球推出装置连接杆连接。

进一步,所述农作物无损伤移苗器的套筒外径比其内径大 4~5mm。

证书号第5072667号

实用新型专利证书

实用新型名称：一种农作物无损伤移苗器

发　明　人：曹秀霞；安浩；张炜；杨崇庆；张薇；安钰；钱爱萍；剡宽将

专　利　号：ZL 2015 2 0881484.5

专利申请日：2015年11月03日

专 利 权 人：宁夏农林科学院固原分院

授权公告日：2016年03月23日

本实用新型经过本局依照中华人民共和国专利法进行初步审查，决定授予专利权，颁发本证书并在专利登记簿上予以登记。专利权自授权公告之日起生效。

本专利的专利权期限为十年，自申请日起算。专利权人应当依照专利法及其实施细则规定缴纳年费。本专利的年费应当在每年11月03日前缴纳。未按照规定缴纳年费的，专利权自应当缴纳年费期满之日起终止。

专利证书记载专利权登记时的法律状况。专利权的转移、质押、无效、终止、恢复和专利权人的姓名或名称、国籍、地址变更等事项记载在专利登记簿上。

局长
申长雨

第1页（共1页）

本实用新型能够使挖出的带土苗完整恰当的放入待移苗坑内，有效减少了移苗用水量和水分蒸发损失，有利于作物移苗成功同时减少了田间作业工序和劳动力等生产成本，结构简单紧凑、体积小、操作简单、维修方便、使用方便工作性能稳定可靠。

具体实施方式

为了使本实用新型的目的、技术方案及优点更加清楚明白，以下结合实施例，对本实用新型进行进一步详细说明。应当理解，此处所描述的具体实施例仅仅用以解释本实用新型，并不用于限定本实用新型。

下面结合附图及具体实施例对本实用新型的应用原理作进一步描述。

如图 1 至图 4 所示，一种农作物无损伤移苗器包括移苗器套筒 1、大弧形支架 2、移苗器连接管 3、移苗器手柄 4、移苗土球推出环 5、小弧形支架 6、土球推出装置连接杆 7、土球推出装置手柄 8。

移苗器套筒 1、大弧形支架 2、移苗器连接管 3、移苗器手柄 4 按顺序连接在一起构成带苗土球挖取装置；移苗土球推出环 5、小弧形支架 6、土球推出装置连接杆 7 按顺序连接在一起，嵌入带苗土球挖取装置中构成带苗土球推出装置；土球推出装置手柄 8 与土球推出装置连接杆 7 连接。

进一步，所述一种农作物无损伤移苗器的套筒 1 外径比其内径大 4~5mm。

现有农作物移苗器具只能将被移栽苗 5cm 左右土层的根系取出，而且很难保证被移动苗根际土壤和根系的完整性，移苗前后的坐水难度大效果也比较差，对于作物根系长度超过 5cm 或更长时就显得无能为力，而移苗的效率和质量就更加无法保证。

本实用新型设计时鉴于现有移苗器的不足，为了避免被移苗根系大量受损伤和根际土壤的破碎，采用旋钻式移苗器套筒挖出圆柱状待移苗坑和圆柱状带苗土球，采用移苗土球推出装置将被移动苗连同土球从移苗器套筒内推出。其优点是能够最大程度减少被移苗根系受损伤，保持根际土球的完整性，由于移苗器套筒外径比其内径只大 4–5mm，因此能够使被移苗根系和根际土球与待移苗坑紧密接触。

本实用新型能够使挖出的带土苗完整恰当的放入待移苗坑内，有效减少了移苗用水量和水分蒸发损失，有利于作物移苗成功同时减少了田间作业工序和劳动力等生产成本。结构简单紧凑、体积小、操作简单、维修方便、使用方便工作性能稳定可靠。

以上所述仅为本实用新型的较佳实施例而已，并不用以限制本实用新型，凡在本实用新型的精神和原则之内所作的任何修改、等同替换和改进等，均应包含在本实用新型的保护范围之内。

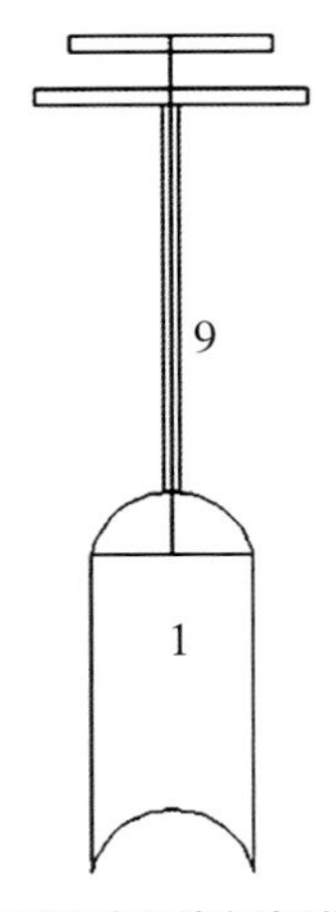

图 1　本实用新型实施例提供的农作物无损伤移苗器整体结构主视图

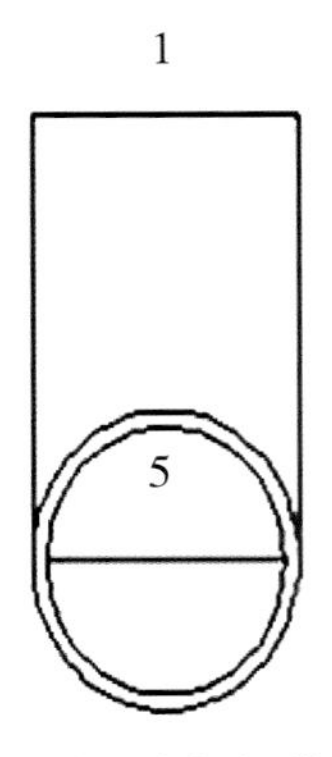

图 2　本实用新型实施例提供的农作物无损伤移苗器套筒和移苗土球推出环的前视图

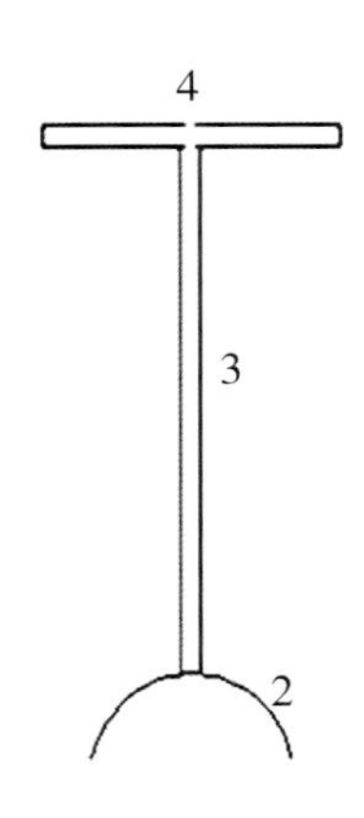

图 3　本实用新型实施例提供的农作物无损伤移苗器土球推出装置部分主视图

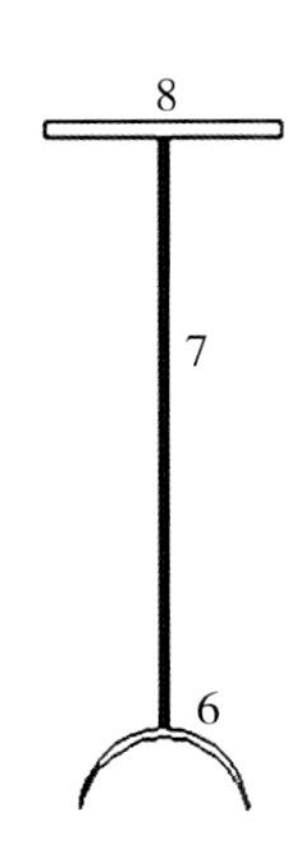

图 4　本实用新型实施例提供的农作物无损伤移苗器带苗土球挖取装置部分主视图

专利名称:一种密植作物深开沟寻墒抗旱穴播机

专利号:ZL 2019 2 0454314.7

说明书

一种密植作物深开沟寻墒抗旱穴播机

技术领域

本实用新型属于农作物抗旱栽培领域,尤其涉及一种密植农作物抗旱寻墒穴播机具。

背景技术

长期以来,干旱缺水是影响我国西北地区农业生产的主要障碍因素。每年早春或作物

证书号第10134389号

实用新型专利证书

实用新型名称：一种密植作物深开沟寻墒抗旱穴播机

发　明　人：曹秀霞；安钰；张炜；钱爱萍；陆俊武；剡宽将；栾勇

专　利　号：ZL 2019 2 0454314.7

专利申请日：2019年04月04日

专 利 权 人：宁夏农林科学院固原分院

地　　　址：756000 宁夏回族自治区固原市原州区大南寺巷137号

授权公告日：2020年03月17日　　　授权公告号：CN 210143269 U

国家知识产权局依照中华人民共和国专利法经过初步审查，决定授予专利权，颁发实用新型专利证书并在专利登记簿上予以登记。专利权自授权公告之日起生效。专利权期限为十年，自申请日起算。

专利证书记载专利权登记时的法律状况。专利权的转移、质押、无效、终止、恢复和专利权人的姓名或名称、国籍、地址变更等事项记载在专利登记簿上。

局长
申长雨

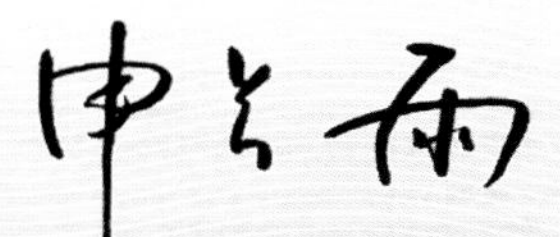

第1页（共2页）

生长季节都会不同程度的发生季节性干旱,并且发生频率越来越高,波及范围越来越广、危害程度越来越大。由于春季干旱土壤墒情差造成夏季农作物播种困难、出苗整齐度不够,甚至会造成缺苗断垄现象严重影响产量和效益的提升。因此,为有效解决上述问题,研制密植农作物抗旱寻墒穴播机具是最为关键的技术措施。近年来,生产中使用的穴播机具绝大多数是针对稀植作物而设计的,在生产中发挥了一定作用,对提高作物的保苗率及增产增收具有明显效果。但是,目前生产中使用的人力穴播机速度慢效率低,机械动力的穴播机虽然效率高但播种深浅不一致出苗率差,并且二者播种深度只有 3~4cm,在旱地土壤墒情差的情况下种子很难吸收到足够的水分而顺利发芽出苗。

实用新型内容

本实用新型的目的在于提供一种密植农作物深开沟寻墒抗旱穴播机,旨在解决目前生产中旱地密植作物播种深度超过 5~10cm 很难出苗,播种深度 3~4cm 因种子播不到湿土层基本无法正常出苗的技术问题,实现深开沟浅覆土穴播,解决因土壤板结出苗困难的瓶颈问题。

本实用新型是这样实现的,一种密植农作物深开沟寻墒抗旱穴播机,包括:1.牵引架、2.调节架、3.底盘框架、4.升降调节手柄、5.行走及传动轮、6.传动轴、7.穴播器主传动齿轮、8.播种量调节主传动齿轮、9.穴播器传动链条、10.播种量调节传动链条、11.底盘框架后樑、12.穴播器轴承固定架、13.开沟器及鸭嘴固定架、14.穴播器传动轴、15.穴播器传动轴承、16.穴播器穴距调节盘、17 开沟器及鸭嘴开合调节装置、18.穴播器副传动齿轮、19.排种管、20.播量调节漏斗、21.播量调节齿轮、22.播量调节副传动齿轮、23.播量调节传动轴、24.种子箱。

由牵引架、调节架、底盘框架、升降调节手柄、行走及传动轮构成牵引行走装置,排种及穴播传动轴、穴播器主传动齿轮、播种量调节主传动齿轮、播种量调节传动链条、排种管、播量调节漏斗、播量调节齿轮、播量调节副传动齿轮、播量调节传动轴、种子箱构成排种装置,穴播器传动链条、底盘框架后樑、穴播器轴承固定装置、开沟器及鸭嘴固定装置、穴播器传动轴、穴播器传动轴承、穴播器穴距调节盘、开沟器及鸭嘴开合调节装置、穴播器副传动齿轮构成穴播装置。

进一步,所述密植农作物深开沟寻墒抗旱穴播机通过行走装置将穴播机的排种装置与穴播装置同步传动,并具有普通条播和深开沟寻墒抗旱穴播的功能。设计的特制开沟器可使开沟深度达到 10~15cm 且开沟上口宽度达 20cm, 采用穴距调节盘旋转弹拨的方式控制鸭嘴开合和穴距调节,穴距根据需要可实现动态调节其变幅可达到 10~20cm,有利于旱地密植作物抗旱播种和顺利出苗,也能发挥抗旱减灾作用,其结构简单紧凑、体积小、操作简单、维修方便、调节使用方便工作性能稳定可靠。

具体实施方式

为了使本实用新型的目的、技术方案及优点更加清楚明白,以下结合实施例,对本实用新型进行进一步详细说明。应当理解,此处所描述的具体实施例仅仅用以解释本实用新型,并不用于限定本实用新型。

下面结合附图及具体实施例对本实用新型的应用原理作进一步描述。

如附图1至附图5所示,一种密植农作物深开沟寻墒抗旱穴播机包括牵引行走装置、排种装置、穴播装置共计24个主要部件构成,由手扶拖拉机牵引适合在旱地尤其是山区旱塬地和梯田使用。由牵引架、调节架、底盘框架、升降调节手柄、行走及传动轮构成牵引行走装置,排种及穴播传动轴、穴播器主传动齿轮、播种量调节主传动齿轮、播种量调节传动链条、排种管、播量调节漏斗、播量调节齿轮、播量调节副传动齿轮、播量调节传动轴、种子箱构成排种装置,穴播器传动链条、底盘框架后梁、穴播器轴承固定装置、开沟器及鸭嘴固定装置、穴播器传动轴、穴播器传动轴承、穴播器穴距调节盘、开沟器及鸭嘴开合调节装置、穴播器副传动齿轮构成穴播装置。

进一步,所述一种密植农作物深开沟寻墒抗旱穴播机,开沟器设计与现有开沟器有所不同,可使开沟深度达到10~15cm且开沟上口宽度达20cm;鸭嘴开合和穴距调节设计与现有的同类机具完全不同,采用的是旋转弹拨的方式控制,播种量和穴距根据需要可实现动态调节,每穴播种粒数根据作物种子大小可控制在5~10粒,穴距变幅可控制在10~20cm。

现有穴播机的播量和穴距无法根据生产需要进行动态调节,播种深度一般3~4cm不利于种子吸水发芽;本实用新型的鸭嘴开合和穴距调节采用旋转弹拨的方式控制,播种量和穴距根据需要可实现动态调节,每穴播种粒数根据作物种子大小可控制在5~10粒,穴距变幅可控制在10~20cm,采用特制的开沟器可将种子播在10~15cm的湿土层并可做到深播种浅覆土,这样不仅能够保证种子吸收充足的水分顺利发芽而且可有效防止土壤板结保证能够出全苗。本实用新型的结构简单紧凑、体积小、操作简单、维修方便、调节使用方便工作性能稳定可靠。

以上所述仅为本实用新型的较佳实施例而已,并不用以限制本实用新型,凡在本实用新型的精神和原则之内所作的任何修改、等同替换和改进等,均应包含在本实用新型的保护范围之内。

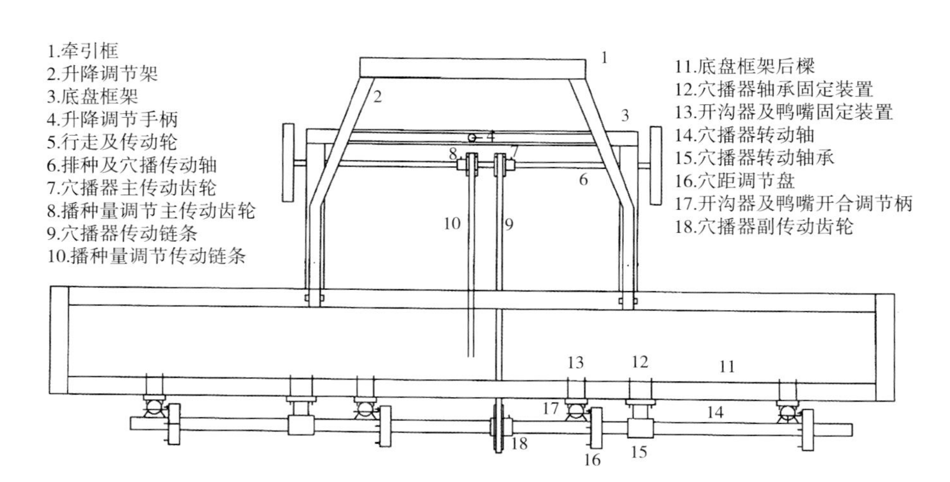

图 1　本实用新型实施例提供的密植农作物深开沟寻墒抗旱穴播机的整体结构主视图

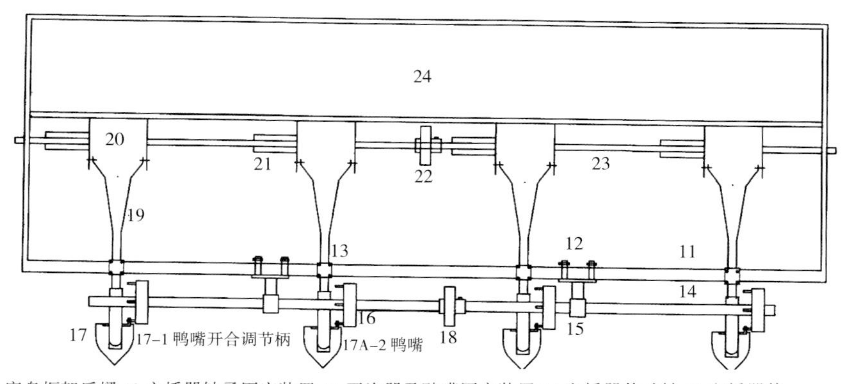

11.底盘框架后樑 12.穴播器轴承固定装置 13.开沟器及鸭嘴固定装置 14.穴播器传动轴 15.穴播器传动轴承 16.穴距调节盘 17.开沟器及鸭嘴 18.穴播器副传动齿轮 19.排种管 20.播量调节漏斗 21.播量调节齿轮 22.播量调节副传动齿轮 23.播量调节传动轴 24.种子箱

图 2　本实用新型实施例提供的密植农作物深开沟寻墒抗旱穴播机的整体结构后视图

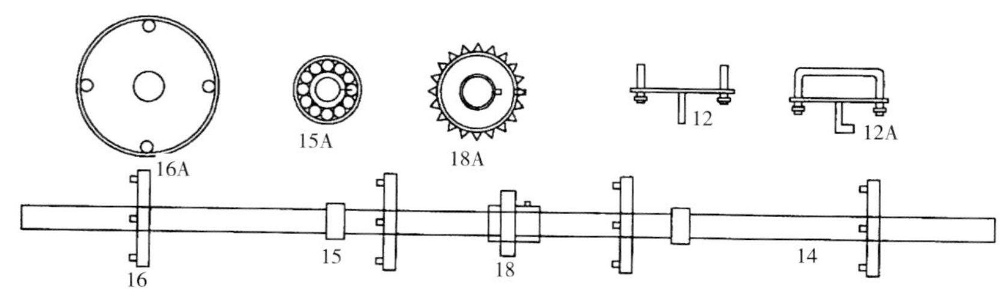

12.穴播器轴承固定装置 12A.侧视图 15.穴播器传动轴承 15A.侧视图
16.穴距调节盘 16A.侧视图 18.穴播器副传动齿轮 18A.侧视图 14.穴播器传动

图 3　本实用新型实施例提供的密植农作物深开沟寻墒抗旱穴播机的穴播器结构主视图

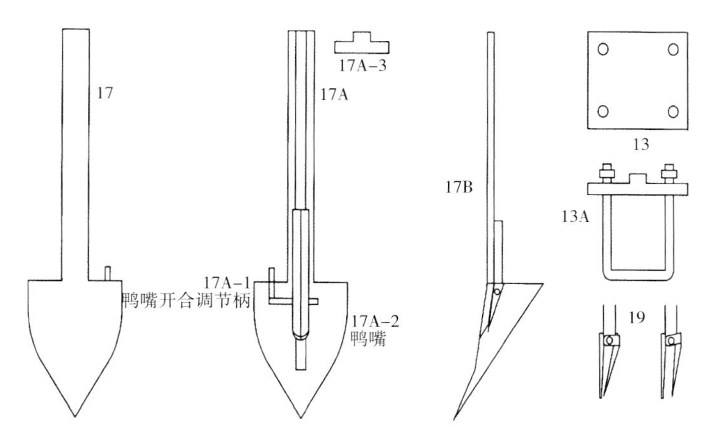

17.开沟器及鸭嘴开合装置正视 17A.后视 17B.侧视 17A-3.横截面 13.开沟器固定装置正视 13A.俯视 19.鸭嘴开合

图 4　本实用新型实施例提供的密植农作物深开沟寻墒抗旱穴播机的关键部件部分主视图

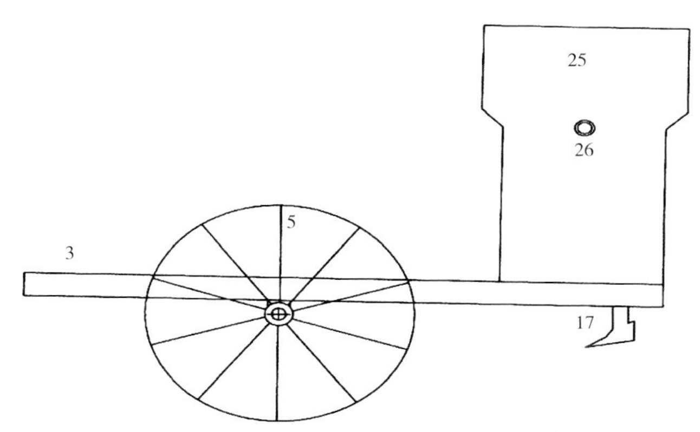

3.底盘框架 5.行走及传动轮 17.开沟器 25.种子箱 26.播种量调节旋钮

图 5　本实用新型实施例提供的密植农作物深开沟寻墒抗旱穴播机的侧视图

第三部分

胡麻育种栽培技术研究论文

宁夏胡麻产业发展初步调研与建议

1 胡麻产业发展优势

1.1 胡麻优势区域

胡麻在宁夏种植历史悠久，是传统的优势特色作物。长期以来已经发展成为全国六大胡麻主产区之一，种植面积占农作物总面积的比例和人均占有量均居全国第一。主要分布在宁夏南部山区固原市的原州区、彭阳县、西吉县、隆德县、泾源县和中部干旱带的吴忠市同心县、盐池县、红寺堡区，中卫市的沙坡头区、海原县等地。

1.2 旱作农业优势作物

宁夏胡麻主产区是当地生态、气候、土壤条件都比较差的区域，人均土地资源比较丰富，但是85%的耕地是旱地。胡麻具有较强的耐旱能力，需水肥较少，产量也比较稳定；从资源合理配置利用和经济效益方面考虑，在旱地发展胡麻生产比较有利。另外还有一个很重要的特点，胡麻是介于夏秋之间，适播期较长(3月下旬至5月上旬)的作物。在旱作农业区，它能够抗旱避旱，提高水分的利用率和抗灾减灾能力；在有灌溉条件的中低产田上能够达到节水省肥，提高经济效益的目的。

1.3 胡麻优势产品

胡麻是油纤兼用型经济作物，而目前绝大部分是以油用为目的栽培。胡麻籽含油率为36%~45%，种子表皮含有10%的果胶，茎秆纤维含量12%~30%，胡麻饼粕粗蛋白的含量23%~33.6%。胡麻油是品位较高的食用油，它富含多种不饱和脂肪酸，其中亚油酸16.7%，α-亚麻酸40%~60%，还含有人体必需的18种氨基酸，3种维生素(A、E、B1)和8种微量元素，它的食疗保健作用被越来越多的人认识。胡麻食品在欧美发达国家非常流行，并受到绝大多数发达国家的高度重视。胡麻产品是提高人们生活和健康水平的重要绿色食品资源，开发的产品主要有胡麻油、胡麻胶、α-亚麻酸保健胶囊、木酚素、胡麻方便食品等。另外，胡麻油中含有较多的不饱和脂肪酸，碘值很高，是一种很好的干性油，在油漆、油墨、涂料、皮革、橡胶等工业有广泛的用途。

2 胡麻产业发展现状

2.1 生产现状

根据胡麻生产发展，可将其生产发展过程划分为3个主要阶段：第一阶段是1980年以前，胡麻生产受当时国家农业政策的影响，基本上属于自然发展状态，种植面积较小、栽培技术落后，产量水平低，全区种植面积不足2.67万hm^2，占当时油料作物总播种面积的25%左右，产量水平20~30kg/667m^2，并且很不稳定。当时山区大多数采用胡麻与芸芥混种的方式种植，油品加工也是与芸芥籽一起混合加工，使胡麻的优势不能得到很好的发挥。第二阶段是1980—1990年，是胡麻生产发展最快最好的时期，也可以说是宁夏油料作物生产的一次技术革命。首先对全区油料作物种植结构进行了全面调整，压缩了产量低、品质差的芸芥和油用大麻的种植面积，大幅度增加了胡麻种植面积。取得了胡麻优良新品种宁亚5、8、9、10、11、12号和胡麻密肥高产模式化栽培技术规程为代表的一批优秀科研成果。将传统栽培技术与新品种、新技术组装配套，形成了“良种良法配套”的栽培技术体系。在农业部“丰收计划”和自治区“主要粮油作物大面积均衡增产”的科研、示范推广项目的带动下，得以大面积推广应用，加上胡麻籽市场价格一路上扬、农民种植积极性高涨，使全区胡麻年播种面积达到8.0万hm^2以上，种植面积最大时达到9.3万hm^2，单产水平显著提高，并创造了宁亚11号最高单产达200kg/667m^2的高产纪录，取得了比较辉煌的成就。第三阶段是进入20世纪90年代，胡麻生产面临的主要问题，一是胡麻的枯萎病在宁夏开始流行，给胡麻生产造成了比较严重的损失，大面积推广的胡麻良种宁亚10、11号严重感病退化，使胡麻的产量水平和种植面积大幅度下降；二是实施“温饱工程”发展地膜玉米和马铃薯，压缩其他作物种植面积。在此期间固原市农科所针对胡麻生产存在的关键问题，分析了国内外市场的需求，对影响胡麻生产发展的关键技术问题进行了攻关研究。选育出了高产高抗胡麻枯萎病的胡麻新品种宁亚14、15、16、17号，提高了胡麻产量水平和投入产出效益，使胡麻生产得到了快速的恢复和发展，种植面积达5.3万hm^2左右，胡麻的水地平均产量达125kg/667m^2以上，最高产量可达200kg/667m^2，旱地产量30~75kg/667m^2，最高产量可达125kg/667m^2。

2.2 产品加工及销售现状

目前，宁夏胡麻加工产品有胡麻油、胡麻饼粕，胡麻油主要以食用为主。本区生产的胡麻籽不能满足加工和消费需要，相当部分加工原料来源于甘肃和新疆。胡麻油精加工企业有8家，主要有家家百顺食用油有限公司，生产销售“家家”牌精炼胡麻油；同心精炼胡麻油厂，生产销售“众优”牌精炼胡麻油；原原食用油公司生产销售“广林子”牌精炼胡麻油；润泽粮油有限公司，生产销售“六盘清”牌纯胡麻油。普通胡麻油品加工没有一家有规模的加工企业，基本都是个体加工小作坊。胡麻饼粕主要用于生产各种配合饲料，主要销往四川、湖北等省（市）。

宁夏虽然为全国六大胡麻主产区之一,种植面积占农作物总面积的比例和人均占有量均居全国第一,但是产业发展和产品开发与当地农业特色优势产业发展和资源优势利用不协调。

3 存在的关键问题

3.1 新品种、新技术成果转化率低

长期以来,投入胡麻产业的经费较少,选育高产、优质、多抗新品种和高产稳产标准化栽培技术缺乏项目带动,致使胡麻产业领域科技创新能力不强,新品种,新技术推广的力度小,速度慢,影响着胡麻产业的发展。

3.2 病虫害、草害严重

在胡麻种植过程中,对病虫草害的监测防控重视不够,尤其是草害尤为严重。当地群众大多采用人工除草,既加大了劳动强度,又增加了生产成本。生产中缺乏针对性强、经济高效的病虫草害防控技术措施,从而直接影响胡麻生产的产量和效益,导致胡麻产业发展缓慢。

3.3 科技支撑能力不强

诸如测土配方施肥、抗旱节水种植、标准化栽培技术的研究滞后,而现有的新品种和栽培技术得不到大面积推广应用,胡麻单产水平难以大幅度提高。耕作收获等生产环节的机械化程度低,生产成本不断增加,农民的投入产出效益不够理想。

3.4 加工龙头企业少,产品单一

胡麻加工产品只有胡麻油、胡麻饼粕。1986 年筹建了 10 个亚麻厂,进行胡麻纤维加工,设计年加工能力 1000t 左右。1988 年相继开始投产,但是大部分因为加工技术落后,厂房和设备条件差已全部停产。虽然有几家胡麻油加工企业,但是多数加工规模小,产品单一,缺乏市场竞争优势。

4 发展思路及建议

4.1 加强新品种选育和新技术研究与示范推广

培育丰产、高抗、高油、广适胡麻新品种;开展标准化栽培胡麻生产新技术研究。加大科技成果转化力度,示范推广测土配方施肥、抗旱节水种植、间作套种等高产、高效综合配套技术。力争到“十二五”末,使宁夏良种胡麻种植面积达到 6.67 万 hm^2 左右,平均单产水平提高到 72kg/667m^2,总产达到 7.2 万 t,使新品种、新技术覆盖率达到 80%以上。

4.2 建立健全胡麻病虫草害监测与防控体系

示范推广高效低毒化学农药、生物农药、生物防治等无公害新技术,把胡麻病虫草害造成的损失控制在最低程度。

4.3 研发推广耕作收获等专用机械

提高耕作收获等生产环节的机械化程度,减少用工量,降低生产成本,提高生产效率。

4.4 培育壮大胡麻产品加工龙头企业

推动宁夏胡麻产业协调、健康、快速发展。根据胡麻生产、产品加工、产业开发、加工企业发展的现状和实际情况。构建胡麻绿色产品原料生产基地,产品加工、销售一条龙的流通体系。使科研、生产、加工和销售有机结合,培育具有一定规模的食用油、保健食品、方便胡麻食品和优质配合饲料等加工龙头企业,开发胡麻胶、营养保健食品等新产品,培育宁夏优势特色产业新的经济增长点。依托国家油用胡麻现代产业技术体系建设,实施胡麻产业发展带动战略,稳定增加农民收入,推进宁夏优势特色农业的产业化发展。

曹秀霞,内蒙古农业科技,2009(6)

宁夏胡麻生产现状及发展趋势

胡麻是宁夏的主要油料作物,也是重要的大田经济作物。宁夏是全国6个胡麻主产区之一,年播种面积7.5万 hm^2 左右,总产量达6.5万t。在宁夏中部干旱带和南部山区农作物布局中占有重要地位。胡麻除满足人们对食用油的需求外,也是一些主产区农民的重要经济来源,胡麻生产不仅关系到种植业的发展,同时也影响到相关的加工业和养殖业的发展。因此,发展胡麻生产对促进宁夏旱作节水农业的持续发展具有重要的战略意义。

1 胡麻的生态特性及分布区域

1.1 胡麻对生态条件的要求

胡麻是喜凉爽和干燥气候的长日照作物。种子萌发要求最低的温度1~3℃,当温度高于5℃时即可出苗;苗期有一定的抗寒能力,能耐短期-4℃的低温;蒴果发育与种子形成期间最适温度为17~22℃。从播种至成熟期要求≥10℃有效积温1700~2200℃。胡麻耐旱能力较强,水肥临界期是在现蕾至开花阶段。与其他作物相比,胡麻的需水肥比较少,产量也比较稳定。胡麻有一个很重要的特点,就是它是介于夏秋之间,适播期较长(3月下旬至5月上旬均可播种)的作物,对宁夏干旱带和南部山区气候干旱、土壤瘠薄的生态条件有着特殊的适应性,对自然降水的利用率比较高。

1.2 胡麻的分布区域

宁夏的胡麻种植主要分布在中部干旱带和南部山区的中卫市的海原县和中卫香山;吴忠市的同心县、盐池县、红寺堡区;固原市的原州区、彭阳县、西吉县、隆德县、泾源县等地,这些地区也是宁夏生态、气候、土壤条件都比较差的地区，并且胡麻主要分布在山区旱地。当发生严重春旱夏粮作物无法播种时，它又是主要的避灾救灾作物。因此，胡麻是宁夏南部山区“油盆”中一颗璀璨的明珠。

2 宁夏胡麻的生产现状及存在问题

据史料记载，胡麻在宁夏的种植历史比较悠久，对当地生态条件也有比较好的适应性，胡麻油品质好，是宁夏人民唯一的食用油。改革开放以来市场经济的发展为宁夏胡麻生产的发展提供了良好的机遇，使胡麻生产得到了很好的发展。目前，国内食用油市场供给比较紧缺，国家非常重视油料作物生产的发展，是宁夏发展胡麻生产和产业开发的又一次历史机遇，将会使宁夏的胡麻生产和产业化开发得到更好的发展。

宁夏胡麻科研工作起步于20世纪50年代，主要开展品种资源及与之相关的应用基础研究；胡麻新品种选育，丰产栽培技术等研究工作取得了大量具有实际应用价值的资料和科研成果。上世纪80年代初，固原地区农科所选育出了胡麻优良新品种宁亚8、9、10号，宁亚8、9号的选育成功结束了宁夏南部山区没有当家胡麻良种的局面，使胡麻的播种面积和单产水平都有显著提高，1981年获自治区重要科学研究成果奖。宁亚10号的选育成功使宁夏的胡麻良种得到了全面更新，单产水平由原来的1500kg/hm² 提高到2250kg/hm²，创最高单产纪录2755kg/hm²，在宁夏乃至周边省区的胡麻生产中取得了比较辉煌的成就，1986年获自治区科技进步二等奖，1990年获第五届全国发明展览会“铜牌奖”，截止2000年在区内外累计推广种植面积超过120万hm²，创新增产值超过2.5亿元人民币。宁夏农科院作物研究所，选育的宁亚1–7号和宁亚11号，其中宁亚5、11号在宁夏全区推广种植面积较大，其中宁亚11号在宁夏南部山区最高单产达3000kg/hm²，创造了宁夏胡麻单产的最高纪录。同时栽培技术研究也取得了显著成效，研究的《胡麻密肥高产栽培技术规程》，胡麻与甜菜、玉米、向日葵等作物套种的高产、高效种植模式，被大面积推广应用，取得了显著的社会经济效益。

20世纪90年代初，胡麻枯萎病在宁夏开始流行，给胡麻生产造成了比较严重的损失，大面积推广的胡麻良种宁亚10、11号都不抗枯萎病，使胡麻的产量水平和播种面积大幅度下降，固原地区农科所选育出的高产抗病（枯萎病）胡麻新品种宁亚14、15号，为胡麻枯萎病的防治找到了既环保又经济有效的途径，控制了胡麻枯萎病的发生流行，使胡麻生产得到恢复和发展，填补了宁夏胡麻抗病品种选育研究的空白，实现了宁夏胡麻品种的第三次更新换代。在区内外累计推广23.88万hm²，创新增产值1.3亿元。“高产抗病胡麻新品种宁亚14、15号的选育推广”2001年获自治区科技进步二等奖；引进纤维亚麻品种黑亚三号，内纤亚一号、阿里安等为亚麻加工企业建立了优质的原料基地。2000年以来，相继又选育出了丰产抗病的胡麻新品种宁亚16、17号，产量水平和抗病（枯萎病）能力都有明显提高，使宁夏胡麻生产实现了第四次更新。

随着胡麻生产和科学技术的发展，育种手段在传统的技术和方法的基础上也进行了一些新技术、新理论的研究，利用钴 60-r 射线处理选育出了胡麻良种宁亚 10 号，利用离子注入法和胡麻雄性核不育材料及枯萎病人工鉴定圃，创造和培育出了宁亚 14、15、16、17 号胡麻高产抗病新品种及一批资源材料。将“数量遗传学”理论与计算机技术结合，对胡麻主要数量性状遗传规律进行了比较系统的研究，研究结果在国内外学术期刊上发表，为胡麻品种的选育提供了可靠的科学参数和理论依据。目前胡麻生产和科研工作中存在的主要问题，一是生产中推广品种的产量水平和品质(种子含油率、亚油酸、a-亚麻酸含量)还没有取得突破性的进展；二是育种方法单一(主要是采用杂交选育)，种质资源材料不足、研究经费短缺、设备落后；三是新品种、新技术的推广力度不够，使现有的科研成果还不能最大限度地转化为生产力，因此，胡麻生产的比较效益和生产总体水平不高；四是对胡麻产业化开发研究重视不够，使宁夏丰富的胡麻资源优势不能很好地转化为经济优势；五是在农业结构调整过程中，对胡麻在农业生产中的地位、市场和产业化开发的前景认识不足，目前宁夏食用胡麻油市场供给严重短缺，大量原料从外地调入。上述问题是制约胡麻生产和科研工作发展的关键问题。

3 宁夏胡麻生产及产业化发展前景

3.1 胡麻用途广泛产业优势突出

胡麻是油纤兼用型经济作物，而目前绝大部分是以油用为目的栽培。胡麻籽含油率为 40%~45%，种子表皮含有 10%的果胶，茎秆纤维含量 12%~20%，胡麻饼粕粗蛋白的含量 23%~33.6%。胡麻的主副产品被广泛地运用于轻工、纺织、饲料加工、养殖等行业，亚麻纺织品在国内外市场备受青睐。因此，胡麻是宁夏优势特色农业产业资源。

3.2 胡麻是提高人们生活和健康水平的重要资源

胡麻油是品位较高的食用油，它富含多种不饱和脂肪酸，其中亚油酸 16.7%，a-亚麻酸 45%~55%；胡麻油中还含有人体必需的 18 种氨基酸，三种维生素(A、E、B1)和 8 种微量元素，它的食疗保健作用被越来越多的人认识。根据研究报导，美国国家癌症研究所进行食物的研究，寻找可能预防癌症的食品和药物，第一个证明最有前途的食品就是胡麻籽。因为在胡麻籽的细胞间质中含有一种化学物质，叫作木酚素，其含量在所有植物中是最高，比其他常用谷类、豆类等要高出 100~800 倍。胡麻油目前风行全美国，通过计算机网络已经波及绝大多数先进的发达国家，德国生物化学家布德威格，这位世界上研究脂肪、油类营养的权威，他领导的实验室用胡麻油结合其他天然方法，治疗癌症、心脏病、类风湿性关节炎和其他退行性病变，获得了惊人的成果。我国营养学专家库宝善在《不饱和脂肪酸与现代文明疾病》一书中对胡麻油在人体预防医疗保健方面的最新研究成果进行了详细论述，把胡麻油誉为“高山上的深海鱼油”。因此，胡麻的产业化开发和发展有着潜在市场和十分诱人的前景。

4 宁夏胡麻产业化发展的建议

胡麻全身是宝，产业化利用程度高，是我区宝贵的农业绿色资源财富，也是无污染的环保型产业，有巨大的潜在市场和很好的开发利用前景。为了把胡麻产业做大做强，建议采取如下措施。

4.1 加快胡麻新品种选育与高新栽培技术的引进推广

加快高产、优质、多抗胡麻新品种引进选育和示范推广的步伐，建立良种繁育基地，实行统一供种，实现良种化，改变目前生产中品种混杂退化问题。积极引进国内外高产、优质品种，进行筛选培育，并大面积推广，使胡麻的单产水平在现有基础上提高 15%~20%，品质也有较大突破。注重选育适合加工的专用品种，使胡麻品种的含油率、蛋白质含量、亚麻酸含量、纤维品质接近或达到国际标准，发挥优良品种的独特优势，使宁夏的胡麻生产及产品具有很强的国际竞争能力。

目前胡麻生产中采用的栽培技术绝大部分是传统的种植技术，严重影响着胡麻的生产水平和经济效益的提高。今后要大量引进覆膜栽培、集约化立体复合种植、抗旱保水剂应用技术、加强抗旱品种的选育推广，逐步将精准农业技术用于胡麻生产，提高胡麻的经济效益。

4.2 对胡麻生产布局进行科学合理的规划

目前我区胡麻种植比较分散，投入相对不足，经营比较单一，对胡麻生产进行科学合理的规划布局势在必行。应将年播种面积稳定在 8.0 万 hm^2 以上，并按照生态区域和产业开发需要合理布局。一是把半阴湿区发展为油纤兼用的旱地胡麻种植区；二是有灌溉条件的川水地应发展成胡麻的立体复合种植及产业开发的优质、高效示范区，推广胡麻与玉米、饲用甜菜等间作套种模式，发展设施养殖和油品、纤维、饲料加工业，形成种养加、产供销一体化经营模式，进一步向胡麻布局区域化、生产专业化、管理规范化、服务社会化的产业化经营方向发展，形成区域特色经济；三是把半干旱区发展为油用型胡麻种植区，宜大力推广优质、抗旱品种，引进推广抗旱、增产的新技术，发展油品和饲料加工业，大幅度提高产量和经济效益。

4.3 扶持发展加工龙头企业，带动胡麻产业发展

宁夏固原市在 20 世纪 80 年代初就在山区各县建立了一批亚麻和油品加工企业，但由于种种原因而发展缓慢，为了加快产业化发展，政府部门应该积极进行宏观调控。在种植业方面，应积极引导农民推广胡麻新品种、新技术，提高产量增加农民收入；在加工方面，应帮助现有企业转换经营机制，搞活流通，提高效益，走企业加农户的产业化经营之路，促进农民脱贫致富，为企业发展解困，达到利益共享、共同发展的目的，把现有企业做大做强，使之成为产业的龙头，带动胡麻产业的发展。

4.4 建立带动产业发展的科技示范基地

宁夏胡麻生产和开发所采用的传统模式，已不能适应市场经济和产业化发展的需求，必须根据市场需求，建立一批具有一定规模的种养加相结合、利益互补的产业基地和龙头企业，将产前、产中、产后诸环节整合为一个产业系统，实现种养加、产供销、贸工农一体化经营，形成自我积累、自我发展的良性循环发展机制，使之真正成为农业产业化经营的新型机制。

4.5 扩大对外宣传、招商引资、深度开发

对我区的胡麻资源优势和开发前景，要利用各种宣传方式向国内外进行宣传推介，并制定产业发展的优惠政策，积极招商引资，吸引外商、外资和社会资金，参与对亚麻、油品、保健食品、果胶、饲料加工等的深度开发，形成稳定的产业链，形成具有特色的品牌优势，开拓市场，把资源优势变为商品优势，使之成为宁夏农业产业化中的特色经济。

曹秀霞，张炜，安徽农学通报，2009，15(23)

宁夏胡麻产业现状及发展对策建议

胡麻(*Linumusitatissimum L.*)，又称油用亚麻，主要分布在华北、西北高寒干旱地区和农牧交错带，宁夏胡麻种植历史悠久，主要分布在宁夏南部山区固原市和中部干旱带的吴忠市同心县、盐池县，中卫市的海原县等地。是宁南山区的传统优势作物，也是宁夏的主要油料作物，全自治区胡麻常年播种面积 4 万~5.3 万 hm^2，占全国胡麻播种面积的 10%以上，人均胡麻种植面积和产量均居全国第一，已经发展成为全国六大胡麻主产区之一。

1 国内外胡麻产业发展和贸易概况

1.1 国外胡麻产业发展和贸易概况

目前，加拿大是全世界最大的胡麻籽生产国和出口国，胡麻籽产量约占世界总产量的 40%。中国、美国、印度的产量占 40%，欧盟等其他国家的产量占到 20%。加拿大每年出口欧洲的胡麻籽 55 万~60 万 t，出口中国和日本 25 万 t 左右，出口美国 15 万 t 左右。

1.2 国内胡麻产业发展和贸易概况

随着种植业结构的不断调整，我国胡麻播种面积与 20 世纪 80 年代相比有明显减少，但是单产水平在稳步提高。据农业部统计 2006—2010 年播种面积 37 万~40 万 hm^2，总产量基本在 35 万~40 万 t；单产水平 945~1005kg/hm^2，有逐年稳步提升趋势。国内胡麻籽需求量

逐步增加，已经取代欧洲成为加拿大最大的胡麻籽进口国，2011 年上半年从加拿大进口胡麻籽 15 万 t。2009—2010 年度我国胡麻油消费量(含工业消费)为 18.8 万 t,需求量有进一步增加趋势。

2 胡麻资源优势与产业开发前景

胡麻籽含油率为 36%~45%,胡麻油是品位较高的食用油,它富含多种不饱和脂肪酸和木酚素,其中亚油酸 16.7%,a-亚麻酸 40%~60%,还含有人体必需的 18 种氨基酸,3 种维生素和 8 种微量元素,它的食疗保健作用被越来越多的人认识,具有很好的营养保健价值是提高人们生活和健康水平的重要食品资源。

目前胡麻产品已经得到广泛开发利用,在发达国家已经从食用油和工业用油拓展到高级营养保健品、高亚麻酸方便食品以及生产高亚麻酸畜禽产品饲料的添加原料等,高亚麻酸食品已经成为日常餐桌上不能缺少营养保健食品;在国内市场上也有胡麻营养保健产品上市。总之,胡麻的主副产品被广泛地运用于轻工、纺织、饲料加工、养殖等行业,因此,胡麻产品有很大的潜在市场和很好的开发利用前景。

3 宁夏胡麻生产和科技创新

3.1 宁夏胡麻生产发展现状

宁夏胡麻种植历史悠久,主要分布在宁夏南部山区固原市和中部干旱带的吴忠市同心县、盐池县,中卫市的海原县等地。是宁南山区的传统优势作物,也是宁夏的主要油料作物,在宁南山区和中部干旱带农作物布局中仅次于马铃薯、小麦和玉米居第四位,全自治区胡麻常年播种面积 4 万~5.3 万 hm^2 占全国胡麻播种面积的 10%以上,总产量达 5 万多 t。人均胡麻种植面积和产量均居全国第一,已经发展成为全国六大胡麻主产区之一。

我国食用植物油市场供应严重短缺,国产食用植物油供应份额只占总量的 40%左右。宁夏自产胡麻油品人均占有量约 3.0kg,只能满足需求量的 30%~40%,市场供应缺口较大,每年都要从外省区调入或国外进口大量胡麻和菜籽油来满足本区市场供应。

2008 年开始,国务院出台了《关于促进油料生产发展的意见》明确指出:“国内食用植物油产需缺口不断扩大,要因地制宜,大力发展芝麻、胡麻、油葵、油茶、油橄榄等作物生产。”农业部在全国开展了高产创建示范活动，油料作物生产得到了相应的政策和资金的支持，使宁夏的胡麻生产得到进一步发展。

3.2 宁夏胡麻生产科技创新情况

3.2.1 胡麻新品种选育

80 年代初,固原市农科所选育出了胡麻优良新品种宁亚 10 号,宁亚 10 号的选育成功使宁夏的胡麻良种得到了全面更新，在宁夏乃至周边地区的胡麻生产中创造了辉煌的成就。宁夏农科院作物研究所选育的宁亚 11 号在宁夏全区推广种植面积较大,宁亚 11 号曾经成为水地胡麻主栽品种。20世纪90年代以来,固原市农科所选育出的高产抗病(枯萎病)胡麻新品种宁亚14、15、16、17号,为胡麻枯萎病的防治找到了既环保又经济有效的途径,2009年又选育出了宁亚19号,在胡麻的抗旱避灾方面发挥着重要作用。宁夏胡麻主产区域生态环境复杂,多年来在生产中没有适合推广的外来品种,自育的品种占有主导地位,实现了品种的本地化。

3.2.2 胡麻配套栽培技术

2009年国家胡麻产业技术体系在固原设立了综合试验站和胡麻虫害防控科学家岗位,组建了胡麻产业技术研发团队。通过胡麻产业技术体系和农业部高产创建示范项目的带动,在胡麻主产区域建立新品种和新技术的集成组装配套的大面积示范基地,开展技术指导培训和技术咨询活动。解决了一些胡麻产业发展急需和农民期盼的关键技术问题。

抗旱节水技术开展了胡麻垄膜集雨沟播种植技术研究,经过几年试验得出采用垄膜集雨种植技术可比对照露地平种增产12.67%~47.42%。研制的配套机具获得了国家新型实用型专利,制定了《胡麻垄膜集雨沟播栽培技术规程》地方标准。

施肥技术根据土壤营养元素的平衡法则,对氮、磷、钾与微量元素的科学合理搭配组合效果进行研究。试验结果:使用微肥硼肥、锌肥可比对照增产18.54%、13.44%。

化控技术应用利用植物生长调节剂(缩节胺)使胡麻植株高度降低10cm左右,为抗倒伏研究奠定了基础。《利用缩节胺控制胡麻植株高度》获国家发明专利。

胡麻病虫草害防控技术利用抗(耐)病胡麻新品种对胡麻枯萎病实施了有效控制;利用化学杀菌剂对胡麻白粉病进行了有效防治。提出胡麻主要害虫无公害防控技术方案,制定了《无公害胡麻(亚麻)生产技术规程》地方标准。研究筛选出了安全防除胡麻田杂草的化学除草剂。每666.7m^{2}可减少除草劳动力2~3个,减少除草成本150~250元,解决了农民渴望解决的除草难技术问题。

3.3 宁夏胡麻生产和科技创新中存在的问题

虽然宁夏胡麻生产具有优势,科技创新解决了农民期望解决的一些技术难题,但仍然存在一些问题:一是育种方法、技术和模式落后,生产中推广品种的产量水平和品质还没有取得突破性的进展;二是胡麻新品种及配套栽培新技术推广力度不够,使现有的科研成果还不能最大限度地转化为生产力和经济、生态和社会效益,因此,胡麻生产的比较效益和生产总体水平不高;三是机械化程度低,由于胡麻大多种植在山区旱坡地和山地,区域化布局少,相对分散种植多,没有专供胡麻生产的机械动力和配套机具,广大农户仍然以人力、畜力为主,生产力水平比较低,费时费工,影响了宁夏胡麻的种植规模;四是产业化开发滞后,胡麻高级营养保健食用油品、营养保健功能产品开发相对滞后,使丰富的胡麻资源优势不能很好地转化为经济优势。

4 促进宁夏胡麻产业发展的对策建议

4.1 加快科技创新提高科技支撑能力

采用常规育种与现代育种新技术相结合，加快胡麻新品种引进选育，使胡麻品种的丰产、抗逆（耐旱、抗病、抗倒伏）、优质（含油率、营养保健功能因子）和适合机械化作业的特征特性有突破性进展，充分发挥优良品种独特优势，提升胡麻生产及产品在国内外市场上的竞争能力。

以合理营养施肥、抗旱节水、间作套种等高产、高效、标准化栽培技术研发创新为重点。加强胡麻垄膜集雨沟播节水种植技术集成配套研究，提高自然降水和土壤水分的利用效率，提高抗旱避灾能力和生产效益。逐步将保护性耕作技术、精准农业技术用于胡麻生产，不断提升胡麻生产的经济、生态和社会效益。

胡麻生产安全保护技术的研发创新，是提高胡麻产量和效益的关键。由于胡麻籽富含多种营养保健物质，被誉为“高山上的深海鱼油”，是天然营养保健功能食品的生产原料，因此胡麻的无公害安全生产就显得尤为重要。加强高效、低毒、低残留的化学杀虫、杀菌、除草剂和生物农药的筛选应用，加快生物防治技术应用的研发创新。

4.2 做好产业发展规划促进科学高效发展

根据宁夏胡麻不同种植区域生态和资源条件，确定合理的种植模式和品种搭配，搞好科学布局。一是半阴湿种植区的旱地胡麻以油用或油纤兼用型耐旱品种为主，适当配套抗旱节水种植模式；二是有灌溉条件的川水地胡麻以油用型抗倒伏性强的品种为主，集成配套立体复合种植模式。加快高级营养保健食用油品、营养保健功能产品、高亚麻酸食品开发，带动食品加工、设施养殖、饲料加工业等行业共同发展。使胡麻产业真正发挥其资源优势和区域特色经济优势。

4.3 加快成果转化促进产业提质增效

对育成的高产、优质、抗病新品种和研发创新的胡麻垄膜集雨抗旱节水技术、密肥高产栽培技术、病虫草害防控技术，进行大面积的示范推广。促进现有的科研成果最大限度的转化为生产力和经济、生态和社会效益，促进胡麻产业提质增效。

4.4 提高胡麻生产机械化水平

对胡麻等适合山区种植的作物进行统一规划，合理轮作，实行集中连片种植规模，便于农业机械的集中统一高标准作业。开展胡麻种植、收获等机具引进及改进，农机农艺融合技术研究，开发适合山区不同作物生产的一机多用型中小型农业机械，解决适合胡麻种植、收获等环节的机械化问题，减轻劳动强度，解放劳动生产力，提高胡麻种植效益。

4.5 加快胡麻生产的政策支持力度，促进产业向高质化方向发展

加大胡麻产业关键技术研发创新经费支持力度，将胡麻新品种选育和种质资源创新研

究纳入“自治区育种专项”。实行油料作物良种的财政补贴和奖励制度，在胡麻主产区，逐步把胡麻列入粮食直接补贴和农资综合直补的范围。

培育具有一定规模的种养加相结合、利益互补的产业基地和龙头企业，实现种养加、产供销、贸工农一体化经营，建立现代农业产业化经营的新机制。对我区的胡麻资源优势向国内外进行宣传推介，并制定产业发展的优惠政策，吸引外商、外资和社会资金参与高档食用油品、保健食品、高亚麻酸食品的深度开发，把资源优势变为商品优势。

陆俊武，曹秀霞，钱爱萍，剡宽将，宁夏农林科技，2017，36(11)

胡麻丰产早熟新品种——宁亚19号选育

全国胡麻生产区域绝大部分分布在高寒干旱地区，低温干旱是胡麻生产的主要自然灾害。根据胡麻适播期较长的特性，选育丰产早熟的胡麻品种延长播种期，以规避春季干旱造成的减产或灾害损失，提高胡麻产量水平和种植效益。经过多年的比较鉴定选育，育成了丰产、早熟、耐寒、耐旱、抗胡麻枯萎病的胡麻新品种宁亚19号。

1 选育经过及方法

该品种于1994年选配杂交组合进行人工去雄授粉杂交，1995年种植F_1代，1996年种植F_2代并选择优良单株材料，1997—1998年进行株系选择，1999—2000年进行品系观察试验，2001—2003年进行品系鉴定试验和抗病性鉴定（枯萎病），2004—2005年进行品系比较试验，2006—2007年参加本区胡麻区域试验，2008—2009年参加本区胡麻生产试验。

2 产量表现

品系比较试验的平均种子产量2324.34kg/hm^2，比对照平均增产11.83%；区域试验种子平均单产2080.73kg/hm^2，平均增产13.11%；生产试验种子平均单产2158.35kg/hm^2，比对照平均增产21.28%。

3 特征特性

该品种植株高度56.4cm，工艺长度38.6cm，属油麻兼用型品种。株型紧凑，结果比较集中，植株有效分枝8.3个，植株结果17.2个，单果7.8粒，千粒重7.5g。种子浅褐色，经农业部谷物及制品质量监督检验测试中心检测：籽粒粗脂肪含量41.26%。生育天数为92~109d，属于中早熟品种。主要特性就是早熟、丰产、稳产性好、耐旱，抗胡麻枯萎病，适应性较广。适应在宁夏南部山区旱地、水浇地和中部干旱带以及北部水浇地种植,也适宜在比邻省区的周边地区种植。

4 主要栽培技术要点

4.1 施肥

以施底肥为主,一般水地施有机肥 30000kg/hm^2、旱地施有机肥 15000kg/hm^2,化肥尿素 75~120kg/hm^2,化肥磷酸二铵 100~150kg/hm^2。一般施化肥磷酸二铵 45~60kg/hm^2 作种肥,化肥尿素不适合做种肥;合理追施化肥,在浇第一次水时追施化肥磷酸二铵 120~1150kg/hm^2,化肥尿素 75.0kg/hm^2。

4.2 播种

适时早播,宁夏半干旱区可在 4 月上旬抢墒播种,一般旱地播量 45.0~60.0kg/hm^2,密度应达到 300 万~450 万/hm^2。水地一般播种量 60.0~75.0kg/hm^2,密度应达到 525 万~675 万/hm^2。

4.3 轮作倒茬

合理轮作不但能改善土壤养分结构,而且能够使胡麻合理高效利用土壤中的营养成分,减轻土壤中胡麻枯萎病的病原菌残留,还可以预防或减轻枯萎病的危害;虽然该品种属于抗胡麻枯萎病的品种,但是在连作或重茬种植的情况下也会使胡麻生长发育和产量表现受到一定影响,因此,把轮作倒茬的周期安排在 3 年以上比较适宜。

4.4 浇水

浇好头水,一般在胡麻出苗以后 30~40d 浇好第一次水比较重要,以后浇水应根据田间土壤水分含量和天气情况确定,避免因浇水过多而造成胡麻倒伏减产。

4.5 田间管理措施

在胡麻将要出苗时如果遇到土壤板结时,应适时破除土壤表层板结确保胡麻顺利出苗。中耕除草,注意防治黑绒金龟甲、胡麻蚜虫、蓟马、苜蓿盲蝽和黏虫等害虫的危害。

曹秀霞,张炜,杨崇庆,钱爱萍,种子,2016,35(6)

胡麻抗旱新品种宁亚 20 号

胡麻(*Linumusitatissimum L.*),又称油用亚麻,主要分布在华北、西北高寒干旱地区,宁夏主要在中南部山区种植，是宁夏主要的油料作物和抗旱避灾作物。由于生态气候条件变化，干旱缺水已经成为影响胡麻产业发展的主要因素，抗旱品种对胡麻丰产稳产至关重要，经过十多年选育，育成了适宜胡麻主产区的生态和生产条件，丰产性好，稳产性、抗旱性强，农艺性状结构相对合理，品质优良的胡麻新品种宁亚 20 号。

1 选育经过

2 产量表现

2.1 品系比较试验种子产量结果

2004—2006 年进行品系比较试验，对照品种为宁亚 14 号，2004 年种子单产 1937.70kg/hm²，比对照增产 9.52%；2005 年种子单产 2608.50kg/hm²，比对照增产 15.41%；2006 年种子单产 2479.80kg/hm²，比对照增产 12.57%，3 年种子平均单产为 2342.00kg/hm²，比对照平均增产 12.50%。

2.2 区域试验种子产量结果

2011—2012 年宁亚 20 号参加宁夏胡麻品种区域试验，对照品种为宁亚 14 号，由表 1

可知,宁亚20号2年4个点次均表现增产，2011年4个点次平均产量为1426.39kg/hm^2，比对照品种宁亚14号增产14.74%;2012年4个点次平均产量为1751.55kg/hm^2,比对照品种宁亚14号增产15.77%;2年平均产量为1588.97kg/hm^2,比对照品种宁亚14号平均增产15.25%。

表1 2011 —2012年宁亚20号胡麻区域试验种子产量结果表

年份	试验地点	产量(kg·hm^{-2})		较对照
		宁亚20号	宁亚14号	增产(%)
2011	原州区清河镇	1228.65	918.45	33.77
	隆德县沙塘镇	1524.00	1341.45	13.61
	彭阳县白阳镇	1091.10	903.30	20.79
	西吉县将台乡	1861.80	1809.30	2.90
	平均	1426.39	1243.20	14.74
2012	原州区清河镇	1689.30	1351.35	25.01
	隆德县沙塘镇	1574.10	1341.30	17.36
	彭阳县白阳镇	1884.45	1546.65	21.84
	西吉县将台乡	1858.50	1812.00	2.57
	平均	1751.55	1512.90	15.77
2年平均		1588.97	1378.05	15.25

2.3 生产试验种子产量结果

2013年宁亚20号参加宁夏胡麻品种生产试验,对照品种为宁亚17号,由表2可知,在4个试验点次中,宁亚20号均表现为增产,增产8.00%~17.61%,与其他3个试验地点相比,原州区清河镇产量最高为1204.35kg/hm^2,对照品种宁亚17号为1115.10kg/hm^2，隆德县沙塘镇增产幅度最高,增产可达17.61%。各试验点平均产量为969.86kg/hm^2,对照平均产量为877.73kg/hm^2,比对照品种宁亚17号增产11.67%。

表2 2013年宁亚20号胡麻生产试验种子产量结果表

年份	试验地点	产量(kg·hm^{-2})		较对照
		宁亚20号	宁亚17号	增产(%)
2013	原州区清河镇	1204.35	1115.10	8.00
	隆德县沙塘镇	501.00	426.00	17.61
	彭阳县白阳镇	1057.80	1011.30	4.60
	西吉县将台乡	1116.30	958.50	16.46
	平均	969.86	877.73	11.67

3 特征特性

3.1 特征

宁亚20号属油麻兼用型抗旱胡麻品种,植株株高54.10cm,工艺长度32.20cm,植株主茎分枝数4.95个,有效结果数16.25个,每果粒数6.85粒,单株产量0.66g,千粒重7.03g。幼苗深绿,花蓝色,籽粒浅褐色,前期生长发育旺盛,植株结构比较合理。

3.2 特性

生育期 114d，比对照宁亚 14 号早熟 2d。耐寒、对胡麻枯萎病抗性较强，生长势强，整齐度高，耐瘠薄。2013 年经甘肃省农业科学研究院作物研究所抗旱性鉴定，属一级抗旱类型（见表 3）。适宜在宁南山区旱地、水浇地及周边省区种植。

表 3　2013 年全国胡麻新品种（系）抗旱性评价结果表

品种名称	水地产量(g)	旱地产量(g)	抗旱指数	级别
宁亚 20 号	529.31	677.34	2.09	一级
坝亚 13 号	691.04	598.78	1.25	二级
2000-5-12-1	600.05	546.81	1.20	二级
同亚 12 号	554.57	502.48	1.10	三级
98036	418.26	434.08	1.09	三级
陇亚 10 号	574.92	495.46	1.03	三级
定亚 17 号(抗旱对照)	715.86	544.97	1.00	三级
陇亚 12 号	508.66	449.2	0.96	三级
9622-5-6-3-5	428.29	395.15	0.88	三级
轮选 3 号	603.14	417.85	0.70	四级
晋亚 11 号	454.42	341.26	0.62	四级
伊亚 3 号	458.19	338.93	0.60	四级
陇亚杂 3 号	639.24	373.01	0.53	四级
9736-1	560.05	334.55	0.48	五级

3.3 品质

2014 年农业部油料及制品质量监督检验测试中心检测，种子含油量 40.86%。

4 栽培技术

4.1 适时早播，确保出苗

根据宁南山区气候特点，适宜播种期为 4 月上旬，播深 3~4cm，旱地播量 60~75kg/hm^2，适宜苗数 300 万~450 万株/hm^2；水地播量 75~90kg/hm^2，适宜苗数 530 万~680 万株/hm^2；播种后出苗前如遇雨雪天气土壤板结时，应及时破除，确保出苗。

4.2 基肥为主，巧施种肥

以施基肥为主，基肥一般施农家肥 15000~20000kg/hm^2、尿素 45~110kg/hm^2，磷酸二铵 95~145kg/hm^2；巧施种肥，种肥一般施磷酸二铵 45~90kg/hm^2；苗期结合灌头水时施磷酸二铵 112~1145kg/hm^2，尿素 80kg/hm^2。

4.3 合理轮作

轮作周期应控制在 3 年以上为宜。

4.4 田间管理

在胡麻进入枞形期进行除草松土，现蕾阶段进行第二次除草，以后视田间杂草情况，随时拔除。幼苗阶段注意防治金龟甲，现蕾期注意防治蚜虫、蓟马，开花期和青果期注意防治白粉病、苜蓿盲蝽等病虫害。

曹秀霞，钱爱萍，张炜，杨崇庆，种子，2017，36(11)

胡麻优良新品种宁亚21号

胡麻(*Linumusitatissimum L.*)是西北和华北干旱高寒地区重要的油料作物，宁夏胡麻主要种植在南部山区水、旱地和中部干旱带的旱地。选育胡麻优良新品种是宁夏胡麻生产和产业发展的需求。

1 亲本来源和选育经过

1996年，母本选用定亚19号/抗38杂交选育品种，父本选用宁亚10号，配置杂交组合，获得杂交果，1997—1998年种植F_1、F_2代，1999—2001年开展了单株、株行选择，选择优良株系在2002—2006年进行品观和品鉴试验，选择较好品系于2007—2009年进行品比试验，2011—2012年参加宁夏胡麻品种区域试验，2013年参加宁夏胡麻品种生产试验。

2 产量表现

2.1 品系比较试验产量结果

2007—2009年在宁夏农林科学院固原分院头营科研基地进行胡麻品系比较试验，宁亚21号田间表现良好，生长整齐，长势强，抗旱性、耐寒性、抗胡麻枯萎病较强，有效结果数、每果粒数较多、单株产量高，3年种子平均折合产量为2064.40kg/hm^2，较对照品种宁亚14号平均增产22.37%。

2.2 宁夏胡麻区域试验产量表现

2011—2012年在原州区清河镇、隆德县沙塘镇、彭阳县白阳镇、西吉县将台乡进行宁夏胡麻品种区域试验中，2年4个试点均表现增产，居4个参试品种(系)的第一位，其中在2011年度宁夏胡麻品种区域试验中，宁亚21号平均折合产量为1440.15kg/hm^2，较对照品种宁亚14号(折合产量1243.20kg/hm^2)增产15.84%；在2012年度宁夏胡麻品种区域试验中，宁亚21号平均折合产量为1834.65kg/hm^2，较对照品种宁亚14号(折合产量1652.85kg/hm^2)

增产 11.00%;2 年平均产量为 1637.40kg/hm², 较对照品种宁亚 14 号 (2 年平均产量 1448.03kg/hm²)增产 13.42%。

表 1　宁亚 21 号参加宁夏胡麻品种区域试验产量表现

年份	试验地点	产量(kg/hm²)		较对照
		宁亚 21 号	宁亚 14 号	增产(%)
2011	原州区清河镇	1138.65	918.45	23.98
	隆德县沙塘镇	1584.15	1341.45	18.09
	彭阳县白阳镇	1126.05	903.30	24.66
	西吉县将台乡	1914.45	1809.30	5.81
	平均	1440.15	1243.20	15.84
2012	原州区清河镇	1914.45	1484.70	28.95
	隆德县沙塘镇	1676.70	1536.90	9.10
	彭阳县白阳镇	1824.45	1736.85	5.04
	西吉县将台乡	1923.00	1852.95	3.78
	平均	1834.65	1652.85	11.00
2 年平均		1637.40	1448.03	13.42

2.3 生产试验种子产量结果

2013 年,宁亚 21 号在原州区清河镇、隆德县沙塘镇、彭阳县白阳镇、西吉县将台乡 4 个试验点参加宁夏胡麻品种生产试验,均表现为增产,增产幅度为 11.17%~29.01%,4 个试点中彭阳县白阳镇产量最高为 1304.70kg/hm², 较对照品种宁亚 17 号 (种子产量 1011.30kg/hm²)增产 29.01%,各试验点平均产量为 1082.40kg/hm²,较对照品种宁亚 17 号 (平均产量 877.73kg/hm²)增产 23.34%,增产极显著。

表 2　宁亚 21 号参加宁夏胡麻生产试验产量表现

年份	试验地点	产量(kg/hm²)		较对照
		宁亚 21 号	宁亚 17 号	增产(%)
2013	原州区清河镇	1425.15	1115.10	27.80
	隆德县沙塘镇	534.00	426.00	25.35
	彭阳县白阳镇	1304.70	1011.30	29.01
	西吉县将台乡	1065.60	958.50	11.17
	平均	1082.40	877.73	23.34

3 特征特性和适宜播种地区

宁亚 21 号属油麻兼用型胡麻品种,幼苗直立,深绿色,蓝色花瓣,浅褐色籽粒,植株株形紧凑,结构合理,生育期 112d,与对照品种宁亚 14 号相比,早熟 4d,属中熟品种;2 年区试植株平均高度 51.35cm,单株产量 0.72g,单株果数 17.30 个,平均每果 6.35 粒,千粒重 7.24g。该品种耐寒性、抗旱性、抗胡麻枯萎病较强,耐瘠薄,田间生长整齐,具有较强的生长势,丰产性好,含油率为 36.46%。适宜种植在宁夏南部山区旱地、水浇地、宁夏中部干旱带以及周边省区。

4 栽培技术要点

4.1 适时播种

宁亚 21 号适宜在 4 月上旬播种，半干旱区可适当早播，采用播种机条播，播种深度 3~4cm，行距 15cm 播种量：旱地 70kg/hm²，水地 80kg/hm²。

4.2 合理施肥

基肥：将优质农家肥 15000~30000kg/hm²、尿素 75~120kg/hm²、磷酸二铵 105~150kg/hm²，作为基肥在整地时一次施入；种肥：播种时将磷酸二铵 75~90kg/hm² 与胡麻种子混匀同时施入；追肥：在胡麻苗高 8~10cm，可结合第一次灌水根据土壤肥力情况将磷酸二铵 110kg/hm² 和尿素 75kg/hm² 混匀追施。

4.3 轮作倒茬

轮作不但可以均衡、合理利用土壤中的营养成分，而且能够避免和减少因连作造成的胡麻枯萎病等病虫害的发生，虽然宁亚 21 号抗胡麻枯萎病较强，但也不宜连作，生产中采取推广 3 年轮作周期。

4.4 灌水

灌水可促进胡麻生长、胡麻植株分枝、开花、结果，在整个生育期一般灌水 2 次，第一次在胡麻苗期即出苗后 35d 左右，第二次在现蕾期前进行。

4.5 田间管理

胡麻出苗期遇降雨雪等恶劣天气发生板结时，及时破除，保证胡麻苗数；胡麻枞行期结合除草进行松土，现蕾期进行第二次除草，同时注意防治蚜虫、金龟甲，开花期注意苜蓿盲蝽、白粉病等病虫害的防治。

4.6 适时收获

胡麻全株 2/3 的硕果变黄、下部叶片脱落、种子变硬时及时收获，避免后期返青，造成落果减产。

曹秀霞 钱爱萍 张炜 陆俊武 刘宽将，种子，2019，38(8)

12 个胡麻新品系在宁南旱作区的引种初报

胡麻是我国的五大油料作物之一，富含 α-亚麻酸、木酚素、多种不饱和脂肪酸、膳食纤维等多种对人体有益的营养成分，是优质的油料作物。胡麻具有蒸腾系数低、水分利用率高、喜凉爽、耐寒耐旱、耐瘠薄、抗病虫等生物学特性，是西北、华北等高寒干旱、经济欠发达地区的优势经济作物，在旱作农业中具有不可替代的作用。宁夏种植胡麻历史悠久，主要分布在宁夏南部山区的固原市和位于中部干旱带的同心县、盐池县以及海原县等地，是宁南山区的传统优势作物。为了丰富当地胡麻品种类型，筛选适宜宁南山区气候条件和土壤条件的高产优质胡麻新品种，推动宁夏胡麻产业发展，我们于 2017 年从全国主要胡麻育种单位引进了 12 个新近育成的胡麻新品系在固原市彭阳县旱地进行了引种试验，现将结果初报如下。

1 材料与方法

1.1 试验地概况

试验于 2017 年在宁夏回族自治区固原市彭阳县古城镇挂马沟旱川地进行，当地海拔 1860m，年平均日照时数 2531.2h，年平均气温 8.0℃，年平均降水量 439mm，年平均蒸发量 1151.4mm，无霜期 152d，≥10℃积温 2000~2700℃。土壤类型为新积土，砂壤质，试验区土壤质地疏松、肥力中等，前茬作物为玉米。播前 0~20cm 土层土壤有机质质量分数 13.3g/kg、全盐质量分数 0.70g/kg、全氮质量分数 0.96g/kg、全磷质量分数 0.80g/kg、全钾质量分数 18.5g/kg、速效氮质量分数 81.0mg/kg、速效磷质量分数 7.40mg/kg、速效钾质量分数 92mg/kg，pH 为 7.88。2017 年生育期降雨量见表 1。

表 1 2017 年胡麻生育期（4—8 月）降雨量（mm）

月份	2017 年	历年平均	较历年增加
4	9.8	27.8	– 18.0
5	53.8	38.2	15.6
6	74.7	49.1	25.6
7	33.7	79.7	– 46.0
8	148.9	92.6	56.3
合计	320.9	287.4	—

1.2 供试材料

供试胡麻品系共 12 个，其中 200617–8、200–5125、99009–1–11 由甘肃省农科院作物所提供，12–S2、13–SX57 由内蒙古农牧业科学院提供，117、759 由张家口市农业科学院提供，F074–1、F149–23 由山西省农科院高寒区作物研究所提供，09004、09025 由新疆伊犁哈萨克自治州农业科学研究所提供，0205 和对照品种宁亚 17 号（CK）由宁夏农林科学院固原分院提供。

1.3 试验设计

采用随机区组排列，3 次重复，小区面积 12.6m²（1.8m×7.0m）。12 行区，行距 15cm，区距

30cm，排距 50cm，试验地周围设保护行。4 月 12 日播种，采用机播，播深 3~4cm。播种量按有效粒数 750 万粒/hm² 计。全生育期结合中耕除草 3 次，防虫 1 次，其余田间管理同当地大田。

1.4 测定项目与方法

田间观察记载物候期及生育期。成熟期每小区随机采样 30 株进行室内考种，分别测定株高、工艺长度、分茎数、主茎分枝数、单株结果数、每果粒数、单株产量及千粒重等农艺性状。胡麻的形态特征与生物学特征参考《植物新品种特异性、一致性和稳定性测试指南亚麻》进行。收获时各小区单收计产。

1.5 数据处理

采用 Excel 2007 软件进行数据整理，用 DPS13.5 统计分析软件进行方差分析和显著性检验。

2 结果与分析

2.1 生育期

从表 2 可以看出，参试品种（系）均于 4 月 12 日播种，4 月 26 日出苗，生育期 94~98d。200-5125、09004 生育期最短，均为 94d，较对照宁亚 17 号早熟 1d；0205 与对照生育期相同；其余品系均较对照宁亚 17 号晚熟。200617-8、99009-1-11、F074-1、F149-23 生育期最长，均为 98d，较对照宁亚 17 号晚熟 3d。

表 2 供试胡麻品种（系）物候期及生育期

品种（系）	播种期（月.日）	出苗期（月.日）	现蕾期（月.日）	盛花期（月.日）	成熟期（月.日）	收获期（月.日）	生育期(d)
200617-8	4.12	4.26	6.13	6.23	8.2	8.2	98
200-5125	4.12	4.26	6.12	6.21	7.29	8.2	94
99009-1-11	4.12	4.26	6.14	6.24	8.2	8.2	98
12-S2	4.12	4.26	6.11	6.21	7.30	8.2	95
13-SX57	4.12	4.26	6.11	6.23	7.31	8.2	96
117	4.12	4.26	6.13	6.22	8.1	8.2	97
759	4.12	4.26	6.10	6.21	7.31	8.2	96
0205	4.12	4.26	6.11	6.21	7.30	8.2	95
F074-1	4.12	4.26	6.13	6.23	8.2	8.2	98
F149-23	4.12	4.26	6.14	6.24	8.2	8.2	98
09004	4.12	4.26	6.12	6.21	7.29	8.2	94
09025	4.12	4.26	6.13	6.22	8.1	8.2	97
宁亚 17 号（CK）	4.12	4.26	6.11	6.21	9.30	8.2	95

2.2 农艺性状

从表 3 可以看出，参试品种（系）的平均株高为 63.17cm，变异系数 5.38%，品种（系）间差异较小。其中以 F149-23 最高，株高为 69.66cm，较对照增加 9.47cm；09004 最矮，株高为 58.39cm，较对照降低 1.80cm。平均工艺长度为 46.55cm，变异系数 7.10%，品种（系）间差异较小。其中以 F149-23 最长，工艺长度为 51.42cm，较对照增加 9.42cm；以 759 最短，工艺长度为 41.17cm，较对照降低 0.83cm。分茎数、主茎分枝数、单株结果数、每果粒数、单株产量均高于对照。平均分茎数为0.30个,变异系数33.70%,品种(系)间差异极大。其中以12-S2最多,分茎数为0.52个,较对照增加0.33个;以0205最少,分茎数为0.20个,较对照增加0.01个。平均主茎分枝数为6.04个,变异系数10.68%,品种(系)间有一定差异。其中以12-S2最多,主茎分枝数为7.18个,较对照增加2.13个;以F074-1最少,主茎分枝数为5.24个,较对照增加0.19个。平均单株结果数12.27个,变异系数19.37%,品种(系)间差异较大。其中以12-S2最多,单株结果数为18.32个,较对照增加9.07个;以0205最少,单株结果数为9.95个,较对照增加0.70个。平均每果粒数为7.64个,变异系数7.83%,品种(系)间差异较小。其中以F149-23最多,每果粒数为8.53个,较对照增加2.00个;以117最少,每果粒数为6.60个,较对照增加0.07个。平均单株产量为0.54g,变异系数12.97%,品种(系)间有一定差异。其中以12-S2最高,单株产量为0.66g,较对照增加0.23g;以F074-1最低,单株产量为0.45g,较对照增加0.02g。平均千粒重为6.70g,变异系数10.70%,品种(系)间有一定差异,其中以0205最高,千粒重为7.43g,较对照降低0.30g;以12-S2最低,千粒重为5.43g,较对照降低2.30g。

表3 供试胡麻品种(系)农艺性状

品种(系)	株高(cm)	工艺长度(cm)	分茎数(个)	主茎分枝数(个)	单株结果数(个)	每果粒数(个)	单株产量(g)	千粒重(g)
200617-8	68.36	48.50	0.26	6.30	13.15	7.97	0.57	7.05
200-5125	63.62	43.60	0.32	6.60	13.78	7.47	0.62	6.97
99009-1-11	64.92	51.04	0.49	6.14	12.41	8.07	0.57	6.83
12-S2	63.56	44.83	0.52	7.18	18.32	8.20	0.66	5.43
13-SX57	61.76	45.34	0.23	7.00	13.72	8.27	0.59	5.86
117	64.54	47.25	0.26	5.56	12.43	6.60	0.48	7.41
759	58.96	41.17	0.27	6.03	12.82	7.73	0.52	5.86
0205	64.91	50.76	0.20	5.34	9.95	7.50	0.55	7.43
F074-1	62.13	46.71	0.36	5.24	10.03	7.53	0.45	6.58
F149-23	69.66	51.42	0.29	6.19	12.60	8.53	0.51	5.97
09004	58.39	45.24	0.28	6.05	10.88	7.60	0.47	7.23
09025	60.25	47.28	0.24	5.87	10.23	7.30	0.61	6.72
宁亚17号(CK)	60.19	42.00	0.19	5.05	9.25	6.53	0.43	7.73
标准差	3.40	3.30	0.10	0.65	2.38	0.60	0.07	0.72
平均数	63.17	46.55	0.30	6.04	12.27	7.64	0.54	6.70
变异系数	5.38	7.10	33.70	10.68	19.37	7.83	12.97	10.70

2.3 种子产量

从表4可以看出,13个品种(系)种子产量为1949.47~2384.66kg/hm²,平均为2124.66kg/hm²,对照宁亚17号种子产量为2076.46kg/hm²。其中以09025种子产量最高,为2384.66kg/hm²,较对照品种宁亚17号增产308.20kg/hm²,增产率14.84%;其次是13-SX57、0205、759,分别较对照品种宁亚17号增产145.24、142.86、131.75kg/hm², 增产率分别为6.99%、6.88%、6.34%;12-S2、

200-5125、200617-8、F074-1、99009-1-11 分别较对照品种宁亚 17 号增产 90.48、44.18、20.37、16.14、12.96kg/hm²，增产率分别为 4.36%、2.13%、0.98%、0.78%、0.62%。117、F149-23、09004 分别较对照减产 3.29%、4.34%、6.12%。对种子产量进行方差分析的结果表明，09025 与 13-SX57、0205、759 差异不显著，与 12-S2、200-5125、200617-8、F074-1、99009-1-11 差异显著，与 117、F149-23、09004 差异达极显著水平。13-SX57、0205、759 之间差异不显著，与 12-S2、200-5125、200617-8、F074-1、99009-1-11、117 差异不显著，与 F149-23、09004 差异显著。12-S2、200-5125、200617-8、F074-1、99009-1-11、117 之间差异不显著。

表 4 供试胡麻品系种子产量

品种(系)	种子产量(kg/hm²)	较 CK ± (kg/hm²)	较 CK ± (%)	排序
200617-8	2096.83 bc AB	20.37	0.98	7
200-5125	2120.63 bc AB	44.18	2.13	6
99009-1-11	2089.42 bc AB	12.96	0.62	9
12-S2	2166.93 bc AB	90.48	4.36	5
13-SX57	2221.69 ab AB	145.24	6.99	2
117	2008.20 bc B	-68.25	-3.29	10
759	2208.20 ab AB	131.75	6.34	4
0205	2219.31 ab AB	142.86	6.88	3
F074-1	2092.59 bc AB	16.14	0.78	8
F149-23	1986.24 c B	-90.21	-4.34	11
09004	1949.47 c B	-126.98	-6.12	12
09025	2384.66 a A	308.20	14.84	1
宁亚 17 号 CK	2076.46 bc B	—	—	—

3 小结

在宁南山区旱地条播栽培条件下，对 12 个胡麻品系的生育期、生物学特征、经济性状、产量表现进行综合分析的结果表明，09025 种子亩产 2384.66kg/hm²，较对照宁亚 17 号增产 308.20kg/hm²，增幅 14.84%，增产达极显著水平，居参试品系第一位；其综合性状优良，株高适宜，抗旱性突出，植株长势好、整齐度高。综合田间表现，09025 适宜宁夏南部山区旱地种植。

2017 年胡麻生育期(4—8 月)降水量为 320.9mm，较历年同期水平(287.4mm)增加 33.5mm，增幅 11.66%。降水量总体较历年同期平均水平有所增加，但分布不均，极端天气较多，对胡麻生长发育造成一定的影响。

张炜，陆俊武，曹秀霞，钱爱萍，剡宽将，甘肃农业科技，2018(4)

旱地胡麻主要农艺性状综合评价

胡麻是属于亚麻科(*Linaceae*)亚麻属(*Linum*)一年生或多年生草本植物。人们一般习惯上把纤维用亚麻叫亚麻,把油用亚麻和油纤兼用亚麻称为胡麻。胡麻是我国西北、华北地区重要的油料作物,也是干旱地区重要的经济作物,主要分布在甘肃、内蒙古、山西、宁夏、河北、新疆等省(区)高寒、干旱、瘠薄的农业生态区域,主产区的年降雨量一般在200~400mm。目前我国胡麻年种植面积约$32.0\times10^4hm^2$,总产量39.0×10^4t。

近年来,国内外对其他作物的数量性状遗传相关性、聚类分析和灰色关联分析已有较多的研究,但对胡麻数量性状遗传的相关研究较少。曹秀霞等研究指出,注重对单株粒数、单株结果数的选择,通过选择提高有效分枝数,适当提高千粒重,会使单株粒重有比较明显地提高。牛一川等研究指出,狭义遗传力大于70%的性状有工艺长度、花冠直径、株高、现蕾期、开花期、千粒重和蒴果直径,其余性状的狭义遗传力都偏小。王利民等研究指出,胡麻农艺性状与品质性状间的确存在着一定的相关性,在二者典型相关中起决定作用的主要性状有千粒重、单株果数、单株产量、单株分茎数及含油率、油酸、亚油酸、亚麻酸。

通过连续2年试验,结合近年选育出的12个胡麻高代新品系在旱地条件下主要农艺性状的简单相关性,对各性状的灰色关联分析及聚类分析,研究各数量性状之间的关系及其在产量组成中的作用,以期对胡麻育种过程中准确选择亲本、合理配置杂交组合、选用适当的选择方法和增强育种的预见性提供参考,为胡麻抗旱新品种选育及高产栽培提供一定的理论依据。

1 材料与方法

1.1 试验材料

供试材料为全国各胡麻育种单位新近选育出的12个胡麻高代新品系,编号分别为01、02、03、04、05、06、07、08、09、10、11、12。

1.2 试验设计

试验于2015年、2016年在宁夏固原市彭阳县的川旱地进行,气候类型属半干旱区,年平均降雨量419.6mm,土壤为浅黑垆土,肥力中等。试验设12个处理,即每个品系为1个处理,3次重复,随机区组排列,小区面积$12.6m^2$,行距15cm,苗数为525万株/hm^2。

1.3 指标测定及相关性分析

收获时每小区取样 30 株进行考种，测定株高(x_1)、工艺长度(x_2)、有效分茎数(x_3)、有效分枝数(x_4)、单株果数(x_5)、每果粒数(x_6)、单株生产力(x_7)、千粒重(x_8)8 个主要农艺性状，小区实收计产。经分析，2 年的试验结果趋势一致，因此各处理数据用 2 年的平均值表示。对参试品系的 8 组农艺性状进行相关性分析。

1.4 灰色关联度分析

依据灰色关联分析要求，将 12 个胡麻品系的种子产量及其各数量性状视为 1 个总体，即灰色系统。以种子产量为母序列，以株高、工艺长度、有效分茎数、有效分枝数、单株果数、每果粒数、单株生产力、千粒重为子序列。数据经标准化后，设定分辨系数为 0.5，计算关联度，根据关联度排序位次确定胡麻各农艺性状对产量影响的主次关系。数据处理在 DPS 软件上进行。

1.5 聚类分析

聚类时将原始数据先进行标准化变换，然后在欧氏距离水平上采用离差平方和法进行系统聚类分析。数据处理在 DPS 软件上进行。

2 结果与分析

2.1 主要农艺性状的变异性分析

由表 1 可知，有效分茎数、单株生产力变异系数较大，分别为 38.51%、20.09%，变异明显；单株果数、千粒重变异系数分别为 10.32%、12.54%，变异较明显；株高、工艺长度、有效分枝数、每果粒数变异系数分别为 6.29%、8.56%、7.21%、7.23%，变异较小，说明参试的 12 个品系差距明显，类型广泛。

表 1 参试品系主要农艺性状的变异情况

性状	最大值	最小值	变异幅度	平均数	标准差	变异系数
株高 /x_1(cm)	68.36	56.07	12.29	60.63	3.81	6.29
工艺长度 /x_2(cm)	50.72	35.64	15.08	42.72	3.66	8.56
有效分茎数 /x_3(个)	0.58	0.12	0.46	0.34	0.13	38.51
有效分枝数 /x_4(个)	6.54	5.07	1.48	5.85	0.42	7.21
单株果数 /x_5(个)	15.85	11.60	4.25	14.30	1.48	10.32
每果粒数 /x_6(个)	8.53	6.83	1.70	7.62	0.55	7.23
单株生产力 /x_7(g)	1.04	0.44	0.59	0.83	0.17	20.09
千粒重 /x_8(g)	9.26	6.27	2.99	8.02	1.01	12.54

2.2 主要农艺性状间的相关性分析

由表 2 可知，工艺长度和株高、单株果数和有效分枝数、单株生产力和有效分枝数、单株生产力和单株果数之间均呈极显著正相关，而有效分枝数和有效分茎数、单株生产力和有效分茎数，千粒重和单株生产力之间呈显著性正相关，千粒重与每果粒数之间呈显著性负相关。通过参试品系单株生产力与其他农艺性状的相关性可以看出，有效分枝数、单株果数、有效分茎数、千粒重都会影响单株生产力。

表2 参试品系主要农艺性状的相关性分析

因子	株高(x_1)	工艺长度(x_2)	有效分茎数(x_3)	有效分枝数(x_4)	单株果数(x_5)	每果粒数(x_6)	单株生产力(x_7)	千粒重(x_8)
株高 x_1	1	—	—	—	—	—	—	—
工艺长度 x_2	0.813**	1	—	—	—	—	—	—
有效分茎数 x_3	0.018	-0.293	1	—	—	—	—	—
有效分枝数 x_4	-0.133	-0.322	0.601 *	1	—	—	—	—
单株果数 x_5	0.064	-0.092	0.502	0.854**	1	—	—	—
每果粒数 x_6	0.101	0.326	0.037	0.326	0.252	1	—	—
单株生产力 x_7	0.040	-0.208	0.691 *	0.720**	0.860**	-0.062	1	—
千粒重 x_8	-0.136	-0.418	0.470	0.094	0.146	-0.679 *	0.595 *	1

注:** 表示差异在 0.01 水平上显著,* 表示差异在 0.05 水平上显著

2.3 种子产量与农艺性状间的灰色关联度分析

以种子产量为母序列,其他农艺性状为子序列得到关联度(见表3)。可以看出,胡麻种子产量与其他农艺性状的关联序依次为,每果粒数(x_6)>单株果数(x_5)>单株生产力(x_7)>有效分枝数(x_4)>工艺长度(x_2)>千粒重(x_8)>有效分茎数(x_3)>株高(x_1)。依照灰色关联分析的原则,关联度大的序列对母序列的影响最为明显,关联度小的序列对母序列的影响则较小。因此,各农艺性状对产量的影响,以每果粒数、单株果数最大,其次是单株生产力、有效分枝数,再次是工艺长度、千粒重、有效分茎数和株高。

表3 种子产量与农艺性状的灰色关联度分析

性状	每果粒数(x_6)	单株果数(x_5)	单株生产力(x_7)	有效分枝数(x_4)	工艺长度(x_2)	千粒重(x_8)	有效分茎数(x_3)	株高(x_1)
关联度	0.7707	0.7037	0.6994	0.6957	0.6721	0.6695	0.6552	0.6156
排序	1	2	3	4	5	6	7	8

2.4 不同参试品系综合性状的聚类分析

对参试品系8组农艺性状进行聚类分析(见图1),根据同一类群内胡麻品系类间距离接近且综合性状值差异较小的原则,参试的12份胡麻品系在聚类水平 D^2=2.87 时可以划分为3大类群(见表4)。第一类包括01、04、06号3个品系,该类群属于有效分茎数少、单株结果数少、单株生产力较低的类型;第二类分2个亚类,第一亚类包括02、10号,第二亚类包括03、08号,这2个亚类无论类间距离还是类群平均值都比较相近,仅有效分茎数有差别,该类群属于株高较高、单株果数、每果粒数较多的类型;第三类包括05、11、09、12、07号5个品系,该类群属于株高较低、有效分茎数多、千粒重高、单株生产力高的类型。

表 4 各类群农艺性状平均值

类群	品系数	株高（cm）	工艺长度（cm）	有效分茎数（个）	有效分枝数（个）	单株果数（个）	每果粒数（个）	单株生产（g）	千粒重（g）
1	3	61.42	44.26	0.21	5.30	12.20	7.37	0.60	7.52
2	4	62.89	45.34	0.37	6.06	15.37	8.12	0.87	7.29
3	5	58.35	39.69	0.39	6.02	14.71	7.37	0.93	8.92

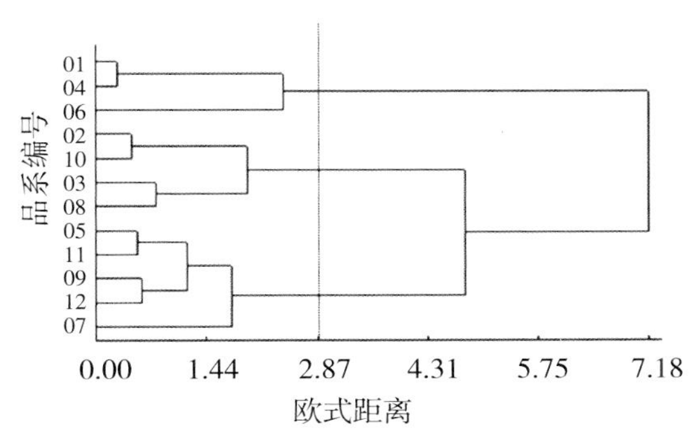

图 1 主要农艺性状的聚类分析图（D^2=2.87）

3 讨论与结论

胡麻的种子产量是多个农艺性状共同作用的结果，本试验通过连续 2 年的研究，应用相关性分析、灰色关联分析及聚类分析方法，对近年各育种单位育成的 12 个胡麻高代新品系在旱地条件下主要农艺性状进行综合分析、评价。综合相关性及关联度分析表明，对有效分枝数、单株果数、每果粒数的选择，会对单株生产力及种子产量产生显著性的影响。值得注意的是，每果粒数增加会导致千粒重降低，而每果粒数对于种子产量的影响要大于千粒重对于种子产量的影响。因此，在抗旱胡麻新品种选育过程中应在保持其他性状相对稳定的情况下，注重对单株果数和单株粒数的选择，通过提高有效分枝数，控制千粒重，会使单株生产力及种子产量有较明显的提高。

通过聚类分析将 12 个胡麻新品系分为 3 类。按照相关性分析结果，第二类群的有效分枝数、单株果数、每果粒数最高，株高较高；第三类群株高较低、有效分茎数多、千粒重高、单株生产力高，因此这 2 个类群更适宜在旱地条件下推广种植。

胡麻数量性状的遗传十分复杂，易受栽培环境的影响。胡麻品系的农艺性状和产量因素之间是相互制约、相互促进、协调发展的，各个性状之间存在着不同程度的相关性。在胡麻新品种选育中，对影响胡麻产量的各农艺性状的选择应有所侧重。在后代选择中要着重对主要性状进行选择，对次要性状综合分析利用，以便选择一个有效范围，增强新品种选育有效性。

张炜，曹秀霞，杨崇庆，钱爱萍，宁夏农林科技，2017，36(11)

胡麻主要数量性状的相关性研究

利用与作物产量有关的一些主要数量性状相关性和性状间的相互关系评价其性状的相对重要性，无疑对准确选择亲本、合理配置杂交组合、选用适当的选择方法和增强育种的预见性具有重要意义。近年来，国内外对其他作物的数量性状遗传相关和通径分析已有较多的研究，但对胡麻数量性状的遗传相关研究较少。为此，我们从胡麻主要农艺性状的简单相关性着手，进行各性状的通径分析，剖析产生这些相关的原因以权衡各性状的相对重要性，以期为胡麻的杂交育种、系统选择等提供参考。

1 材料与方法

1.1 供试材料

供试胡麻品种（系）18 份，均为宁夏回族自治区固原市农业科学研究所提供。

1.2 试验方法

试验在宁夏回族自治区固原市农业科学研究所原州区头营镇科研基地进行。试验随机区组排列，3 次重复，每小区点播 7 行，行长 3.0m，行距 15cm，枞形期每行定苗 300 株，密度为 675 万株/hm^2。收获时每小区抽样 50 株进行室内考种，测定株高、有效茎数、有效分枝数、单株结果数、单株粒数、单株粒重、千粒重、工艺长度等主要性状，对各品种（系）数量性状的平均值用计算机进行处理。

1.3 分析方法

根据方差分析法估算表现型、遗传和环境相关系数。首先对各性状进行 F 检验，选取差异显著的性状进行相关和通径性分析。在相关分析的基础上，以单株粒重为因变量（y），株高（x_1）、有效分茎数（x_2）、有效分枝数（x_3）、单株结果数（x_4）、单株粒数（x_5）、千粒重（x_6）、工艺长度（x_7）为自变量进行通径分析。根据通径分析的原理，将各自变量和因变量的相关系数代入方程组，解此方程组得各直接通径系数 piy 和 pRy（剩余因子），估算公式如下：

$$P_{ijy}=r_{ij}P_{jy}(r_{11}P_{1y}+r_{12}P_{2y}+\cdots+r_{1m}P_{my}=r_{1y},r_{21}P_{1y}+r_{22}P_{2y}+\cdots+r_{2m}P_{my}=r_{2y},\cdots,r_{m1}P_{1y}+r_{m2}P_{2y}+\cdots+r_{mm}P_{my}=r_{my})$$

$$P_{Ry}=(1-\sum r_{ij}P_{iy})^{1/2}$$

2 结果与分析

2.1 主要性状与单株粒重的相关分析

从表 1 可以看出，有效分枝数、有效分茎数、单株结果数和单株粒数与单株粒重的表现型和环境都呈极显著正相关，表明对这4个性状的选择都可能会显著或极显著地改变单株粒重。因此，在加强栽培管理的基础上，对有效分枝数、有效分茎数、单株结果数及单株粒数4个性状表现型的相关选择可获满意效果。

千粒重与单株粒重及其他各性状均呈负相关，说明提高千粒重会使单株结果数、单株粒数和有效分枝数下降，导致单株粒重降低，这与近几年我们对育种材料中的大粒型品系（千粒重在10g以上）种子群体产量不高的观察结果相一致。

表1　胡麻主要农艺性状相关系数①

相关系数	单株粒重(y)			株高(x_1)			有效分茎数(x_2)			有效分枝数(x_3)		
	γP	γg	γe	γP	γg	γe	γP	γg	γe	γP	γg	γe
x_1	0.1540	0.2726*	−0.0271	—	—	—	—	—	—	—	—	—
x_2	0.5113**	0.5665**	0.4371**	0.0560	0.0886	−00173	—	—	—	—	—	—
x_3	0.8372**	0.9453**	0.6902**	0.2390	0.2393	0.2393	0.2751*	0.3130*	0.2015	—	—	—
x_4	0.9198**	0.9844**	0.8379**	0.0755	0.1046	0.0165	0.4898**	04855**	0.5018**	0.8833**	0.9523**	07591**
x_5	0.8870**	0.9160**	0.8519**	0.2137	0.3550**	−0.0016	0.4653**	04501**	0.5134**	0.8631**	0.9242**	07828**
x_6	−0.2355	−0.2861*	−0.3949**	−0.5558**	−0.6940**	0.1146	−0.0749	−0.0710	−02650*	−03367**	−04160**	−0.1390
x_7	0.0466	0.1487	−0.2322	0.9657**	1.0108**	0.9439**	0.0339	0.0509	−0.0228	0.1435	0.2057	−0.0366

①df=58，$P_{0.05}$=0.250，$P_{0.01}$=0.325，γp为表现型相关系数，γg为基因型相关数，γe为环境型相关系数，下同

续表1　胡麻主要农艺性状相关系数

相关系数	单株结果数(x_4)			单株粒数(x_5)			千粒重(x_6)		
	γP	γg	γe	γP	γg	γe	γP	γg	γe
x_5	0.9647**	0.9635**	0.9881**	—	—	—	—	—	—
x_6	−03274**	−0.3729**	0.3763**	−0.4992**	−0.6441**	−0.3545**	—	—	—
x_7	−0.0554	−0.0108	−0.2296	0.0853	0.2111	−0.2500	−0.5179**	−0.5674**	0.2219

2.2 主要农艺性状的通径分析

从表2可以看出，各数量性状与单株粒重的遗传相关系数从大到小依次为单株结果数、有效分枝数、单株粒数、有效分茎数、株高；通径分析的结果表明，单株粒数、千粒重和单株结果数对单株粒重的直接效应为较大的正效应。

2.2.1 单株粒数对单株粒重的作用

单株粒数与单株粒重的遗传相关系数为0.9160，达极显著水平；遗传通径系数为1.1736，表明单株粒数的直接效应对单株粒重的影响最大。通过单株结果数的间接效应为0.6667，表明单株结果数的间接效应对单株粒重也有较大的贡献。由此可知，对单株粒重的选择在很大程度上取决于单株结果数。

表 2　胡麻主要农艺性状对单株粒重的通径系数①

产量	株高 (x_1)	有效分茎数 (x_2)	有效分枝数 (x_3)	单株结果数 (x_4)	单株粒数 (x_5)	千粒重 (x_6)	工艺长度 (x_7)	rxiy γp	rxiy γg	rxiy γe
y_1	0.2679	0.0237	0.0641	0.0280	0.0951	−0.1859	0.2708	0.1540	0.2726*	− 0.0271
y_2	−0.0095	−0.1068	−0.0334	−0.0519	−0.0481	0.0076	−0.0054	0.5113**	0.5665**	0.4371**
y_3	−0.1284	−0.1679	−0.5365	−0.5109	−0.4959	0.2232	−0.1103	0.8372**	0.9453**	0.6902**
y_4	0.0724	0.3359	0.6589	0.6919	0.6667	−0.2580	−0.0075	0.9198**	0.9844**	0.8379**
y_5	0.4167	0.5282	1.0846	1.1308	1.1736	−0.7558	0.2478	0.8870**	0.9160**	0.8519**
y_6	−0.5604	−0.0573	−0.3359	−0.3012	−0.5201	0.8076	−0.4582	−0.2355	−0.2816*	−0.3949**
y_7	0.2140	0.0108	0.0435	−0.0023	0.0447	−0.1201	0.2117	0.0466	0.1487	−0.2322

①下面画线的为 Piy，其余为 Pijy

2.2.2 有效分枝数对单株粒重的作用

有效分枝数与单株粒重的遗传相关系数为 0.9453，达极显著水平，但直接通径系数为−0.5365。因此，有效分枝数对单株粒重的作用只有通过单株粒数、单株结果数的间接效应才能获得较好的效果。表明有效分枝数通过单株结果数、单株粒数的间接正效应掩盖了本身对单株粒重的负效应。有效分枝数通过千粒重的间接效应为−0.3359，由此可看出，对有效分枝数直接选择或通过千粒重的间接选择可使单株粒重下降。

2.2.3 单株结果数对单株粒重的作用

单株结果数与单株粒重的遗传相关系数为 0.9844，达极显著水平，直接通径系数为 0.6919。因此，增加单株结果数可使单株粒重有相应的提高。而单株结果数通过有效分枝数、千粒重之间的间接选择可能会导致单株粒重降低，其通过单株粒数的间接效应为 1.1308。由此看来，单株粒数如能随单株结果数的增加而增加，其选择效果更佳。

2.2.4 有效分茎数对单株粒重的作用

有效分茎数与单株粒重的遗传相关系数为 0.5665，达极显著水平。其直接通径系数为−0.1068。这是由于通过单株结果数、单株粒数的间接正效应掩盖了其直接作用的负效应所造成的。因此，只有在有效分茎数多的株型中选择单株结果数和单株粒数较多的材料，才能达到提高单株粒重的目的。

2.2.5 株高对单株粒重的作用

株高对单株粒重的作用，不论是从遗传相关系数（0.2726），还是通径系数（0.2679）来看都较小。其通过千粒重以及除单株粒数之外的其他性状的间接效应也比较小。可见株高只有通过单株粒数的间接作用，才能对单株粒重起到较好的效果。

2.2.6 千粒重对单株粒重的作用

千粒重与单株粒重的遗传相关系数为− 0.2816，呈显著负相关。但其直接通径系数则为 0.8076，表明千粒重对单株粒重具有较高的直接正效应。其通过有效分茎数和有效分枝数的间接作用均为正效应，但都很小。因此，只有在单株粒数和单株结果数保持相对稳定的情况下，对千粒重进行直接选择才有可能提高单株粒重。

2.2.7 工艺长度对单株粒重的作用

工艺长度与单株粒重的遗传相关系数为 0.1487，直接通径系数为 0.2117，对单株粒重的直接效应和通过其他性状的间接正效应都较小。因此，油用和兼用型亚麻工艺长度在一定范围内的改变对单株粒重的影响不明显。

3 小结与讨论

(1)分析表明，当单株粒数、单株结果数、有效分茎数增加时，选择有效分枝数多的类型，才能有效提高单株粒重。但值得注意的是单株结果数的增加可能会因有效分茎数和千粒重下降而导致单株粒重降低，只有在同时提高单株结果数和单株粒数的前提下才有可能增加单株粒重，这与赵廷芳等人研究结果相一致。当单株粒数随株高的增加而相应提高时，在单株粒数以及单株结果数、株高、工艺长度等性状结构最佳的情况下，增加千粒重可显著提高单株粒重。

(2)综上所述，相关分析是研究相关变量间的平行关系，它只能估计两个变量间的关系，而通径分析不仅能说明原因，而且能估算出它们的相对重要性，它能在抛除其他因素影响后，表现出自变量对因变量结果的作用。因此，在进行相关分析的同时进行通径分析更有实践意义。宁夏南部山区，在目前已有品种类型的基础上要选育高产胡麻新品种，应在保持其他性状相对稳定的情况下，注重对单株粒数、单株结果数的选择，通过选择提高有效分枝数，适当提高千粒重，会使单株粒重有比较明显地提高。

曹秀霞，安维太，钱爱萍，甘肃农业科技，2010，(3)

微肥配施对旱地胡麻出苗和种子产量的影响

大量元素和微量元素都是植物正常生长发育所必需的，迄今在植物体中已发现的化学元素有 70 多种，微量元素又是酶、维生素、激素的重要组成部分，直接参与机体的代谢过程，提高植物酶的活性，一旦缺少，轻则影响农作物的生长发育造成减产，重则颗粒无收。近年来，由于胡麻生产上大量施用氮、磷化学肥料，使得氮、磷、钾的比例及其与微量元素的比例严重失调，直接影响作物产量提高和品质改善。研究氮、磷、钾与微量元素的最佳结构比例，使土壤营养元素供应平衡，胡麻生产高产优质、节本高效，是实现现代化农业集约化生产的重要标志。

1 材料与方法

1.1 供试材料与试验地概况

试验于2010—2011年在宁夏固原市原州区清河镇大堡村的川旱地进行，供试品种为宁亚19号，供试肥料为磷酸二铵（18%N、46%P_2O_5）、尿素（46%N）、磷酸二氢钾（34%K_2O、52%P_2O_5）、硼砂（99.5%分析纯硼砂）、氧化锌（99.5%分析纯氧化锌）。试验地气候类型属半干旱区，土壤类型为浅黑垆土，肥力中等，前茬作物为小麦。

1.2 试验设计

试验采用随机区组排列，3次重复，小区面积21m²（7m×3m）。共设6个处理，分别为磷酸二铵75kg/hm²+尿素15kg/hm²（处理1）、磷酸二铵75kg/hm²+尿素30kg/hm²（处理2）、磷酸二铵75kg/hm²+磷酸二氢钾15kg/hm²（处理3）、磷酸二铵75kg/hm²+硼砂15kg/hm²（处理4）、磷酸二铵75kg/hm²+氧化锌15kg/hm²（处理5），以磷酸二铵75kg/hm²+尿素0kg/hm²作对照（CK）。将上述各处理肥料作为种肥，采用4行播种机与种子混匀一次性施入，播深3~4cm，播量45.00kg/hm²。

1.3 测定项目与方法

试验数据用DPS统计分析软件进行统计分析。由于2年的试验结果趋势一致，因此数据用2年的平均值表示。

2 结果与分析

2.1 对种子产量的影响

表1 不同试验处理的种子产量

试验处理	小区产量（g）					折合产量
	Ⅰ	Ⅱ	Ⅲ	合计	平均	（kg/hm²）
1	2105	2010	2040	6155	2051.67	976.95
2	2010	1735	1590	5335	1778.33	846.90
3	2005	2449	2245	6699	2233.00	1063.35
4	2105	1985	2095	6185	2061.67	981.75
5	2365	2215	2515	7095	2365.00	1126.20
CK	2045	2165	2360	6570	2190.00	1042.80

由表1可知，试验各处理对种子产量影响比较明显，氧化锌组合增产效果最好，磷酸二氢钾组合次之，凡是尿素用量大的试验处理组合种子产量相对较低。各处理种子折合产量为846.90~1126.20kg/hm²，平均为1006.33kg/hm²。磷酸二铵75kg/hm²+氧化锌15kg/hm²的种子产量最高，折合产量1126.20kg/hm²，比CK增产8.00%；磷酸二铵75kg/hm²+尿素30kg/hm²的种子产量最低，折合产量846.90kg/hm²，比CK减产18.79%；其余处理种子产量从高到低

的顺序是磷酸二铵 75kg/hm²+磷酸二氢钾 15kg/hm²>CK>磷酸二铵 75kg/hm²+硼砂 15kg/hm²>磷酸二铵 75kg/hm²+尿素 15kg/hm²。

表 2 不同试验处理种子产量方差分析

变异来源	平方和	自由度	均方	F 值	显著性	$F_{0.05}$	$F_{0.01}$
区组间	7315.11	2	3657.56	0.13	不显著	4.10	7.56
处理间	606693.61	5	121338.72	4.16	显著	3.33	5.64
误差	291618.89	10	29161.89	—	—	—	—
总变异	905627.61	17	—	—	—	—	—

由表 2 可知，区组间差异不显著，处理间在 0.05 水平差异显著。

2.2 对出苗的影响

由表 3 可知，各处理出苗率为 14.59%~30.81%，以磷酸二铵 75kg/hm²+氧化锌 15kg/hm² 的出苗率最高，为 30.81%，比对照高 34.60%；磷酸二铵 75kg/hm²+尿素 30kg/hm² 的出苗率最低，为 14.59%，比对照低 36.26%。其余处理出苗率由高到低的顺序依次为 CK>磷酸二铵 75kg/hm²+磷酸二氢钾 15kg/hm²>磷酸二铵 75kg/hm²+硼砂 15kg/hm²>磷酸二铵 75kg/hm²+尿素 15kg/hm²。

表 3 不同试验处理胡麻种子出苗情况

试验处理	苗数(万株/hm²)	出苗率(%)
1	161.10	21.48
2	109.50	14.59
3	165.60	22.07
4	164.40	21.93
5	231.15	30.81
CK	171.45	22.89

2.3 对主要农艺性状的影响

由表 4 可知，各处理农艺性状中只有有效结果数和单株粒重有比较明显的变化，其他性状的变化没有明显差异。

表 4 不同试验处理主要农艺性状室内测定结果

试验处理	株高(cm)	工艺长度(cm)	分枝数(个)	有效结果数(个)	果粒数(个)	单株粒重(g)	千粒重(g)
1	55.24	31.06	6.10	18.99	6.97	0.79	7.79
2	53.96	31.67	6.47	22.86	8.33	0.99	8.19
3	54.17	32.60	5.69	17.82	7.07	0.71	8.14
4	54.17	33.37	5.80	18.30	7.50	0.71	7.97
5	53.50	33.75	5.52	14.32	6.77	0.58	8.30
CK	53.08	32.12	5.31	15.23	6.57	0.59	7.90

2.4 对植株生长量的影响

2.4.1 开花期

由表 5 可知，开花期各处理鲜重为 6.39~7.94g，平均为 7.36g，对照的鲜重最低，磷酸二铵 75kg/hm²+硼砂 15kg/hm² 的鲜重最高。除对照外各处理鲜重由高到低的顺序为磷酸二铵

75kg/hm²+硼砂 15kg/hm²>磷酸二铵 75kg/hm²+尿素 30kg/hm²>磷酸二铵 75kg/hm²+氧化锌 15kg/hm²>磷酸二铵 75kg/hm²+磷酸二氢钾 15kg/hm²>磷酸二铵 75kg/hm²+尿素 15kg/hm²,分别比对照高 24.26%、23.79%、20.81%、17.06%、4.69%。各处理干重的变化趋势不明显。

2.4.2 青果期

由表 5 可知,青果期各处理鲜重的变化与开花期基本相同,只有磷酸二铵 75kg/hm²+尿素 15kg/hm² 处理比对照低 0.92%。各处理干重的变化不大,以磷酸二铵 75kg/hm²+硼砂 15kg/hm² 处理最高,磷酸二铵 75kg/hm²+氧化锌 15kg/hm² 处理最低。枞形期和现蕾期各处理的植株生长量不仅没有明显差异,而且也没有规律可循。

表 5 不同试验处理植株生长量调查

处理	枞形期(6.11)			现蕾期(6.24)			开花期(7.5)			青果期(8.6)		
	株高(cm)	鲜重(g)	干重(g)	株高(cm)	鲜重(g)	干重(g)	株高(cm)	鲜重(g)	干重(g)	株高(cm)	鲜重(g)	干重(g)
1	22.78	1.56	0.26	49.34	4.63	1.14	52.47	6.69	1.52	55.39	6.45	2.53
2	17.94	1.16	0.18	44.5	3.54	0.78	53.22	7.91	1.76	56.55	8.01	2.88
3	20.81	1.16	0.2	47.98	3.81	0.99	53.68	7.48	1.66	57.97	8.02	2.97
4	23.15	1.52	0.25	46.67	3.81	0.97	53.96	7.94	1.77	56.15	8.19	3.21
5	20.03	1.2	0.21	47.18	3.86	0.91	49.61	7.72	1.67	54	6.93	2.5
CK	26.28	1.98	0.33	41.32	3.97	0.99	52.57	6.39	1.45	55.94	6.51	2.61

3 讨论与结论

试验各处理对种子产量影响比较明显,磷酸二铵与微量元素混配比磷酸二铵与尿素混配的产量高,磷酸二铵与氧化锌混配增产效果最好,磷酸二铵与磷酸二氢钾混配次之,尿素用量大的试验处理组合种子产量相对较低。各处理种子产量从高到低的顺序是磷酸二铵 75kg/hm²+氧化锌 15kg/hm²>磷酸二铵 75kg/hm²+磷酸二氢钾 15kg/hm²>CK>磷酸二铵 75kg/hm²+硼砂 15kg/hm²>磷酸二铵 75kg/hm²+尿素 15kg/hm²>磷酸二铵 75kg/hm²+尿素 30kg/hm²。试验各处理种子产量方差分析结果表明,区组间差异不显著,处理间差异在 0.05 水平显著。

通过对试验各处理的出苗率比较分析可以看出,使用不同种类、不同用量的微量元素和化肥做种肥,旱地胡麻出苗率不同;磷酸二铵与尿素混配的处理烧苗比较严重,苗数较少,出苗率较低,随着尿素用量增加,出苗率降低。磷酸二铵与微量元素混配的处理以磷酸二铵 75kg/hm²+氧化锌 15kg/hm² 处理的出苗率最高,磷酸二铵 75kg/hm²+磷酸二氢钾 15kg/hm² 次之,磷酸二铵 75kg/hm²+硼砂 15kg/hm² 最低。

各处理农艺性状中只有有效结果数和单株粒重有比较明显的变化,其他性状的变化没有明显差异。

由此可知,在宁夏南部山区生态区域,微量元素对胡麻种子产量有一定影响,磷酸二铵与氧化锌混配种子产量最高,折合产量为 1126.20kg/hm²。

钱爱萍,曹秀霞,安维太,张炜,江苏农业科学,2014,42(6)

锌肥不同用量对旱地油用亚麻生长及种子产量的影响

锌在植物体内的生理作用与叶绿素、生长素(吲哚乙酸)合成有关,它又是许多酶的组成成分,但是锌过多或缺乏都能引起遗传的突变,缺锌会破坏种胚正常发育以及使花粉不能成熟。锌对油用亚麻生长发育作用重大,缺锌不但影响油用亚麻的生长发育,而且影响产量的进一步提高，本试验在微肥配施对旱地油用亚麻出苗和种子产量影响研究的基础上，进一步研究锌肥不同用量条件下油用亚麻生长及种子产量表现,为油用亚麻合理使用锌肥提供理论依据。

1 材料和方法

1.1 试验地概况

试验于 2012 年在宁夏固原市原州区清河镇大堡村的川旱地进行，气候类型属半干旱区,地处东经 106°10′,北纬 36°5′,海拔 1750m,年均降雨量 380~450mm,年平均气温 6.5~7.5℃,≥0℃积温为 3000~3400℃,无霜期 150~160d。土壤类型为浅黑垆土,肥力中等,前茬作物为冬小麦。

1.2 试验材料

供试油用亚麻品种为宁亚 19 号,供试肥料品种为磷酸二铵(N18%、P_2O_5 46%)、硫酸锌(99.5%分析纯硫酸锌)。

1.3 试验方法

试验共设 3 个处理,分别为磷酸二铵 75kg/hm^2+硫酸锌 15.0kg/hm^2(CK);磷酸二铵 75kg/hm^2+硫酸锌 22.5kg/hm^2(处理 A);磷酸二铵 75kg/hm^2+硫酸锌 30.0kg/hm^2(处理 B)。小区面积 21m^2(3m×7m),随机区组排列,3 次重复,共 9 个小区,区距 40cm,排距 50cm。将 A、B 处理和对照肥料全部作为种肥与油用亚麻种子混匀,用 4 行播种机一次性播入,播深 3~4cm,播种量按 750 万株/hm^2 计算,成熟期收获前每小区取 30 株进行考种,种子产量按小区统计产量,每个小区单收单脱,其他田间管理措施与对照一致。

1.4 测定项目及方法

观察记载播种期、出苗期、现蕾期、开花期、成熟期等生育时期。测定项目包括油用亚麻植株生长量(开花期株高、单株鲜重、单株干重);油用亚麻农艺性状(株高、主茎分枝数、单株结果数、每果粒数、千粒重、单株粒重)及油用亚麻种子产量。测定方法:油用亚麻生长量测定是在油用亚麻开花期每小区随机选取油用亚麻植株10株，测定单株株高、单株鲜重和单株干重，计算各性状平均值，农艺性状测定是在油用亚麻成熟期每小区随机选取油用亚麻植株30株，进行室内考种，计算各性状的平均值，种子产量为成熟期各小区实际收获产量折合单位面积产量。试验数据采用DPS统计分析软件进行统计分析。

2 结果与分析

2.1 锌肥不同施用量对油用亚麻生长量的影响

由表1可知，在3个不同锌肥处理中，油用亚麻株高、单株鲜重和单株干重由高到低的顺序为磷酸二铵75kg/hm^2+硫酸锌30.0kg/hm^2>磷酸二铵75kg/hm^2+硫酸锌22.5kg/hm^2>磷酸二铵75kg/hm^2+硫酸锌15.0kg/hm^2（对照），以施硫酸锌30.0kg/hm^{2}处理的效果最好，处理A和处理B与对照相比，油用亚麻植株株高增加1.33cm和1.37cm，单株鲜重增加0.31g和0.39g，单株干重增加0.06g和0.08g。由此可说明锌肥对油用亚麻的株高、单株鲜重和干重均有一定的影响。

表1 不同施锌水平下的植株生长量表现

处理	株高(cm)		单株鲜重(g)		单株干重(g)	
	平均	较对照±	平均	较对照±	平均	较对照±
A	37.99	1.33	2.58	0.31	0.65	0.06
B	38.03	1.37	2.66	0.39	0.67	0.08
CK	36.66		2.27	—	0.59	—

2.2 锌肥不同施用量对油用亚麻农艺性状的影响

根据试验各处理油用亚麻主要农艺性状主茎分枝数(x_1)、单株结果数(x_2)、每果粒数(x_3)、单株粒数(x_4)、千粒重(x_5)、单株粒重(x_6)的试验结果初步分析，锌肥不同用量对油用亚麻主要农艺性状均有不同程度的正效应。因此，对各处理的油用亚麻主要农艺性状进行相关性和回归分析。

2.2.1 主要农艺性状相关性分析

由表2可知，主茎分枝数与其他各性状相关系数0.3839~0.8513，除与千粒重相关程度(R=0.3839)较低外，与其他性状的相关程度都比较高。单株结果数与其他各性状相关系数0.5233~0.8748，各性状的相关程度都比较高。每果粒数与其他各性状相关系数0.5149~0.9550，与其他各性状的相关程度都比较高，尤其与单株粒数的相关性极高(R=0.9550)。单株粒数与其他各性状相关系数0.4828~0.9550，与其他各性状的相关程度都比较高，但是与千粒重的相关性较低(R=0.4828)。千粒重与其他各性状相关系数0.2297~0.6202，与其他各性状的相关程度相对较高。单株粒重与其他各性状相关系数0.2297~0.7191，与其他各性状的相关程度相对较高，但是与千粒重的相关性较低(R=0.2297)。

表 2　锌肥不同用量条件下主要农艺性状相关性分析

相关系数	分枝数 x_1	结果数 x_2	果粒数 x_3	株粒数 x_4	千粒重 x_5	株粒重 x_6
分枝数 x_1	1	—	—	—	—	—
结果数 x_2	0.8513	1	—	—	—	—
果粒数 x_3	0.8098	0.7695	1	—	—	—
株粒数 x_4	0.8487	0.8748	0.955	1	—	—
千粒重 x_5	0.3839	0.6202	0.5149	0.4828	1	—
株粒重 x_6	0.6912	0.5233	0.7191	0.5923	0.2297	1

2.2.2 主要农艺性状回归分析

以油用亚麻主要农艺性状主茎分枝数 x_1、单株结果数 x_2、每果粒数 x_3、单株粒数 x_4、千粒重 x_5 为自变量，单株粒重 y 为因变量进行回归分析。各性状回归方程显著性检验结果（表 3）显示，回归项的 F 值=6.1168，达到 5%显著水平；相关系数 R=0.954291 达到极显著水平，决定系数 R^2=0.910672，回归系数 b_1=0.00375，b_2=0.1103，b_3=0.3708，b_4=−0.0284，b_5=−0.3093，其中单株粒数 x_4 和千粒重 x_5 为负效应（b_4=−0.0284，b_5=−0.3093）。拟合回归方程：$y=0.92303+0.00375x_1+0.1103x_2+0.3708x_3-0.02841x_4-0.3093x_5$。

表 3　回归方差分析表

方差来源	平方和	自由度	均方	F 值	p 值
回归	0.0716	5	0.0143	6.1168*	0.0835
剩余	0.007	3	0.0023	—	—
总的	0.0787	8	0.0098	—	—

注：* 表示在 0.05 水平上差异显著，下同

2.3 锌肥不同施用量对油用亚麻种子产量的影响

根据种子产量结果（见表 4）分析，试验处理 A 和 B 的种子产量为 1038.75 和 1111.65kg/hm²，对照产量为 995.55kg/hm²，与对照相比处理 A 增产 4.34%、处理 B 增产 11.66%。对试验各处理油用亚麻种子产量进行方差分析和多重比较，其结果显示，区组间差异不显著，处理间差异显著；经过多重比较处理 B 与对照之间差异达 5%显著水平，处理 A 与对照之间差异不显著，处理 A 与处理 B 之间的差异也不显著（见表 5、表 6）。通过以上分析认为，锌肥不同施用量对油用亚麻种子产量有一定的影响，其中以施硫酸锌 30.0kg/hm² 对油用亚麻种子产量影响显著。

表 4　旱地油用亚麻种子产量结果

处理	小区产量(kg)				折合产量	比 CK(%)	位次
	Ⅰ	Ⅱ	Ⅲ	平均	(kg/hm²)		
A	2.227	2.129	2.188	2.181	1038.75	4.37	2
B	2.361	2.203	2.441	2.335	1111.65	11.69	1
CK	2.025	2.116	2.101	2.091	995.55	—	3

表 5 方差分析结果(随机模型)

变异来源	平方和	自由度	均 方	F 值	$F_{0.05}$	$F_{0.01}$
区组间	0.0134	2	0.0067	1.046	6.94	18
处理间	0.0984	2	0.0492	7.695*	6.94	18
误 差	0.0256	4	0.0064	—	—	—
总变异	0.1374	8	—	—	—	—

表 6 不同锌肥处理间产量差异的显著性

处理	均值	5%显著水平	1%极显著水平
B	2.335	a	A
A	2.1813	ab	A
CK	2.0807	b	A

3 结论

油用亚麻开花期测定各处理的生长量,结果显示,试验处理的株高比对照增长 3.63%~3.74%。单株鲜重处理 A 比对照增加 13.66%、处理 B 比对照增加 17.18%,单株干重处理 A 比对照增加 10.17%、处理 B 比对照增加 13.56%,说明硫酸锌对油用亚麻的株高影响不大,但对油用亚麻单株鲜重和干重的影响比较明显。

根据油用亚麻的株高、主茎分枝数、单株结果数、每果粒数、单株粒数、单株粒重的室内考种资料分析,各性状数值与对照相比均有不同程度的增加。为了进一步明确各性状之间相关性和依从度进行相关性和回归分析,结果显示各性状间具有一定的正相关关系,回归方程也具有较好的线性关系,相关系数 R=0.954291 达到极显著水平,$y=0.92303+0.00375x_1+0.1103x_2+0.3708x_3-0.02841x_4-0.3093x_5$。

各处理的油用亚麻种子产量 1038.75~1111.65kg/hm²,比对照增产 4.34%~11.66%,经过方差分析处理间差异达 5%显著水平。说明在旱地施锌肥能够提高油用亚麻种子产量,这与郭新平等研究结果锌肥能增加大豆产量、徐惠云等研究结果合理施用锌肥对春小麦有明显增产效果相一致,并且硫酸锌用量为 30.0kg/hm² 的增产幅度最高,达到 11.66%。

曹秀霞,钱爱萍,张炜,杨崇庆,作物杂志,2016(3)

旱地胡麻种肥混配技术研究

根据营养元素的平衡法则，土壤—植物营养体系也有一个平衡系统。大量元素和微量元素都是植物正常生长发育所必需的，迄今在植物体中已发现的化学元素有70多种，现已查明硼、锌、钼、锰、铁、铜、氯、钠等元素为植物必需微量营养元素，作为植物营养必需元素进入农业生产系统。近年来，由于胡麻生产上大量施用氮、磷化学肥料，使得氮、磷、钾的比例及其与微量元素的比例严重失调，直接影响作物产量的提高和品质改善。研究氮、磷、钾与微量元素科学合理搭配的最佳结构比例，使土壤营养元素供应平衡，胡麻生产达到高产优质、节本高效，是实现现代化农业集约化生产的重要标志。

1 材料与方法

1.1 供试材料

试验在宁夏固原市原州区的川旱地进行，气候类型属半干旱区，土壤为浅黑垆土，肥力中等，前茬作物为马铃薯。供试胡麻品种为宁亚19号。供试肥料为磷酸二铵（N18%、$P_2O_5$46%）、尿素（N46%）、磷酸二氢钾（K_2O 34%、$P_2O_5$52%）、硼砂（99.5%分析纯硼砂）、硫酸锌（99.5%分析纯硫酸锌）。

1.2 试验设计

试验共设6个处理，分别为磷酸二铵75kg/hm^2+尿素15kg/hm^2（A）；磷酸二铵75kg/hm^2+尿素30kg/hm^2（B）；磷酸二铵75kg/hm^2+磷酸二氢钾15kg/hm^2（C）；磷酸二铵75kg/hm^2+硼砂15kg/hm^2（D）；磷酸二铵75kg/hm^2+硫酸锌15kg/hm^2（E）；以磷酸二铵75kg/hm^{2}作对照（CK）。采用随机区组排列，3次重复，小区面积21m^2（3m×7m）。将上述各处理肥料作为种肥，播种时与胡麻种子混匀一次施入土壤。试验数据用DPS（Data Processing System）统计分析软件进行统计分析。

2 结果与分析

2.1 对出苗的影响

由表1可知，各处理出苗率为27.85%~58.00%，以处理E的出苗率最高，为58.00%；以处理D的出苗率最低，为27.85%；其余处理出苗率由高到低的顺序依次为CK>处理C>处理A>处理B。其中磷酸二铵与尿素混配处理表现为随着尿素用量增加，出苗率随之降低；磷酸二铵与微量元素混配的处理以处理 E 的出苗率高，处理 C 次之，处理 D 最低。

表 1 不同施肥处理胡麻种子出苗情况

处理	苗数(万株/hm²)	出苗率(%)
A	326.70	43.56
B	253.95	33.85
C	390.00	52.00
D	208.95	27.85
E	435.00	58.00
CK	424.50	56.59

2.2 对植株生长量的影响

由表 2 可知，枞形期各处理单株鲜重为 0.62~0.95g，除 CK 外，平均为 0.81g，比 CK 高的处理有处理 B、处理 D、处理 E。现蕾期各处理单株鲜重为 1.71~2.03g，除 CK 外平均为 1.83g，比 CK 高的处理有处理 B、处理 C、处理 D、处理 E。开花期各处理单株鲜重为 2.43~3.27g，除 CK 外平均为 2.99g，比 CK 高的处理有处理 B、处理 C、处理 D、处理 E。青果期各处理单株鲜重为 3.42~4.34g，除 CK 外平均为 3.81g，比 CK 高的处理有处理 B、处理 C、处理 D、处理 E。

表 2 不同施肥处理胡麻生长量

处理	枞形期(6.11)			现蕾期(6.24)			开花期(7.5)			青果期(8.6)		
	株高(cm)	株鲜重(g)	株干重(g)	株高(cm)	株鲜重(g)	株干重(g)	株高(cm)	株鲜重(g)	株干重(g)	株高(cm)	株鲜重(g)	株干重(g)
A	15.80	0.62	0.06	33.80	1.71	0.37	35.95	2.43	0.59	35.07	3.42	1.15
B	21.00	0.92	0.17	34.75	1.80	0.46	37.70	3.27	0.82	38.65	3.92	1.22
C	17.20	0.65	0.14	36.35	1.81	0.47	37.25	3.09	0.78	38.99	3.58	1.16
D	19.10	0.91	0.13	36.40	1.81	0.41	36.30	3.08	0.79	40.85	4.34	1.28
E	19.90	0.95	0.19	35.65	2.03	0.59	33.95	3.06	0.75	33.29	3.56	1.15
CK	16.70	0.71	0.16	35.55	1.74	0.43	35.85	3.06	0.74	38.67	3.55	1.15

2.3 对主要农艺性状的影响

由表 3 可知，从各处理农艺性状的变化趋势看，处理 D 的各农艺性状明显高于其他处理，居第一位，处理 B 的居第二位。

2.4 对种子产量的影响

由表 4 可知，不同施肥处理对种子产量影响比较明显。各处理种子折合产量为 896.67~1042.38kg/hm²，平均为 978.76kg/hm²，CK 种子折合产量为 943.33kg/hm²。处理 D 产量最高，折合产量为 1042.38kg/hm²，比 CK 增产 10.50%，处理 B 产量最低，折合产量为 896.67kg/hm²，比 CK 减产 4.95%，其余处理种子产量从高到低的顺序依次是处理 E>处理 C>处理 A>CK。氮、磷混配处理的种子产量为 896.67~975.71kg/hm²，平均为 938.57kg/hm²，处理A 比 CK 增产 3.43%,处理 B 比 CK 减产 4.95%。磷酸二铵与微肥混配 3 个处理种子产量为983.33~1042.38kg/hm²，平均为 1007.14kg/hm²,种子产量由高到低顺序为处理 D>处理 E>处理 C。处理 D 比 CK 增产 10.50%,处理 E 比 CK 增产 5.55%,处理 C 比 CK 增产 4.24%。经方差分析,区组间差异不显著,处理间差异达 5%显著水平(见表 5)。

表 3 胡麻主要农艺性状

处理	株高(cm)	工艺长度(cm)	分枝数(个)	有效结果数(个)	果粒数(粒)	单株粒重(g)	千粒重(g)
A	36.69	26.41	4.34	8.85	8.43	0.47	8.42
B	37.96	26.67	4.73	10.76	8.33	0.54	8.28
C	35.51	26.43	3.93	8.01	7.20	0.42	8.27
D	40.76	27.88	5.39	13.48	7.83	0.73	8.29
E	36.42	27.19	4.57	8.46	6.21	0.43	8.54
CK	36.16	26.75	4.13	8.03	7.90	0.41	8.38

表 4 不同施肥处理胡麻种子产量

处理	小区产量(g)				折合产量(kg/hm²)	较 CK ±(%)
	Ⅰ	Ⅱ	Ⅲ	平均		
A	2212	1946	1988	2049abAB	975.71	3.43
B	1813	1925	1911	1883 cB	896.67	–4.95
C	2044	1911	2240	2065 abAB	983.33	4.24
D	2191	2240	2135	2189 aA	1042.38	10.50
E	2149	2002	2121	2091 abAB	995.71	5.55
CK	1974	1946	2023	1981bcAB	943.33	—

注:同列不同小、大写字母分别表示 0.05、0.01 水平下差异显著

表 5 不同施肥处理胡麻产量方差分析

变异来源	平方和	自由度	均方	F 值	$F_{0.05}$	$F_{0.01}$
区组间	13344.3333	2	6672.1667	0.95	4.1	7.56
处理间	160352.5000	5	32070.5000	4.59*	3.33	5.64
误差	69927.6667	10	6992.7667	—	—	—
总变异	243624.5000	17	—	—	—	—

3 结论与讨论

2011 年播种期天气特别干旱,胡麻出苗不齐且较历年偏晚。通过对试验各处理的出苗率进行比较分析,可以看出使用不同种类、不同用量的化肥和微量元素作种肥,旱地胡麻出苗率不同,磷酸二铵与尿素混配的处理烧苗比较严重,单位面积苗数较少,出苗率较低,且随着尿素施用量增加，出苗率随之降低。磷酸二铵与微量元素混配的处理以磷酸二铵 75kg/hm²+硫酸锌 15kg/hm² 处理的出苗率最高,磷酸二铵 75kg/hm²+磷酸二氢钾 15kg/hm² 处理次之，磷酸二铵 75kg/hm²+硼砂 15kg/hm² 处理最低。根据各施肥处理植株生长量的变化看,只有磷酸二铵 75kg/hm²+尿素 15kg/hm² 处理比对照磷酸二铵 75kg/hm² 低,其余处理均高于对照，磷酸二铵与尿素混配处理的鲜重和干重表现出随着尿素用量的增加而增加的趋

势;磷酸二铵与微量元素混配处理在枞形期和现蕾期以磷酸二铵 75kg/hm²+硫酸锌 15kg/hm² 处理干重和鲜重最高，开花期以磷酸二铵 75kg/hm²+磷酸二氢钾 15kg/hm² 处理干重和鲜重最高,青果期以磷酸二铵 75kg/hm²+硼砂 15kg/hm² 处理鲜重和干重最高。各施肥处理对种子产量影响比较明显。各处理种子折合产量为 896.67~1042.38kg/hm²。平均为 978.76kg/hm²,对照种子折合产量为 943.33kg/hm²。磷酸二铵 75kg/hm²+硼砂 15kg/hm² 的处理种子产量最高,折合产量为 1042.38kg/hm²,比对照增产 10.50%,磷酸二铵 75kg/hm²+尿素 30kg/hm² 的处理种子产量最低,折合产量 896.67kg/hm²,比对照减产 4.95%。试验各处理种子产量结果经方差分析,区组间差异不显著,处理间差异达 5%显著水平。试验结果表明,微量元素对胡麻产量有一定的影响。硼的增产效果比较明显,但是对出苗影响较大。

张 炜,安维太,曹秀霞,钱爱萍,现代农业科技,2012(21)

化肥作种肥对胡麻出苗和产量的影响试验

近年来,宁夏南部山区和中部干旱带的胡麻生产主要以旱地为主,由于旱地土壤肥力比较低,采用化肥作种肥的情况较普遍。由于化肥作种肥施用不合理,生产中表现出因烧苗造成减产,也有种肥使用量较大使生产成本不断增加效益下降的现象。针对这一突出问题,2011—2012 年进行了化肥不同种类、不同用量作旱地胡麻种肥的田间试验,现将试验结果分析如下。

1 材料与方法

1.1 试验地概况与供试材料

试验设在宁夏固原市原州区张易镇旱地,土壤为浅黑垆土,供试化肥为尿素(N:46%)、磷酸二铵(N18%,$P_2O_5$46%)。

1.2 试验设计

试验处理:尿素用量分别为 22.5kg/hm²、45kg/hm²、67.5kg/hm²、90kg/hm²,磷酸二铵用量分别为 45kg/hm²、60kg/hm²、75kg/hm²、105kg/hm²,设不施肥为对照。试验采用随机区组排列,重复 3 次:试验田肥力中等,春施有机肥 3.0×10^4kg/hm²,胡麻品种为宁亚 17 号,播种量为 750×10^4 粒/hm²,播深 3~4cm。胡麻种子与化肥混匀后用 4 行播种机播种,播后耱平。出苗时调查记载出苗数,收获时每小区取样30株考查植株的经济性状,并按小区收获脱粒计产。

2 结果与分析

2.1 种肥对胡麻出苗率影响

试验结果表明，试验不同处理出苗数在61.58万~638.0万株/hm²，出苗率在8.21%~85.07%。对照出苗数660.95万/hm²,出苗率88.13%。不同种类、不同用量的化肥作种肥对旱地胡麻出苗均有明显的影响,尿素作种肥比未施种肥(CK)的苗数减少209.4万~599.38万株/hm²，出苗率降低27.92%~79.92%；磷酸二铵作种肥比未施种肥（CK）的苗数减少22.95万~201.35×万株/hm²,出苗率降低3.06%~26.85%。尿素与磷酸二铵作种肥对胡麻出苗效果相比,虽然磷酸二铵比尿素用量大,但是磷酸二铵比尿素的出苗率提高24.86%~57.27%(见表1)。

表1 种肥对旱地胡麻出苗的影响

化肥种类	用量(kg/hm²)	苗数(万株/hm²)			出苗率(%)		
		2011年	2012年	平均	2011年	2012年	平均
尿素	22.5	428.05	475.05	451.55	57.07	63.34	60.21
	45.0	241.60	282.45	262.03	32.21	37.66	34.94
	67.5	115.80	152.55	134.18	15.44	20.34	17.89
	90.0	59.85	63.30	61.58	7.98	8.44	8.21
磷酸二铵	45	618.75	657.25	638.00	82.50	87.63	85.07
	60	604.10	585.90	595.00	80.55	78.12	79.33
	75	577.75	549.60	563.68	77.03	73.28	75.16
	105	508.35	410.85	459.60	67.78	54.78	61.28
不施种肥(CK)		692.50	629.40	660.95	92.33	83.92	88.13

尿素、磷酸二铵中的氮素都属于铵态氮,施入土壤后,迅速发生氨化作用,产生氨气使种子和幼根受到灼伤和毒害,加之尿素含氮量高,含有缩二脲,因而尿素烧苗比磷酸二铵严重,而且用量越大烧苗越严重。

2.2 种肥对胡麻产量的影响

根据利用尿素和磷酸二铵作种肥对胡麻种子产量影响的分析,尿素作种肥虽然烧苗严重,但它能促进植株的分枝数,增加结果数,在对密度要求不高的旱地仍能起到增产作用,种子平均产量759.77~1376.75kg/hm²，但是施肥量超过45kg/hm²比对照减产9.71%~40.56%(见表2)。

磷酸二铵作种肥与尿素作种肥情况类似，但烧苗程度较轻。种子平均产量1403.67~1585.99kg/hm²,比对照增产9.09%~23.39%,磷酸二铵作种肥最佳用量75.0kg/hm²,种子产量1585.99kg/hm²,比对照增产23.39%。

表 2　种肥对胡麻产量的影响

化肥种类	用量（kg/hm²）	2011 年 小区产量（kg） Ⅰ	Ⅱ	Ⅲ	平均	单产（kg/hm²）	比对照增减产（kg）	2012 年 小区产量（kg） Ⅰ	Ⅱ	Ⅲ	平均	单产（kg/hm²）	比对照增减产（kg）
尿素	22.5	1.71	1.89	1.84	1.81	1440.19	6.60	1.63	1.72	1.61	1.65	1313.31	7.45
	45	1.39	1.58	1.76	1.58	1250.05	-7.47	1.44	1.38	1.25	1.36	1076.24	-11.94
	67.5	1.27	1.45	1.62	1.45	1147.90	-15.03	1.22	1.17	1.15	1.18	937.25	-23.32
	90	0.77	0.96	0.91	0.88	698.42	-48.30	0.93	1.02	1.15	1.03	821.12	-32.82
磷酸二铵	45	1.70	1.84	2.04	1.86	1476.20	9.27	1.64	1.77	1.62	1.68	1331.14	8.91
	60	1.83	2.00	1.96	1.93	1531.75	13.38	1.91	1.64	1.90	1.82	1441.81	17.97
	75	2.03	1.82	2.33	2.06	1634.93	21.02	2.24	1.77	1.80	1.94	1537.04	25.76
	105	1.83	1.93	1.97	1.91	1515.88	12.20	1.74	1.93	1.60	1.76	1394.62	14.10
不施肥（CK）		1.51	1.70	1.90	1.70	1351.00	0.00	1.32	1.68	1.62	1.54	1222.23	0.00

2.3 种肥对胡麻主要性状的影响

从田间生长状况和室内考种结果分析，胡麻施种肥对株高有一定影响，与对照相比除了试验处理尿素 22.5kg/hm²，其他处理的株高均比对照减低 1.22~4.94cm；单株结果数试验各处理均高于对照，并且尿素用量越大，胡麻密度越低，单株结果数明显增多；尿素作种肥对胡麻每果粒数增加没有明显作用，磷酸二铵作种肥使胡麻每果粒数增加 0.6~1.2 粒，效果比较显著；尿素作胡麻种肥使千粒重提高 0.74 ~1.39g，磷酸二铵各处理使千粒重提高 1.15~1.35g(见表 3)。

表 3　种肥对胡麻主要性状的影响

化肥种类	用量（kg/hm²）	株高（cm）	工艺长度（cm）	每株结果数（个）	每果粒数（粒）	千粒重（g）
尿素	22.5	52.37	38.9	8.5	8.1	9.49
	45	47.05	36.9	11.9	7.8	9.14
	67.5	50.25	40.9	24.1	8.3	8.84
	90	48.25	35.8	24.8	8.1	9.07
磷酸二铵	45	47.13	40.2	8.1	8.5	9.45
	60	44.76	38.7	9.4	8.5	9.39
	75	45.12	38.2	103	9	9.25
	105	44.53	37.4	11.8	9.1	9.32
不施种肥（CK）		49.47	43.8	5.4	7.9	8.1

3 结论

综合试验结果分析，胡麻烧苗与化肥种类、用量密切相关。尿素是一种含氮量较高的铵态氮肥，与胡麻种子接触易灼伤种胚或幼根，使种子丧失发芽力或幼根停止生长。磷酸二铵是一种含铵态氮的氮磷复合肥料，由于它含氮 18%，与胡麻种子混播，同样有烧苗问题，只是它含氮量较低，比尿素的烧苗程度轻。旱地胡麻种肥施用，从合理的种植密度考虑，尿素不宜作种肥，磷酸二铵用量不宜超过 75kg/hm²；从提高单产和经济效益方面分析，尿素作胡麻种肥因烧苗严重，对胡麻出苗和保苗的安全性较差，不宜作为旱地胡麻的种肥使用，磷酸二铵作旱地胡麻种肥对胡麻出苗和保苗相对安全，具有氮磷养分供应的双重作用，增产幅度可达到 9.09%~23.39%，效果比较明显，但是用量不宜超过 75kg/hm²，否则因用量过大烧苗严重造成减产，同时生产成本增加效益会明显下降。

毛玉乾，安维太，张玉峰，安徽农学通报，2013，19(19)

不同施肥量对旱地垄膜集雨沟播种植胡麻农艺性状及种子产量的影响

胡麻(*Linumusitatissimum L.*)即油用亚麻，主要分布在华北、西北高寒干旱地区。胡麻是宁夏主要的油料作物和抗旱避灾作物，主要在宁夏中南部山区种植。由于生态气候条件变化，干旱缺水已经成为影响胡麻产业发展的主要因素。旱地垄膜集雨沟播种植胡麻是根据旱作农田覆膜垄沟种植微集流富集叠加高效利用的技术原理，采取垄上覆膜，沟内种植胡麻，形成沟、垄相间的种植方式，将无效降雨转化为有效利用，达到节水抗旱增产的目的。近年来采用旱地作物垄膜集雨沟播种植技术将无效降雨转化为有效利用的研究比较多，但对该技术施肥量的研究较少。课题组通过试验确定旱地垄膜集雨沟播种植胡麻最佳施肥量，为制定旱地胡麻垄覆膜沟播种植技术规程提供施肥依据。

1 材料与方法

1.1 试验地概况

试验地位于固原市原州区开城镇大堡村，地理位置 106°10′E、36°5′N，海拔 1750m，气候类型属半干旱区，年均降雨量 380~450mm，年均气温 6.5~7.5℃，≥0℃积温为 3000~3400℃，无霜期 150~160d。试验地为川旱地，土壤类型为浅黑垆土，肥力中等，肥效均匀，前茬作物为冬小麦。

1.2 试验材料

供试胡麻品种为宁亚 19 号。

供试肥料为磷酸二铵(含 $P_2O_5$46%、纯 N18%)。

1.3 试验方法

旱地胡麻垄膜集雨沟播种植方法是垄上覆膜集雨，垄沟种植胡麻，垄沟带型比例是

1.0∶1.5,即垄上覆膜宽 40cm,垄沟宽度 60cm,种植胡麻 4 行。采用专用机具覆膜,四行小区播种机播种,沟播量 45kg/hm^2。

该试验利用磷酸二铵做种肥,共设 5 个施肥处理,处理 1:施肥 37.5kg/hm^2;处理 2:施肥 52.5kg/hm^2;处理 3:施肥 67.5kg/hm^2;处理 4:施肥 82.5kg/hm^2;处理 5:施肥 97.5kg/hm^2;处理 6:不施肥(CK)。试验采用随机区组设计,3 次重复,小区面积 60m^2(4m×15m),行距 15cm,区距 50cm。试验周围设保护行。

1.4 调查项目与方法

1.4.1 出苗率调查

胡麻苗期,调查每小区对角线 2 点处胡麻苗数(胡麻 2 行,长度 0.5m),计算出每 1hm^2 苗数和出苗率。

1.4.2 生育期记载

试验在整个生育期内观察记载胡麻播种期、出苗期、现蕾期、开花期、成熟期,计算生育期。

1.4.3 生长量测定

在胡麻生育期的枞形、初花、青果生长阶段,每小区随机取胡麻植株 10 株,测定株高、单株鲜重、单株干重,计算平均值。

1.4.4 农艺性状及产量测定

胡麻成熟期每小区随机取样(胡麻 30 株),测定株高、单株有效分枝数、单株有效结果数、每果粒数、千粒重、单株粒重。每小区单收单脱,测定小区种子产量、折合公顷产量。

试验数据利用 Excel 软件整理,采用 DPS 统计分析软件进行统计分析。

2 试验结果及分析

2.1 不同施肥量对垄膜集雨沟播种植胡麻出苗率及全生育期的影响

由表 1 可知,随着施肥量的增加,垄膜集雨沟播种植胡麻出苗率降低,以不施肥出苗率最高, 为 62.47%。以处理 4 出苗率最低, 为 45.92%; 各处理出苗率减少幅度为 0.30%~26.49%。各处理出苗期、现蕾期、盛花期、成熟期一致;全生育期一致,从播种至成熟均需 104d。说明不同施肥量对垄膜集雨沟播种植胡麻的生育进程及全生育期没有影响。

表 1 不同施肥量处理垄膜集雨沟播种植胡麻出苗率及全生育期

处理	播种期(月.日)	出苗期(月.日)	现蕾期(月.日)	盛花期(月.日)	成熟期(月.日)	全生育期(d)	苗数(万株/hm^2)	出苗率(%)
1	4.23	5.8	6.18	6.28	8.2	104	342.90	57.14
2	4.23	5.8	6.18	6.28	8.2	104	373.65	62.28
3	4.23	5.8	6.18	6.28	8.2	104	332.55	55.42
4	4.23	5.8	6.18	6.28	8.2	104	275.55	45.92
5	4.23	5.8	6.18	6.28	8.2	104	302.55	50.42
6(CK)	4.23	5.8	6.18	6.28	8.2	104	374.85	62.47

注:播种量为 600 万粒/hm^2

2.2 不同施肥量对垄膜集雨沟播种植胡麻植株生长量的影响

由表2可知，不同施肥量垄膜集雨沟播种植胡麻植株高度变化趋势不明显；各处理的单株鲜重和单株干重，在枞形期、初花期、青果期均高于对照，但不同施肥量处理间单株鲜重和单株干重的变化没有规律可循。

表2 不同施肥处理下垄膜集雨沟播种植胡麻生长量调查

处理	枞形期(6.11)			初花期(6.25)			青果期(7.20)		
	株高(cm)	鲜重(g)	干重(g)	株高(cm)	鲜重(g)	干重(g)	株高(cm)	鲜重(g)	干重(g)
1	22.79	1.16	0.21	42.42	2.89	0.67	42.61	4.26	1.20
2	19.65	0.82	0.15	40.55	2.92	0.67	40.82	4.26	1.08
3	17.04	0.91	0.15	42.38	2.91	0.67	42.43	4.67	1.11
4	18.17	1.05	0.14	41.20	2.99	0.64	43.05	4.31	1.01
5	20.83	1.14	0.17	40.88	2.68	0.55	42.50	3.52	0.90
6(CK)	18.91	0.74	0.13	39.70	2.65	0.55	40.85	3.25	0.89

2.3 不同施肥量对垄膜集雨沟播种植胡麻农艺性状的影响

由表3可以看出，垄膜集雨沟播种植胡麻各施肥处理较对照株高增加0.13~3.56cm。有效分枝数除处理2较对照减少0.48个外，其余处理较对照增加0.12~0.83个。有效结果数除处理2较对照减少1.8个外，其余处理较对照增加0.25~2.43个。处理2、3、5每果粒数较对照减少0.4~0.8粒，处理1、4均较对照增加0.24粒。处理1、2单株粒重较对照减少0.03~0.11g，处理3、4、5较对照增加0.02~0.11g。千粒重为8.33~8.75g，平均8.49g，变异系数2.13%，各处理间差异较小。单株有效结果数与单株粒重等主要经济性状均以处理4最高、处理2最低，这与各处理产量表现基本一致。

表3 不同施肥处理下垄膜集雨沟播种植胡麻主要农艺性状

处理	株高(cm)	单株有效分枝数(个)	单株有效结果数(个)	每果粒数(粒)	单株粒重(g)	千粒重(g)
1	42.86	4.63	9.60	7.67	0.42	8.75
2	41.63	3.85	7.04	6.63	0.34	8.33
3	42.66	4.45	9.09	7.03	0.47	8.54
4	45.06	5.16	11.27	7.67	0.56	8.37
5	44.12	4.67	9.94	7.13	0.51	8.34
6(CK)	41.50	4.33	8.84	7.43	0.45	8.60

2.4 不同施肥量对垄膜集雨沟播种植胡麻种子产量的影响

由表4可知，各处理胡麻种子产量844.95~981.75kg/hm^2，平均产量为899.37kg/hm^2；以处理4增产效果最好，种子产量为981.75kg/hm^2，较对照增产11.71%；处理5增产效果次之，种子产量为923.40kg/hm^2，较对照增产5.07%；其余各处理种子产量都较对照减产，减产幅度为0.10%~3.86%，以处理2减产幅度最高，种子产量为844.95kg/hm^2，较对照减产3.86%。处理4与处理5之间差异达5%的显著水平，处理4与处理1、2、3、6(CK)之间差异达1%的显著水平。

表4 不同施肥处理下垄膜集雨沟播种植胡麻种子产量表现

处理	小区产量(kg/60m²)				折合单产(kg/hm²)	较CK		位次
						±(kg/hm²)	±(%)	
1	5.44	5.06	5.31	5.27	877.95BbCc	-0.90	-0.10	3
2	5.09	5.25	4.86	5.07	844.95Cc	-33.90	-3.86	6
3	5.27	5.40	4.97	5.21	868.80BCc	-10.05	-1.14	5
4	5.84	5.86	5.98	5.89	981.75Aa	102.90	11.71	1
5	5.55	5.47	5.61	5.54	923.40ABb	44.55	5.07	2
6(CK)	5.28	5.32	5.22	5.27	878.85BbCc	—	—	4

注:表中同列数据肩标大写字母不同,表示差异极显著($P<0.01$);小写字母不同,表示差异显著($P<0.05$)。

3 结论

3.1 产量表现

各处理的胡麻种子产量为844.95~981.75kg/hm²,平均产量为899.40kg/hm²,以种肥(磷酸二铵)施肥量82.5kg/hm²处理产量最高,其次为施肥97.5kg/hm²处理,这2个处理产量分别为981.75kg/hm²、923.40kg/hm²,分别较不施肥增产11.71%、5.07%。其余处理均较对照减产,减产0.10%~3.86%。

3.2 对农艺性状的影响

不同施肥量对垄膜集雨沟播种植胡麻千粒重的影响不明显,但对和产量密切相关的经济性状(单株有效分枝数、单株有效结果数和单株粒重)影响比较明显,随着施肥量的增加胡麻单株有效分枝数、单株有效结果数和单株粒重总体呈上升趋势。

3.3 对生长量的影响

不同施肥量对垄膜集雨沟播种植胡麻植株高度影响不大,各处理的单株鲜重和单株干重,在枞形期、初花期、青果期3个阶段均高于对照。

3.4 对出苗率的影响

随着施肥量的增加,垄膜集雨沟播种植胡麻出苗率降低,其中以不施肥出苗率最高,为62.47%;其次为种肥施用量52.5kg/hm²的处理;以种肥施用量82.5kg/hm²处理出苗率最低。

张炜,曹秀霞,钱爱萍,陆俊武,剡宽将,宁夏农林科技,2018,59(4)

不同叶面肥对旱作区胡麻经济性状及种子产量的影响

胡麻是我国五大油料作物之一，属于油用亚麻，富含α-亚麻酸、木酚素、多种不饱和脂肪酸及膳食纤维等多种对人体有益的营养成分。我国胡麻主要分布在华北、西北等地的干旱地区，河北、山西、内蒙古、宁夏、甘肃、新疆六省区的播种面积占全国总播种面积的98.40%。近年来，随着市场经济的带动，我国胡麻种植面积不断扩大，效益逐年提升，但产量较低，其中施肥不合理是低产的重要原因之一，目前我国胡麻施肥技术研究远远落后于其他主要农作物。

叶面肥是指施于植物叶片并能被其吸收利用的肥料。叶面肥可从叶部直接进入植物体内，参与作物的新陈代谢和有机物的合成过程。叶面营养是植物根外营养的重要途径，通过叶面施肥可以较少量的肥料起到较大的作用。叶面肥具有养分吸收快，针对性强，养分利用率高，肥料用量少，施用方法简便、经济，环境污染风险小，不受作物生育期影响等优点。叶面施肥是一种有效、环保的施肥方式，是对土壤施肥的有效补充，具有广阔的应用前景，已成为现代农业肥料中的重要组成部分。

胡麻属于密植作物，旱作区胡麻无灌溉条件，生产中无法进行根部追肥，而种肥又无法满足作物全生育期的营养需求，往往造成因生育后期脱肥而减产的现象。因此，本文通过田间试验，研究不同类型叶面追肥对旱作区胡麻经济性状及种子产量的影响，为叶面追肥在旱作区胡麻生产中的应用和推广提供理论依据。

1 材料与方法

1.1 试验地概况

田间试验于2017年在宁夏回族自治区固原市原州区彭堡镇石碑村进行，海拔1685m，年平均日照时数2531.2h，年平均气温8.0℃，年平均降水量439mm，年平均蒸发量1151.4mm，无霜期152d，≥10℃积温2000~2700℃。2017年生育期降雨量见表1。土壤类型为淡黑垆土，试验区土壤质地疏松、肥力中等，前茬作物为玉米。试验前取0~20cm土壤进行养分化验，其基础养分情况见表2。

表 1　2017 年胡麻生育期降雨量(mm)

降雨量	4 月	5 月	6 月	7 月	8 月	生育期合计(4—8 月)
2017 年	62.2	61.4	29.5	21.3	50.1	224.5
历年平均	24.4	33.8	49.3	84.4	96.4	288.2
较历年	37.9	27.6	-19.8	-63.1	-46.3	—

表 2　试验地基础养分情况

pH 值	有机质(g/kg)	全氮(g/kg)	全磷(g/kg)	全钾(g/kg)	速效(mg/kg)	速效(mg/kg)	速效(mg/kg)
7.85	13.2	0.96	0.76	19.0	55.0	14.6	125.0

1.2 试验材料

供试叶面肥:46.4%尿素(中国石油天然气有限公司),98%磷酸二氢钾(四川国光农化股份有限公司),10%国光络微(四川国光农化股份有限公司),12%国光稀施美(四川国光农化股份有限公司),26%生命素(泌阳昆仑生物科技有限公司),0.4%芸苔赤霉素(山东金一诺生物技术有限公司)。供试胡麻品种为宁亚 20 号,生育期为 114d,种植密度为 750 万株/hm^2。施药器械为卫士牌 WS-16PA 型背负式手动喷雾器(山东卫士植保机械有限公司)。

1.3 试验设计

试验设 5 个处理,另设清水对照(见表 3)。小区面积 24m^2,重复 3 次,随机区组排列。

表 3　试验处理施肥量表

处理	主要有效成分	用量(g/hm^2)
磷酸二氢钾 + 尿素	大量元素(N、P、K)	750+9000
国光络微	微量元素(Fe、Zn、B、Mo、Cu、Mn)	600
国光稀施美	氨基酸	600
生命素	腐殖酸	750
芸苔赤霉素	植物内源激素(芸苔素内酯、赤霉素)	300
清水(CK)	—	—

1.4 试验方法

2017 年 6 月 30 日胡麻初花期用背负式手动喷雾器进行喷雾，各处理按 450 L/hm^2 兑水。采用 2 次稀释法,即先用小型容器把叶面肥充分溶化,再倒入预先装有一定水的喷雾器中,充分搅匀后对胡麻茎叶均匀喷雾。每喷洒完 1 个处理,喷雾器用清水清洗干净。施肥当天天气晴朗,微风,施肥后 24h 无降雨。

1.5 测定项目与方法

成熟期每小区随机采样 30 株进行室内考种,分别测定株高、主茎分枝数、单株结果数、每果粒数、单株产量及千粒重等经济性状。收获时,各小区单收单打,晒干后测得小区实际产量,并计算单位面积实际产量。

1.6 数据处理

采用 Excel 2007 软件进行数据整理，用 DPS 13.5 统计分析软件进行方差分析和显著性检验。

2 结果与分析

2.1 不同叶面肥对胡麻经济性状的影响

不同叶面肥对胡麻经济性状的影响见表 4。芸苔赤霉素处理株高为 58.74cm，较清水对照增加 6.03%，与对照相比差异达显著水平，其他处理与对照相比无显著差异。各处理间主茎分枝数与单株结果数无显著差异。磷酸二氢钾+尿素处理每果粒数 7.80 粒，较对照增加 7.93%，与对照相比差异达显著水平，其他处理与对照相比无显著差异。各处理间单株产量未达到显著水平，但较清水对照均有不同程度增加。其中磷酸二氢钾+尿素处理较对照增加 22.57%，国光稀施美处理较对照增加 19.73%，生命素处理较对照增加 15.62%。各处理千粒重差异明显，其中国光稀施美处理较对照增加 5.49%，生命素较对照增加 4.14%，磷酸二氢钾+尿素处理较对照增加 3.95%，与对照相比差异均达到显著水平。芸苔赤霉素主要成分是植物内源激素，对胡麻营养生长具有一定的促进作用；国光稀施美、生命素、磷酸二氢钾+尿素处理对胡麻的籽粒形成及灌浆过程具有一定的促进作用，对提高胡麻千粒重和单株产量具有显著影响。

表 4 不同叶面肥对胡麻经济性状的影响

处理	株高(cm)	主茎分枝数（个）	单株结果数（个）	每果粒数(粒)	单株产量(g)	千粒重(g)
磷酸二氢钾+尿素	54.23 ± 1.17 bc	5.02 ± 0.42 a	9.57 ± 0.34 a	7.80 ± 0.10 a	0.49 ± 0.03 a	7.45 ± 0.04 ab
国光络微	53.44 ± 1.30 c	5.58 ± 0.22 a	9.57 ± 0.58 a	7.00 ± 0.26 b	0.43 ± 0.05 a	7.34 ± 0.07 bc
国光稀施美	56.25 ± 1.14 ab	5.84 ± 0.53 a	10.03 ± 0.43 a	6.93 ± 0.06 b	0.48 ± 0.04 a	7.56 ± 0.08 a
生命素	56.76 ± 1.45 ab	5.56 ± 0.40 a	9.84 ± 0.67 a	7.03 ± 0.21 b	0.47 ± 0.03 a	7.47 ± 0.04 ab
芸苔赤霉素	58.74 ± 1.44 a	5.62 ± 0.06 a	9.90 ± 0.10 a	6.97 ± 0.15 b	0.41 ± 0.02 a	7.36 ± 0.05 abc
清水(CK)	55.40 ± 1.28 bc	5.45 ± 0.25 a	9.87 ± 0.05 a	7.23 ± 0.27 b	0.40 ± 0.04 a	7.17 ± 0.02 c

注：不同字母代表 $P<0.05$ 差异显著，下同

2.2 不同叶面肥对胡麻种子产量的影响

不同叶面肥对胡麻种子产量的影响见表 5。各处理种子产量为 1202.83~1446.22 kg/hm^2，除芸苔赤霉素较对照减产外，其他处理均较清水对照增产，增产幅度 9.44~19.02%。国光稀施美、磷酸二氢钾+尿素处理种子产量分别达到 1446.22kg/hm^2、1433.87kg/hm^2，较清水对照增产 19.02%和 18.00%，与对照相比差异达到显著水平，其他处理与对照相比无显著差异。各处理种子产量的变化趋势与千粒重及单株产量变化趋势一致，说明国光稀施美、磷酸二氢钾+尿素处理主要是通过增加千粒重、提高单株产量从而有效提高胡麻种子产量。

表 5　不同叶面肥对胡麻种子产量的影响

处理	种子产量(kg/hm²)	较 CK ±(kg/hm²)	较 CK ±(%)	排序
磷酸二氢钾＋尿素	1433.87 ± 41.32 a	218.70	18.00	2
国光络微	1320.99 ± 43.67 ab	105.82	8.71	4
国光稀施美	1446.22 ± 87.31 a	231.05	19.02	1
生命素	1329.81 ± 51.03 ab	114.64	9.44	3
芸苔赤霉素	1202.83 ± 32.33 b	−12.34	−1.01	6
清水(CK)	1215.17 ± 63.79 b	—	—	5

3 结论与讨论

在作物生长后期，根系吸收能力弱，或当土壤养分不足又缺乏根部追肥条件时，通过叶面施肥，能迅速补充营养，满足作物生长发育的需要，发挥更好的增产效果。罗盛等研究表明，叶面喷施尿素显著促进了花生氮素吸收与地上部叶片生育性状；松生满等研究表明，叶面喷施钾肥可以有效促进胡麻单株果数、每果粒数、千粒重的增加，提高胡麻产量；戴东军、彭章伟等指出，微量元素叶面肥能促进水稻生长，防止早衰，增强抗性；氨基酸类叶面肥在农业生产中应用比较广泛，在果树、蔬菜、水稻、小麦上均有增加产量、提高品质的良好效果；徐婷等研究证明，腐殖酸叶面肥可以显著提高菜豆产量，增加可溶性糖、维生素 C 及粗蛋白含量；李瑞海等研究证明，芸苔素内酯可显著促进辣椒植株的生长，增加生物产量，并能够提高果实中维生素 C 和可溶性糖含量，降低硝酸盐含量；褚孝莹等研究证明，叶面喷施赤霉素后，小黑麦叶绿素含量提高，光合功能增强，千粒重及产量显著提高。

本文比较了几种不同类型叶面肥料对旱地条件下胡麻经济性状及种子产量的影响。研究结果表明，叶面喷施 5 种不同类型的叶面肥对胡麻株高、每果粒数、千粒重等经济性状均有显著影响。芸苔赤霉素对胡麻株高具有一定的促进作用，较对照增加 6.03%；磷酸二氢钾+尿素可以显著提高胡麻每果粒数，较对照增加 7.93%；国光稀施美、生命素、磷酸二氢钾+尿素处理可以显著提高胡麻千粒重，较对照分别增加 5.49%、4.14%、3.95%。国光稀施美、磷酸二氢钾+尿素处理种子产量分别达到 1446.22kg/hm²、1433.87kg/hm²，较对照增产 19.02%和 18.00%，增产达到显著水平。证明在胡麻初花期叶面喷施含氨基酸或大量元素的叶面肥可以有效促进胡麻的籽粒形成及灌浆过程，提高胡麻千粒重及种子产量，对避免生育后期因脱肥而造成的减产具有显著作用。

张炜，陆俊武，曹秀霞，钱爱萍，刘宽将，北方农业学报，2018，46(2)

硫包衣尿素用量对旱作区胡麻生长及产量性状的影响

胡麻(*Linum usitatissimum L.*)为亚麻科(*Linaceae*)亚麻属(*Linum*)一年生草本植物,属油用亚麻,是我国北方地区重要的特色油料作物,具有较强的耐旱、耐寒和耐瘠薄能力,生育期短、适应性广。2015年,我国胡麻年种植面积29.2×10^4hm^2,总产量40.0×10^4t,是我国五大油料作物之一。胡麻主要分布在华北、西北等地的干旱地区,河北、山西、内蒙古、宁夏、甘肃、新疆六省(区)的播种面积占全国总播种面积的98.40%。宁夏胡麻年播种面积4.29×10^4hm^2,占全国总播种面积的14.69%,居第四位。近年来,随着市场经济的带动,我国胡麻种植面积不断扩大,效益逐年提升,但产量较低,其中施肥不合理是低产的重要原因之一,目前我国胡麻施肥技术研究远远落后于其他主要农作物。

硫包衣尿素作为一种缓/控释肥料,可以根据作物不同阶段生长发育对养分的需求,而设计调控养分释放速度和释放量,使养分释放曲线与作物对养分的需求相吻合。缓/控释肥具有减少施肥量及施肥次数、节约化肥生产原料、提高肥料利用率、减少生态环境污染等优点,对提高资源利用效率和实现农业可持续发展有着十分重要的意义。国内研究结果表明,缓/控释肥在水稻、玉米、马铃薯、花生等作物及蔬菜中具有良好的增产效果,但在旱作区胡麻中的应用研究尚无报道。

胡麻属于密植作物,旱作区胡麻无灌溉条件,生产中又无法进行追肥。播种时施用种肥无法满足胡麻全生育期的营养需求,易造成后期脱肥,种肥过量又会造成烧苗。由于旱地条件下的试验研究易受气候因素及栽培环境的影响。因此,本研究通过2015—2016年连续2年的田间试验,研究硫包衣尿素对旱地条件下胡麻的营养生长、干物质积累、经济性状和籽粒产量的影响,综合评价了硫包衣尿素不同用量的增产效果及氮肥利用效率,为缓/控释肥在旱作区胡麻生产中的应用和推广提供理论依据。

1 材料与方法

1.1 试验地概况

田间试验于2015年4月—2016年8月在宁夏回族自治区固原市彭阳县古城镇挂马沟村进行,海拔1860m,无霜期148~152d,年平均气温5.8~6.4℃,≥10℃积温2417~2550℃,年降水量350~450mm。土壤类型为新积土,砂壤质,试验区土壤质地疏松、肥力中等,前茬作物为玉米。试验前取0~20cm土壤进行养分化验，其基础养分情况见表1。

表1　试验地基础养分情况

年份	pH	全盐(g/kg)	有机质(g/kg)	全氮(g/kg)	碱解氮(mg/kg)	有效磷(mg/kg)	速效钾(mg/kg)
2015	7.88	0.35	21.8	1.43	122.6	4.8	159
2016	7.84	0.22	19.4	1.33	122.6	3.6	182

胡麻生育期降雨量见表2。彭阳县胡麻生育期间(4—8月)多年平均降雨量为293.9mm，4—8月份逐月递增。2015年生育期降雨量为353.9mm，主要降雨量分布在4月和6~8月，总体属于丰水年份。2016年生育期降雨量为224.5mm，4—5月降雨量较好，但6—8月降雨量锐减，出现极端干旱天气，总体上属于干旱年份。

表2　生育期降雨量(mm)

年份	4月	5月	6月	7月	8月	生育期合计
2015	79.6	8.4	94.6	78.3	93.0	353.9
2016	62.2	61.4	29.5	21.3	50.1	224.5

1.2 试验材料

供试硫包衣尿素由汉枫集团黑龙江公司生产，共有两种，分别是SCUⅡ型(N≥37%，S≥10%)，释放期在播种后60d；SCUⅢ型(N≥34%，S≥15%)，释放期在播种后90d。供试胡麻品种为宁亚17号。

1.3 试验设计

试验共设4个处理，即把60d、90d释放的硫包衣尿素按照3∶1的比例进行混配(前期研究结果所得最优比例)，施混配SCU75kg/hm^2（T1）、112.5kg/hm^2（T2）、150kg/hm^2(T3)、187.5kg/hm^2(T4)，以不施肥为对照(CK)(见表3)。将上述各处理肥料作为种肥，播种时与胡麻种子混匀一次施入土壤。种子田间播种量按750万粒/hm^{2}有效粒数计算。试验采用随机区组排列，重复3次，小区面积2.4m×6m=14.4m^2，行距0.15m，每小区种植16行，小区间走道30cm，重复间走道50cm，四周设保护行。

表3　试验处理施肥量表(kg/hm^2)

处理	施肥量	纯氮用量	SCUⅢ(N≥37%，S≥10%)	SCUⅡ(N≥34%，S≥15%)
T1	SCU75	27.19	20.81	6.38
T2	SCU112.5	40.78	31.22	9.56
T3	SCU150	54.38	41.63	12.75
T4	SCU187.5	67.97	52.03	15.94
CK	不施肥	—	—	—

1.4 测定项目与方法

在初花期(胡麻营养生长与生殖生长的转折时期，营养生长达到最大值)，每小区随机采样20株，在实验室内测定胡麻株高、地上部鲜重，并将植株地上部分于恒温箱中105℃杀青30min，而后在70℃烘至恒重，测定植株地上部分的干物质重量。

在成熟期，每小区随机采样30株进行室内考种，分别测定分茎数、主茎分枝、有效结果数、每果粒数、单株产量及千粒重等经济性状。

收获时,各小区单收单打,晒干后测得小区实际籽粒产量,并计算单位面积实际籽粒产量。用于试验采样所造成的产量损失不计。

氮肥农学利用率/(kg/kg)=(施氮区产量-空白区产量)/施氮量

氮肥偏生产力/(kg/kg)=施氮区产量/施氮量

1.5 数据处理

采用 Excel 2007 软件对数据进行整理,用 DPS 13.5 统计分析软件进行方差分析和显著性检验。

2 结果与分析

2.1 不同施肥量对胡麻生长量的影响

2.1.1 对胡麻株高的影响

2015 年初花期各处理株高在 55.18~61.45cm 之间(见表 4),较 CK 提高 9.92%~22.41%,平均提高 17.36%,各处理均显著高于 CK($P<0.05$)。2016 年初花期各处理株高在 50.00~52.85cm,较 CK 提高 3.33%~9.22%,平均提高 6.04%,其中 T1、T2、T4 处理显著高于 CK。通过 2 年的株高数据的平均值可以看出,各处理均能有效提高旱地胡麻的植株高度,较 CK 提高 8.60%、13.01%、12.03%、13.55%。

表 4 不同施肥量对胡麻初花期生长量的影响

年份	处理	株高(cm)	地上部鲜重(g)	地上部干重(g)
2015 年	T1	55.18 ± 0.43 d	6.93 ± 0.62 c	2.08 ± 0.20 c
	T2	58.58 ± 0.52 c	9.53 ± 0.52 b	2.77 ± 0.23 b
	T3	60.45 ± 0.53 b	10.19 ± 0.47 b	3.05 ± 0.08 b
	T4	61.45 ± 0.65 a	13.39 ± 0.74 a	3.97 ± 0.29 a
	CK	50.20 ± 0.14 e	5.49 ± 0.56 d	1.80 ± 0.17 c
2016 年	T1	51.90 ± 1.29 ab	4.13 ± 0.21 a	1.21 ± 0.05 a
	T2	52.85 ± 0.93 a	3.64 ± 0.24 b	1.12 ± 0.03 b
	T3	50.00 ± 0.25 cd	4.15 ± 0.20 a	1.23 ± 0.03 a
	T4	50.50 ± 1.06 bc	4.05 ± 0.21 a	1.18 ± 0.05 ab
	CK	48.39 ± 0.96 d	1.86 ± 0.09 c	0.59 ± 0.05 c
2 年平均	T1	53.54	5.53	1.64
	T2	55.71	6.59	1.95
	T3	55.23	7.17	2.14
	T4	55.98	8.72	2.57
	CK	49.30	3.68	1.20

注:不同小写字母代表 $P<0.05$ 差异显著,下同

2.1.2 对胡麻地上部鲜重的影响

2015 年初花期各处理地上部鲜重 6.93~13.39g,较 CK 提高 26.23%~143.90%,平均提高 82.33%,各处理均显著高于 CK。2016 年初花期各处理地上部鲜重 3.64~4.15g,较 CK 提高 95.70%~123.12%,平均提高 114.65%,各处理均显著高于 CK。通过 2 年的地上部鲜重数据的平均值可以看出,各处理均能有效促进旱地胡麻的营养生长,较 CK 分别提高 50.33%、

79.06%、94.81%、137.09%。

2.1.3 对胡麻地上部干重的影响

2015 年初花期各处理地上部干重 2.08~3.97g，较 CK 提高 15.56%~120.56%，平均提高 64.86%，其中 T2、T3、T4 处理显著高于 CK。2016 年初花期各处理地上部干重 1.12~1.23g，较 CK 提高 89.83%~108.47%，平均提高 100.85%，各处理均显著高于 CK。通过两年的地上部干重数据的平均值可以看出，各处理均能有效促进旱地胡麻的干物质积累，较 CK 分别提高 37.45%、62.91%、78.59%、115.07%。

2.2 不同施肥量对胡麻经济性状的影响

不同施肥量对胡麻经济性状的影响见表 5。2015 年各处理有效分茎数、有效分枝数、有效结果数、每果粒数、千粒重和单株产量均较 CK 有不同程度提高，且随着硫包衣尿素用量的增加而增加，但处理间差异未达到显著水平。2016 年各处理经济性状较 CK 有不同程度提高，分茎数、有效结果数及单株产量间差异达到显著水平。通过 2 年的经济性状数据的平均值可以看出，不同施肥量均能有效提高旱作区胡麻经济性状指标，总体表现出随着硫包衣尿素施肥量的增加而增加的趋势，较 CK 均有不同程度的增加。其中，各处理分茎数较 CK 增加 20.83%~125.00%；各处理主茎分枝数较 CK 增加 12.95%~26.69%；各处理有效结果数较 CK 增加 28.46%~56.91%；各处理每果粒数较 CK 增加 1.41%~7.46%；各处理单株产量较 CK 增加 20.25%~36.71%。T3 处理的分茎数、主茎分枝数、有效结果数、单株产量及千粒重均居各处理第一；T4 处理的每果粒数居第一，分茎数、主茎分枝数、有效结果数、单株产量居第二。

表 5 不同施肥量对胡麻经济性状的影响

年份	处理	有效分茎数(个)	主茎分枝数(个)	单株果数(个)	每果粒数(粒)	单株产量(g)	千粒重(g)
2015 年	T1	0.40 ± 0.19 a	7.14 ± 0.46 a	23.87 ± 3.40 a	7.27 ± 0.64 a	1.39 ± 0.19 a	8.93 ± 0.22 a
	T2	0.41 ± 0.23 a	6.87 ± 0.29 a	22.18 ± 3.38 a	7.87 ± 0.57 a	1.28 ± 0.19 a	8.93 ± 0.29 a
	T3	0.47 ± 0.18 a	6.81 ± 0.92 a	24.41 ± 4.48 a	7.33 ± 0.32 a	1.36 ± 0.30 a	8.97 ± 0.15 a
	T4	0.59 ± 0.11 a	6.82 ± 0.98 a	24.37 ± 4.85 a	7.43 ± 0.38 a	1.40 ± 0.33 a	9.04 ± 0.13 a
	CK	0.41 ± 0.13 a	6.40 ± 0.83 a	19.03 ± 4.30 a	7.07 ± 0.12 a	1.11 ± 0.35 a	8.77 ± 0.06 a
2016 年	T1	0.19 ± 0.18 ab	4.19 ± 0.85 a	8.50 ± 4.06 ab	7.40 ± 0.17 a	0.65 ± 0.08 b	8.20 ± 0.19 a
	T2	0.18 ± 0.16 ab	4.63 ± 0.72 a	9.78 ± 5.08 ab	7.20 ± 1.11 a	0.61 ± 0.06 bc	8.28 ± 0.20 a
	T3	0.61 ± 0.34 a	5.90 ± 0.38 a	14.63 ± 2.03 a	7.07 ± 0.57 a	0.80 ± 0.10 a	8.25 ± 0.20 a
	T4	0.42 ± 0.15 ab	5.64 ± 0.51 a	14.26 ± 1.18 a	7.83 ± 0.21 a	0.72 ± 0.06 ab	8.00 ± 0.31 a
	CK	0.07 ± 0.12 b	3.64 ± 0.56 a	5.84 ± 3.19 b	7.13 ± 1.00 a	0.48 ± 0.10 c	8.33 ± 0.36 a
2 年平均	T1	0.29	5.67	16.18	7.33	1.02	8.56
	T2	0.29	5.75	15.98	7.53	0.95	8.61
	T3	0.54	6.36	19.52	7.20	1.08	8.61
	T4	0.51	6.23	19.31	7.63	1.06	8.52
	CK	0.24	5.02	12.44	7.10	0.79	8.55

2.3 不同施肥量对胡麻籽粒产量和氮肥利用率的影响

不同施肥量对胡麻籽粒产量的影响见表 6。2015 年各处理较 CK 增产 15.13%~20.68%，平均增产 17.75%，各处理较 CK 增产均达到显著水平。2016 年各处理较 CK 增产 33.57%~47.79%，平均增产 40.59%，各处理较 CK 增产均达到显著水平。

通过 2 年籽粒产量数据的平均值可以看出，各处理能显著促进胡麻籽粒产量形成。各处理较 CK 增产 24.20%~32.16%。不同处理间的籽粒产量顺序为 T4>T3>T2>T1>CK。T4 处理 2 年平均折合产量为 1648.64kg/hm²，较 CK 增产 32.16%，居第一位；T3 处理 2 年平均折合产量为 1635.73kg/hm²，较 CK 增产 31.13%，居第二位。

由表 6 可知，2015、2016 年各处理的氮肥农学利用率、氮肥偏生产力基本上均随施氮量的增加而降低。

表 6 不同施肥量对胡麻籽粒产量和氮肥利用率的影响

年份	处理	折合产量(kg/hm²)	较 CK ±(%)	氮肥农学利用率(kg/kg)	氮肥偏生产力(kg/kg)
2015 年	T1	1565.74 ± 52.38 a	15.13	7.57 ± 0.83 a	57.59 ± 0.93 a
	T2	1604.17 ± 59.62 a	17.96	5.99 ± 0.29 a	39.34 ± 0.46 b
	T3	1594.21 ± 92.24 a	17.23	4.31 ± 0.71 b	29.32 ± 0.70 c
	T4	1641.20 ± 59.03 a	20.68	4.14 ± 0.78 b	24.15 ± 0.87 d
	CK	1359.95 ± 8.34 b	—	—	—
2016 年	T1	1532.84 ± 71.07 a	35.06	14.64 ± 1.21 a	56.38 ± 1.31 a
	T2	1515.87 ± 88.38 a	33.57	9.97 ± 0.70 b	37.17 ± 0.67 b
	T3	1677.25 ± 84.86 b	47.79	9.34 ± 0.66 b	30.85 ± 0.56 c
	T4	1656.08 ± 71.02 b	45.92	8.37 ± 0.45 b	25.06 ± 0.41 d
	CK	1134.92 ± 58.22 c	—	—	—
2 年平均	T1	1549.29	24.20	11.10	56.99
	T2	1560.02	25.06	7.66	38.25
	T3	1635.73	31.13	7.14	30.08
	T4	1648.64	32.16	6.25	24.60
	CK	1247.44	—	—	—

3 讨论与结论

氮是植物生长发育中最重要的营养元素之一，影响着作物籽粒产量和产量构成因子，合理施用氮肥是实现作物高产的重要途径之一。胡麻是西北和华北地区重要的油料作物，主要种植在旱作区。旱地胡麻无灌溉条件，生产中无法根据作物生长阶段及时进行追肥。本研究通过施用硫包衣尿素，一次施肥满足胡麻全生育期的氮素需求，从而解决旱地胡麻追肥困难的问题。研究结果表明，氮肥可显著增加胡麻的籽粒产量，随着施氮量的增加，胡麻籽粒产量增加，两年间产量变化趋势一致。在施用硫包衣尿素 75kg/hm²(T1)、112.5kg/hm²(T2)、150kg/hm²(T3)、187.5kg/hm²(T4)时，2 年平均产量分别达到 1549.29kg/hm²、1560.02kg/hm²、1635.73kg/hm²、1648.64kg/hm²；较对照增产 24.20%、25.06%、31.13%、32.16%。可见，适宜的氮肥施用量可以提高胡麻产量，与 Pageau、曹秀霞在胡麻上的研究相一致。随施氮量增加，氮肥农学利用率、氮肥偏生产力持续下降，原因是施用氮肥量的增长率大于籽粒产量的增长率，这与谢亚萍等的研究结果相一致。

肥和水是旱地农业生产的两大限制因子。根据土壤水分合理施肥，以肥调水，以水促肥，促进作物生长发育和提高作物产量成为农业综合发展的关键技术。合理施肥可以影响作物蒸腾，改善作物产量构成因子，从而影响作物产量和水分利用效率。在本研究中，2015年降雨量较多，各处理对株高、地上部干重、地上部鲜重等营养生长指标促进作用明显；对主要经济性状指标虽然有一定程度提高，但未达到显著水平；各处理较 CK 增产 15.13%~20.68%，平均增产 17.75%。2016 年降雨偏少，后期出现极端干旱天气，各处理对株高增加幅度低于 2015 年，但对地上部鲜重及干重增加幅度则高于 2015 年；对主要经济性状指标也有大幅提高，其中分茎数、有效结果数及单株产量达到显著水平；各处理较 CK 增产 33.57%~47.79%，平均增产达到 40.59%。在 2016 年生育期降雨量较 2015 年减少 36.56%情况下，不施肥对照较 2015 年籽粒产量减产 16.55%，但各硫包衣尿素处理籽粒产量与 2015 年基本持平，各处理氮肥农学利用率较 2015 年提高 66.44%~116.71%，平均提高 92.36%。说明硫包衣尿素能够在干旱年份能保证作物稳产，不因降雨量减少而造成减产，显著增加作物营养生长阶段干物质积累及改善生殖生长阶段的经济性状指标，有效提高了旱作区作物水分及氮肥利用效率。任书杰和刘晓宏在小麦上的研究指出，春小麦施氮后，水分利用效率明显提高。梁锦秀在马铃薯上的研究指出，增施氮肥可显著提高旱地马铃薯水分利用效率，马铃薯水分利用效率也是指导施肥的依据。这一点，与本研究结果一致。

氮肥施用不当，养分供应不同步是作物氮素利用率低的主要原因。过高施用氮肥会增加生产成本，不仅浪费资源，氮素的流失还会造成环境污染。本研究通过前期试验结果所得最优比例，将释放期在播种后 60d 与 90d 的硫包衣尿素按照 3:1 的比例进行混配，播种时与胡麻种子混匀一次施入土壤。在胡麻的需肥关键时期能稳定释放和供应足够数量的氮素养分，一次施肥就可以满足胡麻整个生育期对氮素营养的需要。谢亚萍、刘晔、郭小明等研究表明，胡麻植株氮素吸收强度最大的生长阶段是纵行期至现蕾期，胡麻植株营养生长与生殖生长并进的时期是氮素营养吸收强度最大的时期。本研究所采用的 60d 释放的硫包衣尿素，释放时期正处于胡麻枞行期至现蕾期，也是胡麻的氮素需肥临界期，此时缺乏氮素将影响着胡麻植株营养生长及生殖生长。90d 释放的硫包衣尿素，释放时期处于胡麻青果期，是胡麻的籽粒灌浆期，此时缺乏氮素将造成后期脱肥，影响作物经济性状和籽粒产量。

作物由于在其生育期缺乏足够养分或在后期出现脱肥现象而导致的减产问题较为普遍，尤其在干旱或半干旱地区，缺乏有效灌溉条件的旱作种植区更为严重。笔者在前期研究中发现，普通尿素在作为胡麻种肥施用时会造成严重烧苗现象，而硫包衣尿素在作为种肥施用时不会对出苗产生明显不利影响。因此,本文通过连续 2 年的田间试验,比较了硫包衣尿素不同用量在不同降雨量年份对旱地条件下胡麻植株生长及产量性状的影响,综合评价了硫包衣尿素不同用量的增产效果及氮肥利用效率。研究结果表明:硫包衣尿素能有效促进旱作区胡麻的营养器官生长,有助于干物质累积,改善产量构成因子,显著提高籽粒产量及水肥利用效率,在干旱年份增幅尤为明显。随着硫包衣尿素用量的增加,氮素释放量的增加,胡麻植株的生长量、经济性状指标及籽粒产量也随之增加。在 187.5kg/hm^2 的施肥水平,其两年的株高、地上部鲜重、地上部干重、籽粒产量平均值均达到最大,分别为 55.98cm、8.72g、2.57g、1648.64kg/hm^2,较 CK 增加 13.55%、137.09%、115.07%、32.16%。

张炜,陆俊武,曹秀霞,钱爱萍,刘宽将,中国土壤与肥料,2019(5)

密度和施肥量对旱地胡麻产量及农艺性状的影响

根据旱地胡麻土壤瘠薄,生育期追肥比较困难的实际问题,以种植密度和种肥施用量为试验处理, 研究不同种植密度与不同施肥量对旱地胡麻生长发育和产量水平的影响,构建旱地胡麻密肥高产栽培技术模式, 使旱地胡麻的种植密度与施肥量组合搭配趋于合理,土壤养分、水分资源高效利用,从而达到节约资源、高产优质、节本增效的目的。

1 材料与方法

1.1 供试材料

试验在宁夏固原市原州区的川旱地进行,气候类型属半干旱区,土壤为浅黑垆土,肥力中等,前茬作物为马铃薯。供试胡麻品种为宁亚 17 号,肥料为磷酸二铵(N18%,$P_2O_5$46%)。

1.2 试验设计

试验采用二因素裂区设计,设种植密度为主区因素,种肥施肥量为裂区因素(见表 1),试验主区和裂区均采取随机排列,3 次重复,试验小区面积 21.0m^2。试验主区因素种植密度设 3 个水平, 即 600 万粒/hm^2、825 万粒/hm^2、1050 万粒/hm^2; 试验裂区因素种肥施用量设 3 个水平,即 60kg/hm^2、90kg/hm^2、120kg/hm^2。试验于 2010 年 4 月 11 日播种,胡麻种子与种肥混匀后采用 4 行播种机播种,播深 3~4cm。

试验数据用 DPS(Data Processing System)统计分析软件进行统计分析。

表 1　试验处理

试验处理	B_1 种肥(60kg/hm²)	B_2 种肥(90kg/hm²)	B_3 种肥(120kg/hm²)
A_1 密度(600 万粒 /hm²)	A_1B_1	A_1B_2	A_1B_3
A_2 密度(825 万粒 /hm²)	A_2B_1	A_2B_2	A_2B_3
A_3 密度(1050 万粒 /hm²)	A_3B_1	A_3B_2	A_3B_3

注:种植密度按有效粒数计算,种肥用量按磷酸二铵的商品肥料计算

2 实验结果

2.1 对种子产量的影响

试验各处理种子产量结果(见表 2)。各处理种子折合产量为 861.15~1117.50kg/hm^2,平均产量为 1036.2kg/hm^2。以 A_2B_2 处理组合的种子产量最高为 1117.50kg/hm^2,居第一位;A_1B_1 处理组合的种子产量最低为 8861.15kg/hm^2。

表 2　种子产量结果

试验处理		小区产量(g)					折合产量(kg/hm²)	位次
主处理	副处理	Ⅰ	Ⅱ	Ⅲ	合计	平均		
A_1	B_1	1.78	1.83	1.82	5.43	1.81	861.15	9
	B_2	2.08	2.13	2.19	6.39	2.13	1014.30	7
	B_3	2.24	1.92	2.16	6.32	2.11	1002.45	8
A_2	B_1	2.16	2.28	2.30	6.74	2.25	1069.05	4
	B_2	2.39	2.43	2.23	7.04	2.35	1117.50	1
	B_3	1.93	2.36	2.43	6.72	2.24	1065.90	5
A_3	B_1	2.47	2.29	2.02	6.78	2.26	1075.35	3
	B_2	2.19	2.29	2.48	6.96	2.32	1104.00	2
	B_3	2.22	2.13	2.05	6.40	2.13	1015.95	6

试验处理的种子产量方差分析结果表明(见表 3),不同种植密度种子产量差异达 5%显著水平,不同施肥量种子产量差异未达显著水平,密度与施肥量的交互作用未达到显著水平,区组间差异不显著。

表 3　种子产量方差分析

变异来源	SS	df	MS	F	$F_{0.05}$	$F_{0.01}$
区 组	0.0033	2	0.0016	—	—	—
因素 A	0.3580	2	0.1790	7.4770*	6.94	18.00
误 差	0.0958	4	0.0239			
因素 B	0.1227	2	0.0613	2.4150	3.88	6.93
AxB	0.1479	4	0.0370	1.4560	3.88	6.93
误 差	0.3048	12	0.0254	—	—	—
总 和	1.0325	26	—	—	—	—

注:因素 A 为密度,因素 B 为种肥施肥量

2.2 对主要农艺性状的影响

试验各处理的主要农艺性状室内考种结果(见表4)。根据试验结果分析,将不同处理对农艺性状的影响分述如下。

株高:试验各处理株高,密度 A_1 水平与施肥量 B 因素 3 个水平的试验处理株高为 52.80cm。A_3 水平与施肥量 B 因素 3 个水平的试验处理株高为 51.59cm,各处理间差异不明显。

分茎数:试验结果表明,种植密度和施肥量对分茎数都有显著影响。随着密度的增加,分茎数逐渐减少;在同等密度条件,随着施肥量的增加,分茎数也逐渐增多的趋势。

表 4 农艺性状

试验处理 主处理	试验处理 副处理	株高(cm)	分茎数(个)	分枝数(个)	单株果数(个)	单株粒重(g)	千粒重(g)
	B_1	54.93	0.33	5.25	17.26	0.74	8.05
	B_2	51.26	0.48	4.58	13.68	0.59	8.53
	B_3	52.21	0.81	5.04	19.53	0.86	7.74
A_1	平均	52.80	0.54	4.96	16.82	0.73	8.11
	B_1	51.40	0.09	4.32	11.31	0.50	8.38
	B_2	51.23	0.22	4.34	11.65	0.51	8.46
	B_3	54.44	0.45	4.74	15.35	0.64	8.30
	平均	52.36	0.25	4.47	12.77	0.55	8.38
A_2	B_1	51.63	0.11	4.49	10.62	0.50	8.19
	B_2	52.13	0.21	4.40	12.92	0.56	8.14
	B_3	51.03	0.11	4.22	10.06	0.37	8.01
A_3	平均	51.59	0.14	4.37	11.20	0.48	8.11

根据主茎分枝数、单株果数、单株粒重的试验 结果分析,密度对这 3 个性状影响较大,并且变化趋势基本一致。随着密度的增加,主茎分枝数、单株果数、单株粒重均有明显降低趋势。千粒重:不同密度和施肥量对千粒重的影响与对种子产量的影响和变化趋势基本相似,以 A_1B_2 处理的千粒重略高。

3 小结

综合试验结果分析,在宁夏南部山区的自然条件下,旱地胡麻不同种植密度和种肥用量不同,对种子产量都有一定影响,但是密度因素的影响最大。在试验中,以 A_2B_2(密度 825 万粒/hm^2,种肥 90kg/hm^2)处理组合的种子产量最高为 1117.50kg/hm^2,比 A_1B_1(密度 600 万粒/hm^2,种肥 60kg/hm^2)处理组合的种子产量最低 861.15kg/hm^2 增产 29.77%。

不同种植密度和追肥用量,对胡麻主要农艺性状的影响效果分析。除了株高外,其他性状,随着密度的增加,主茎分枝数、单株果数、单株粒重、分茎数逐渐减少,千粒重的变化不大。初步认为,旱地胡麻栽培以播种量 75kg/hm^2,种肥用磷酸二铵 90kg/hm^2 比较适宜。

曹秀霞,安维太,钱爱萍,杨崇庆,陕西农业科学,2012(1)

硼肥对旱地胡麻生长及产量的影响

硼是高等植物必需的微量营养元素,虽然高等植物对硼的需求量很少,但其对养分平衡、生理代谢、细胞壁的结构和功能以及酶的活性等起着不可替代的作用。多年以来,人们早已认识到硼既不像氮、磷等元素直接参与植物体或酶的组成,也不像锰、锌、镁、钾等元素能引起酶和基质螯合而直接影响酶的活性,更不像铁、硫、钼等元素由于自身化合价的变化而参与植物体内的氧化还原反应,它有其独特的特点,而且对作物的生长发育有一系列重要的作用。硼缺乏会引起繁殖器官的不能正常发育,从而导致作物产量和品质的下降。当土壤硼含量过高时也会对植物造成生理毒害。黄梅芬等认为,施硼使距瓣豆的种子产量明显提高,对苗期立苗和干物质产量亦有一定提高作用。龙飞等研究表明,适量施用硼肥可明显提高甘蓝型双低春油菜的籽粒产量。硼肥处理泽泻能促进泽泻的生长,1.2kg/667m² 为促进泽泻农艺性状生长的最适浓度,当用量达到 1.6kg/667m² 时农艺性状生长减慢。各器官物质积累的最适浓度为 1.6kg/667m²,当用量达到 2.0kg/667m² 时物质积累迅速减少。

通过 2011 年在固原地区实施的胡麻微肥试验发现,磷酸二铵 5kg/667m²+硼砂 1kg/667m² 处理的种子产量在 5 个处理中最高,折合产量为 69.49kg/667m²,比对照(磷酸二铵 5kg/667m²)增产 10.05%。微量元素 钾、硼、锌等对胡麻产量有一定的影响,硼的增产效果比较明显。由于 2011 年的试验只对微量元素的种类进行考虑,而对特定元素的最佳施用量未做研究,因此在得出硼肥具有较好增产效果的基础上为找出最佳施硼量设置该试验,以期为硼肥在胡麻上的高效合理利用提供科学指导。

1 材料与方法

1.1 试验材料

2012 年在宁夏固原市原州区清河镇大堡村的川旱地上布置硼肥田间肥效试验,该地区气候类型属半干旱区,土壤类型为浅黑垆土,肥力中等,前茬作物为冬小麦,供试胡麻品种宁亚 19 号。

1.2 试验方法

根据磷酸二铵与硼肥混配中不同硼肥用量共设 3 个处理,A 处理:磷酸二铵(5kg)+硼砂(1.0kg);B 处理:磷酸二铵(5kg)+硼砂(1.5kg);C 处理:磷酸二铵(5kg)+硼砂(2.0kg)。采用随机区组排列，3 次重复，小区面积 21m（3m×7m），作种肥在播种时与胡麻种子混匀一次施入土壤。供试肥料品种为磷酸二铵（N18%、$P_2O_5$46%）、硼砂（99.5%分析纯硼砂）。4 月 13 日播种，其他生产管理措施均采用当地常规管理方法。

1.3 项目测定

1.3.1 植株生长量

胡麻开花期时在各小区随机取地上部具有代表性的植株 10 株，测定各处理植株株高、单株鲜重，单株干重。

1.3.2 产量及其农艺性状

按试验小区取样，测定株高、主茎分枝数、单株有效果数、每果粒数、千粒重、单株粒重。按小区单独收获脱粒，计算小区种子产量、667m^2 产量。

1.3.3 出苗率及生育期

在苗期（5 月 15 日）采用对角线 3 点取样（取行长 1m、2 行）调查样段苗数，计算每 667m^2 苗数和出苗率。在整个生育期内观察记载胡麻播种期、出苗期、现蕾期、开花期、成熟期。

2 结果与分析

2.1 硼肥对胡麻生长的影响

由表 1 可知，随着硼肥水平的增加，株高略有减小但变化不大。鲜重和干重随硼肥水平的增加逐渐增大，每 667m^2 施硼砂 1.5kg 和 2.0kg 较每 667m^2 施硼砂 1.0kg 增幅分别为 3.70%~4.38%和 2.63%~13.16%方差分析各处理间差异不显著。以上结果说明硼肥对胡麻植株生长有一定影响，但导致生长量形成明显差异的硼肥施用量有待进一步开展试验来探究。

2.2 硼肥对胡麻产量及农艺性状的影响

2.2.1 农艺性状

从表 2 可以看出，随着硼肥用量的增加，胡麻各农艺性状指标的数值总体呈上升趋势，以每 667m^2 施硼肥 2.0kg 表现最好。方差分析表明，不同用量的硼肥处理只对农艺性状中的有效结果数有显著影响，其中每 667m^2 施硼砂 1.5kg 与每 667m^2 施 1.0kg 差异显著，每 667m^2 施硼砂 2.0kg 与每 667m^2 施硼砂 1.0kg 和 1.5kg 差异均不显著。有效结果数以每 667m^2 施硼肥 1.0kg 最小，每 667m^2 施 2.0kg 次之，每 667m^2 施 1.5kg 最好，每 667m^2 施 1.5kg 和 2.0kg 较每 667m^2 施 1.0kg 分别增加 6.56 个和 5.46 个。硼缺乏和过量不同程度地降低胡麻有效结果数，说明了硼对花器官的正常生长发育有重要作用。不同用量的硼肥处理对其他农艺性状指标，如主茎分枝数、每果粒数、千粒重等影响不大，各处理间没有显著差异。

2.2.2 产量

由表3、表4可知，以每667m²施硼肥1.0kg处理效果最好，每667m²施硼肥1.5kg和2.0kg处理依次减小，分别较每667m²施硼肥1.0kg处理减产10.06%和13.61%。由表5可知，硼肥各处理间差异显著（df=2,6,F=11.07,P<0.05），其中每667m²施硼肥1.0kg与每667m²施硼肥1.5kg和2.0kg差异显著,但施硼肥1.5kg与施硼肥2.0kg之间差异不显著。通过以上分析认为,施用硼肥对胡麻增产效果明显,以每667m²施硼肥1.0kg为最佳。

表1　不同施硼水平下的植株生长量

处理	株高(cm)		鲜重(g)		干重(g)	
	平均	较A±	平均	较A±	平均	较A±
A	39.23 ± 0.38	—	2.97 ± 2.09	—	0.76 ± 0.06	—
B	38.48 ± 2.17	−0.75	3.08 ± 5.35	1.07	0.78 ± 0.21	0.02
C	38.47 ± 0.51	−0.76	3.10 ± 1.48	1.29	0.86 ± 0.14	0.10

表2　不同施硼水平下的农艺性状

处理	株高(cm)	主茎分枝(个)	有效结果数(个)	每果粒数(个)	单株产量(g)	千粒重(g)
A	40.51 ± 1.48	5.24 ± 0.27	10.94 ± 1.36b	7.37 ± 0.78	0.54 ± 0.12	7.45 ± 0.53
B	44.03 ± 1.64	5.77 ± 0.66	17.50 ± 1.50a	6.23 ± 1.04	0.83 ± 0.15	7.50 ± 0.18
C	42.56 ± 1.97	5.85 ± 0.35	16.39 ± 4.31ab	7.87 ± 0.85	0.83 ± 0.23	7.65 ± 0.37

表3　旱地胡麻种子产量结果

处理	小区产量(kg)				667m²产量	比A±(%)	位次
	Ⅰ	Ⅱ	Ⅲ	平均	667m²/kg		
A	1.99	2.10	2.12	2.07	65.63	—	1
B	1.92	1.80	1.86	1.86	59.03	−10.06	2
C	1.69	1.84	1.83	1.79	56.70	−13.61	3

表4　方差分析结果(随机模型)

变异来源	平方和	自由度	均方	F值	$F_{0.05}$	$F_{0.01}$
区组间	0.0076	2	0.0038	0.65	6.94	18.00
处理间	0.1298	2	0.0649	11.07*	6.94	18.00
误差	0.0234	4	0.0059	—	—	—
总变异	0.1608	8	—	—	—	—

表5　不同硼肥处理间产量差异的显著性

处理	均值	5%显著水平	1%极显著水平
A	2.0700	a	A
B	1.8600	b	A
C	1.7867	b	A

2.3 硼肥对胡麻出苗率及生育期的影响

由表6可知，随着施硼量的增大，无论是每667m²苗数还是出苗率均逐渐减少，以每667m²施硼肥1.0kg表现最好，其中出苗率每667m²施硼肥1.5kg和2.0kg较每667m²施1.0kg硼肥分别减少23.85%和39.19%。不同用量的硼肥处理对胡麻生育期没有影响,自出苗到成熟均需96d。

表6 生育期及出苗率情况

处理	播种期（月.日）	出苗期（月.日）	现蕾期（月.日）	开花期（月.日）	成熟期（月.日）	生育期（d）	667m² 苗数（万株）	出苗率（%）
A	4.13	5.5	6.11	6.20	8.7	96	13.04	26.07
B	4.13	5.5	6.11	6.20	8.7	96	9.93	19.85
C	4.13	5.5	6.11	6.20	8.7	96	7.93	15.85

3 结论

硼肥对胡麻植株株高、生物量积累（鲜重及干重）有一定影响，鲜重和干重随硼肥水平的增加逐渐增大，但各处理间差异均不显著。张炜等研究硼肥 1.0kg 能够促进胡麻生长，其株高，鲜重及干重均好于对照不施硼处理。张宝林研究发现，硼肥用量对泽泻生长的影响时得出，每 667m² 施硼肥 0.4~2.0kg 可促进泽泻生长，无论株高还是干物质积累都好于对照不施肥，但每 667m² 施硼肥 2.0kg 时各指标增量开始明显降低，因此施硼量对胡麻生长产生的明显差异有待进一步开展试验去探究。

随着硼肥用量的增加，胡麻各农艺性状指标大小总体呈上升趋势，以每 667m² 施硼肥 2.0kg 表现最好。方差分析不同用量的硼肥处理对有效结果数有显著影响，有效结果数以每 667m² 施硼肥 1.0kg 最小，每 667m² 施 2.0kg 次之，每 667m² 施 1.5kg 最大，每 667m² 施 1.5kg 和 2.0kg 较每 667m² 施 1.0kg 分别增加 6.56、5.46 个。硼缺乏和过量不同程度地降低了胡麻有效结果数，说明硼对花器官的正常生长发育有重要作用。不同用量的硼肥处理对其他农艺性状指标，如主茎分枝数、每果粒数、千粒重等影响很小，各处理间无显著差异。

硼肥能增强法国青刀豆植株的生长势，增加单株粒数、千粒重和经济产量，黄梅芬等认为，施硼能提高距瓣豆的种子产量。该研究发现不同用量的硼肥处理对胡麻产量有显著影响，产量随施硼量的增加逐渐减小，每 667m² 施硼肥 1.0kg 处理产量最高，每 667m² 施硼肥 1.5kg 和 2.0kg 产量分别较每 667m² 施硼肥 1.0kg 减产 10.06%和 13.61%。参考施硼处理后胡麻各农艺性状参数变化综合考虑，这种结果可能与供试品种胡麻的硼营养特性有关。王运华等研究表明，当土壤有效硼含量为 0.25~0.30mg/kg 时，硼高效品种能够正常开花结实，而硼低效品种因为“花而不实”减产，甚至绝产。因此认为每 667m² 施硼肥 1.0kg 对胡麻增产效果最好。黄梅芬等研究发现，随着施硼量的增加，距瓣豆的出苗数呈增加的趋势。张炜等试验结果表明，在不同微量元素（钾肥、锌肥、硼肥等）处理中硼肥处理出苗率最低，硼肥对胡麻出苗有一定的抑制作用。该试验得出随着施硼量的增大胡麻出苗率逐渐减少，可能与胡麻苗期对硼肥的吸收利用率低有关，硼过量引起了毒害。综合以上分析，从处理后胡麻生长量、农艺性状、产量及出苗情况指标变化情况认为，在基施磷酸二铵的基础上，加施硼肥 1.0kg/667m² 可获得较好的胡麻产量。

曹秀霞，安维太，万海霞，土壤与肥料，2015(06)

旱地胡麻密肥高产栽培技术模型

胡麻是宁夏南部山区主要油料作物，年种植面积 $5\times10^4hm^2$ 左右，产量达 5.6×10^4t。近年来，由于苗期冻害、生育中期持续干旱和后期枯萎病的危害，致使胡麻产量低而不稳，种植面积有下降的趋势，加之栽培技术长期依赖传统经验和单项研究，不能系统地定量确定各栽培因子，影响着胡麻的生产和产业发展，为了经济、科学、合理投入生产资料和生产要素，提高胡麻单产，增加农民经济收入，采用二次旋转组合回归设计方法，在固原半干旱地区设点，对旱地胡麻新品种宁亚 12 号进行田间试验，通过田间试验获得参数，对影响胡麻籽粒产量的主要农艺措施，进行效应分析和优化研究，旨在为本地区旱地胡麻高产栽培提供科学依据。

1 材料和方法

试验设在原州区开城镇，海拔 1755m，东经 106 度，北纬 36 度，年均降水量 421.2mm，年平均气温 6.2℃，土壤为黑垆土，前茬为冬小麦，在影响旱地胡麻生产的诸因素中选择播种密度(x_1)、氮肥施用量(x_2)、磷肥施用量(x_3)、磷酸二氢钾根外追肥用量(x_4)和磷酸二氢钾根外追肥时间(x_5)5 个因子为决策变量，设 36 个小区(m_c=16，m_r=10，m_o=10)，r 为 2。重复 2 次，随机区组排列，小区面积 $13.2m^2$，行距 20cm，区距 30cm，排距 50cm。化肥在播种前全部基施，磷酸二氢钾分 5 个时期(5 月 16 日—6 月 25日)喷施。不喷该肥的处理喷清水，人工开沟条播。供试品种为宁亚 15 号，因子编码水平见表 1。

表 1　试验因素水平编码表

变量名称	变化区间	变量水平				
		−2	−1	0	1	2
播种密度 x_1($\times10^4$ 粒 /hm^2)	168.75	375.00	543.75	712.5	881.25	1050
氮肥用量 x_2(kg/hm^2)	37.5	0.00	37.5	75.00	112.5	150.00
磷肥用量 x_3(kg/hm^2)	37.5	0.00	37.5	75.00	112.5	150.00
磷酸用量 x_4(kg/hm^2)	1.125	0.00(水)	1.125	2.25	3.375	4.5
二氢钾 时间 x_5(月.日)	10	5.16	5.26	6.5	6.15	6.25

2 试验结果与分析

2.1 数学模型的建立及回归系数的检验

根据试验结果(见表 2)，按照二次正交旋转组合回归设计各项回归系数的计算公式，建立了旱地胡麻产量与各项农艺措施的回归数学模型。

表2 试验结构矩阵

处理号	变量编码 x_1	x_2	x_3	x_4	x_5	种子产量(kg/hm²)	处理号	变量编码 x_1	x_2	x_3	x_4	x_5	种子产量(kg/hm²)
1	−1	−1	−1	−1	1	1442.25	19	0	—	0	0	0	1173.15
2	−1	−1	−1	1	−1	1365.45	20	0	2	0	0	0	1519.2
3	−1	−1	1	−1	−1	1346.1	21	0	0	−2	0	0	1403.85
4	−1	−1	1	1	1	1480.8	22	0	0	0	0	0	1269.3
5	−1	1	−1	−1	−1	1519.2	23	0	0	0	−2	0	1480.8
6	−1	1	−1	1	1	1480.8	24	0	0	0	0	0	1461.6
7	−1	1	1	−1	1	1480.8	25	0	0	0	0	−2	1557.75
8	−1	1	1	1	−1	1442.25	26	0	0	0	0	0	1653.9
9	1	−1	−1	−1	−1	1442.25	27	0	0	0	0	0	1442.25
10	1	−1	−1	1	1	1403.85	28	0	0	0	0	0	1423.05
11	1	−1	1	−1	1	1480.8	29	0	0	0	0	0	1461.6
12	1	−1	1	1	−1	1403.85	30	0	0	0	0	0	1538.4
13	1	1	−1	−1	1	1596.15	31	0	0	0	0	0	1442.25
14	1	1	−1	1	−1	1500.00	32	0	0	0	0	0	1442.25
15	1	1	1	−1	−1	1576.95	33	0	0	0	0	0	1480.8
16	1	1	1	1	1	1576.95	34	0	0	0	0	0	1480.8
17	−2	0	0	0	0	1423.05	35	0	0	0	0	0	1519.2
18	2	0	0	0	0	1519.2	36	0	0	0	0	0	1392.3

以产量作为目标函数，进行多元回归分析，得出胡麻产量对农艺措施反应的一组五元二次多项式回归数学模型：

$$\hat{y}=97.45+1.71x_1+4.17x_2-0.64x_3-0.75x_4+1.50x_5+0.47x_1^2-1.62x_2^2-1.78x_3^2+0.47x_4^2+2.71x_5^2+0.96x_1x_2+0.64x_1x_3-0.80x_1x_4-0.32x_1x_5-0.32x_2x_3-0.48x_2x_4-0.64x_2x_5+1.12x_3x_4+0.64x_3x_5+0.48x_4x_5$$

$y=f(x_i)(2\leqslant x_i\leqslant 2 \quad i=1、2、3、4、5)$

对此模型解析和模拟仿真可获得最佳栽培技术方案。由“数学模型”和各项回归系数的显著性检验结果（见表3）表明，胡麻产量回归项F值(F_2)为5.10达极显著水平；回归失拟项F值(F_1)为1.57，临界值$F_{2\,0.05}$=2.79，说明建立的回归数学模型置信度高，拟合程度较好。利用该“数学模型”进行预报、控制和模拟是可行的。各项回归系数一次项中除磷肥施用量(x_3)和磷酸二氢钾喷施量，其他3项农艺措施的一次项回归系数的F值均达$F_{2\,0.05}$的显著水平，二次项中氮肥施用量(x_2)、磷肥施用量(x_3)和磷酸二氢钾喷施时间(x_5)的F值达到显著和极显著水平。交互项的F值均不显著。

表 3　二次正交旋转组合回归设计产量结果 F 检验

变异来源		SS	DF	V	F	变异来源		SS	DF	V	F	F_2
一次效应	x_1	70.14	1	70.14	6.67		x_{12}	14.80	1	14.80	1.41	$F_{2\,0.05}=4.54$
	x_2	416.58	1	416.58	79.58		x_{13}	6.95	1	6.95	0.63	$F_{2\,0.01}=8.68$
	x_3	9.84	1	9.84	0.94		x_{14}	10.28	1	10.28	0.98	$F_{2\,0.10}=3.07$
	x_4	13.40	1	13.40	1.27		x_{13}	1.64	1	1.64	0.16	
	x_5	53.73	1	53.73	5.11		x_{23}	1.64	1	1.64	0.16	
						交互效应						
二次效应	x_1^2	6.94	1	6.94	0.66		x_{24}	3.72	1	3.72	0.35	
	x_2^2	83.64	1	83.64	7.59		x_{25}	6.56	1	6.56	0.62	
	x_3^2	101.01	1	101.01	9.60		x_{34}	20.09	1	20.09	1.91	
	x_4^2	6.98	1	6.98	0.66		x_{35}	6.59	1	6.59	0.63	
	x_5^2	235.15	1	235.15	22.34		x_{45}	3.70	1	3.70	0.35	
回归		1073.06	20	53.65	5.10					$F_{2\,0.05}=2.33$	$F_{2\,0.01}=3.36$	
剩余		157.86	15	10.52								
误差		77.15	9	8.57								
失拟		80.70	6	13.45	1.57							
总合		1230.92	35							$F_{2\,0.05}=2.79$	$F_{2\,0.01}=4.32$	

2.2 *产量主因子效应解析*

“数学模型”的各项标准化回归系数表明，五项农艺措施对提高胡麻产量(y)影响的大小顺序线性项是氮肥用量(x_2)>密度(x_1)>磷酸二氢钾喷施时间(x_5)>磷肥施用量(x_3)>磷酸二氢钾喷施量(x_4)，其中 x_2、x_1、x_5 对产量表现为显著的正效应，x_3 和 x_4 为负效应，但不显著。二次项 x_5^2、x_3^2 和 x_2^2 表现极为明显的曲线关系，各因素对胡麻产量的交互作用均不显著。

由此可知，氮肥施用量(x_2)是影响胡麻产量的关键性因子，其次是播种密度(x_1)，这两个因子必须重点控制。

该试验设计已对回归二次项施行了中心化线性代换，满足了试验的正交性，因此，对数学模型采取降维法进行解析，这样不仅可直接了解各自变量(x_i)与目标函数($\hat{y}$)间的关系，还可以求得在特定条件下，某一因子的最佳目标函数($\hat{y}$)。如果固定 4 个自变量取零水平、判别另一自变量与目标函数($\hat{y}$)的关系，其偏回归解析子模型如下：

$\hat{y}_1=97.4053+1.7096x1+0.4658x_1^2$

$\hat{y}_2=97.4053+4.1662x2-1.6167x_2^2$

$\hat{y}_3=97.4053-0.6404x3-1.7767x_3^2$

$\hat{y}_4=97.4053-0.7471x4+0.4671x_4^2$

$\hat{y}_5=97.4053+1.4962x5+2.7108x_5^2$

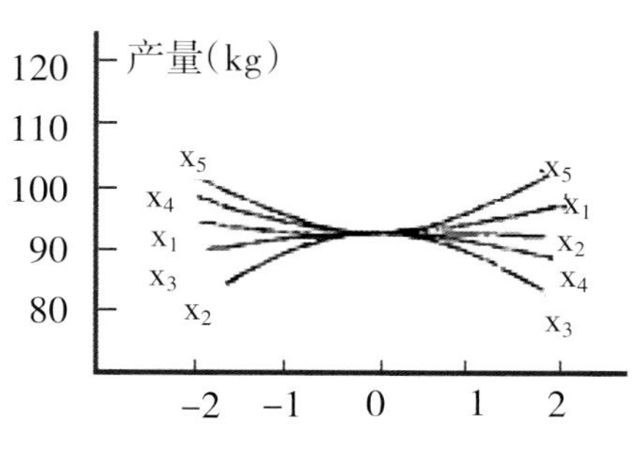

图 1 主因子效应对产量影响

根据上述回归子模型解析作图 1 表明:播种密度(x_1)对胡麻产量影响最大,回归曲线近似直线,没有出现峰值是由于试验出苗率普遍偏低(苗数为 166.35×10⁴/hm²~635.1×10⁴/hm²,平均数为 368.7×10⁴/hm²,平均出苗率为 51.98%)的缘故;氮肥施用量(x_2)对胡麻产量影响也比较大,其回归曲线比较陡,峰值出现在 1 水平处,说明该数学模型在试验设计范围($-2\leq x_i\leq 2$)氮肥用量取 1 水平其预测产量效果最佳;磷肥施用量(x_3)对胡麻产量有影响,但不显著,其回归曲线呈弧形;峰值出现在零水平处;磷酸二氢钾的喷施量(x_4)和喷施时间(x_5)的回归曲线呈不明显和明显的"马鞍形",根据数学模型解析参数和曲线图上反映,x_4 和 x_5 对胡麻产量似乎有影响和显著影响。根据资料介绍,磷酸二氢钾在其他作物上作根外追肥对产量也有一定效果;但是,在本试验中虽说对胡麻产量有不同程度的影响,对其水平的确定以及对产量影响的机制尚难定论,有待进一步研究。

根据数学模型各项回归系数的 F 检验(见表 3)各因素间的回归交互效应差异均不显著。因此,不必进一步分析。

为了给旱地胡麻高产栽培技术定量化,指标化和经济高效提供优化技术措施方案,在数学模型解析模拟、寻优的基础上提出两套技术措施方案(见表 4)供生产验证并通过信息反馈不断完善技术措施,最大限度地利用投入的生产资料,提高旱地胡麻投入产出经济效益。

表 4 供生产示范印证的优化农艺措施

方案号	密度(x_1)		氮肥(x_2)		磷酸(x_3)		磷酸二氢钾 (x_4)		磷酸二氢钾 (x_5)		预测产量
	代码	播量	代码	播量	代码	播量	代码	播量	代码	时期(月.日)	
A	-0.22	675	-0.44	127.5	0.15	175.5	0.20	2.475	0.16	6.3	1429.5
B	0.42	789	2.00	325.5	-0.02	162	-1.67	0.375	-0.7	5.23	1612.5

注:播量(万粒 /hm²)预测产量(kg/hm²)氮肥已折算为商品尿素、磷肥已折算为商品磷酸二铵

3 小结与讨论

(1)根据试验研究,建立了旱地胡麻高产栽培数学模型,在模拟寻优的基础上,选择了2套优化方案:方案A,播种量675.0万粒/hm^2,氮素3.9kg、P_2O_5 5.4kg、6月3日喷施磷酸二氢钾2.475kg/hm^2,预测产量可达1429.5kg/hm^2。方案B,播种量789万粒/km^2,氮素10kg/hm^2、P_2O_5 5kg/hm^2、5月23日喷施磷酸二氢钾0.375kg/hm^2,预测产量为1612.5kg/hm^2。

(2)对数学模型采用降维法分析表明,试验设计因子对提高旱地胡麻籽粒产量影响的重要程度是氮肥施用量>密度>磷酸二氢钾喷施时间>磷肥施用量>磷酸二氢钾喷施量。其中氮肥和密度是需要重点控制因子。

(3)经检验,$F_1<F_{0.05}$水平,证明误差小,$F_2>F_{0.01}$水平,达到极显著水平,说明方程与资料之间拟合程度好,利用该数学模型进行预测、控制和模拟是可行的,反映出回归方程对实际资料具有代表性。

(4)本研究得到旱地胡麻高产栽培的优化方案是在一定客观条件下取得的,生产中如土壤、肥力、气候等自然因素与试验年份一致,可参照实施,但由于农业生产的复杂性和生产条件的制约,实践中往往某些条件是变化的,这就可能使结果的重现产生一些差距,因此,优化方案在具体实施过程中,可根据具体条件作适当调整。

曹秀霞,陕西农业科学,2009(6)

水地胡麻密肥高产栽培模型研究

胡麻作为固原市的主要经济作物之一,对提高农民经济收入和农村生活水平有着极其重要的意义。近年来,随着生产水平的不断提高,胡麻生产取得了长足的进步,产量不断提高、品质不断改善。但与此同时,种植模式单一、施肥、密度不合理等问题依然存在,使新培育的优质品种难以发挥应有的作用。为了科学、经济、合理确定种植密度和施肥水平,提高胡麻单产,固原市农业科学研究所采用二次正交旋转组合回归设计方法,在固原半干旱地区对水地胡麻新品种宁亚17号进行了种植密度和施肥水平试验,并对影响胡麻籽粒产量的主要农艺措施进行了效应分析和优化研究。

1 试验方法

1.1 供试材料

指示胡麻品种为宁亚 17 号，氮肥为尿素（含 N46%），磷肥为磷酸二铵（含 N18%、$P_2O_5$46%）。

1.2 试验方法

试验设在固原市原州区头营镇，海拔 1750m，年均降水量 400mm 左右，年平均气温 6.2℃，土壤为黄土，肥力中等，前茬为春小麦。耕层土壤含有机质 8.40g/kg，全氮 0.70g/kg、全磷 0.61g/kg、全钾 19.10g/kg、水解氮 56.10mg/kg、速效磷 16.93mg/kg、速效钾 143.00mg/kg。磷肥和有机肥全部基施，氮肥的 70%基施，30%结合灌头水追施。试验共设 36 个小区（m_c=16，m_r=8，m_o=12），r 值为 2，重复 2 次，随机区组排列，小区面积 13.2m^2，行距 20cm，区距 30cm，排距 50cm。选择播种粒数（x_1）、氮肥施用量（x_2）、磷肥施用量（x_3）、有机肥施用量（x_4）4 个因素，各因素编码水平见表 1。

表 1 试验因素水平编码

变量水平编码	试验因素变量①			
	播种粒数 x_1（万粒 /hm^2）	氮肥用量 x_2（kg/hm^2）	磷肥用量 x_3（kg/hm^2）	有机肥用量 x_4（t/hm^2）
－2	450.00	0	0	0
－1	637.50	34.50	25.95	18.75
0	825.00	69.00	51.75	37.50
1	1 012.50	103.50	77.70	56.25
2	1 200.00	138.00	103.50	75.00
变化区间	187.50	34.50	25.95	18.75

①种植密度按有效粒数计算，尿素、磷酸二铵用量按标准有效成分折算

2 结果与分析

2.1 产量结果与统计分析

试验设计结构矩阵及产量结果见表 2。经方差分析，失拟均方 $F<F\alpha(0.25)$。进一步分析证明，该试验的二次回归方程显著相关（R=0.8595），说明试验数据与采用的二次数学模型比较吻合，方程预测值与实际值拟合较好，4 个因素与产量之间存在着密切的函数关系。

经 t 检验，当 df=21，$t_{0.05}$=2.080，$t_{0.01}$=2.831 时，则产量函数 $\hat{y}=f\alpha(xi)$ 的 95%和 99%置信区域分别为 $\hat{y}_\alpha- 12.27\leq\hat{y}_\alpha\leq12.27+\hat{y}_\alpha$，$\hat{y}\alpha- 16.70\leq\hat{y}_\alpha\leq16.70+\hat{y}_\alpha$。

2.2 产量函数模型

将试验所测得产量数据用 DPS 统计分析软件计算，得到产量函数模型。

$$\hat{y}_\alpha=4073.7-77.55x_1+1257.0x_2-55.65x_3-113.1x_4-46.2x_1^2-20.7x_2^2+1.95x_3^2-72.9x_4^2-12.9x_1x_2+95.1x_1x_3+147.6x_1x_4-47.4x_2x_3+5.1x_2x_4+103.5x_3x_4 \quad ①$$

2.3 各因素效应分析

2.3.1 主因子效应

4 项农艺措施对产量($\hat{y}_\alpha$)影响的从大到小的排序一次项依次为 x_2、x_4、x_1、x_3;二次项依次为 x_4^2、x_1^2、x_2^2、x_3^2。由此可知,4 个因素在不同程度上对产量都有影响,而氮肥、有机肥的效应大于播种粒数和磷肥用量,因此在胡麻栽培中,氮肥和有机肥用量应是重点控制的因素。

2.3.2 各因素与产量的关系

采用"降维"方法,在方程①中,任意固定 3 个变量为零水平,得到以下 4 个一元降维方程。

$\hat{y}_1=4073.7-77.55x_1-46.2x_1^2$ ②

$\hat{y}_2=4073.7+125.7x_2-20.7x_2^2$ ③

$\hat{y}_3=4073.7-55.5x_3+1.95x_3^2$ ④

$\hat{y}_4=4073.7-113.1x_4-72.9x_4^2$ ⑤

将编码值分别代入上述各式,结果如图 1 所示。x_1、x_3 与产量均构成抛物线关系,x_1、x_4 的回归线较陡,说明在设计范围内($-2\leqslant xi\leqslant 2$),有机肥、播种粒数对产量影响较大。同时还可以看出 x_1、x_3、x_4 三者的抛物线顶点均在代码- 1 水平处,而 x_2 的回归线近似直线,即随氮肥用量的增加产 量相应上升。单因子最佳取值 x_1、x_3、x_4 均为-1 水平,x_2 取值为 2 水平。

对回归曲线有峰值的 x_1、x_4 求一阶导数, 分解得到最佳产量时,x_1、x_4 的投入水平为 x_1=-0.8393,即播种粒数 667.65 万粒/hm², 预计产量$\hat{y}$= 2053.2kg/hm²; x_4=- 0.7757,即有机肥用量 22.96t/hm² 时,预计产量$\hat{y}$=2058.90kg/hm²。对 x_2 和 x_3 采用二次曲线模型法建立$\hat{y}=a+bx+cx_2$ 抛物线方程,通过求解,得到最佳产量时 x_2、x_3 的投入水平为 x_3=3.07,即氮肥用量 174.90kg/hm² 时,预计产量$\hat{y}$=2kg/hm²;x_3=- 0.75,即磷肥用量 32.40kg/hm² 时预计产量$\hat{y}$=2068.95kg/hm²。

表 2 试验设计结构矩阵及产量结果

区号	x_0	x_1	x_2	x_3	x_4	产量(kg/hm²)
1	1	1	-1	1	1	1 815.15
2	1	-1	-1	1	1	1 787.70
3	1	1	1	1	-1	1 835.85
4	1	-1	1	1	1	1 791.90
5	1	1	0	-1	-1	1 976.70
6	1	-1	0	-1	-1	2 187.75
7	1	1	2	-1	1	1 945.35
8	1	-1	-2	-1	-1	2 132.10
9	1	1	0	1	1	1 999.95
10	1	-1	0	1	-1	1 879.50
11	1	1	0	1	-1	2 027.85
12	1	-1	0	1	1	2 021.70
13	1	1	0	-1	-1	1 740.30
14	1	-1	0	-1	1	1 817.85
15	1	1	0	-1	1	2 067.15
16	1	-1	0	-1	-1	2 018.40

续表

区号	x_0	x_1	x_2	x_3	x_4	产量(kg/hm²)
17	1	2	0	0	0	1 841.70
18	1	−2	0	0	0	2 124.45
19	1	0	0	0	0	2 218.95
20	1	0	0	0	0	1 849.20
21	1	0	0	2	0	2 128.05
22	1	0	0	−2	0	2 030.70
23	1	0	0	0	2	1 761.75
24	1	0	0	0	−2	2 096.40
25	1	0	0	0	0	2 043.15
26	1	0	0	0	0	2 079.45
27	1	0	0	0	0	2 012.85
28	1	0	0	0	0	2 140.80
29	1	0	0	0	0	1 945.65
30	1	0	0	0	0	2 077.35
31	1	0	0	0	0	1 895.25
32	1	0	0	0	0	2 106.75
33	1	0	0	0	0	1 905.60
34	1	0	0	0	0	2 084.70
35	1	0	0	0	0	2 052.90
36	1	0	0	0	0	2 092.65

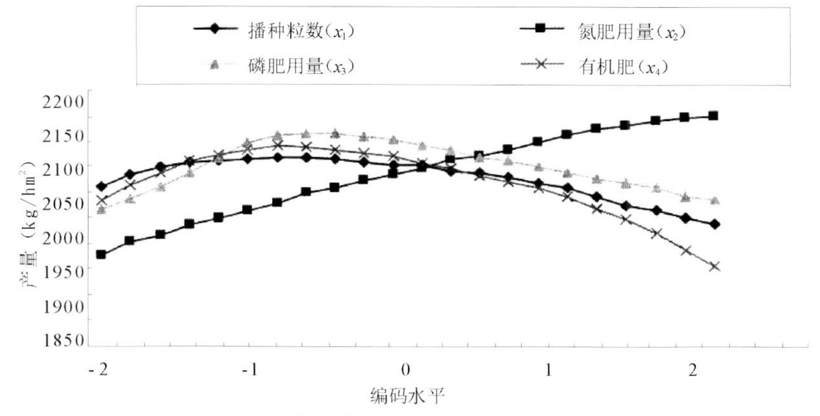

图 1　各因素水平与产量的关系图

2.3.3 交互效应分析

在产量函数模型的 6 组交互作用中，对产量影响显著的有 x_1x_3、x_1x_4、x_3x_4 3 组，现将其解析如下。

x_1 与 x_3 的函数子模型如下：

$$\hat{y}_{1.3}=4077.75-77.55x_1-55.65x_3-42.6x_1+1.95x_3+95.1x_1x_3 \quad ⑥$$

从式⑥可以看出，当播种粒数在 450.0 万~ 825.0 万粒/hm²，产量随磷肥用量的增加而减少，且减产幅度大；播种粒数在 1012.5 万~1200.0 万粒/hm²，产量随磷肥用量增加而提高，但增产幅度不大。对方程⑥求导，以寻找最佳产量的播种粒数和磷肥用量组合，得到：当 x_1=0.5305（播种粒数为 736.95 万粒/hm²）、x_3=1.33（磷肥用量 86.25kg/hm²）时，预测产量$\hat{y}$=2008.05kg/hm²。

x_1 与 x_4 的函数子模型如下：

$\hat{y}_{1.4}$=4077.75−77.55x_1−113.1x_4−42.6x_1−72.9x_4+147.6x_1x_4 ⑦

从式⑦可以看出，当有机肥用量在 0~18.75t/hm^2 时，胡麻产量随播种粒数增加而递减，且减幅较大；当有机肥用量在 56.25~75.00t/hm^2 时，随播种粒数增加产量递增，但减幅也小。

x^3 与 x^4 的函数子模型如下：

$\hat{y}_{3.4}$=4077.75−55.65x_3−113.1x_4+1.95x_3^2−72.9x_4^2+103.5x_3x_4 ⑧

从式⑧可以看出，当有机肥用量在 0~18.17t/hm^2 时，胡麻产量随磷肥用量的增加而递减，且增幅较大；有机肥用量在 56.25~75.00t/hm^2 时，胡麻产量随磷肥用量增加而递增，但减幅小。为寻找磷肥用量与有机肥用量的最佳产量组合，对方程⑧求导得 x_3=−0.3827，即磷肥用量为 41.85kg/hm^2，x_4=0.5521，有机肥用量为 47.85t/hm^2 时，预测产量$\hat{y}$=1994.40kg/hm^2。

2.4 数学模型的模拟与优化

对建立的模型进行模拟分析，在 4 因素 5 水平全因子试验所得的 625 个农艺措施方案中，预测最高产量$\hat{y}max$=2884.35kg/hm^2。在本试验中，最佳产量水平下各农艺措施（x_i）的取值范围为播种粒数（x_1）786.0 万~931.5 万粒/hm^2，氮肥（N）用量（x_2）48.75~95.40kg/hm^2，磷肥（P_2O_5）用量（x_3）48.3~82.35kg/hm^2，氮磷比例近似 1:1。有机肥（优质农家肥）32.83~48.25kg/hm^2（α=0.05）。

3 结论

（1）参试的密肥因素对胡麻产量作用由大到小的顺序依次为氮肥用量、有机肥用量、播种粒数、磷肥用量，所以在胡麻高产栽培中，如土壤为中等肥力时，首先应注重施氮肥、有机肥，其次考虑播种密度和磷肥用量。

（2）经对试验建立的胡麻产量与密肥因素的数学模型分析，该模型与生产实际拟合较好，经模拟优化，提出了水地胡麻产量高于 1950.00kg/hm^2 的优化方案，即播种粒数为 786.0 万~931.5 万粒/hm^2，氮肥（N）用量为 48.75~95.40kg/hm^2，磷肥（P_2O_5）用量为 48.3~82.35kg/hm^2，有机肥（优质农家肥）32.83~48.25t/hm^2，可供在不同肥力的土壤条件下选择应用。

曹秀霞，安维太，李海秋，甘肃农业科技，2010（1）

保水剂对旱地胡麻生长及种子产量的影响

保水剂也叫吸水剂，是一种有机高分子树脂，能吸收自身重量400~1000倍的水，并能在周围环境干燥时将吸收的水分释放出来，调理土壤团粒结构，增加雨水渗入率，抑制水分蒸发，且所持水分的85%~90%是植物可利用的自由水。国内外的一些研究表明，保水剂对保持土壤水分和促进作物生长具有重要作用，研究保水剂对旱地胡麻的应用效果，为胡麻抗旱增产寻求新的技术途径。

1 材料与方法

1.1 试验地概况

试验地选在宁夏固原市原州区清河镇大堡村的川旱地，气候类型属半干旱区，地处东经106°10′，北纬36°5′，海拔1750m，年均降雨量380~450mm，年平均气温6.5~7.5℃，≥0℃积温为3000~3400℃，≥10℃积温为2500~2800℃，无霜期150~160d。土壤类型为浅黑垆土，肥力中等，前茬作物为小麦。

1.2 供试材料

供试胡麻品种为宁亚19号，保水剂为沃特牌保水剂。

1.3 试验设计

试验采用随机区组试验设计，3次重复，试验小区面积21m²(长×宽=3m×7m)，行距15cm，区距50cm。试验设5个处理，即每保水剂30、60、90、120、150kg/hm²，对照(不施保水剂)。试验于2011年4月23日采用4行播种机播种，播深3~4cm，播量45.00kg/hm²。

试验数据用DPS(Data Processing System)统计分析软件进行统计分析。

2 试验结果

2.1 对种子产量的影响

试验各处理种子产量结果(见表1)，试验各处理种子折合亩产为937.78~1040.00kg/hm²，平均产量982.41kg/hm²。试验处理中以90kg/hm²的种子产量最高为1040.00kg/hm²，比对照增产10.25%，120kg/hm²的种子产量最低为937.78kg/hm²。

表 1　种子产量结果

试验处理	小区产量(g)					折合产量(kg/hm²)	位次
	Ⅰ	Ⅱ	Ⅲ	合计	平均		
CK	1911	2037	1995	5943	1981	943.33	5.00
30kg/hm²	1869	2037	2100	6006	2002	953.33	4.00
60kg/hm²	2072	2100	2044	6216	2072	986.67	3.00
90kg/hm²	2205	2100	2247	6552	2184	1040.00	1.00
120kg/hm²	1953	2044	1911	5908	1969	937.78	6.00
150kg/hm²	2261	2205	2044	6510	2170	1033.33	2.00

试验各处理种子产量结果经方差分析(见表 2),区组间差异不显著,说明土壤肥力均匀一致,田间作业误差较小,处理间 $F=3.46>F_{0.05}$,差异达 5%显著水平。

表 2　种子产量方差分析表

变异来源	平方和	自由度	均方	F 值	显著性	$F_{0.05}$	$F_{0.01}$
区组间	5640.4444	2	2820.2222	0.358	不显著	4.1	7.56
处理间	136168.28	5	27233.656	3.457	*	3.33	5.64
误 差	78770.222	10	7877.0222	—	—	—	—
总变异	220578.94	17	—	—	—	—	—

2.2 对植株生长量和干物质积累的影响

试验各处理的植株干重和株高资料(见表 3),根据试验结果将不同处理的植株生长和干物质积累的变化趋势分析如下。

试验各处理在枞形期、现蕾期、开花期和青果期的株高均高于对照,开花期的表现尤为明显,各阶段株高都以 90kg/hm² 处理的最高。

保水剂对胡麻生长发育的干物质积累有明显影响。枞形期测定各处理单株干重为 0.12~0.18g,90kg/hm² 处理和 120kg/hm² 处理的单株干重分别为 0.15g 和 0.18g,比对照增加 15.38%和 38.46%。现蕾期单株干重为 0.43~0.58g,比对照增加 2.38~38.10%,其中 90kg/hm² 处理和 150kg/hm² 处理的单株干重分别比对照增加 38.10%和 21.43%。开花期单株干重 0.67~0.92g,除了 30kg/hm² 处理以外,其他处理单株干重与对照相比增加幅度在 20%,90kg/hm² 处理比对照增加 46.03%。青果期单株干重 1.08~1.19g,对照为 1.09g,各处理之间以及与对照相比均没有明显的差异。

表 3　植株干重、株高调查表

处理名称	枞形期		现蕾期		开花期		青果期	
	干重(g)	株高(cm)	干重(g)	株高(cm)	干重(g)	株高(cm)	干重(g)	株高(cm)
CK	0.13	17.32	0.42	35.40	0.63	33.70	1.09	37.01
30kg/hm²	0.12	18.66	0.44	37.23	0.67	36.80	1.10	39.14
60kg/hm²	0.12	18.78	0.43	37.36	0.76	38.53	1.13	38.90
90kg/hm²	0.15	19.30	0.58	37.87	0.92	39.95	1.19	39.44
120kg/hm²	0.18	18.47	0.49	37.24	0.85	38.80	1.08	38.17
150kg/hm²	0.12	18.99	0.51	37.20	0.80	37.61	1.10	39.12
平均	0.14	18.59	0.49	37.05	0.80	37.57	1.12	38.63

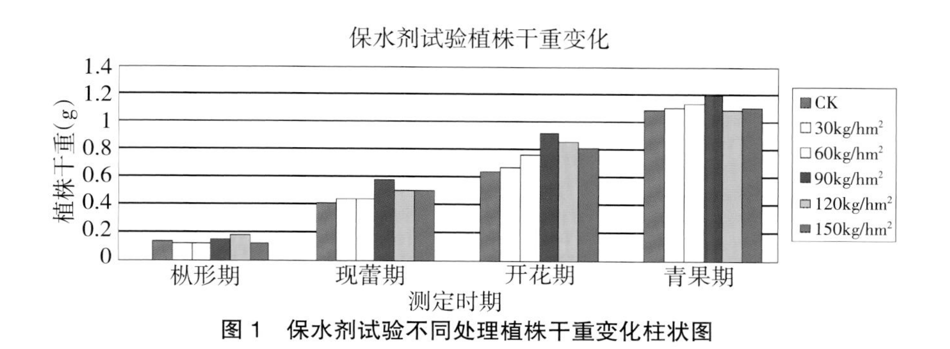

图 1　保水剂试验不同处理植株干重变化柱状图

2.3 对土壤水分变化的影响

根据在胡麻现蕾、开花、青果 3 个生育阶段测定的土壤含水率分析，各处理与对照相比都有一定差异。从不同生育时期土壤水分变化可以发现，各处理 0~30cm 土壤含水率都明显高于对照，而 90kg/hm^2 处理和 60kg/hm^2 处理在不同生育阶段土壤含水率与对照相比，其变化规律比较相似。

表 4　保水剂试验不同用量土壤水分变化

试验处理	测定时间（月.日）	0~10（cm）	10~20（cm）	20~40（cm）	40~60（cm）	60~80（cm）	80~100（cm）
CK	4.18	8.68	18.02	19.47	22.63	19.15	15.09
	6.14	5.26	10.06	11.35	14.42	16.89	15.72
	6.24	6.52	8.49	9.29	11.86	14.68	15.24
	7.13	8.51	10.39	9.81	11.74	14.25	14.06
	7.17	7.48	8.83	9.12	9.95	11.62	13.19
30kg/hm^2	4.18	8.68	18.02	19.47	22.63	19.15	15.09
	6.14	8.12	9.85	14.69	17.71	18.73	18.30
	6.24	6.83	8.23	10.08	13.08	15.08	15.28
	7.13	8.51	9.25	11.52	13.08	12.38	12.99
	7.17	6.91	7.79	9.69	9.98	11.59	13.05
60kg/hm^2	4.18	8.68	18.02	19.47	22.63	19.15	15.09
	6.14	7.63	10.69	13.21	18.13	18.35	17.08
	6.24	6.75	8.69	10.63	13.92	15.63	14.68
	7.13	8.24	9.31	10.07	13.31	13.01	12.68
	7.17	7.37	8.46	9.55	9.96	11.53	13.09
90kg/hm^2	4.18	8.68	18.02	19.47	22.63	19.15	15.09
	6.14	8.57	10.96	12.03	17.63	17.77	16.69
	6.24	7.78	9.26	10.29	15.03	16.31	15.86
	7.13	8.16	9.40	9.21	11.12	12.72	13.83
	7.17	7.22	8.30	9.14	10.02	11.59	13.03
120kg/hm^2	4.18	8.68	18.02	19.47	22.63	19.15	15.09
	6.14	7.75	8.93	10.93	14.25	16.98	16.14
	6.24	6.86	8.60	9.99	13.43	16.24	16.56
	7.13	8.73	9.33	9.81	12.46	13.48	13.42
	7.17	7.48	8.27	9.53	10.02	11.57	13.09

续表

试验处理	测定时间（月.日）	0~10（cm）	10~20（cm）	20~40（cm）	40~60（cm）	60~80（cm）	80~100（cm）
150kg/hm²	4.18	8.68	18.02	19.47	22.63	19.15	15.09
	6.14	7.45	9.68	11.62	13.69	16.64	16.38
	6.24	8.40	8.89	9.62	11.97	16.02	17.00
	7.13	7.72	8.68	9.08	10.08	11.39	13.28
	7.17	7.40	7.74	8.73	10.09	11.57	13.57

3 结论

施用保水剂处理的土壤含水量相比对照具有一定优势，尤其是在0~30cm土层表现最为突出。在宁夏南部山区生态区域，保水剂对胡麻生长发育的干物质积累有明显影响，可以提高土壤抗旱能力，促进胡麻的生长发育，提高胡麻产量。施90kg/hm^{2}保水剂产量最高，达1040kg/hm^2。

钱爱萍，曹秀霞，安维太，万海霞，种子，2013，32(10)

种植密度对旱地垄膜集雨沟播胡麻干物质积累及产量的影响

胡麻是我国西北和华北地区重要的油料作物之一，胡麻具有抗旱、耐寒、耐瘠薄、适应性广等特性，是喜凉爽和干燥气候的长日照作物，作为一种良好的抗旱作物，胡麻主要在干旱、半干旱地区种植。近年来，垄膜集雨沟播种植作物技术在干旱、半干旱地区广泛应用，该技术是集垄沟种植、覆膜抑蒸、膜面集雨、宽窄行种植技术于一体，实现尽可能多地接纳天然降水，变无效水为有效水，将有限的降水尽量保留和集中到沟内种植区。增加土壤含水率，改善沟内种植区土壤水分条件，具有增温、保墒和集雨的作用，从而达到提高作物产量的目的。

随着旱地作物垄膜集雨沟播种植技术的应用，近年来对该技术通过提高土壤水分达到增产的研究较为常见，对播种密度与胡麻产量的相关性报道较少。密度是协调群体与个体最有效的措施。种植密度对单位面积产量有重要影响，因此，本文研究旱地垄膜集雨沟播条件下不同种植密度对胡麻产量的影响，为干旱、半干旱地区旱地垄膜集雨沟播胡麻提供最适播种密度。

1 方法与设计

1.1 试验方法

试验所选胡麻品种为宁亚 19 号，试验地点选在宁夏固原市原州区开城镇大堡村旱地，该地区属半干旱区气候，土壤为浅黑垆土，肥力中等，试验地前茬作物为冬小麦。本试验采用垄上覆膜宽 40cm，垄沟宽度 60cm 种植胡麻 4 行，采用专用机具起垄、覆膜、播种一次完成，试验实施年限为 2014 年 4—11 月。

1.2 田间设计

试验设 6 组处理：处理 1CK 为露地平种，胡麻籽播量为 75kg/hm^2。处理 2 垄膜集雨沟播种植，胡麻籽播量为 22.5kg/hm^2。处理 3 垄膜集雨沟播种植，胡麻籽播量为 37.5kg/hm^2。处理 4 垄膜集雨沟播种植，胡麻籽播量为 52.5kg/hm^2。处理 5 垄膜集雨沟播种植，胡麻籽播量为 67.5kg/hm^2。处理 6 垄膜集雨沟播种植，胡麻籽播量为 82.5kg/hm^2。本试验为随机区组试验，设 3 次重复，每小区面积 60m^2（4m×15m），试验周围设保护行。

1.3 测定指标

测定指标主要有以下 5 个方面。

（1）出苗率测定

对每组处理各小区取 2 个点查苗，取平均值。

（2）土壤水分

分别测定播种前、初花期、青果期土壤含水量。

（3）生长量测定

分别在胡麻枞形期、初花期、青果期对株高、鲜质量、干质量进行测定。

（4）农艺形状测定

胡麻收获时期分别取样 30 株，测量株高、有效分枝数、有效结果数、每果粒数、单株粒质量、千粒质量。

（5）产量测定

每处理测定产量，不同处理间产量数据进行方差分析。

2 结果与分析

2.1 不同种植密度对垄膜集雨种植胡麻出苗率的影响

试验各处理出苗情况见表 1，由表 1 可知本试验中垄膜集雨种植胡麻各处理出苗率均高于 CK，播量为 22.5kg/hm^2 处理在所有处理中出苗率最高为 79.38%，除播量为 82.5kg/hm^2 处理外，试验各处理出苗率随播种量的增加逐渐降低，数据表明垄膜集雨技术对旱地种植胡麻出苗率有显著提高作用，提高旱地胡麻出苗率对提高胡麻产量尤为重要。

2.2 不同种植密度对垄膜集雨种植胡麻生长量的影响

各处理胡麻枞形期、初花期、青果期生长阶段测定了株高、单株鲜质量、单株干质量，测定数据见表2，播量为37.5kg/hm² 处理的胡麻枞形期株高、鲜质量、干质量在所有处理中最高，播种量为22.5kg/hm² 处理在所有处理中最低，初花期垄膜集雨处理各组生长量均高于CK，播种量为37.5kg/hm² 处理是所有处理中最高，青果期垄膜集雨种植各处理组生长量均明显大于CK，其中播种量为22.5kg/hm² 处理在所有处理中最高，通过比较分析，试验各处理的单株鲜质量和单株干质量在枞形期、初花期、青果期3个阶段表现为随密度增加单株鲜质量和单株干质量下降，其变化趋势基本一致，与对照相比，播量为22.5~52.5kg/hm² 的单株鲜质量和单株干质量均高于对照。数据表明，垄膜集雨技术在生产中能显著提高胡麻单株生长量，单株生长量的提高直接影响单株产量的提高，增加胡麻产量。

表1　不同种植密度垄膜集雨种植胡麻出苗情况

处理(kg/hm²)	播种苗数(万株/hm²)	实际出苗数(万株/hm²)	出苗率(%)
CK	975.0	394.95	40.51
22.5	292.5	232.20	79.38
37.5	487.5	331.35	67.97
52.5	682.5	418.80	61.36
67.5	877.5	532.05	60.63
82.5	1072.5	713.55	66.53

表2　不同种植密度对垄膜集雨种植胡麻生长量情况记载

播量处理(kg/hm²)	枞形期(6.11)			初花期(6.25)			青果期(7.20)		
	株高(cm)	鲜质量(g)	干质量(g)	株高(cm)	鲜质量(g)	干质量(g)	株高(cm)	鲜质量(g)	干质量(g)
CK	18.30c	0.73b	0.13b	34.5c	1.76c	0.44c	35.80c	2.97c	0.74c
22.5	18.00c	0.87b	0.15b	42.51a	2.70a	0.65a	47.00a	4.41a	1.07a
37.5	24.38a	1.10a	0.20a	43.73a	2.46a	0.66a	41.53b	3.64b	0.89b
52.5	21.95a	0.87b	0.15b	40.20b	2.00b	0.50b	41.30b	3.38b	0.85b
67.5	19.47b	0.78b	0.14b	38.88bc	1.81c	0.46c	38.70bc	2.85c	0.69c
82.5	24.04a	0.86b	0.15b	35.54c	1.50c	0.38c	36.35c	2.71c	0.67c

注：平均值数据后不同字母分别表示处理之间显著差异($P<0.05$)

2.3 不同种植密度对垄膜集雨种植胡麻农艺性状的影响

胡麻产量与其农艺性状关系密切，并且各性状之间也彼此相互关联，本试验各处理农艺性状数据见表3。试验各处理主要农艺性状表现为随密度增加单株株高、有效分枝、有效结果和单株粒质量呈下降趋势，除播量为82.5kg/hm² 的有效分枝、有效结果、单株粒质量低于对照外，其他处理的各个农艺性状都明显高于对照，千粒质量各处理间差异较小，垄沟播量为52.5kg/hm² 的处理千粒质量最大，为8.58g。

表 3 不同种植密度垄膜集雨种植胡麻农艺性状测定

播量处理（kg/hm²）	株高(cm)	有效分枝(个)	有效结果(个)	每果粒数(个)	单株粒质量(g)	千粒质量(g)
CK	37.87	4.10	6.98	7.04	0.34	8.36
22.5	47.42	5.52	13.57	7.03	0.64	8.25
37.5	44.41	5.08	9.91	7.20	0.48	8.51
52.5	40.92	4.50	7.43	7.65	0.46	8.58
67.5	40.94	4.45	7.36	7.47	0.39	8.49
82.5	38.93	3.78	6.20	7.29	0.31	8.38

2.4 不同种植密度对垄膜集雨种植胡麻产量的影响

试验各处理胡麻产量结果见表 4，试验各处理中以垄沟播种量 52.5kg/hm² 种子的产量最高为 1032.9kg/hm²，比对照增产 19.05%，播种量垄沟种 22.5kg/hm² 种子产量最低，比对照产量低 8.39%，各处理的种子产量由高到低的顺序为 52.5kg/hm²>37.5kg/hm²>67.5kg/hm²>82.5kg/hm²>CK>22.5kg/hm²。

试验各处理种子产量经方差分析，区组间差异不显著，处理间差异达极显著水平。

表 4 不同种植密度下垄膜集雨种植胡麻产量数据

播量处理(kg/hm²)	小区产量(g)				产量(kg/hm²)
	Ⅰ	Ⅱ	Ⅲ	平均值	
CK	3996	4320	4698	4338bc	867.6
22.5	4297	3796	4304	4132c	688.05
37.5	4723	4400	4872	4665b	933.1
52.5	5100	5300	5093	5164a	1032.9
67.5	4923	4672	4420	4672b	934.35
82.5	4697	4372	4591	4553bc	910.65

注：平均值数据后不同字母分别表示处理之间显著差异（$P<0.05$）

2.5 垄膜集雨种植胡麻不同时期垄上、垄沟土壤含水量测定

垄膜集雨技术种植胡麻在初花期、青果期田间土壤水分测定数据表明，垄膜集雨技术对垄上和垄沟土壤含水量有明显提高（见表 5）。随着胡麻的生长发育，其根系能够延伸到垄膜覆盖的土地下面，生产中垄膜下方或垄沟的土壤含水量增加，都能有效地提高垄沟中生长的胡麻产量，垄膜集雨技术通过将雨水聚集和减少水分的蒸发，使土壤水分相对于露地平种土壤含水量明显提高，能有效地提高旱地胡麻产量。

表 5 垄膜集雨种植胡麻不同时期土壤含水量测定

土层深度(cm)	初花期土壤含水量(%)			青果期土壤含水量(%)		
	CK	垄上	垄沟	CK	垄上	垄沟
0~10	7.46	9.00	8.14	12.21	14.80	12.51
10~20	9.28	9.71	10.44	14.29	16.81	14.32
20~40	10.17	11.37	10.65	15.83	15.88	15.99
40~60	13.79	12.60	13.70	16.05	16.74	17.60
60~80	14.30	15.19	14.81	16.79	17.10	17.81
80~100	13.50	14.53	12.53	14.88	16.86	16.62

3 结论与讨论

旱地胡麻垄膜集雨种植时,胡麻出苗率随胡麻籽播种量的增加而降低,出苗率与播量成负相关,胡麻垄膜集雨种植有利于胡麻生长量的提高,从枞形期到青果期的生长量数据表明,越到胡麻生长后期垄膜集雨种植对生长量的提高越明显,不同种植密度表明胡麻生长量与播种量成负相关性。

试验各处理主要农艺性状,表现为随密度增加株高、单株有效分枝、单株有效结果和单株粒质量呈下降的趋势,除播量 82.5kg/hm^2 的有效分枝、有效结果、单株粒质量低于对照外,其他处理的各个农艺性状都明显高于对照。

胡麻在旱地通过垄膜集雨种植能有效提高产量,胡麻垄膜集雨种植播种密度直接影响大田生产中胡麻产量,通过本试验研究表明旱地胡麻垄膜集雨种植最适宜播种播量为 52.5kg/hm^2。

张新学,曹秀霞,安维太,张炜,农业科学研究,2015,36(3)

胡麻籽营养保健功能成分研究综述

胡麻是提高人们生活和健康水平的绿色食品资源。胡麻油是品位较高的食用油,其中含亚油酸 16.7%,α-亚麻酸 40%~60%,还含有人体必需的 18 种氨基酸、3 种维生素(A、E、B1)和 8 种微量元素以及膳食纤维等,它的食疗保健作用被越来越多的人认识。根据研究报导,美国国家癌症研究所在寻找可能预防癌症的食品和药物的研究中,第一个证明最有前途的食品就是胡麻籽。因为在胡麻籽的细胞基质中含有一种比较珍贵的化学物质,叫做木酚素,其含量比常用谷类、豆类等要高出 100~800 倍。胡麻食品在美国很流行,并受到绝大多数发达国家的高度重视。我国营养学专家对胡麻油在人体预防医疗保健方面也取得了新的研究成果,国内外营养保健专家把胡麻油誉为“高山上的深海鱼油”。本文旨在引导人们进一步认识胡麻食品对人体营养保健的重要作用,科学合理开发利用胡麻绿色食品资源,提高人们生活和健康水平。

1 胡麻油

胡麻油中起保健功能的有效成分是 α-亚麻酸,它在胡麻籽的脂肪酸组成中约占 45% 左右。研究证明,α-亚麻酸在人体肝脏中,在脱饱和酶和链延长酶的作用下,能够生成二十碳五烯酸(EPA)和二十二碳六烯酸(DHA),这就是说α-亚麻酸既是ω_3型脂肪酸的成员之一,又是ω_3型脂肪酸其他2个成员EPA和DHA的母体。因此,人体缺乏ω_3型脂肪酸,既可以直接补充EPA和DHA,也可以通过食用胡麻油来获得。

1.1 胡麻油的营养保健效果

1.1.1 降血脂

大量动物和人体试验证明,ω_3型脂肪酸具有显著的降低血清中甘油三酯和胆固醇的作用。它的作用机理有多种,比较集中的看法是摄入ω_3型脂肪酸后,抑制了体内极低密度载脂蛋白B的合成,并通过阻滞肝脏脂肪酸的合成而减少极低密度载脂蛋白合成,增加了极低密度载脂蛋白、乳糜微粒和胆固醇的清除。

1.1.2 抗血小板聚集,延缓血栓形成

实验证明,花生四烯酸(C20:4ω_6型)与EPA是能与细胞膜磷脂结合的2个多不饱和脂肪酸,在磷脂酶A_2作用下可游离出来,在环氧化酶作用下转换成环化内过氧化物,生成多种前列腺素活性物质。由于EPA转换成环化内过氧化物远比花生四烯酸慢,与血小板竞争的结果是EPA取代了花生四烯酸。某些EPA代谢成血栓素A_3,它聚集血小板和缩血管作用较血栓素A_2弱;而在血管壁的前列腺素合成中,EPA可代谢至前列环素3,它比前列环素2的扩血管作用弱,但仍能抑制血小板聚集。富含EPA的食物能调节血栓素A_2与前列腺素2活性间的平衡,抑制血小板聚集和促扩血管,延长出血时间,因而降低了动脉性血栓形成趋向。研究表明,将食物中的α-亚麻酸从1.2g/d增加到3.3g/d,同时减少饱和脂肪酸,可抑制人体内血小板聚集。饲喂大鼠胡麻油,体内和体外实验证明,血小板的凝聚作用和二烯前列腺素的生成受到抑制。可防治动脉粥样硬化引起的血栓形成。

1.1.3 增强免疫能力

动物和人长期食用含有较多亚油酸的植物油对过敏症、哮喘、脑溢血、衰老、痴呆症、肠溃疡、关节炎和各种癌都有促进加重的作用,而富含α-亚麻酸、EPA和DHA的油脂对上述疾病都有一定的抑制作用。据报道,健康人食用亚麻食品后,趋向于抑制细胞间传递的免疫性,而体液的免疫性不受影响,从而对诸如关节炎、肾炎等慢性炎症和过敏症等疾病有治疗作用。

1.1.4 健脑

ω_3型脂肪酸能够很容易通过大脑屏障进人脑细胞,是维持脑神经、脑网膜正常生理作用的必需物质,对脑细胞的形成、生长和发育起着重要的作用。实验证明,在食物中加入富含α-亚麻酸的食料培养小鼠两代,可促进小鼠脑内新蛋白质生成,调节小鼠脑内单胺类神经质水平,可提高子代小鼠的学习记忆力。

1.2 胡麻油的适宜摄入量

发现了ω_3型脂肪酸的生理功能后,营养学家提出了脂肪酸平衡吸收理论,就是说,人

体正常生理代谢摄入两种必需脂肪酸需要有适当的比例。一般认为,人体摄入 ω_6 型脂肪酸与 ω_3 型脂肪酸的比例为 4:1，最近我国公布的中国居民膳食营养素参考摄入量指出:18 岁以前,膳食脂肪中 ω_6 型脂肪酸与 ω_3 型脂肪酸的适宜摄入比例为 4:1;18 岁以后,适宜摄入比例为 4~6:1.0。然而,目前市场提供的大众食用油中,ω_3 型脂肪酸普遍缺乏,如大豆油中 ω_6 型脂肪酸占到脂肪酸组成的 53%左右,ω_3 型脂肪酸只占 6.0%左右，它们的比例是 8.8:1.0;花生油、葵花籽油、玉米油、芝麻油和猪脂、牛脂、羊脂中根本不含有 ω_3 型脂肪酸。据报道,除少数食海洋鱼类较多的人们外,一般消费者摄入的 ω_6 型脂肪酸与 ω_3 型脂肪酸的比例只在 14:1.0。

2 胡麻胶

胡麻胶是一种多糖物质和植物蛋白质果胶，是国际上流行的第六大营养要素之一,被誉为纯自然绿色食品添加剂,可广泛运用于食品、医药、化妆品等行业。

2.1 胡麻胶的性能

胡麻胶具有很好的水溶性、吸水性和保水性。胡麻胶有解毒性,胡麻胶本身无毒,还具有对敌百虫、氯化汞、氟乙酰胺、敌杀死、三氧化二砷几种毒物显著的解毒作用。

胡麻胶的黏度特性:胡麻胶属于非牛顿流体,其黏度随着剪切速度的升高而降低,随浓度的增加而增加。该胶体具有高黏度特性,即使在低浓度时也有较高黏度,同时其黏度还具有较宽的温度适应范围,对酸、碱、盐作用稳定,与食品中常见组分蛋白质、脂肪、糖有很好的相溶性,而且对食品加工过程中的冷冻、加热、机械剪切、各种辐射等加工方式都表现出很好的稳定性。

胡麻胶的协同增效作用:胡麻胶与卡拉胶有很好的协同作用,这种协同性表现在,提高溶液的黏度,增强饮料的悬浮稳定性;增加食品的持水量和保湿性,提高食品成品率,使食品保持新鲜,延长食品货架期;增强凝胶的强度、弹性,改善咀嚼感,消除凝胶的析水收缩现象。

胡麻胶与黄原胶、瓜尔豆胶、魔芋胶、海藻酸钠、阿拉伯胶等其他多糖类天然亲水胶体的协同作用也很显著,主要表现在溶液黏度大幅度提高,耐酸、耐盐性增强,乳化效果更好,悬浮稳定性、保湿性得到改善等方面。

2.2 胡麻胶在食品中的应用

2.2.1 用于冰淇淋制作

胡麻胶可作为冰淇淋理想的增稠乳化剂。胡麻胶的加入对改善冰淇淋结构、口感、膨胀率、抗融性和延长保存期有显著的效果。经实验表明，胡麻胶在冰淇淋中与海藻酚钠、CMC-Na、单甘酯协同作用良好,当复配比为胡麻胶 0.25%、海藻酸钠 0.1%、单甘酯 0.05%、CMC-Na0.1%时作用于冰淇淋,制得的冰淇淋口感细腻、滑润、适口性好、结构松软适中,主要表现在膨胀率高,抗融性好,保存期大大延长。

2.2.2 用于面包制作

胡麻胶可作为保鲜剂和乳化剂用于面包生产中。适量的胡麻胶的加入不但可以起到保持面包新鲜度和水分作用,还可以增大成品比容,改善成品品质,延长产品松软时间和货架期。经实验证明,面团中加人胡麻胶1.0%、改良剂0.8%、保鲜剂0.5%、单甘酯0.2%后,制成的面包大,口感好,保存期长。

2.2.3 用于果冻制作

胡麻胶复配果冻在凝胶强度、弹性、持水性等方面都具有明显优势。胡麻胶用于果冻生产可很好的解决果冻生产中常见的果冻凝胶强而脆,弹性差、脱水收缩严重等缺点。胡麻胶在复配果冻粉中含量为2.5%,果冻粉用量为0.8%时,所制得的果冻凝胶强度、黏弹性、透明性、持水性等性质最协调,果冻口感最佳。

2.2.4 用于香肠制作

胡麻胶可作为乳化剂、增稠黏合剂以及保水剂应用于香肠加工中,所产成品不释油,组织结构弹性好、细腻、口感柔嫩、切片光滑完整;冷冻贮存后仍保持原状,切片不散不碎,防止肠体干缩,常温下贮存期大大延长。

2.2.5 用于面条制作

胡麻胶用于面条生产中,可以改善面条的加工和食用性能,使面团筋力增强、弹性增加,使成品有口感筋道、爽滑、不糊汤、适口性好、断条率少等特点。另外,胡麻胶与瓜尔豆胶等多种胶体具有良好的协同性,复配使用后使面条性能更加改善。

2.2.6 用于饮料制作

有些水果汁放置时间稍长时,其中所含的细小果肉颗粒就会下沉,果汁色泽会变化,影响外观,即使经过高压均质也不例外。在果汁中加入胡麻胶作悬浮稳定剂,能使细小果肉颗粒较长时间地均匀悬浮于果汁中,延长果汁的货架寿命。如在胡萝卜汁中应用,可以使胡萝卜汁在储藏期间较好地保持色泽和混浊稳定,其效果比加果胶好。而胡麻胶价格明显低于果胶。

随着人们生活水平的提高,化学添加剂的限量使用、健康已成为生活的主题。胡麻胶这种具有良好功能特性和营养保健作用的天然食品添加剂将会备受人们的青睐。近年来,我国食品添加剂行业发展很快,对具有各种功能特性的天然植物胶的需求量很大,特别是胡麻胶有可能代替进口阿拉伯胶在食品中的应用。因此,胡麻胶的研究和开发,将具有更重要的实用价值和更深远的意义,胡麻胶的应用将具有广阔的市场前景。

3 木酚素

在胡麻籽细胞间质中存在有木酚素前体,其进入人体胃肠后在酶的作用下转化成木酚素,属植物性激素,能够阻碍激素依赖型癌细胞的形成和生长。木酚素对于雌激素具调节作用,因此能降低乳腺癌、结肠癌和前列腺癌的发病率,木酚素的抗癌作用已被国外医学界用于临床。胡麻籽中木酚素含量较其他常用禾谷类和豆类作物高出100~800倍,常吃胡麻籽的人群,血、尿、大便中木酚素明显增多,因而胡麻籽是人和哺乳动物摄取木酚素的最佳来源渠道。目前,美国、加拿大、日本已相继开发出浓缩木酚素。

4 胡麻籽在动物优质饲料中的应用

亚麻籽(*linsed*)种子小,外皮坚实,蛋白质和脂肪含量高,有望成为配合饲料的新资源。人们看重不是它的蛋白质,更多的是对它的脂肪性质感兴趣。亚麻籽脂肪中α-亚麻酸含量特别高(亚麻籽油55.0%,豆油仅为8.0%)。开发亚麻籽作饲料原料的理由,首先是提高蛋、乳和肉等畜产品中ω_3脂肪酸含量,提高食品的营养价值,造福于人类;其次是动物摄取含有亚麻籽饲料能提高自身的健康水平。

初步研究表明,亚麻籽配入经济动物饲料,改善了动物本身的健康状况,减少了疾病,提高了饲养效果。用于犬猫等宠物饲料,减少疾患和延长寿命。配合在蛋鸡饲料中,提高了蛋黄中ω_3脂肪酸含量。目前已有几个品种的特种营养蛋面市,受到消费者的青睐。

增加蛋中ω_3脂肪酸:产蛋鸡饲料中配入亚麻籽,增加了蛋黄中α-亚麻酸含量。据加拿大试验报道,产蛋鸡饲料中分别配入0.0%(CK)、10%、20%和30%亚麻籽,蛋黄中ω_3脂肪酸含量分别为0.4%、4.6%、8.9%和11.0%。增加了蛋黄中α-亚油酸等十八碳(C_{18})脂肪酸,减少了C_{16}脂肪酸含量。加拿大已经生产出高含量α-亚麻酸鸡蛋,命名为"健康营养蛋"进入市场,取得了良好的经济效益。该饲料配方是企业的商业秘密。

曹秀霞,张信,安徽农学通报,2009,15(21)

化学除草剂防除胡麻田稗草药效研究

稗草在宁夏南部山区胡麻田危害严重,多年来一直采用人工除草的办法进行铲除,费工费时。研究化学除草剂防除胡麻田稗草的药效、安全性及其对胡麻产量和农艺性状的影响,为生产中化学防除稗草提供科学依据。

1 材料与方法

1.1 材料与地点

试验于2015年在宁夏农林科学院固原分院头营科研基地川水地进行,106°14‘E,36°10’N,海拔1500m。气候类型属半干旱区,土壤为浅黑垆土,肥力中等,前茬作物为玉米。供试胡麻品种为宁亚19号,供试药剂名称、有效成分含量见表1。

表 1 供试药剂

药剂名称	有效成分含量	生产厂商	剂型
唑啉草酯	5%	瑞士先正达植物保护有限公司	EC
高效氟吡甲禾灵	108g/L	合肥星宇化学有限公司	EC
精吡氟禾草灵	150g/L	深圳诺普信农化股份有限公司	EC
烯草酮	240g/L	山东滨农科技有限公司	EC
炔草酯	15%	瑞士先正达植物保护有限公司	WP
精喹禾灵	10%	青岛翰生生物科技股份有限公司	EC

1.2 试验设计

采用大区排列法，不设重复，小区面积 108m²，试验地周围设保护行。试验设 6 个处理，即每种药剂设 1 个施药剂量，用水量 450L/hm²，清水为对照。胡麻株高 10cm 左右，稗草 2~3 叶 1 心期施药。采用背负式手动喷雾器均匀喷雾，整个胡麻生育期内不进行人工除草。

1.3 调查方法

1.3.1 安全性调

查施药后 1d、3d、7d、10d 和 15d 目测观察胡麻是否发生药害，如叶片变黄、植株枯死等，如有药害则需调查恢复正常生长时间。

1.3.2 药效调查

药后 45d 每小区按对角线 3 点取样，每点 1m²，调查稗草株数，并拔出称其地上部鲜重，与对照比较，计算株防效和鲜重防效。

计算方法如下：

$$株防效\%=\frac{对照区株数×防治区株数}{对照区株数}×100$$

$$鲜重防效\%=\frac{对照区鲜重×防治区鲜重}{对照区鲜重}×100$$

2 结果与分析

2.1 安全性调查结果

通过施药后 1d、3d、7d、10d 和 15d 目测观察，各药剂处理胡麻无失绿萎蔫、叶片变黄、植株枯死等现象。

2.2 防效调查结果

试验结果表明，施药后 45d 各处理与对照相比，株防效为 97.73%~98.64%，平均防效 98.18%，处理间差异较小。居第一位的处理是烯草酮和炔草酯，株防效为 98.64%。各处理鲜重防效为 99.64%~99.82%，平均防效 99.73%，处理间差异较小，居第一位的处理是炔草酯，鲜重防效为 99.82%（见表 2）。

表 2　施药后 45d 防效调查结果

药剂处理	有效成分用量（ga.i./hm²）	株防效			鲜重防效		
		平均株数（株 /m²）	防效（%）	位次	平均鲜重（g/m²）	防效（%）	位次
唑啉草酯	45.00	1.67	97.73	3	0.84	99.67	4
高效氟吡甲禾灵	89.10	1.33	98.18	2	0.48	99.81	2
精吡氟禾草灵	157.50	1.33	98.18	2	0.84	99.67	4
烯草酮	216.00	1.00	98.64	1	0.55	99.78	3
炔草酯	78.75	1.00	98.64	1	0.47	99.82	1
精喹禾灵	45.00	1.67	97.73	3	0.92	99.64	5
清水（CK）	—	73.33	—	—	256.41	—	—

2.3 对胡麻产量的影响

各处理胡麻产量为 1345.05~2095.05kg/hm²，平均产量 1672.53kg/hm²，对照胡麻产量为 1380.00kg/hm²。除唑啉草酯较对照减产外，其他各处理均比对照增产，增产幅度 6.16%~51.82%。居第一位的处理为烯草酮，较对照增产 715.05kg/hm²，增幅 51.82%（见表 3）。

表 3　各处理胡麻产量结果

药剂处理	产量（kg/hm²）	较 CK增产		位次
		增产量（kg/hm²）	增产率（%）	
唑啉草酯	1345.05	-34.95	-2.53	6
高效氟吡甲禾灵	1465.05	85.05	6.16	5
精吡氟禾草灵	1639.95	259.95	18.84	4
烯草酮	2095.05	715.05	51.82	1
炔草酯	1660.05	280.05	20.29	3
精喹禾灵	1830.00	450.00	32.61	2
清水（CK）	1380.00	—	—	—

2.4 对胡麻农艺性状的影响

从各处理产量性状的表现趋势看，单株有效结果数、每果粒数、单株粒重和千粒重与对照相比均有比较明显的提高（见表 4）。

表 4　各处理胡麻农艺性状室内测定

药剂处理	株 高（cm）	工艺长度（cm）	主茎分枝（个）	有效结果数（个）	每果粒数（粒）	单株产量（g）	千粒重（g）
唑啉草酯	56.18	41.59	6.04	11.71	7.55	0.79	7.93
高效氟吡甲禾灵	57.88	41.79	7.18	15.94	8.35	0.75	7.99
精吡氟禾草灵	49.74	38.17	5.63	10.86	7.40	0.62	8.01
烯草酮	56.00	41.16	5.85	10.95	7.40	0.66	8.22
炔草酯	55.53	42.85	5.38	8.46	7.65	0.55	8.20
精喹禾灵	58.62	44.77	6.23	11.90	7.65	0.72	7.99
清水（CK）	55.23	43.60	4.97	8.15	6.75	0.41	7.69

3 小结

（1）研究结果表明，6 种参试化学除草剂可以有效防除胡麻田稗草。施药后 45d 各处理株防效为 97.73%~98.64%，平均株防效 98.18%；鲜重防效为 99.64%~99.82%，平均鲜重防效 99.73%，各药剂处理间差异较小。

（2）各药剂处理对胡麻安全有效，无明显药害。通过施药后 1d、3d、7d、10d 和 15d 目测观察，各药剂处理胡麻均无失绿萎蔫、叶片变黄、植株枯死等现象。

（3）各药剂处理对胡麻产量及主要产量性状影响明显，除唑啉草酯较对照减产外，其他各处理均比对照增产，增产幅度 6.16%~51.82%；单株有效结果数、每果粒数、单株粒重和千粒重与对照相比均有比较明显的提高。

（4）结合各处理对胡麻产量及农艺性状的影响得出药后 45d 各药剂处理对胡麻田稗草的防除效果：使用烯草酮 216.00ga.i./hm^2、精喹禾灵 45.00ga.i./hm^2、炔草酯 78.75ga.i./hm^2、精吡氟禾草灵 157.50ga.i./hm^2 可以安全有效的防除胡麻田稗草，株防效 97.73%~98.14%，鲜重防效 99.64%~99.82%，提高产量 18.84%~51.82%。

张炜，曹秀霞，钱爱萍，宁夏农林科技，2016，57(09)

胡麻田间杂草防除药剂筛选研究

宁南山区胡麻田杂草发生历史悠久，分布广，为害严重。近年来，随着产业结构的调整，宁南山区胡麻种植面积逐年扩大，西吉县年均种植面积 20000 hm^2，据调查，一般田块有杂草 225 万~420 万株/hm^2，严重田块高达 600 多万株/hm^2，一般减产幅度在 375~1470kg/hm^2。防除杂草，多年来一直是人工拔除，费工、费时，严重影响胡麻生长，是当地胡麻生产亟须解决的突出问题。为此，笔者研究了 40%立清乳油、56% 二甲四氯钠可湿性粉剂、8.8% 精喹禾灵乳油 3 种除草剂对西吉县胡麻田杂草的防除效果，旨在为宁南山区胡麻田杂草的有效控制提供参考。

1 材料与方法

1.1 材料

1.1.1 试验药剂

40%立清乳油（江苏辉丰农化股份有限公司）、8.8% 精喹禾灵乳油（江苏辉丰农化股份有限公司）及 56% 二甲四氯钠可湿性粉剂（上海迪拜农药有限公司）。

1.1.2 试验植物

试验地点设在西吉县葫芦河川道区吉强镇水浇地胡麻田。用宁亚 11 号作为指示品种,防除对象有荞麦蔓、藜、萹蓄、苣荬菜、野燕麦等阔叶、禾本科杂草。

1.2 试验设计

设置 40%立清乳油(商品量)600、900、1200ml/hm^2,56% 二甲四氯钠 1050、1275、1500g/hm^2,40%立清 750ml/hm^2+8.8%精喹禾灵 750ml/hm^2,56%二甲四氯钠 1200g/hm^2+8.8%精喹禾灵 750ml/hm^2,各对水 675kg,以人工除草及不除草为对照,共 10 个处理,随机排列,3 次重复,小区面积 30m^2。杂草苗期(5 月 17 日),阔叶杂草平均株高 6.0~10.2cm、野燕麦高平均 18.2~20.1cm、胡麻苗高平均 5.3~8.2cm 进行喷药试验。采用背负式手动喷雾器均匀喷雾。

1.3 调查方法

包括药效调查和安全性测定。各处理施药后,分别于 1d、3d、7d 目测胡麻药害;施药后 10d 每小区按对角线 5 点取样,每点调查 10 株,测量株高和鲜重,与对照比较判明药害程度,药后 15d 调查胡麻生长恢复情况。药后 1d、3d、7d、10d、15d 调查杂草伤害症状。药后 30d 每小区按对角线 5 点取样,每 1m^2 调查 6 种优势种杂草的种类及其对应的株数,与空白对照比较,计算每种杂草的株防效。药后 45d 按上述方法调查 6 种优势种杂草的株数,称地上部鲜重,与空白对照比较,计算各自的株防效和鲜重防效。收获期每小区按对角线 3 点取样,单打测产,计算保产效果。

2 结果与分析

2.1 不同药剂对胡麻田的除草效果

由表 1 可知,施药后 30d,9 个处理防除效果在 52.20%~89.50%,其中效果较好的是 40%立清 1200ml/hm^2、人工除草、56%二甲四氯钠 1050g/hm^2 和 40%立清 900ml/hm^2 处理,防除效果分别为 89.50%、83.10%、82.50%和 81.90%;但 9 个处理之间防效(经 $\sin^{-1}\sqrt{q}$ 代换后)差异不显著。施药后 45d,40%立清 1200、900、600ml/hm^2, 二甲四氯钠 1050、1275g/hm^2, 立清 750 ml/hm^2+精喹禾 750g/hm^2,人工除草 7 个不同处理间株防效差异不显著,但均与二甲四氯钠 1200g/hm^2+精喹禾灵 750ml/hm^2、二甲四氯钠 1500g/hm^2 2 个处理之间差异极显著;鲜重防除效果表现为 56%二甲四氯钠 1500g/hm^2 处理与其他 8 个处理间存在极显著差异; 防除阔叶杂草效果较好的是 40%立清,即用量为 1200、900、600ml/hm^2 时,株防效分别 96.87%、91.93%、89.60%,鲜重防效分别为 97.97%、96.77%、90.23% 。

另外,立清 750ml/hm^2+精喹禾灵 750g/hm^2、二甲四氯钠 1200g/hm^2+精喹禾灵 750ml/hm^2 防除野燕麦效果:株防效分别为 84.70%、31.40%,鲜重防效分别为 89.10%、61.30%。

表 1　不同药剂对胡麻田杂草的防除效果

处理编号	药剂名称	剂量（ml、g/hm²）	药后 30d	药后 45d	
			株防效（%）	株防效（%）	鲜重防效（%）
1	40% 立清乳油	600	73.50a	89.60aABC	90.23aAB
2	40% 立清乳油	900	81.90a	91.93aABC	96.77aA
3	40% 立清乳油	1200	89.50a	96.87aA	97.97aA
4	56% 2 甲 4 氯钠	1050	82.50a	86.73abABC	88.67aAB
5	56% 2 甲 4 氯钠	1275	79.00a	85.77abcABC	90.00aAB
6	56% 2 甲 4 氯钠	1500	52.80a	67.40cC	67.10bB
7	立清 + 精喹禾灵	750+750	61.30a	78.10abcABC	82.73abAB
8	二甲四氯钠 + 精喹禾灵	1200+750	52.20a	68.93bcBC	82.10abAB
9	人工除草	—	83.10a	86.53abABC	94.57aA

注：同列数据后不同大、小写字母分别表示不同药剂间在 0.01、0.05 水平差异显著

2.2 不同药剂、剂量对胡麻生物学性状及产量的影响

施药后定期观察胡麻伤害情况，1d，40%立清处理 1、2、3 和 56% 二甲四氯钠 4、5、6 胡麻苗轻弯曲；处理 7 立清 750ml/hm²+精喹禾灵 750g/hm² 和处理 8 二甲四氯钠 1200g/hm²+精喹禾灵 750ml/hm² 处理胡麻苗弯曲较重。3d，40%立清 3 个处理胡麻苗生长基本正常；56% 二甲四氯钠处理 4 茎叶畸形、失绿较轻，处理 5、6 茎叶失绿、畸形扭曲较重。7d，处理 7 基本恢复，处理 8 茎叶畸形扭曲严重。15d，处理 5、6 均稍有恢复，处理 8 仍茎叶畸形扭曲严重。10d，各处理与对照株高、鲜重均有明显差异。40%立清 3 个处理平均苗高在 8.7~9.7cm，株鲜重平均在 0.23~0.25g；56% 二甲四氯钠 3 个处理平均苗高在 5.7~7.4 cm，株鲜重平均在 0.15~0.24g；处理 7、8 平均苗高 6.1~7.5cm，株鲜重平均 0.18~0.24g；对照平均苗高 14.8cm，株鲜重平均 0.49g；人工除草平均苗高 16.1cm，株鲜重平均 0.81g。总的看来，药剂处理的株高、鲜重均与对照、人工除草有明显差异，伤害最严重的是处理 8，56%二甲四氯钠 1200g/hm²+精喹禾灵 750ml/hm²、处理 6 56%二甲四氯钠 1500g/hm²。

2.3 经济效益分析

由表 2 可知，40%立清 1200ml/hm²、56%二甲四氯钠 1275g/hm²、40%立清 900、600ml/hm² 除草，保产量分别为 937.50、937.50、886.50 和 826.50kg/hm²，经济效益分别为 5025.00、5012.55、4799.40 和 4493.40 元/hm²，分别居第一、第二、第三、第四位；防治效益比居第一、第二、第三、第四位的是 40%立清 600、900、1200ml/hm²、56% 二甲四氯钠 1275g/hm²，分别为 1：33.3、1：29.1、1：22.3、1：21.4。人工除草、56% 二甲四氯钠 1200g/hm²+精喹禾灵 750ml/hm² 最低，分别为 1：1.2、1：0.1。说明 40%立清 600、900ml/hm² 经济效益最好。

表 2　胡麻田不同处理除草经济效益分析

处理编号	药剂名称	剂量（ml、g/hm²）	小区产量（kg/hm²）	保产量（kg/hm²）	挽回价值（元/hm²）	防治费用（元/hm²）	经济效益（元/hm²）	防治效益比
1	40%立清乳油	600	90.00bcB	826.50	4628.40	135.00	4493.40	1：33.3
2	40%立清乳油	900	92.70bcB	886.50	4964.40	165.00	4799.40	1：29.1
3	40%立清乳油	1200	94.95bB	937.50	5250.00	225.00	5025.00	1：22.3
4	56%二甲四氯钠	1050	84.75cB	711.00	3981.60	206.25	3775.35	1：18.3
5	56%二甲四氯钠	1275	94.95bB	937.50	5250.00	234.45	5015.55	1：21.4
6	56%二甲四氯钠	1500	62.85deC	223.50	1251.60	262.50	989.10	1：3.8
7	立清＋精喹禾灵	750+750	65.25dC	277.50	1554.00	258.15	1295.85	1：5.0
8	二甲四氯钠＋精喹禾灵	1200+750	55.65efC	63.00	352.80	333.15	19.65	1：0.1
9	人工除草	—	109.35aA	1257.00	7039.20	3150.00	3889.20	1：1.2
10	CK	—	52.80fC	—	—	—	—	—

注：胡麻价格 5.60 元/kg；40%立清乳油 5.00 元/袋（50ml）；56%二甲四氯钠 5.00 元/袋（40g）；8.8%精喹禾灵 3.00 元/袋（20.8ml）；人工除草 30.00 元/工日；喷药工费 75.00 元/hm²

3 结论

通过用 40%立清、56% 二甲四氯钠、8.8%精喹禾灵在胡麻田防除杂草试验，从防治时间、药剂种类、药量对胡麻伤害情况、防除效果等综合分析，结果表明，立清 3 个处理（600、900、1200ml/hm²）防除杂草安全、效果均较好；56% 二甲四氯钠 1500、1275g/hm² 处理胡麻苗伤害较重；40%立清 750ml/hm²+精喹禾灵 750g/hm² 防除阔叶、野燕麦杂草有较好效果，但不理想；56% 二甲四氯钠 1200g/hm²+精喹禾灵 750ml/hm² 药害严重，野燕麦防除效果差。因此，建议生产中防除阔叶杂草应选用 40%立清 600~900ml/hm²，对水 675kg/hm²，或 56% 二甲四氯钠 900~1050g/hm²，对水 675kg/hm² 喷雾。

钱爱萍，曹秀霞，安维太，安徽农业科学，2013，41（14）

杀菌剂防治胡麻白粉病药效初探

胡麻在宁夏种植历史悠久，是传统的优势特色作物。长期以来宁夏已经成为全国六大胡麻主产区之一，胡麻种植面积占农作物种植面积的比例和人均占有量均居全国第一。胡麻白粉病病原为亚麻粉孢（*Oidium lini Skoric*），属半知菌亚门真菌。近年来，随着胡麻种植面积的扩大，胡麻白粉病的发生情况愈加严重，已经成为制约胡麻提高产量及增加经济效益的主要因素之一。为此，就 4 种杀菌剂对胡麻白粉病的药效及其对胡麻产量、经济性状的影响进行综合评价,以期为生产中胡麻白粉病的防治提供科学依据。

1 材料与方法

1.1 试验地点

试验设在宁夏固原市原州区的川水地上进行,气候类型属半干旱区,土壤为浅黑垆土,肥力中等,前茬作物为玉米。

1.2 材料

杀菌剂:32%锰锌·腈菌唑 WP(有效成分:腈菌唑 2%,代森锰锌 30%,潍坊韩海农药有限公司);40%福星 EC(有效成分:氟硅唑,美国杜邦公司);75%百菌清 WP(利民化工有限责任公司);20%三唑酮 EC(江苏建农农药化工有限公司)。

胡麻品种:宁亚 17 号。

1.3 试验设计与实施

试验设 32% 锰锌·腈菌唑 WP288ga.i./hm^2、40% 福星 EC24mLa.i./hm^2、75% 百菌清 WP422ga.i./hm^2、20%三唑酮 EC135mLa.i./hm^2、清水对照 5 个处理。采用大区排列,不设重复,小区面积 100m^2。2011 年 6 月 29 日施药。

1.4 调查测定项目及方法

各小区内对角线固定 5 点调查,用药后每隔 5d 调查 1 次,连续调查 4 次,每点 50 株,分级调查,计算病情指数:

病情指数(%)=100×Σ(各级病株数×相对病级数)/(调查总株数×7)

防效(%)=100×(对照病情指数-处理病情指数)(/对照病情指数)

胡麻白粉病叶片病情分级标准:0 级,无病斑;1 级,病斑面积占整个植株叶面积的 1/4 以下;3 级,病斑面积占整个植株叶面积的 1/4~1/2;5 级,病斑面积占整个植株叶面积的 1/2~3/4;7 级,病斑面积占整个植株叶面积的 3/4 以上。

2 结果与分析

2.1 防治效果

防效调查结果(见表 1)表明,施药后 20d 各处理对胡麻白粉病的防治效果在 1.14%~50.00%,表现较好的有 32%锰锌·腈菌唑 WP288ga.i./hm^2、40%福星 EC24mLa.i./hm^2,防效分别达到 50.00%与 47.78%;75%百菌清 WP422ga.i./hm^2 与 20%三唑酮 EC135mLa.i./hm^2 防治效果较差,防效仅为 2.29%与 1.14%。

表 1　杀菌剂对胡麻白粉病的防治效果%

处理	施药前	施药后 20d	
	病情指数	病情指数	防效
32%锰锌·腈菌唑 WP288g a.i./hm^2	62.30	50.00	50.00
40%福星 EC24 mLa.i./hm^2	63.74	52.22	47.78
75%百菌清 WP 422g a.i./hm^2	63.69	97.71	2.29
20%三唑酮 EC135mL a.i./hm^2	61.88	98.86	1.14
清水(CK)	63.34	100.00	—

2.2 杀菌剂对胡麻千粒重及产量的影响

由表 2 可以看出,各处理胡麻产量为 1161.96~1 641.88 kg/hm^2,各处理均比对照增产。各处理对胡麻千粒重及产量的影响变化趋势基本一致,40%福星 EC24mLa.i./hm^2 处理的千粒重最高，产量亦最高,较对照增产 479.92kg/hm^2,增产 41.30%;75%百菌清 WP422ga.i./hm^2 处理的胡麻种子产量最低,为 1233.40kg/hm^2,较对照增产 71.44kg/hm^2,增产 6.15%。

表 2　杀菌剂处理的胡麻产量及千粒重

处理	种子产量(kg/hm^2)	较 CK ±		千粒重 (g)
		(kg)	(%)	
32%锰锌·腈菌唑 WP288ga.i./hm^2	1 587.38	425.42	36.61	7.98
40%福星 EC24mLa.i./hm^2	1 641.88	479.92	41.30	8.13
75%百菌清 WP422ga.i./hm^2	1 233.40	71.44	6.15	7.80
20%三唑酮 EC135mLa.i./hm^2	1 287.37	125.41	10.79	7.83
清水(CK)	1 161.96	—	—	7.76

3 小结

(1)杀菌剂对于防治胡麻白粉病具有显著作用。在该试验中,以 32%锰锌·腈菌唑 WP288ga.i./hm^2 及 40%福星 EC24mLa.i./hm^2 对胡麻白粉病的防效较好，药后 20d 防效分别达到 50.00%与 47.78%。

(2)杀菌剂防治胡麻白粉病应选择在始发前或始发初期用药。2011 年 6 月下旬宁夏固原高温阴雨天气较多,造成白粉病在短时期内大面积流行,施药前病情指数已经达到 60%以上,对防治效果造成一定影响。初步认为,在胡麻白粉病始发前或始发初期选择 32%锰锌·腈菌唑 288ga.i./hm^2 及 40%福星 EC24mLa.i./hm^2 可以有效抑制病害的发生与流行。

(3)杀菌剂对胡麻产量影响显著。40%福星 EC24mLa.i./hm^2 以及 32%锰锌·腈菌唑 WP288ga.i./hm^2 对胡麻的增产效果明显,分别较清水对照增产 41.30%和 36.61%。

张 炜,陆俊武,曹秀霞,杨崇庆,宁夏农林科技,2012,53(11)

32%锰锌·腈菌唑防治胡麻白粉病药效研究

胡麻白粉病病原为亚麻粉孢(*Oidium lini Skorie*),属半知菌亚门真菌。近年来,随着胡麻种植面积的扩大,胡麻白粉病的发生情况愈加严重。胡麻白粉病已经成为制约胡麻提高产量及增加经济效益的主要因素之一。

1 材料和方法

供试药剂为32%锰锌·腈菌唑WP(有效成分:腈菌唑2%,代森锰锌30%),由潍坊韩海农药有限公司生产。

1.1 试验地点

试验于2015年在宁夏农林科学院固原分院头营科研基地川水地中进行,地理位置为106°14′E,36°10′N,海拔1500m。气候类型属半干旱区,土壤为浅黑垆土,肥力中等,前茬作物为玉米。供试胡麻品种为宁亚19号。

1.2 试验设计

试验设8个施药时间处理,清水为对照,分别为处理1现蕾期(6月12日)、处理2开花期(6月22日)、处理3青果期(7月2日)、处理4青果期(7月12日)、处理5现蕾期(6月12日)+青果期(7月12日)、处理6开花期(6月22日)+青果期(7月12日)、处理7青果期(7月2日)+青果期(7月12日)、处理8清水(CK)。采用大区排列法,不设重复。小区面积108m^2。用药量为有效成分288g/hm^2,用水量450L/hm^2。

1.3 调查方法

首次施药后每隔10d调查1次,各小区内对角线固定5点调查,每点50株,分级调查,计算病情指数。

$$病情指数(\%)=\frac{各级病株数\times相对级数值}{调查总株数\times7}\times100$$

$$防效(\%)=\frac{对照病情指数-处理病情指数}{对照病情指数}\times100$$

胡麻白粉病叶片病情分级标准为0级:无病斑;1级:病斑面积占整个植株叶面积的1/4

以下;3 级:病斑面积占整个植株叶面积的 1/4~1/2;5 级:病斑面积占整个植株叶面积的 1/2~3/4;7 级:病斑面积占整个植株叶面积的 3/4 以上。

2 结果与分析

2.1 各处理对白粉病的防治效果

根据试验田间病情指数调查结果(见表 1)可以看出,6 月 22 日没有发病,7 月 2 日对照病情指数为 4.57,7 月 12 日对照病情指数为 66.86,7 月 22 日对照病情指数为 98.86。防治 1 次,各处理病情指数均呈明显上升趋势,防治效果呈逐渐下降,并且以处理 1 的防效最差(23.70%),处理 3 防效相对较高(76.30%)。防治 2 次,各处理的病情指数为 2.86~24.86,防治效果为 74.86%~97.11%。其中,以处理 7 防效最好,病情指数为 2.86,防治效果为 97.11%。由此可见,胡麻白粉病提前预防效果不理想,需要在发病初期及时防治 2 次效果较好,2 次防治时间间隔 10d 左右。

2.2 各处理对胡麻产量影响

各处理胡麻折合产量为 1743.30~2133.30kg/hm^2,平均产量为 1992.86kg/hm^2,对照胡麻产量为 1560.00kg/hm^2,各处理均比对照增产。处理 7 的胡麻产量最高,为 2133.30kg/hm^2,较对照增产 573kg/hm^2,增幅 36.75%;处理 2 的胡麻产量最低,为 1743.30kg/hm^2,增幅 11.75%(见表 2)。经室内考种测定,从农艺性状的变化趋势看,各处理主要产量性状均较对照有不同程度增加,施药 2 次的处理各产量性状明显高于施药 1 次的处理,以处理 7 表现最好,千粒重及单株产量均居第一位,分别较对照增加 10.27%和 193.44%;施药 1 次的以处理 3 表现最好,其变化趋势与防效调查结果及产量变化趋势基本一致(见表 3)。

表 1 病情指数及防效调查

处理	6.22		7.2		7.12		7.22	
	病情指数	防效(%)	病情指数	防效(%)	病情指数	防效(%)	病情指数	防效(%)
1	0	—	0.86	81.24	23.71	64.53	75.43	23.70
2	0	—	1.43	68.74	10.29	84.62	58.57	40.75
3	—	—	4.29	6.22	8.57	87.18	23.43	76.30
4	—	—	—	—	—	—	75.43	27.31
5	—	—	—	—	—	—	24.86	74.86
6	—	—	—	—	—	—	11.71	88.15
7	—	—	—	—	—	—	2.86	97.11
8清水(CK)	0	—	4.57	—	66.86	—	98.86	—

表 2 各处理胡麻产量结果

处理	种子产量(kg/hm²)	较 CK 增产		位次
		增产量（kg/hm²)	增产率(%)	
1	2006.70	446.70	28.63	5
2	1743.30	183.30	11.75	7
3	2089.95	529.95	33.97	3
4	1796.70	236.70	15.17	6
5	2080.05	520.05	33.34	4
6	2100.00	540.00	34.62	2
7	2133.30	573.30	36.75	1
8 清水(CK)	1560.00	—	—	—

表 3 主要农艺性状室内测定

处理	株高(cm)	工艺长度(cm)	主茎分枝(个)	有效结果数(个)	每果颗粒(个)	单株产量(g)	千粒重(g)
1	53.97	40.05	5.66	12.11	7.15	0.62	7.88
2	48.32	36.00	5.95	12.31	7.05	0.68	7.96
3	55.38	39.09	6.96	17.33	7.15	1.03	8.55
4	51.91	38.62	5.50	10.55	7.85	0.62	8.04
5	58.29	41.96	6.82	14.08	7.30	0.79	8.05
6	52.14	37.93	6.42	13.01	8.10	0.83	8.45
7	55.21	39.54	6.92	15.88	7.70	1.03	8.65
8 清水(CK)	49.76	38.54	4.65	7.46	6.95	0.35	7.84

3 结果与讨论

(1)杀菌剂对于防治胡麻白粉病具有显著作用。在胡麻现蕾期、开花期、青果期喷施32%锰锌·腈菌唑均对胡麻白粉病具有一定的防治效果。7 月 22 日各处理的病情指数为2.86~75.43,防效为 23.70%~97.11%,对照病情指数为 98.86。

(2)施药时期应选择在白粉病始发初期,间隔 10d 连续施药 2 次效果最好。根据对不同施药时期及不同施药次数的处理组合药后病情指数及防治效果调查,其变化趋势表现为施药 2 次的处理防效明显高于施药 1 次,以处理 7 表现最好,防效为 97.11%,居第一位。

(3)杀菌剂防治胡麻白粉病可以显著提高胡麻产量,增加经济效益。通过对各试验胡麻产量及农艺性状的分析得出,各处理对胡麻产量及农艺性状的影响与防效变化趋势基本一致,施药 2 次的产量及主要产量性状明显高于施药 1 次的。处理 7 的胡麻产量较对照增产36.75%;千粒重及单株产量分别较对照增加 10.27%和 193.44%。

(4)研究结果表明,在胡麻白粉病始发初期选择 32%锰锌·腈菌唑喷施(有效成分288g/hm²),间隔 10d 连续施药 2 次可以有效抑制白粉病的发生与流行。

陆俊武,张炜,刘宽将,宁夏农林科技,2016,57(9)

除草剂药害对胡麻生长的抑制作用及其缓解效应

草害是导致作物减产的最主要因素之一,每年导致全球农业950亿美元损失。现今我国农田草害面积约7880万 hm^2,直接经济损失近千亿元人民币。随着农业科学技术的发展,农田应用化学除草剂已经成为消灭农田杂草、战胜草荒的重要手段,是多年来农民一直使用且省工、省时、省力又高效的方法。除草剂在保护农作物不受杂草的危害、提高劳动生产效率等方面起到了不可或缺的作用。

胡麻(*Linum usitatissimum L.*)为亚麻科(*Linaceae*)亚麻属(*Linum*)一年生草本植物,属于油用亚麻。胡麻是我国五大油料作物之一,主要分布在甘肃、内蒙古、山西、宁夏、河北、新疆等省(区)的干旱半干旱地区。胡麻是密植作物,多采用窄行密植栽培,生育期间杂草种类多、数量大,人工除草十分困难,化学除草在胡麻田杂草的防除上应用越来越普遍。

但是随着除草剂的大量应用,由于环境因素(如干旱或低温)、人为因素(如操作不当或超剂量使用)、农药自身因素、农药间相互作用(如混用)、作物因素(如品种差异)等原因造成的药害事故频繁发生,给农业生产造成了严重损失。

本研究针对胡麻田几种易发生药害的苗后茎叶处理除草剂,通过测定胡麻生物量及叶绿素SPAD值等生理指标,探讨除草剂药害对胡麻生长发育的抑制作用影响。选用植物生长调节剂0.136%赤·吲乙·芸苔WP,研究其对几种除草剂药害的缓解效应,旨在为减轻胡麻除草剂药害发生提供理论依据。

1 材料与方法

1.1 供试作物

胡麻品种:宁亚21号。

1.2 供试药剂

除草剂:40%二甲·溴苯腈乳油(江苏辉丰农化股份有限公司);56%二甲四氯钠可溶粉剂(江苏健谷化工有限公司);75%二氯吡啶酸钾盐可溶粉剂(四川利尔作物科学有限公司);5%精喹禾灵乳油(中农立华农用化学品有限公司)。

缓解剂:0.136%赤·吲乙·芸苔可湿性粉剂(德国阿格福莱农林环境生物技术股份有限公司)。

1.3 仪器

背负式手动喷雾器（WS-16PA，山东卫士植保机械有限公司），电热恒温鼓风干燥箱(DHG-9245A,上海一恒科学仪器有限公司),叶绿素仪(SPAD-502PLUS,柯尼卡美能达投资有限公司)。

1.4 试验地概况

田间试验于2017年在宁夏固原市原州区头营镇胡大堡村进行，气候类型属干旱半干旱区,海拔1568m,黑垆土,pH7.49,全盐1.44g/kg,有机质13.0g/kg,水浇地,试验区土壤质地疏松、肥力中等。年平均气温8.0℃,无霜期152d,年平均降水量439.5mm,年平均蒸发量1151.4mm,年平均日照时数2531.2h。

1.5 试验方法

1.5.1 试验设计

试验设4个处理,分别为40%二甲·溴苯腈EC乳油900ga.i./hm^2、56%二甲四氯钠SP可溶粉剂1764ga.i./hm^2、75%二氯吡啶酸钾盐SP可溶粉剂607.5ga.i./hm^2、40%二甲·溴苯腈EC乳油与5%精喹禾灵EC乳油混用600ga.i./hm^2+105ga.i./hm^2，每个处理按照产生药害剂量施药。喷施除草剂后第一天出现明显药害后各处理分别喷施缓解剂0.136%赤·吲乙·芸苔可湿性粉剂0.08ga.i./hm^2,另设除草剂对照和空白对照。施液量为450 L/hm^2。

小区面积16.8m^2,3次重复,随机区组排列。

1.5.2 测定指标及方法

施药后每天目测观察胡麻药害的发生情况,并记录药害变化情况。

施药后15d,测定各处理及对照生物量指标。每小区随机采样20株,在实验室内测定株高、茎叶鲜重,并将植株地上部分于恒温箱中105℃杀青30min,而后在70℃烘至恒重,测定植株茎叶干重。

药后15d,测定各处理及对照叶绿素SPAD值。每小区随机采样20株,选择植株上部相同位置叶片,每片叶片在叶片中部测定3次,平均值作为叶片SPAD值,20株平均值作为该处理SPAD值。

各除草剂对照与空白对照相比,计算除草剂药害对胡麻的抑制率。各缓解剂处理与除草剂对照及空白对照相比,计算缓解剂对于药害的缓解效应。

$$抑制率(\%)=\frac{空白对照-除草剂对照}{空白对照}\times 100$$

$$缓解效应(\%)=\frac{缓解剂处理-除草剂对照}{空白对照-除草剂对照}\times 100$$

1.5.3 数据处理

采用 Excel 2007 软件对数据进行整理,用 DPS16.05 统计分析软件进行统计分析。

2 结果与分析

2.1 目测各处理药害发生情况

除草剂施药后 1d，通过目测观察,40%二甲·溴苯腈 EC、56%二甲四氯钠 SP、40%二甲·溴苯腈 EC 与 5%精喹禾灵 EC 混用 3 个除草剂处理均出现明显药害症状,具体表现为植株萎蔫、茎部扭曲变形、茎叶褪绿发黄、叶片有褐色斑点。药后 3~15d,上述 3 个处理开始出现植株下部叶片干枯、茎叶畸形、生育期延迟的药害症状。75%二氯吡啶酸钾盐 SP 处理未见植株萎蔫变形、茎叶褪绿干枯等明显药害,但仍然出现生长发育缓慢等轻度药害症状。

2.2 除草剂药害对胡麻生长发育的抑制情况

2.2.1 40%二甲·溴苯腈 EC 药害对胡麻生长发育的抑制情况

二甲·溴苯腈是一种由苯氧羧酸类与腈类除草剂复配而成的选择性除草混剂，目前主要用于防除胡麻田一年生阔叶杂草。药后 15d,对除草剂对照与空白对照进行生物量及叶绿素 SPAD 值指标测定(见表 1)。结果表明,40%二甲·溴苯腈 EC 对照与空白对照相比,株高、茎叶鲜重、茎叶干重、叶绿素 SPAD 值 4 个指标的差异均达到 0.05 显著水平。株高抑制率、鲜重抑制率、干重抑制率分别达到 32.53%、41.54%、41.45%,生物量平均抑制率为 38.51%,叶绿素抑制率为 6.87%,说明 40%二甲·溴苯腈 EC 超剂量使用后会对胡麻生长发育造成严重的抑制作用。

2.2.2 56%二甲四氯钠药害对胡麻生长发育的抑制情况

二甲四氯钠是一种苯氧羧酸类选择性激素型除草剂,是最早在胡麻上应用的化学除草剂之一，目前主要用于防除胡麻田一年生阔叶杂草。通过药后 15d 各项生物量及叶绿素 SPAD 值指标测定,56%二甲四氯钠 SP 对照与空白对照相比,株高、茎叶鲜重、茎叶干重、叶绿素 SPAD 值 4 个指标的差异均达到 0.05 显著水平。株高抑制率、鲜重抑制率、干重抑制率分别达到 39.63%、43.18%、43.60%,生物量平均抑制率为 42.14%,叶绿素抑制率 10.89%,在 4 种除草剂对照中均居第一位,说明 56%二甲四氯钠 SP 超剂量使用后会对胡麻生长发育造成严重的抑制作用。

2.2.3 75%二氯吡啶酸钾盐 SP 药害对胡麻生长发育的抑制情况

二氯吡啶酸是一种吡啶类传导型苗后茎叶处理除草剂,目前主要用于防除胡麻田刺儿菜、苣荬菜等恶性阔叶杂草。通过药后 15d 各项生物量及叶绿素 SPAD 值指标测定,75%二氯吡啶酸钾盐 SP 对照与空白对照相比,株高、茎叶鲜重、茎叶干重 3 个指标的差异达到了 0.05 显著水平,叶绿素 SPAD 值与空白对照相比差异不显著。株高抑制率、鲜重抑制率、干重抑制率分别达到 8.38%、16.81%、13.70%，生物量平均抑制率为 12.96%，叶绿素抑制率

3.70%,在 4 种除草剂对照中最低,说明 75%二氯吡啶酸钾盐 SP 超剂量使用后会对胡麻生长发育造成一定的抑制,但抑制作用较轻。

2.2.4 40%二甲·溴苯腈 EC 与 5%精喹禾灵 EC 混用药害对胡麻生长发育的抑制情况

精喹禾灵是一种芳氧基苯氧基丙酸类内吸传导型选择性除草剂,目前主要用于防除胡麻田禾本科杂草,一般对胡麻安全不易产生药害,但与二甲·溴苯腈混用后兼防阔叶杂草与禾本科杂草时易产生药害。通过药后 15d 各项生物量及叶绿素 SPAD 值指标测定,40%二甲·溴苯腈 EC 与 5%精喹禾灵 EC 混用对照与空白对照相比,株高、茎叶鲜重、茎叶干重 3 个指标的差异达到了 0.05 显著水平,叶绿素 SPAD 值与空白对照相比差异不显著。株高抑制率、鲜重抑制率、干重抑制率分别达到 24.33%、33.15%、37.00%,生物量平均抑制率为 31.49%,叶绿素抑制率 4.65%,在 4 种除草剂对照中均居第三位,说明 40%二甲·溴苯腈 EC 与 5%精喹禾灵 EC 混用时超剂量使用后会对胡麻生长发育造成比较严重的抑制作用。

表 1　除草剂药害对胡麻生长发育的抑制情况

除草剂	用量(g a.i./hm²)	株高(cm)	株高抑制率(%)	茎叶鲜重(g)	鲜重抑制率(%)	茎叶干重(g)	干重抑制率(%)	叶绿素SPAD值	叶绿素抑制率(%)
40%二甲·溴苯腈 EC	900	33.94 ± 1.84d	32.53 ± 3.40	45.10 ± 1.20c	41.54 ± 7.99	8.29 ± 0.41 c	41.45 ± 9.65	54.94 ± 2.58 bc	6.87 ± 1.11
56%二甲四氯钠 SP	1764	30.38 ± 1.49e	39.63 ± 1.64	44.01 ± 3.49c	43.18 ± 6.09	8.02 ± 0.18 c	43.60 ± 5.99	52.58 ± 0.15 c	10.89 ± 1.04
75%二氯吡啶酸钾盐 SP	607.5	46.14 ± 2.93b	8.38 ± 1.45	64.45 ± 2.89b	16.81 ± 3.83	12.29 ± 0.71b	13.70 ± 3.25	56.82 ± 0.93 ab	3.70 ± 1.43
40%二甲·溴苯腈 EC+5%精喹禾灵 EC	600+105	38.01 ± 1.09c	24.33 ± 5.07	51.65 ± 1.62c	33.15 ± 7.88	8.95 ± 0.37 c	37.00 ± 6.95	56.26 ± 1.78 ab	4.65 ± 1.28
空白(CK)	—	50.33 ± 2.42a	—	77.96 ± 3.16a	—	14.34 ± 0.82a	—	59.01 ± 0.76 a	—

注:不同字母代表 P<0.05 差异显著,下同

2.3 植物生长调节剂对除草剂药害缓解效应

2.3.1 0.136%赤·吲乙·芸苔 WP 对 40%二甲·溴苯腈 EC 药害的缓解效应

除草剂药后 1d 出现明显药害后喷施缓解剂 0.136%赤·吲乙·芸苔。40%二甲·溴苯腈 EC 施药后 15d,对缓解剂处理进行生物量及叶绿素 SPAD 值指标测定(见表 2)。结果表明,使用缓解剂的处理株高、茎叶鲜重、茎叶干重、叶绿素 SPAD 值分别较除草剂对照增加 11.97%、18.09%、17.26%、3.77%。对于株高、鲜重、干重的缓解效应分别达到 24.68%、27.59%、27.26%,生物量平均缓解效应为 26.51%,对于叶绿素的缓解效应则达到 64.87%。说明喷施缓解剂 0.136%赤·吲乙·芸苔其能促进胡麻植株生长,提高叶绿素含量,对 40%二甲·溴苯腈 EC 造成的药害具有一定的缓解作用。

2.3.2 0.136%赤·吲乙·芸苔 WP 对 56%二甲四氯钠药害的缓解效应

56%二甲四氯钠 SP 施药后 15d,通过对缓解剂处理进行生物量及叶绿素 SPAD 值指标

测定表明，使用缓解剂的处理株高、茎叶鲜重、茎叶干重、叶绿素 SPAD 值分别较除草剂对照增加 13.82%、29.90%、41.73%、4.33%，对于株高、鲜重、干重的缓解效应分别达到 20.59%、38.85%、55.34%，生物量平均缓解效应为 38.26%，对于叶绿素的缓解效应则达到 35.64%。说明喷施缓解剂 0.136%赤·吲乙·芸苔 WP 其对 56%二甲四氯钠 SP 造成的药害具有一定的缓解作用，能促进胡麻植株生长，提高干物质积累。

2.3.3 0.136%赤·吲乙·芸苔 WP 对 75%二氯吡啶酸钾盐 SP 药害的缓解效应

75%二氯吡啶酸钾盐 SP 施药后 15d，通过对缓解剂处理进行生物量及叶绿素 SPAD 值指标测定表明，使用缓解剂的处理株高、茎叶鲜重、茎叶干重、叶绿素 SPAD 值分别较除草剂对照增加 10.87%、26.28%、14.16%、2.66%，对于株高、鲜重、干重的缓解效应分别达到 114.21%、194.84%、100.63%，生物量平均缓解效应为 136.56%，叶绿素缓解效应则达到 66.72%。75%二氯吡啶酸钾盐 SP 对胡麻生长发育的抑制作用相对较轻，所以喷施缓解剂后对株高、鲜重、干重的缓解效应均达到了 100%以上，对于叶绿素的缓解效应也达到 66.72%。在实际使用过程中应注意药害发生程度及缓解剂施用剂量，以防造成胡麻徒长、倒伏等现象。

2.3.4 0.136%赤·吲乙·芸苔 WP 对 40%二甲·溴苯腈与 5%精喹禾灵 EC 混用药害的缓解效应

40%二甲·溴苯腈 EC 与 5%精喹禾灵 EC 施药后 15d，通过对缓解剂处理进行生物量及叶绿素 SPAD 值指标测定表明，使用缓解剂的处理株高、茎叶鲜重、茎叶干重、叶绿素 SPAD 值分别较除草剂对照增加 10.51%、23.97%、26.73%、4.77%，对于株高、鲜重、干重的缓解效应分别达到 34.14%、55.90%、50.22%，生物量平均缓解效应为 46.76%，对于叶绿素的缓解效应则达到 101.03%。说明喷施缓解剂 0.136%赤·吲乙·芸苔 WP 其对 40%二甲·溴苯腈 EC 与 5%精喹禾灵 EC 混用造成的药害具有一定的缓解作用，能促进胡麻植株生长，提高干物质积累，提高叶绿素含量。

表 2 植物生长调节剂对除草剂药害缓解效应

缓解剂处理	除草剂用量(g a.i./hm²)	缓解剂用量(g a.i./hm²)	株高(cm)	株高缓解效应(/%)	茎叶鲜重(g)	鲜重缓解效应(%)	茎叶干重(g)	干重缓解效应(%)	叶绿素SPAD值	叶绿素缓解效应(%)
40%二甲·溴苯腈EC	900	0.08	38.00 ± 0.22 c	24.68 ± 3.73	53.26 ± 3.26 b	27.59 ± 5.48	9.72 ± 0.80 b	27.26 ± 4.46	57.01 ± 1.25 b	64.87 ± 10.28
56%二甲四氯钠SP	1764	0.08	34.58 ± 2.82 c	20.59 ± 3.34	57.16 ± 6.49 b	38.85 ± 6.13	11.36 ± 0.21 b	55.34 ± 7.32	54.85 ± 0.17 c	35.64 ± 3.65
75%二氯吡啶酸钾盐SP	607.5	0.08	51.16 ± 0.54 a	114.21 ± 7.23	81.39 ± 9.05 a	194.84 ± 24.15	14.03 ± 0.50 a	100.63 ± 16.01	58.33 ± 0.03 ab	66.72 ± 10.06
40%二甲·溴苯腈EC+5%精喹禾灵EC	600+105	0.08	42.01 ± 1.20 b	34.14 ± 3.39	64.03 ± 4.14 b	55.90 ± 9.40	11.35 ± 0.60 b	50.22 ± 8.34	58.94 ± 0.66 a	101.03 ± 8.91
空白(CK)	—	—	50.33 ± 2.42 a	—	77.96 ± 9.16 a	—	14.34 ± 0.82 a	—	59.01 ± 0.76 a	—

3 结论与讨论

在农业生产中,除草剂对防除杂草的危害,降低生产成本,提高生产效率具有极其重要的作用。除草剂的使用面积和使用量逐渐增大,化学除草已经成为当前最广泛、最必不可少的除草技术。但大多数除草剂在使用过程中,除了对杂草起到控制和防除其危害的作用外,一定程度上也会影响作物的生长发育,往往会出现作物生理及生长不正常的现象,如叶片褪绿,发育畸形,不孕、不实,植株生长发育受到抑制,严重的还会造成植株枯萎死亡。除草剂对作物的药害,已是一个影响农业稳产、增产的重要问题。

除草剂解毒剂(Antidote)又称除草剂安全剂(Safener),或称作物保护剂(Protectant),是指在不影响除草剂对靶标杂草活性的前提下可选择性地保护作物免受除草剂的伤害,具有独特性能的化学物质。Hoffmann 于 1962 年首次提出了"除草剂解毒剂"的概念,1972 年世界上第一个商品化安全剂 NA(1,8-萘二甲酐)由 GulfOil 公司正式推出。近年来,国内也开展了除草剂解毒剂的相关研究。根据国内报道,施用磷酸二氢钾或氨基酸等叶面肥、生物制剂、植物内源激素赤霉素或芸苔素内酯对于除草剂药害也具有一定的缓解作用。

针对胡麻田常见几种易发生药害的苗后茎叶处理除草剂,通过测定胡麻株高、茎叶鲜重、茎叶干重及叶绿素 SPAD 值等生理指标,明确除草剂药害对胡麻生长发育的抑制作用影响。研究结果表明,4 种除草剂在超剂量使用时均会对胡麻的生长发育造成不同程度的抑制,生物量平均抑制率 12.96%~42.14%,叶绿素抑制率 3.70%~10.89%。以 56%二甲四氯钠 SP 药害造成的抑制作用最高,75%二氯吡啶酸钾盐 SP 造成的抑制作用最低。选用植物生长调节剂 0.136%赤·吲乙·芸苔 WP,研究其对几种除草剂药害的缓解效应。研究结果表明,各处理使用缓解剂后对于株高的缓解效应为 20.59%~114.21%, 对于鲜重的缓解效应为 27.59%~194.84%,对于干重的缓解效应为 27.26%~100.63%,生物量平均缓解效应为 26.51%~136.56%,叶绿素缓解效应则达到了 35.64%~101.03%。说明在除草剂药害发生后,及时喷施植物生长调节剂 0.136%赤·吲乙·芸苔 WP 对于除草剂药害造成的生长抑制具有一定程度的缓解作用。可以起到调节作物生长,促进干物质积累,提高叶绿素含量,使受害胡麻达到正常生长或接近正常生长水平,最大限度降低产量损失。

张炜,陆俊武,曹秀霞,钱爱萍,刘宽将,农药,2018,57(7)

二氯吡啶酸防除胡麻田刺儿菜的药效及安全性评价

油用亚麻(*Linum usitatissimum L.*),俗称胡麻,属亚麻科亚麻属一年生草本植物,是我国五大油料作物之一。胡麻是干旱地区重要的经济作物,主要分布在甘肃、内蒙古、山西、宁夏、河北、新疆等高寒干旱农业生态区域,是我国西北、华北地区重要的油料作物。2015 年,我国胡麻年种植面积达 29.2 万 hm^2,总产量 40.0 万 t。

胡麻田间伴生杂草种类繁多,种群密度较大,而且杂草与胡麻共生期长,这些不利因素已是胡麻减产和品质下降的重要原因,其中刺儿菜(*Cephalanoplos segetum*)是胡麻田危害最严重的恶性杂草之一,对胡麻的生长发育和产量提高影响极大。刺儿菜为菊科多年生草本植物,以根芽繁殖为主,也可以种子繁殖。在全国各地均有分布和危害,以北方更为普遍和严重。刺儿菜多发生在土壤疏松的旱地,不仅与作物竞争营养、水分和生长空间,而且它是棉蚜、向日葵菌核病等病虫的寄主,是许多植物病毒的传毒媒介,间接危害作物。过去,在胡麻种植中一直以人工铲除刺儿菜为主,但这会刺激刺儿菜的断根产生不定芽进行无性繁殖,不仅促进了它的再生能力,而且也使它的发生数量有所增加,造成了越铲越多的负面效应。而且胡麻属密植作物,人工除草十分困难,因此化学除草在胡麻田杂草的防除上应用越来越普遍。以前采用 40%二甲·溴苯腈 EC、56%二甲四氯钠 WP 等常规阔叶杂草除草剂仅能抑制刺儿菜地上部的生长,而无法彻底根除刺儿菜。

目前,在国际上采用不同除草剂和不同农艺措施对胡麻田杂草进行控制的研究较多。而国内在胡麻田杂草种类、群落结构、消长动态以及化学防除等领域开展了大量的研究,但对胡麻田恶性杂草刺儿菜的化学防除尚无报道。因此,本研究对 75%二氯吡啶酸钾盐(clopyralid)防除胡麻田刺儿菜的最佳使用剂量、施药时期以及对胡麻的安全性进行综合评价,以此为胡麻生产中安全有效地防除恶性杂草刺儿菜提供科学依据。

1 材料和方法

1.1 试验材料

供试药剂为 75%二氯吡啶酸钾盐可溶性粉剂(SP),利尔化学股份有限公司生产;供试胡麻品种为宁亚 20 号,生育期为 114d,种植密度为 750 万株/hm^2;施药器械为卫士牌 WS-16PA 型背负式手动喷雾器,山东卫士植保机械有限公司生产。

1.2 试验地概况

田间试验于2017年在宁夏固原市原州区张易镇毛庄村进行，气候类型属半干旱半阴湿区，海拔2313m，黑垆土，旱地，pH 8.47，试验地土壤质地疏松、肥力中等。年平均气温8.0℃，无霜期152d，年平均降水量437.2mm，年平均蒸发量1155mm，年平均日照时数2525.0h。试验地主要杂草为刺儿菜，且分布均匀、密度一致。

1.3 试验设计

施药量试验：设5个处理，分别为75%二氯吡啶酸钾盐SP有效剂量135.0、168.8、202.5、236.3、270.0g/hm^2，胡麻出苗后21d施药。

施药时期试验：设3个处理，分别为胡麻出苗后15d、21d、27d施药，施药量为有效剂量202.5g/hm^2。

另设空白对照（不除草）和人工除草对照。共10个处理，随机区组排列，小区面积24m^2，重复4次。

1.4 施药方法

2017年6月5—17日施药。供试药剂按675L/hm^{2}兑水施药。采用2次稀释法，即先用小型容器把药剂充分化开，再倒入预先装有一定水的喷雾器中，充分搅匀后对胡麻和杂草进行茎叶均匀喷雾处理。施药当天天气晴朗，微风，施药后24h无降雨。

1.5 调查方法

1.5.1 防效调查

施药前1d调查刺儿菜株数，药后45d每小区按对角线3点取样，每样点1m^2，调查刺儿菜株数，计算株防效。药后60d每小区按对角线3点取样，每样点1m^2，将刺儿菜挖出，调查根部腐烂株数，计算烂根率。计算公式如下：

$$株防效=\frac{空白对照区内的刺儿菜株数-处理区内的刺儿菜株数}{空白对照区内的刺儿菜株数}\times 100\%$$

$$烂根率=\frac{小区刺儿菜烂根株数}{小区刺儿菜总数}\times 100\%$$

1.5.2 对胡麻的安全性调查

施药后1d、3d、7d、10d目测观察各处理对胡麻有无药害及药害症状。

胡麻初花期（胡麻出苗后40d）每小区按对角线5点取样，每点调查10株，测量株高和鲜重，与人工除草对照比较，判明是否对胡麻营养生长造成抑制。

胡麻成熟期（8月20日）每小区随机采样30株进行室内考种，分别测定胡麻有效分枝数、单株果数、每果粒数、单株产量及千粒重等产量构成因子，与人工除草对照比较，判明是否对胡麻生殖生长及经济性状造成影响。

1.6 数据处理

采用 Excel 2007 软件对数据进行整理，用 DPS16.05 统计分析软件进行方差分析和显著性检验。

2 结果与分析

2.1 对刺儿菜的防除效果

2.1.1 不同施药剂量对刺儿菜的防效

75%二氯吡啶酸钾盐 SP 不同施药剂量对刺耳菜的防效见表 1。田间试验结果表明，75%二氯吡啶酸钾盐 SP 对胡麻田刺儿菜具有很好的防除效果，各处理药后 45d 株防效为 86.78%~96.97%，平均防效 91.97%。可以看出，随着有效成分用量的增加，整体防除效果随之升高。其中有效成分用量 236.3、270.0g/hm² 的防除效果较好，药后 45d 株防效分别为 96.97%和 96.53%，与有效成分用量 135.0~202.5g/hm² 的防除效果差异显著。药后 60d 烂根率调查结果与 45d 株防效变化规律一致，各处理烂根率为 85.59%~94.90%，平均烂根率 90.28%，其中有效成分剂量 236.3、270.0g/hm² 的烂根率分别为 94.20%、94.90%，与有效成分剂量 135.0~202.5g/hm² 处理的烂根率差异显著。

表 1　75%二氯吡啶酸钾盐 SP 不同有效剂量对刺儿菜的防除作用

有效剂量[g·(hm²)⁻¹]	药后 45 d（株数 / 株·m⁻²）	药后 45 d 株防效(%)	药后 60 d 烂根数(株·m⁻²)	药后 60 d 烂根率(%)
135.0	5.85 ± 0.29	86.78 b	34.03 ± 2.82	85.59 b
168.8	5.20 ± 0.34	88.22 b	31.09 ± 2.92	87.73 b
202.5	3.81 ± 0.18	91.36 b	32.35 ± 1.90	89.00 b
236.3	1.33 ± 0.58	96.97 a	38.19 ± 4.02	94.20 a
270.0	1.58 ± 0.58	96.53 a	42.17 ± 3.87	94.90 a
空白(CK)	44.67 ± 3.25	—	0 ± 0	—

注：同一列内的不同字母代表差异显著（$P<0.05$）。下同

2.1.2 不同施药时期对刺儿菜的防效

75%二氯吡啶酸钾盐 SP 不同施药时期对刺耳菜的防效见表 2。各施药时期药后 45d 株防效为 91.28%~99.03%，平均防效 93.89%。药后 60d 烂根率为 89.54%~98.86%，平均烂根率 92.47%。其中在胡麻出苗后 27d 施药处理的 45d 株防效、60d 烂根率分别为 99.03%、98.86%，与胡麻出苗后 15d 和 21d 施药的防除效果差异显著。可以看出，由于刺儿菜出苗时间不整齐，施药时期过早，刺儿菜尚未全部出苗，胡麻出苗后 27d，刺儿菜全部出苗，此时施药可显著提高防除效果。

表 2　不同时期施用 75%二氯吡啶酸钾盐 SP 对刺儿菜的防除作用

胡麻出苗后天数（d）	药后 45 d(株数 / 株·m^{-2})	药后 45 d 株防效(%)	药后 60 d 烂根数（株·m^{-2}）	药后 60 d 烂根率(%)
15	3.84 ± 0.38	91.28 b	34.26 ± 4.85	89.54 b
21	3.81 ± 0.18	91.36 b	32.35 ± 1.90	89.00 b
27	0.44 ± 0.19	99.03 a	38.56 ± 4.31	98.86 a
空白(CK)	44.67 ± 3.25	—	0 ± 0	—

2.2.1 目测评价

通过施药后 1d、3d、7d、10d 目测观察，75%二氯吡啶酸钾盐 SP 不同施药剂量及不同施药时期对胡麻均没有明显药害，无失绿萎蔫、叶片变黄、植株枯死等药害现象。

2.2.2 不同剂量及施药时期对胡麻生长发育的影响

胡麻初花期，对 75%二氯吡啶酸钾盐 SP 不同施药剂量、不同施药时期以及人工除草对照(空白对照因受刺儿菜影响，株高及鲜重严重降低)进行生长量测定(见表 3)。结果表明，75%二氯吡啶酸钾盐 SP 不同施药剂量、不同施药时期与人工除草相比，胡麻株高及鲜重均无显著性差异，胡麻营养生长发育未受到抑制。

表 3　75%二氯吡啶酸钾盐 SP 不同处理对胡麻生长发育的影响

有效剂量[g·(hm^2)$^{-1}$]	胡麻出苗后天数(d)	株高(cm)	地上部鲜重(g)
135.0	21	(56.0 ± 0.43) a	(7.42 ± 0.62) a
168.8	21	(54.7 ± 0.52) a	(7.26 ± 0.52) a
202.5	21	(57.8 ± 0.24) a	(7.39 ± 0.64) a
236.3	21	(53.5 ± 0.65) a	(7.47 ± 0.56) a
270.0	21	(54.2 ± 0.43) a	(7.50 ± 0.29) a
202.5	15	(57.7 ± 0.65) a	(7.23 ± 0.32) a
202.5	21	(57.8 ± 0.24) a	(7.39 ± 0.64) a
202.5	27	(55.5 ± 0.51) a	(7.25 ± 0.33) a
人工除草	—	(55.1 ± 0.21) a	(7.37 ± 0.52) a

2.2.3 不同剂量及施药时期对胡麻经济性状的影响

在胡麻成熟期对 75%二氯吡啶酸钾盐 SP 不同剂量、不同施药时期以及人工除草对照进行室内考种。结果(见表 4)表明，75%二氯吡啶酸钾盐 SP 不同施药剂量、不同施药时期与人工除草相比，胡麻有效分枝数、有效结果数、每果粒数、单株产量及千粒重均无显著性差异，证明胡麻生殖生长及主要经济性状未受到药剂影响。

表 4 75%二氯吡啶酸钾盐 SP 不同处理对胡麻经济性状的影响

有效剂量 [g·(hm²)⁻¹]	胡麻出苗后天数 (d)	有效分枝数 (个)	单株果数 (个)	每果粒数 (粒)	单株产量 (g)	千粒重 (g)
135.0	21	(4.37 ± 1.13)a	(7.84 ± 3.52)a	(7.40 ± 1.10)a	(0.41 ± 0.22)a	(7.75 ± 0.11)a
168.8	21	(5.06 ± 0.46)a	(9.69 ± 1.45)a	(7.70 ± 0.40)a	(0.56 ± 0.09)a	(7.72 ± 0.17)a
202.5	21	(4.55 ± 0.05)a	(8.42 ± 0.82)a	(8.20 ± 0.60)a	(0.46 ± 0.07)a	(7.69 ± 0.03)a
236.3	21	(4.41 ± 0.06)a	(7.99 ± 0.13)a	(7.65 ± 0.55)a	(0.41 ± 0.01)a	(7.60 ± 0.06)a
270.0	21	(4.50 ± 0.23)a	(8.16 ± 0.74)a	(8.20 ± 0.20)a	(0.45 ± 0.03)a	(7.69 ± 0.08)a
202.5	15	(4.78 ± 0.12)a	(8.63 ± 0.71)a	(7.75 ± 0.05)a	(0.48 ± 0.04)a	(7.72 ± 0.06)a
202.5	21	(4.55 ± 0.05)a	(8.42 ± 0.82)a	(8.20 ± 0.60)a	(0.46 ± 0.07)a	(7.69 ± 0.03)a
202.5	27	(4.29 ± 0.54)a	(6.43 ± 1.11)a	(7.90 ± 0.60)a	(0.34 ± 0.09)a	(7.68 ± 0.13)a
人工除草	—	(4.64 ± 0.27)a	(9.04 ± 2.77)a	(7.60 ± 0.00)a	(0.49 ± 0.16)a	(7.63 ± 0.13)a

3 结论与讨论

二氯吡啶酸为美国陶氏公司发明,1978 年首次在欧洲销售,其后于 1987 年进入美国市场用于玉米及甜菜田防治一年生与多年生阔叶杂草。二氯吡啶酸是一种内吸性植物激素型除草剂,对杂草施用后,被植物的叶片或根部吸收,然后在植物体内进行传导,引起细胞分裂失控和无序生长,最后导致维管束被破坏;或抑制细胞的分裂和生长,可用于防治一年生或多年生阔叶杂草。目前,国内二氯吡啶酸登记适用的作物为油菜、春小麦、春玉米,也有资料报道可用于百合、云杉等植物。

本研究表明,75%二氯吡啶酸钾盐 SP 对胡麻田刺儿菜具有很好的防除效果，可使刺儿菜根部生长受到抑制直至腐烂的。有效成分用量 236.3、270.0g/hm² 的防除效果较好，药后 40d 株防效可达到 96.97%和 96.53%,药后 60d 烂根率可达到 94.20%和 94.90%。施药时期选择在刺儿菜全部出苗后施药可显著提高防除效果。对胡麻营养生长及生殖生长没有明显抑制作用,对胡麻主要经济性状也未产生影响。

综上所述,75%二氯吡啶酸钾盐 SP 可安全应用于防除胡麻田恶性杂草刺儿菜，具有对胡麻生长安全、除草效果好、省工省力等优点。

张炜,陆俊武,曹秀霞,钱爱萍,剡宽将,植物保护,2018,44(3)

不同色板对胡麻地害虫及天敌的诱捕效果研究

宁夏是全国六大胡麻主产区之一，素有“油盆”之称的固原市种植面积最大，长期以来，耕作粗放，自然灾害频发，害虫发生趋于多样化和严重化，对胡麻生产影响日益突出。一直以来采用传统的化学药剂防治胡麻害虫，但化学防治带来的农药残留、环境污染和害虫抗药性等问题也日益严重。色板诱杀害虫以其成本低廉、操作简单、专一性强、污染小、不伤害天敌等优点，在农业生产方面越来越多地受到人们的关注。有研究表明，不同昆虫对不同色彩具有趋向性差异，如夏红军等研究发现黄板对果园害虫小绿叶蝉和实蝇类害虫有很强的引诱力，而蓝板对蓟马引诱力极其显著，傅建炜等报道桃蚜和美洲斑潜蝇对黄色最敏感，小菜蛾[*Plutella xylostella* (*L.*)]成虫对绿色的敏感性明显强于其他色彩，花蕾等发现牛角花齿蓟马(*Odentothrips loti*)成虫对绿色和黄色具有很强的趋性。一些试验也证明了色板的放置时间会对害虫诱集效果产生影响，李锋等报道枸杞蓟马在10:30前最活跃，中午活跃性下降，黄昏和傍晚活跃性最弱。

本试验在胡麻地中利用10种不同颜色色板测定了蚜虫、蓟马、潜叶蝇3种害虫，瓢虫、草蛉2种天敌对色彩的趋向差异和3种主要害虫的日活动规律，旨在为利用不同色板对胡麻地害虫种群监测或无公害防治提供依据。

1 材料与方法

1.1 试验材料

试验选择不同颜色的PVC粘虫板，包括黄、青、蓝、淡蓝、绿、红、白、紫、粉、灰10种颜色，色板由河南汤阴县佳多科工贸公司生产，规格24cm×20cm。试验在宁夏固原市头营科研基地胡麻试验田进行。

1.2 试验方法

(1)采用对比设计，根据颜色种类设10个处理，3次重复，共30张色板。色板随机排列，等间距放置(每2个相隔约3m)，采用悬挂诱集法(色板中间穿孔，用铁丝固定在PVC管上)，色板下沿距地面60cm，统一朝南背北方向悬挂，即南面为正面。试验于2013年6月25日开始，每隔7d调查1次，记录并统计各处理色板上诱集到的害虫及天敌虫口数量。

田间害虫调查方法——网扫法:沿地块对角线3点取样，每点用捕虫网扫十复网次，一复网表示水平 180 度左右各扫 1 次，记录捕虫网内害虫和天敌种类。

（2）选择黄、蓝 2 种颜色的色板进行试验，设 3 个时间段处理，分别为 6:00—12:00、12:00—18:00、18:00—次日 6:00，3 次重复，2 种颜色共 18 张色板，不设对照。色板随机排列，等间距放置（每两个相隔约 3m），采用悬挂诱集法（色板中间穿孔，用铁丝固定在 PVC 管上），色板下沿距地面 60cm，统一朝南背北方向悬挂，即南面为正面。于 7 月 19—21 日分时段连续诱捕 3d，然后调查记录并统计各处理色板上的蚜虫、蓟马和潜叶蝇虫口总数。

1.3 数据分析

采用 DPS 7.05 数据处理系统进行处理，多重比较采用邓肯氏新复极差法分析。

2 结果与分析

2.1 胡麻田间及色板诱捕害虫种类

调查结果显示，胡麻田间害虫有蚜虫、蓟马、潜叶蝇、盲椿、缘蝽、斑须椿、小姬猎蝽、夜蛾科幼虫、蝗虫、叶蝉、双斑萤叶甲、摩罗叶甲、星斑虎甲、小叶甲、蠼螋和象甲。天敌有瓢虫类（七星瓢虫、九星瓢虫、十三星瓢虫、多异瓢虫）、凹带食蚜蝇、草蛉、蜘蛛类、小蜂、姬蜂。

色板诱集到的昆虫有蚜虫、蓟马、潜叶蝇、盲椿、叶蝉、双斑萤叶甲、夜蛾科成虫、瓢虫类、凹带食蚜蝇、草蛉、蜘蛛类和小蜂。其中主要害虫类群是蓟马、潜叶蝇，其数量分别占全部昆虫总量的 78.69%~83.34%、15.69%~18. 59%。主要益虫是瓢虫、草蛉，其数量分别占全部昆虫总数的 0.12%~0.40%、0.06%~0.14%。

2.2 不同颜色色板的诱集效果比较

从表 1 结果可以看出，不同昆虫对不同颜色的色板趋性存在差异，色板颜色能显著地影响诱捕的昆虫数量。

表 1 不同颜色色板对胡麻地主要昆虫的诱集效果（头 / 板）

色板颜色	蚜虫		蓟马		潜叶蝇		瓢虫		草蛉	
	7.3	7.17	7.3	7.17	7.3	7.17	7.3	7.17	7.3	7.17
黄	6.67b	8.67a	492.00abcde	1014.67a	294.33a	267.33a	3.33ab	1.00a	0.67a	0.33a
蓝	7.67b	4.67bc	678.67ab	713.33b	140.33b	162.33bc	2.33b	0.33a	0.00a	0.00a
淡蓝	7.00b	3.33bc	588.00abc	812.00ab	106.33bc	124.00c	1.67b	1.00a	1.00a	0.33a
绿	6.33b	5.00b	269.33def	340.00c	136.33b	170.67b	5.33a	2.00a	1.33a	0.33a
红	9.33b	2.33bc	163.33f	346.67c	30.33d	48.33d	1.00b	0.67a	1.00a	0.00a
白	17.60a	5.00b	410.67bcdef	805.33ab	74.00cd	70.67d	0.68b	0.67a	0.33a	0.00a
紫	6.33b	2.33bc	524.00abcd	340.00c	35.33d	41.33d	1.33b	0.67a	1.00a	0.00a
粉	10.60b	3.00bc	244.00ef	274.67c	52.67cd	50.00d	1.67b	0.67a	1.00a	0.00a
灰	8.00b	2.00c	341.33cdef	348.00c	85.00bcd	68.00d	1.00b	0.67a	0.33a	0.00a
青	7.67b	3.00bc	746.67a	745.33b	98.33bc	77.67d	2.33b	0.33a	0.67a	0.33a

注：同列数据后标不同小写字母表示 5%水平差异显著性

对于蚜虫,7月3日结果显示:白板诱捕效果最好,与其他颜色色板差异显著。其他各板诱集效果大小依次为粉板、青板、蓝板和淡蓝板,相互之间差异不显著。7月17日结果显示:黄板诱捕效果最好,与其他颜色色板差异显著,其次是白板、绿板,与效果最差的灰板差异显著; 对于蓟马,7月3日结果显示:青板诱捕效果最好,其次是蓝板、淡蓝板、紫板和黄板,它们之间差异不显著,与其他各板差异显著。7月17日结果显示:黄板诱捕效果最好,其次是淡蓝板、白板,它们之间差异不显著,与其他各板差异显著; 对于潜叶蝇,7月3日结果表明: 黄板诱捕效果最好,与其他颜色色板差异显著,其次是蓝板、绿板、淡蓝板和青板,它们之间差异不显著,紫板和红板效果较差。7月17日结果显示:黄板仍然诱捕效果最好,与其他颜色色板差异显著,其次是绿板、蓝板和淡蓝板,其中绿板与蓝板差异不显著,与淡蓝板差异显著。它们均与剩余颜色色板差异显著。

7月3日和7月17日结果显示:色板对胡麻地主要害虫天敌(瓢虫和草蛉)诱集数量很少,为0~5.33头/板,绿板和黄板诱虫量略大于其他颜色,各板间差异不显著。6月25日—7月3日，胡麻处在开花期,10张色板平均1天可诱捕蚜虫12.5头，蓟马636.9头，潜叶蝇150.4头,4类益虫(瓢虫类、凹带食蚜蝇、草蛉、蜘蛛类)共4.3头,益害比1:186。7月4—17日,连续阴雨,胡麻虽然进入盛花期,但光照减弱、温度降低,十张色板平均1天可诱捕蚜虫2.8头,蓟马410.0头,潜叶蝇77.2头,四类益虫(瓢虫类、凹带食蚜蝇、草蛉、蜘蛛类)共1.1头。益害比为1:467。

综合以上结果知,白板和黄板对蚜虫诱集效果显著,黄板、蓝板和淡蓝板对蓟马诱集效果显著,黄板、蓝板、绿板对潜叶蝇诱集效果显著。各种色板对胡麻地主要害虫天敌影响很小,因此可以选择利用黄板和蓝板对胡麻地3种害虫进行物理防治。

2.3 不同时间段诱集效果比较

由图1可知,黄板和蓝板在不同时间段诱集蚜虫,均在6:00—12:00这一时间段诱集数量最多,18:00—次日6:00诱集数量最少。其中黄板在6:00—12:00和下午12:00—18:00时间段诱集数量显著地大于晚上18:00—次日6:00,二者之间无显著差异。(df= 2,6, $F=7.08, p<0.05$)。蓝板在3个时间段诱集蚜虫数量无显著差异,可能是诱集到的蚜虫数量不多引起的。

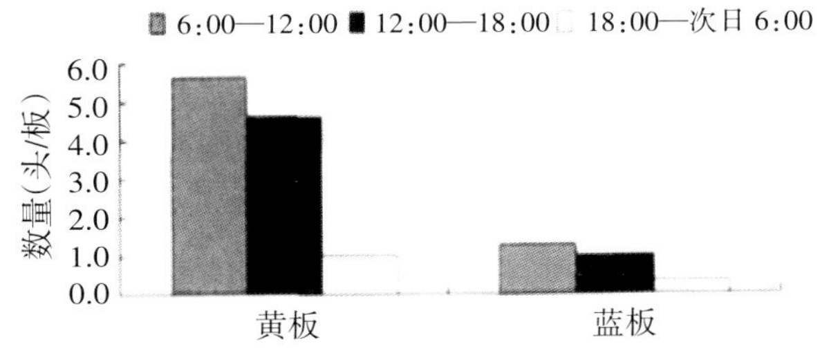

图1 2种色板在不同时间段诱集蚜虫统计图

由图 2 可知,黄板和蓝板诱集蓟马,均在 18:00—次日 6:00 时间段诱集数量最少,分别与 6:00—12:00,6:00—12:00 及 12:00—18:00 时间段诱集数量差异显著。6:00—12:00 与 12:00—18:00 时间段诱集数量在黄板上表现为差异显著,而在蓝板上表现为差异不显著。蓝板上午和下午诱集蓟马数量差异不显著可能是诱集蓟马种类与黄板有所不同。

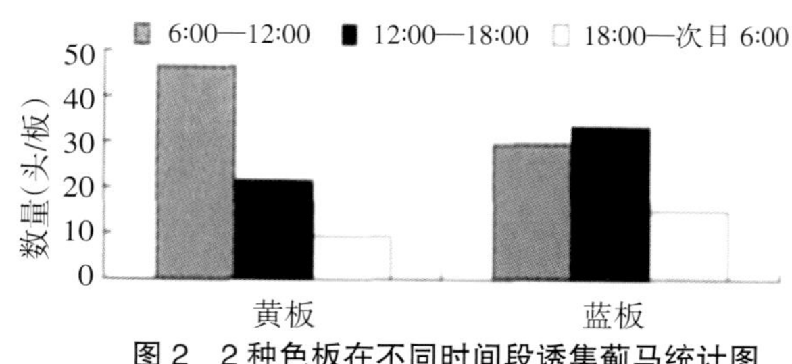

图 2　2 种色板在不同时间段诱集蓟马统计图

由图 3 可知,黄板、蓝板诱集潜叶蝇,均在 6:00—12:00 时间段诱集数量最少,分别与 18:00—次日 6:00,下午 12:00—18:00 时间段差异显著。12:00—18:00 与 18:00—次日 6:00 时间段诱集数量在两种色板上均表现为差异不显著。2 种色板在 18:00—次日 6:00 诱集潜叶蝇数量较多,可能是这一时间段持续时间最长(12h),12:00—18:00 诱集数量好于 6:00—12:00,可能是 6:00—8:00 植株上带有大量露水,不利于潜叶蝇成虫飞翔,故色板诱集数量较少。

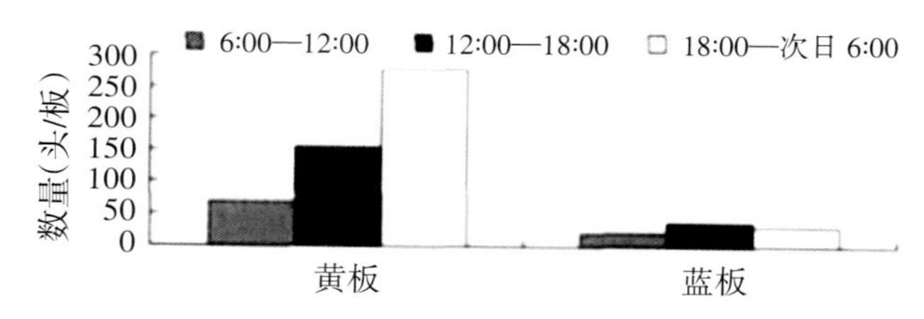

图 3　2 种色板在不同时间段诱集潜叶蝇统计图

3 结论与讨论

许多农业害虫对不同颜色色板存在一定程度的趋性差异,明确害虫的这个习性可以帮助我们更好的监测和防治害虫。通过本次试验我们发现,蚜虫对白板和黄板趋性最强,蓟马对黄板、蓝板和淡蓝板趋性较强,潜叶蝇对黄板、蓝板和绿板趋性最强,因此可选择利用黄板和蓝板对三种害虫进行物理防治。色板诱杀无毒性无残留,不伤害或极少伤害天敌,将对胡麻无公害生产具有重要意义。

通过使用色板在不同时段诱集胡麻地昆虫,我们发现绝大多数蚜虫会在 6:00—18:00 被诱集,说明蚜虫迁飞行为发生在白天,这可能与蚜虫的羽化时间或蚜虫迁飞过程中需要强光刺激有关。潜叶蝇 1d24h 内的活跃性没有明显的时间差别。胡麻地蓟马 6:00—18:00 活跃性较强,18:00—次日 6:00 活跃性减弱,其活动具有明显的喜光性。了解害虫活动规律,可以在防治过程中根据其活动习性选择合适的种群控制方法,获得最佳防治效果。如进行胡麻地蓟马防治时，在田间采用药剂喷雾控制种群时应以 18:00 后蓟马活跃性最弱的相对静止期作为最佳防治时间，在田间使用色板诱集控制种群时应以 6:00—18:00 胡麻地蓟马活跃期作为最佳控制时间。

万海霞，杨崇庆，陆俊武，安维太，作物杂志，2014(1)

胡麻对亚麻象蛀食胁迫的补偿效应初探

胡麻(*Linum usitatissimum L.*)，又称油用亚麻，因其具有较强的抗旱耐寒性和耐瘠薄性主要分布在华北、西北高寒干旱地区，在宁夏主要在中南部山区种植，是宁夏第一大油料作物和抗旱避灾作物。国内外研究结果表明，胡麻籽含有 α - 亚麻酸 ω-3 系不饱和脂肪酸、亚麻胶、木酚素、阿魏酸和香豆酸等多种优质营养成分和活性物质，是 α - 亚麻酸含量最高的油料作物之一。亚麻象属象虫科（*Cur-culionidea*）龟象亚科（*Ceuthrrhynchinae*）龟象属(*Ceuthrrhynchus sp.*)。在胡麻苗期至枞形期主要以幼虫蛀食胡麻茎秆的内壁组织，使胡麻茎秆组织增生，膨大畸形，胡麻的这种补偿效应由张立功和赵振纲发现并报道。曹秀霞等研究了亚麻象在宁夏固原地区的生活史及幼虫在胡麻田的空间分布。笔者调查发现，亚麻象除在甘肃平凉等地发生外，在甘肃庆阳、定西、白银、兰州，新疆伊犁，宁夏固原都有不同程度的发生，2010—2015 年在固原市各区县调查虫株率为 7.4%~61.2%，严重田块虫株率达到 72.6%。亚麻象危害形式较为特殊，是一种蛀秆性的害虫，成虫交配后将卵产在胡麻茎秆中部的髓道，幼虫孵化后在茎秆内部取食，胡麻茎秆受害部位明显增粗，幼虫期 3 周左右，老熟幼虫从茎秆内钻出进入土中化蛹。但经过 2009—2015 年连续观察，发现亚麻象在一定的虫口密度下，具有显著增加胡麻生物量和单株籽粒重的补偿作用，只有在较高的虫口密度下才会造成胡麻茎秆折断减产，胡麻的这种补偿效应并未进行大田试验和小区可控试验以及定量分析评价。作物—害虫二者之间的相互关系一直是生态学研究的热点问题之一，包括害虫对作物的取食、经济阈值、物质能量流动、植物抗性产生以及两者之间的协同进化关系等。但很多种类的害虫与作物之间存在复杂的相关关系，其中作物对昆虫危害的补偿效应是植物生理反应比较普遍的现象，如何调控害虫的种群结构和数量提高作物生产力水平，是很多生态学家长期关注的问题，也是实现农业可持续性发展的重要内容之一。因此，研究亚麻象蛀食胁迫后胡麻产量及其相关性状产生的补偿效应，具有十分重要的科学价值和实践意义。

1 材料与方法

1.1 研究区域与试验材料

1.1.1 研究区域概况

研究区域位于宁夏固原原州区气候冷凉的张易镇红庄村胡麻示范基地。原州区属高寒冷凉阴湿区，海拔1800~2200m，年日照时数2518~3100h，年太阳辐射总量122.6~148.9卡/cm²；年平均气温4~8℃。≥10℃的有效积温2260℃，无霜期138.5d，年降水量350~650mm，雨季集中在7、8、9月份，胡麻需水高峰期与雨季吻合，土壤属黑垆土和灰褐土，有机质含量高，气候凉爽，昼夜温差大，是胡麻生产的适宜自然生态区。

1.1.2 试验材料

试验用品种为宁亚21号，由宁夏农林科学院固原分院胡麻课题组选育提供。

养虫笼，2.0m×2.0m×1.45m大田网罩，指形瓶，镊子，光照显微镜，解剖镜，微距相机，电子天平，捕虫网，毒瓶，昆虫针，测微尺，解剖刀等。

1.2 研究方法

1.2.1 小区人工接虫试验测定危害损失率

试验田设在原州区张易镇红庄村。采用大田罩网法。采用2.0m×2.0m×1.45m大田网罩（尼龙网）21个，在胡麻苗期选择出苗均匀，长势良好的地块，苗期密度为3.6×106株/hm²，试验设6个处理，每处理3次重复，每个小区面积为4m²，每个小区分别用一个网罩盖住，网罩下方埋入土层20cm以下，每个网罩中间加以拉链，能够自由拉开观察。于5月中下旬亚麻象迁移至胡麻田之前，从冬麦田捕获亚麻象成虫，在昆虫养殖笼观察48h后，每个处理分别接入已交尾的亚麻象雌成虫20、40、60、80、100、120头，以不接虫为对照，15d后每隔10d调查1次百株胡麻的受害株数和幼虫数量，调查时间为9:00或16:00，调查时每小区随机选取100株胡麻，用解剖刀剖开胡麻茎杆调查幼虫数量，共调查3次，计算株被害率和危害指数。在胡麻生理成熟期从试验小区中分别随机选取30株胡麻测定有效结果数、每果粒数、千粒重和单株产量。胡麻收获后，经过干燥和清选获得的饱满、清洁的种子称重，具体操作参考《亚麻种质资源描述规范和数据标准》。计算胡麻危害指数，每个危害指数的小区分别称重，作为危害损失率的原始数据。危害分级指标为0级，单株胡麻未受亚麻象危害；1级，单株胡麻受1头亚麻象危害；2级，单株胡麻受2头亚麻象危害；3级，单株胡麻受3头或3头以上亚麻象危害。最后分析不同危害指数与胡麻产量的关系。

1.2.2 模拟伤口危害测试模拟危害法

采用15m×15m×2.0m大田网罩（尼龙网）2个（方法操作同上），选取胡麻适宜生长的田块1000m²，在胡麻苗期，在茎部用解剖刀由上向下划开8mm长的小口模拟亚麻象的危害，单株划 1 小口模拟 1 头亚麻象危害,单株划 2 小口模拟 2 头亚麻象危害、单株划 3 小口模拟 3 头亚麻象危害,设危害率 1、2、3 头,以不划小口为空白对照,3 次重复,每小区随机模拟处理 200 个单株。收获时每小区随机抽查胡麻 100 株,计算危害指数,单株考查有效结果数、每果粒数、千粒重和单株产量等性状,实测小区产量,测产方法同上。

1.2.3 田间采集分析与数据验证

在原州区胡麻基地胡麻收获季节,选择 3 块代表性的样地,在田间五点取样法分别采集每株有 1、2、3 或更多头亚麻象危害的植株与未受亚麻象危害的植株,每块样地每种受害类型的带虫植株至少采集 100 株以上,分别考察不同虫口数量下有效结果数、每果粒数、千粒重和单株产量等经济性状,测产方法同上。同时调查农户田间胡麻受害情况和产量,与试验计算的回归方程做显著性检验来验证模型的可靠性。

1.3 分析方法

1.3.1 局部多项式回归方法

采用局部多项式回归方法预测亚麻象危害与胡麻千粒重及小区产量的关系,田间亚麻象的调查数据全部转换为百株虫量。多项式提供逐步的模拟逼近危害指数与千粒重或小区产量之间的关系,x 为危害指数,y 为千粒重或小区产量,$Y=ax^2+bx+c$。

1.3.2 线性回归方法

采用在可控制变量 X 的取值下,试验得到应变随机量 Y 的一个值,试验 n 次,得到 n 个数对(X_1,Y_1)、(X_2,Y_2)、……、(X_n,Y_n),而后作线性回归分析。

1.3.3 补偿系数及方差分析

补偿系数=(处理性状值-对照性状值)/对照性状值×100%。该值越高,补偿能力越强。方差分析(ANOVA)使用 Duncan 法对不同样本的结果进行多重比较,并进行 Turkey 显著性检验。统计分析前百株亚麻象虫量进行反正弦数据转换以符合正态分布,对百株亚麻象虫量进行单因素线性回归分析,统计分析的显著性水平 P 为 0.05。对千粒重和产量的实测值与理论值拟合度显著性检验采用 Bonferroni 配对比较的方法。

2 结果与分析

2.1 胡麻对亚麻象不同虫口密度的补偿效应

2.1.1 胡麻产量对不同虫口密度的补偿效应

由表 1 可知,与对照(0 头/m^2) 比较,各处理均增产,随着亚麻象虫口密度增大,小区产量呈现先增长后降低的现象, 补偿系数分别为 4.49%(5 头/m^2)、20.22%(10 头/m^2)、23.60%(15 头/m^2)、26.97%(20 头/m^2)和 20.22%(25 头/m^2),17.98%(30 头/m^2),其中 20 头/m^2 处理的增产幅度最大,补偿系数最高为 26.97%,居第一位,各处理与对照差异显著。

2.1.2 胡麻产量相关性状对亚麻象不同虫口密度的补偿效应

成熟后考种，不同虫口密度对胡麻产量及其相关性状的影响如表 1 所示。亚麻象虫口密度在 5~25 头/㎡时，有效分枝数和单株果数的补偿系数较对照均有所增加，有效分枝数的补偿系数为 1.68%~4.59%，平均为 2.91%；单株果数的补偿系数为 0.78%~4.66%，平均为 2.01%。虫口密度在 30 头/m^2 时，有效分枝数和单株果数的补偿系数为负值，分别为-2.06%和-4.31%，方差分析结果表明，各处理间差异不显著。千粒重、单株产量的补偿系数随虫口密度的增大，先增长后降低，补偿系数分别为 3.23%~17.74%和 1.54%~24.62%，虫口密度在 20 头/m^2 时，千粒重和单株产量的补偿系数最高，分别为 17.74%和 24.62%。对产量构成因子综合分析比较得出，胡麻产量性状对亚麻象的补偿效应主要体现在千粒重和单株产量。

表 1　不同虫口密度对胡麻产量及其相关性状的影响

处理（头 /m^2）	有效分枝数（个）	单株果数（个）	每果粒数（粒）	千粒重（g）	单株产量（g）	产量（g/m^2）
0	6.54 ± 0.84a	14.15 ± 3.97a	8.00 ± 0.06a	6.24 ± 0.31b	0.65 ± 0.11b	89.43 ± 4.02b
5	6.65 ± 0.68a	14.59 ± 1.03a	8.13 ± 0.31a	6.47 ± 0.32ab	0.68 ± 0.13b	93.51 ± 5.05b
10	6.77 ± 0.43a	14.35 ± 3.45a	8.06 ± 0.64a	6.74 ± 0.52ab	0.71 ± 0.22b	107.34 ± 8.13a
15	6.68 ± 0.73a	14.26 ± 1.66a	8.63. ± 0.25a	7.23 ± 0.26a	0.76 ± 0.76ab	110.71 ± 10.20a
20	6.84 ± 0.48a	14.81 ± 2.37a	8.14 ± 0.87a	7.37 ± 0.37ab	0.81 ± 0.30a	113.39 ± 7.22a
25	6.71 ± 0.53a	14.16 ± 3.73a	8.17 ± 0.36a	7.12 ± 0.65b	0.73 ± 0.02ab	107.15 ± 9.08a
30	6.37 ± 0.53a	13.54 ± 2.19a	8.11 ± 0.14a	6.9 ± 0.37b	0.66 ± 0.19b	105.36 ± 4.11a

注：同列数据后的不同小写字母表示差异达显著水平（$P<0.05$）

2.2 亚麻象危害与胡麻产量的关系

2.2.1 亚麻象虫量与危害指数

研究小区人工接虫实验结果（见图 1），亚麻象田间种群密度与危害指数呈良好的线性关系。回归方程为 $y=0.0203x+0.4127$（$R^2=0.9967$），随着田间释放的亚麻象种群数量的增大，危害指数随着升高，田间种群数量与亚麻象的危害程度是一致的。

2.2.2 亚麻象危害程度与胡麻千粒重

由图 2 可知，亚麻象的危害指数与千粒重呈非线性关系，但释放亚麻象的小区胡麻千粒重都高于对照（不放虫的小区），用多项式回归方程模拟结果 $y=-0.1981x^2+0.9029x+6.0766$（$R^2=0.8090$），随着亚麻象危害指数的增加，胡麻千粒重先增加后略有下降。当亚麻象的危害指数为 2.4367 时，胡麻千粒重最大，达 7.3326g。当亚麻象的危害指数高于 2.5047 时，胡麻千粒重有所下降。

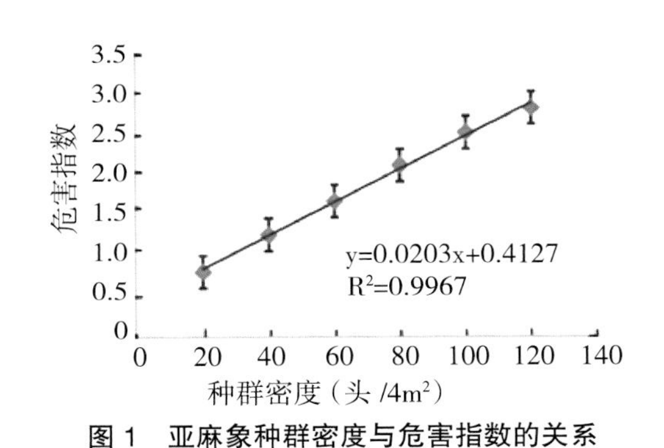

图 1 亚麻象种群密度与危害指数的关系

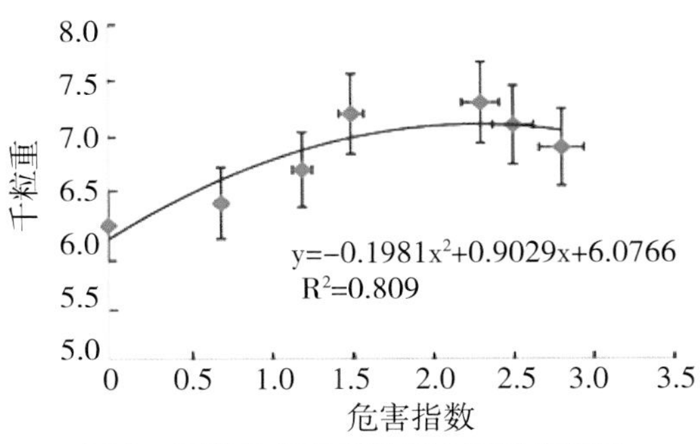

图 2 亚麻象危害指数与千粒重的关系

2.3 胡麻产量最大时亚麻象种群数量模拟结果

由图 3 可知，亚麻象种群密度与小区产量与千粒重都存在良好的二次函数关系。产量与亚麻象种群密度 $Y=-0.0051x^2+0.7277x+86.107$（$R^2=0.8814$），千粒重与亚麻象种群密度 $Y=-0.0001x^2+0.0235x+6.1$（$R^2=0.9144$）。当亚麻象 4m² 种群密度达到 85.6 头时，小区产量最高为 121.532g/m²，当亚麻象 4m² 种群密度达到 74.75 头时，千粒重最高为 7.2363g。

根据图 1、图 2 回归方程计算，亚麻象危害指数为 2.3162 时小区产量最大，根据危害指数与种群密度的回归方程，4m² 田间亚麻象为 92.23 头，亚麻象危害指数为 2.5137 时胡麻千粒重最大，此时4m² 田间亚麻象为 100.01 头，结果与图 3 的分析结果基本一致。

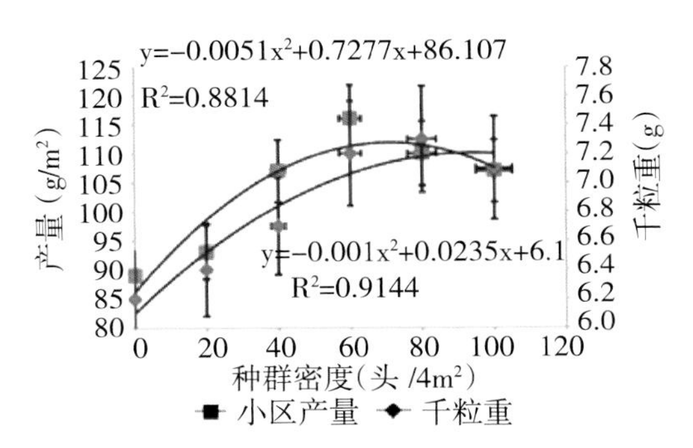

图 3 亚麻象种群密度与小区产量及千粒重的关系

2.4 伤口模拟实验结果

根据危害指数和千粒重的模拟回归方程 $Y=-0.1981x^2+0.9029x+6.0766$（$R^2=0.8090$），计算理论千粒重。根据种群密度与危害指数模拟回归方程 $Y=0.0203x+0.4127$（$R^2=0.9967$），计算伤口模拟试验中的理论种群密度，再依产量与亚麻象种群密度模拟方程 $Y=-0.0051x^2+0.7277x+86.107$（$R^2=0.8814$），计算理论产量；成熟后考种并测产，获得千粒重和小区产量的实测值，对千粒重和产量的实测值与理论值进行 Bonferroni 配对比较显著性检验，p 值分别为 0.0984 和 0.3155，均大于 0.05 的显著水平，说明实测值与理论值差异不显著，拟合度较好。由表 2 可知，随着模拟危害指数上升，胡麻千粒重与产量的实测值与理论值均呈先上升后稍微有所下降的趋势。伤口模拟实验田间危害指数为 2.44 时，实测千粒重达到最高，为 7.24±0.69g；田间模拟危害指数为 2.16 和 2.44 时，理论千粒重最高，分别为 7.10±0.44g 和

7.10±0.55g。伤口模拟实验田间危害指数为2.44时，实测产量最高，为117.53±11.64g/m^2；当模拟危害指数为2.16时理论产量最高为110.96.86±11.21g。

2.5 田间实际产量与模型计算的理论产量的比较

根据危害指数和千粒重的模拟回归方程 $Y=-0.1981x^2+0.9029x+6.0766$（$R^2=0.8090$），计算理论千粒重。根据种群密度与危害指数模拟回归方程 $Y=0.0203x+0.4127$（$R^2=0.9967$），计算理论种群密度，再依产量与亚麻象种群密度模拟方程 $Y=-0.0051x^2+0.7277x+86.107$（$R^2=0.8814$），计算理论产量；成熟期取样考种并测产，获得千粒重和小区产量的实测值，对千粒重和产量的实测值与理论值进行 Bonferroni 配对比较的显著性检验，p 值分别为0.2789和0.5000，均大于0.05的显著水平，说明实测值与理论值差异不显著，拟合度较好。由表3可知，田间亚麻象危害的胡麻田块实际千粒重与实际产量的变化与理论值的变化差异不显著。随着亚麻象危害指数的上升，田间胡麻调查的千粒重先逐渐增加后略有降低，实际产量的变化与千粒重基本一致，都与理论值吻合。田间亚麻象危害指数为1.65时，千粒重与产量都达到最高，分别为7.95±0.63g与125.35±11.34g/m^2。

表2 伤口模拟试验的胡麻产量

模拟操作	模拟危害指数	千粒重(g)	理论千粒重(g)	产量(g/m^2)	理论产量(g/m^2)
1	0.71	6.03 ± 0.43a	6.62 ± 0.33c	96.03 ± 9.43a	95.67 ± 8.22c
2	1.21	6.57 ± 0.54ab	6.88 ± 0.51b	102.05 ± 10.12ab	106.82 ± 7.33a
3	1.57	6.95 ± 0.61bc	7.01 ± 0.17ab	103.32 ± 9.83ab	101.02 ± 9.16a
4	2.16	7.18 ± 0.63d	7.10 ± 0.44a	113.06 ± 11.01bc	110.96.86 ± 11.21a
5	2.44	7.24 ± 0.69c	7.10 ± 0.55a	117.53 ± 11.64c	107.92 ± 10.59a
6	2.73	6.50 ± 0.53ab	7.07 ± 0.49a	109.51 ± 9.74bc	102.72 ± 9.64ab
7	2.84	6.68 ± 0.57bc	7.04 ± 0.29ab	106.06 ± 8.85ab	100.20.53 ± 7.75b
8	2.86	6.71 ± 0.61bc	7.04 ± 0.61ab	105.03 ± 8.84ab	99.71 ± 6.25b

注：数据为3次重复的平均值±标准差，数据后不同字母表示处理间差异显著($P<0.05$)，下表同

表3 田间实际产量与回归模型结果比较

危害指数	实际千粒重(g)	理论千粒重(g)	实际产量(g/m^2)	理论产量(g/m^2)
0.00	6.61 ± 0.29a	6.08 ± 0.29b	84.64 ± 8.94a	69.20 ± 5.26c
0.68	6.63 ± 0.32a	6.60 ± 0.13b	89.90 ± 9.52a	94.80 ± 8.51ab
1.09	6.95 ± 0.24ab	6.80 ± 0.15ab	93.36 ± 7.45ab	104.71 ± 6.59b
1.19	7.18 ± 0.54ab	6.87 ± 0.32ab	91.06 ± 8.03ab	106.49 ± 4.37b
1.29	6.57 ± 0.34a	6.91 ± 0.40ab	92.41 ± 8.93ab	108.03 ± 6.53b
1.65	7.95 ± 0.63c	7.03 ± 0.17a	125.35 ± 11.34c	11.51 ± 6.38a
2.46	7.50 ± 0.53bc	7.10 ± 0.31a	114.97 ± 10.04c	107.62 ± 9.14a
2.73	6.68 ± 0.49a	7.07 ± 0.45a	99.12 ± 9.46b	102.72 ± 11.54a
2.81	7.01 ± 0.36ab	7.05 ± 0.24a	110.82 ± 10.34bc	100.92 ± 10.57a

3 讨论与结论

利用补偿作用来增加作物的生产力,同时进行害虫种群控制,是融合植物生理学、植物保护学和昆虫生态学的理论，已有的植物补偿作用研究主要反映在促进植物的生长量,且大多数研究是关于环境胁迫(温度、水分以及营养)下对植物超补偿作用的诱导,在草地和森林的研究较多。利用植物超补偿作用来提高作物产量,并同时开展害虫的生态控制,理论上可以通过超补偿作用的机理进行解释,但田间试验研究还很少。黎国喜研究认为,轻度水分胁迫不但不会导致水稻减产,产量还比对照增加了3.6%;李树杏研究表明孕穗期受到轻度水分胁迫处理的水稻部分生理特性以及产量性状均获得较好的补偿效应。根据大量的文献,这方面的研究必须重视4个问题: 如何选择合适的研究方法进行超补偿作用的研究? 如何选择害虫及植物生理生态指标并进行观测? 如何由小区试验向大田试验进行转化和推析? 如何对植物的超补偿作用进行准确的定量计算?

本研究在实践上探索了亚麻象诱导胡麻产生补偿作用的虫口密度,为挖掘我国北方地区胡麻的生产潜力,又能科学合理地防控亚麻象的危害提供理论依据。试验研究表明,亚麻象在虫口密度5~30头/m^2下对胡麻的生长均有促进作用,在试验设置的虫口密度下胡麻的千粒重与产量均大于对照无虫条件下的千粒重与产量。小区试验计算得出的回归方程与模拟实验及大田跟踪测产结果拟合度较好,田间亚麻象危害指数为1.65时,千粒重与产量都达到最高,分别为7.95±0.63g与125.35±11.34g/m^2。

杨崇庆,曹秀霞,张炜,陆俊武,钱爱萍,中国油料作物学报,2018,40(1)

胡麻化学除草剂药效试验

胡麻是宁南山区重要的传统油料作物及经济作物,近年来随着对胡麻籽油的保健作用及化工用途的不断认识,其种植面积逐年增加。胡麻田杂草在宁南山区危害严重,杂草种类复杂、地域分布不均,多年来一直采用人工除草的办法进行铲除,费工费时,已经成为制约胡麻大面积生产及提高经济效益的主要因素。通过试验对有关化学除草剂药效、药害及施药浓度进行综合评价,为今后胡麻化学除草提供科学依据。

1 材料和方法

1.1 试验地概况

试验地点选在固原市原州区头营镇水浇地大田进行，前茬辣椒，土壤肥力一般。2008年秋耕，2009年春灌，4月7日播种。种植品种为宁亚17号。

试验田主要杂草有藜、打碗花、刺儿菜、萹蓄、苦苦菜、反枝苋、龙葵、角茴香、稗草、野荞、蒲公英、沙蓬、益母草。

1.2 供试除草剂

40%立清乳油（江苏辉丰农化股份有限公司生产）；56%二甲四氯纳可湿性粉剂（上海迪拜农药有限公司生产）。

1.3 试验方法

试验设40%立清乳油40ml/667m²、60ml/667m²、80ml/667m²3个剂量，56%二甲四氯钠可湿性粉剂70g/667m²、85g/667m²、100g/667m²3个剂量，另设人工除草和不除草（空白对照），共8个处理，每处理重复3次，随机排列，小区面积24m²，用水量30kg/667m²。

胡麻株高10cm左右，杂草2~4叶期，选择无风或微风晴朗天气在早晨施药。按试验浓度采用背负式手动喷雾器均匀喷雾。空白对照小区，在整个胡麻生育期内不进行人工除草。

人工除草小区在胡麻进入枞形期进行除草松土，现蕾阶段进行第二次除草，以后视田间杂草情况，随时拔除。

1.4 调查方法

1.4.1 药效调查施药后1d、3d、7d、10d和15d目测调查杂草伤害症状；药后30d每小区按对角线5点取样，每点1m²，调查3种优势种杂草（黎、龙葵、反枝苋）的株数，与空白对照比较，计算每种杂草的株防效；药后45d按同样方法调3种优势种杂草的株数，称地上部鲜重，与空白对照比较、计算株防效和鲜重防效。计算方法如下：

$$株防效\%=\frac{对照区株数-防治区株数}{对照区株数}\times 100$$

$$鲜重防效\%=\frac{对照区鲜重-防治区鲜重}{对照区鲜重}\times 100$$

1.4.2 安全性调查

施药后1d、3d和7d目测调查胡麻是否发生药害；药后10d每小区按对角线5点取样，每点调查10株，测量株高和鲜重，与对照比较判明药害程度；药后15d调查胡麻生长恢复情况。收获期每小区单独收获、测产，调查药剂及浓度对产量影响效果。

1.4.3 除草剂防效评价

除草剂筛选试验以药剂对杂草的平均药效（同一处理不同重复间药效平均值）为药效评价依据。

1.5 试验数据统计分析方法

除草剂筛选试验株防效和鲜重防效经反正弦转换后进行方差分析和新复极差(SSR)检验。

2 结果与分析

2.1 除草效果

2.1.1 目测调查结果

施药后 1d、3d、7d、10d 和 15d 目测调查结果:40%立清乳油除了对角茴香和稗草影响较轻外,对多数杂草均有不同程度伤害。对藜、打碗花、苦苦菜伤害较重,对刺儿菜、萹蓄、锦葵有中度伤害;56%二甲四氯钠对藜、打碗花有一定伤害,对苦苦菜、反枝苋、龙葵有不同程度伤害,对其他杂草伤害较轻。

2.1.2 防效调查结果

施药后 30d 和 45d 防效调查结果见表 1。

表 1 胡麻田杂草防除效果

药剂名称	计量(g,ml/667m²)	用药后 30 d					用药后 45 d								
		株防效(%)	位次	显著性 5%	显著性 1%		株防效(%)	位次	显著性 5%	显著性 1%	鲜重防效(%)	位次	显著性 5%	显著性 1%	
40% 立清乳油	60	73.54	1	a	A		93.40	2	a	A	99.35	1	a	A	
40% 立清乳油	80	65.31	2	ab	A		94.15	1	a	A	99.26	2	a	A	
40% 立清乳油	40	39.24	3	ab	A		86.05	4	a	AB	98.00	3	a	AB	
56% 二甲四氯钠	85	33.43	4	ab	A		51.21	6	b	B	70.64	5	b	B	
56% 二甲四氯钠	70	27.21	5	b	A		72.03	5	ab	AB	67.31	6	b	B	
56% 二甲四氯钠	100	21.41	6	b	A		88.99	3	a	AB	92.46	4	ab	AB	

试验结果表明(见表 1),施药后 30d 各个处理与对照相比,防除效果在 21.41%~73.54%,较好的是 667m² 立清 60ml,防除效果为 73.54%。667m² 立清 60ml 与二甲四氯钠 70g、100g 有显著性差异。施药后 45d 株防效达到显著水平,防除效果 51.21%~94.15%,较好的是 667m² 立清 60ml、80ml,防除效果为 93.40%、94.15%。667m² 立清 80ml、60ml 与二甲四氯钠 85g 之间有极显著性差异。施药后 45d 鲜重防效达到极显著水平 667m² 立清 60ml、80ml 与二甲四氯钠 70g、85g 之间有着极显著性差异。立清防除效果较好,即每 667m² 立清 60ml、80ml,株防效分别为 93.40%、94.15%;鲜重防效分别为 99.35%、99.26%。

2.2 安全性调查

通过定期观察各药剂及剂量对胡麻的伤害情况发现,立清乳油各个计量在施药后 1d 均出现了不同程度的萎蔫现象,3d 除立清 80ml 仍有轻度萎蔫外,其余处理基本恢复正常。二甲四氯钠施药后 1d 胡麻苗轻度弯曲,3d 二甲四氯钠 70g 出现轻度失绿变形,二甲四氯钠 85g、100g 出现茎叶扭曲变形,7d 二甲四氯钠各计量仍有不同程度茎叶失绿,畸形扭曲,药后 15d 基本恢复。

药后 10d 胡麻鲜重、株高情况见表 2。各药剂及剂量对胡麻株高均有一定程度影响,

40%立清乳油 40ml、60ml、80ml 比空白对照的株高降低 1.50cm、1.34cm、1.20cm;56%二甲四氯钠 70g、85g、100g 比空白对照的株高降低 1.10cm、1.60cm、1.14cm。胡麻鲜重情况反映,40%立清乳油 40ml、60ml、80ml 比空白对照的鲜重降低 0.90g、0.11g、0.20g;56%二甲四氯钠 70g、85g、100g 比空白对照的鲜重降低 0.11g、0.23g、0.23g。可见药剂使胡麻植株产生一定的失水现象,且失水率与浓度成正比。

表 2 药后 10d 胡麻鲜重、株高对照

药剂名称	剂量	鲜重(g)	比空白对照增减 ±(g)	株高(cm)	比空白对照增减 ±(cm)
40% 立清乳油	40ml / 667m²	1.32	−0.09	16.07	−1.50
40% 立清乳油	60ml / 667 m²	1.30	−0.11	16.23	−1.34
40% 立清乳油	80ml / 667m²	1.21	−0.20	16.37	−1.20
56%二甲四氯钠	70g / 667m²	1.30	−0.11	16.47	−1.10
56%二甲四氯钠	85g / 667 m²	1.18	−0.23	15.97	−1.60
56%二甲四氯钠	100g / 667m²	1.18	−0.23	16.43	−1.14
空白(CK)	—	1.41	—	17.57	—

2.3 产量影响

各药剂处理、人工除草及空白对照产量结果见表 3。各处理折合 667m² 产为 134.278~185.269kg,平均数 167.923kg,空白对照的种子产量为 134.278g。各药剂处理相比空白对照均有增产,增幅 18.71~37.97%,40%立清乳油 40ml、60ml、80ml 比空白对照增产 37.97%、32.28%、34.50%,明显高于 56%二甲四氯钠增产幅度。人工除草的种子产量为 170.899kg,比人工除草增产的处理有 40%立清乳油 40ml、60ml、80ml 及 56%二甲四氯钠 85g,增幅2.29%~8.41%。56%二甲四氯钠 70g、100g 相比人工除草减产。

表 3 种子产量结果

处理名称	小区产量(kg)					折合产量	比空白对照增减产		比人工除草增减产		位次
	Ⅰ	Ⅱ	Ⅲ	合计	平均	(kg/667 m²)	±(kg)	±(%)	±(kg)	±(%)	
40%立清乳油 40ml/667m²	6.534	7.200	6.275	20.009	6.670	185.269	50.991	37.97%	14.370	8.41%	1
40%立清乳油 60ml/667m²	6.115	6.705	6.363	19.183	6.394	177.621	43.343	32.28%	6.722	3.93%	3
40%立清乳油 80ml/667m²	6.695	6.330	6.480	19.505	6.502	180.603	46.324	34.50%	9.704	5.68%	2
56%二甲四氯钠 70g/667m²	6.140	5.725	5.350	17.215	5.738	159.399	25.120	18.71%	11.500	6.73%	7
56%二甲四氯钠 85g/667m²	5.890	7.084	5.905	18.879	6.293	174.806	40.528	30.18%	3.907	2.29%	4
56%二甲四氯钠 100g/667m²	5.210	5.780	6.345	17.355	5.778	160.510	26.232	19.54%	10.389	6.08%	6
人工除草	6.045	6.780	5.632	18.457	6.152	170.899	—	—	—	—	5
空白(CK)	4.645	4.737	5.120	14.502	4.834	134.278	—	—	—	—	8
合计	47.274	50.341	47.471	145.085	—	—	—	—	—	—	—
平均	5.909	6.293	5.934	—	6.045	167.923	—	—	—	—	—

种子产量结果经方差分析，处理间差异达极显著水平，种子产量差异新复极差检验结果(见表4)。用5%的差异显著性标准分析，各药剂浓度及人工除草相比空白对照均达到显著水平；40%立清乳油 40ml 相比 56%二甲四氯钠 100g、70g、空白对照增产达到显著水平。用1%的差异显著性标准分析，40%立清乳油 40ml、60ml、80ml、56%二甲四氯钠 85g、人工除草相比空白对照均达到极显著水平。各药剂浓度处理相比人工除草没有显著性差异。

表4 产量差异比较

处理名称	剂量	平均产量（kg）	显著性	
			5%	1%
40%立清乳油	40ml / 667m²	6.6697	a	A
40%立清乳油	80ml/667m²	6.5017	ab	A
40%立清乳油	60ml/667m²	6.3943	ab	A
56%二甲四氯钠	85g667m²	6.2930	ab	A
人工除草	—	6.1523	ab	A
56%二甲四氯钠	100g/667m²	5.7783	b	AB
56%二甲四氯钠	70g/667m²	5.7383	b	AB
空白(CK)	—	4.8340	c	B

2.4 经济效益分析

40%立清乳油 40ml、80ml、60ml 相比空白对照增加产量 50.991kg、46.325kg、43.343kg，增加收入 286.75 元、255.69 元、240.39 元。为第 1、2、3 位。防治效益比第一、第二、第三位是 40%立清乳油 40ml、60ml、80ml，分别为 1:31.86 、1:21.85、1:19.67。40%立清乳油在经济效益上相比 56%二甲四氯钠与人工除草具有非常明显的优势。

表5 胡麻田不同处理除草经济效益分析

药剂名称	剂量	折合产量（kg/667m²）	比对照增产量 ±(kg)	产出（元 /667m²）	投入（元/667m²）	比对照增加产出（元 /667m²）	比对照增加收入（元 /667m²）	防治效益比
40%立清乳油	40ml/667m²	185.269	50.991	1074.56	9	295.75	286.75	1:31.86
40%立清乳油	80ml/667m²	180.603	46.325	1047.50	13	268.69	255.69	1:19.67
40%立清乳油	60ml/667m²	177.621	43.343	1030.20	11	251.39	240.39	1:21.85
56%二甲四氯钠	85g/667m²	174.806	40.528	1013.87	15.63	235.06	219.43	1:14.04
人工除草	—	170.899	36.621	991.21	210	212.40	2.40	1:0.01
56%二甲四氯钠	100g/667m²	160.510	26.232	930.96	17.5	152.15	134.65	1:7.69
56%二甲四氯钠	70g/667m²	159.399	25.121	924.51	13.75	145.70	131.95	1:9.60
空白(CK)	—	134.278	—	778.87	—	—	—	—

注：胡麻价格 5.80 元 /kg；40%立清乳油 5.00 元 / 袋（50ml）；56%二甲四氯钠 5.00 元 / 袋(40g)；人工除草 35.00 元 / 工日(每 667m² 需 6 个工日)；喷药工费 5.00 元 /667m²；防治效益比＝投入:增加收入

3 小结

(1)40%立清乳油对胡麻田杂草具有良好的除草效果，相比二甲四氯钠具有明显优势。

40%立清乳油 60ml/667m² 的株防效与鲜重防效分别达到 93.40%、99.35%，居第一位。并且 40%立清乳油对多数阔叶类杂草均有不同程度伤害,除草范围广、效果明显。

（2）2 种药剂对胡麻苗期生长均有不同程度影响。40%立清乳油对胡麻伤害较轻,且恢复时间短。二甲四氯钠对胡麻伤害较重,易发生药害。

（3）40%立清乳油在种子产量及经济效益上相比二甲四氯钠具有非常明显的优势。40%立清乳油 40ml/667m²、60ml/667m²、80ml/667m² 的经济效益分别为 1∶31.86、1∶21.85、1∶19.67。

（4）40%立清乳油除草范围广、性能稳定、安全性高,可在胡麻生产上推广使用。经统计分析,40%立清乳油 40ml/667m²、60ml/667m²、80ml/667m² 间的除草效果及对产量的影响没有显著性差异,从经济有效原则考虑,建议 40%立清乳油的施用量以 40~60ml/667m² 为宜。

曹秀霞,张炜,万海霞,陕西农业科技,2012(2)

硫包衣尿素在胡麻上的应用效果研究

硫包衣尿素（sulfur-coated urea,SCU）是在尿素外面包裹硫磺,聚合蜡密封剂而制成,这类硫包膜被认为是不透性膜,可以通过微生物、化学和物理的过程缓慢降解,使养分 N 的控、缓释放时间延长,达到使土壤养分供应与作物需要相一致。近几年,中国硫包衣尿素的研制和生产不断取得新成果,在对硫包衣尿素养分释放特征及评价方法方面也有很多文献报道,其应用越来越广泛。旱地胡麻因无灌溉条件无法进行追肥,播种期施用种肥不能满足植株整个生长期内的营养需求往往导致产量偏低。硫包衣尿素可以达到一次施用,长期有效的目的。一直以来速效氮肥在胡麻上的应用研究很多,但缓释氮肥硫包衣尿素在胡麻上的应用研究却未见报道,那么它对胡麻生长及产量会有何影响？本试验以 3 种具有不同缓释期（30d、60d、90d）的硫包衣尿素缓释肥和常规尿素为供试肥料,研究其不同用量在胡麻上的应用效果,以期为此类肥料在胡麻上的合理施用,充分发挥肥料作用,提高胡麻产量提供理论依据。

1 试验设计和方法

1.1 供试材料

硫包衣尿素 SCU 由汉枫集团黑龙江公司生产,共有 3 种,分别是 SCU Ⅰ型（N≥39%，S≥6%）,缓释期 30d;SCU Ⅱ型（N≥37%,S≥10%,缓释期 60d;SCU Ⅲ型（N≥34%,S≥15%,

缓释期 90d;普通尿素(N≥46%)由中国石油天然气股份有限公司宁夏石化分公司生产。供试土壤为宁夏固原近郊旱地耕作层(20cm)土壤;供试胡麻品种为宁亚 19 号;试验用容器为上口径为 28cm,底口径为 20cm,高为 20cm 的塑料桶,底部不留漏水孔。

1.2 试验设计

采用对比试验设计，不设重复。试验共设 6 个处理，分别是纯氮 2.3kg/667m^2、4.6kg/667m^2、10kg/667m^2、15kg/667m^2、20kg/667m^2,以不施肥为对照。其中纯氮 4.6kg/667m^2 处理的氮肥由尿素提供，其他处理氮肥由 3 种规格硫包衣尿素混配提供,SCU Ⅰ、SCU Ⅱ、SCU Ⅲ的混配比例为 3:4:3,各处理代号及肥料用量见表 1。

表 1 试验处理施肥量表

处理	处理代号	纯氮用量(kg/667m^2)	Ⅰ型(N≥39%,S≥6%)9kg 土 / 盆(g)	Ⅱ型(N≥37%,S≥10%)9kg 土 / 盆(g)	Ⅲ型(N≥34%,S≥15%)9kg 土 / 盆(g)
不施氮肥处理	CK	0	0	0	0
缓释肥混配处理 1	SCU2.3	2.3	0.097	0.137	0.112
缓释肥混配处理 2	SCU10	10	0.423	0.594	0.485
缓释肥混配处理 3	SCU15	15	0.634	0.892	0.728
缓释肥混配处理 4	SCU20	20	0.846	1.189	0.970
普通尿素处理	U4.6	4.6	普通尿素(N:46%)0.253g		

1.3 试验方法

本试验采用盆栽法，于 2011 年 11 月在固原市农科所实验室内进行。将试验用土混合过筛装盆,每盆装土 9kg。氮肥施用量按照每亩耕作层(20cm)土壤重量进行换算,然后根据三种规格缓释肥 3:4:3 混配比例进行分配(见表 1)。肥料施用方法为一次性基施,先留出一部分覆盖种子的表土,再将整盆土与肥料充分混匀准备装盆。土装盆前先将灌水用的矿泉水瓶(容积 500ml,带盖,瓶上打 1.5~2.0mm 的 8 个孔,底部 2 个)埋在盆中间,然后装土,最后播种并盖好表土(种子用量为 50 粒/盆)。采用渗灌法每隔 3~5d 进行 1 次控水处理(控制土壤含水率为 18%),生长期各处理管理措施统一按常规栽培要求实施。

1.4 测定项目和分析方法

1.4.1 测定项目

播种后 10d 统计出苗数,计算出苗率并观察胡麻生长情况(是否有烧苗,烧苗症状等)。生育期内记载播种期、出苗期、现蕾期、开花期、成熟期并观察各处理长势情况。在枞形期、现蕾期、盛花期、青果期测定植株高度和叶片数等生长量指标。收获后进行室内考种,测定有效分茎数、单株有效果数、单株粒数、单株粒重、每果粒数、千粒重等产量构成因子。

1.4.2 统计分析

试验数据应用 Excel 2007 软件进行分析。

2 结果与分析

2.1 不同施肥处理对胡麻生育期及出苗率的影响

表 2 生育期及出苗率

处理(折纯氮 kg/667m²)	播种期(月.日)	出苗期(月.日)	现蕾期(月.日)	开花期(月.日)	成熟期(月.日)	生育期(天)	出苗率(%)	长势
CK	11.20	11.25	3.17	3.26	5.31	193	66	中
SCU2.3	11.22	11.26	3.17	3.29	5.31	191	52	中
U4.6	11.22	11.26	3.17	3.29	5.31	191	68	中
SCU10	11.20	11.25	3.17	3.29	5.31	193	70	强
SCU15	11.20	11.25	3.17	3.26	5.31	193	54	中
SCU20	11.20	11.25	3.17	3.29	5.31	193	52	强

由表 2 可知，各处理出苗、现蕾、开花日期基本一致，生育期为 193d，相较大田(90~110d)长 93d 左右，本试验从 11 月下旬开始，光照不足影响了胡麻的生长发育和成熟(全生育期平均温度 16.7℃，平均湿度 30.4%。试验各处理出苗率为 52%~70%，没有明显差异，经观察均未出现烧苗。生长过程中多次对比观察各处理胡麻长势认为处理 SCU10、SCU20 长势较好，其他处理差别不大。

2.2 不同施肥处理对胡麻株高、叶片数及单株干重的影响

从表 3 的数据看各施氮处理株高为，枞形期，SCU10，SCU20 植株株高略大于 CK，其他各处理与 CK 差别不大。现蕾期和盛花期，除 SCU2.3 略小于 CK 外，其他各处理株高均大于 CK，比对照高 0.94%~12.88%，且呈现出 SCU15≥SCU10>U4.6>SCU20>CK 的变化。青果期，各处理株高均大于 CK，较对照高 2.13%~6.50%，但彼此之间没有明显差异。各施氮处理叶片数为，枞形期，U4.6 处理植株叶片数偏小，其他各处理与 CK 没有明显差别。现蕾期和盛花期，SCU2.3 与 CK 差别不大，其他各处理叶片数均大于 CK，较之多 25~40 片。各处理枞形期至盛花期叶片数净增长的大小顺序为 U4.6 (183)>SCU15 (173)≥ SCU10 (170)>SCU20(160)>SCU2.3(144)>CK(135)，较对照多 6.55%~35.85%。各施氮处理单株干重大小顺序为 SCU15>SCU20>SCU10>U4.6>SCU2.3>CK，较对照增加 33.92%~120.50%。

表 3 不同处理在不同时期株高和叶片数

处理(折纯氮 kg/667m²)	枞形期		现蕾期		盛花期		青果期	
	株高(cm)	叶片数(片)	株高(cm)	叶片数(片)	株高(cm)	叶片数(片)	株高(cm)	单株干重(g)
CK	12.8	27.8	50.9	145.7	63.9	162.7	66.6	0.506
SCU2.3	11.1	25.3	46.5	138.7	62.6	169.0	68.0	0.677
U4.6	11.2	19.8	54.8	169.0	71.8	203.0	72.5	0.683
SCU10	14.5	30.0	55.9	177.3	68.8	200.3	73.3	0.857
SCU15	11.4	27.5	55.7	175.3	72.1	200.0	73.0	1.115
SCU20	13.0	28.0	51.4	164.0	64.5	188.0	72.6	1.025

综上可知,除处理SCU20外其他各处理叶片数净增长量、单株干重随施氮量的增加逐渐增大,说明一定量的硫包衣尿素(纯氮2.3~15kg/667m²)对胡麻生长及干物质积累具有促进作用。处理SCU20的叶片数、单株干重均小于处理SCU15,甚至SCU10,原因可能是施氮量过大对胡麻生长产生了负面影响。从表中可知U4.6(尿素10kg/667m²)与SCU2.3(尿素5kg/667m²)的单株干重差别不大,在施氮量减少50%的情况下,缓释氮肥硫包衣尿素物质积累量与普通尿素处理没有明显差别,可见硫包衣尿素有助于胡麻干物质的积累,原因可能是提高了氮肥的利用率。

2.3 不同施肥处理胡麻农艺性状

从表4可以看出,硫包衣尿素有助于胡麻植株有效分茎的产生,各处理除U4.6和SCU2.3外,其他有效分茎数均多于CK。试验各处理有效分枝2.0~3.1个,每果平均粒数6.2~7.8粒,千粒重6.24~6.67g,与CK均没有明显差别。各处理有效结果数3.6~7.4个,单株平均粒数13.56~27.84粒,单株产量0.0904~0.1737g,较CK分别增加19.75%~145.61%、15.09%~136.40%、28.42%~146.81%。除处理SCU20,各处理有效结果数、单株平均粒数、单株产量呈现出随施氮量的增加逐渐增大的变化趋势,硫包衣尿素能够提高胡麻产量构成因素 进而增加产量,尤其是处理SCU10、SCU15、SCU20,增产率分别达到了101.99%、146.81%、105.77%,可以看出在旱地土壤条件下施用缓释氮肥有明显的肥效。处理SCU20的有效结果数、单株平均粒数及单株产量低于SCU15,可能是施氮量过大产生了负面作用。值得注意的是普通尿素U4.6与减量50%处理SCU2.3和的有效分枝数、有效结果数、千粒重、单株平均粒数没有明显差异,产量数据也没有明显差异。从试验结果来看,在施氮量减少50%的情况下,硫包衣尿素仍可以达到与普通尿素相当的产量水平,说明硫包衣尿素比普通尿素能更有效地为胡麻生长提供氮肥营养,促进胡麻分枝结果,提高产量。

表4 不同施肥处理对胡麻农艺性状的影响

处理(折纯氮 kg/667m²)	有效分茎数(个)	有效分枝数(个)	有效结果数(个)	每果平均粒数(粒)	千粒重(g)	单株平均粒数(粒)	单株产量(g)	较CK增产%
CK	0.0	1.8	3.0	6.5	5.97	11.78	0.0704	—
SCU2.3	0.1	2.1	3.6	7.6	6.67	13.56	0.0904	28.42
U4.6	0.0	2.4	3.9	6.2	6.26	15.11	0.0946	34.49
SCU10	0.6	2.0	5.0	7.2	6.57	21.64	0.1421	101.99
SCU15	0.4	3.1	7.4	6.3	6.24	27.84	0.1737	146.81
SCU20	0.7	2.6	6.4	7.8	6.34	22.84	0.1448	105.77

3 小结

(1)试验研究结果表明,在胡麻上使用硫包衣尿素对胡麻生育期、出苗率没有影响,无烧苗现象。一定量(纯氮2.3~15kg/667m²)的硫包衣尿素对胡麻生长及产量提升具有促进作用,表现为随施氮量的增加,单株干重、有效结果数、单株平均粒数、单株产量逐渐增大。与对照相比，各处理单株干重增加33.92%~120.50%，单株产量增加28.42%~146.81%。

（2）与普通尿素U4.6相比，处理SCU2.3在纯氮用量减少50%的情况下2个处理单株干重、有效分枝数、有效结果数、千粒重、单株平 均粒数、单株产量没有明显差异，硫包衣尿素有助于胡麻干物质的积累，提高了产量构成因素。由于硫包衣尿素可以使养分N的控、缓释放时间延长，一次施肥能更持久地满足胡麻生育期对氮素的需求，将会减少施肥次数，简化生产程序。

万海霞，安维太，曹秀霞，科技视野，2013(35)

色板在防治胡麻地害虫上的使用方法研究

色板是根据害虫趋性，将对其颜色有趋性的害虫引诱来，利用其表面的无公害粘虫胶将其粘住，从而起到防治害虫的作用。色板诱杀技术具有成本低、操作简单，能有效减少杀虫剂的使用和延缓害虫的抗药性等优点，目前已经是一种很重要的监测和防治手段，广泛运用于田间和温室中。一些试验证明色板的放置高度、悬挂方向会对害虫的诱集效果产生影响，如王书凤报道黄板诱集大棚蔬菜蚜虫的适合高度为高出蔬菜植株顶端32~40cm；李锋等研究发现枸杞蓟马的垂直活动习性以树冠距地面140cm高处最强；花蕾等发现不同色板摆放的方向对牛角花齿蓟马诱集量有明显差异，面向西的色板诱集量显著高于面向东的色板；宫亚军等报道，悬挂诱虫板东、西、南、北4个方向中，南向诱集烟粉虱数量最多。

通过调查发现色板诱集到的主要害虫类群是蓟马和潜叶蝇，其数量可分别占诱集昆虫总量的78.69%~83.34%和15.69%~18.59%。由于2013年阴雨天气多，气温低等气候条件的影响，蚜虫发生数量少，但往年观察发现它也是胡麻田间一种主要害虫，因此有必要对其活动规律进行观察研究。因此，该试验选择胡麻地蚜虫、蓟马、潜叶蝇3种主要害虫为调查对象，根据害虫活动特点，比较研究了色板不同悬挂高度、不同悬挂方向诱集3种害虫的效果，以期为有效利用色板进行胡麻无公害生产提供依据。

1 材料与方法

1.1 试验材料

以蚜虫、蓟马、潜叶蝇3种胡麻地重要害虫为调查对象；供试色板为PVC粘虫板，河南汤阴县佳多科工贸公司生产，规格24cm×20cm。

1.2 试验方法

试验在宁夏固原市头营科研基地胡麻试验田进行。

1.2.1 色板不同悬挂方向诱集 3 种害虫的效果比较

选择黄、蓝 2 种颜色的色板进行不同悬挂方向的试验，设 3 个处理，分别为东西方向（朝东背西）、南北方向（朝南背北）、东南方向（与地块南北方向成 45°角，东南为正），3 次重复，2 种颜色共 18 张色板，不设对照。色板随机排列，等间距放置（每 2 个相隔约 3m），采用悬挂诱集法（色板中间穿孔，用铁丝固定在 PVC 管上），色板下沿统一距地面 60cm。于 7 月 3 日挂板（胡麻初花期），14d 后（由于阴雨天气影响，延长了处理时间）调查记录并统计各处理色板上的蚜虫、蓟马和潜叶蝇虫口总数。

1.2.2 色板不同悬挂高度诱集 3 种害虫的效果比较

选择黄色色板进行田间不同高度的悬挂试验，以色板下边缘距地面高度为准，共设 3 个处理，分别为 55cm（植株顶端以下）、60cm（与植株顶端齐平）、70cm（高于植株顶端），3 次重复，不设对照。色板等间距放置（每 2 个相隔 3m 左右），采用悬挂诱集法（色板中间穿孔，用铁丝固定在 PVC 管上），统一朝南背北方向进行悬挂，即南面为正面。于7月 21 日挂板，9d 后（由于阴雨天气影响，延长了处理时间）调查记录并统计各处理色板上的蚜虫、蓟马和潜叶蝇虫口总数。

1.3 数据分析

试验数据采用 DPS 7.05 数据处理系统进行分析，多重比较采用邓肯氏新复极差法分析。

2 结果与分析

2.1 色板不同悬挂方向诱集 3 种害虫的效果比较

由图 1 可知，黄板和蓝板诱集蚜虫，东西方向、南北方向及东南方向诱集数量差别不大，方差分析表明各处理间均无显著性差异。

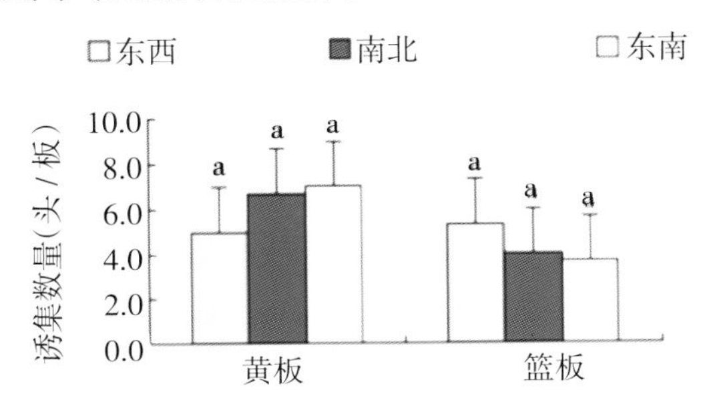

注：不同小写字母表示在 5% 水平差异显著，下同

图 1 2 种色板不同悬挂方向诱集蚜虫效果比较

由图 2 可知，2 种色板诱集蓟马，黄板面向南北方向和面向东南方向诱集数量均显著地高于面向东西方向（df=2，6，F=4.98，P<0.05），分别较东西方向多 48.4%、42.6%，但二者间无显著差异。蓝板在 3 个悬挂方向下诱集蓟马数量无显著性差异，可能是其诱集蓟马种类与黄板不同。

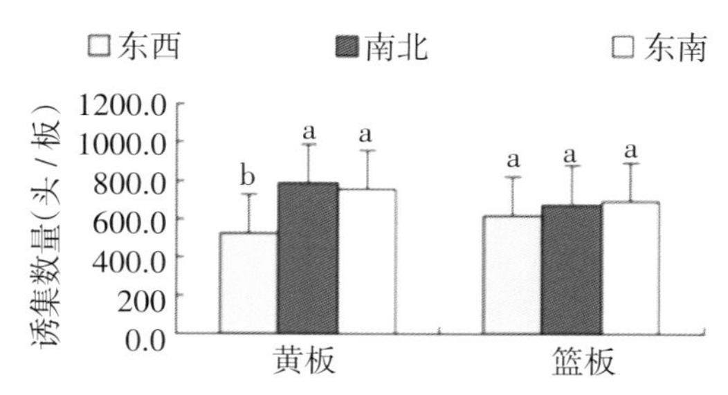

图2　2种色板不同悬挂方向诱集蓟马效果比较

由图3可知,2种色板在不同悬挂方向下诱集潜叶蝇,黄板面向南北和东南方向悬挂诱集数量显著高于面向东西方向(df=2,6,F=11.49,P<0.05),分别较东西方向多26.9%、29.0%。蓝板在3个悬挂方向下诱集数量无显著性差异,可能是潜叶蝇对蓝板的趋向性不强。

2.2 色板不同悬挂高度诱集3种害虫的效果比较

由图4可知,黄色色板在70cm高度诱集蚜虫最多,其次是60cm高度,但二者无显著差异。在55cm高度诱集蚜虫数量最少,显著低于60cm高度和70cm高度(df=2,6,F=19.5,P<0.05)。

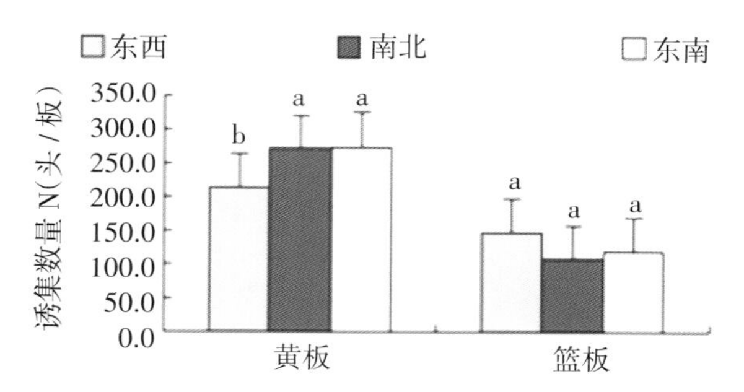

图3　2种色板不同悬挂方向诱集潜叶蝇效果比较

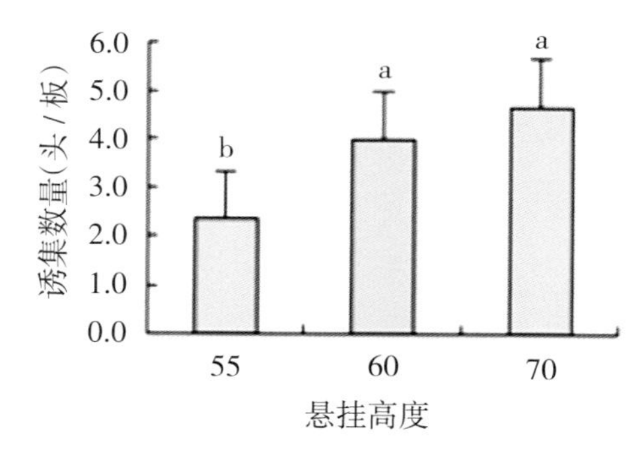

图4　黄色色板在不同高度下诱集蚜虫的效果比较

由图5可知,黄色色板在不同悬挂高度下诱集蓟马数量由多到少依次为55cm>60cm>70cm,诱集量分别为201头/板、174头/板、154头/板,呈现随高度增加诱集数量减少的变化趋势。3种高度下诱集的蓟马数量均差异显著(df=2,6,F=112.08,P<0.05)。说明胡麻地蓟马主要分布于胡麻植株中上部,垂直活动时以近距离活动为主。

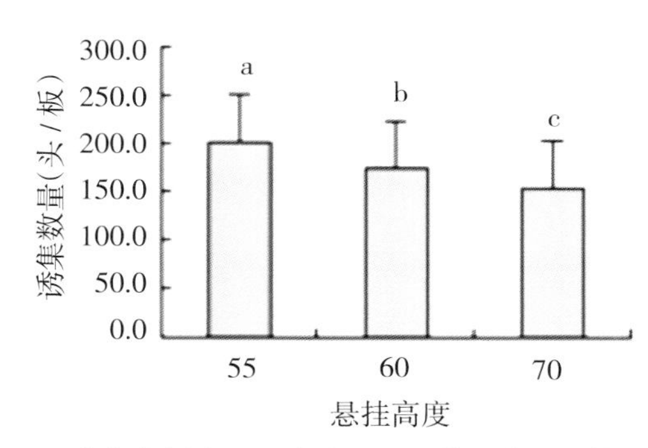

图 5　黄色色板在不同高度下诱集蓟马效果比较

由图 6 可知，黄色色板在 60cm 高度诱集潜叶蝇数量最多，显著高于 70cm 高度和 55cm 高度（df=2，6，F= 19.85，P<0.05）。其次为 70cm 高度，与 55cm 高度诱集数量差异也显著。可以看出潜叶蝇成虫活动区域在寄主植物顶端。

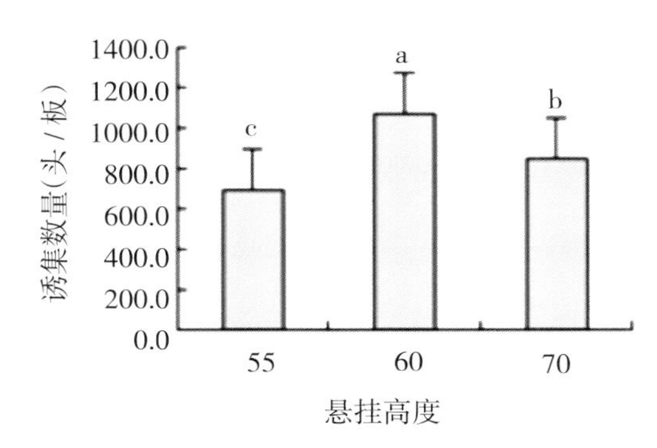

图 6　黄色色板在不同高度下诱集潜叶蝇效果比较

3　结论与讨论

风速和风向对蚜虫迁飞的路径有极大的影响。刘向东等研究发现彩斑蚜（The-rioaphistrifolii）的迁飞方向，在刮单向风时期在向风和蚜虫飞行路径上，粘到的蚜虫占总蚜量的 95%，而在风向不断变化时期所有粘虫板上均能捕获到蚜虫，并且数量上也无差异。通过在不同方向悬挂色板，发现黄板和蓝板无论面向东西、南北或是东南方向诱集蚜虫数量差异不大，这可能是由于试验进行时都是无风晴朗天气，加之田间蚜虫种群密度低引起的。黄色色板悬挂于南北和东南方向时诱集的胡麻地蓟马、潜叶蝇数量显著大于东西方向，分析原因可能是由胡麻地蓟马、潜叶蝇对光亮度的趋向性引起的，具体原因还有待于进一步的试验研究。因此在利用色板进行物理防治时，对于蚜虫应根据当地的风向采用与风向一致的悬挂，对于蓟马和潜叶蝇应向南北方向进行悬挂。

通过在不同高度设置色板，发现蚜虫在离地面 70cm 高度被诱集数量最多。蚜虫近距离扩散行为多在低空飞行，远距离的迁飞可达到大气边界层。该试验进行时胡麻平均株高约 60cm，处于青果期，有翅蚜需要迁飞寻找新的寄主，飞出胡麻顶端有利于迁飞扩散，但高于

70cm 能否诱集更多蚜虫有待更进一步的试验来确定。胡麻地蓟马的垂直活动习性以色板距地面 55cm 处最强，即植株的中上层最强，与其在胡麻植株上的垂直分布情况有关，蓟马进行垂直活动时，以近距离活动为主，较少进行远距离活动，因此利用色板进行胡麻地蓟马种群控制时，应将色板悬于植株中上层位置，以获得最佳控制效果。潜叶蝇成虫在色板距地面 60cm 处被诱集数量最多，即在植株的顶端活动最强，潜叶蝇成虫飞行距离短，多在寄主植物上吸食花蜜和水分。袁红银等研究发现，豌豆潜叶蝇在豌豆植株上垂直分布情况为幼虫主要分布于豌豆中部，蛹主要分布于中、下部，而分布于上部的潜叶蝇几乎都是幼虫，可见潜叶蝇成虫主要活动区域在植株顶端位置，进行胡麻地潜叶蝇种群控制时应将色板悬于与植株顶端齐平位置。

万海霞，陆俊武，杨崇庆，北方园艺，2014(05)

色板在胡麻害虫监测中的应用效果

蚜虫、蓟马、潜叶蝇是近年来宁夏南部地区为害胡麻的主要害虫。其为害造成胡麻生长不良，产量下降。利用色板诱集害虫的方法因操作简便、成本低廉，且不易受外界因素干扰等优点。目前已成为重要的监测和防治手段，被广泛应用于大田和温室中。农业上利用黄板对蚜虫、潜叶蝇等害虫进行诱杀具有良好的控制效果。在非洲南部，用 PVC 黄卡来估测和防治田间的柑橘蓟马(*Scirtothrips aurantii*)。在胡麻地中使用色板进行害虫控制或监测尚未见报道。笔者在 2012 年黄、蓝、淡蓝、绿、红、白、紫、粉、灰、黑 10 种颜色色板诱虫试验的基础上，从中筛选出黄、蓝、白 3 种诱集效果较好的色板，开展了对胡麻上蚜虫、蓟马、潜叶蝇的诱集效果研究。利用 3 种颜色色板测定了 3 种害虫对色彩的趋性差异，并跟踪田间种群动态变化，旨在为胡麻主要害虫的预测预报提供参考。

1 材料与方法

1.1 试验设计与方法

于 2013 年 6—8 月在宁夏固原市头营科研基地胡麻田进行。按黄、蓝、白 3 种不同颜色 PVC 粘虫板(规格为 24cmx20cm，河南汤阴县佳多科工贸公司生产)设 3 个处理，重复 6 次，小区面积 140m^2，色板放置密度为 30 张/667m^2。各小区随机排列，每种颜色色板分 2 行等间距放置。色板用 PVC 管支撑垂直固定在胡麻地上，色板下沿距地面 60cm，统一朝东西方向，正面朝东面。另设不安放色板、不进行任何防治的空白对照田。

1.2 诱集效果调查

从6月14日挂板直到收获前，10~12d更换1次色板，遇到大风或雨天时，调查日期向后顺延，并对诱集到的害虫和天敌分别进行统计。

1.3 数据分析

试验数据采用DPS 7.05软件进行方差分析，用Duncan氏新复极差法比较差异显著性。

2 结果与分析

蚜虫、蓟马、潜叶蝇是近几年胡麻地中发生的主要害虫。2013年由于气候影响，虽然数量不多，分别占害虫总数的8.13%、11.58%和34.69%，但对胡麻生产仍然有一定影响，因此本试验仍以这3种害虫作为靶标对象。

2.1 不同颜色色板的诱集效果比较

2.1.1 蚜虫

调查结果(见图1)显示，6月24日，3种色板中只有黄板诱集到了蚜虫，数量很少。7月3日，3种色板诱集数量多少依次为白板>黄板>蓝板，三者差异显著($df=2, F=14.99, P<0.05$)。白、黄板分别较蓝板高34.0%和18.9%。7月13日和30日，3种色板间差异均不显著，可能是田间蚜虫种群密度下降所致(7月3日田间蚜虫种群密度达45头/百株，7月3日之后只有0~13头/百株)。可见，黄板和白板诱集蚜虫效果较好，蓝板最差。

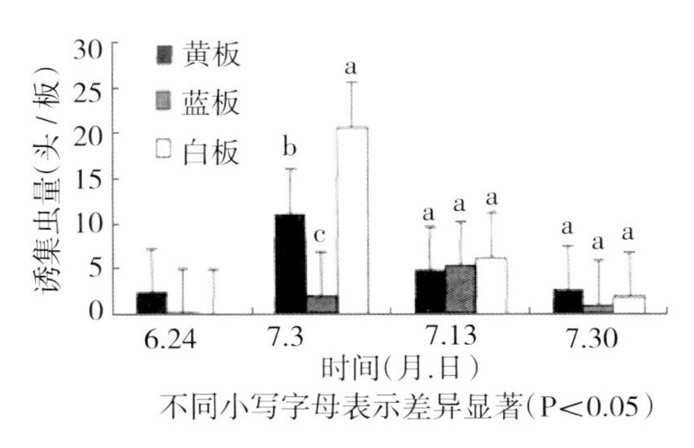

不同小写字母表示差异显著($P<0.05$)

图1 不同颜色色板诱集蚜虫数量变化

2.1.2 蓟马

调查结果(见图2)显示，6月24日，蓝板和白板诱集效果显著好于黄板($df=2, F=6.33, P<0.05$)，分别高出黄板25.3%、34.4%，蓝板和白板之间差异不显著。7月3日，蓝板诱集数量最少，但三者之间差异不显著。7月13日，白板诱集效果显著好于黄、蓝板($df=2, F=17.25, P<0.05$)，较黄、蓝板分别高出46.2%，37.1%，黄、蓝板间差异不显著。7月30日，蓝板诱集效果好于黄、白板，较二者分别高出36.7%和27.7%，且差异显著，黄、白板间差异不显著。3种色板诱集蓟马4次调查显示的结果不太一致，综合来看蓝板和白板诱集效果相对较好。

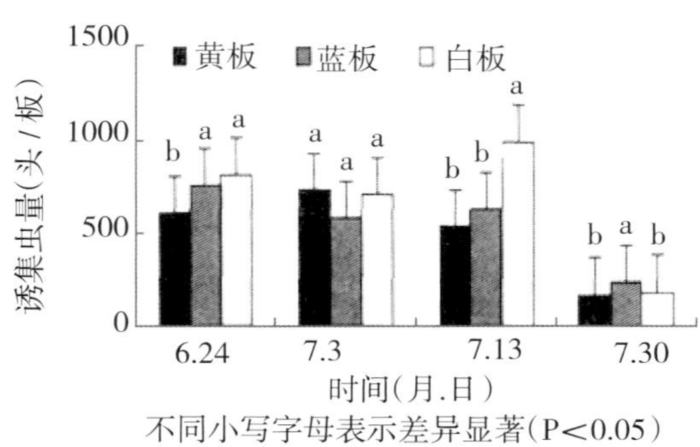

图 2　不同颜色色板诱集蓟马数量变化

2.1.3 潜叶蝇

调查结果(见图 3)显示,6 月 24 日,3 种色板中蓝板诱集潜叶蝇数量最多,显著高于黄、白板,黄板和白板间差异不显著(df=2,F=6.76,P<0.05)。7 月 3 日、13 日和 30 日,黄板诱集潜叶蝇数量最多,显著高于蓝板和白板,蓝板显著高于白板。可见,黄板在 3 种色板中对潜叶蝇的诱集效果最好,且作用稳定,其他依次为蓝板,白板。

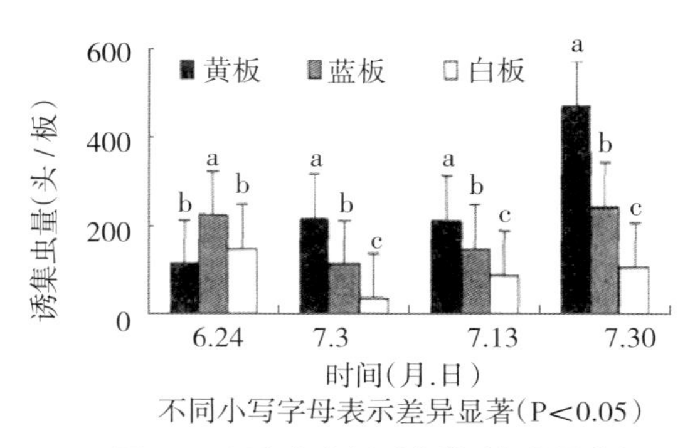

图 3　不同颜色色板诱集潜叶蝇数量变化

2.2 色板对害虫种群动态的监测结果

2.2.1 蚜虫

蚜虫通常有无翅蚜和有翅蚜 2 种生活形态,田间调查通常是无翅蚜形态,色板诱捕的蚜虫是有翅蚜。由图 4 可知,田间蚜虫数量随胡麻生育期的发展呈先升后降的趋势。在 7 月 3 日达到最高峰,之后数量逐渐减少,直至几乎找不到蚜虫。6 月 14—24 日胡麻处于枞形期向孕蕾期的过渡阶段,蚜虫刚开始迁入,数量不多。随着气温升高,光照增强,胡麻进人初花期,蚜虫数量迅速上升,7 月 3 日蚜虫量达到最大,与 6 月 24 日结果差异显著。7 月 3—17 日连续阴雨,盛花期在雨中度过,气温、光照减弱,蚜虫数量减少。7 月 17—30 日间隔阴雨、晴天,胡麻植株老熟,蚜虫食物营养恶化,数量迅速减少甚至找不到蚜虫。

蚜虫迁飞有其生理生态基础,寄主营养、蚜群拥挤度、天敌以及气候条件是刺激有翅蚜产生的主要因素。由图 4 看出,3 种色板诱捕蚜虫数量除蓝板略有不同外,黄、白板诱捕数量与田间蚜虫消长情况基本一致。6 月 24 日—7 月 3 日,有翅蚜和无翅蚜均呈现增长趋势,可能与无翅蚜种群密度及天敌有关。吕利华等研究发现,大豆蚜无翅蚜产生有翅蚜与胎生成蚜个体间的拥挤有关。在低密度下拥挤反应随密度增大而增强。胡麻地无翅蚜产生有翅蚜可能是田间无翅蚜数量急剧增多、个体间密度增大导致。天敌对有些蚜虫的有翅蚜产生有正的诱导作用。田间调查显示，瓢虫数量同样在7月3日达到最大，为7.13头/复网，亚麻蚜有翅蚜的增多也可能与天敌瓢虫的正的诱导作用有关。7月3日之后有翅蚜数量逐渐减少是因为阴雨天气增多，外部环境恶化，不利于有翅蚜的产生及迁飞。

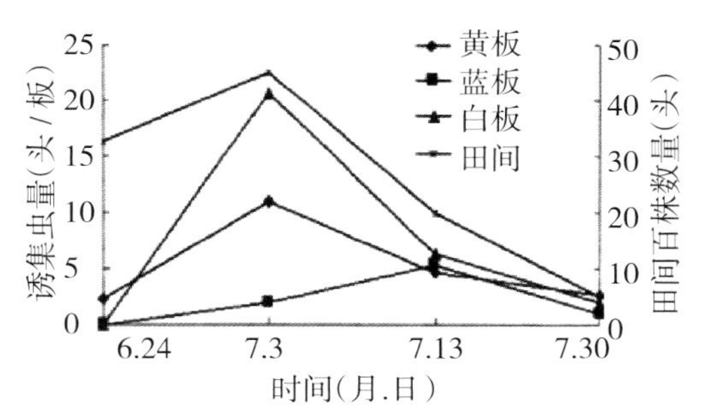

图4　3色板诱集蚜虫数量与田间蚜虫种群数量的相关性

可见，黄板、蓝板、白板上蚜虫虫量与田间种群变化有不同程度的相关性。黄板和白板能较好地反映田间蚜虫消长变化与田间蚜虫种群动态相关性。经分析，其相关系数分别为0.7103、-0.1045、0.6696。生产中可以优先考虑选择黄、白板对胡麻地蚜虫种群变化进行监测，进而开展预测预报。

2.2.2 蓟马

由图5可知，胡麻田间蓟马数量变化随胡麻生育期的发展先增后降，在7月3日达最高峰，与其他各期数量差异显著，随后迅速减少。蓟马喜温暖、干旱的天气，湿度过大不能存活。6月24日—7月3日，胡麻处于孕蕾期到初花期的过渡阶段，气候适宜，蓟马数量迅速增加，7月3—17日连续阴雨，虽然胡麻进入开花期，但由于田间湿度大，气温低，蓟马种群数量急剧下降。7月17—30日间隔阴雨、晴天，胡麻进入青果期，蓟马数量继续减少，盛花期与青果期结果差异不显著。

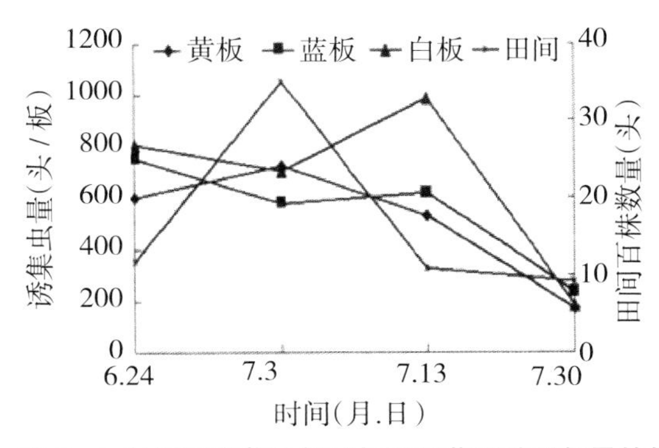

图5　3色板诱集蓟马数量与田间蓟马种群数量的相关性

从图5还可以看出，黄板诱集蓟马数量随胡麻生育期的发展趋势与田间蓟马种群变化一致。在 7 月 3 日达到最高峰,与除 6 月 24 日外的其他结果差异显著。蓝板诱集蓟马数量随胡麻生育期发展持续减少,各期数量差异不显著。白板诱集蓟马数量先降后升,在 7 月 17 日达到最高峰,与其他各期数量差异均显著。白板显示蓟马种群高峰期延后可能是不同种类蓟马混合发生、白板诱集力强等原因造成。

3 种色板中黄板诱集蓟马数量变化与田间蓟马种群动态相关性最好。经分析黄板、蓝板、白板诱集蓟马数量变化与田间蓟马种群动态的相关系数分别为 0.6754、0.1802、0.1391。生产中可优先考虑选择黄板对胡麻地蓟马发生动态进行监测,开展预测预报。

2.2.3 潜叶蝇

由图 6 可知,田间潜叶蝇数量随胡麻生育期的发展先降后缓慢上升。6 月 24 日为第一高峰期,与其他各期数量差异显著。潜叶蝇有较强的耐寒力,不耐高温,生长、发育和繁殖适宜偏低的温度。胡麻 5 月中旬进入苗期,潜叶蝇成虫开始产卵,6 月 14 日处于枞形期,温度适宜潜叶蝇发育,田间观察胡麻叶片上的潜叶蝇大都处在踊期,经 10d 左右发育进人成虫期,至 6 月 24 日迎来第一高峰期,与其他各期结果差异显著,之后随气温升高等环境因子变化,羽化成虫迁移扩散,数量急剧减少。7 月 3—30 日,间隔阴雨和少量的晴天,气温不高,第 2 代卵发育,潜叶蝇数量逐渐增多,至 7 月 30 日达 2.2 头/复网。

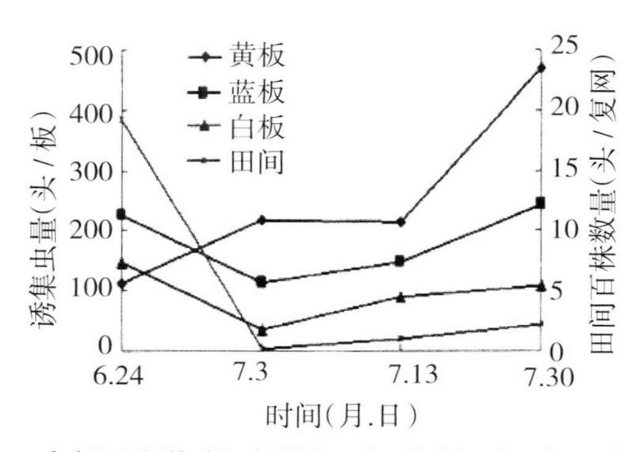

图 6　3 色板诱集潜叶蝇数量与田间潜叶蝇种群数量的相关性

蓝板、白板诱集潜叶蝇数量随生育期的发展先减少后增加,与田间潜叶蝇种群数量变化一致。在 6 月 24 日达到第一高峰,后经过短暂下降又开始增加,两种色板高峰期诱集的数量与 7 月 3 日均差异显著。蓝板在 7 月 30 日诱集潜叶蝇数量最多,与 6 月 24 日结果差异不显著。白板在 7 月 30 日诱集潜叶蝇数量低于 6 月 24 日第一高峰,两者间差异显著。黄板诱集潜叶蝇数量随生育期的发展逐渐增多,至 7 月 30 日达到最大,出现这种现象的原因可能是黄板诱集效果强,加之潜叶蝇存在部分世代重叠。

3 种色板中白板诱集的潜叶蝇数量变化与田间种群动态变化相关性最好。经分析,黄板、蓝板、白板诱集潜叶蝇数量变化与田间潜叶蝇种群动态的相关系数分别为-0.5488、0.5440、0.8010。生产中可优先选择白板对胡麻田潜叶蝇的暴发进行预测预报。

3 结论与讨论

许多农业害虫都会对某一种或几种颜色具有一定的趋性，明确害虫的这个习性有助于更好地监测和防治害虫。目前世界上已有不少国家利用粘虫板诱捕调查害虫的发生，监测种群数量动态，开展预测预报。特别是在保护地栽培中，已经大量使用粘虫板来防治蚜虫、粉虱、潜叶蝇、蓟马等害虫。

通过本次试验，发现黄板和白板对蚜虫诱集效果好，可以用于监测和防治蚜虫。有类似试验指出，黄色对桃蚜引诱作用最强，在枣树上蚜虫最喜欢黄色，其次是绿色。对蚜虫的诱集效果表现突出的色板不尽相同，可能是寄主不同引起的。另外，黄板和白板诱集的蚜虫数量变化与田间蚜虫种群动态相关性较好，生产中可优先考虑选择黄板和白板监测胡麻地蚜虫种群动态，开展预测预报。

蓟马在田间经常混合发生，不同种类的蓟马对不同颜色色板趋性有差异。4 次诱集蓟马的结果不太一致，虽然蓝板和白板相对较好，但未表现出蓟马对某一种颜色特别地偏好，可能是诱集蓟马的种类不同。如花蕾等研究发现烟蓟马和花蓟马对蓝色的趋性最强，牛角花齿蓟马 *Odontothrips loti* 对绿色、黄色的趋性较强。有报道指出，黄色色板诱集的西花蓟马和康乃馨上西花蓟马种群动态相关性最高，可用黄色色板对西花蓟马进行预测预报。本试验发现黄板诱集的蓟马数量变化与胡麻地蓟马种群动态相关度最好。因此，在生产中可优先选择黄板对胡麻地蓟马种群进行监测，开展预测预报。

本试验还发现，潜叶蝇对黄板趋性最强，且作用稳定，这与目前的一些报道一致。如何海军等报道，水稻潜叶蝇对黄色和白色具有强的趋向性，菜豆田潜叶蝇对黄色、绿色有强的趋性。因此，可利用黄板对胡麻地潜叶蝇进行诱杀控制。在加拿大，Graeme 利用黄色粘虫板监测菊花潜叶蝇(*Liriomyzαtri olii*)本研究发现黄、白、蓝 3 种色板中白板反映的潜叶蝇数量变化与田间种群动态变化相关性最高。生产中可优先考虑选择白板监测胡麻田潜叶蝇种群动态。

色板诱捕技术作为有害生物综合治理的一种辅助手段，效果显著。有试验指出，银灰色色板对菜豆地蚜虫、潜叶蝇的防效可分别达 70.34%、66.67%。本研究中色板对胡麻地蚜虫、蓟马和潜叶蝇的诱集作用也从另一方面说明其具有一定的防治效果，但受害虫种群数量和天气状况影响很大，具体防效需进一步开展试验进行研究。

万海霞，杨崇庆，张国辉，张新学，安维太，中国植保导刊，2015(1)

杀虫剂对亚麻蚜的毒力测定及田间药效试验

亚麻蚜(*Yamaphis yamana Chang*),是宁夏胡麻主产区的主要害虫,若虫和成虫取食胡麻幼嫩叶片中的汁液,常使植株枝叶萎缩,叶茎满布蜜露和虫体,严重时胡麻生长点叶片和花蕾萎蔫干枯,危害可以持续到开花初期。由于其在危害期繁殖快,数量多,常造成胡麻减产20%~50%。一直以来,化学防治是主要的防治措施,目前在生产中应用的杀虫剂种类多而繁杂,而市场上新型杀虫剂层出不穷,防治效果也不尽相同,该试验选择了目前市场上评价较好的包括几种新开发杀虫剂在内的9种杀虫剂,通过对亚麻蚜的室内毒力测定和田间药效试验,以期选择安全高效的化学杀虫剂在生产中推广应用。

1 材料与方法

1.1 供试材料

1.1.1 供试虫源

在胡麻田蚜虫危害期,从田间采集蚜虫,经鉴定是亚麻蚜后,在网盆中饲养3代,取健壮的无翅成蚜供毒力测定。

1.1.2 供试药剂

5%啶虫脒乳油(招远市金虹精细化工有限公司生产)、10%高效氯氟氰菊酯水乳剂(江西辉丰农化股份有限公司生产)、4.5%高效氯氰菊酯水乳剂(江西辉丰农化股份有限公司生产)、1.8%阿维菌素乳油(华北制药集团爱诺有限公司生产)、40%毒死蜱乳油(江苏苏州佳辉化工有限公司生产)、77.5%敌敌畏乳油 (湖北沙隆达股份有限公司生产)、5%来福灵水乳剂(北京华益金农科技有限公司生产)、40%氧化乐果乳油(北京华益金农科技有限公司生产)、40%辛硫磷乳油(北京华益金农科技有限公司生产)。

1.2 试验方法

1.2.1 毒力测定试验方法

亚麻蚜的毒力测定采用FAO推荐的点滴法,具体操作参照中华人民共和国农业行业标准NY/T1154.1-2006进行。步骤如下:先将1.1.2中的药剂各稀释配制成7个系列浓度,并设清水作空白对照。剪取胡麻植株的上半部分(距植株顶端5cm),然后用脱脂棉浸蒸馏水后包扎剪口处,防止植株脱水,然后将植株放入直径9cm的培养皿中。挑取个体一致的无翅成蚜,用微量进样器将药液滴于蚜虫腹部背面,每个质量浓度设3次重复,每次重复点20头蚜虫，接到胡麻植株顶端的嫩叶上，放入(25±0.2)℃，光周期为 12 L:12D 的人工气候箱中，处理后 24h 检查死亡数，以用毛笔触动蚜虫身体无自主性反应为死亡标准。数据处理，公式为：

$$P_1=\frac{K\times100}{N}$$

式中，P_1 为死亡率，K 为死亡虫数，N 为处理总虫数。

$$P_2=\frac{P_t-P_0}{1-P_0}\times100$$

式中，P_2 为校正死亡率：P_t 为处理死亡率，P_0 为空白对照死亡率。

在 Excel 编程按浓度对数—死亡机率值采用最小二乘法求取毒力回归方程（y=a+bx），计算 LC_{50} 和 95%置信限。

1.2.2 田间药效试验方法

试验设在固原市农科所科研基地。设 10 个处理，即 40%氧化乐果乳油 600g/hm^2(A)、77.5%敌敌畏乳油 750g/hm^2(B)、40%辛硫磷乳油 450g/hm^2(C)、5%来福灵乳油 125g/hm^2(D)、5%啶虫脒乳油 375mL/hm^2(E)、10%高效氯氟氰菊酯水乳剂 75mL/hm^2(F)、4.5%高效氯氰菊酯 1500 倍液(G)、1.8%阿维菌素乳油 600g/hm^2(H)、40%毒死蜱乳油 600g/hm^2(I)，以清水处理作为对照。3 次重复，随机区组排列，小区面积 30m^2。试验地周围设保护行。施药前调查虫口基数，施药后 3、7、14、21d 分别调查残虫数，方法是每个处理标记调查 100 株，统计虫口数。计算公式如下：

$$虫口减退率(\%)=\frac{(a-b)}{a}\times100$$

$$校正防效(\%)=(1-\frac{bc}{ad})\times100$$

式中，a 为处理区施药前虫口基数，b 为处理区施药后残虫数，c 为对照区施药前虫口基数，d 为对照区施药后虫口数。

2 结果与分析

2.1 杀虫剂对亚麻蚜室内毒力测定结果及毒力比较

如表 1 所示，被测试的药剂对亚麻蚜的活性差异较大，40%辛硫磷乳油的 LC_{50} 值最大，为 144.91mg/L，其次是 77.5%敌敌畏乳油和 40%氧化乐果乳油，分别为 119.67、107.21mg/L，10%高效氯氟氰菊酯水乳剂和 4.5%高效氯氟菊酯水乳剂的 LC_{50} 值较小，分别为 11.97、13.84mg/L。以 40%辛硫磷乳油作为标准药剂，计算了各药剂的相对毒力大小，顺序排列为 10%高效氯氟氰菊酯水乳剂>4.5%高效氯氟菊酯水乳剂>5%啶虫脒乳油>5%氰戊菊酯（来福灵）水乳剂>40%毒死蜱乳油>1.8%阿维菌素乳油>40%氧化乐果乳油>77.5%敌敌畏乳油>

40%辛硫磷乳油。

表 1　9 种药剂对亚麻蚜室内毒力测定结果比较

药剂	LC_{50} 值 (mg/L)	95%置信限(mg/L)	标准误 (SE)	相关系数	毒力回归方程(y=)	相对毒力
40%毒死蜱乳油	57.07	46.3419 ~ 70.2847	6.06	0.9713	1.9711+1.7245 x	2.54
10%高效氯氟氰菊酯水乳剂	11.97	9.6739 ~ 14.8134	1.30	0.9697	2.7751+2.0636 x	12.11
4.5%高效氯氟菊酯水乳剂	13.84	11.3746 ~ 16.8448	1.39	0.9747	2.5884+2.1132	10.47
5%啶虫脒乳油	30.61	24.8694 ~ 37.6778	3.24	0.9826	2.2875+1.8255 x	4.73
1.8%阿维菌素乳油	80.85	64.1061 ~ 101.9727	9.57	0.9805	2.0984+1.5210 x	1.79
40%辛硫磷乳油	144.91	117.4861 ~ 178.7259	15.51	0.9528	1.3036+1.7104 x	1.00
40%氧化乐果乳油	107.21	89.1883 ~ 128.8727	10.07	0.9684	0.8892+2.0248 x	1.35
77.5%敌敌畏乳油	119.67	99.4445 ~ 144.0771	11.31	0.9774	0.8553+1.9955 x	1.21
5%氰戊菊酯(来福灵)水乳剂	47.03	39.2281 ~ 56.3830	4.35	0.9673	1.4220+2.1395 x	3.08

2.2 杀虫剂对亚麻蚜的田间防效

如表 2 所示，9 种杀虫剂中，5%啶虫脒乳油 375mL/hm²、10%高效氯氟氰菊酯水乳剂 75mL/hm²、4.5%高效氯氰菊酯水乳剂 1500 倍液、40%毒死蜱乳油 600g/hm²、5%来福灵乳油 125g/hm² 对亚麻蚜有较强的速效性，药后 3d 的校正防效达到了 90%以上，药后 7d 校正防效仍能达到 80%以上。40%氧化乐果乳油 600g/hm²、77.5%敌敌畏乳油 750g/hm² 和 40%辛硫磷乳油 450g/hm² 对亚麻蚜的校正防效较差，防效低于 60%，尽管 5%啶虫脒乳油 375mL/hm²、5%来福灵乳油 125g/hm² 和 1.8%阿维菌素乳油 600g/hm² 有较强的速效性，但持效期较短。10%高效氯氟氰菊酯水乳剂 75mL/hm²、4.5%高效氯氰菊酯水乳剂 1500 倍液和 40%毒死蜱乳油 600g/hm² 的速效性和持效性较强。

表 2　9 种杀虫剂对亚麻蚜的田间防效结果比较

处理	防效(%)			
	用药后 3d	用药后 7d	用药后 14d	用药后 21d
E	100.00 aA	95.90 aA	61.33 aA	60.35 aA
F	97.89 aA	84.42 aA	70.61 aA	68.30 aA
G	96.23 aA	87.12 aA	76.89 aA	70.12 aA
D	98.89 aA	84.76 aA	67.71 aA	44.41 bB
I	93.91 aA	85.91 aA	73.27 aA	65.67 aA
H	94.74 aA	72.73 bB	44.32 bB	28.79 bB
A	58.25 bB	46.12 bB	19.96 bB	6.64 bB
C	45.11 bB	40.13 bB	28.37 bB	12.58 bB
B	39.77 cB	28.04 cC	26.86 bB	14.89 bB

3 结论与讨论

该研究是国内首次对亚麻蚜进行室内毒力测定，选用的杀虫剂既有生产上常用的药剂，又有国内市场上新开发的几种杀虫剂。从测定结果看，10%高效氯氟氰菊酯水乳剂和

4.5%高效氯氰菊酯水乳剂对亚麻蚜的相对毒力最小，而40%辛硫磷乳油等传统的杀虫剂相对毒力较高。田间药效试验表明，10%高效氯氟氰菊酯水乳剂、4.5%高效氯氰菊酯水乳剂和40%毒死蜱乳油的速效性和持效性较强，在生产中有较好的应用前景，40%氧化乐果乳油、77.5%敌敌畏乳油和40%辛硫磷乳油对亚麻蚜的校正防效较差，这些常用的药剂有可能产生了耐药性，为防止这一趋势，必须将几种药剂交替使用。

杨崇庆，安维太，曹秀霞，张 炜，陆俊武，现代农业科技，2013(22)

亚麻象的生活史及幼虫空间分布研究

亚麻象(*Ceuthrrhynchus liupanensis*)属象虫科(*Curculionidea*)龟象亚科(*Ceuthrrhynchinae*)龟象属(*Ceuthrrhynchus*)，在胡麻苗期至枞形期主要以幼虫蛀食胡麻茎秆的内壁组织，使胡麻茎秆组织增生，膨大畸形。自发现报道以后(张立功，1996)，并没有引起足够的重视。据笔者调查，亚麻象除在甘肃平凉等地发生外，在甘肃庆阳、定西、白银、兰州，新疆伊犁，宁夏固原市都有不同程度的发生，2010—2015年在固原市各区县调查虫株率为7.4%~61.2%，严重田块虫株率达到72.6%。笔者对固原地区胡麻田的亚麻象进行养殖观察、发生规律调查、生态位分析和经典分布型方法分析，以便明确亚麻象在胡麻田中的发生规律、空间分布型及抽样技术，为该昆虫的种群监测和及时防控提供理论依据。

1 材料与方法

1.1 试验区域概况

固原市位于宁夏回族自治区南部的六盘山地区，境内气候属暖带半干旱区，海拔1320~2928m，年平均气温5~7℃，无霜期110~145d，大于10℃的有效积温2000~2700℃，年日照时数2300~2600h，全年降水量400~600mm，7—9月的降水量占全年的60%以上。胡麻需水高峰期与雨季吻合，土壤以黑垆土和灰褐土为主，气候凉爽，昼夜温差大，是胡麻生产的适宜自然生态区。

1.2 试验方法

生活史及田间消长规律调查：于2010—2015年每年5—9月在原州区石壁村、彭阳县挂马沟村、西吉县马建村和隆德县沙塘村胡麻田间采集胡麻植株，每3天采集一批，编号装袋带回实验室。用刀片及昆虫针解剖植株，每次剖开胡麻茎秆100株，在显微镜下观察亚麻象虫态及危害情况，统计卵和幼虫数量，同时于4—10月在田间定点调查和室内饲养和观察，分析研究亚麻象的生物学特性及其发生危害规律。

分布型调查：于2014年5月23—28日在固原市胡麻基地调查，选择有一定虫口密度的6块胡麻地，每块面积不少于667m²，每块样地设60个1m²调查点，每个点随机取样调查100株胡麻，解剖并记录亚麻象卵和幼虫的数量及危害株数。

1.3 分析方法

根据DPS数据处理系统实验设计、统计分析及数据挖掘（唐启义，2010）提供的数学生态学分析方法，对下列聚集度指标进行分析。

1.3.1 经典分布型分析

每块样地为1组，将田间调查所得数据在Excel2007整理成亚麻象的频次分布表，并计算出虫口密度（m）及方差（s^2），用DPS11.5软件对各样方的个体数和总样方数计算二项分布、波松分布、负二项分布（似然法）和核心分布的理论频次，经卡方检验判断其分布型。

1.3.2 聚集度指标分析

扩散系数C，该指标$C=s^2/m$用于检验种群是否偏离随机型。当C<1时，为均匀分布，当C=1时为随机分布，当C>1为聚集分布，然后假设C=1，$t=(C-1)/\sqrt{2/(n-1)}$，检验C与“1”的差异是否显著。

1.3.3 m*-m回归分析法和幂法则分析分布型

Iwao的m*-m回归分析法（1968，1971，1976）：$m^*=\alpha+\beta m$，m*为平均拥挤度，α为分布的基本成分按大小分布的平均拥挤度，当α=0时，分布的基本成分为单个个体，当α>0时，个体间相互吸引，分布的基本成分为个体群，当α<0时，个体间相互排斥。式中β为基本成分的空间分布图式：当β<1时为均匀分布，当β=1时为随机分布，当β>1时为聚集分布。

Taylor（1961）幂法则：方差（S^2）与均值m的经验公式，$\lg S^2=\lg a+b\lg m$。当b→0时为均匀分布，当b=1时为随机分布，当b>1时为聚集分布。

2 结果与分析

2.1 亚麻象的年生活史

亚麻象在当地胡麻上1年发生1代，无世代重叠现象（见表1）。4月下旬冬小麦返青后越冬代成虫开始活动，5月中旬末达到高峰期，成虫夜间潜伏在小麦植株下部，白天出来活动。5月下旬在胡麻苗高5~8cm时成虫迁入胡麻田，取食亚麻幼苗的叶片并交配产卵，卵主要产于生长健壮植株的茎秆生长点以下1cm左右髓部组织中，一般单茎有卵1粒，少数可见2~8粒，产卵期持续35d左右。5月下旬初，卵开始孵化为幼虫，6月上旬为幼虫危害期，幼虫期20~45d。幼虫孵出后即在茎秆内取食，幼虫期5龄，幼虫生长发育至老熟时，在茎壁上啃一小孔爬出寄主入土壤结土茧化蛹，蛹分布在5cm以上的表土层，蛹期15~20d后（胡麻青果期）羽化出土的成虫开始越夏，越夏成虫取食自生胡麻苗的叶片，10 月上旬成虫转移至地埂疏松的表土中开始越冬。

表 1　亚麻象在固原地区的年生活史

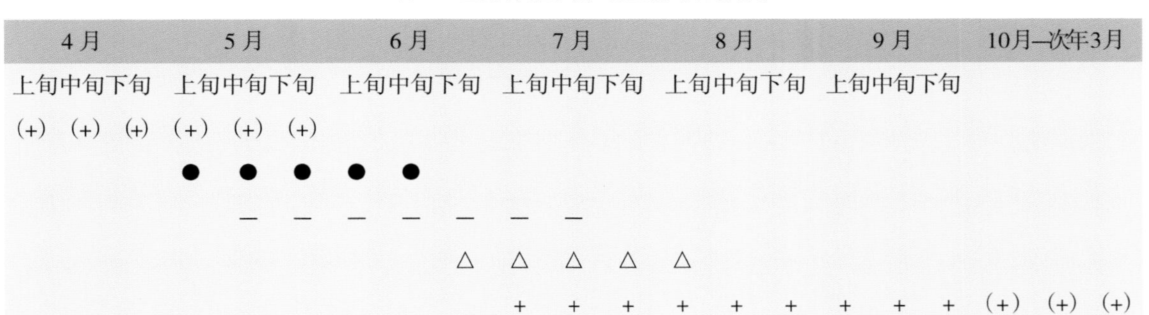

4月			5月			6月			7月			8月			9月			10月—次年3月		
上旬	中旬	下旬	上旬	中旬	下旬	上旬	中旬	下旬	上旬	中旬	下旬	上旬	中旬	下旬	上旬	中旬	下旬			
(+)	(+)	(+)	(+)	(+)	(+)															
			●	●	●	●	●													
				–	–	–	–	–	–	–										
								△	△	△	△	△								
									+	+	+	+	+	+	+	+	+	(+)	(+)	(+)

注：●，卵；–，幼虫；△，蛹；+，成虫；(+)，越冬成虫。Note:●,Egg;–,Larvae △,Pupa;+,Adult;(+),Overwintering adults

2.2 亚麻象有虫株发生动态

固原市亚麻象田间发生规律如图 1 所示，5 月下旬为亚麻象始见期，有虫株率为 2.14%~7.44%，7 月上旬至中旬达到高峰期，有虫株率为 21.38%~41.52%，石壁、挂马沟、沙塘和新建亚麻象始发期和发生高峰期与调查地的胡麻生育期基本一致。

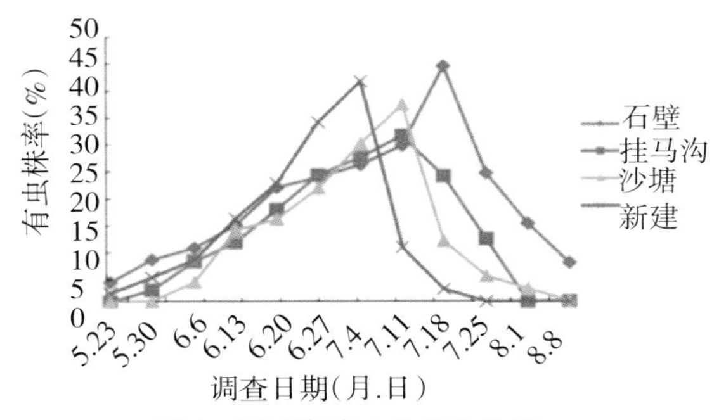

图 1　亚麻象有虫株发生动态

2.3 亚麻象幼虫的分布型分析

2.3.1 亚麻象幼虫空间分布型和聚集强度

对亚麻象幼虫空间分布空间分布进行拟合并卡方检验（见表 2），二项分布和泊松分布检测中，P 值均小于 0.05，说明与实际分布具有极显著的差异，因此亚麻象的分布不符合二项分布和泊松分布；用负二项分布似然法拟合和核心分布拟合，P 值均大于 0.05，说明与实际分布差异不显著，所以综合看来亚麻象分布型应属于负二项分布。用扩散系数 C 判断亚麻象幼虫空间分布格局，6 块地的扩散系数分别为 1.73、1.80、1.40、1.56、1.64 和 1.66，假设 C=1，$t=(C-1)/\sqrt{2/(n-1)}$，C 与“1”的差异性检验检验结果表明亚麻象幼虫的分布属于聚集分布。

2.3.2 亚麻象幼虫的空间格局与聚集度

将各样地的调查数据做 m^*-m 的回归分析，得 $m^*=-1.7994+2.4041m$，（r=0. 7379），表明亚麻象幼虫平均拥挤度（m^*）与平均密度（m）线性相关。由于 $\alpha=-1.7994<0$，说明个体间相互

排斥;β=2.4041>1,则说明其空间分布型为聚集分布。

按照 Taylor 幂法则，将各样地的调查数据代入，得方程 $lgs^2=-0.1564+2.5435lgm$（r=0.7272）,b=2.5435>1,所以亚麻象是聚集分布,且具密度依赖性,即其聚集度随着种群密度的升高而增加。

表 2　亚麻象幼虫空间分布型拟合的卡方检验

样地	二项分布		泊松分布		负二项分布		核心分布	
	x^2	P	x^2	P	x^2	P	x^2	P
1	26. 7886	0. 0001	11. 5590	0. 0091	0. 6253	0. 8906	0. 7967	0. 8502
2	11. 7741	0. 0082	4. 6486	0. 0152	0. 5732	0. 9025	2. 0819	0. 5556
3	5. 6393	0. 0305	1. 9047	0. 0004	0. 3160	0. 5179	1. 9645	0. 5798
4	16. 4949	0. 0009	6. 6444	0. 0339	1. 6602	0. 6458	1. 3188	0. 7547
5	12. 0797	0. 0071	4. 0029	0. 0078	0. 4694	0. 9256	0. 8819	0. 8298
6	15. 1200	0. 0017	5. 2754	0. 0381	0. 7822	0. 8537	0. 9683	0. 8089

3 讨论与结论

亚麻象是目前胡麻上已发现的唯一的钻蛀昆虫,主要以幼虫蛀食胡麻茎秆髓部,造成胡麻茎秆增生变粗,部分发生畸形,1986 年该虫首先在甘肃平凉庄浪县被发现,目前主要发生在我国宁夏、甘肃、新疆等胡麻产区,国外还未见报道。张立功(1996)等历时十年研究了其发生危害规律、防治方法和防治指标,但其后未见报道,主要原因是亚麻象成虫对胡麻的危害较小,而幼虫危害后很少会造成胡麻植株枯死。笔者在对亚麻象养殖观察和调查的过程中发现,当亚麻象幼虫在胡麻茎秆中达 8 头以上后才会造成胡麻植株萎蔫枯死,而单株虫量 8 头以上的植株仅占有虫株的 1%左右。尽管亚麻象幼虫取食胡麻茎秆后引起增生变粗的现象，但笔者观察到,该虫取食后,胡麻叶片数较未取食的胡麻植株,增加了 11.25%~23.54%,叶色浓绿,长势较好,因此认为亚麻象是胡麻害虫的结论有待商榷。对亚麻象进行了养殖观察、发生规律调查,生态位分析和经典分布型方法分析有助于对该虫的深入了解。

调查研究结果表明,亚麻象符合负二项分布,聚集度指标检验亚麻象均为聚集分布,幼虫都具密度依赖性。然后将害虫的虫口密度合并统计,得出亚麻象空间分布型属于负二项分布,其空间分布格局为聚集分布,根据 Iwao(1971)的方法,列出亚麻象不同虫口密度下的最适抽样数。亚麻象在当地胡麻上一年发生 1 代,无世代重叠现象,亚麻象在田间发生与胡麻生育期保持一致,主要发生在胡麻快速生长期至初花期,越冬场所主要是冬麦田和胡麻地边地埂疏松的表土中。

杨崇庆,曹秀霞,张炜,陆俊武,钱爱萍,环境昆虫学报,2017,39(3)

亚麻蚜防治指标研究

蚜虫一直以来是为害胡麻的主要害虫，在全国各胡麻主产区每年都有不同程度的发生。根据历年的调查和标本鉴定，目前为害胡麻的蚜虫主要是亚麻蚜（*Yamaphis yamana Chang*)和无网长管蚜(*Acyrthosiphum sp.*)。亚麻蚜主要在胡麻苗期和孕蕾期发生,亚麻蚜世代周期短,危害期每4d发生1代,经常繁殖,每头孤雌蚜每天平均胎生3~5头若蚜。若虫和成虫取食胡麻幼嫩叶片中的汁液,常使植株枝叶萎缩,叶茎布满蜜露和虫体,严重时胡麻生长点叶片和花蕾萎蔫干枯,危害可以持续到开花末期。近几年,随着胡麻种植面积的不断扩大和耕作栽培条件的改善,亚麻蚜的危害越来越突出。研究亚麻蚜危害与产量损失的关系,确定亚麻蚜防治经济阈值,制定合理的防治指标,是科学用药、开展综合防治胡麻田蚜虫的重要环节,对指导胡麻田综合防治具有十分重要的意义。

1 材料与方法

1.1 供试材料

试验采用盆栽网罩法。试验用土取自旱地耕作层（20cm），土壤混合过筛，每盆装土15kg。采用人工点播胡麻,出苗后将所有处理的苗数按20株/盆定植。接虫前及早罩网,确保接虫前胡麻植株上无别的昆虫和虫卵。

虫源:选择蚜虫为害胡麻集中的地块,剪取受害的胡麻植株,将蚜虫轻轻抖落在塑料布上,在培养皿中铺上2~3层用水打湿的滤纸和幼嫩的胡麻叶片,选取无翅成蚜,用0号毛笔轻挑于培养皿中尽快带回,按试验设计接虫于网盆中。

1.2 试验设计

试验分2组,一组在孕蕾期接虫,共设7个处理,即在胡麻现蕾期分别按12、24、36、48、60、72头/盆接虫,以不接虫作对照(CK)。3次重复。采用人工接种定量蚜虫法。接虫后第二天观察,如有死伤,及时补足,接虫后7d、11d、14d调查蚜虫数量,有翅蚜不调查,最后一次调查后用40%毒死蜱将蚜虫全部杀死,保持无虫直至收获,收获后单株考种并统计产量。

另一组试验在初花期接种,共设7个处理,即在胡麻初花期分别按2、4、6、8、10、12头/盆接虫,以不接虫作对照(CK)。3次重复。采用人工接种定量蚜虫法。接虫后第二天观察,如有死伤,及时补足,接虫后7d、14d、18d调查蚜虫数量,有翅蚜不调查,最后一次调查后用40%毒死蜱将蚜虫全部杀死，保持无虫直至收获，收获后单株考种并统计产量。

1.3 分析方法

计算各处理的产量损失率，对数据进行回归拟合，求出回归方程 y=a+bx（x 为虫口密度，y 为产量损失率）和相关系数 r。分别分析现蕾期和开花期的经济允许损失水平，由此得出亚麻蚜为害胡麻的防治指标。

2 结果与分析

2.1 胡麻现蕾期接虫后的产量损失率和防治指标

在现蕾期接虫后，分别在 7d、11d、14d 调查虫口数，结果如表 1 所示。尽管基础接虫量一致，但是由于蚜虫个体间的繁殖力不尽相同，因此虫口密度发展并不一致，导致产量损失率差异很大。从结果看，接虫量 12 头/盆和 24 头/盆产量不损失，分别比 CK 增产 6.369%、1.355%。从接虫 36 头/盆开始减产，减产幅度为 14.002%~22.764%。将最后一次调查的虫口数折合为百株虫量与单株产量损失率进行方程拟合，如图 1 所示，对数方程拟合度最好，R^2=0.883。

2.2 胡麻初花期接虫后的产量损失率和防治指标

在初花期接虫后，分别在 7d、14d、18d 调查虫口数，结果如表 2 所示。与现蕾期一样，尽管基础接虫量一致，但是由于蚜虫个体间的繁殖力不尽相同，因此虫口密度发展并不一致，导致产量损失率差异很大。从结果看，对照单株产量平均为 0.334g，2 头/盆单株产量比对照高 15.541%，从 4 头/盆开始减产，减产幅度为 8.794%~54.545%。将最后一次调查的虫口数折合为百株虫量与单株产量损失率进行方程拟合，如图 2 所示，对数方程拟合度最好，R^2=0.813。

表 1　胡麻现蕾期接虫后虫口密度比较（头 / 百株）

接虫量（头 / 盆）	接虫后 7d Ⅰ	接虫后 7d Ⅱ	接虫后 7d Ⅲ	接虫后 7d 平均	接虫后 11d Ⅰ	接虫后 11d Ⅱ	接虫后 11d Ⅲ	接虫后 11d 平均	接虫后 14d Ⅰ	接虫后 14d Ⅱ	接虫后 14d Ⅲ	接虫后 14d 平均
12	84	148	212	148	130	270	435	278	227	1010	985	741
24	140	56	98	98	316	78	310	235	450	175	478	368
36	330	257	138	242	370	345	330	348	1095	490	610	732
48	126	110	103	113	390	355	340	362	650	460	148	419
60	238	320	246	268	495	580	560	565	1260	1170	850	1093
72	61	380	78	173	110	815	125	350	455	1210	390	685

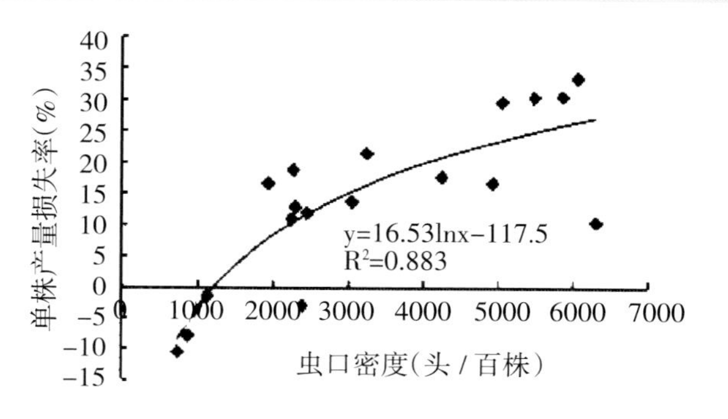

图 1　胡麻现蕾期虫口密度与单株产量损失率拟合曲线

表 2 胡麻初花期接虫后虫口密度比较(头 / 百株)

接虫量	接虫后 7d				接虫后 14d				接虫后 18d			
头 / 盆	Ⅰ	Ⅱ	Ⅲ	平均	Ⅰ	Ⅱ	Ⅲ	平均	Ⅰ	Ⅱ	Ⅲ	平均
2	11	17	9	12	78	59	67	68	153	135	110	133
4	45	33	44	41	386	238	118	247	715	380	62	386
6	56	53	53	54	510	430	395	445	1340	161	1120	874
8	18	26	32	25	287	197	235	240	990	710	618	773
10	102	134	98	111	630	930	450	670	1560	1970	1620	1717
12	163	136	186	162	825	688	910	808	1965	1430	2535	1977
14	112	106	102	107	986	970	688	881	2140	2960	1528	2209

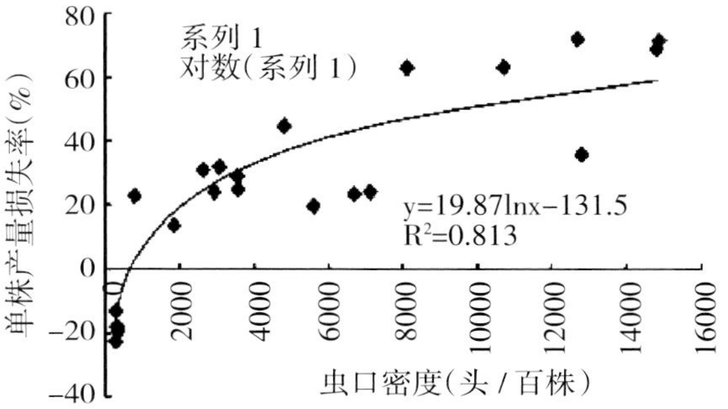

图 2 胡麻初花期虫口密度与单株产量损失率拟合曲线

2.3 亚麻蚜经济允许水平的确定

作物的经济允许损失水平是由作物产量(Pn)、当时的作物价格(Pr)、防治成本(C)(包括用药费、用工费、药械磨损费和作业损失费等)、防治效果(E)和经济系数(F)(完成一项作业所产生的经济、社会效益与作业费用的比值)等要素决定的。根据 Stern 提出的防治费用等于农产品价格和产量损失的乘积的原理,再结合田间防治效果和效益因子,其关系一般如下:

$$经济允许损失水平(\%)=\frac{C\times F\times 100}{Pn\times Pr\times E}$$

蚜虫防治指标为蚜虫危害造成的损失等于经济允许损失水平时的蚜虫数量。所以,当经济允许损失水平(L)与产量损失率(y)相等时,造成(y)损失率的蚜虫数量(x)即为(L)经济允许损失水平下的蚜虫防治指标。因为 $y=a+bx$,所以当 $y=L$ 时,$\frac{C\times F\times 100}{Pn\times Pr\times E}=a+bx$,计算出

$x=\frac{C\times F\times 100}{B\times Pn\times Pr\times E}-\frac{a}{b}$,根据目前的胡麻生产情况,C 为 10 元,Pr 为 6.5 元/kg,E 为 90%,F 取值 4,由此得出不同胡麻产量水平的蚜虫防治指标。

2.4 亚麻蚜危害胡麻防治指标的确定

根据防治指标公式计算,若产量期望值在 1125~1500kg/hm^2,胡麻现蕾期的防治指标为 900~1200 头/百株;胡麻开花期的防治指标为 1500~2000 头/百株。

3 结论与讨论

根据几年来对亚麻蚜发生危害规律的调查,在制定亚麻蚜防治指标时选择了现蕾期和

开花期这2个生育时期,同时也考虑到了这2个时期亚麻蚜的繁殖速率的不同,设置了不同的密度梯度和危害历期,这样更科学地模拟大田中亚麻蚜的发生动态。试验中在网盆中接的基础蚜都选择无翅成蚜,而在调查时将若蚜和成蚜一起进行统计,有翅蚜数量较少,不做统计。该试验所制定的防治指标是以目前的经济允许损失水平为基础确定的,而不同时期、不同地区的亚麻蚜经济允许损失水平是不同的,实际应用中应视所用药剂、防治成本、防治效果、产量水平、胡麻籽价格的情况、经济允许水平加以适当变化,防治指标也应相应调整。

杨崇庆,安维太,曹秀霞,张炜,陆俊武,现代农业科技,2013,(20)

缩节胺对胡麻株高和产量性状的影响

胡麻作为一种密植作物,茎秆纤细柔弱而冠层较大,在生育后期遭受大风连阴雨天气,极易发生倒伏,造成产量、品质下降,无法开展机械作业,是制约胡麻产业发展的突出难题。缩节胺(DPC)为新型植物生长调节剂,对植物有较好的内吸传导作用,广泛应用于棉花、小麦、水稻、玉米、马铃薯、葡萄、蔬菜、豆类、花卉等农作物。研究表明,它能够防止植株疯长,抑制茎叶旺长,降低植株高度和枝杈宽度,对塑造作物理想的株型有良好的作用。在胡麻生育期喷施缩节胺可有效降低胡麻植株高度,同时可缩短胡麻的一级分枝长度,使植株高度降低、单株株冠面积缩小有利于提高胡麻抗倒伏能力,我们于2014—2015年,通过盆栽试验和田间小区试验相结合的方法,逐步探索缩节胺在胡麻上应用的适宜施用量以及施用时期,以期通过控制胡麻株高和株型来减轻胡麻倒伏,为大田生产提供参考。

1 材料与方法

1.1 试验材料

缩节胺由郑州信联生化科技有限公司生产。指示胡麻品种为宁亚19号,宁夏农林科学院固原分院提供。

1.2 试验方法和设计

2014年采用盆栽试验,所用塑料盆口径28cm,高30cm。试验用土为取旱地耕作层(20cm)土壤混合过筛,每盆装土10kg。采用人工点播,播种深度3cm,每盆播种60粒,出苗后按45苗/盆定苗。浇水采用渗灌法,出苗后土壤水分控制在16%~18%,低于16%时及时补水。缩节胺浓度0(CK)、10000、50000、100000、150000mg/kg,每处理3盆,3次重复。分别在苗期和现蕾初期喷施以及在这两个时期重复喷施，喷施量为 2.79mL/盆，成熟后测量株高，确定缩节胺适用量和适用时期。

2015 年田间试验缩节胺各处理浓度为 0、10000、30000、60000、90000、120000mg/kg，随机排列，3 次重复。小区面积 12.6m²(7.0m×1.8m)，行距 15cm，小区间距 30cm，排距 50cm。试验地周围设保护行。喷施缩节胺时选择在无风，晴朗、露水较少的早晨。

1.3 测定项目与方法

喷药 10d 后每小区选取具有代表性且长势相近的植株 30 株，测量株高，取子叶痕以上部分用电子天平称量测定鲜重，然后带回实验室于 105℃恒温箱中杀青 30min，然后将温度降至 80℃烘干至恒重，用电子天平称量干重。成熟后考种。试验数据采用 Excel 2007 和 DPS11.5 软件进行数据统计分析。

2 结果与分析

2.1 缩节胺不同施用量和施用时期对盆栽胡麻株高的影响

2014 年盆栽试验结果见表 1。苗期喷施缩节胺各处理的株高为 50.59~53.14 cm，比对照降低了 1.41~3.96cm。株高由高到低依次为 CK(54.55cm)>50000mg/kg(53.14cm)>10000mg/kg(52.48cm)>150000mg/kg(50.65cm)、100000mg/kg(50.59cm)。现蕾初期喷施缩节胺各处理的株高为 42.58~50.27cm，比对照降低 6.11~13.80cm；株高由高到低的排序为 CK(56.38cm)>10000mg/kg(50.27cm)>50000mg/kg(45.36cm)>150000mg/kg(43.71cm)>100000mg/kg(42.58cm)。苗期和现蕾初期都喷施缩节胺处理的胡麻株高为 46.38~49.25cm，各处理间差异不显著，但均显著低于对照，比对照降低 7.80~10.67cm，株高由高到低依次为 CK(57.05cm)>10000mg/kg(49.25cm)>150000mg/kg(48.27cm)>50000mg/kg(47.16cm)>100000mg/kg(46.38cm)。可以看出，缩节胺各喷施浓度对控制株高都有效果，对控制株高效果的表现趋势基本一致，但以现蕾初期喷施缩节胺 50000~150000mg/kg 对株高的控制最为明显。

2.2 缩节胺不同施用量对大田胡麻的影响

2.2.1 胡麻株高和生长量

从现蕾初期喷施缩节胺 10d 后胡麻的株高和生长量测定结果(见表 2)可知，喷施缩节胺处理的株高为 22.70~33.85cm，比对照株高降低 2.59~13.74cm，株高由高到低依次为 CK(36.44cm)>10000mg/kg(33.85cm)>30000mg/kg(29.40cm)>60000mg/kg(28.50cm)>90000mg/kg(27.10cm)>120000mg/kg(22.70cm)。喷施缩节胺处理的单株鲜重为 2.24~2.90g，对照单株鲜重 2.68g，处理 10000mg/kg 和 60000mg/kg 比对照单株鲜重提高了 0.05g 和 0.22g；处理 30000mg/kg、90000mg/kg、120000mg/kg 比对照降低了 0.10~0.44g，单株鲜重由高到低依次为 60000mg/kg(2.90g)>10000mg/kg(2.73g)>CK(2.68g)>90000mg/kg(2.58g)>30000mg/kg(2.45g)>120000mg/kg (2.24g)。喷施缩节胺处理的单株干重 0.46~0.63g，比对照单株干重降低 0.02~

0.19g,单株干重由高到低依次为 CK(0.65g)>60000mg/kg(0.63g)>10000mg/kg(0.61g)>30000mg/kg(0.56g)>90000mg/kg(0.56g)>120000mg/kg(0.46g)。

表 1　2014 年缩节胺不同施用量和施用时期对盆栽胡麻株高的影响

缩节胺浓度(mg/kg)	苗期株高(cm)		现蕾初期株高(cm)		苗期＋现蕾初期株高(cm)	
	平均	比对照增加	平均	比对照	平均	比对照增加
0(CK)	54.55 a	—	56.38 a	—	57.05 a	—
10 000	52.48 a	-2.07	50.27 b	-6.11	49.25 b	-7.80
50 000	53.14 a	-1.41	45.36 c	-11.02	47.16 b	-9.89
100 000	50.59 a	-3.96	42.58 d	-13.80	46.38 b	-10.67
150 000	50.65 b	-3.90	43.71 d	-12.67	48.27 b	-8.78

表 2　施药 10d 后缩节胺不同施用量处理的胡麻株高和生长量

缩节胺浓度(mg/kg)	株高(cm)		单株鲜重(g)		单株干重(g)	
	平均	较对照增加	平均	较对照增加	平均	较对照增加
0(CK)	36.44 a	—	2.68 a	—	0.65 a	—
10 000	33.85 ab	-2.59	2.73 a	0.05	0.61 a	-0.04
30 000	29.40 abc	-7.04	2.45 a	-0.23	0.56 a	-0.09
60 000	28.50 bc	-7.94	2.90 a	0.22	0.63 a	-0.02
90 000	27.10 bc	-9.34	2.58 a	-0.10	0.56 a	-0.09
120 000	22.70 c	-13.74	2.24 a	-0.44	0.46 b	-0.19

2.2.2 胡麻主要农艺性状

考种和测产结果(见表 3)表明,喷施缩节胺各处理的株高为 34.61~39.44cm,比对照降低 2.25~7.08cm,其中 10000mg/kg 与对照差异不显著,其余处理与对照差异显著。株高由高到低依次为 CK(41.69cm)>10000mg/kg(39.44cm)>30000mg/kg(38.46cm)>60000mg/kg(36.09cm)>90000mg/kg(35.57cm)>120000mg/kg(34.61cm)。各处理一级分枝长度为 5.13~8.33cm,均显著低于对照,比对照降低 1.25~4.45cm,一级分枝长度由高到低的排序为 CK(9.58cm)>10000mg/kg(8.33cm)>30000mg/kg(6.67cm)>60000mg/kg(6.02cm)>90000mg/kg(5.43cm)>120000mg/kg(5.13cm)。各处理单株粒重 0.52~0.67g,差异均不显著。试验处理比对照单株的粒重提高 0.00~0.15g,单株粒重由高到低依次为 120000mg/kg (0.67g)>60000mg/kg (0.60g)>90000mg/kg(0.58g)>30000 mg/kg(0.58g)>10000mg/kg(0.52g)。

表 3　不同浓度缩节胺对胡麻主要农艺性状的影响

缩节胺浓度(mg/kg)	株高(cm)		第一分枝长度(cm)		单株粒重(g)	
	平均	比对照	平均	比对照	平均	比对照
0(CK)	41.69 a	—	9.58 a	—	0.52 a	0
10 000	39.44 ab	-2.25	8.33 b	-1.25	0.52 a	0
30 000	38.46 bc	-3.23	6.67 c	-2.91	0.58 a	0.06
60 000	36.09 cd	-5.6	6.02 cd	-3.56	0.60 a	0.08
90 000	35.57 cd	-6.12	5.43 de	-4.15	0.58 a	0.06
120 000	34.61 d	-7.08	5.13 e	-4.45	0.67 a	0.15

2.2.3 胡麻产量

各处理的产量结果见表 4。对照种子产量 1095.24kg/hm²，各处理种子产量 952.24~1166.67kg/hm²。10000mg/kg 处理比对照增产 6.61%，处理 30000mg/kg、60000mg/kg、90000mg/kg 分别比对照减产 3.62%、4.35%、4.35%，处理 120000 mg/kg 比对照减产 13.06%。120000mg/kg 处理与对照的差异达显著水平，其余处理与对照差异均不显著。

表 4 喷施缩节胺对胡麻产量的影响

缩节胺浓度（mg/kg）	小区平均产量（kg/12.6 m²）	折合产量（kg/hm²）	比对照增产（%）
0(CK)	1.38	1 095.24 ab	—
10 000	1.47	1 166.67 a	6.61
30 000	1.33	1 055.56 b	-3.62
60 000	1.32	1 047.62 b	-4.35
90 000	1.32	1 047.62 b	-4.35
120000	1.20	952.24c	-13.06

2.3 药害情况

盆栽选用缩节胺浓度为 10000~150000mg/kg 进行试验，经过试验观测，150000mg/kg 浓度处理药害严重，主要表现为叶尖发黄，植株顶端生长点皱缩严重。田间试验浓度为 10000~120000mg/kg，经过观测，120000mg/kg 浓度处理有明显的药害，与盆栽试验药害表现相似。缩节胺的喷施时期选择了苗期、现蕾初期、苗期+现蕾初期，试验观测认为在现蕾初期喷施 1 次效果最好。

3 小结与讨论

经过 2 a 试验观测和分析认为，胡麻现蕾初期喷施缩节 60000~90000mg/kg，可以有效降低胡麻植株高度，缩小单株株冠面积，并且对正常生长发育和其他农艺性状以及种子产量影响不大。在亚麻抗倒伏机理研究中，高珍妮研究认为木质素含量 PAL、TAL、CAD、4CL、POD 酶活性及茎秆抗折力呈正相关，适宜的施氮量能够增加茎秆木质素含量，提高相关合成酶活性，从而增强了茎秆抗倒伏能力。杨东贵研究认为，倒伏与胡麻农艺性状、产量和品质有一定的相关性。陈双恩研究认为，茎秆抗折力对倒伏程度的直接作用最大；其次为茎粗和单茎鲜重，快速生长期至现蕾期培土，可降低植株重心高度，使倒伏程度降低，产量增加。本研究采用叶面喷施缩节胺的方法，研究结果表明，喷施缩节胺使胡麻株高明显降低，一级分枝显著缩短。本研究还表明，现蕾期对缩节胺的敏感性最强，因为在该生育阶段，胡麻处于快速生长期，生长点生长激素分泌最为旺盛，这与缩节胺能够抑制生长点生长激素合成理论相符；同时喷施缩节胺后，胡麻叶片颜色浓绿，叶面积、茎粗明显增大。在以后的研究中，将继续关注叶面喷施缩节胺对胡麻光合作用以及茎和根组织结构的影响。

杨崇庆，陆俊武，曹秀霞，张炜，甘肃农业科技，2016，(7)

叶面喷施烯效唑对旱地胡麻抗倒性和产量性状的影响

胡麻（*Linum usitatissimum L.*），又称油用亚麻，含有丰富的α-亚麻酸ω-3系不饱和脂肪酸，是α-亚麻酸含量最高的油料作物之一，被称为“21世纪的功能食品”，因其具有较强的耐旱性和耐瘠薄性主要分布在华北、西北高寒干旱地区和农牧交错带，在宁夏主要在中南部山区种植，是宁夏主要的油料作物和抗旱避灾作物。

胡麻作为一种密植作物，茎秆纤细柔弱而冠层较大，在生育后期遭受大风连阴雨天气，极易发生根倒伏，造成产量、品质下降，无法开展机械作业，是制约胡麻产业发展的突出难题。倒伏问题也是我国胡麻高产创建中研究的热点，近年来，相继有学者开展了胡麻抗倒伏方面的研究，其中陈双恩等研究发现通过培土等耕作措施可以显著提高胡麻的抗倒伏能力，高珍妮等研究发现适宜增施氮肥能够提高胡麻茎秆木质素合成酶活性，并增强其抗倒性，杨东贵研究发现倒伏对胡麻农艺性状、产量和品质的影响较大，抗倒伏是目前胡麻生产中亟待解决的问题。

烯效唑作为新型植物生长调节剂，由于其能够控制赤霉素生物合成途径中的环化和氧化位点，有效抑制GAs的生物合成，对塑造植物株型、降低植株高度和提高抗倒伏能力，且具有生物活性高，使用安全等优点，广泛应用于甜荞、中草药、水稻、大豆、马铃薯、油菜、小麦等农作物。本研究采用盆栽试验和大田试验相结合的方法，探索研究烯效唑的施用时期、施用量对胡麻抗倒伏、株高、株型、产量的影响，进一步明确产量与烯效唑施用时期与施用量的相关性，为胡麻化控技术研究和胡麻新品系抗倒伏鉴定与评价提供理论依据。

1 材料和方法

1.1 试验区概况

试验地在宁夏回族自治区固原市彭阳县古城镇挂马沟村，位于六盘山东麓，东经106°44′，北纬35°73′，海拔1894m，年平均气温7.4~8.5℃，无霜期140~156d，降水量350~550mm，>10℃有效积温2400℃，是典型的雨养农业区，雨季多集中在6—8月，与胡麻需水期吻合，是旱地胡麻生长的适宜区域。

1.2 试验材料、方法与设计

1.2.1 试验材料

烯效唑由郑州信联生化科技有限公司生产。种植品种为宁亚 20 号,由宁夏农林科学院固原分院胡麻课题组选育,具有较强的抗旱性和丰产性,在试验区广泛种植,是当地的主栽品种。

1.2.2 盆栽试验方法

所用塑料盆口径 28cm,高 30cm,试验用土为取旱地耕作层(20cm)土壤混合过筛,每盆装土 10kg,以每 667m^2 耕作层(20cm)土壤的重量 163698.9kg 计算出施入底肥磷酸二铵的量为 1.83g,研磨水溶后施入。采用人工点播,播种深度 3cm,每盆播种 60 粒,出苗后按 45 苗/盆定植,浇水采用渗灌法,用 500ml 带盖的矿泉水瓶打 1.5~2.0mm8 个孔(瓶身自下而上的开孔数为 3、2、2,底部 1 个),装土时埋在盆中间。播种后将试验盆中土壤水分控制在 21%,出苗后土壤水分控制在 16%~18%, 低于 16%时应及时补水; 生长期采用称重法定量加水,土壤水分控制在 15%~16%。

1.2.3 试验设计

盆栽试验设计:按上述试验方法播种,每 3 盆为 1 个处理,烯效唑浓度为 75mg·kg^{-1},分别在苗期、枞型期、现蕾期、初花期、苗期+枞型期、苗期+初花期在叶面喷施,成熟后考种测定株高、一级分枝长度。田间试验设计:试验设在彭阳县古城镇挂马沟村,采用随机区组排列法,重复 3 次,小区面积 12.6m^2(7m×1.8m),行距 15cm,区距 30cm,排距 50cm,试验地周围设保护行。喷施烯效唑时选择在无风、晴朗、露水较少的早晨喷施。烯效唑各处理浓度 0、50、75、100、125、150mg·kg^{-1},喷施前每小区挂牌标记生长均匀的 20 株胡麻,测量其株高,成熟后考种并测产。

1.3 主要测试指标和测试方法

1.3.1 抗倒伏指标测定方法

根部抗折力测定采用四川汇巨仪器设备有限公司生产的 YYD-1A 抗折力测定仪,该机量程 0~50N,测量精度 0.01N。2015 年 7 月 18 日(胡麻终花期)每个处理选取生长一致性较好的 30 株胡麻,在子叶痕向下 4cm 处测定,重复 3 次。称取第一分枝处以上部位鲜重为冠重,子叶痕处至第一分枝处鲜重为茎重,两者之比即为冠茎比。用数显卡尺子叶痕向下 5cm 处测量根粗,子叶痕向上 5cm 处测量茎粗,重复 3 次。

倒伏指数=株高(cm)×地上部鲜重(g)÷抗折力(g)×100

1.3.2 生物学特性和产量性状记载测定方法

在胡麻生理成熟期从试验小区中分别随机选取 30 株胡麻测定植株的株高、茎粗、单株果数、主茎分枝数、每果粒数、千粒重和单株粒重。胡麻收获后,将 3 次重复的胡麻分别脱粒,经过干燥和清选获得饱满、清洁的种子称重,计算小区的平均产量,然后换算成每公顷产量,形态特征与生物学特征参考《亚麻种质资源描述规范和数据标准》。

1.4 统计分析

试验采集数据采用 Microsoft Excel 2007 处理后，用 DPS13.5 软件分析。

2 结果分析

2.1 烯效唑喷施时期和喷施次数对胡麻株高以及一级分枝的影响

采用盆栽试验，在胡麻不同生育期叶面喷施浓度为 75mg·kg⁻¹ 的烯效唑，结果表明(见图 1)，在现蕾期喷施一次烯效唑株高降幅显著，比对照降低 14.79cm，其次是苗期和现蕾期各喷施一次的处理，株高降低 9.83cm，在苗期喷施一次的处理株高降幅最小为 1.62cm，与对照差异不显著。叶面喷施烯效唑对一级分枝影响结果与对株高影响结果基本一致，在现蕾期喷施能将一级分枝缩 10.75cm，一级分枝降幅由大到小的顺序为现蕾期(10.75cm)>苗期+现蕾期(8.24cm)>苗期+初花期(4.64cm)>枞形期(3.83cm)>初花期(3.24cm)>苗期(2.03cm)，因此，胡麻对烯效唑较为敏感的生育期是现蕾期，在现蕾期喷施一次对胡麻株高和一级分枝的降幅最为显著。

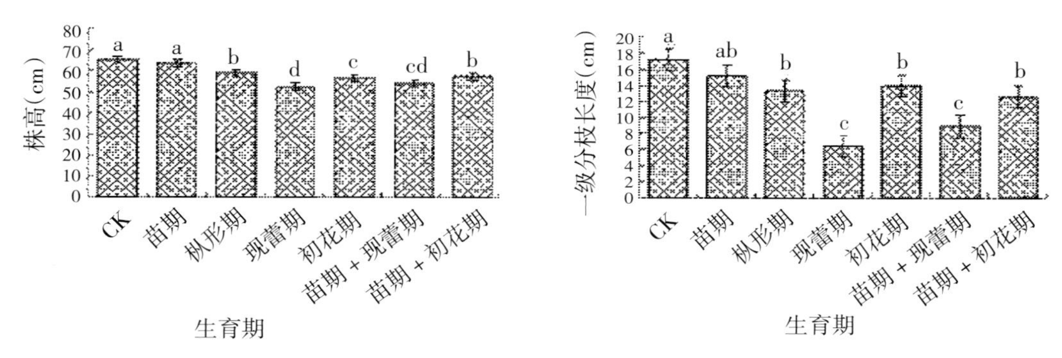

注：数据为 3 次重复的平均值±标准差，同一时期内标以不同字母的值在处理间差异显著(P<0.05)

图 1 烯效唑喷施时期和喷施次数对胡麻株高和一级分枝的影响

2.2 不同浓度烯效唑对胡麻抗倒伏能力及其相关性状的影响

在胡麻现蕾初期，叶面喷施不同浓度烯效唑(50、75、100、125、150mg·kg⁻¹)，清水喷施作对照，在终花期测定株高、茎粗、根粗、冠茎比和根抗折力，并计算了倒伏指数，结果如表 1 所示，随着烯效唑浓度增大，株高逐渐降低，其中 150mg·kg⁻¹ 处理降幅最大为 16.46cm，平均降幅 11.94cm。冠茎比随烯效唑喷施浓度增大而减小，主要原因是烯效唑对株冠的控制作用较大，而对茎秆的影响较小造成的，冠茎比的减小，使胡麻植株重心高度降低，抗倒伏能力也随之增强。不同浓度烯效唑对茎粗、根粗、根抗折力和倒伏指数差异显著，并不呈正相关关系，而是先增大后减小，因为随着烯效唑浓度的增大，一级分枝缩短，二级分枝生长受限，功能叶减少，植株长势纤弱，产生了轻微药害。

2.3 不同浓度烯效唑对胡麻产量及其相关性状的影响

2.3.1 不同浓度烯效唑对胡麻产量的影响

由表2可知,与对照(0mg·kg⁻¹)比较,其他处理均增产。随烯效唑浓度增大呈现先增大后减小的现象,增产幅度分别为5.50%(50mg·kg⁻¹)、18.23%(75mg·kg⁻¹)、27.83%(100mg·kg⁻¹)、12.57%(125mg·kg⁻¹)和1.57%(0mg·kg⁻¹),其中100mg·kg⁻¹处理的增产幅度最大,较对照增产27.83%,居第一位,各处理差异显著。

表1 不同浓度烯效唑对胡麻抗倒伏能力及其相关性状的影响

喷施浓度(mg·kg⁻¹)	株高(cm)	茎粗(mm)	根粗(mm)	冠/茎	根抗折力(N)	倒伏指数
0	55.54 ± 1.57a	0.13 ± 0 03b	0.24 ± 0.02bc	3.73 ± 0.06a	3.01 ± 0.45bc	523.83 ± 87.31a
50	48.31 ± 4.48b	0.21 ± 0.03ab	0.25 ± 0.02bc	2.69 ± 0.81b	3.48 ± 0.31b	309.70 ± 99.82b
75	46.76 ± 0.46bc	0.22 ± 0.06ab	0.31 ± 0.05a	2.44 ± 0.08bc	4.28 ± 0.15a	205.56 ± 23.97bc
100	42.48 ± 1.86cd	0.27 ± 0.09a	0.28 ± 0.02ab	2.17 ± 0.47bc	3.44 ± 0.30b	231.01 ± 5.19bc
125	41.35 ± 1.65d	0.25 ± 0.04a	0.23 ± 0.02bc	1.98 ± 0.49bc	3.25 ± 0.20bc	183.47 ± 35.99c
150	39.08 ± 0.96d	0.21 ± 0.04ab	0.21 ± 0.03c	1.74 ± 0.16c	2.78 ± 0.15c	240.58 ± 21.88bc

注:数据为3次重复的平均值±标准差,数据后不同字母表示处理间差异显著($p<0.05$),下同

表2 不同浓度烯效唑对胡麻产量及其相关性状的影响

喷施浓度(mg·kg⁻¹)	有效分枝数(个)	单株果数(个)	每果粒数(粒)	千粒重(g)	单株产量(g)	小区产量(kg)
0	6.44 ± 0.84a	14.15 ± 3.97c	8.00 ± 0.06a	7.14 ± 0.31b	0.65 ± 0.11bc	2.11 ± 0.02c
50	6.75 ± 0.68a	16.61 ± 1.03a	8.13 ± 0.31a	7.37 ± 0.32ab	0.73 ± 0.13bc	2.23 ± 0.05bc
75	6.76 ± 0.43a	20.35 ± 3.45ab	8.06 ± 0.64a	7.64 ± 0.52ab	0.77 ± 0.22bc	2.50 ± 0.13ab
100	7.72 ± 0.73a	24.37 ± 1.66a	8.63 ± 0.25a	8.13 ± 0.26a	1.16 ± 0.76a	2.71 ± 0.20a
125	6.84 ± 0.48a	16.27 ± 2.37bc	8.40 ± 0.87a	7.67 ± 0.37ab	0.93 ± 0.30ab	2.39 ± 0.22bc
150	6.71 ± 0.53a	14.16 ± 3.73c	8.20 ± 0.36a	7.12 ± 0.65b	0.50 ± 0.02c	2.15 ± 0.08c

2.3.2 不同浓度烯效唑对胡麻产量相关性状的影响

由表2可知,喷施烯效唑后,有效分枝数和每果粒数较对照均有所增加,有效分枝数较对照增幅为4.20%~19.91%,平均增幅8.07%,每果粒数较对照增幅为0.83%~7.91%,平均增幅3.58%。方差分析结果表明,各处理间差异不显著。单株结果数随烯效唑浓度增大,先增大后减小,处理100mg·kg⁻¹单株结果数为24.37,比对照高10.22,显著高于对照。各处理千粒重分别为7.37、7.64、8.13、7.67g和7.12g,除处理150mg·kg⁻¹较对照降低外,其他处理均比对照增加,增幅分别为3.17%、7.05%、13.86%和7.51%。单株产量各处理差异显著,100mg· kg⁻¹处理最高为1.16g,比对照高0.51g,150mg·kg⁻¹单株产量最低为0.50g,比对照低0.15g。在对产量构成因子综合分析比较得出,在现蕾期喷施100mg·kg⁻¹烯效唑处理在抑制胡麻株高生长的同时显著增加了胡麻植株的单株产量、单株结果数及千粒重,产量增加显著。

3 讨论

在亚麻抗倒伏机理研究中,高珍妮研究认为木质素含量与PAL、TAL、CAD、4CL、POD酶

活性及茎秆抗折力呈正相关，适宜的施氮量能够增加茎秆木质素含量，提高相关合成酶活性，从而增强了茎秆抗倒伏能力。陈双恩研究认为茎秆抗折力对倒伏程度的直接作用最大，其次为茎粗和单茎鲜重。快速生长期至现蕾期培土，可降低植株重心高度，使倒伏程度降低，产量增加。以上研究主要关注到了茎秆抗折力与胡麻倒伏的关系，但笔者认为，在生产中胡麻倒伏有两种类型，即茎倒伏和根倒伏，胡麻在快速生长期至成熟期之间都有可能因为天气原因发生不同程度的倒伏，但开花期至成熟期倒伏发生较为普遍，在遇到大风降雨天气，胡麻株冠会附着大量的雨水，超出了茎秆承重能力而发生茎倒伏。由于胡麻茎秆柔韧性较好，通常这种倒伏不会损伤胡麻的茎秆输导组织，在天气晴好雨水蒸发后即可恢复，但是有时候会因为风向不稳定，茎倒伏的胡麻株冠分枝之间相互缠绕而不能恢复，上层胡麻的遮挡造成下层倒伏胡麻无法光合作用，胡麻产量损失严重。根倒伏是由于茎倒伏过程中造成胡麻根部维管束等输导组织损伤造成的，这种损伤由于不能恢复，对胡麻产量损失最为严重。在胡麻终花期，胡麻地上部分的鲜重处于高峰值，冠茎比最大，胡麻重心高度最高，土壤湿度大、松软、胡麻须根不发达，这种特定的环境条件下胡麻茎倒伏时最易发生根倒伏，此时，胡麻根部抗倒伏能力最差，也是本研究中选择在终花期测量根倒伏等相关指标的主要原因。

烯效唑作为一种高效植物生长调节剂，具有控高、杀菌、抗倒伏、抗徒长和提高作物产量的作用，其使用方法有浸种、干拌种和叶面喷施。陈丽芬等研究认为，烯效唑能使苦荞株高明显矮化，茎粗显著增加；张倩等研究认为，使用烯效唑微乳剂，能使水稻株高和茎秆重心高度显著下降，基部节间长度缩短，茎粗增大；龚万灼等研究表明，烯效唑能降低大豆株高，增加茎粗，缩短节间长度。本研究采用叶面喷施的方法，研究结果表明，喷施烯效唑使胡麻株高明显降低，一级分枝显著缩短，这与前人的研究结果基本一致。本研究结果表明，现蕾期对烯效唑的敏感性最强，因为在该生育阶段，胡麻处于快速生长期，生长点生长激素分泌最为旺盛，这与烯效唑能够抑制生长点生长激素合成理论相符，且以 $100mg \cdot kg^{-1}$ 烯效唑处理在抑制胡麻株高生长的同时显著增加了胡麻植株的单株产量、单株结果数及千粒重，产量增加显著。这主要是由于该浓度下胡麻个体长势健壮，胡麻群体结构更为合理，同时喷施烯效唑后，胡麻叶片颜色浓绿，叶面积、茎粗明显增大，这与其产量增加有着密切的关系。在以后的研究中，将继续关注叶面喷施烯效唑对胡麻光合作用、茎和根的组织结构的影响，进一步明确叶面喷施烯效唑对胡麻的增产机理。

杨崇庆，曹秀霞，张炜，陆俊武，钱爱萍，剡宽将，干旱地区农业研究，2017，35(3)

参考文献

[1]张宝林.锌、硼、钼肥对川泽泻生长和养分含量的影响[D].雅安:四川农业大学,2012.

[2]高翔,胡俊,王玉芬.种植密度对胡麻光合性能和氮素代谢的影响[J].内蒙古农业大学学报(自然科学版),2003(9).

[3]李晓宏.旱地胡麻膜侧栽培技术[J].作物杂志.2003(01).

[4]苏兴智,于松溪,刘强,等.锌肥不同量用量对丰花1号产量和效益的影响[J].耕作与栽培,2006(5).

[5]郭新平,马井玉,黄信诚.氮锌配施及锌肥不同用量对夏大豆产量与品质的影响[J].现代农业科技,2007,22.

[6]李新,王树仁.胡麻间作套种马铃薯的试验研究[J].内蒙古气象,2004(2).

[7]高炳德,索全义,白进玲,等.播种期对胡麻物质代谢及产量形成的影响[J].内蒙古农业科技.2001(S3).

[8]党占海.甘肃胡麻的发展概况及可持续发展对策[J].甘肃农业科技.1998(10).

[9]王利民.我国胡麻生产现状及发展建议[J].甘肃农业科技,2014(4).

[10]杨丽,祁双桂,王宗胜,等.11个胡麻品种在平凉旱地引种初报[J].甘肃农业科技,2016,(11).

[11]唐启义,马明光.DPS数据处理系统[M].北京:科学出版社,2006.

[12]路颖,关凤芝,王玉富,等.国内外亚麻种质资源的综合评价[J].中国麻业.2002,24(4).

[13]李南.亚麻籽在食品开发中的远景[J].食品研究与开发,2001,(12).

[14]张永忠,郑金瑜.平凉市胡麻需水量研究[J].甘肃农业科技,2005(03).

[15]查仙芳,南宁丽,肖红燕.亚麻蚜发生规律及防治研究[J].内蒙古农业科技,2002(06).

[16]王宗胜.平凉市胡麻产业发展刍议[J].甘肃农业科技,2017(5).

[17]党占海,等.胡麻产业技术[M].兰州:兰州大学出版社.2015.

[18]冯佰利,等.糜子病虫草害[M].咸阳:西北农林科技大学出版社.2015.

[19]浑之英,等.农田杂草识别原色图谱[M].北京:中国农业出版社.2012.

[20]许建业.30%二氯吡啶酸防除白菜型春油菜田间杂草药效试验[J].甘肃农业科技,

2008(6).

[21]潘晓皖.75%二氯吡啶酸可溶粒剂(龙拳)防除冬油菜田杂草试验效果[J].农药科学与管理,2006,25(7).

[22]高兴祥,李美,房锋,等.硝磺草酮与二氯吡啶酸复配应用于玉米田除草效果测定[J].玉米科学,2015,23(3).

[23]松生满,杨春梅,白永庆,等.75%二氟吡啶酸对百合地多年生杂草大刺儿菜的防效[J].青海农林科技,2006(1).

[24]杨永德.30%二氯吡啶酸水剂在云杉苗圃中化学除草技术[J].中国农业信息,2015(2).

[25]索全义,郝虎林,索凤兰,等.氮磷化肥对胡麻产量形成的影响[J].北方农业学报,2001(S1).

[26]杨文,周涛.氮磷配施对旱地春小麦水分利用效率及水肥交互作用的影响[J].干旱地区农业研究,2008,26(5).

[27]张运晖,赵瑛,罗俊杰.甘肃胡麻产业发展浅议[J].甘肃农业科技,2013(7).

[28]刘晓宏,肖洪浪,赵良菊.不同水肥条件下春小麦耗水量和水分利用率[J].干旱地区农业研究,2006,24(1).

[29]梁锦秀,郭鑫年,张国辉,等.氮磷钾用量对宁南旱地马铃薯产量及水肥利用效率的影响[J].中国土壤与肥料,2015(6).

[30]王文玲,索全义,高炳德.灌水对胡麻产量形成影响的研究[J].内蒙古农业科技,1998(S1).

[31]NY/T2652-2014,植物新品种特异性、一致性和稳定性测试指南亚麻[S].

[32]郭小明,李淑华,张秀英,等.亚麻营养特点及需肥规律的研究[J].黑龙江农业科学,1991(6).

[33]任书杰,李世清,王俊,等.半干旱农田生态系统覆膜进程和施肥对春小麦耗水量及水分利用效率的影响[J].西北农林科技大学学报(自然科学版),2003,31(4).

[34]刘晔,于先宝.亚麻对氮磷钾营养元素吸收规律的研究[J].中国麻作,1979(3).

[35]王俊鹏,蒋骏,韩清芳,等.宁南半干旱地区春小麦农田微集水种植技术研究[J].干旱地区农业研究,1999,17(2).

[36]汪磊,严兴初,谭美莲,我国胡麻施肥技术研究进展[J],湖北农业科学 2011,52(2).

[37]党占海,赵蓉英,王敏,等.国际视野下胡麻研究的可视化分析[J].中国麻业科学,2010,32(6).

[38]马立晓,王树彦,王卓,等.国内外胡麻品种农艺性状及其品质评价[J].北方农业学报,2017,45(3).

[39]金晓蕾,张辉,贾霄云,等.我国胡麻品质育种现状及展望[J].北方农业学报,2014(1).

[40]邵文捷,冯小慧,姚一萍,等.亚麻木酚素提取方法的初步研究[J].北方农业学报,2013(1).

[41]高玉红,吴兵,牛俊义.水肥耦合对间作胡麻氮素养分及其产量和品质的影响[J].干旱地区农业研究,2016,34(2).

[42]杨天庆,高玉红,牛俊义.肉蛋白生物有机肥对胡麻干物质积累、产量及品质的影响[J].干旱地区农业研究,2017,35(1).

[43]张静.叶面肥及其在作物上的应用[J].安徽农学通报,2007,13(7).

[44]庄舜尧,曹志洪.叶面肥的研究与发展[J].土壤,1998(5).

[45]李燕婷,李秀英,肖艳,等.叶面肥的营养机理及应用研究进展[J].中国农业科学,2009,42(1).

[46]李小明,龙惊惊,周悦,等.叶面肥的应用及研究进展[J].安徽农业科学,2017,45(3).

[47]罗盛,杨友才,沈浦,等.花生氮素吸收、根系形态及叶片生长对叶面喷施尿素的响应特征[J].山东农业科学,2015,47(10).

[48]松生满,田丰,刚存武.叶面钾肥对胡麻产量的影响[J].陕西农业科学,2006,(6).

[49]戴东军.微量元素叶面肥在水稻上的应用初探[J].上海农业科技,2009(5).

[50]彭章伟,王芳,张春燕,等."喷施宝"微量元素叶面肥在水稻上的田间肥效试验[J].安徽农学通报,2012,18(23).

[51]张超杰,刘珅坤,徐维华,等.氨基酸及富硒叶面肥对"巨峰"葡萄果实品质的影响[J].北方园艺,2014(15).

[52]李敏,厉恩茂,李壮,等.氨基酸硒叶面肥在红富士苹果上的应用试验[J].中国果树2013(4).

[53]刘枫,何传龙,王道中,等.氨基酸叶面肥在蔬菜上应用效果试验初报[J].安徽农学通报,2006,12(9).

[54]杨丽雪,赵仕林,廖洋,等.高效绿色氨基酸螯合叶面肥在白菜上的应用研究[J].西南民族大学学报(自然科学版),2006,32(3).

[55]张习奇,马里超,鲍恩付,等.氨基酸叶面肥在水稻上的应用[J].安徽农业科学,2003,31(5).

[56]刘益仁,刘光荣,刘秀梅,等.氨基酸叶面肥在水稻上的应用效果研究[J].现代农业科技,2017(19).

[57]张志宏,常景玲,田养生.氨基酸复合叶面肥在小麦生长中的作用[J].安徽农业科学,2009,37(24).

[58]李长亮.氨基酸叶面肥在小麦穗期的应用效果初探[J].上海农业科技,2010(6).

[59]谢亚萍,吴兵,牛俊义,等.施氮量对旱地胡麻养分积累、转运及氮素利用率的影响[J].中国油料作物学报,2014,36(3).

[60]李瑞海,黄启为,徐阳春,等.不同配方叶面肥对辣椒生长的影响[J].南京农业大学学报,2009,32(2).

[61]褚孝莹,李晶,李馨园,等.开花期叶面喷施赤霉素对小黑麦旗叶光合及产量的影响[J].麦类作物学报,2011,31(6).

[62]强胜,陈世国.生物除草剂研发现状及其面临的机遇与挑战[J].杂草科学,2011,29(1).

[63]吴明荣,唐伟,陈杰.我国小麦田除草剂应用及杂草抗药性现状[J].农药,2013,52(6).

[64]高新菊,葛玉红,王恒亮,等.缓解剂对二甲四氯钠玉米药害的解除作用[J].农药,2014,53(2).

[65]牛树君,胡冠芳,刘敏艳,等.我国胡麻田杂草防除技术综述[J].甘肃农业科技,2010(10).

[66]李玉奇,刘敏艳,胡冠芳,等.甘肃省景泰县胡麻田杂草发生消长规律研究[J].江西农业学报,2012,24(5).

[67]邢岩.除草剂药害产生原因及预防[J].农药,2001,40(8).

[68]王险峰,关成宏.常见除草剂药害症状诊断与补救[J].农药,1998,37(4).

[69]苏少泉.除草剂造成的作物药害及其诊断[J].植物保护,1986,12(1).

[70]江国铿.几种常用除草剂药效药害分析[J].植物保护,1988,14(6).

[71]李云河,李香菊,彭于发.转基因耐除草剂作物的全球开发与利用及在我国的发展前景和策略[J].植物保护,2011,37(6).

[72]王兆振,毕亚玲,丛聪,等.除草剂对作物的药害研究[J].农药科学与管理,2013,34(5).

[73]孙太凡,叶非.除草剂解毒剂减轻咪唑乙烟酸药害的研究[J].农药,2010,49(5).

[74]刘玉琛,叶非.除草剂安全剂作用机制研究进展[J].植物保护,2007,33(6).

[75]姜林,李正名.除草剂安全剂应用研究近况[J].农药学学报,1999,1(2).

[76]叶非,冯志彪,徐宝荣,等.除草剂解毒剂二氯乙酰胺合成的研究[J].东北农业大学学报,1995,26(3).

[77]孙太凡,叶非.除草剂解毒剂减轻氯磺隆残留对玉米药害的研究[J].植物保护,2010,36(4).

[78]李绍峰,付颖,叶非.除草剂安全剂R-29148对乙草胺解毒的生测研究[J].农药,2000,39(10).

[79]胡利锋,廖晓兰,柏连阳,等.羌活粗提物减轻乙草胺对水稻的药害及对GSTs的诱

导作用[J].湖南农业大学学报,2012,38(4).

[80]夏尊民.应用益微和康凯解除亚麻田除草剂药害[J].中国麻业科学中国麻,2008,30(3).

[81]陈银朝,杜小娟,张睿,等.奇善宝对世玛除草剂药害小麦的恢复效应研究[J].中国农学通报,2014,30(19).

[82]李志新.马铃薯药害缓解试验的研究[J].黑龙江农业科学,2011(10).

[83]黄允才,张格成,胡光华.天然芸苔素缓解除草剂药害的作用[J].农药,2000,39(6).

[84]李玉奇,牛树君,刘敏艳,等.除草剂对胡麻田大麦、稷(糜子)的防除效果[J].植物保护,2014,40(1).

[85]赵峰,牛树君等.杂草伴生时间对胡麻产量的影响[J].安徽农业科学,2016,44(27).

[86]浑之英,袁立兵,陈书龙.农田杂草识别[M].北京:中国农业出版社,2012.

[87]马奇祥,赵永谦.农田杂草识别与防除原色图谱[M].北京:金盾出版社,2010.

[88]路兴涛,张勇,张成玲,等.不同除草剂对恶性杂草刺儿菜的田间药效试验研究[J].中国农学通报,2012,28(27).

[89]马尚明.论西吉县优质胡麻产业化发展问题[J].甘肃农业科技.2003(05).

[90]刘洋,康爱国,张玉慧,等.冀西北亚麻田杂草群落结构及防控技术[J].中国植保导刊,2016,36(5)

[91]赵利,胡冠芳,王利民,等.兰州地区胡麻田杂草消长动态及群落生态位研究[J].草业学报,2010,19(6).

[92]李爱荣,胡冠芳,马建富,等.高效氟吡甲禾灵乳油对胡麻田芦苇的防效研究初报[J].中国麻业科学,2012,34(5).

[93]牛树君,刘敏艳,李玉奇,等.几种除草剂对胡麻田裸燕麦(莜麦)、皮燕麦的防除效果[J].植物保护,2015,41(2).

[94]库宝善.不饱和脂肪酸与现代文明疾病[M].北京:北京医科大学出版社,1998.

[95]苟文峰,刘慧杰.旱地胡麻最佳施肥时期研究[J].干旱地区农业研究 1994,12(3).

[96]龚莉,杨春仓,赵晋蓉,等.大同市胡麻田杂草发生情况及化学防控技术[J].山西农业科学,2012,40(11).

[97]苏少泉.玉米田除草剂新品种与应用[J].农药研究与应用,2009,13(1).

[98]王晓菁,牛艳,赵子丹,等.二氯吡啶酸在油菜和土壤中的消解动态研究[J].河南农业科学,2013,42(12).

[99]郭良芝,郭青云,辛存岳,等.75%二氯吡啶酸可溶性粒剂防除春小麦田大刺儿菜试验[J].植物保护,2007,33(4).

[100]张青,邓渊玉,杨代凤,等.75%二氯吡啶酸可溶性粒剂防除冬油菜田阔叶杂草效果[J].植物保护,2006,32(2).

[101]陈军,罗影,王立光,等.不同种植模式土壤水浸提液对胡麻的化感效应[J].中国土壤与肥料,2017(3).

[102]崔红艳,胡发龙,许维诚,等.施用有机肥对土壤水分、胡麻干物质生产和产量影响的研究[J].中国土壤与肥料,2014(4).

[103]张德奇,季书勤.缓/控释肥料的研究应用现状与展望[J].耕作与栽培,2010,22(6).

[104]刘兵.缓/控释肥料的研究进展[J].安徽农业科学,2007,35(8).

[105]张夫道,王玉军.我国缓/控释肥料的现状和发展方向[J].中国土壤与肥料,2008(4).

[106]王恩飞,崔智多,何璐,等.我国缓/控肥研究现状和发展趋势[J].安徽农业科学,2011,39(21).

[107]刘宁,孙振涛,韩晓日,等.缓/控释肥料的研究进展及存在问题[J].土壤通报,2010,41(4).

[108]樊小林,刘芳,廖照源,等.我国控释肥料研究的现状和展望[J].植物营养与肥料学报 2009,15(2).

[109]彭玉,孙永健,蒋明金,等.不同水分条件下缓/控释氮肥对水稻干物质量和氮素吸收、运转及分配的影响[J].作物学报,2015,40(5).

[110]彭玉,马钧,蒋明金,等.缓/控释对杂交水稻根系形态生理特性和产量的影响[J].植物营养与肥料学报,2013,19(5).

[111]杨天海,侯再芬,谢小燕,等.不同缓控释肥用量对黑膜覆盖玉米产量的影响[J].耕作与栽培,2016(3).

[112]李宗新,王庆成,齐世军,等.控释肥对玉米高产的应用效应研究进展[J].华北农学报,2007,22(增刊).

[113]周瑞荣,孙锐峰,肖厚军,等.缓释肥料在马铃薯上的应用效果[J].西南农业学报,2010,23(5).

[114]席旭东,李效文,姬丽君.缓控释肥不同施用量和施用方式对旱作区全膜马铃薯生长及产量的影响[J].干旱地区农业研究,2016,34(5).

[115]郭恒,陈占全,张亚丽,等.全膜覆盖条件下缓释氮肥对马铃薯干物质及产量的影响[J].河南农业科学,2013,42(6).

[116]郑亚萍,孙秀山,成强,等.缓释肥对旱地花生生长发育及产量的影响[J].山东农业科学,2011,8.

[117]许仙菊,高豫汝,张永春,等.硫包衣尿素对辣椒产量、品质及氮肥利用率的影响研究[J].土壤,2010,42(4).

[118]罗振明,栾波波,刘兆伦,等.硫包衣肥料在生姜生产上的应用研究[J].中国农学通报,2016,32(19).

[119]张建平,佘新成,党占海.胡麻花序花芽分化规律初步研究[J].甘肃农业科技,1998(3).

附录　宁夏油料产业发展规划（2021—2025 年）

为加快推进自治区油料产业发展，利用“互联网+油料产业”培育新业态，优化产业发展结构，有效增加健康优质食用植物油供给，维护国家粮油安全。依据产业发展现状、趋势以及相关政策和规划，编制宁夏油料产业发展规划（2021—2025 年）。为自治区油料产业发展提供实施行动方案。

一、规划依据

《健康中国 2030 规划纲要》

《全国农业可持续发展规划（2015—2030 年）》

国务院办公厅《国民营养计划（2017—2030 年）》

农业部《关于“镰刀弯”地区玉米结构调整的指导意见》（农发〔2015〕4 号）

《宁夏国民经济和社会发展第“十三个”五年规划》

《宁夏回族自治区人民政府关于创新财政支农方式加快发展农业特色优势产业的意见》（宁政发〔2016〕27 号）

二、宁夏油料产业发展现状

（一）油料作物的分布区域及生产现状

1.分布区域

宁夏油料作物主要包括胡麻和向日葵。截至 2018 年年底，全区现有油料作物种植面积约为 110 万亩，其中胡麻 60 多万亩，向日葵 40 多万亩。

胡麻在宁夏种植历史悠久，也是宁夏的传统优势油料作物。宁夏南部山区在历史上素有“油盆”之美誉，经过长期发展形成了比较好的产业基础。胡麻长期以来已经发展成为全国六大主产区之一，主要分布在固原市的原州区、彭阳、西吉、隆德、泾源和中卫市的海原，吴忠市的同心、盐池、红寺堡等地，形成了传统的优势产业带。

向日葵在宁夏的种植历史也比较长，主要有三大种植区域。一是宁南山区清水河流域上中游次生盐渍化地段和东部黄土丘陵食油葵种植区，包括盐池中南部、同心东部、原州东北部和彭阳北部；二是宁夏中部干旱带扬黄灌溉油食葵种植区，涉及红寺堡、盐池、同心、海原等地；三是引黄灌区水浇地、盐碱低洼地和河滩地油食葵种植区，涉及平罗县、惠农区和银川市区各大国营农垦农场。

2.区位优势

胡麻是宁夏发展旱作生态农业的优势特色作物，与其他作物相比具有耐旱能力强、需水肥较少、适播期较长(3月下旬至5月上旬)、产量比较稳定的特点。能够适应宁夏南部山区和中部干旱带的生态、气候、土壤条件,是宁夏发展旱作生态农业的特色优势作物。

向日葵即可以单种,又能与其他作物间作套种(如麦葵套种、瓜葵套种、麦后复种等),在宁夏引黄灌区水浇地麦、蔬菜等夏作物收获后复种油葵,不仅能够正常成熟而且也能取得较好经济效益。

全区有盐渍化土壤100多万亩，向日葵能在含盐量0.4%的土壤出全苗，现蕾期在0~10cm土层含盐量为0.4%~0.45%时仍能正常生长发育,具有较强的耐盐碱能力,可作为盐碱荒地先锋作物,不与主要粮食作物争地。

3.市场需求

我国作为世界上人口最多和油脂消费量最大的国家,对食用植物油有着强烈的刚性需求。据统计,2015年中国食用植物油产量达到2491万吨,同比增长5.9%,当年食用植物油自给率只有32.1%左右,2016年食用植物油自给率跌至30%。

胡麻目前在我国年种植面积为600万亩左右,胡麻籽年总产40多万吨,年消费则为85万吨,而宁夏胡麻籽总产量5万吨左右。宁夏人民群众长期以来有食用胡麻油的传统习惯,而胡麻产品市场需求不断增加,生产的胡麻籽已经不能满足当地的消费和市场需求,需要从外面大量调入胡麻加工原料。

向日葵产区主要有新疆、内蒙古、黑龙江、吉林、辽宁、山西、甘肃、宁夏等地,2017年全国食葵种植面积约800万亩,主要分布在内蒙古、新疆、东北、甘肃、宁夏等区域。宁夏曾经向日葵籽年产8.5万吨左右,区内加工企业每年可消化油葵2万吨以上,各县榨油作坊可消化近万吨;区内炒货行业可消化食葵2万吨以上,各县市小炒货消化量也在1万吨以上;加上转口外销和区外企业的收购,市场年需求量大约在10万吨以上。食葵主要作为炒货和休闲食品,油葵主要用于榨油。销售市场除了国内以外也有出口到欧美、泰国、缅甸等国家和地区的市场。

4.生产现状

宁夏胡麻主产区是当地生态、气候、土壤条件都比较差的区域,而且胡麻主要分布在山区旱地。旱地亩产75~100kg,水浇地一般亩产150~180kg,全区常年播种面积60万亩左右,总产量5.0万吨左右。

向日葵常年播种面积40万亩左右,大面积单种油葵亩产量平均在220kg,中高产田平均亩产250kg以上，单种毛收入每亩1000元左右；大面积单种食葵亩产量平均在220~270kg,单种毛收入每亩1500元左右。麦葵套种,小麦和葵花毛总收入2000元左右,纯收入

1200 元左右。

5.政策支持

国家在宁夏成立国家特色油料产业技术体系胡麻固原综合试验站、向日葵银川综合试验站，自治区对胡麻新品种选育项目得到长期而稳定的支持，自治区又成立了油料产业首席专家团队。对新型经营主体、职业农民进行技术服务、技术培训、技术指导工作。当地对500 亩以上的胡麻种植大户实行了种植补贴。

（二）油料产业科技创新现状

1.胡麻科技创新现状

宁夏胡麻主产区域生态环境复杂，多年来在生产中没有适合推广的外来品种，自主选育的优良品种占有主导地位，经过新品种不断更新及良种繁育等措施的示范推广，实现了胡麻良种应用的本地化。栽培技术研究方面，联合中国农科院等高等院校和科研院所共同研究解决了一些产业发展的瓶颈问题。主要在田间管理和收获等生产环节的农机农艺结合技术，胡麻主要害虫无公害防控技术，化控技术、抗旱节水技术、富营养技术研究方面走在全国前列。使胡麻生产单产水平和经济效益有了明显提高，种植面积稳步推进，种植技术不断创新。

2.向日葵科技创新现状

2000 年以前，食葵种植品种主要有三道眉，星火花葵和固原地方农家品种为主。2000 年后，美葵系列食葵杂交种的引入，使食葵杂交种的种植得到了迅速推广，主栽品种为 LD5009，但由于 LD5009 易感向日葵黄萎病，引起大面积黄萎病发生，给生产造成了损失。目前生产上推广种植的向日葵新品种有 SH363，SH361，JK601，产量高，品质好。

在向日葵盐碱地栽培、秋覆膜覆盖及二次膜利用免耕栽培、沟种垄植精量播种、向日葵与其他作物间作套种、向日葵二比空种植技术等方面，取得了重要的新技术和新成果。油用向日葵从播前整地，播种，中耕追肥，到成熟收获全程采用机械化作业。

（三）油料作物种植业新型经营主体发展现状

油料作物种植业经营主体由小规模经营的农民逐步向种植户合作社、家庭农场、企业建立的优质加工原料基地等种植大户转型，通过先进科技和现代生产要素以及规范土地流转等措施，新的经营主体发展规模不断扩大。由有文化、懂技术会经营的职业农民参与种植管理，农业经营主体与新兴农业社会化服务组织不断加强合作，逐步建立多元化、多层次、多形式的社会化服务体系，为种植户提供全方位、低成本、便利高效的服务，把一家一户做不了、做起来不经济的事情做好。

（四）油料贸易及加工情况

1.胡麻贸易及加工情况

宁夏胡麻加工产品有胡麻油、胡麻饼粕等。本区生产的胡麻籽不能满足加工和销售需要，相当一部分加工原料从外面调入（包括进口胡麻籽）。胡麻油精加工企业有10多家。主要有：宁夏君星坊食品科技有限公司，生产销售“君星坊”牌胡麻油，宁夏家家百顺食用油有限公司，生产销售“家家”牌精炼胡麻油；原原食用油公司生产销售“广林子”牌精炼胡麻油；润泽粮油有限公司，生产销售“六盘清”牌纯胡麻油、宁夏六盘珍坊生态农业科技有限公司，生产销售“六盘珍坊”牌精炼胡麻油；普通胡麻油品加工大部分是个体加工小作坊。

由宁夏粮食行业协会牵头，组建了胡麻籽油产业联盟，鼓励联盟成员在不同区域建立“宁夏胡麻籽油”直营店，六盘山脚下的“固原胡麻油”已经被认定为国家地理标志产品，提高了其品牌影响力和竞争力，在京东、阿里等电商平台销往全国各大城市，产品深受广大消费者的青睐。

2.向日葵贸易及加工情况

据有关资料介绍，向日葵加工产品用途：榨油、扒仁、化妆品、炒货、饼粕。向日葵油在国内食用植物油市场占有2%以上的份额，向日葵产品市场潜力很大，在我国深圳、台湾、香港等地区供不应求，每年需要从国外大量进口。宁夏生产油脂规模较大的几家企业每年可消化油葵两万吨以上，各县榨油作坊可消化近万吨；区内炒货行业知名品牌有周家八炒货、厚生记炒货等，可消化食葵两万吨以上，各县市小炒货接近100家，消化量也在一万吨以上；加上转口外销和区外企业的收购，预计市场需要量在10万吨以上。宁夏年加工能力在2500吨以上榨油和炒货企业有8家，小型的榨油厂、炒货厂有300多家，区外的企业如鲁花、洽洽瓜子等也在宁夏收购原料，这些企业已为宁夏的葵花籽销售开拓了稳定的市场。

三、存在问题

1.油料作物种植条件差收益低

宁夏主要油料作物胡麻和向日葵在我区一直被人们视为小作物，重视程度和相关配套政策与产业的发展不相适应。宁夏胡麻主产区是当地生态、气候、土壤条件都比较差的区域，产量相对较低。由于受进口胡麻价格的影响，当地胡麻价格虽然比进口胡麻价格高，但总体价格偏低，由于产品加工及产品开发方面的效益没有得到应有的提升，因此胡麻种植总体收益不高。向日葵大部分被安排在盐碱地和低产田上，对向日葵病虫害潜在威胁的严重程度重视不够，特别是黄萎病和菌核病的发生，严重制约了产业向更高层次的发展。近年来发展起来的新型经营主体有所增加，生产规模逐步扩大，但由于种植效益较低，流转的土地大多数还是以山旱地为主。

2.品种选育、技术研发

(1)品种选育

胡麻生产中缺乏集丰产性、抗病性、抗旱、抗倒伏以及功能化和高值化于一身的新品种。向日葵种植品种多、乱、杂,优质专用品种缺乏,品种布局不合理。特别是食用葵引育种工作滞后,杂交种种植普及率低,产量低,商品性差,不能适应市场的需要,尤其是缺乏高抗黄萎病的杂交种,也制约了食用葵的发展。

(2)栽培管理技术创新

胡麻主要分布在生态条件差、气候干旱、土壤瘠薄的南部山区和中部干旱带上,胡麻生育期前期干旱,后期多雨对胡麻的生产发育造成了一定的影响。因此,抗旱避灾的新品种和节水新技术及抗倒伏技术的研发推广就成为促进当地胡麻产业发展的关键问题。

向日葵栽培,出现 N、P、K 施入比例不适应向日葵需肥规律,密度过大,容易倒伏,播期不合理造成向日葵开花期遇高温结实率降低等问题。其次是病虫害发生严重,特别是黄萎病和菌核病的发生,严重影响了向日葵生产。向日葵栽培管理应针对上述瓶颈问题加大技术创新力度。

(3)机械化作业程度低

油料作物抗旱节水、间作套种等标准化和规范化栽培新技术研发和推广力度不够,机械化和信息化技术创新应用和大宗作物相比较滞后。与小麦、玉米等大宗作物相比专用机械的研发推广应用滞后,种植户急需各个生产环节的机械化作业配套机具和轻简化应用技术。

3.产品开发

产品开发单一,产品附加值较低。目前,宁夏胡麻加工产品主要以胡麻油为主。向日葵产品在市场上以原料形式销售的居多,产品深加工的比较少,尤其是缺乏自主品牌产品。

由于缺少亚麻纤维和优质配合饲料等加工龙头企业的带动,对胡麻和向日葵副产品的开发几乎空白,胡麻和向日葵资源在当地得不到充分开发利用,产品附加值得不到提升,企业和农民的收入得不到应有的提高,也影响着宁夏油料产业的快速发展。

四、市场发展环境分析

我国作为世界上人口最多和油脂消费量最大的国家,对食用植物油有着强烈的刚性需求。随着国民经济持续发展和人民生活水平不断提高,我国植物油消费量持续增长,目前已成为世界第一消费大国。但是油料作物种植面积扩大、产量提升有限,国内油料生产能力并没有得到显著改善,产需缺口不断扩大、进口数量不断增加,对外依存度逐年上升。在2015—2016 年食用植物油自给率只有 30%,食用植物油的供需安全形势非常严峻。今后一段时期,我国植物油消费需求将会继续增长,产需仍有较大缺口。因此,大力发展特色油料作物,增加优质食用油生产供给,改变我国食用植物油依靠大量进口的被动局面,有效维护国家粮油安全。

胡麻油是品位较高的食用油，它富含多种不饱和脂肪酸，其中亚油酸16.7%，a-亚麻酸40%~60%；胡麻油中还含有人体必需的18种氨基酸，3种维生素（A、E、B1）和8种微量元素以及丰富的木酚素、蛋白质等，是α-亚麻酸含量最高的油料作物。也是提高人们生活和健康水平的重要绿色食品资源，它的食疗保健作用被越来越多的人认识，国内外营养保健专家把胡麻油誉为“高山上的深海鱼油”。

向日葵籽含油率较高，一般食葵含油20%~30%，油葵含油35%~40%，最高的可达50%以上。向日葵油的营养价值高，含不饱和脂肪酸较多，油酸的含量为28%~40.5%，亚油酸的含量为46.3%~65.0%，是一种很好的食用油，可以降低人体血液中的胆固醇，减轻动脉硬化。向日葵的茎秆、叶、花盘和壳、花等用途很多，花盘、叶子营养丰富，含粗脂肪、粗蛋白，几乎与大麦、燕麦相当，是喂养畜禽的好饲料，榨油后的油饼，营养丰富，蛋白质、脂肪、糖分、磷、钾含量多，并可制作各类食品，而且是很好的家畜精饲料和改良土壤的优质肥料。茎秆还是造纸原料，也是良好的隔音板原料。向日葵花期长是很好的蜜源作物，一般3000m^2左右向日葵可以养蜂一箱，产蜜30~35kg，既可产蜜，又能提高向日葵的结实率，还可作为美化环境的花卉。

五、指导思想与原则目标

（一）指导思想

深入学习贯彻党的十九大精神，以习近平新时代中国特色社会主义思想为指导，牢固树立和贯彻落实创新、协调、绿色、开放、共享的发展理念，充分发挥有利于油料产业发展的地理、人文和产业基础优势，以市场为导向，以科技创新为支撑，以提高产业化经营效益为核心，以良种繁育基地、绿色产品生产加工基地建设和招商引资为突破口，强化政策扶持，培育壮大龙头企业，延伸产业链条，积极构建集种植、加工、贸易、旅游和物流于一体的油料产业集群，为宁夏农业结构优化、效益提升、农民脱贫致富、社会和谐健康发展作出贡献，为健康中国2030目标的实现提供产业技术支撑。

（二）发展思路

紧紧围绕自治区关于农业产业化发展的相关政策。按照区域化布局，规模化经营，专业化生产的产业化发展思路，鼓励支持多种所有制形式、不同层次的油料作物生产合作经济组织和产品加工、销售企业、中介服务组织的发展，增强加工、流通领域对油料产业发展的带动作用。按照将油料产业打造成为新型优势特色产业和健康产业的要求，抓住国家实施供给侧结构性改革和深入推进“一带一路”的历史机遇，用足用活国家和自治区扶持政策，乘势发展，以资源高效利用为基础，市场需求为导向，科技创新为动力，促进科研、生产、加工、销售的有机结合，以及从产地到餐桌的全产业链发展。

(三)基本原则

依托具有创新优势的国家和地方科研力量和科技资源,围绕产业发展需求,以产品为单元,以产业为主线,建设从产地到餐桌、从生产到消费、从研发到市场各个环节紧密衔接、环环相扣、服务宁夏油料现代产业技术体系建设,提升油料产业科技创新能力,增强市场竞争活力。

坚持政策引领扶持企业发展的原则。各级政府部门要紧紧围绕区域化布局,专业化生产,规模化经营的产业发展总体思路,加强对油料产业发展中的政策引导、产业扶持、科普宣传、环境治理等方面的支持力度。发挥企业的市场主体作用和龙头带动作用,充分调动科技创新和生产经营者的积极性,全力促进油料产业的提质增效和又好又快发展。

坚持市场导向原则。充分发挥资源和产业优势,在胡麻和向日葵种植优势区域建立绿色、有机、富硒的原料生产基地。根据不同人群的消费习惯、口味及品味需求,开发生产与之嗜好相适应的功能食品、保健食品、方便食品、富营养膳食补充剂等多种类型的精深加工产品,瞄准不同区域市场需求、将高端产品打入发达地区市场为目标,延伸产业链,提升附加值,提高生产和经营效益。

坚持品牌引领发展原则。树立品牌发展意识,实施品牌发展战略。充分发挥油料产业发展的地理、人文和产业基础优势,积极组织申报胡麻和向日葵的道地产品、特色产品和绿色、有机、富硒等产地认证保护。加大品牌产品的营销宣传和产地保护,着力打造一批在国内外市场具有较高影响力的胡麻和向日葵产品品牌,打造宁夏优势特色产业发展的新高地。

(四)发展目标

1.引进选育高产优质新品种:围绕油料作物生产、产品开发、市场需求选育不同类型的优良新品种。

选育耐旱、高产、优质,符合产品加工和市场销售需求的胡麻优良新品种,比现有当家品种增产10%左右,α-亚麻酸、木酚素等营养保健功能成分提高5%左右。

针对目前向日葵生产上存在的实际问题,育成优质抗病的食葵杂交种,是向日葵生产的当务之急。主要引进选育抗黄萎病、叶斑病、耐菌核病的食葵新品种。食葵品种的商品性要求达到粒长1.9cm以上、籽仁率50%以上、子仁蛋白含量28%以上、皮壳薄,以适应向日葵生产和市场发展的需求。

2.抗旱节水和标准化栽培技术创新

胡麻,研究创新以抗旱节水、土壤培肥改良为主的标准化和规范化栽培技术,提升胡麻生产效益,扩大种植规模,通过技术创新使其综合生产效益提高10%以上,自然降水资源利用率提高5%以上,为加工企业和销售市场提供高附加值的初级产品。

向日葵,针对旱地、盐碱地及表土有障碍层耕地向日葵出苗保苗的技术瓶颈。围绕旱地节水和盐碱地躲盐、抑盐,开展向日葵的最佳播期、播深、播量及破除表土障碍层的技术指标研究,制定相关技术措施的标准化技术规程。开展向日葵高产优质制种技术研究,针对制种的父母本比例、人工授粉方法、蜜蜂授粉单位面积最佳的蜜蜂数量、制种隔离距离与纯度之间的关系及环境因素对结实率的影响,制定相关技术措施的标准化技术规程,提高向日葵制种的产量、质量和效益。

3.病虫草害无公害防控技术创新

胡麻病虫草害无公害防控主要研究解决田间多种杂草的安全化学防除以及主要病虫害的无公害安全防治。

向日葵病虫草害无公害防控,主要研究解决向日葵黄萎病、菌核病和锈病,向日葵螟、草地螟,向日葵列当的无公害安全防治。

开展油料作物病虫草害防控新技术研究,制定油料作物主要病虫草害无公害防控药剂减量保效技术规程。筛选适合油料作物主要病虫草害无公害防控的新型高效低毒低残留药剂,使无公害防控药剂减量保效技术防效达80%以上,节本增效10%以上。加强油料作物产品和土壤环境农药残留的监测,做到提高防控效果严格控制农药残留,大幅度减轻病虫草害的危害损失。

4.新品种新技术示范基地建设

每年建立500亩以上的胡麻和向日葵新品种和新技术示范基地15~20个,对选育新品种、旱作节水、营养施肥、病虫草害无公害防控等新技术进行集中展示示范。以示范基地为核心,组织专家进行现场指导和技术培训。

5.机械化和信息化技术创新应用

通过农机具引进改造,对胡麻和向日葵播种、施肥、收获和脱粒等关键环节的机械化应用进行技术攻关,研发适合不同生产条件的机具,主要解决适合旱坡地和小田块生产的中小型农机具推广应用。提供产前、产中和产后的便捷信息化服务。

6.产品加工及新产品开发技术创新

利用低温冷榨和二氧化碳萃取等先进技术设备,开发高端营养保健油等新产品,加工销售营养保健功能强的胡麻籽、胡麻籽粉、富硒胡麻籽、富硒胡麻籽粉,风味向日葵油和食葵籽等方便食品,提高产品附加值。充分挖掘油料作物的资源优势,拓宽产品销售渠道,提高产品附加值和国内外市场竞争能力。

(五)规划期限

本规划期为5年,2021—2025年。

六、建设内容

(一)加强科技创新

1.引进选育高产优质新品种

围绕油料作物生产、产品开发、市场需求选育比现有当家胡麻品种增产10%左右的耐旱、高产、优质的新品种;向日葵耐旱、耐盐碱、高产、优质,增产10%以上的新品种。

加强适合高端营养保健食品和普通方便食品加工的富含α-亚麻酸、木酚素等营养保健功能成分的胡麻新品种筛选。

加强向日葵抗黄萎病、叶斑病、耐菌核病以及商品性好,粒长1.9cm以上、籽仁率50%以上、子仁蛋白含量28%以上、皮壳薄的食葵新品种引进选育。

2.抗旱节水、标准化和规范化栽培新技术创新

制定胡麻抗旱节水、标准化栽培技术规程,进行新技术推广应用。

围绕向日葵耐旱节水和耐盐碱,制定相关技术措施的标准化技术规程,针对向日葵制种的关键环节和瓶颈技术,研究制定相关技术措施的标准化技术规程,进行新技术推广应用。

3.病虫草害无公害防控新技术创新

以油料作物主要病虫草害的无公害防控为攻关方向,筛选适合油料作物主要病虫草害无公害防控的新型高效低毒低残留药剂,使无公害防控药剂减量保效技术防效达80%以上,节本增效10%以上。加强油料作物产品和土壤环境农药残留的监测,做到提高防控效果严格控制农药残留。

(二)加强优质种植基地建设

采取政府引导,“企业+基地+农户”等多种模式,建立标准化生产基地,每年建立500亩以上的油料作物优质种植基地20个,繁育新品种1万亩,保证优质品种的供应。同时对选育新品种、旱作节水、营养施肥、耐盐碱及病虫草害无公害防治等新技术进行集中展示示范,辐射带动周边地区种植,加强优质种植基地建设。

(三)机械化和信息化新技术应用

选择现有的中小型农机具进行技术改造和功能改进,使其适应胡麻和向日葵在山坡地、旱作农田以及盐碱地的耕作、播种、收割、脱粒等生产环节的机械化作业。

信息化建设主要以信息网络进村入户,建立油料作物产前、产中和产后技术培训网络和产品销售网络服务平台,提高信息化服务水平。

(四)新产品开发及市场营销

利用低温冷榨、二氧化碳萃取等先进技术设备加工高端胡麻营养保健油等产品。选用营养保健功能成分含量高和籽粒品相好的品种,进行高营养保健胡麻籽、胡麻籽粉、富硒胡麻籽、富硒胡麻籽粉的开发。将向日葵食用油和风味向日葵籽等传统产品,利用新技术和新

设备进行高端产品的加工销售。

建立电商服务平台，拓宽产品销售渠道，加强“互联网+油料产品”基础设施建设，支持生产企业、农产品批发市场与电商平台对接，推进线上线下融合，开展胡麻籽和向日葵籽产品的电子商务试点，促进油料产业领域的电子商务发展。

（五）扶持培育新型种植大户和加工龙头企业

按照做大总量、培育品牌、集群发展的方向，促进新型种植大户和加工龙头企业聚集发展。实施重点企业培育战略，吸引国内外有实力的企业，参与宁夏胡麻和向日葵的新产品开发和市场营销。着力培育规模大、高科技、产品优、外向型和核心竞争力强的农产品加工龙头企业。创新龙头企业与种植户的利益连接机制，支持龙头企业以订单合同形式，与种植户建立以降低生产成本、提高产品质量和效益为目标的互惠互利机制，不断扩大种植、产品加工、市场营销的规模效益。

（六）提升科技创新能力

宁夏油料产业的提质增效和快速发展，关键在于不断提升全产业链的科技创新能力。这就需要通过引进来和派出去的方式培养一支懂技术、会管理、能经营的高层次专业人才队伍，加强与国内知名大学和科研院所建立科技合作关系，联合建立院士、专家工作站，创建自治区级油料产业工程技术中心，作为全区油料产业链上各个环节的科技创新以及科技培训服务平台，为宁夏油料产业的提质增效和快速发展提供新动能。

七、保障措施

1.加强组织领导

建立自治区油料产业发展工作领导小组，由农牧厅分管领导任组长，农牧厅分管部门负责人为副组长，油料作物主产区市、县农牧部门负责人，自治区油料产业技术服务专家组专家和骨干龙头企业负责人为成员。负责研究制定油料产业发展规划和产业政策，及时研究解决油料产业发展中出现的重大问题。按照创新、协调、绿色、开放、共享的发展理念，构建油料产业资源利用高效、生态系统稳定、产地环境良好、产品质量安全的发展新模式，做好油料产业发展决策的顶层设计和协调管理，推动油料产业向高端化、精品化方向发展，加强重大项目实施的监督和规范化管理，为油料产业规范有序发展提供良好地组织领导和管理保障。

2.强化科技创新服务体系建设

在充分发挥自治区油料产业技术服务专家组，对油料产业发展的科技创新和技术服务作用的同时，聘请区内外知名专家与自治区油料产业技术服务专家组建立科技合作和人才培养的联动机制，创建自治区级油料产业工程技术中心，作为油料产业发展的科技创新的平台，研究解决油料产业发展过程中遇到的关键技术瓶颈和机制创新等问题。将落实规划和实施重大科技项目与引进紧缺型高层次人才和加快技能型、企业管理型、科技创新型人才培养相结合，为油料产业快速发展提供智力保障和科技支撑。

3.建立和完善市场运作机制

为保证油料产业的稳步发展，坚持“利益共享，风险共担”的原则，以合理的利益机制将科研机构、企业、合作组织、农民经纪人和农户紧密结合起来，形成利益共同体，实现土地、劳力、资金、技术和市场等资源的优化配置，提高资源产业率。采取“公司+农户”的订单种植模式，以经济合同的形式约束生产者和经营者的经营活动，促进经济体制和增长方式的转变，加快资源优势转化为产业优势，进而变为更大的社会效益、经济效益和生态效益。

4.强化科技创新增强产业发展后劲

加快油料作物品种选育步伐，在重视丰产性、抗病性的基础上加强抗旱、抗倒伏以及功能化和高值化新品种选育；在油料作物抗旱节水、病虫草害的无公害防控、间作套种等标准化和规范化栽培新技术的研究创新有新突破，确保油料产业的规模效益持续提升以及生产和产品安全。

加快对胡麻营养保健功能成分如：α-亚麻酸、木粉素、亚麻胶以及富硒胡麻籽等资源的开发利用，解决向日葵生产中关键技术瓶颈问题，发挥我区向日葵生产和产品流通的区域特色优势；开发生产销售休闲食品和高端营养保健品，提升国内外市场竞争能力。

加快在油料作物生产过程中的农机农艺相结合，提高机械化作业程度，降低生产成本，提高生产效益；更新产品加工设备和提升产品加工的技术工艺，使油料产业逐步向高端化和精品化方向发展。

5.强化政策扶持

根据油料产业发展需求，认真做好调研论证，研究制定油料产业招商引资的优惠政策措施，营造良好的投资置业环境；引导和规范区内外加工企业、科研机构、营销企业等参与我区油料产业基地建设、产品开发，逐步形成规范化种植、标准化生产、产业化经营、市场化运作的经营机制。研究制定有关人才引进和培养、科技创新、品牌建设等方面的计划和扶持政策，鼓励有专业特长的科技人员、企业管理人员，积极投身到高端化和精品化产品开发和市场营销领域，培育新业态和新的经济增长点。逐步建立油料产业的行业准入机制，制定和完善油料产品质量标准体系，使产品质量、安全和市场竞争实力的不断提升得到切实保障。把宁夏油料作物种植纳入农业补贴范畴，并且纳入农业保险。